ANALYSE CHIMIQUE

ANALYSE CHIMIQUE

Méthodes et techniques instrumentales

Cours et exercices corrigés

Francis Rouessac
Professeur honoraire

Annick Rouessac
Maître de conférences honoraire

Avec la collaboration de
Daniel Cruché
Professeur agrégé à l'IUT du Mans

Claire Duverger-Arfuso
Maître de conférences à l'IUT du Mans

Arnaud Martel
Maître de conférences à l'IUT du Mans

Préfaces de
Gérard Férey
Guy Ourisson

7e édition

DUNOD

Illustration de couverture et illustrations intérieures : *Francis Rouessac*

Couverture :
Symboles de l'analyse chimique instrumentale, quelques éléments, comme l'arsenic, un passeur d'échantillons(*), une colonne de chromatographie, sans oublier des problèmes d'actualité (molécules de mélamine et de taurine).
(*) crédit photo Hanse Control (www.hansecontrol.com)

ISBN 978-2-10-051861-6

PRÉFACE DE LA PRÉSENTE ÉDITION

7e édition ! Sept ! Chiffre magique s'il en est, et lorsqu'il s'agit de l'édition d'un livre, une sorte de record pour un ouvrage initialement en français, mais dont la traduction anglaise a de nombreux lecteurs...

Sept éditions ! Tout le mérite en revient au couple Rouessac, des amis de longue date puisque nous avions ensemble créé le département Chimie de l'IUT du Mans il y a maintenant plus de quarante ans. Lorsqu'ils m'ont demandé de préfacer cette nouvelle version, j'ai longtemps hésité car je me souvenais de la première édition que mon regretté confrère et ami Guy Ourisson avait préfacée avec le talent et la liberté de ton que nous lui connaissions. Difficile de faire aussi bien...

L'amitié, mais aussi l'envie de commenter à mon tour la pertinence de l'ouvrage l'ont emporté sur le respect du Maître. Il est vrai que ce livre est plus que jamais une référence essentielle pour tous ceux, étudiants, enseignants et chercheurs, qui souhaitent acquérir une connaissance simple du spectre de techniques qu'ils peuvent avoir à leur disposition.

L'analyse chimique, après une traversée du désert dont je m'étonne toujours, redevient incontournable. Sa précision accrue grâce aux progrès technologiques récents, sa sensibilité chaque jour plus fine, la diversité de ses approches font que, sans elle, bien des problèmes actuels ne pourraient être abordés avec toute l'acuité souhaitable, que ce soit dans des domaines aussi divers que la procédure REACH, la lutte antidopage ou la recherche d'ultratraces.

Le livre des Rouessac (le R. disait Guy Ourisson), depuis sa première parution en 1992, n'a pas vieilli. Ses auteurs, toujours en quête des nouveautés qui apparaissaient dans la littérature scientifique, ont toujours su, au travers de ses différentes éditions, lui conserver un caractère d'actualité, au grand bénéfice de ses lecteurs.

Plus qu'un livre d'enseignement, le R. est un document pédagogique, écrit dans un langage simple, qu'il s'agisse du concept comme de l'application, illustré de schémas clairs au sein d'une architecture de composition très aérée. Sacrifiant aux nouvelles tendances, il va même jusqu'à fournir à la fin de l'ouvrage des adresses web pour les curieux... On parcourt ce livre avec bonheur, et même parfois avec un certain sourire devant l'humour discret des auteurs.

En effet, regardez l'illustration de couverture... Le choix des molécules n'est pas neutre : il s'agit de la taurine, présente dans le Red Bull dont les étudiants font usage pour se donner des forces. Quant à la mélamine...

Tout concourt donc à faire de cette septième édition un succès... En attendant la huitième !

Gérard Férey
Membre de l'Académie des Sciences
Le 18 janvier 2009

PRÉFACE DE LA PREMIÈRE ÉDITION

Une lente évolution, lente, lente, se produit-elle dans les pratiques universitaires françaises ? Des livres scientifiques en français deviennent disponibles. En trente ans, on a vu disparaître les gros classiques d'avant-guerre, démodés, puis sortir quelques livres qui étaient essentiellement des notes de cours améliorées, peu diffusées sans doute parce que correspondant davantage à un besoin local qu'à une tentative sérieuse de rénover la pédagogie. Puis des traductions plus ou moins profondément remaniées de livres américains. Et enfin quelques ouvrages à succès, dont le grand nombre d'éditions, et le tirage, ont dû remplir d'aise auteurs et éditeurs – et cela parce qu'ils sont utiles aux étudiants et qu'ils sont originaux par rapport à leurs homologues étrangers.

S'il nous était possible depuis quelques années de conseiller aux étudiants de se procurer pour la Chimie Organique le « H.&C. », ou de leur indiquer que le niveau de Chimie Physique atteint en DEUG était celui de la 15e édition du « A », il était bien difficile jusqu'ici de pouvoir miser sur un livre d'introduction générale en Chimie Analytique. Le « R », le Rouessac, va pouvoir combler cette lacune.

« Analyse Chimique », en fait, tel est son titre. Il y a quelques années, des collègues spécialisés en Chimie Analytique m'avaient effectivement expliqué que je confondais leur domaine et l'analyse chimique : la Chimie Analytique était une science désincarnée, éloignée des basses applications, celles de l'analyse chimique (notez le jeu d'initiales majuscules et minuscules). Pourtant, je n'en crois rien, et je n'ai jamais su si le cours de Chimie Analytique que j'ai introduit à Strasbourg il y a une quinzaine d'années était Ceci ou cela. Le Rouessac est l'un ou l'autre. Son sous-titre est plus explicite : il s'agit de « Méthodes et Techniques Instrumentales Modernes ». Explicite, mais peu informatif : l'analyse chimique s'est toujours faite à l'aide d'instruments, et ils n'ont jamais cessé de se moderniser. Pendant longtemps, le plus important a été la balance ; il reste essentiel (et on peut espérer qu'une prochaine édition du R. décrira ce qu'est devenue cette méthode instrumentale moderne - il y suffira de quelques pages).

Aujourd'hui, ce sont des méthodes bien plus variées et plus complexes qui font la loi dans les laboratoires. Le R. les décrit de façon systématique et simple, mais précise. Que ce soit pour les méthodes de séparation comme, bien sûr, toutes les variantes des chromatographies, ou pour les méthodes d'identification structurale on y trouvera une introduction bien équilibrée. Livre d'enseignement, le R. l'est dans la mesure où un chimiste qui en connaîtrait tout le contenu (et aurait reçu une initiation pratique, bien sûr) ne serait guère en peine de se rendre utile dans n'importe quel laboratoire. Livre d'enseignement réussi, il l'est aussi, par le soin qu'il met aux explications.

Une préface élogieuse se doit d'évoquer de futures éditions. Dans ces nouvelles versions, j'espère que F. Rouessac et son épouse pourront trouver la place de quelques compléments : sur la balance, je l'ai dit, mais aussi sur les méthodes électrochimiques, l'échantillonnage – si rarement discuté –, et sur le traitement des données numériques (conservation des données primaires, archivage, traitements statistiques, présentations graphiques, etc.).

Guy Ourisson
Membre de l'Académie des Sciences, 23 avril 1992

TABLE DES MATIÈRES

DEUXIÈME PARTIE

MÉTHODES SPECTROMÉTRIQUES

TROISIÈME PARTIE

AUTRES MÉTHODES

AVANT-PROPOS

Ce manuel est destiné à donner un ensemble de connaissances de base sur les méthodes les plus souvent rencontrées en analyse chimique, qualitative, quantitative et structurale, dans des secteurs aussi variés que constituent les industries chimiques, pharmaceutiques, agroalimentaires, ainsi que ceux de l'environnement et des réglementations diverses.

Les méthodes passées en revue dans cet ouvrage sont classées en *méthodes séparatives*, *méthodes spectrales* et *autres méthodes*. Chacune d'elles fait l'objet d'une étude qui s'appuie sur les idées de base pour se prolonger par les principales techniques instrumentales correspondantes. L'ensemble est illustré de schémas de principe, dessins et photographies, dont beaucoup s'inspirent d'instruments réels et de documents obtenus auprès des constructeurs. Afin de maintenir une taille raisonnable à l'ensemble de cet ouvrage, les méthodes plus rarement utilisées ou celles en évolution régressive, n'ont pas été traitées.

Rédigé clairement, le texte s'adresse à un large éventail d'étudiants des IUT (Départements chimie, mesures physiques, biologie appliquée...), des classes de techniciens supérieurs (BTS), de Licence et Master qui veulent compléter ou retrouver des connaissances de base, étudiées de manière fragmentaire. Ce livre devrait également être utile aux participants de cycles de formation continue, aux formations du CNAM et aux agents de maîtrise de l'industrie, confrontés aux problèmes d'analyse de composés chimiques ou qui ont l'intention de préparer des concours. Les besoins en analyse chimique dans des secteurs professionnels qui en étaient restés à l'écart, alliée au choix grandissant des techniques et instruments disponibles, justifient également l'information et la mise à niveau de nombreuses personnes.

Les connaissances requises pour aborder cet ouvrage correspondent à celles des étudiants en première année des premiers cycles universitaires. Les auteurs se sont donc limités au rappel des principes fondamentaux et ont tenu compte de l'évolution des connaissances des étudiants dont l'approche des phénomènes physiques et le bagage mathématique ont évolué. Le texte comporte un minimum de rappels théoriques sur les phénomènes concernés, afin de ne pas écarter une partie des lecteurs pour lesquels ce livre est destiné. Les intéressés pourront, si nécessaire, aborder ultérieurement la lecture d'ouvrages spécialisés, en ayant acquis avec ce livre une vision d'ensemble assez complète des méthodes actuelles et de leurs aspects pratiques.

Présenter plus d'une vingtaine de méthodes, avec des exercices (et leurs corrigés) sur environ 500 pages peut sembler un défi. C'est la raison pour laquelle, les auteurs ont préféré se limiter à la présentation des outils plutôt que de décrire tout ce que leur usage permet de faire. Seules les méthodes ont un caractère universel. Les applications ont donc été simplement choisies dans un but illustratif. Nous vous signalons qu'un chapitre supplémentaire traitant des paramètres statistiques de base est disponible sur le site des éditions Dunod (www.dunod.com).

Ce livre a pour origine le cours et les travaux dirigés proposés aux étudiants de l'IUT du Mans. Cette nouvelle édition a été actualisée et complétée, par rapport aux précédentes. Les 3e et 5e éditions de cet ouvrage ont été traduites en langue anglaise. Elles ont pour titre *Chemical Analysis, Modern Instrumentation Methods and Techniques*, John Wiley & Sons, Ltd. (Chichester, 2002 et 2007). La 5e édition a été traduite en langue espagnole. Elle a pour titre *Anàlisis Quimico. Methodos y Técnicas Instrumentales Modernas,* McGraw-Hill Interamericana de Espana, S.A.U. (2003).

Nous remercions Daniel Cruché, professeur agrégé à l'IUT du Mans, Claire Duverger-Arfuso et Arnaud Martel, tous deux maîtres de conférences à l'IUT du Mans qui ont collaboré à cette édition. Ils ont tous les trois apporté modifications, compléments et suggestions pertinentes.

Nous remercions également toutes les sociétés françaises et étrangères contactées, qui ont toujours répondu favorablement à notre demande pour nous apporter des informations pratiques. Leur aide a été précieuse, car l'instrumentation analytique est un secteur qui s'imprègne sans retard des progrès technologiques dans des domaines très variés.

Les auteurs expriment enfin leur vive reconnaissance à feu monsieur le professeur Guy Ourisson, ancien Président de l'Académie des Sciences, qui avait suivi l'évolution de cet ouvrage au travers de ses éditions successives et nous avait fait le grand honneur d'en préfacer les premières éditions. Enfin nous exprimons notre profonde gratitude au professeur Férey, Membre de l'Académie des Sciences, pour son aimable préface à la présente édition.

Le Mans, Mars 2009 — F. Rouessac & A. Rouessac

Liste non exhaustive des sociétés qui ont aimablement accepté de fournir des renseignements et documents, dont certains sont reproduits dans ce livre :

Agilent Technologies, Alltech Associates Inc., American Gas & Chemical Co., American Stress Technologies, Amptek Inc, Anotec, Antek, Arelco, Asoma, ATI, ATS, Aurora, Bio-Rad, Bosch, Bruker Daltonik, Camag, Carbone-Lorraine, Chrompack, Ciba, CTTM, Daiiso Company, Desaga, Dionex, DuPont, EG & G-ORTEC, ETP Scientific, Eurolabo, Finnigan, Foxboro, Galileo, Grasby-Electronics, Hamamatsu, Hamilton, Imaging Sensing Technology, Jeol, Jenway, Jordan Valley, Horiba-Jobin-Yvon, Labsystems, Leeman Labs., Leybolds, Merck, Metorex, Metrohm, Mettler-Toledo, Microsensor Technology, Nicolet, Ocean Optics BV, Oriel, Ortec, Oxford Instruments, Panalytical B.V., Perkin-Elmer, PESciex, Pharmacia-Biotech, Philips, Photovac, Polymer Lab., PSS, Rheodyne, RTI, SAFAS SA, Scientec, Scientific Glass Company, Servomex, Shimadzu, Siemens, SMIS, Specac, Spectro, Starna Scientific Ltd., Supelco, Tekmar, Teledyne, Thermo Electron, Thermo-Optek, Thermo-Quest, Thermo Jarrell Ash, Tosohaas, Varian, VG Instruments, Vidac, Waters, Wilmad, Wyatt Technology.

INTRODUCTION

La *chimie analytique* est une science proche de la chimie physique. Elle se rapporte à l'étude des comportements chimique et physique des composés purs ou en solution soumis à diverses conditions. En cela c'est une science fondamentale et quelquefois abstraite. Elle a aussi pour rôle d'interpréter les informations recueillies. Mais on la perçoit souvent sous son aspect appliqué, ayant pour objet de mettre en œuvre des méthodes appropriées dans le but d'acquérir des informations sur la *nature*, la *composition* et la *structure* de composés présents dans des échantillons variés. Cet aspect réducteur de la chimie analytique n'est autre que l'*analyse chimique* qui rassemble toutes les méthodes et procédés permettant de résoudre les problèmes concrets d'analyse. Le terme *chimique* rappelle qu'il s'agit de l'analyse des *éléments chimiques* et des *composés définis* qui en dérivent.

Son étude implique d'aborder des domaines de connaissances variés. C'est une science multidisciplinaire, de transfert, dont les retombées se font dans toutes les sciences expérimentales. Elle fait appel pour parvenir à ses fins à beaucoup de notions dont certaines sont fort éloignées de la chimie, au sens habituel de ce terme.

En analyse chimique, il est d'usage de distinguer deux catégories de méthodes. La première regroupe les méthodes chimiques proprement dites qui mettent en jeu les propriétés chimiques pour obtenir l'information chimique sur la matière traitée et la seconde, dorénavant au premier plan, qui comprend les méthodes physiques et physico-chimiques utilisant des propriétés particulières de la matière pour aboutir à des mesures en relation avec cette même information chimique.

Les méthodes traditionnelles, dites par voie humide — à l'origine du terme de *chimie analytique* — ont beaucoup diminué d'importance. Les analyses, dont plus de la moitié concerne des composés à l'état de traces, évitent les méthodes qui mettent en jeu des réactions chimiques parce que souvent laborieuses. Elles nécessitent des échantillons importants car moins sensibles et risquent d'être faussées si on doit utiliser des réactifs dont la pureté est insuffisante. En revanche, la plupart des analyses actuelles s'effectuent par l'intermédiaire d'instruments variés dont beaucoup relèvent par exemple de la spectroscopie appliquée. Ainsi est née l'analyse instrumentale avec son formidable arsenal de procédés à l'origine d'appareils que l'on trouve souvent installés ailleurs que dans des laboratoires d'analyses traditionnels.

L'évolution des technologies a permis la réalisation d'instruments très performants, apportant des possibilités nouvelles, notamment avec l'introduction des méthodes couplées, des contrôles non-destructifs et du concept de *spéciation* (distinction des différentes structures dans lesquelles un élément peut être présent dans l'échantillon) — qui se contentent de petits échantillons ne nécessitant pas, ou très peu, de préparation préalable à la mesure. Parmi les tendances actuelles de l'analyse on observe aussi une augmentation des instruments miniaturisés, portables ainsi que des analyseurs spécifiques ou automatiques.

Ainsi, les utilisateurs peuvent désormais acquérir des appareils qui répondent aux normes de précision et de qualité nécessaires pour accéder à la certification ou encore faire reconnaître officiellement la qualité des résultats d'un laboratoire. Ces procédures d'accréditation sont désormais imposées par les nombreux organismes de contrôle des pays. L'analyste est à même de répondre à des demandes de plus en plus nombreuses et variées concernant des secteurs aussi variés que le médical, l'agroalimentaire, la biochimie, l'environnement (pollutions), la sécurité (explosifs, drogues, matières chimiques...). La chimie analytique est donc indispensable dans de nombreux secteurs autres que ceux, traditionnels, de la chimie ou de la parachimie. Elle est de plus en plus présente au sein des activités humaines. Tout un chacun en bénéficie.

Pour mener à bien ces études l'analyste doit être non seulement formé aux différentes techniques, mais connaître les concepts de base de la chimie, sachant qu'il arrive souvent qu'un composé puisse être dosé par des méthodes différentes. Choisir une bonne méthode et si possible la meilleure, exige la connaissance de beaucoup de paramètres. Ainsi lorsqu'un nouvel objectif d'analyse a été défini, le problème doit être abordé méthodiquement. On doit d'abord faire le *choix de la méthode* : méthode spectroscopique, électrochimique, séparative... Puis vient le *choix de la technique,* suivi du *choix du procédé* relatif au prélèvement et au traitement préalable à faire subir à l'échantillon. Enfin il faut établir un *protocole,* la « recette du dosage », généralement un processus faisant l'objet de normes définies (AFNOR), ce qui conduit au mode opératoire retenu. Cette normalisation porte sur la standardisation des étapes, de la préparation de l'échantillon à la conduite des mesures. Les résultats, enfin, doivent être établis suivant les normes en vigueur et les données brutes de l'analyse conservées sous forme d'un fichier informatique qui ne peut être modifié. Toute cette approche fait l'objet de textes officiels connus sous le nom des Bonnes Pratiques de Laboratoire (BPL).

Pour conseiller la meilleure méthode afin de résoudre le problème d'analyse, il existe une science, appelée *chimiométrie*. Elle a pour but de venir en aide à l'analyste, en fonction des impératifs exigés et selon plusieurs orientations : méthodologie appropriée, plan d'échantillonnage minimum, traitement des données et interprétation des résultats. En s'appuyant sur l'outil informatique, elle cherche à apporter une réponse correcte par exploitation des résultats au moyen des méthodes statistiques afin de réduire le nombre d'essais pour les analyses longues ou coûteuses.

Partie I

Méthodes séparatives

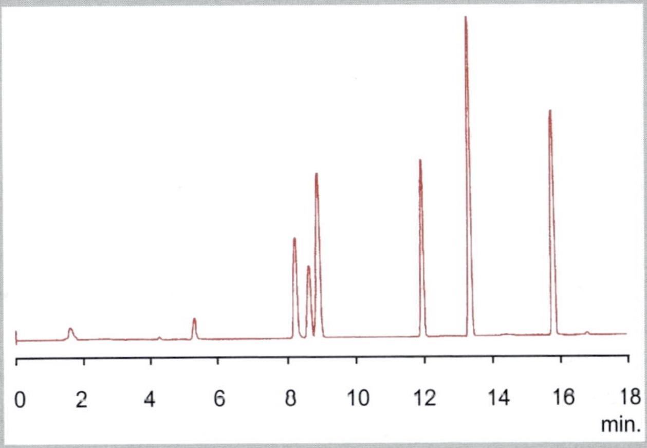

L'invention de la chromatographie

On a coutume d'attribuer à Michel Tswett l'invention, peu après 1900, de la chromatographie actuelle. Au travers de ses publications successives, on peut en effet reconstituer sa démarche intellectuelle qui en fait un pionnier, si ce n'est l'inventeur, de cette importante méthode séparative. Son domaine de recherche était lié à la biochimie des plantes. À son époque on savait extraire avec de l'éthanol la chlorophylle et les autres pigments des plantes vertes, souvent des feuilles. En évaporant ce solvant, il restait un extrait noirâtre qui pouvait être redissous dans bon nombre d'autres solvants et en particulier dans l'éther de pétrole (on dirait maintenant des solvants polaires ou non polaires). Cependant on ne comprenait pas bien pourquoi ce dernier solvant était incapable d'extraire directement la chlorophylle des plantes. Tswett émit l'hypothèse que dans les plantes la chlorophylle devait être retenue par des forces qui la fixait sur la cellulose, empêchant ainsi l'éther de pétrole de l'extraire. Il entrevoyait ici le *principe de l'adsorption*. Pour tester cette hypothèse il eut l'idée de dissoudre l'extrait de pigments dans l'éther de pétrole et d'ajouter du papier filtre (cellulose), comme succédané du tissu des feuilles. Il s'aperçut alors que le papier captait la teinte et qu'en ajoutant de l'éthanol au mélange on pouvait ré-extraire ces mêmes pigments.

En prolongement de ce travail, il décida de faire des essais systématiques avec toutes sortes de poudres dont il pouvait disposer. Pour gagner du temps, il avait réalisé un montage qui lui permettait de faire plusieurs essais simultanément.

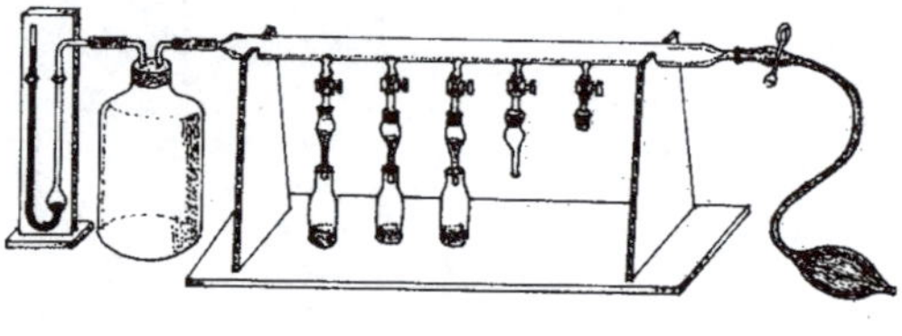

Il plaçait les poudres à tester dans les tubes et il ajoutait à chacun d'eux une solution des pigments dans l'éther de pétrole. Cela lui permit d'observer que dans certains tubes les poudres laissaient apparaître des anneaux superposés aux couleurs différentes, ce qui témoignait que la force de rétention variait avec la nature des pigments présents. En rinçant les colonnes avec des solvants différents, il put recueillir séparément certains de ces constituants. La chromatographie moderne était née. C'est un peu plus tard, en 1906, qu'il rédigea la publication (parue dans Ber. Dtsch. Botan., Ges.), dans laquelle il écrivit le paragraphe le plus souvent cité : « Comme les radiations lumineuses dans le spectre, les différents composants d'un mélange de pigments, obéissant à une loi, se trouvent séparés sur la colonne de carbonate de calcium et peuvent ensuite être déterminés qualitativement et quantitativement. J'appelle une telle préparation un chromatogramme et la méthode correspondante la méthode chromatographique ».

CHROMATOGRAPHIE, ASPECTS GÉNÉRAUX

1

La chromatographie est une méthode de séparation des constituants présents dans des mélanges variés. Elle sert en analyse à des fins d'identification et de quantification. Le principe de base repose sur les équilibres de concentration qui apparaissent lorsqu'un composé est mis en présence de deux phases non miscibles. En chromatographie, l'une, dite stationnaire, est emprisonnée dans une colonne ou fixée sur un support et l'autre, dite mobile, se déplace au contact de la première. Si plusieurs composés sont présents, ils se trouvent entraînés à des vitesses différentes, provoquant leur séparation. Ce procédé hydrodynamique a donné naissance à une méthode analytique instrumentale qui a un très grand domaine d'applicabilité et par suite se trouve très répandue. Aucun laboratoire analysant des composés moléculaires ne peut ignorer la chromatographie.

1.1 GÉNÉRALITÉS SUR LA CHROMATOGRAPHIE ANALYTIQUE

La chromatographie est un procédé physico-chimique de séparation, au même titre que la distillation, la cristallisation ou l'extraction fractionnée, des constituants d'un mélange homogène liquide ou gazeux. Les applications de ce procédé sont donc potentiellement très nombreuses, d'autant plus que beaucoup de mélanges hétérogènes ou sous forme solide peuvent être mis en solution par emploi d'un solvant (celui-ci apparaissant comme un composé supplémentaire).

L'expérience de base en chromatographie peut être décrite comme suit (fig. 1.1) :

1. On immobilise dans une *colonne* un solide finement divisé appelé *phase stationnaire*.
2. On place en tête de colonne une petite quantité de l'*échantillon* à séparer.
3. On force cet échantillon à traverser la colonne de son entrée vers sa sortie au moyen de la *phase mobile* afin d'entraîner ses divers constituants. Si les composés présents migrent à des vitesses différentes, ils pourront être recueillis séparément en sortie de colonne, chacun en solution dans la phase mobile.

En dehors de cette exploitation de la chromatographie qui perdure depuis son origine, ce procédé est devenu en soi une méthode d'analyse lorsqu'on eut l'idée de mesurer les temps de migration des composés dans la colonne pour les identifier. Pour cela il devenait indispensable de maîtriser certains paramètres (débits, température...) et il fallait placer en sortie de colonne un détecteur pour repérer les changements de composition de la phase mobile. Cette application de la chromatographie, dont le but n'est plus de récupérer les composés séparés mais de mesurer leurs temps de passage dans la colonne s'est développée lentement.

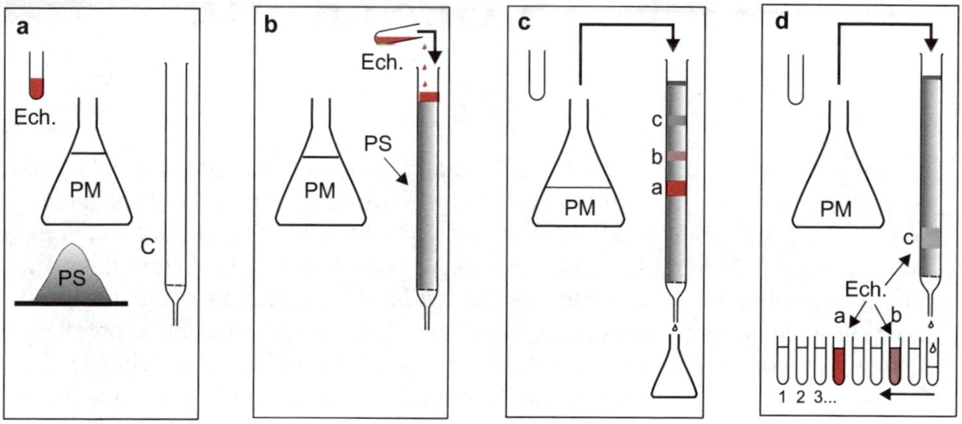

Figure 1.1

L'expérience de base en chromatographie.

a) Les ingrédients nécessaires (C, colonne, PS, phase stationnaire, PM, phase mobile et E_{ch}., échantillon) ; b) le dépôt de l'échantillon ; c) le début de l'élution ; d) la récupération des produits après séparation.

L'identification d'un composé par chromatographie correspond à une méthode comparative.

Pour identifier un composé, dont on ne sait s'il s'agit de A ou de B, par la méthode chromatographique, on compare son *temps de migration* à ceux des deux composés de référence A et B, ceci, sans changer d'appareillage et en se plaçant dans les mêmes conditions expérimentales.

Dans une telle expérience de chromatographie analytique, on n'a pas effectué des séparations (il s'agit de produits purs) mais simplement repéré des temps de migration. Cependant il apparaît trois points faibles à cette méthode : le procédé est assez long de mise en œuvre, l'identification n'est pas absolue, et le contact physique entre l'échantillon et la phase stationnaire peut modifier ses propriétés à demeure, en particulier les temps de rétention.

Ce procédé particulier de fractionnement est né, sous sa forme moderne, au début du siècle dernier, des travaux du botaniste Michaël Tswett à qui on attribue également l'invention des termes de *chromatographie* et de *chromatogramme.*

La technique s'est considérablement améliorée depuis ses débuts. On dispose actuellement de chromatographes pilotés par des logiciels qui rassemblent autour d'une colonne performante et miniaturisée — pour pouvoir séparer des micro-quantités d'échantillon — tout un ensemble d'accessoires destinés à assurer la répétabilité des expériences successives par la maîtrise parfaite des différents paramètres de séparation. Pour des analyses successives d'un même échantillon, réalisées dans des conditions identiques à plusieurs heures d'intervalle, les temps de rétention sont reproductibles à la seconde près (fig. 1.2).

Chaque séparation effectuée donne lieu à un enregistrement particulier appelé *chromatogramme*, qui correspond au tracé des variations de composition de la phase éluée au cours du temps. Pour obtenir ce document particulier, il faut placer à l'extrémité aval de la colonne un *capteur*, appelé détecteur, dont il existe un grand nombre de variantes.

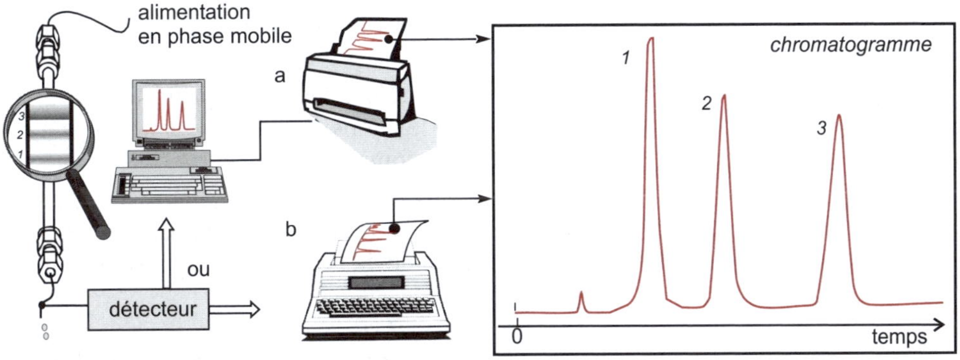

Figure 1.2
Principe de l'analyse par chromatographie.
Le chromatogramme, passage obligé de toute analyse chromatographique, est obtenu à partir des variations en fonction du temps d'un signal électrique envoyé par le détecteur. Il est soit présenté en temps réel soit en différé à partir des valeurs instantanées mises en mémoire dans un micro-ordinateur. Les logiciels de chromatographie recalculent ces valeurs pour être mises au format désiré (a, imprimante). Pendant longtemps il a été obtenu avec un simple enregistreur graphique ou un enregistreur-intégrateur (b). Chromatogramme illustrant la séparation d'un mélange de 3 constituants principaux. Noter l'ordre d'apparition des pics en correspondance avec la position de chaque constituant dans la colonne.

L'identification d'un composé moléculaire, à partir du chromatogramme, est quelquefois aléatoire. Une manière plus sûre consiste à associer deux techniques complémentaires. On réunit, par exemple, un chromatographe et un second appareil « en ligne », tel un spectromètre de masse ou un spectrophotomètre infrarouge. Ces méthodes couplées, du *second ordre* (ou *bidimensionnelles)* permettent de récupérer deux types d'informations indépendantes (temps de migration et « spectre »). On peut alors déterminer avec certitude la composition de mélanges complexes ou la concentration de certains composés à partir de quantités de l'ordre du nanogramme (analyses de confirmation).

1.2 LE CHROMATOGRAMME

Le *chromatogramme* est une courbe qui traduit la variation au cours du temps d'un paramètre relié à la concentration ou à la quantité du soluté en sortie de colonne (fig. 1.3). Le temps (ou très rarement le *volume d'élution*) est porté en abscisse, l'origine des temps coïncidant avec l'introduction de l'échantillon dans le système d'injection. La réponse du détecteur est portée en ordonnée. La *ligne de base* correspond à la réponse du détecteur en dehors de tout passage de soluté. La séparation est complète entre deux composés quand le chromatogramme correspondant présente deux *pics chromatographiques* revenant chacun à la ligne de base.

Un constituant est caractérisé par son *temps de rétention* t_R, qui représente le temps écoulé entre l'instant de l'injection et celui qui correspond sur le chromatogramme au maximum du pic qui lui est lié. Dans le cas idéal t_R est indépendant de la quantité injectée. Plus le temps de rétention est élevé, plus le pic est large.

Un constituant non retenu sort de la colonne au temps t_M, appelé temps mort[1] (désigné également par t_0). La différence entre le temps de rétention et le temps mort est désignée par le temps de rétention réduit du composé t'_R.

En analyse quantitative on se contente le plus souvent de bien séparer du mélange le ou les constituants à doser. Si le signal envoyé par le capteur varie linéairement avec la concentration d'un composé, il en sera de même de l'aire du pic correspondant sur le chromatogramme.

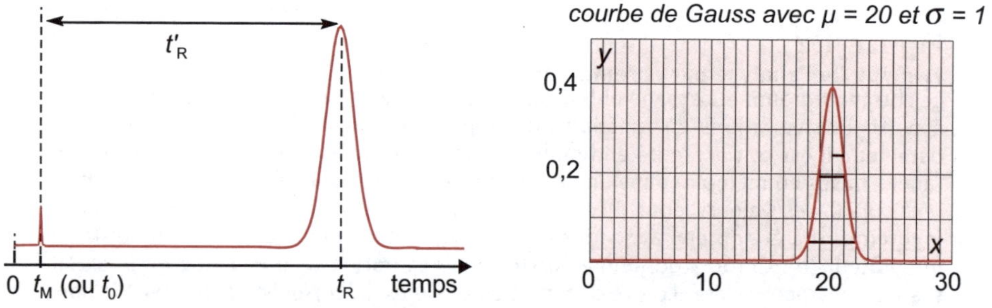

Figure 1.3
Courbe d'élution en chromatographie.
Représentation du temps d'élution et exemple de tracé de la fonction 1.1.

1.3 Pics d'élution gaussiens et pics réels

Un pic d'élution idéal, sur un chromatogramme, a le même aspect que la représentation graphique de la loi Normale de distribution des erreurs aléatoires (courbe de Gauss 1.2, *cf.* § 22.3). En conservant les notations classiques, μ correspond ici au temps de rétention et σ à l'écart type du pic d'élution (dont le carré symbolise la variance). y représente le signal, en fonction du temps x, du détecteur situé en sortie de colonne (fig. 1.4).

C'est pourquoi, afin de modéliser le signal d'un pic d'élution parfait d'un constituant, on utilise la fonction « densité de probabilité » (1.2).

1. Les symboles utilisés suivent les recommandations de l'IUPAC – ***Pure & Appl. Chem***, 65(4), 819, (1993)

Dans cette expression, σ représente l'unité de largeur (exprimée selon les besoins en unité de longueur, de temps ou de volume) et μ est égal à zéro ce qui fait coïncider l'axe de symétrie du pic avec la nouvelle origine des temps.

$$y = \frac{1}{\sigma\sqrt{2\pi}} \cdot \exp\left[-\frac{(x-\mu)^2}{2\,\sigma^2}\right] \tag{1.1}$$

$$y = \frac{1}{\sqrt{2\pi}} \cdot \exp\left[-\frac{x^2}{2}\right] \tag{1.2}$$

Cette fonction caractérise une courbe paire (maximum pour x = 0, y = 0,399) qui possède deux points d'inflexion pour x = ± 1 (fig. 1.4), dont l'ordonnée est de 0,242 (soit 60,6 % de la valeur du maximum) et dont la largeur aux points d'inflexion est égale à 2σ, (σ = 1).

En chromatographie, δ désigne la largeur à mi-hauteur (δ = 2,35 σ) et σ^2 la *variance* du pic. La largeur « à la base » du pic, appelée ω est mesurée à 13,5 % de la hauteur, point où, la courbe étant gaussienne, on a $\omega = 4\sigma$ par définition.

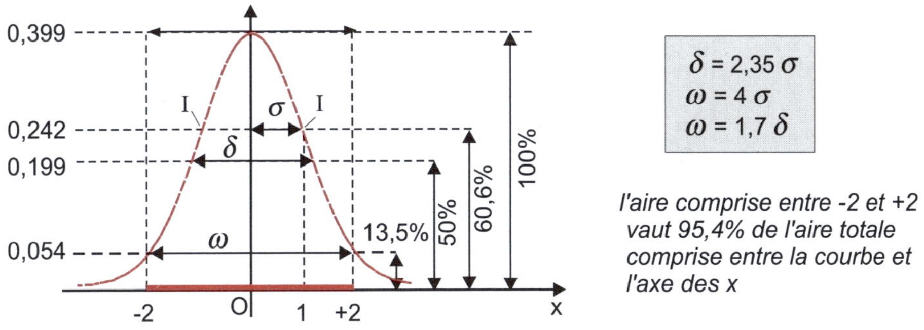

Figure 1.4

Caractéristiques d'un pic chromatographique idéal.
Signification des trois paramètres classiques et résumé des caractéristiques d'une courbe de Gauss.

Les pics chromatographiques réels sont parfois loin de l'aspect gaussien, pour plusieurs raisons. Il faut en premier lieu considérer que la demi-largeur du pic au point d'inflexion n'est pas seulement due à l'élution dans la colonne mais également à l'injection et à la détection, ce qu'on résume en posant l'expression suivante (1.3) :

$$\sigma^2_{tot} = \sigma^2_{inj} + \sigma^2_{col} + \sigma^2_{\text{det}} \tag{1.3}$$

où σ^2_{tot}, σ^2_{inj}, σ^2_{col}, σ^2_{det} sont respectivement la variance totale (celle observée expérimentalement), la variance due à l'*injection* (durée de l'injection, durée de la pénétration de l'échantillon dans la colonne), la variance due à la *colonne* (élution) et la variance due à la *détection* (volume mort entre sortie de colonne et détecteur, durée de réponse du détecteur...).

D'autres phénomènes physiques viennent se superposer aux effets précédents — ils peuvent faire apparaître une asymétrie du pic chromatographique. En particulier il se produit une irrégularité de concentration dans la zone de dépôt de la substance en tête de colonne. De plus, la vitesse de la phase mobile est nulle au niveau de la paroi et maximum au centre de la colonne. L'asymétrie observée d'un pic est traduite par deux paramètres appelés, l'un le *facteur d'asymétrie* (F_a) mesuré à 10 % de la hauteur du pic et l'autre, le *facteur de traînée* (F_t) mesuré à 5 % de sa hauteur (pour la signification de a et b, voir fig. 1.5) :

$$F_a = \frac{b}{a} \qquad (1.4) \qquad\qquad F_t = \frac{a+b}{2a} \qquad (1.5)$$

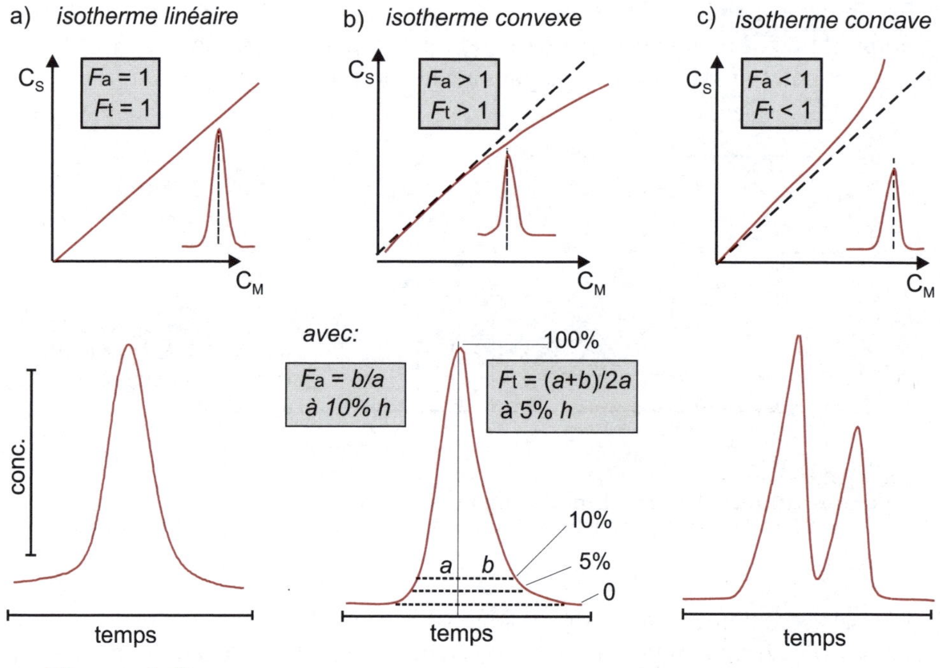

Figure 1.5
Isothermes de distribution.
a) Situation idéale correspondant à l'invariance de l'isotherme de concentration ; b) situation dans laquelle la phase stationnaire est saturée — de ce fait la montée du pic est plus rapide que la descente (facteur de traînée plus grand que 1) ; c) situation inversée : le constituant est trop retenu dans la phase stationnaire, le temps de rétention est allongé et la montée du pic est plus lente que la descente, qui apparaît normale. Pour chaque type de colonne, les fabricants indiquent quelle est leur capacité limite exprimée en ng/composé, avant déformation du pic. Les situations a, b et c sont illustrées avec des chromatogrammes réels en CLHP.

1.4 Modèle des plateaux

Depuis plus d'un demi-siècle, différentes théories visant à modéliser la chromatographie ont été et continuent à être proposées. Les plus connues sont les approches statistiques (théorie stochastique), le modèle des plateaux, et l'approche par la dynamique moléculaire.

Pour expliquer le mécanisme de migration et de séparation des composés dans la colonne, le modèle le plus ancien, ou *modèle des plateaux* de Craig, est une approche statique, jugée obsolète, mais qui permet de décrire de manière simple les séparations.

Bien que la chromatographie soit un phénomène continu, on considère dans le modèle statique de Craig que chaque soluté se déplace progressivement en une suite d'étapes distinctes. Le processus élémentaire est représenté par un cycle d'adsorption/désorption. L'enchaînement de ces étapes reproduit la migration des fluides dans la colonne, de même qu'un film de dessins animés donne l'illusion du mouvement par une suite d'images fixes. Chaque étape correspond à un nouvel état d'équilibre de *toute* la colonne.

Ces équilibres successifs sont à la base de la notion de *plateau théorique* selon laquelle la colonne de longueur L est découpée en N petits disques fictifs de même hauteur H, numérotés de 1 à n. Pour chacun d'eux, la concentration du soluté dans la phase mobile est en équilibre avec la concentration dans la phase stationnaire de ce soluté. À chaque nouvel équilibre le soluté a progressé d'un petit disque supplémentaire dans la colonne, appelé *plateau théorique*.

La *hauteur équivalente à un plateau théorique* (HEPT ou H) est donnée par la relation (1.6) :

$$H = \frac{L}{N} \tag{1.6}$$

Cette approche fait appel aux règles de développement des polynômes pour calculer, au niveau de chaque plateau, les masses réparties entre les deux phases en présence.

Cette théorie a pour défaut de ne pas tenir compte de la dispersion due à la diffusion des composés dans la colonne.

> Le terme de *plateau théorique* vient d'une approche ancienne décrivant la chromatographie en prenant pour modèle la distillation par Martin et Synge (prix Nobel de chimie en 1952). Ce terme ancré pour des raisons historiques n'a pas la signification physique de son homonyme servant à mesurer les performances d'une colonne à distiller. Il aurait peut-être été préférable de le baptiser par exemple du nom de Tswett !

Le temps total t_R de migration du soluté dans la colonne peut être séparé en deux termes : le temps t_M pendant lequel il est dissous dans la phase mobile et où il progresse à la même vitesse que celle-ci, et le temps t_S pendant lequel il est fixé à la phase stationnaire et où il est donc immobile. Entre deux transferts successifs d'une phase à l'autre, on admet que les concentrations ont le temps de se rééquilibrer.

La chromatographie fait intervenir au moins trois équilibres : soluté/phase mobile, soluté/phase stationnaire et phase mobile/phase stationnaire. Dans une théorie récente de la chromatographie, on ne parle plus de molécules immobilisées par la phase stationnaire mais simplement ralenties lorsqu'elles passent à proximité.

1.5 Coefficient (ou constante) de distribution de Nernst (K)

C'est le paramètre physico-chimique de base en chromatographie qui quantifie le rapport de concentration de chaque composé entre les deux phases en présence.

$$K = \frac{C_S}{C_M} = \frac{\textit{concentration du soluté dans la phase stationnaire}}{\textit{concentration du soluté dans la phase mobile}} \tag{1.7}$$

Les valeurs de cette constante sont très variables. Plus elles sont élevées, plus le soluté est retenu. Elles dépendent, du moins pour la chromatographie liquide, de l'intensité de trois types d'interactions : phase stationnaire/soluté, phase mobile/soluté et phase mobile/phase stationnaire.

Comme toute constante d'équilibre, elle est fonction de la température. Elle est reliée aux variations d'enthalpie libre, d'enthalpie et d'entropie standard de la réaction d'échange par les relations suivantes :

$$\Delta G_T^0 = -RT \ln K_T = \Delta H_T^0 - T\Delta S_T^0 \tag{1.8}$$

La détermination expérimentale de K_T à deux températures différentes permet de calculer ces variations, dans l'hypothèse où les variations d'enthalpie et d'entropie standard restent pratiquement les mêmes entre ces deux températures. On peut écrire :

$$\ln K_{T_1} = -\frac{\Delta H_T^0}{RT_1} + \frac{\Delta S_T^0}{R} \approx -\frac{a}{T_1} + b \tag{1.9}$$

Connaissant K_T à deux températures la relation 1.9 permet de calculer les termes a et b.

$$a = \frac{\Delta H_T^0}{R} \quad (1.10) \qquad \text{et} \qquad b = \frac{\Delta S_T^0}{R} \quad (1.11)$$

Généralement la variation d'enthalpie standard est négative. Il en est de même pour la variation d'entropie standard qui correspond à un gain d'ordre lorsque le soluté se fixe sur la phase stationnaire.

1.6 EFFICACITÉ D'UNE COLONNE

1.6.1 Efficacité théorique (nombre de plateaux théoriques)

À mesure que le soluté migre dans la colonne, il occupe une zone allant s'élargissant (fig. 1.6). Cette dispersion linéaire σ_ℓ, repérée par la variance σ_ℓ^2 croît avec la distance parcourue. Lorsque cette distance vaut L, longueur de la colonne, on pose :

$$\sigma_L^2 = H \cdot L \tag{1.12}$$

En rappel du modèle de la théorie des plateaux, cette approche conduit à la valeur de la *hauteur équivalente à un plateau théorique* H et au nombre N de plateaux théoriques ($N = L/H$).

Donc, pour tout chromatogramme, à partir du pic d'élution d'un composé, dont on pourra mesurer la variance au cours du temps σ^2, ($\sigma = \sigma_\mathrm{L}/v$ où v désigne la vitesse moyenne d'élution d'un soluté) on pourra calculer pour ce composé l'*efficacité théorique* N (1.13) en fonction du temps de rétention t_R et en déduire la valeur de H en sachant que $H = L/N$.

$$N = \frac{L^2}{\sigma_L^2} = \frac{L^2 v^2}{\sigma_L^2 v^2} = \frac{L^2}{v^2} \cdot \frac{v^2}{\sigma_L^2} = \frac{t_R^2}{\sigma^2} \tag{1.13}$$

Ces deux paramètres sont accessibles de manière indirecte à partir du pic d'élution du composé. On mesure t_R et σ dont le rapport a même valeur que celui de L et de σ_L (1.13).

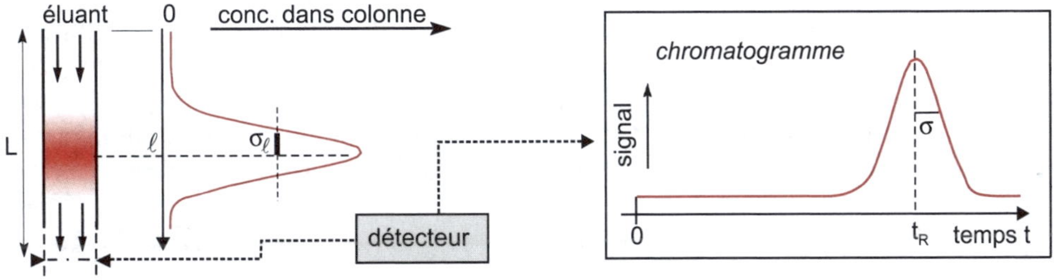

Figure 1.6
Dispersion d'un soluté dans une colonne.
La courbe de gauche correspond à une image *isochrone* de la concentration du composé élué à l'instant considéré, et le chromatogramme de droite, à la variation de la concentration en sortie de colonne en fonction du temps. t_R et σ sont dans le même rapport que L et σ_L. L'efficacité N peut donc être calculée à partir du chromatogramme en utilisant un double décimètre. Sur le graphe ci-dessus on trouverait environ 100 plateaux théoriques.

Sur le chromatogramme, σ représente la demi-largeur du pic à 60,6 % de sa hauteur et t_R le temps de rétention du composé. t_R et σ doivent être mesurés dans la même unité (temps, distances ou volumes écoulés, si le débit est constant). Si on exprime σ en unités de volume (en faisant intervenir le débit), 4σ correspond au « volume du pic » équivalent au volume d'éluant contenant 95 % du composé initialement injecté. Par suite des propriétés de la courbe de Gauss ($\omega = 4\sigma$), il en résulte la formule 1.14. Les pics étant assez souvent déformés à la base, cette dernière est rarement employée : on utilise de préférence la formule équivalente 1.15.

N est un paramètre relatif, puisqu'il dépend à la fois du soluté et des conditions opératoires suivies. On choisit généralement un constituant qui apparaît en fin d'analyse chromatographique pour avoir une valeur repère, à défaut de savoir si la colonne permet de réussir une séparation donnée.

$$N = 16\frac{t_R^2}{\omega^2} \quad (1.14) \qquad\qquad N = 5{,}54\frac{t_R^2}{\delta^2} \quad (1.15)$$

Pour les pics asymétriques (ce qui est souvent le cas), on rencontre parfois la relation empirique 1.16 pour calculer l'efficacité de la colonne :

$$N = 41{,}7\frac{\left(\dfrac{t_R}{\omega_{0,1}}\right)^2}{\left(\dfrac{a}{b} + 1{,}25\right)} \quad (1.16)$$

$\omega_{0,1}$ désigne la largeur du pic mesurée à 10 % de la hauteur.

1.6.2 Efficacité réelle (nombre de plateaux théoriques effectifs)

Afin de comparer les performances de colonnes de conceptions différentes, vis-à-vis d'un même composé — c'était notamment le cas en CPG lorsqu'on voulait comparer les performances d'une colonne capillaire et d'une colonne remplie — on remplace le temps total t_R qui figure dans les expressions 1.13 à 1.15 par le *temps de rétention réduit* t'_R (voir fig. 1.7) qui ne tient pas compte du temps mort t_M passé par le composé dans la phase mobile. Les trois précédentes expressions deviennent :

$$N_{eff} = \frac{t'^2_R}{\sigma^2} \quad (1.17) \qquad N_{eff} = 16\frac{t'^2_R}{\omega^2} \quad (1.18) \qquad N_{eff} = 5{,}54\frac{t'^2_R}{\delta^2} \quad (1.19)$$

Actuellement ces trois dernières relations ne sont plus de grande utilité.

1.6.3 Hauteur de plateau

La *hauteur équivalente à un plateau théorique H* a déjà été définie (formule 1.6). Ce paramètre est calculé pour des composés de référence car il permet de comparer des colonnes de longueurs différentes, bien qu'il ne s'agisse en aucune façon d'une constante. Sa valeur dépend du composé choisi et des conditions de l'expérience.

En chromatographie gazeuse, on a longtemps utilisé une valeur corrigée appelée *hauteur de plateau effectif* H_{eff}. faisant intervenir l'efficacité réelle à la place de l'efficacité théorique.

Le calcul de H_{eff} à partir de l'efficacité réelle utilise l'expression 1.20 :

$$H_{eff} = \frac{L}{N_{eff}} \tag{1.20}$$

Hauteur de plateau réduite. En chromatographie en phase liquide pour des colonnes dont le remplissage est formé de particules sphériques, on rencontre assez souvent un autre paramètre, la hauteur de plateau réduite h qui tient compte du diamètre moyen $\overline{d}_p$ des particules. On élimine ainsi l'effet de la taille des particules afin de comparer des colonnes dont le diamètre moyen $\overline{d}_p$est différent. Des colonnes de même hauteur de plateau réduite h conduisent à des performances voisines.

$$h = \frac{H}{\overline{d}_p} = \frac{L}{N \cdot \overline{d}_p} \tag{1.21}$$

1.7 Grandeurs de rétention

1.7.1 Temps de rétention

La définition du temps de rétention a été précédemment donnée dans le § 1.2.

1.7.2 Volume d'élution ou volume de rétention V_R

Le volume d'élution (de rétention) V_R de chaque soluté représente le volume de phase mobile nécessaire pour le faire migrer d'une extrémité à l'autre de la colonne. Il correspond sur le chromatogramme au volume de la phase mobile qui s'est écoulé entre l'instant de l'injection et celui correspondant au maximum du pic. Si le débit $\mathscr{D}$ est stationnaire, on a :

$$V_R = t_R \cdot \mathscr{D} \tag{1.22}$$

Volume d'un pic, V_{pic}

Il correspond au volume de phase mobile dans lequel 95 % du soluté se trouvent dilués en sortie de colonne. Il est égal, par définition, à :

$$V_{pic} = \omega \cdot \mathscr{D} \tag{1.23}$$

1.7.3 Volume de la phase mobile dans la colonne (volume mort V_M)

Le volume de la phase mobile dans la colonne (encore appelé volume mort) V_M correspond au volume interstitiel accessible. Il peut être calculé à partir du chromatogramme, à condition d'introduire un soluté non retenu par la phase stationnaire. On peut l'exprimer en fonction de t_M et du débit $\mathscr{D}$:

$$V_M = t_M \cdot \mathscr{D} \tag{1.24}$$

1.7.4 Volume de la phase stationnaire

Ce volume désigné par V_S n'est pas directement accessible à partir du chromatogramme. Dans les cas simples on le calcule en retranchant du volume total interne de la colonne vide le volume de la phase mobile. Une colonne, quelle qu'en soit sa conception, peut toujours être caractérisée par son *rapport de phase* β défini de la façon suivante :

$$\beta = \frac{V_M}{V_S} \tag{1.25}$$

1.7.5 Facteur de rétention *k* (ou de capacité)

Quand un composé de masse totale m_T est introduit dans la colonne, il se répartit en deux quantités : m_M dans la phase mobile et m_S dans la phase stationnaire. Si on ne change pas les conditions opératoires, ces deux quantités demeurent constantes au cours de sa migration dans la colonne. Leur rapport, appelé *facteur de rétention,* est indépendant de m_T :

$$k = \frac{m_S}{m_M} = \frac{C_S \cdot V_S}{C_M \cdot V_M} = K\frac{V_S}{V_M} = \frac{K}{\beta} \tag{1.26}$$

Le facteur de rétention, encore appelé *facteur de capacité k*, est un paramètre très important de la chromatographie. Il est défini en régime isocratique. Ce n'est pas une constante, bien qu'il ne varie pas avec le débit ou la longueur de la colonne, car il dépend des conditions opératoires. k est dépendant par K (coefficient de distribution de Nernst) de l'intensité des interactions soluté – phase stationnaire et par β de la conception de la colonne.

Pour cette raison il est quelquefois désigné par k' au lieu de k.

Ce paramètre rend compte de la faculté plus ou moins grande de la colonne à retenir chaque composé (*capacité*). Dans la mise au point des séparations on fait en sorte que k ne dépasse pas 10, afin de ne pas trop allonger le temps d'élution des composés, — une bonne valeur de k se situant aux alentours de 5

L'expression facteur de capacité présente une possibilité de confusion avec la **capacité** d'une colonne qui est la masse maximale de soluté que peut retenir la colonne sans être saturée. Ce facteur est donné par les constructeurs dans la description d'une colonne.

Approche expérimentale du facteur de rétention *k*. En s'appuyant sur le modèle de Craig, on imagine que chaque molécule d'un composé passe alternativement de la phase mobile (où elle progresse à la vitesse de celle-ci), à la phase stationnaire (où elle est alors immobile). Sa vitesse moyenne de progression dans la colonne est donc d'autant plus lente que le cumul des temps passés dans la phase stationnaire est plus grand.

Si on extrapole maintenant au cas de n molécules semblables de ce composé (l'échantillon de masse m_T), on admettra qu'à chaque instant, le rapport du nombre des n_S molécules fixées sur la phase stationnaire (masse m_S) et des n_M molécules présentes dans la phase mobile (masse m_M), est le même que celui des temps passés dans chaque phase pour une molécule isolée. Les trois rapports suivants ont donc même valeur :

$$\frac{n_S}{n_M} = \frac{m_S}{m_M} = \frac{t_S}{t_M} = k$$

Prenons le cas d'une molécule qui passe les 3/4 de son temps dans la phase stationnaire. Sa vitesse moyenne sera 4 fois plus lente que si elle restait en permanence dans la phase mobile. Par conséquent si 4 μg de composé ont été introduits dans la colonne, il y aura en moyenne et en permanence 1 μg dans la phase mobile et 3 μg dans la phase stationnaire.

Sachant que le temps de rétention d'un composé t_R est tel que $t_R = t_M + t_S$, la valeur de k est donc accessible à partir du chromatogramme ($t_S = t'_R$). Voir fig. 1.7 :

$$k = \frac{t'_R}{t_M} = \frac{t_R - t_M}{t_M} \qquad (1.27)$$

Cette relation importante est également souvent rencontrée sous la forme :

$$t_R = t_M(1 + k) \qquad (1.28)$$

Compte tenu des relations 1.16 et 1.18, le volume de rétention V_R d'un soluté pourra s'écrire :

$$V_R = V_M(1 + k) \qquad (1.29) \qquad \text{ou} \qquad V_R = V_M + K V_S \qquad (1.30)$$

Cette dernière expression qui relie les paramètres expérimentaux au coefficient thermodynamique de distribution K est valable pour une chromatographie idéale.

1.8 FACTEUR DE SÉPARATION (OU SÉLECTIVITÉ) ENTRE DEUX SOLUTÉS

Le facteur de séparation α (1.31) permet de préciser les positions relatives de deux pics adjacents 1 et 2 sur un chromatogramme (fig. 1.7). Il est défini par les relations suivantes (1.31 – 1.32). Il ne peut, par définition, être inférieur à 1 :

$$\alpha = \frac{t'_{R(2)}}{t'_{R(1)}} \qquad (1.31) \qquad \text{ou} \qquad \alpha = \frac{k_2}{k_1} = \frac{K_2}{K_1} \qquad (1.32)$$

L'expression reliant α aux coefficients de distribution de Nernst des deux solutés, montre que la sélectivité n'est dépendante que de la valeur de ces constantes (intensité des interactions, températures) et ne dépend, ni de la géométrie de la colonne (longueur et diamètre), ni de son remplissage (diamètre des particules et quantité de phase stationnaire).

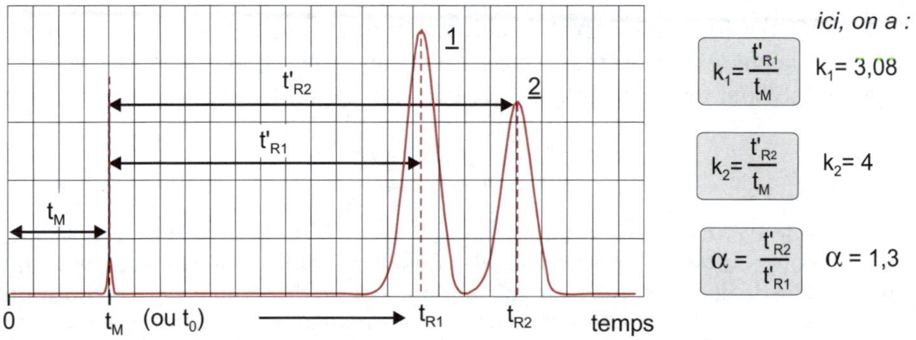

Figure 1.7

Facteurs de rétention et de séparation (ou facteur de sélectivité) entre deux composés adjacents.

Chaque composé a un facteur de rétention qui lui est propre. α à lui seul, ne permet pas de savoir si la séparation est réellement possible. Sur cette figure, le facteur de séparation est d'environ 1,3.

Pour des pics non adjacents, on définit le *facteur de rétention relative r*, qui, calculé comme α, ne peut être inférieur à 1.

1.9 FACTEUR DE RÉSOLUTION ENTRE DEUX PICS

Pour traduire numériquement la plus ou moins bonne séparation entre deux composés, on utilise le facteur de résolution R qui est calculé à partir du chromatogramme (fig. 1.8) :

$$R = 2\frac{t_{R(2)} - t_{R(1)}}{\omega_1 + \omega_2} \qquad (1.33)$$

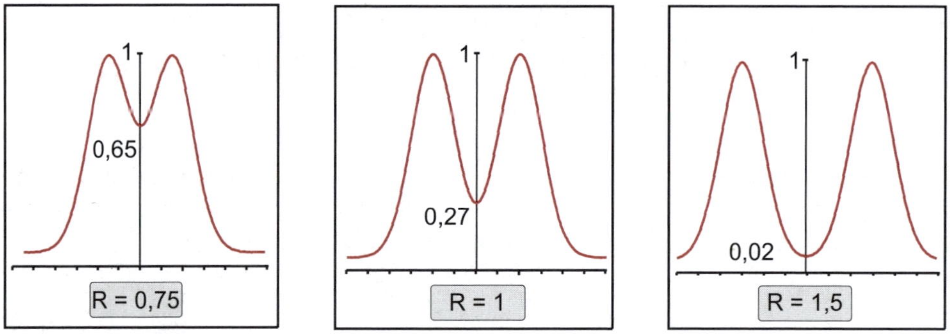

Figure 1.8

Facteur de résolution.

Simulation de pics chromatographiques par juxtaposition plus ou moins rapprochée de 2 courbes gaussiennes identiques. Aspect visuel correspondant aux valeurs de R indiquées sur les diagrammes. À partir de $R = 1,5$ on considère que les pics sont résolus, la vallée entre les pics étant d'environ 2 %.

Il existe, pour exprimer la résolution, d'autres relations dérivées des précédentes, établies en vue de remplacer un paramètre par un autre, ou en admettant des hypothèses simplificatrices. Ainsi les expressions 1.34 à 1.36 sont-elles très souvent employées.
La relation 1.35 montre l'influence, sur la résolution, de l'efficacité, du facteur de capacité et de la sélectivité. La figure 1.9 en est une vérification expérimentale.

$$R = 1{,}177\frac{t_{R(2)} - t_{R(1)}}{\delta_1 + \delta_2} \quad (1.34)$$

$$R = \frac{1}{4}\sqrt{N_2} \cdot \frac{\alpha - 1}{\alpha} \cdot \frac{k_2}{1 + k_2} \quad (1.35) \qquad R = \frac{\sqrt{N}}{2} \cdot \frac{k_2 - k_1}{k_1 + k_2 + 2} \quad (1.36)$$

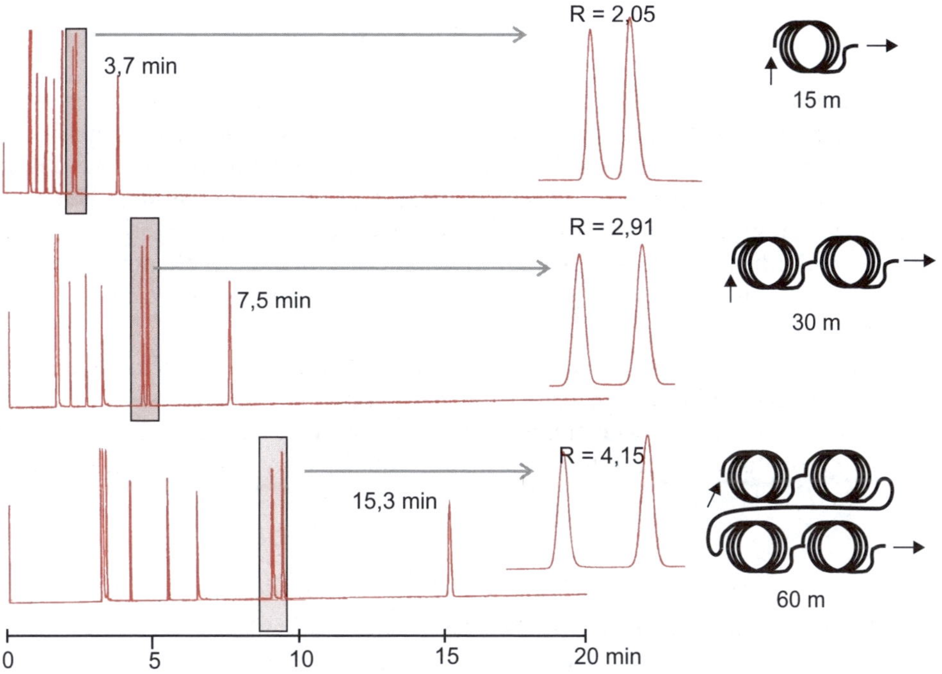

Figure 1.9
Effet de la longueur de la colonne sur la résolution.
Expériences faites en chromatographie en phase gazeuse en modifiant seulement la longueur de la colonne capillaire. On illustre ainsi qu'en doublant la longueur de la colonne la résolution est multipliée par 1,41 (adapté d'un document de la société Waters).

1.10 Influence de la vitesse de la phase mobile

Dans tout ce qui précède, en particulier dans les différentes expressions caractérisant les séparations, la vitesse (fonction du débit) de la phase mobile dans la colonne n'est pas prise en compte. Or la vitesse qui régit la progression des solutés dans la colonne, perturbe, si elle devient trop importante, la cinétique de l'équilibre $(\text{Soluté})_{PM}/(\text{Soluté})_{PS}$ donc agit sur leur dispersion, en bref sur la qualité de l'analyse en cours.

L'influence de la vitesse de la phase mobile a été mise en évidence puis modélisée par Van Deemter qui a proposé la première équation cinétique, dans le cas des colonnes remplies en chromatographie en phase gazeuse.

1.10.1 Équation de Van Deemter

La forme simplifiée, proposée par cet auteur en 1956, est très connue en chromatographie en phase gazeuse, pour les colonnes remplies (1.37). Elle relie H (HEPT) à la vitesse linéaire moyenne d'écoulement de la phase mobile $\overline{u}$ dans la colonne (fig. 1.10) :

$$H = A + \frac{B}{\overline{u}} + C \cdot \overline{u} \tag{1.37}$$

Cette équation montre qu'il existe un *débit optimal* pour chaque colonne, correspondant au minimum de H, tel que le prévoit la courbe représentant l'équation 1.37. La diminution de l'efficacité, quand le débit croît, correspond à un résultat que chacun a pu découvrir à ses dépens en voulant accélérer une séparation chromatographique par augmentation du débit de la phase mobile. Ce qui est moins intuitif par contre, est la perte d'efficacité due à un débit trop lent. Pour expliquer ce phénomène, il faut revenir sur l'origine des termes A, B et C dont chacun a un domaine d'influence qui peut être repéré sur le graphe (fig. 1.10).

Les trois coefficients numériques expérimentaux A, B et C sont reliés à divers paramètres physico-chimiques, à la colonne et aux conditions opératoires. Si on choisit d'exprimer H en cm, A sera en cm, B en cm^2/s et C en s (la vitesse étant en cm/s). La courbe représentative de cette fonction est une branche d'hyperbole qui passe par un minimum ($H_{\min}$) pour :

$$\overline{u}_{opt.} = \sqrt{\frac{B}{C}} \tag{1.38}$$

- ***A, terme de remplissage*** $A = 2\lambda \cdot d_p$

Le terme A est en relation avec le profil d'écoulement de la phase mobile à travers la phase stationnaire. La taille des particules (de diamètre d_p), leur répartition dimensionnelle et la régularité du remplissage (paramètre λ) sont à l'origine de chemins préférentiels qui peuvent conduire à des échanges imparfaits entre les deux phases. C'est le facteur de diffusion d'Eddy, ou diffusion turbulente, considéré comme peu important en chromatographie liquide et absent par nature pour les colonnes capillaires WCOT en CPG (équation de Golay sans terme A, *cf.* 1.10.2).

• *B, terme de diffusion dans la phase mobile* $B = 2\gamma D_G$

Le second terme B, qui peut être exprimé à partir de D_G, coefficient de diffusion de l'analyte dans la phase mobile et γ, facteur de tortuosité, est à considérer surtout si la phase mobile est un gaz. La diffusion longitudinale dans la colonne est, en effet, rapide. C'est une conséquence de l'entropie qui nous rappelle qu'un système évolue spontanément vers un plus grand désordre, telle la goutte d'encre qui diffuse dans le verre d'eau où elle vient de tomber. En conséquence, si le débit est trop faible, les produits en cours de séparation se mélangent à nouveau plus vite qu'ils ne migrent. On retiendra à ce propos qu'on ne doit jamais interrompre provisoirement une chromatographie en cours, au risque de perdre toute efficacité.

• *C, terme de transfert de masse* $C = C_G + C_L$

Le terme C, dû à la résistance au transfert de masse du soluté entre les deux phases, devient prépondérant lorsque le passage est trop rapide pour que l'équilibre soit atteint. Des turbulences locales au sein de la phase mobile et des gradients de concentration ont pour conséquence de retarder la mise en équilibre ($C_S \Leftrightarrow C_M$). La diffusion entre les deux phases n'est pas instantanée, si bien que le soluté sera entraîné hors équilibre. Il n'existe pas de formule simple rendant compte des différents facteurs intégrés dans le paramètre C. Le terme C_G dépend du coefficient de diffusion du soluté dans la phase mobile gazeuse, alors que le paramètre C_L dépend du coefficient de diffusion dans la phase stationnaire liquide.

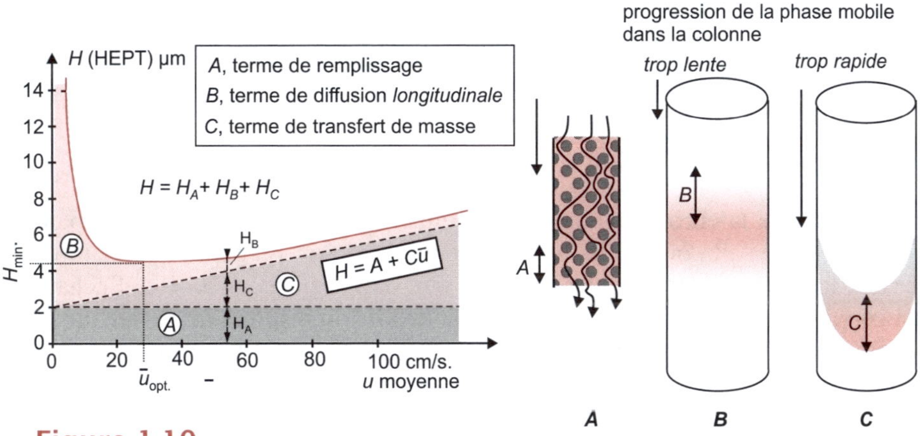

Figure 1.10

Courbe de Van Deemter en chromatographie gazeuse avec indication des domaines propres à *A*, *B* et *C*.

Il existe également une équation semblable à celle de Van Deemter qui fait intervenir cette fois la température : $H = A + B/T + C \cdot T$.

Dans la pratique on accède aux valeurs des coefficients *A*, *B*, *C*, en faisant plusieurs mesures d'efficacité pour un même composé chromatographié à des débits différents, puisque débit et vitesse linéaire moyenne sont reliés. On calcule ensuite l'équation de l'hyperbole qui satisfait au mieux les valeurs expérimentales, de préférence par la méthode de régression linéaire multiple.

1.10.2 Équation de Golay

En 1958 Golay a proposé une équation comparable réservée aux seules colonnes capillaires de la chromatographie en phase gazeuse.

$$H = \frac{B}{\overline{u}} + C_L \cdot \overline{u} + C_G \cdot \overline{u} \tag{1.39}$$

La relation 1.39 permet d'établir une HEPT minimum pour toute colonne de rayon r si l'on connaît le facteur de rétention du composé test. On peut calculer alors l'*efficacité d'imprégnation* (*coating efficiency*) de la colonne qui est égale au produit par 100 du rapport de la valeur ainsi trouvée et de celle qui est déduite de l'efficacité ($H = L/N$) obtenue à partir du chromatogramme.

$$H_{\text{min.}\textit{théo.}} = r\sqrt{\frac{1 + 6k + 11k^2}{3(1+k)^2}} \tag{1.40}$$

1.10.3 Équation de Knox

Une autre équation — connue sous le nom d'équation de Knox — plus récente (1977), est applicable aux divers types de chromatographie liquide. Elle fait intervenir la hauteur réduite :

$$h = A\,\overline{u}^{1/3} + \frac{B}{\overline{u}} + C\,\overline{u} \tag{1.41}$$

1.11 Optimisation d'une analyse chromatographique

Tout l'intérêt de la chromatographie analytique repose sur sa capacité à séparer les analytes, que ce soit pour les identifier ou pour les doser. En particulier, dans ce dernier cas, les aires des pics doivent pouvoir être définies avec précision. Sachant que beaucoup de paramètres interviennent sur la qualité du résultat, on se fixe un certain nombre d'exigences concernant la *résolution* entre les pics des solutés à quantifier, la *vitesse* de l'analyse (durée de l'élution puis retour aux conditions d'analyse initiales si elles sont différentes des conditions finales), voire la *capacité* de la colonne (pour éviter sa saturation). Pour y parvenir on fait souvent appel à des logiciels qui permettent la simulation de la séparation en paramétrant différents facteurs physicochimiques comme les températures, le débit et la composition de la phase mobile.

Les différents paramètres interagissant entre eux, le chromatographiste doit toujours trouver un compromis entre *résolution*, *vitesse* et *capacité* ce qu'on représente souvent par l'image d'un triangle dont les sommets correspondent à ces trois paramètres qui s'opposent (fig. 1.11).

Dans toute optimisation, le but est de réussir une séparation suffisante du ou des composés intéressants en un minimum de temps. La *résolution* et le *temps d'élution*

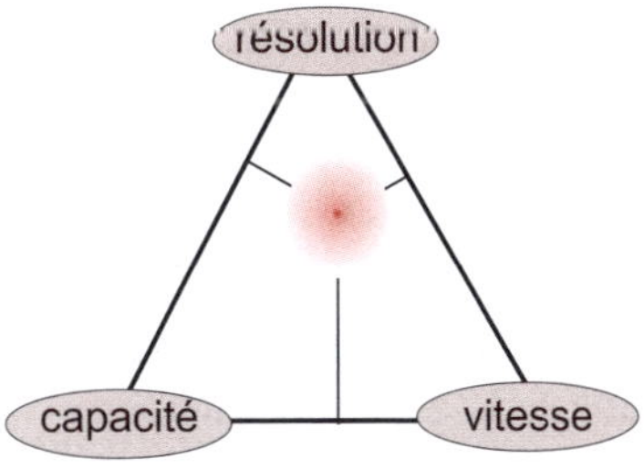

Figure 1.11
Le triangle du chromatographiste.
La zone ombrée indique le domaine qui correspond à la chromatographie analytique. Celle-ci tire profit des 5 paramètres : *K*, *N*, *k*, α et *R*. *Résolution*, *vitesse* et *capacité*. Quand on recherche une bonne *sélectivité*, on doit se situer près du sommet *résolution* de ce triangle.

sont de ce fait les deux variables dépendantes importantes à considérer. La chromatographie reste cependant un type d'analyse lente, sachant qu'il faut attendre l'élution des composés les plus retenus à laquelle s'ajoute le temps nécessaire à la colonne pour revenir aux conditions initiales avant d'entreprendre l'analyse suivante. Si la résolution est élevée, l'optimisation consistera à gagner du temps en choisissant une colonne plus courte — sachant que la résolution varie comme la racine carrée de la longueur de la colonne (*cf.* le paramètre *N* de la formule 1.35 et fig. 1.9).

Le plus souvent, on ne s'intéresse dans un dosage par chromatographie, qu'à un voire deux composés présents dans l'échantillon. Si on dispose d'un détecteur sélectif adapté aux analytes recherchés, on facilitera l'étape d'optimisation, puisque le chromatogramme résultant sera grandement simplifié. Dans d'autres cas, par contre, on s'attache à séparer le plus grand nombre possible de composés du mélange initial.

1.12 Classification des techniques chromatographiques

Les techniques chromatographiques peuvent être réparties suivant plusieurs critères : en fonction de la *nature* des deux phases en présence, ou du *procédé utilisé*, ou du *phénomène physico-chimique* (coefficient de distribution *K*). Le classement suivi ci-après est établi à partir de la nature physique des phases.

1.12.1 Chromatographie en phase liquide (CPL)

La phase mobile est un liquide. C'est la forme la plus ancienne de la chromatographie dont les premières applications étaient consacrées à la chromatographie préparative. Selon la phase stationnaire (donc la nature des interactions gérant la séparation des solutés) on distingue la chromatographie *liquide/solide* (CLS), *liquide/liquide* (CLL), la chromatographie d'échange d'ions ou chromatographie *ionique* (CI), la chromatographie d'exclusion stérique (CES).

Chromatographie liquide/solide (ou d'adsorption). La phase stationnaire est un solide perméable sur lequel les molécules adhèrent par un phénomène d'adsorption (physisorption, chimisorption). Le paramètre physico-chimique concerné est le *coefficient d'adsorption.* Les phases stationnaires ont fait beaucoup de progrès depuis Tswett, qui utilisait le carbonate de calcium ou l'inuline (un polymère du sucre ordinaire).

Chromatographie liquide/liquide (de partage). La phase stationnaire est un liquide (il s'agit généralement d'un polymère de type liquide), immobilisé sur un support inerte. Les molécules actives dans la séparation sont greffées sur le support inerte par formation de liaisons covalentes, ce qui permet d'assurer une durée de vie importante pour les colonnes correspondantes. La séparation repose sur le *coefficient de partage K* du soluté entre les deux phases, stationnaire et mobile. L'action est comparable à l'extraction par un solvant d'un composé présent dans une phase non miscible (ce que l'on pratique au laboratoire dans une ampoule à décanter).

Chromatographie ionique. La phase stationnaire solide comporte en surface des sites ioniques et la phase mobile est une solution-tampon aqueuse. La séparation met en jeu des échanges entre les ions de l'échantillon avec ceux de la phase stationnaire. La séparation repose sur les *coefficients de distribution ionique.*

Chromatographie d'exclusion. La phase stationnaire est un matériau comportant des pores dont les dimensions sont choisies en rapport avec la taille des espèces à séparer. On réalise ainsi une sorte de perméation sélective à l'échelle moléculaire. Selon la nature, aqueuse ou organique de la phase mobile, cette technique est désignée par *filtration sur gel* ou *perméation de gel.* Le coefficient de distribution prend le nom de *coefficient de diffusion.*

1.12.2 Chromatographie en phase gazeuse (CPG)

La phase gazeuse est un gaz inerte vis-à-vis de la phase stationnaire et des composés présents dans l'échantillon. Selon la phase stationnaire, on distingue la chromatographie gaz/solide et la chromatographie gaz/liquide.

Chromatographie gaz/solide (CGS). La phase stationnaire est un solide poreux (carbone graphite, gel de silice ou alumine). L'interaction soluté/phase stationnaire est assurée par adsorption. Cette technique est performante pour la séparation des solutés volatils (gaz et composés à bas point d'ébullition). C'est l'application la plus ancienne de la CPG.

Chromatographie gaz/liquide (CGL). La phase stationnaire est un liquide immobilisé généralement par greffage sur un support inerte tel des grains de silice désactivée (colonnes remplies) ou bien tout simplement sur la paroi interne de la colonne (colonnes capillaires). À défaut d'être un gaz, l'échantillon doit donc être porté à l'état de vapeur. La séparation met en jeu la solubilité du soluté dans cette phase stationnaire liquide. Ce sont Martin et Synge qui ont suggéré le remplacement de la phase mobile liquide par un gaz afin d'améliorer les séparations. C'est à partir de cette époque qu'on a assisté au véritable démarrage de la chromatographie analytique.

1.12.3 Chromatographie en phase supercritique (CPS)

La phase mobile est un fluide à l'état supercritique, tel le dioxyde de carbone vers 50 °C et 150 bars (15 MPa). La phase stationnaire peut être un liquide ou un solide. On réunit ainsi les avantages propres aux techniques précédentes (gaz/phase greffée ou liquide/phase greffée).

ANALYSE QUANTITATIVE PAR CHROMATOGRAPHIE

Le développement considérable pris par la chromatographie en analyse quantitative est dû essentiellement à sa fiabilité et à sa précision. La relation entre la **masse injectée** de l'analyte dans la colonne et l'**aire du pic** correspondant sur le chromatogramme conduit à une méthode comparative, utilisée dans beaucoup de protocoles normalisés de dosages. La reproductibilité des séparations alliée à des logiciels de traitement de données permet d'automatiser les tâches de calcul associées à ces analyses. Les dosages de traces et d'ultratraces par chromatographie sont reconnus en particulier dans les méthodes EPA de l'environnement, bien que leur prix de revient soit assez élevé. Les trois méthodes les plus utilisées sont décrites ci-après dans leur configuration la plus simple.

1.13 PRINCIPE ET RELATION DE BASE

Pour calculer la concentration massique d'un composé responsable d'un pic sur le chromatogramme il faut réunir deux conditions : *disposer d'un échantillon authentique du composé* que l'on veut doser, à usage de référence, pour déterminer la sensibilité du détecteur à son égard, et disposer d'un moyen logiciel ou autre, pour connaître soit les *hauteurs* soit les *aires* des différents pics d'élution d'intérêt. Toutes les méthodes de quantification en chromatographie sont donc des méthodes comparatives et non pas absolues.

Pour un réglage donné de l'appareil, on admet qu'il existe pour chaque pic du chromatogramme une relation linéaire entre son aire (ou sa hauteur) et la quantité du composé responsable de ce pic dans l'échantillon injecté. Cette relation est valable pour une plage de concentrations qui dépend du détecteur employé. On traduit cette hypothèse par :

$$m_i = K_i A_i \tag{1.42}$$

m_i masse du composé i injectée dans la colonne
K_i coefficient *de réponse absolu* du composé i
A_i aire du pic d'élution du composé i

Le coefficient absolu K_i (à ne pas confondre avec le coefficient de partition), dépend du réglage du chromatographe. Ce n'est pas un paramètre intrinsèque du composé.

Pour calculer le coefficient K_i d'un composé i, il faut, d'après cette relation, connaître l'aire A_i et la masse m_i traversant la colonne. Or cette masse est difficile à déterminer avec précision, car elle dépend à la fois de la seringue et de l'injecteur (en CPG) ou de la boucle d'injection (en CPL). C'est pourquoi les méthodes utilisées en analyse quantitative, préprogrammées dans les enregistreurs-intégrateurs ou logiciels divers, évitent de faire intervenir les coefficients de réponse absolus K_i.

1.14 Aires des pics et logiciels de chromatographie

Pour déterminer les aires des pics, on utilise les fonctions spécialement prévues des logiciels de chromatographie, qui assurent non seulement le pilotage du chromatographe, mais qui peuvent, en plus de l'acquisition des chromatogrammes, analyser les données, quantifier et fournir le rapport d'analyse correspondant à l'une des méthodes d'analyse quantitative préprogrammées.

Le signal analogique récupéré au niveau du détecteur est échantillonné par un circuit ADC, au rythme d'une centaine de fois par seconde afin de pouvoir reproduire correctement les pics les plus fins des chromatogrammes obtenus notamment en CPG avec les colonnes capillaires. Tous les logiciels permettent d'effectuer des corrections de ligne de base, de prendre en compte les pics négatifs et de choisir une méthode d'intégration pour les pics.

> La méthode manuelle de calcul de la surface d'un pic par triangulation n'est plus employée. Il est utile cependant de savoir que pour un pic gaussien, le produit de sa largeur à mi-hauteur par sa hauteur, correspond à environ 94 % de la surface totale du pic. De même l'usage d'un enregistreur-intégrateur pour mesurer l'aire des pics n'est plus guère employé.

1.15 Méthode de l'étalonnage externe

Cette méthode permet de calculer la teneur (en termes de concentration ou de pourcentage massique) d'un ou plusieurs constituants apparaissant séparés sur le chromatogramme, même en présence d'autres composés donnant des pics non résolus. Facile de mise en œuvre, elle correspond à l'application d'un principe commun à beaucoup de dosages.

Le procédé repose sur la comparaison de deux chromatogrammes obtenus successivement *sans changer les conditions de réglage* de l'appareil (fig. 1.12). Le premier est un chromatogramme de référence acquis à partir d'une solution de référence (conc. $C_{\text{réf}}$) dans un solvant, du composé qui fait l'objet du dosage. On injecte un volume V de cette solution et on repère sur le chromatogramme l'aire $A_{\text{réf}}$ du pic correspondant. Le second résulte de l'injection d'un volume identique V de l'échantillon en solution, contenant le composé à doser (conc. $C_{\text{éch}}$). Soit $A_{\text{éch}}$ l'aire du pic correspondant. Puisque les volumes injectés sont égaux, il y a proportionnalité entre les aires, qui dépendent des masses injectées, et les concentrations correspondantes ($m_i = C_i \cdot V$). La relation 1.42 appliquée aux deux chromatogrammes conduit à la relation 1.43 caractéristique de cette méthode :

$$m_{\text{réf}} = C_{\text{réf}} \cdot V = K \cdot A_{\text{réf}} \qquad \text{et} \qquad m_{\text{éch}} = C_{\text{éch}} \cdot V = K \cdot A_{\text{éch}}$$

soit :

$$C_{\text{éch}} = C_{\text{réf}} \frac{A_{\text{éch}}}{A_{\text{réf}}} \tag{1.43}$$

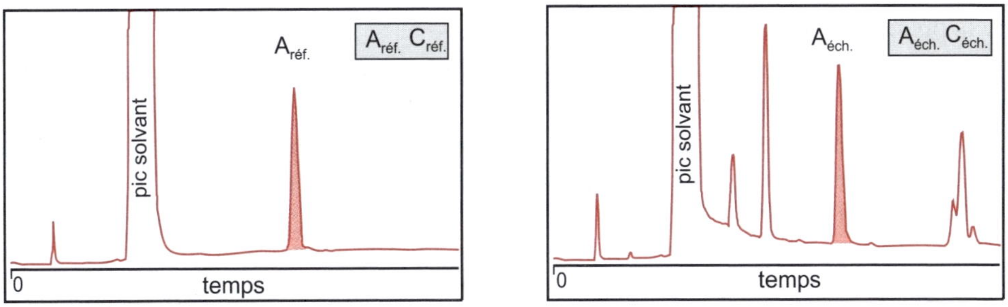

chromatogramme d'étalonnage ($C_{\text{réf.}}$) *chromatogramme de la solution à doser* ($C_{\text{éch.}}$)

Figure 1.12
Méthode de dosage par étalonnage externe.
La précision de cette méthode est améliorée lorsqu'on utilise plusieurs solutions afin de tracer la droite d'étalonnage. Pour l'analyse de traces, il est parfois conseillé, en chromatographie liquide, de remplacer les aires des pics par leurs hauteurs qui sont moins sensibles aux variations de débit de la phase mobile.

L'étalonnage est possible, comme ici sur la figure 1.12, avec un seul point de mesure (la « droite d'étalonnage » passe donc par l'origine). La précision sera meilleure si les concentrations des solutions de référence et de l'échantillon sont du même ordre de grandeur. Il s'entend que les réglages de l'appareil ne doivent pas être modifiés entre les injections.

Cette méthode, faisant appel aux *coefficients de réponse absolus*, donne des résultats très fiables avec les chromatographes performants actuels qui sont équipés d'un auto-échantillonneur : ce dernier constitué de la réunion d'un carrousel porte-échantillons et d'un injecteur automatique permet d'enchaîner plusieurs dosages sans intervention humaine. Une seule solution de référence permet de compenser une éventuelle dérive de l'instrument par des ré-injections programmées de contrôle.

La précision du dosage est évidemment améliorée en calculant la moyenne des aires obtenues à partir de plusieurs injections identiques, mais, quitte à faire plusieurs mesures, il est alors préférable de procéder à un étalonnage multipoints (*multilevel calibration*). Pour cela on injecte des volumes égaux d'une série de solutions étalons. Les résultats d'analyse sont directement obtenus à partir de la courbe d'étalonnage $A = f(C)$.

Cette méthode, la seule qui soit adaptée aux échantillons de gaz, a également pour avantage qu'on n'ajoute aucun composé à la solution échantillon, à la différence de celle qui fait l'objet du paragraphe suivant.

1.16 MÉTHODE DE L'ÉTALONNAGE INTERNE (ÉTALON INTERNE)

Cette deuxième méthode repose sur l'utilisation du *coefficient de réponse relatif* de chaque composé à doser vis-à-vis d'un marqueur introduit comme référence. Cela permet de s'affranchir de l'imprécision concernant les volumes injectés, un handicap de la précédente méthode.

La méthode nécessite, ici encore, deux chromatogrammes, l'un pour calculer les coefficients de réponse relatifs et l'autre pour l'analyse de l'échantillon.

Les aires des pics des produits à quantifier sont donc comparées avec celle d'un composé de référence, appelé *étalon interne*, introduit à une concentration connue dans l'échantillon.

1.16.1 Calcul des coefficients de réponse relatifs

Supposons que l'échantillon contienne deux composés à doser **1** et **2**, et que le composé ***E*** désigne un composé supplémentaire à usage d'étalon interne (fig. 1.13).

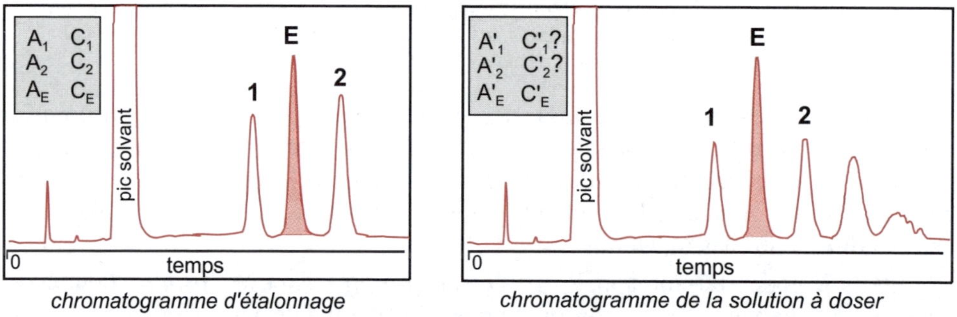

Figure 1.13
Méthode d'analyse par étalonnage interne.

Dans une première étape, on commence par préparer une solution de concentration C_1 en **1**, C_2 en **2** et C_E en ***E***. Appelons A_1, A_2 et A_E les aires des pics d'élution repérés sur le chromatogramme obtenu à partir d'une prise d'essai de cette solution. Si m_1, m_2 et m_E sont les quantités réellement introduites dans la colonne, on peut écrire les trois relations du type 1.42 suivantes :

$$m_1 = K_1 \cdot A_1$$
$$m_2 = K_2 \cdot A_2$$
$$m_E = K_E \cdot A_E$$

soit : $$\frac{m_1}{m_E} = \frac{K_1 \cdot A_1}{K_E \cdot A_E} \quad \text{et} \quad \frac{m_2}{m_E} = \frac{K_2 \cdot A_2}{K_E \cdot A_E}$$

Ces rapports permettent de calculer les coefficients de réponse relatifs de **1** et de **2** vis-à-vis de ***E*** choisi comme étalon, et désignés par $K_{1/E}$ et $K_{2/E}$:

$$K_{1/E} = \frac{K_1}{K_2} = \frac{m_1 \cdot A_E}{m_E \cdot A_1} \quad \text{et} \quad K_{2/E} = \frac{K_2}{K_E} = \frac{m_2 \cdot A_E}{m_E \cdot A_2}$$

Comme les masses m_i réellement injectées sont proportionnelles aux concentrations massiques correspondantes C_i, $(m_i = C_i \cdot V)$, on en déduit les deux expressions suivantes :

$$K_{1/E} = \frac{C_1 \cdot A_E}{C_E \cdot A_1} \quad \text{et} \quad K_{2/E} = \frac{C_2 \cdot A_E}{C_E \cdot A_2}$$

1.16.2 Chromatographie de l'échantillon - Calcul des concentrations

La seconde étape de l'analyse consiste à chromatographier un volume quelconque d'une solution faite avec l'échantillon à étudier et dans laquelle a été ajoutée une quantité connue du composé ***E***. Soient A'_1, A'_2 et A'_E, les aires du nouveau chromatogramme obtenu dans les mêmes conditions opératoires. Si m'_1, m'_2 et m'_E désignent les masses de **1**, **2** et ***E*** réellement introduites dans la colonne, on aura :

$$\frac{m'_1}{m'_E} = K_{1/E}\,\frac{A'_1}{A'_E} \quad \text{et} \quad \frac{m'_2}{m'_E} = K_{2/E}\,\frac{A'_2}{A'_E}$$

À partir des coefficients relatifs calculés dans la première expérience ainsi que de la concentration de l'étalon interne dans l'échantillon, C'_E, connue, on accède à :

$$C'_1 = C'_E\, K_{1/E}\,\frac{A'_1}{A'_E} \quad \text{et} \quad C'_2 = C'_E\, K_{2/E}\,\frac{A'_2}{A'_E}$$

En généralisant à n constituants, on peut calculer la concentration massique du soluté i au moyen de l'expression 1.44 :

$$C'_i = C'_E\, K_{i/E}\,\frac{A'_i}{A'_E} \qquad (1.44)$$

et en déduire sa teneur dans l'échantillon, exprimée en %, (expression 1.45) :

$$x_i\ \% = \frac{C_i'}{\text{Masse d'échantillon prélevée}} \times 100 \qquad (1.45)$$

Cette méthode est encore plus précise si on fait plusieurs injections de l'étalon ou de l'échantillon à doser. En conclusion cette méthode générale et reproductible exige néanmoins un bon choix de l'étalon interne dont les caractéristiques peuvent se résumer ainsi :

- il doit être pur et ne pas se trouver initialement dans l'échantillon ;
- son pic d'élution doit être bien résolu par rapport à tous ceux qui forment le chromatogramme de l'échantillon ;
- son temps de rétention doit être proche de celui (ou de ceux) du (ou des) soluté(s) à doser ;
- sa concentration doit être proche ou supérieure à celle des autres solutés pour être dans les conditions d'une réponse linéaire du détecteur ;
- il doit être inerte vis-à-vis des composés de l'échantillon.

1.17 MÉTHODE PAR NORMALISATION INTERNE

Cette méthode, également appelée normalisation en %, est réservée aux mélanges dont on a identifié tous les constituants et auxquels on a attribué des pics chromatographiques bien résolus. Cette méthode fait appel au calcul des coefficients de réponse relatifs comme pour l'étalonnage interne. La grande différence ici, c'est que le soluté servant de référence pour le calcul du coefficient de réponse relatif appartient au mélange à quantifier.

Supposons qu'il s'agisse de trouver les concentrations massiques d'un mélange de trois composés **1**, **2**, **3** (fig. 1.14). On va procéder ici encore en deux étapes.

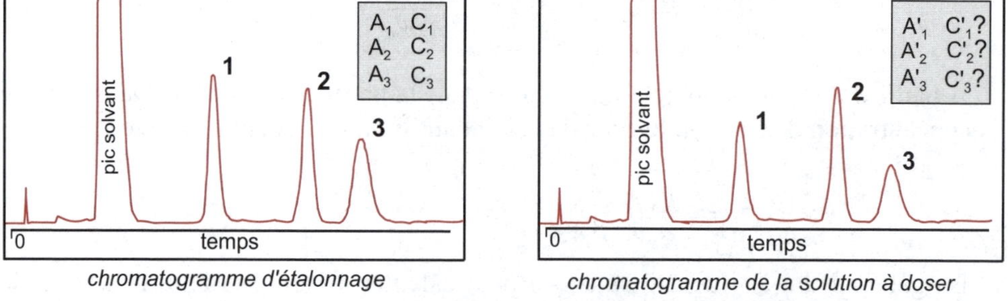

Figure 1.14
Méthode d'analyse par normalisation interne.

1.17.1 Calcul des coefficients de réponse relatifs

On prépare une solution d'étalonnage contenant les trois composés **1**, **2**, et **3** dont les concentrations massiques sont respectivement C_1, C_2, C_3. Le chromatogramme correspondant à l'injection d'un volume V, présente trois pics d'aires A_1, A_2 et A_3. Ces aires seront reliées aux masses injectées m_1, m_2 et m_3 par trois expressions du type 1.42.

On choisit l'un des composés comme substance de normalisation interne, le composé **3** par exemple, afin de déterminer les coefficients de réponse relatifs $K_{1/3}$ et $K_{2/3}$ des composés **1** et **2** par rapport à **3**. On trouve comme précédemment :

$$K_{1/3} = \frac{K_1}{K_3} = \frac{m_1 \cdot A_3}{m_3 \cdot A_1} \qquad \text{et} \qquad K_{2/3} = \frac{K_2}{K_3} = \frac{m_2 \cdot A_3}{m_3 \cdot A_2}$$

Étant donné que $m_i = C_i \cdot V$, on aboutit, pour $K_{1/3}$ et $K_{2/3}$, aux expressions suivantes :

$$K_{1/3} = \frac{C_1 \cdot A_3}{C_3 \cdot A_1} \qquad \text{et} \qquad K_{2/3} = \frac{C_2 \cdot A_3}{C_3 \cdot A_2}$$

1.17.2 Chromatographie de l'échantillon - Calcul des concentrations

On procède ensuite à l'injection d'un prise d'essai du mélange à doser contenant les constituants **1**, **2** et **3**. En désignant les surfaces des pics d'élution par A'_1, A'_2 et A'_3, on aura accès directement à la composition centésimale massique du mélange représentée par x_1, x_2 et x_3 en écrivant trois expressions de la forme :

$$x_i\ \% = \frac{K_{i/3} \cdot A'_i}{K_{1/3} \cdot A'_1 + K_{2/3} \cdot A'_2 + A'_3} \times 100 \quad (\text{avec } i = 1,2,3)$$

la condition de normalisation étant que $x_1 + x_2 + x_3 = 100$

En extrapolant à n solutés normalisés par rapport à un soluté j, l'expression générale des facteurs de réponse est la suivante (pour un composé choisi i) :

$$K_{i/j} = \frac{C_i \cdot A_j}{C_j \cdot A_i} \tag{1.46}$$

Il est également possible de déterminer des $K_{i/j}$ moyens par tracé du graphe concentration-réponse pour chaque soluté.

Pour l'échantillon contenant n solutés, si A'_i désigne l'aire du pic d'élution du composé i, le composé servant de référence interne étant j, la teneur en composé i obéira à la relation :

$$x_i\ \% = \frac{K_{i/j} \cdot A'_i}{\sum_{i=1}^{n} K_{i/j} \cdot A'_i} \times 100 \tag{1.47}$$

Exercices

1.1 Pour un soluté donné, montrer que le temps d'analyse — qu'on peut assimiler au temps de rétention du composé le plus retenu —, dépend, entre autres, de la longueur de la colonne L, de la vitesse linéaire moyenne $\overline{u}$ de la phase mobile et des volumes V_S et V_M qui désignent respectivement le volume de la phase stationnaire et celui de la phase mobile.

1.2 Calculer le facteur de séparation entre 2 composés $\underline{1}$ et $\underline{2}$ dont les volumes de rétention sont respectivement égaux à 6 et 7 mL. Le volume mort de la colonne utilisée est de 1 mL.

Montrer que ce facteur est égal au rapport des coefficients de distribution K_2/K_1 de ces composés ($t_{R(1)} < t_{R(2)}$).

1.3 La formule (2) est quelquefois employée pour calculer N_{eff}. Montrer que cette formule est équivalente à la formule classique (1).

$$N_{\text{eff}} = 5{,}54\,\frac{(t_R - t_M)^2}{\delta^2} \quad (1) \qquad\qquad N_{\text{eff}} = N\,\frac{k^2}{(1+k^2)} \quad (2)$$

1.4 Le facteur de résolution R, pour deux solutés 1 et 2 dont les pics d'élution sont adjacents, est exprimé par la relation (1) :

$$R = 2\frac{t_{R(2)} - t_{R(1)}}{\omega_1 + \omega_2} \qquad (1)$$

$$R = \frac{1}{4}\sqrt{N_2}\,\frac{\alpha - 1}{\alpha}\,\frac{k_2}{1 + k_2} \qquad (2)$$

a) Montrer, si on admet que les deux pics adjacents ont même largeur à la base ($\omega_1 = \omega_2$), que l'expression (2) est équivalente à (1).

b) La formule suivante permet de calculer le nombre de plateaux effectifs N_{eff}, en fonction de α, pour une résolution donnée R. Retrouver cette expression.

$$N_{\text{eff}} = 16\,R^2\,\frac{\alpha^2}{(\alpha - 1)^2}$$

1.5 Montrer que si l'efficacité N est la même pour deux composés $\underline{1}$ et $\underline{2}$ voisins, l'expression classique de la résolution devient :

$$R = \frac{\sqrt{N}}{2}\,\frac{k_2 - k_1}{k_1 + k_2 + 2} \qquad (1)$$

Montrer qu'en posant $\overline{k} = \dfrac{k_1 + k_2}{2}$ les expressions (1) et (2) sont équivalentes :

$$R = \frac{1}{2}\sqrt{N}\,\frac{\alpha - 1}{\alpha + 1}\,\frac{\overline{k}}{1 + \overline{k}} \qquad (2)$$

1.6 Les caractéristiques d'une colonne C-18, proposée par un fabricant pour la CLHP ultra rapide, sont les suivantes :

Longueur : 50 mm, diamètre : 2 mm, diamètre particules 2 µm. Le chromatogramme test accompagnant la colonne montre 6 pics chromatographiques bien séparés en moins de 2 min.

N° soluté	0	1	2	3	4	5
t_R (min)	0,21	0,31	0,42	0,76	1,14	1,58

Sur le rapport chromatographique figurent également les renseignements suivants :

Pour le soluté n° 5 : $N = 106\,000$ plateaux par mètre ; asymétrie à 10 % de la hauteur $A = 1,07$.

On rappelle que pour un pic asymétrique le nombre de plateaux théoriques N est calculé à partir de l'expression suivante :

$$N = 41{,}7\left(\frac{t_R}{\omega_{0,1}}\right)^2 \Big/ \left(\frac{a}{b} + 1{,}25\right) \qquad \text{et que} \qquad A = \frac{a+b}{2a}$$

a) Calculer, pour le pic n° 5, la largeur $\omega_{0,1}$ mesurée à 10 % de sa hauteur (à partir de la ligne de base) et les valeurs de a et b.

b) Sachant que le pic n° 0 correspond à un soluté non retenu, calculer, pour les solutés 4 et 5, les facteurs de rétention k_4 et k_5, le facteur de séparation α et la résolution R entre ces deux pics. On admettra que l'efficacité est la même pour ces deux solutés en prenant celle donnée par le fabricant.

c) Sachant que le rapport de phase d'une telle colonne peut se mettre sous la forme :

$$\beta = 0{,}6\frac{SA}{SV + 0{,}45}$$

où SA est la surface spécifique du matériau contenu dans la colonne et SV le volume spécifique des pores, calculer le rapport de phase dans l'hypothèse où $SA = 330\ \mathrm{m^2 \cdot g^{-1}}$ et $SV = 1\ \mathrm{mL \cdot g^{-1}}$ (unités adaptées à l'application directe de la relation donnant β).

Remarque

Le facteur 0,6 correspond au taux de remplissage de la colonne par la silice et 0,45 correspond au volume de silice en mL pour 1 gramme.

d) Connaissant le rapport de phase, calculer, pour les solutés 4 et 5, le coefficient de distribution de Nernst. Ces deux valeurs correspondent-elles bien à l'ordre d'élution obtenu ?

1.7 On veut déterminer par la méthode de normalisation interne la composition massique d'un échantillon constitué de 4 esters de l'acide butanoïque. Une solution de référence de ces quatre esters (concentrations massiques connues) conduit aux valeurs suivantes des coefficients de réponse relatifs des butanoates de méthyle (ME), d'éthyle (EE) et de propyle (PE) par rapport au butanoate de butyle (BE) :

$$k_{ME/BE} = 0{,}919\ ; \quad k_{EE/BE} = 0{,}913\ ; \quad k_{PE/BE} = 1{,}06.$$

À partir des indications fournies par le chromatogramme de l'échantillon à doser, trouver la composition massique de ce mélange.

N° pic	t_R	Composé	Aire (unités arbitraires)
1	2,54	méthyl ester (ME)	2340,1
2	3,47	éthyl ester (EE)	2359,0
3	5,57	propyl ester (*PE*)	4077,3
4	7,34	butyl ester (BE)	4320,7

1.8 Dosage de la sérotonine *S* (5-hydroxytryptamine) par la méthode de l'étalon interne.
On prélève 1 mL de la solution à doser à laquelle on ajoute 1 mL d'une solution contenant 30 ng de *N*-méthylsérotonine (*NMS*). On traite ce mélange pour le débarrasser d'autres composés gênants. On opère par extraction en phase solide pour isoler la sérotonine et son dérivé méthylé, dilués dans une phase convenable.

a) Pourquoi ajoute-t-on le composé d'étalonnage interne avant l'étape d'extraction ?

b) Calculer le facteur de réponse de la sérotonine par rapport à la *N*-méthylsérotonine sachant que le chromatogramme d'étalonnage conduit aux résultats suivants :

– aire sérétonine	30 885 982 μV · s	quantité injectée : 5 ng
– aire *N*-méthylsérétonine	30 956 727 μV · s	quantité injectée : 5 ng

À partir du chromatogramme de la solution échantillon, trouver quelle est la concentration en sérotonine dans l'échantillon de départ sachant que l'aire du pic sérétonine vaut 2 573 832 μV · s et l'aire du pic *N*-méthylsérétonine 1 719 818 μV · s.

CHROMATOGRAPHIE EN PHASE GAZEUSE

2

La chromatographie en phase gazeuse (CPG) est une technique très répandue. Son développement est dû à sa grande sensibilité, à sa polyvalence, à la rapidité de mise au point de nouvelles analyses et aux possibilités d'automatisation. La séparation des analytes au niveau de la colonne se faisant à partir d'espèces chimiques à l'état gazeux, l'échantillon doit être vaporisé, par chauffage, en tête de colonne. C'est sans doute sur ce point que la CPG trouve ses limites puisque seuls les composés suffisamment volatils et thermiquement stables peuvent être analysés. Cette technique est associée à des modes de détection très sensibles, le picogramme pouvant être facilement atteint avec certains détecteurs. Son couplage avec la spectrométrie de masse permet d'obtenir, outre le chromatogramme, des informations utiles pour identifier les solutés. Les applications sont très nombreuses dans tous les domaines et les développements de la chromatographie à grande vitesse ou multidimensionnelle rendent cette technique toujours très attractive.

2.1 PRINCIPE D'UNE INSTALLATION DE CPG

Un appareil de CPG réunit dans un bâti unique, outre les trois modules classiques, injecteur, colonne et détecteur, un four thermostaté qui permet de porter, si nécessaire, la colonne à une température élevée (fig. 2.1). La phase mobile qui entraîne l'échantillon dans la colonne est un gaz, appelé *gaz vecteur*. Les débits, contrôlés avec précision, permettent une grande répétabilité des temps de rétention.

L'analyse débute à l'instant où on introduit une très petite quantité de l'échantillon, sous forme liquide ou gazeuse, dans l'injecteur, qui a la double fonction de le porter à l'état de vapeur et de l'amener dans le flux gazeux en tête de la colonne. Celle–ci se présente comme un tube de faible section enroulé sur lui-même, de 1 à plus de 100 m de longueur suivant les cas et contenant la phase stationnaire. Cette colonne est placée dans une enceinte à température régulée. Elle peut servir à des milliers d'injections successives. La phase gazeuse qui a traversé la colonne passe dans un détecteur avant de sortir à l'air libre. Certains modèles de chromatographes ont une alimentation autonome ainsi qu'une taille réduite pour faciliter l'emploi en milieu extérieur, sur le terrain (fig. 2.1).

En CPG il y a quatre paramètres opérationnels pour une phase stationnaire donnée : *L*, longueur de la colonne et *u*, vitesse de la phase mobile (qui conditionnent *N*), *T* température de la colonne et β rapport de phase (qui conditionnent *k*). Les réglages du chromatographe permettent d'agir sur *T* et sur *u*, donc sur l'efficacité et sur les facteurs de rétention.

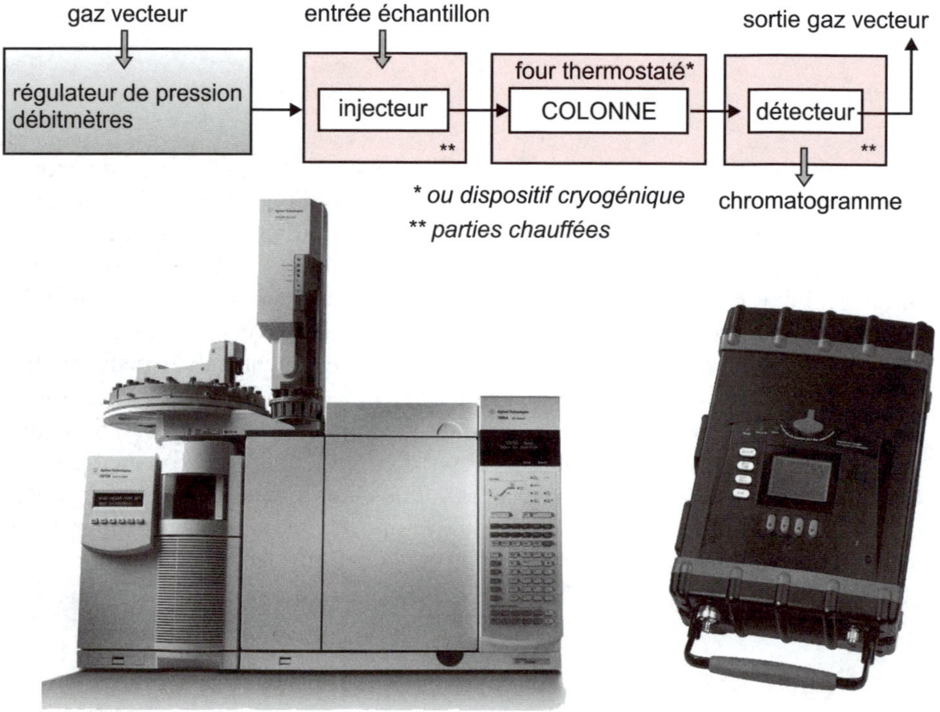

Figure 2.1

Une installation de CPG.
Schéma fonctionnel d'un appareil de CPG. En dessous, à gauche un chromatographe analytique, le modèle 5975C de la société Agilent Technologies. L'instrument représenté est muni d'un porte-échantillons, d'un échantillonneur automatique et d'un système de détection par spectrométrie de masse. À droite, un modèle de CPG portative et autonome destinée à l'analyse des atmosphères polluées (mesure des composés organiques volatils) - Modèle Voyager de la société Photovac.

2.2 Gaz vecteur et régulateur de débit

On utilise comme phase mobile l'un des trois gaz suivants : l'hélium, le diazote ou le dihydrogène. Ils proviennent soit d'un cylindre sous pression soit d'un générateur (électrolyse de l'eau pour H_2 et séparation de l'air pour N_2), ce qui a l'avantage de fournir sur place un gaz très pur. Ce gaz vecteur doit être exempt de traces d'hydrocarbures, de vapeur d'eau et de dioxygène qui se comportent comme des impuretés préjudiciables pour certaines phases stationnaires polaires et qui réduisent la sensibilité des détecteurs. C'est la raison pour laquelle on place un double filtre, desséchant et réducteur, juste en amont du chromatographe.

La nature du gaz vecteur ne modifie pas de manière significative les valeurs des coefficients de distribution *K* des différents solutés, sachant qu'il n'existe pratiquement pas d'interaction entre gaz et solutés, la température étant le seul facteur de modification important. En revanche, la viscosité et la vitesse du gaz vecteur liée à son débit ou sa pression en tête de colonne ont une grande influence sur la dispersion des composés dans la phase stationnaire et leur diffusion dans la phase mobile (*cf.* équation de Van Deemter § 1.10). Ces deux facteurs agissent directement sur l'efficacité de la colonne (fig. 2.2).

La pression en tête de colonne (quelques dizaines à quelques centaines de kPa) est soit stabilisée avec un système mécanique, soit asservie électroniquement afin que le débit demeure constant (système *EPC, pour Electronic Pressure Control).* En effet, pour une analyse réalisée en mode de programmation ascendante de température, la viscosité de la phase stationnaire et par suite la perte de charge augmentent au cours du temps. Il est donc préférable que la pression soit corrigée pour conserver au gaz vecteur une vitesse constante et optimale. Il en résulte une analyse plus rapide et une longévité accrue des colonnes.

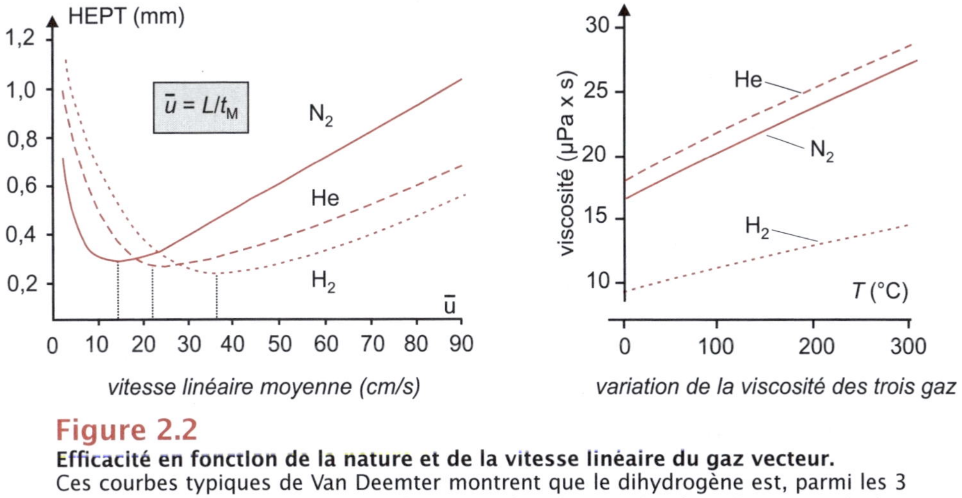

Figure 2.2

Efficacité en fonction de la nature et de la vitesse linéaire du gaz vecteur.
Ces courbes typiques de Van Deemter montrent que le dihydrogène est, parmi les 3 gaz étudiés, celui qui permet les séparations les plus rapides, à performances égales, tout en donnant plus de souplesse en ce qui concerne le débit, ce qui est très utile en mode programmation de température. Noter l'augmentation de la viscosité de ces gaz avec la température *T*. On constate aussi que l'hélium est plus visqueux que le diazote, à température égale.

L'injecteur et le détecteur ont des volumes morts qui entrent en ligne de compte dans le volume de rétention total. En CPG la phase mobile étant compressible, le débit mesuré en sortie de colonne doit être corrigé par le *facteur de correction de compression* J, qui tient compte de la surpression en amont de la colonne (cf. formule 2.1). Si le chromatogramme comporte un pic dû à un composé non retenu, il est possible de calculer la vitesse moyenne de progression $\overline{u}$ du gaz vecteur dans la colonne. Par ailleurs, en adaptant un débitmètre à bulle de savon en sortie de colonne, on peut, connaissant son diamètre, en déduire la vitesse $\overline{u}_0$ du gaz vecteur *à la sortie* de l'appareil, à la pression atmosphérique P_0. Le rapport entre ces deux vitesses est égal à J, facteur de compression (ou coefficient de perte de charge), lui-même relié à la pression relative P/P_0 (P en tête de colonne) :

$$J = \frac{\overline{u}}{u_0} = \frac{3}{2} \cdot \frac{(P/P_0)^2 - 1}{(P/P_0)^3 - 1} \tag{2.1}$$

2.3 Introduction de l'échantillon et chambre d'injection

2.3.1 Introduction de l'échantillon

Une très petite quantité d'échantillon en solution (ex. 0,5 µL), est introduite dans l'appareil avec une microseringue (fig. 2.3) dont il existe de nombreux modèles adaptés aux divers injecteurs et colonnes. Pour les échantillons gazeux on utilise des vannes à boucles semblables à celles que l'on rencontre en chromatographie liquide (*cf.* § 3.3). Pour mieux maîtriser la reproductibilité des injections — le simple changement d'opérateur pouvant conduire, en mode manuel, à des différences —, on adapte presque toujours un *injecteur automatique* grâce auquel les mouvements de la seringue sont automatisés (fig. 2.1). Associé à un carrousel porte-échantillons, il devient possible de programmer la séquence cyclique de prélèvement de l'échantillon, de son introduction très rapide dans l'injecteur (0,2 s) et du rinçage de la seringue. Cette dernière phase est importante pour éviter les contaminations d'un échantillon à l'autre lorsqu'il s'agit de dosages enchaînés de manière automatique.

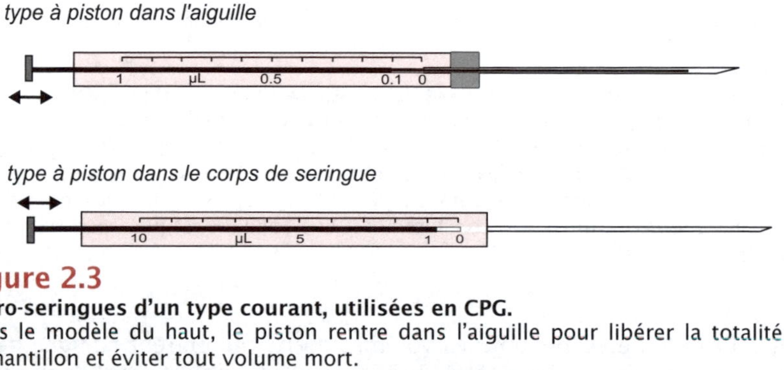

Figure 2.3

Micro-seringues d'un type courant, utilisées en CPG.

Dans le modèle du haut, le piston rentre dans l'aiguille pour libérer la totalité de l'échantillon et éviter tout volume mort.

Une technique d'échantillonnage connue sous le nom d'« espace de tête », dont il existe deux variantes, dites statique et dynamique, est très répandue en CPG pour faire l'analyse qualitative des constituants volatils des échantillons (*cf.* chapitre 21).

2.3.2 Injecteurs

L'injecteur est la porte d'entrée de l'échantillon dans le chromatographe. Il a deux fonctions : *vaporiser* et *entraîner* en tête de colonne l'échantillon mélangé au gaz vecteur. Les caractéristiques des injecteurs, ainsi que les modes d'injection, diffèrent suivant les types de colonnes auxquels ils sont réunis. De la manière dont est pratiquée l'injection, de sa rapidité, dépend la qualité de l'analyse.

Injecteur à vaporisation directe. Pour *colonne remplie et colonne capillaire macrobore*, sachant que le débit de gaz vecteur doit être d'au moins 6-7 mL/min. Il consiste en un tube métallique doublé d'un chemisage de verre (appelé *insert*), balayé par le gaz vecteur et chauffé à une température telle que les différents solutés présents puissent être vaporisés. L'aiguille de la microseringue contenant l'échantillon doit percer une pastille d'élastomère siliconé (le *septum*) obturant l'entrée de l'injecteur. L'autre extrémité de la chambre d'injection est raccordée à la colonne chauffée (fig. 2.4). La totalité de l'échantillon introduit, immédiatement vaporisé, et entraîné par le gaz vecteur, pénètre dans la colonne où la séparation va avoir lieu.

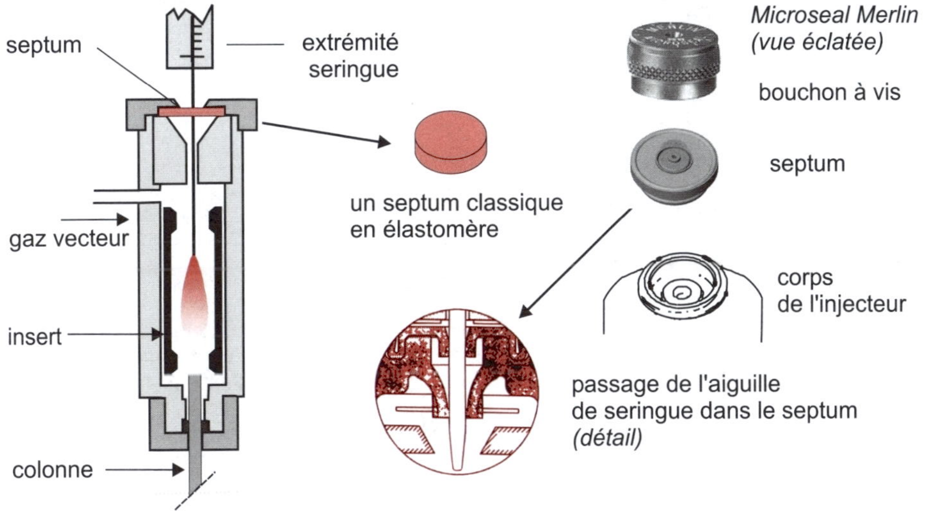

Figure 2.4
Injecteur à vaporisation directe utilisé pour colonnes remplies.
Schéma de base d'un modèle classique à septum. Il existe une grande variété d'inserts en fonction des applications. À droite une variante de septum (le « Microseal » Merlin), pouvant servir des milliers de fois (reproduit avec l'autorisation de la société Agilent Technologies).

Injecteur avec ou sans division (*split/splitless*). Pour *colonnes capillaires*. Compte tenu de la très petite quantité de phase stationnaire présente dans ces colonnes, les plus petits volumes qu'il est possible de prélever avec une microseringue (0,1 μL) peuvent saturer la colonne. On utilise alors des injecteurs pouvant fonctionner suivant deux modes, *avec* ou *sans division* (encore appelés *split* ou *splitless*).

Un courant de gaz vecteur arrive avec un grand débit dans la chambre de vaporisation où il se mélange à l'échantillon injecté (fig. 2.5). Une vanne de fuite, couramment réglée entre 50 et 100 mL/min, divise ce débit en deux fractions dont la plus importante est éliminée du corps de l'injecteur en entraînant la majeure partie de l'échantillon introduit. Le rapport de division (*split ratio*) peut varier entre 20 et 500. Seule la plus petite fraction pénètre dans la colonne. Elle contient une fraction de l'échantillon qui est égale au rapport de division.

rapport de division = (débit sortie split+débit sortie colonne)/(débit sortie colonne)

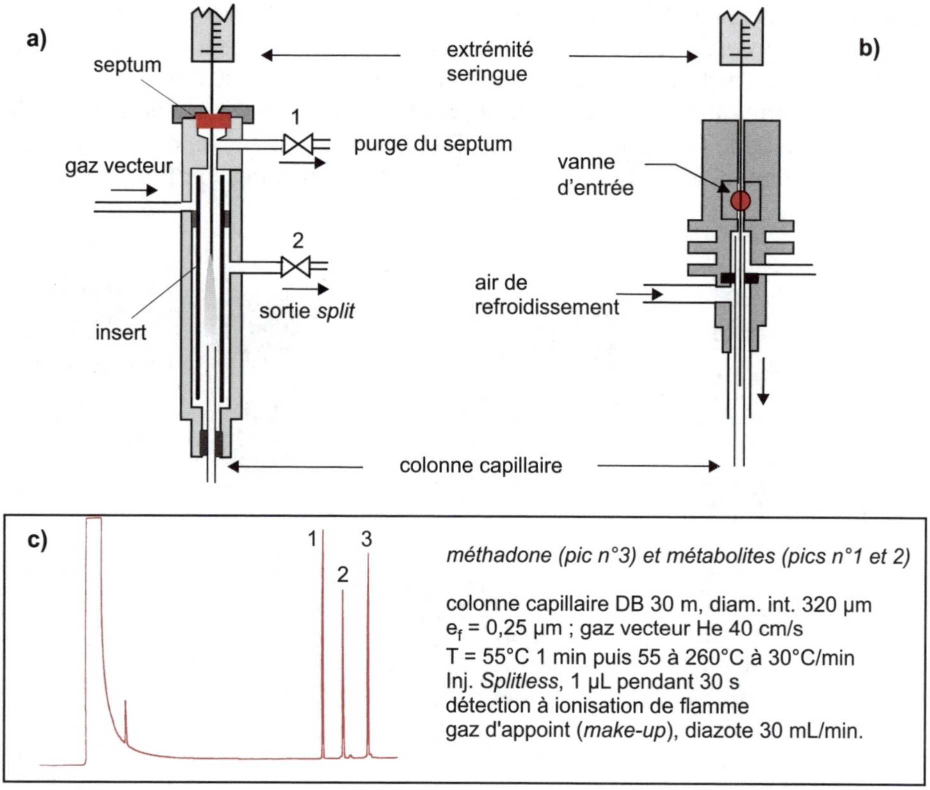

Figure 2.5
Injecteurs.
En haut : à gauche, chambre d'injection avec diviseur (la sortie 2 règle le *split)* ; à droite, injection à froid dans la colonne ; en bas : aspect typique d'un chromatogramme obtenu en mode *splitless*. Le pic solvant peut occulter une partie des composés, à moins d'utiliser un détecteur sélectif qui ne « voit » pas le solvant.

Ce type d'injecteur peut également fonctionner en mode *splitless*. Dans ce mode d'introduction réservé aux échantillons en solution très diluée, on injecte lentement le contenu de la microseringue en laissant la vanne 2 (fig. 2.5) en position fermée durant 0,5 à 1 minute afin que les composés vaporisés avec le solvant se concentrent dans les tout premiers décimètres de la colonne. Ce mode d'injection, qui demande plus d'expérience, se fait à une température plus basse au départ afin que le solvant précède les composés dans la colonne. L'ouverture de la vanne 2 élimine de l'injecteur l'excès d'échantillon. La discrimination entre les composés est très faible.

L'injecteur avec diviseur peut conduire à une mauvaise évaluation de la composition des mélanges, par suite d'une discrimination entre les composés qui ont des volatilités différentes : la composition de la fraction rentrant dans la colonne n'est pas la même que celle de la fraction éliminée. C'est donc un problème en analyse quantitative où l'étalonnage externe est à déconseiller.

Injecteur à température programmable.

Cet injecteur encore appelé PTV, (*Programmed Temperature Vaporizer*), est une amélioration de l'injecteur *split/splitless* : la température de la chambre d'injection peut être programmée, de 20 à plus de 300 °C, en quelques dizaines de secondes (fig. 2.6).

Il conjugue les avantages de l'injection en mode *split* ou *splitless* à ceux de l'injection, à froid dans la colonne. On peut citer plus particulièrement :

- l'absence de discrimination due à l'aiguille,
- l'utilisation de seringues classiques,
- l'élimination du solvant ou des composés de bas point d'ébullition,
- un plus grand volume d'injection.

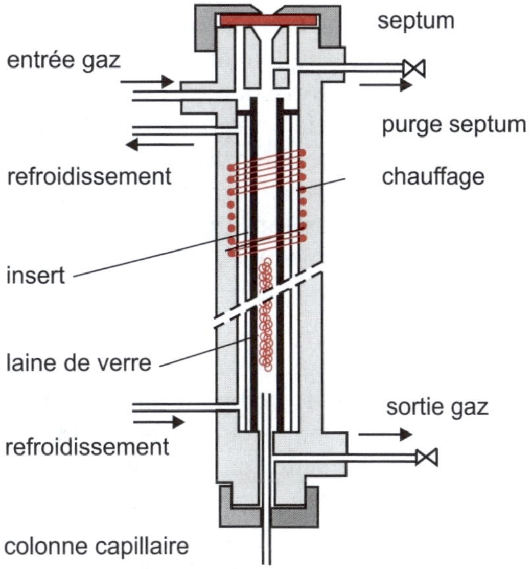

Figure 2.6

Injecteur PTV, à température programmable.

Pour permettre de faire des gradients rapides de température, la chambre d'injection est entourée d'une résistance et d'une circulation de gaz froid.

Ses trois principaux modes de fonctionnement sont l'injection à froid en mode *split*, l'injection à froid en mode *splitless* et l'injection avec élimination du solvant.

Dans l'*injection avec division, à froid*, l'échantillon est introduit dans la chambre de vaporisation froide. Immédiatement après, la vanne de fuite est ouverte et l'injecteur est chauffé. Comme l'échantillon n'est pas instantanément vaporisé, le solvant et les différents composés pénètrent dans la colonne dans l'ordre de leur point d'ébullition. De ce fait, il n'y a, à aucun moment, surcharge de la colonne.

L'*injection sans division*, *à froid*, est utilisée pour l'analyse de traces, la vanne de fuite est fermée pendant l'injection. La chambre d'injection est ensuite chauffée afin de transférer l'échantillon dans la colonne maintenue froide.

Dans le mode *injection avec élimination de solvant*, l'échantillon est introduit dans l'injecteur froid. Après injection, la vanne de fuite est ouverte, le débit de fuite est très élevé et peut atteindre 1 000 mL/min pour éliminer tout le solvant. Puis l'injecteur est ensuite chauffé pour permettre le transfert des composés lourds dans la colonne, la vanne de fuite étant fermée (mode splitless). Il est ainsi possible d'injecter jusqu'à 50 μL en une seule injection ou jusqu'à 500 μL d'échantillon en solution dans un solvant volatil, en plusieurs injections. Cette technique permet donc d'éliminer l'étape de concentration préliminaire avant injection.

Injection à froid dans la colonne. Ce procédé (COC, *Cold On Column*) consiste à injecter l'échantillon directement à l'intérieur de la colonne capillaire (*« on column »*), sa vaporisation se faisant après dépôt. L'utilisation d'une microseringue, dont l'aiguille (acier ou silice) a un diamètre de l'ordre de 0,15 mm seulement, est nécessaire pour pénétrer dans la colonne. Celle-ci est refroidie vers 40 °C avant de reprendre sa température normale. Ce procédé utile pour les composés fragiles est difficile à maîtriser sans injecteur automatique. Il est réputé pour ne pas provoquer de discrimination entre les composés dont les volatilités sont différentes (fig. 2.5).

2.4 Enceinte thermostatée

Le chromatographe comporte une enceinte thermostatée, ou *four*, qui permet de chauffer la colonne jusqu'à plus de 400 °C. Elle doit avoir une faible inertie thermique pour permettre une montée contrôlée et rapide en température lorsqu'une programmation de température est nécessaire (rampe pouvant aller jusqu'à 130-140 °C/min et une excellente stabilisation au 1/10 de °C). En adjoignant une vanne cryogénique alimentée par un courant de diazote ou de dioxyde de carbone liquides, l'enceinte peut être régulée à basse température.

2.5 Colonnes

Il existe deux types de colonnes, les colonnes *remplies* (ou colonnes *à garnissage*) et les colonnes *capillaires (à tube ouvert)* (fig. 2.7). Elles n'offrent pas les mêmes performances. Pour les colonnes remplies, la phase stationnaire est immobilisée par imprégnation ou par réaction chimique sur un support poreux. Pour les colonnes à tube ouvert, constituées d'un capillaire de petit diamètre, une faible épaisseur de phase stationnaire est soit déposée, soit greffée sur la surface interne de la colonne.

2.5.1 Colonnes remplies (à garnissage)

Ces colonnes, d'un diamètre de 1/8 ou 1/4 d'inch (3,18 ou 6,35 mm) et de 1 à 3 m de long, sont fabriquées à partir d'un tube d'acier ou de verre dont la paroi interne est traitée pour éviter d'éventuels effets catalytiques sur l'échantillon. Elles supportent un débit de gaz vecteur allant de 10 à 40 mL/min.

En chromatographie gaz-liquide, ce tube est rempli d'un support poreux et inerte. Il s'agit de solides ayant une surface spécifique de 2 à 8 m^2/g qui se présentent sous forme de grains sphériques d'environ 0,2 mm de diamètre. Ils sont obtenus à partir de diatomites, silicates fossiles (kieselguhr, tripoli) dont le squelette est chimiquement comparable à de la silice amorphe, et d'un liant. L'un des plus connus porte le nom de Chromosorb®. D'autres matériaux de synthèse ont également été développés. Tous ces supports permettent le greffage ou l'imprégnation de la phase stationnaire à un taux qui peut varier entre 3 et 25 %.

En chromatographie gaz-solide, la phase stationnaire est constituée d'un solide adsorbant (tamis moléculaire, carbone vitreux ou polymère poreux).

Bien que moins performantes que les colonnes capillaires, suite à la dispersion des molécules du soluté à travers les grains du support dans de nombreuses trajectoires, elles sont toujours utilisées pour certaines analyses de routine normalisées. Elles sont faciles à fabriquer à façon à partir d'un grand choix de phases stationnaires. Elles ne sont cependant pas adaptées aux analyses de traces actuelles.

2.5.2 Colonnes capillaires (à tube ouvert)

Elles sont généralement en *silice fondue* de grande pureté, obtenue par combustion de tétrachlorosilane ($SiCl_4$) dans une atmosphère de dioxygène. Le diamètre interne de ces colonnes varie de 100 à 530 μm. La technologie est particulièrement délicate pour obtenir des colonnes parfaitement cylindriques, dont la longueur peut aller jusqu'à 100 m pour une épaisseur d'environ 50 μm (fig. 2.7). Elles comportent un revêtement extérieur de polyimide, polymère thermiquement stable (T_{max} = 370 °C), pour les rendre moins fragiles, tant chimiquement que mécaniquement : ce qui permet ainsi de pouvoir les enrouler sur elles-mêmes sur un support métallique adapté. Quelques fabricants proposent aussi des colonnes faites à partir d'un capillaire en métal (aluminium, nickel ou acier) qui acceptent, si la phase stationnaire le permet, des températures atteignant 450 °C. La paroi interne de la colonne subit divers traitements pour la préparer à une bonne fixation de la phase stationnaire. Il peut s'agir d'une attaque chimique ou d'un dépôt d'une fine épaisseur d'alumine ou de gel de silice.

La phase stationnaire recouvre la paroi interne sur une épaisseur régulière pouvant aller de 0,05 à 5 μm. Elle est ou simplement *déposée* ou mieux *greffée* par des liaisons covalentes éventuellement suivie d'une polymérisation avec réticulation sur la paroi. Ce dépôt est obtenu par évaporation d'une solution ou par polymérisation *in situ* au contact de la paroi. Ce sont les colonnes WCOT (*Wall Coated Open Tubular*), et PLOT (*Porous Layer Open Tubular*) suivant la nature de la phase stationnaire concernée. Certaines résistent à des rinçages périodiques avec des solvants pour leur faire retrouver leurs performances initiales.

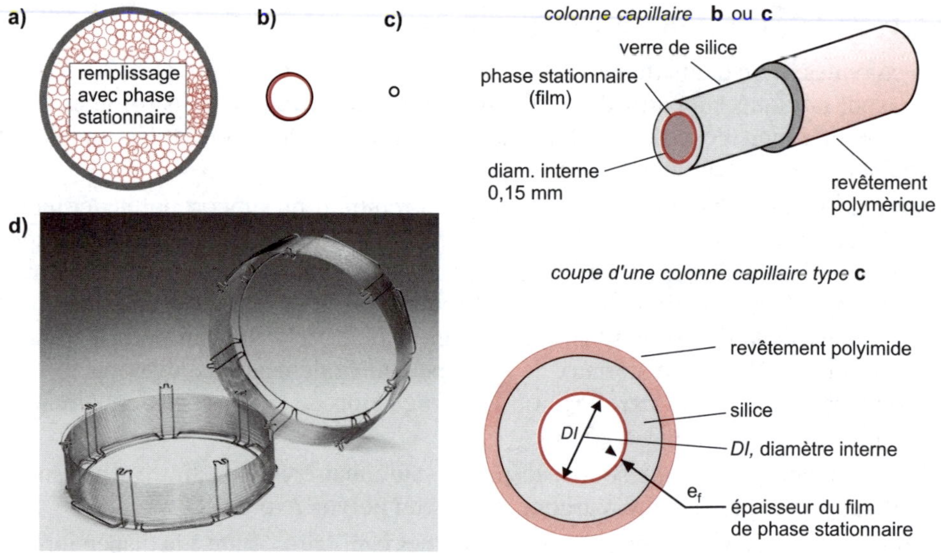

Figure 2.7

Colonnes de CPG.

Représentation à la même échelle des sections des trois types de colonnes. a) Colonne remplie de 2 mm de diamètre ; b) colonne capillaire « 530 » de 0,53 mm ; c) colonne capillaire de 0,1 mm ; détail d'une colonne capillaire. À cette échelle, l'épaisseur de phase stationnaire serait à peine visible. d) colonnes commerciales de 50 m de longueur (Document de la Société Alltech).

Pour comparer ou prévoir le comportement des colonnes capillaires, il est utile de connaître le *rapport de phase* $\beta = V_M/V_S$. En désignant par *DI* le diamètre interne de la colonne et e_f l'épaisseur du film déposé, un calcul approché conduit à :

$$\beta = \frac{DI}{4e_f} \tag{2.2}$$

La capacité de la colonne est liée au rapport de phase mais également, pour chaque soluté, à son temps de rétention puisque k lui est inversement proportionnel. β, accessible à partir des caractéristiques physiques de la colonne, et k *(facteur de rétention)* à partir du chromatogramme, permettent de calculer le coefficient de partage K d'un soluté dont la valeur est généralement très grande (1 000 par exemple), conséquence de la nature (gaz) de la phase mobile.

Les colonnes WCOT, bien adaptées à la détection par spectrométrie de masse, sont devenues d'emploi très courant.

Colonnes « 530 μm ».

Constituées par un capillaire de 0,53 mm de diamètre interne et de 5 à 50 m de long, ces colonnes désignées par « widebore », « megabore » ou « macrobore » nécessitent un débit de gaz vecteur d'au moins 5 mL/min. Les performances de ces colonnes sont inférieures à celles des colonnes capillaires de plus petit diamètre, mais elles peuvent être substituées aux colonnes remplies sur les chromatographes plus anciens, tout en conservant les mêmes injecteurs et détecteurs.

Elles sont supérieures à ces dernières car elles ont aussi pour intérêt de donner très peu de ressuage, (*bleeding* selon le terme anglais), c'est-à-dire de perte progressive de phase stationnaire. Ces colonnes sont de type WCOT ou PLOT, rarement des colonnes remplies.

Pour déposer une couche d'épaisseur connue, la colonne est remplie avec une solution de concentration calculée de phase stationnaire (par exemple à 0,2 % dans l'éther) pour qu'après évaporation, on obtienne l'épaisseur désirée. La couche peut être ensuite réticulée par un peroxyde ou par irradiation γ. Un tel procédé est comparable au dépôt d'une peinture sur une surface après avoir fixé une couche d'apprêt pour favoriser un bon accrochage.

2.6 Phases stationnaires

Pour les colonnes remplies, la technique d'imprégnation, de mise en œuvre très simple, permet de choisir de nombreux composés organiques peu volatils à usage de phases stationnaires. Mais, pour les colonnes capillaires, les contraintes de fabrication imposent un choix beaucoup plus limité. Les phases actuelles correspondent à deux principaux types de composés : les *polysiloxanes* et les *polyéthylèneglycols,* chaque catégorie pouvant faire l'objet de modifications structurales mineures. On peut y ajouter les phases particulières à base de *cyclodextrines* pour l'étude des composés optiquement actifs.

Toutes ces phases sont utilisables entre deux températures, l'une minimale au-dessous de laquelle les équilibres de concentration sont trop lents à se faire, l'autre qui définit la limite supérieure d'utilisation sans dégradation, qui dépend de la nature et de l'épaisseur du film.

Les divers catalogues de colonnes présentent des phases optimisées pour des applications particulières : séparations de produits sulfurés, des pesticides chlorés, des gaz permanents, des triglycérides, des HPA ou de produits pétroliers. Certaines colonnes peuvent supporter des températures allant jusqu'à plus de 450 °C (ex. DEXSIL 400 ou PETROCOL). Parmi les applications classiques, figurent l'analyse directe des triglycérides des corps gras et la distillation simulée dans l'industrie pétrolière, cette dernière pour remplacer la distillation conventionnelle dont l'exécution peut prendre une centaine d'heures par analyse.

2.6.1 Polysiloxanes

Les polysiloxanes (également connus sous le nom d'huiles et gommes silicones) correspondent à la répétition d'un motif de base comportant deux chaînes carbonées par atome de silicium (fig. 2.8). Les grandes firmes mondiales en commercialisent une vingtaine de diverses compositions avec des chaînes alkyle ou aryle (méthyle ou phényle) pouvant comporter en plus des fonctions (ex. cyanopropyle, trifluoropropyle). Les monomères, combinés en diverses proportions, permettent de moduler les propriétés des phases stationnaires (polarité et domaine de stabilité souvent de –50 °C à 300/325 °C, pour les diméthylpolysiloxanes, selon le type de colonne). Grâce à leur gamme de température très étendue, ce sont, pour les colonnes capillaires, les phases les plus utilisées.

La phase très connue qui sert de référence, parce qu'elle est la seule à être parfaitement définie, est le **squalane** dont la polarité est nulle dans l'échelle établie par McReynolds (cf. 2.10.3). Cet hydrocarbure saturé ($C_{30}H_{62}$) dérive du squalène, terpène naturel extrait du foie de requin. Il est également présent dans le sébum de la peau. Sur cette phase utilisable entre 20 et 120 °C (en mode déposé ou en imprégnation), les composés sont élués dans l'ordre de leur température d'ébullition croissante (le temps de rétention étant inversement proportionnel à la pression de vapeur). Diverses phases greffées à base de polyalkylsiloxanes, pratiquement apolaires, remplacent le squalane.

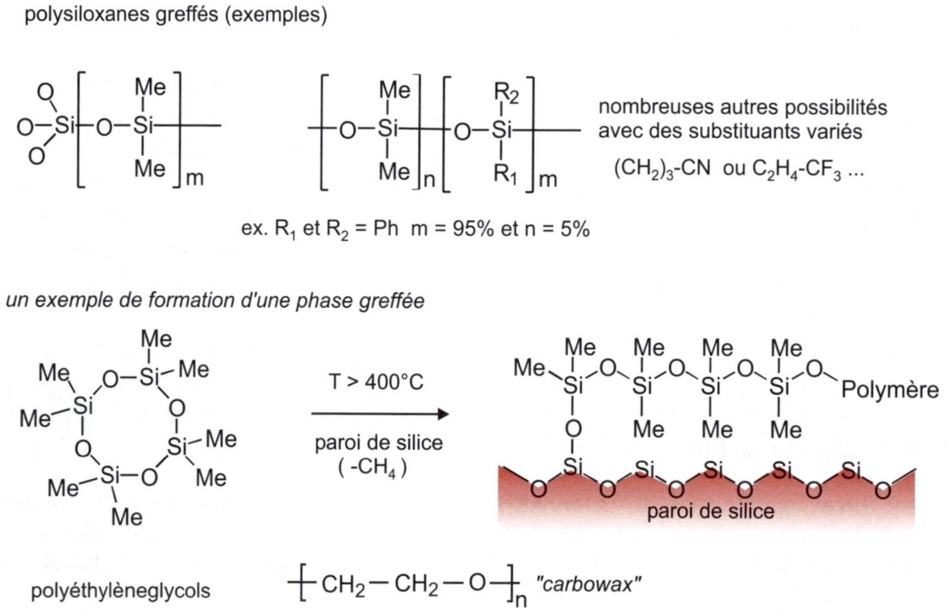

Figure 2.8

Structure des polysiloxanes (silicones), et des polyéthylèneglycols.
L'inventaire de toutes les compositions de phases de ce type, utilisées en imprégnation ou en greffage, serait long. Traitement de la paroi interne d'une colonne en silice par le tétradiméthylsiloxane pour obtenir une phase stationnaire greffée, polymérisée et ensuite réticulée. (Le greffage ressemble à la fixation indélébile des colorants pour obtenir des tissus grand teint : le colorant est porteur d'un site réactif afin qu'il puisse s'accrocher par exemple aux fonctions alcool de la cellulose des fibres de coton).

2.6.2 Polyéthylèneglycols *(PEG)*

Les représentants les plus connus de cette famille sont les **Carbowax®** (fig. 2.8), polymères polaires (M = 1 500 à 20 000 – pour le Carbowax 20M) qui peuvent être utilisés en mode déposé, imprégné ou greffé (40 < T < 240/260 °C, selon le type de colonne).

2.6.3 Phases stationnaires chirales

Cette expression désigne des phases stationnaires conçues pour séparer les isomères optiques (ou énantiomères) entre eux par un *procédé direct.*

Un composé moléculaire organique dont la formule développée révèle l'existence d'un centre d'asymétrie, conduit généralement à notre échelle, dite macroscopique, à un mélange des deux énantiomères possibles R et S, en quantités égales ou non. Leurs propriétés physiques sont identiques sauf en ce qui concerne leur comportement vis-à-vis de la lumière polarisée, d'où le nom d'activité optique. Ce sont des molécules images l'une de l'autre dans un miroir, mais non superposables. La CPG et surtout la CLHP, de même que l'électrophorèse capillaire, sont des techniques aptes à séparer les énantiomères. Pour une meilleure compréhension de l'isomérie optique, le lecteur pourra consulter les très nombreuses sources d'information s'y rapportant.

Si on chromatographie un analyte composé de deux énantiomères (R et S) sur une phase stationnaire chirale, résultant du greffage d'un composé optiquement pur (un seul énantiomère, R par exemple), il se crée entre les énantiomères de l'analyte et la phase stationnaire des interactions réversibles du type R(composé)/R(phase stat.) et S(composé)/R(phase stat.) dont les stabilités sont légèrement différentes, ce qui produit au cours de l'élution une séparation des deux énantiomères. En conséquence, on observe sur le chromatogramme deux pics (fig. 2.9) dont les aires sont proportionnelles à l'abondance de chacune des deux formes R et S.

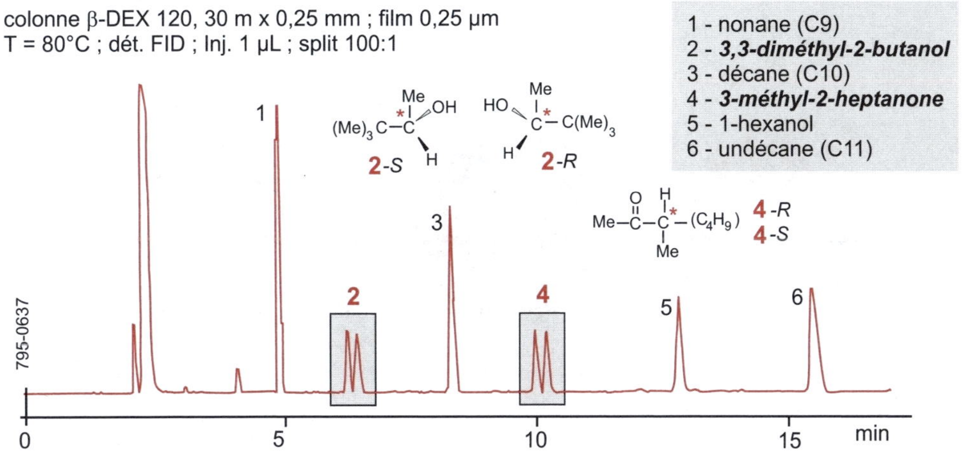

Figure 2.9

Exemple de séparation obtenue avec une phase chirale comportant des cyclodextrines greffées.

En utilisant une colonne chirale les composés à l'état de racémate se dédoublent, ce qui est le cas pour les deux alcools 2 et 4. Noter que cette chromatographie en régime isotherme permettrait également de calculer les indices de rétention des composés séparés (*cf.* § 2.10) (adapté d'une illustration de la société Supelco).

On appelle ***pureté optique*** de l'analyte, son excès énantiomérique (*e.e*), calculé à partir de la relation suivante où S_R et S_S désignent les aires des pics des deux énantiomères :

$$\text{PURETE OPTIQUE}(e.e.\ \%) = 100\frac{|S_R - S_S|}{S_R + S_S} \tag{2.3}$$

Dans ces conditions, un composé chimiquement pur à l'état de racémate donnera naissance à deux pics égaux, chacun correspondant à un seul énantiomère. La précision de ces études est de l'ordre de 1 %.

Les phases stationnaires chirales pour la CPG sont principalement obtenues en greffant, par l'intermédiaire d'une chaîne carbonée (le « bras »), une cyclodextrine dont les fonctions alcool ont été substituées (par exemple cyclodextrine perméthylée) (fig. 2.10). Il s'agit d'enchaînements cycliques de 6 à 8 molécules de glucose.

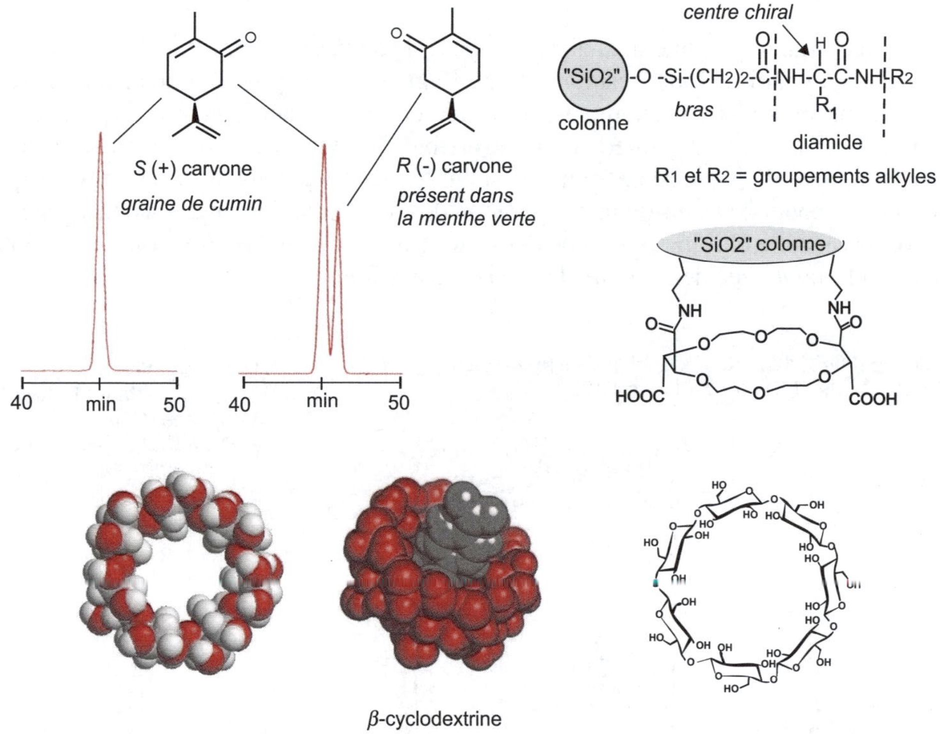

Figure 2.10

Phases stationnaires chirales.

Représentation de trois vecteurs chiraux rencontrés en CPG : une diamide, un éther couronne asymétrique et une cyclodextrine (β-cyclodextrine avant et après inclusion). Chromatogrammes partiels obtenus à partir d'un extrait de cumin montrant qu'il contient la seule S-carvone, comme en témoigne le chromatogramme test dans lequel on a ajouté son énantiomère, la R-carvone. Il est à noter qu'une PS, qui n'est pas à 100 % énantiomériquement pure, n'aura aucune influence sur les intensités relatives des pics des énantiomères, mis à part que leur séparation sera faible, voire insuffisante.

L'ensemble a l'aspect d'un tronc de cône présentant une cavité lipophile de taille suffisante pour permettre l'inclusion sélective et réversible d'une grande variété de composés sous forme de complexes diastéréoisomèriques.

D'usage moins fréquent, on trouve également des ethers-couronne asymétriques et des diamides, également assez stables thermiquement (fig. 2.10).

Par opposition au *procédé direct*, le *procédé indirect* de séparation des énantiomères consiste à faire une réaction chimique préalable entre l'analyte et un réactif chiral pour former des diastéréo-isomères séparables sur des phases conventionnelles. Le procédé est plus long et peut provoquer une racémisation partielle de l'analyte.

2.6.4 Phases stationnaires solides

Ces phases sont constituées par des matériaux adsorbants divers : silice ou alumine désactivées par des sels minéraux, tamis moléculaires 5 Å, verres ou polymères poreux, carbone graphité (ex. Chromosorb® 100, Porapak®). Dans le cas des colonnes capillaires à couche poreuse (PLOT), ces matériaux sont déposés en une couche uniforme, sous forme de particules très fines, sur la paroi interne de la colonne. On les utilise pour séparer les composés gazeux ou très volatils. Les colonnes à phase graphite, en particulier, ont été développées pour la séparation de N_2, CO, CO_2 et des hydrocarbures très légers. Leur efficacité est grande (*cf.* fig. 2.11).

Historiquement le gel de silice, matériau thermiquement stable et insensible à l'oxygène, a été l'un des premiers composés ayant servi de phase stationnaire, pour la réalisation de colonnes de CPG (fig. 2.11). Aujourd'hui les phases solides sont devenues des matériaux très élaborés.

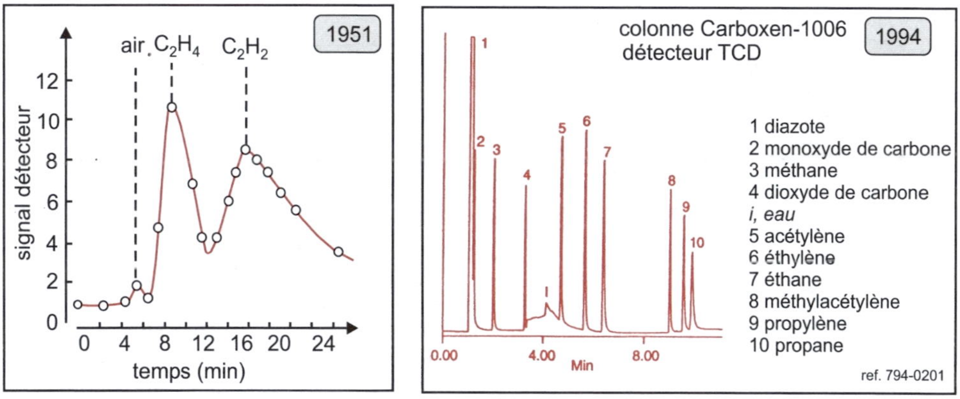

Figure 2.11
Analyses de gaz.
À gauche, l'un des tout premiers chromatogrammes, obtenu point par point, représentant un mélange d'air, d'éthylène et d'acétylène séparés sur gel de silice (E.Cremer et F.Prior, *Z. Elektrochem.* 1951, 55, 66). À droite, une analyse de gaz sur colonne PLOT moderne (reproduit avec l'autorisation de la société Supelco).

2.7 PRINCIPAUX DÉTECTEURS

En aval de la colonne, le chromatographe comporte un dernier dispositif, appelé détecteur, destiné à fournir un signal dont l'exploitation conduira au chromatogramme. Basés sur des principes de détection très variés, les détecteurs commerciaux ne sont pas équivalents entre eux et suivant les applications auxquelles on destine l'instrument on installe le détecteur le plus approprié. En effet, certains détecteurs, dits *universels*, sont sensibles à tous les solutés, alors que d'autres dits *spécifiques* ne détectent que des catégories particulières de composés (fig. 2.14), Les plus performants reposent sur l'adaptation de méthodes spectrales, ou sur la spectrométrie de masse, ce qui permet non seulement de disposer du chromatogramme classique mais aussi de pouvoir identifier chaque soluté à partir de son empreinte spectrale ou de ses principaux pics de fragmentation (voir chapitre Spectrométrie de masse).

Les principaux détecteurs de base sont décrits ci après.

2.7.1 Détecteur à conductibilité thermique (TCD)

Ce détecteur universel, mis au point dès les débuts de la CPG peut être utilisé aussi bien pour les colonnes remplies que pour les colonnes capillaires. De sensibilité moyenne (du ng au mg), il présente une gamme dynamique étendue (6 décades). Son principe repose sur la mesure des variations de conductibilité thermique des mélanges gazeux en fonction de leur composition. Il s'agit d'un *catharomètre* comportant deux thermistors identiques, placés dans deux minuscules cavités d'un bloc métallique thermostaté à une température supérieure à celle de la colonne (fig. 2.12). L'un d'eux est baigné par le gaz vecteur prélevé en amont de l'injecteur et l'autre par le gaz vecteur en aval de la colonne.

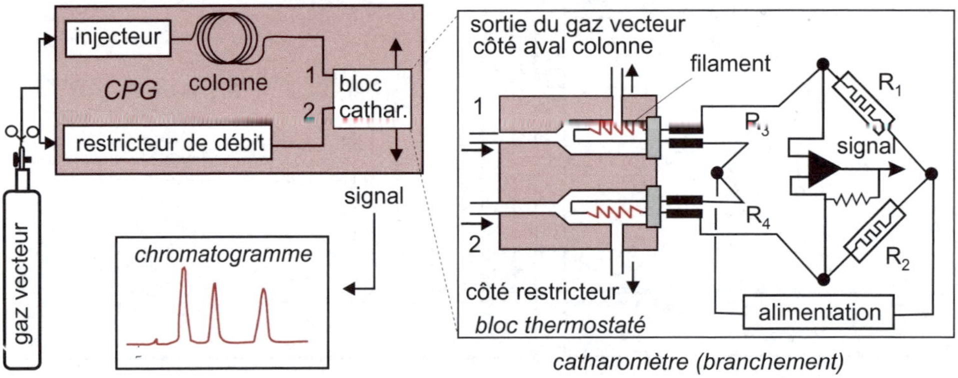

Figure 2.12

Détecteur à conductibilité thermique.

À gauche agencement montrant la circulation du gaz vecteur. À droite schéma d'un bloc catharométrique classique avec le principe de son raccordement électrique dans un montage du type pont de Wheatstone (équilibré si $R_1/R_2 = R_3/R_4$).

En régime stationnaire il s'établit un équilibre de température, donc de résistance, fonction de la conductibilité thermique du gaz vecteur et de l'intensité électrique. Lorsqu'un soluté est élué, le changement de composition de la phase gazeuse modifie sa conductibilité. L'équilibre thermique est rompu, d'où il résulte une variation de la résistance du filament, proportionnelle à la *concentration* du composé dans le gaz vecteur.

2.7.2 Détecteur à ionisation de flamme (FID)

Considéré comme pratiquement universel pour les composés organiques, c'est le détecteur par excellence de la CPG actuelle. Le courant gazeux issu de la colonne pénètre dans la flamme d'un petit brûleur alimentée par un mélange de dihydrogène et d'air. Ce détecteur détruit l'échantillon dont la combustion produit des ions et particules chargées, responsables du passage d'un courant ionique extrêmement faible (10-12 μA) entre deux électrodes (ddp de 100 à 300 V). L'extrémité du brûleur sert d'électrode de polarisation (masse). La seconde électrode, de forme annulaire, entoure la flamme. Le signal est amplifié par un électromètre en une tension mesurable (fig. 2.13). Pour les composés organiques, l'intensité du signal est sensible au *débit massique* de l'échantillon, sachant bien que la présence de certains hétéroéléments, tels les halogènes peuvent modifier notablement la réponse. L'aire du pic reflète donc la masse du composé élué (dm/dt intégré entre les instants de début et de fin de pic dont la masse totale est m). Le FID est donc à l'abri des variations de débit qui peuvent conduire à des erreurs avec les détecteurs du type TCD. Pour les composés organiques, la sensibilité, très grande, s'exprime en C/g de l'élément carbone. La limite de détection est de 2 ou 3 pg/s et la linéarité atteint 10^8 (8 décades). Cependant la linéarité ne doit pas faire oublier que c'est avec les solutions les plus diluées que la résolution est la meilleure.

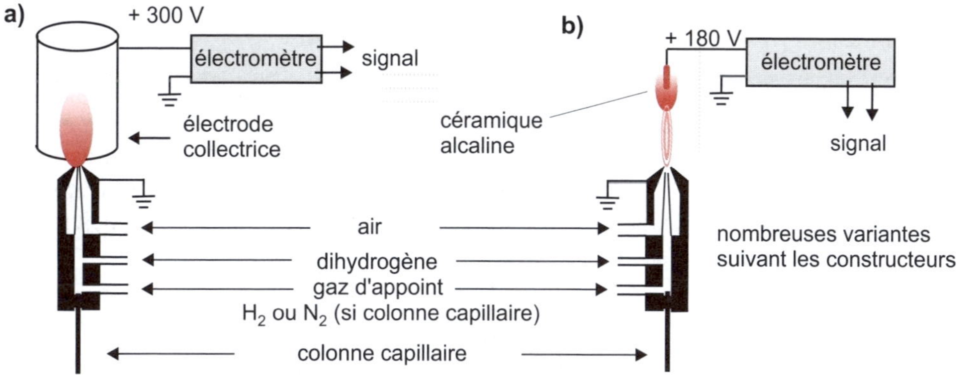

Figure 2.13
Détecteurs FID (a) et NPD (b).
Les électromètres que l'on utilise pour ces détecteurs sont des dispositifs qui permettent de mesurer des intensités très petites, trop faibles pour un galvanomètre.

Pour évaluer la quantité globale de composés organiques volatils présents dans l'air pollué (les COV), il existe des petits instruments portables constitués, pour l'essentiel, par un détecteur à ionisation de flamme, ce qui permet de faire une mesure, sans séparation chromatographique préalable, du *facteur carbone* de l'atmosphère testée.

2.7.3 Détecteur thermoionique (NPD)

Ce détecteur spécifique est sensible aux composés azotés (N) ou phosphorés (P). Il comporte un petit cylindre en céramique dopée avec un sel alcalin (ex. sulfate de rubidium) auquel on applique une tension électrique pour entretenir un petit plasma (800 °C) alimenté par combustion d'un mélange air/dihydrogène (fig. 2.13). À la différence du FID la flamme est plus petite. Les composés contenant N ou P donnent, assez spécifiquement, des fragments de décomposition transformés en ions négatifs. Ces ions sont recueillis sur une électrode collectrice. Le diazote de l'air est inactif. La sensibilité est typiquement de 0,1 pg/s pour N ou P et l'étendue dynamique de 5 décades, mais elle varie beaucoup avec les réglages.

2.7.4 Détecteur à capture d'électrons (ECD)

Ce détecteur est considéré comme sélectif car il est beaucoup plus sensible aux dérivés halocarbonés. Un courant d'azote, ionisé par un flux d'électrons généré au moyen d'une source radioactive β^- de faible énergie (quelques mCi de ^{63}Ni), circule entre deux électrodes soumises à une ddp pulsée d'une centaine de volts (fig. 2.14), de telle sorte qu'il s'établit, au repos, un courant de base I_0 dû essentiellement aux électrons libres, très mobiles. Si des molécules M, contenant un halogène (F, Cl ou Br), traversent la zone entre les deux électrodes, elles captent une partie des électrons thermiques pour former des ions négatifs lourds, donc moins mobiles.

$$\begin{aligned} N_2 &\xrightarrow{\beta^-} N_2^+ + e^- \\ M + e^- &\longrightarrow M^- \\ M^- + N_2^+ &\longrightarrow M + N_2 \end{aligned}$$

L'intensité recueillie suit une loi exponentielle décroissante du type $I = I_0 \exp\lfloor -kc \rfloor$. On considère cependant que la réponse varie linéairement sur une gamme dynamique de 4 décades avec le diazote comme gaz d'appoint. La présence d'une source radioactive dans ce détecteur le soumet à une réglementation particulière (visites d'inspection, localisation, maintenance). Il est souvent utilisé dans l'analyse des pesticides chlorés et des polychlorures de biphényle.

Make-up ou gaz d'appoint

Par nature, ces trois derniers détecteurs doivent être alimentés avec un débit gazeux de 20 mL/min au minimum, bien supérieur au débit réel des colonnes capillaires, pour donner une réponse correcte et augmenter leur sensibilité. Ce débit est atteint en mélangeant en sortie de colonne un gaz d'appoint, identique ou différent (tel le diazote) de celui qui sert de phase mobile. Cette opération est désignée par le terme *make-up*.

2.7.5 Détecteur à photo-ionisation (PID)

Ce détecteur assez sélectif mais peu répandu, convient aux hydrocarbures ainsi qu'aux dérivés contenant S ou P. Le principe consiste à irradier le composé élué avec une lampe UV émettant des photons très énergétiques (de 8,4 à 11,8 eV). La photo-ionisation se produit quand l'énergie du photon est supérieure à l'énergie de 1re ionisation du composé (fig. 2.14). Ainsi un photon de 9,6 eV pourra ioniser le benzène (PI_1 = 9,2 eV) mais non l'isopropanol (PI_1 = 10,2 eV) qui sera donc peu visible sur le chromatogramme. La collecte des électrons libérés par une électrode reliée à la borne d'un électromètre permet des mesures de concentrations.

Il s'agit d'un détecteur qui peut fonctionner à plus de 400 °C et qui n'est pas destructif, l'ionisation étant réversible et ne touchant qu'une faible fraction des molécules de chaque composé.

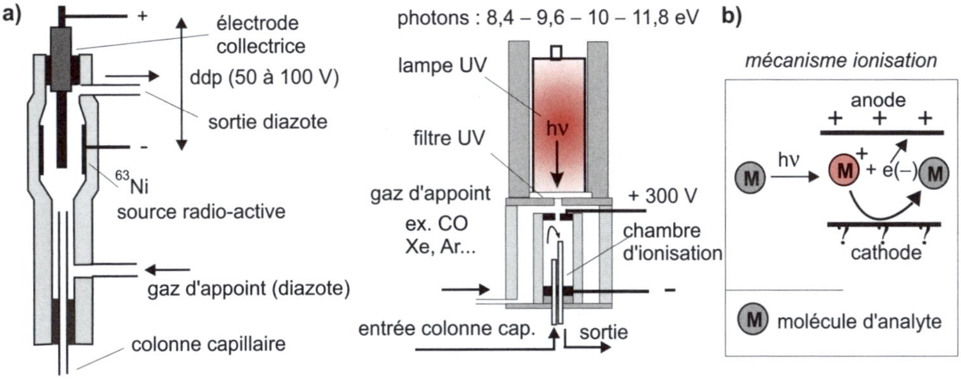

Figure 2.14

Détecteur à capture d'électrons (a) et détecteur à photo-ionisation (b).
Le détecteur à capture d'électrons doit être installé dans un emplacement ventilé par suite de la présence de la source radioactive. Le détecteur à photoionisation comporte une source UV dont on peut sélectionner l'énergie des photons émis par un filtre adéquat de façon à ne pas ioniser le gaz vecteur, mais les seules molécules du composé élué ($M + h\nu \rightarrow M^+ + e^-$), par exemple LiF pour 11,8 eV, MgF_2 pour 9,6-10 eV...saphir pour 8,4 eV. Au contact des électrodes les molécules redeviennent neutres. Cette ionisation est donc réversible. Le gaz d'appoint permet une circulation optimale.

2.7.6 Détecteurs conduisant à des données structuales

Les détecteurs précédents ne donnent pas d'informations sur la nature des composés élués, tout au plus sont-ils sélectifs. L'identification repose donc sur un étalonnage préalable des temps de rétention ou sur l'utilisation des indices de rétention (*cf.* § 2.10). Lorsque le chromatogramme présente des pics rapprochés, des confusions de composés peuvent se produire. Pour y remédier, on peut soit associer plusieurs détecteurs complémentaires (fig. 2.15), soit choisir des détecteurs permettant d'avoir des informations spectrales ou relatives à la composition élémentaire des analytes. On dispose alors à la fois du temps de rétention et de caractéristiques propres aux composés. Cependant si l'appareil est destiné à des applications de routine, il peut ne pas être justifié d'installer un tel détecteur, dont le coût pour lui seul, dépasse celui du reste du chromatographe.

Les instruments interfacés avec la CPG, qui conduisent à un mode de détection spectroscopique ou spectrométrique, constituent ce qu'il est convenu de nommer les *méthodes couplées,* très utilisées pour les analyses de traces.

On pourra ainsi adjoindre à un appareil de CPG un photomètre de flamme (voir chapitre 13), ou un spectromètre infrarouge à transformée de Fourier (voir chapitre 10), ou un spectromètre d'émission atomique (voir chapitre 14) ou encore un spectromètre de masse basse résolution (voir chapitre 16).

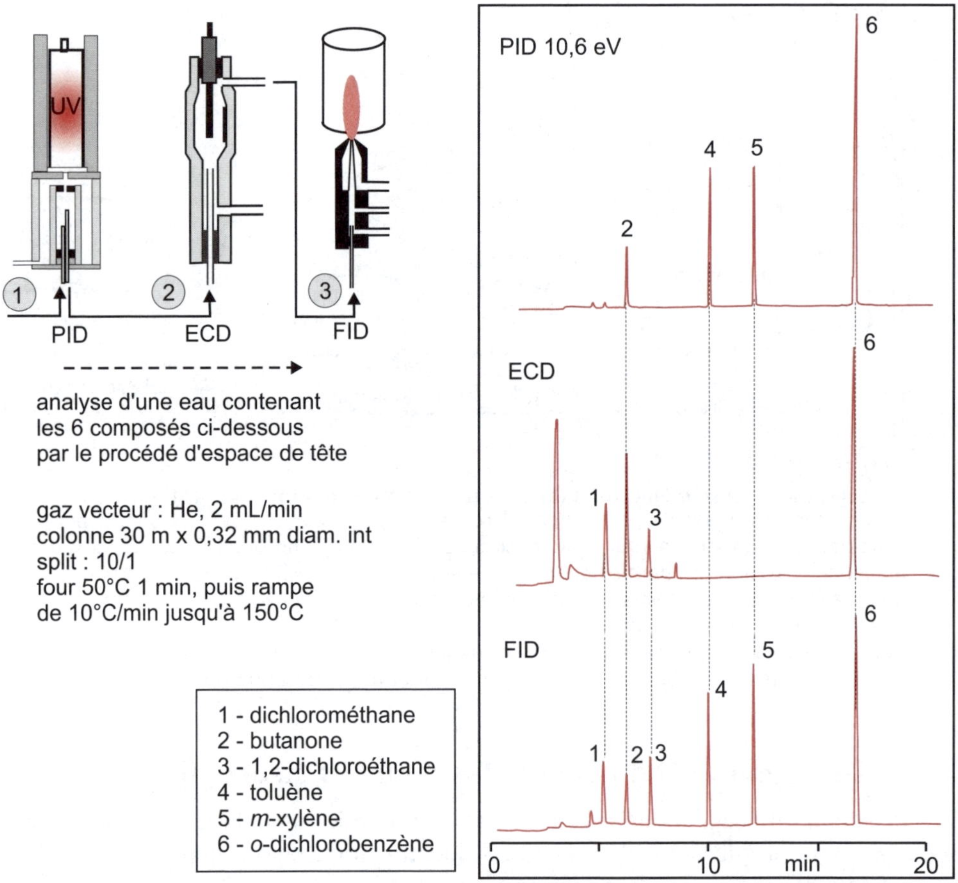

Figure 2.15

Association de trois détecteurs en série.

À la sortie d'une colonne capillaire on peut installer en série ou en parallèle, selon que le détecteur détruit ou non l'échantillon, plusieurs détecteurs de principes différents. Chromatogrammes du mélange injecté, obtenus en sortie de chaque détecteur. On remarquera que la sélectivité varie beaucoup d'un détecteur à un autre.

Ce dernier couplage, nommé CPG/SM est devenu très utile car le *détecteur de masse* (spectromètre de masse basse résolution, *cf.* chapitre 16), conduit au spectre de fragmentation de chacun des composés élués, donc à leur identification. À partir du courant ionique total (*TIC*), on obtient le chromatogramme représentatif des composés élués et en sélectionnant un ion particulier (technique *SIM*), on obtiendra un chromatogramme sélectif (pour des explications plus complètes, voir chapitre 16). Cette méthode est devenue irremplaçable dans nombre de dosages actuels, notamment dans les analyses de l'environnement. Elle exige néanmoins l'utilisation de colonnes performantes (*DI* = 0,1 à 0,2 mm) et à ressuage ultrafaible.

Avec un *détecteur à émission atomique*, les composés en sortie de colonne débouchent dans un plasma à micro-ondes dont la température est suffisante pour créer les conditions rencontrées dans un appareil à émission atomique (*cf.* chapitre 14). Chaque atome présent dans les solutés élués donne des radiations caractéristiques qui permettent de l'identifier.

De même, avec un *détecteur infrarouge,* on obtient le spectre du moyen infrarouge (*cf.* chapitre 10) de chaque composé élué.

Ce type d'interfaçage qui permet de faire communiquer entre eux des instruments d'analyses différents, ne se rencontre pas uniquement en CPG. Tout un ensemble d'adaptations technologiques ont rendu possible l'existence de méthodes couplées dont les applications potentielles sont plus nombreuses que pour chacune d'entre elles lorsqu'on les prend isolément.

2.8 Optimisation d'une séparation en CPG

En supposant avoir fait le meilleur choix en ce qui concerne la phase stationnaire, il faut, pour une colonne capillaire tenir compte de sa longueur, de son diamètre *DI* et de l'épaisseur du film de phase stationnaire e_f. Pour les composés volatils, on choisira une colonne de faible rapport de phases ($\beta < 100$) donc à film épais et inversement, une colonne à film mince pour des composés moins volatils.

Il reste à trouver les conditions d'une bonne séparation, du ou des analytes, objets de l'étude, tout en raccourcissant le temps d'analyse. Améliorer la séparation en prenant une colonne plus longue n'est donc pas toujours judicieux, mais le choix de l'épaisseur de film (rapport de phases) s'avère important. Pratiquement, en CPG, on ne peut intervenir que sur la température et le débit du gaz vecteur. Dans les deux cas, facteurs de rétention k et sélectivités α sont peu modifiés. Si la mise au point est rapide, l'action est par contre limitée. Pour le gaz vecteur, on choisira un débit tel que sa vitesse $\overline{u}$ soit proche de l'optimum de la courbe de Van Deemter. Dans certains cas, pour accélérer la migration des composés les moins volatils, on augmentera le débit par programmation. Pour la température on fera des essais en mode isotherme puis en programmation de température en choisissant gradients et paliers.

2.9 CHROMATOGRAPHIE RAPIDE

D'une manière générale, la chromatographie est une méthode lente d'analyse. Pour raccourcir le temps d'analyse on peut agir sur différents paramètres. Le plus évident consiste à utiliser une colonne plus courte et pour ne pas perdre en efficacité, à diminuer le diamètre de la colonne capillaire (*cf.* relation 1.33). On choisit de plus un film de phase stationnaire de faible épaisseur (0,1 μm), l'hydrogène comme gaz vecteur et on opère en programmation de température avec une rampe importante (ex. 100 °C/min), ce qui est possible avec les instruments et les colonnes actuels. On passe ainsi dans le domaine de la *chromatographie rapide.*

Pour les composés volatils et avec des conceptions de colonne différente, recouverte d'une gaine faisant office de résistance, on peut augmenter encore plus rapidement la température (200 °C/20 s). Les temps de rétention diminuent fortement (fig. 2.16). Ce type de *chromatographie à très grande vitesse* est utilisé dans les analyses de contrôle.

Le détecteur doit pouvoir suivre sans retard les variations rapides de concentration au moment de l'élution de chaque analyte. Pour la détection par spectrométrie de masse, il y a lieu d'être attentif à la vitesse de balayage du rapport m/z, un balayage séquentiel trop lent aboutissant à un document sur lequel la concentration dans la chambre d'ionisation n'est pas la même d'une extrémité à l'autre de l'enregistrement. Les TOF (*cf.* 16.5) ne présentent pas cet inconvénient.

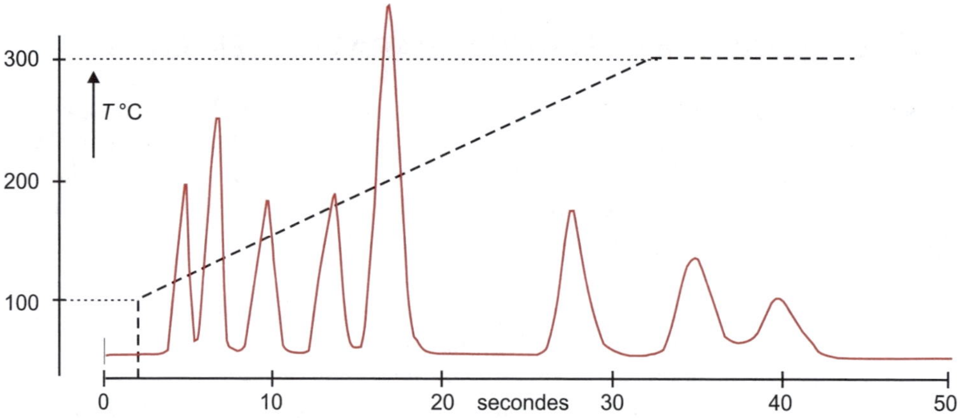

Figure 2.16
Chromatogramme à grande vitesse.
Sur le graphe figure également la programmation de température de la colonne.

Il existe des micro-chromatographes portatifs pour l'analyse rapide des gaz et produits volatils d'un poids de quelques kg seulement. Bien que comportant une réserve de gaz vecteur pour assurer leur autonomie, leur encombrement reste faible (voir fig. 2.1). Certaines pièces sont obtenues par micro-usinage d'éléments en silicium. Une courte colonne capillaire (5 m) est insérée dans une gaine métallique servant de résistance qui permet une montée en température rapide pouvant atteindre 20 °C/s. L'efficacité (*N*) est assez faible mais le gradient de température permet d'optimiser la sélectivité entre les composés.

2.10 Indices de rétention et Constantes des phases stationnaires

L'introduction de ces paramètres a au moins trois objectifs :

- Caractériser tout composé par une grandeur plus générale que son temps de rétention dans des conditions définies. Il en résulte le *système des indices de rétention* qui est un moyen efficace et peu coûteux pour éviter certaines erreurs d'identification.
- Suivre l'évolution dans le temps des colonnes et par suite leurs performances.
- Classer entre elles les phases stationnaires connues pour faciliter le choix d'une colonne bien adaptée pour tout problème nouveau de séparation, sachant que la polarité ou la nature chimique d'une phase stationnaire ne permet pas, seule, de prévoir sa réelle aptitude séparatrice. On examine pour cela le comportement des phases stationnaires vis-à-vis de quelques composés de référence. On aboutit aux *constantes des phases stationnaires*.

2.10.1 Droite de Kovats

Pour déterminer les indices de rétention on met à profit la propriété générale suivante.

Quand on injecte un mélange constitué de composés appartenant à une série homologue de *n*-alcanes sur une colonne maintenue en régime isotherme, le chromatogramme qui en résulte est tel que les logarithmes des temps de rétention réduits $t'_{R(n)}$ croissent linéairement avec le nombre n d'atomes de carbone des *n*-alcanes correspondants (fig. 2.17).

En reportant sur un graphe n et $\log t'_{R(n)}$ on obtient, en effet, des points bien alignés :

$$\log\,(t_{R(n)} - t_M) = \log t'_{R(n)} = a \cdot n + b \qquad (2.4)$$

$t'_{R(n)}$ correspond au temps de rétention de l'alcane ayant n atomes de carbone, diminué du temps mort t_M ; a et b sont des coefficients numériques. La pente de la droite obtenue dépend de la colonne dans sa globalité et des conditions de réglage du chromatographe.

Cette relation découle d'une autre relation linéaire connue en thermodynamique entre la variation de l'enthalpie libre et la constante d'équilibre K, ($\Delta G = -RT \ln K$), pour une famille homologue de composés, dont chaque terme diffère du précédent par un CH_2supplémentaire. Sachant que $K = k\beta$, soit $t'_R = Kt_M/\beta$, il en résulte que $\log t'_R$ croît comme $\ln K$ au sein de la famille homologue : $\ln\ t'_R = \ln K + (\ln t_M/\beta)$.

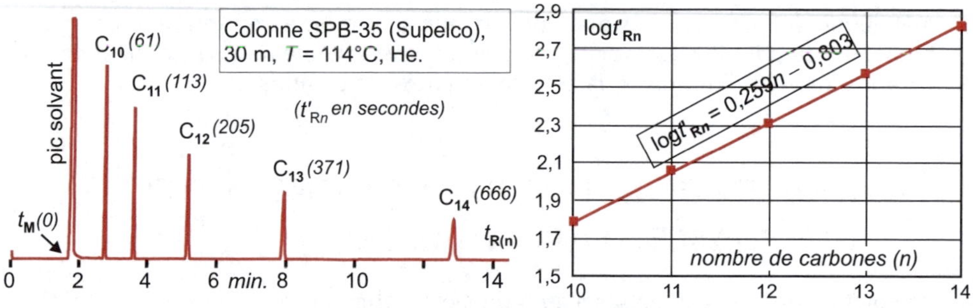

Figure 2.17

Droite de Kovats.

Chromatogramme en régime isotherme d'une série de 5 *n*-alcanes (C_{10}-C_{14}) et droite de Kovats correspondante pour la phase stationnaire et les conditions d'analyse précisées.

2.10.2 Indice de rétention de Kovats d'un composé

Sans changer les conditions de réglage de l'appareil, on injecte ensuite un composé (X). Le nouveau chromatogramme obtenu va permettre de calculer I_X, *indice de rétention de Kovats* de (X) sur la colonne considérée : celui-ci est égal au produit par 100 du nombre apparent d'atomes de carbone de l'« alcane théorique » ayant le même temps de rétention réduit. Deux méthodes sont utilisées pour trouver le nombre n_X de carbones équivalents de (X).

La première qui repose sur l'équation de la droite de Kovats obtenue précédemment (fig. 2.17) et permet de calculer n_X (donc I_X) par utilisation d'un tableur par exemple.

La seconde, qui permet de calculer directement I_X à partir des temps de migration réduits des deux *n*-alcanes (à n et $n+1$ C) qui encadrent (X) sur le chromatogramme :

$$I_X = 100n + 100\frac{\log t'_{R(X)} - \log t'_{R(n)}}{\log t'_{R(n+1)} - \log t'_{R(n)}} \qquad (2.4)$$

À la différence de la droite de Kovats, les indices de rétention ne dépendent que de la phase stationnaire et non des conditions de réglage du chromatographe. Ils s'affranchissent en particulier des temps de rétention.

Pratiquement, pour s'assurer de l'identité des conditions expérimentales pour les deux injections, on co-injecte le composé X avec le mélange des *n*-alcanes (fig. 2.9 et 2.18).

Le chromatogramme, qui permet d'obtenir la droite de Kovats de la phase stationnaire étudiée, peut servir accessoirement à juger des performances que l'on peut attendre de la colonne. On utilise pour cela le *nombre de séparation*, paramètre encore appelé *trennzahl* (*TZ*), calculé à partir des formules 2.6 ou 2.7. Les deux temps de rétention se rapportent à deux alcanes successifs (n et $n+1$ atomes de carbone), ou à deux composés de même type. Le nombre de séparation indique combien de composés seraient convenablement séparés par la colonne dans l'intervalle arbitraire d'élution de ces deux composés. On choisit les alcanes qui encadrent le temps d'élution du composé à analyser. Sur le chromatogramme de la figure 2.19, le *TZ* est de l'ordre de 30.

$$TZ = \frac{t_{R2} - t_{R1}}{\delta_1 + \delta_2} - 1 \quad (2.5)$$

ou encore :

$$TZ = \frac{R}{1{,}18} - 1 \quad (2.6)$$

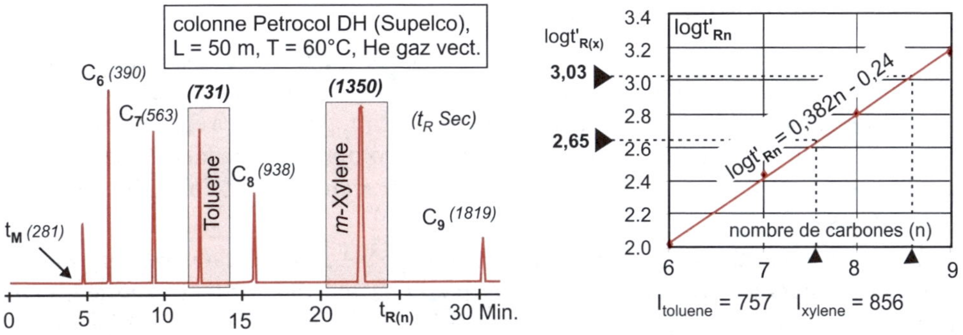

Figure 2.18

Indices de rétention de Kovats (I = 100 n_X) sur une colonne en régime isotherme. Le nombre de carbones équivalent n_X, est trouvé à partir du logarithme du temps de rétention réduit $t'_{R(X)}$. Le chromatogramme correspond à l'injection d'un mélange de 4 n-alcanes et 2 hydrocarbures aromatiques. Les valeurs en italiques correspondent aux temps de rétention en secondes. En injectant périodiquement ce même mélange, la modification des indices de Kovats de ces hydrocarbures permet de suivre l'évolution des performances d'une colonne. En programmation de température on peut encore tracer cette droite en utilisant une formule corrigée, mais la précision est moins bonne.

Il existe quelques tables des indices de rétention des composés courants sur les phases les plus connues. Si on dispose de plusieurs indices de rétention d'un même composé, obtenus avec des phases différentes, on a alors un ensemble unique de valeurs qui permet de le caractériser de manière plus certaine. Cependant, de ce point de vue, les indices de rétention n'ont pas la fiabilité de la méthode couplée CPG/SM (*cf.* § 2.7.6) très générale d'emploi, mais en revanche demandant un matériel plus coûteux.

Il faut rappeler que les calculs précédents des indices de rétention impliquent que les mesures soient effectuées dans des conditions isothermes. En programmation de température, ils donnent encore de bons résultats en substituant, dans la formule 2.4, les temps de rétention aux logarithmes correspondants.

Temps de rétention imposé.

L'identification des composés dont les temps de rétention sont voisins et les spectres de masse presque identiques (certains types d'isomères) est évidemment difficile. Une méthode actuelle consiste à choisir un standard interne ou un composé dont on sait qu'il est présent dans tous les échantillons à analyser et par l'intermédiaire du logiciel d'analyse on bloque la valeur de son temps de rétention pour les différentes analyses, même si elles sont effectuées avec des appareils différents. Ceci a pour effet de conserver également les temps de rétention des autres composés du mélange, facilitant leur identification. Cette approche qui évite de recourir aux indices de rétention est possible avec les appareils modernes. Elle est connue du sigle RTL (*Retention Time Locking*).

2.10.3 Constantes de McReynolds des phases stationnaires

Pour caractériser le comportement d'une phase stationnaire on compare les indices de Kovats de cinq composés témoins appartenant à des types structuraux différents sur la phase étudiée d'une part et sur le squalane d'autre part, phase qui a été choisie comme référence pour ce calcul. Les cinq indices pour la colonne au squalane, la seule phase apolaire qui soit reproductible car formée d'un produit pur, ont été établis une fois pour toutes (tableau 2.1).

Les cinq constantes de McReynolds pour une phase donnée, s'obtiennent (relation 2.7) en calculant les différences observées pour chacune des substances testées entre l'indice de Kovats sur squalane (I_{Squalane}) et l'indice sur la phase étudiée (I_{phase}) :

$$\text{Constante de McReynolds} = \Delta I = (I_{\text{phase}} - I_{\text{Squalane}}) \qquad (2.7)$$

La somme de ces 5 valeurs calculées d'après 2.7, a été retenue pour définir la polarité globale de la phase testée.

On admet que chacun des composés test apporte une information particulière sur la phase stationnaire. Le benzène pour l'effet inducteur, la pyridine pour l'effet accepteur H^+, le butanol pour les liaisons hydrogène, le nitropropane pour les interactions dipolaires...

Ces constantes, qui dépendent des structures moléculaires, permettent d'apprécier les forces d'interaction soluté/phase stationnaire en fonction de quelques grandes classes de composés. Un indice dont la valeur est élevée indique que la phase étudiée retient fortement les composés porteurs de la fonction organique correspondante, ce qui normalement conduit à une sélectivité accrue. Ainsi, pour séparer un hydrocarbure aromatique d'un mélange contenant des cétones, on choisira une colonne pour laquelle la constante pour le benzène est assez différente de celle de la butanone. Ces différences d'indices de rétention figurent dans la plupart des catalogues des fabricants à l'usage des chromatographistes (tableau 2.1). Les constantes de McReynolds ont remplacé les constantes de Rohrschneider, basées sur le même principe mais utilisant certains composés de référence différents.

Tableau 2.1 **Constantes de McReynolds (ΔI) de quelques phases stationnaires.**

Phase stat.	benzène	1-butanol	2-pentanone	nitropropane	pyridine
Squalane	0	0	0	0	0
SPB-Octyl	3	14	11	12	11
SE-30 (OV-1)	16	55	44	65	42
Carbowax 20M	322	536	368	572	510
OV-210	146	238	358	468	310
indice de Kovats des 5 composés témoins (X' Y' Z' U' S') sur squalane					
I squalane	653	590	627	652	699

2.11 Chromatographie « multidimensionnelle »

En réunissant dans un montage particulier deux colonnes ayant des sélectivités différentes on peut associer des mécanismes de séparation distincts (fig. 2.19). Le dispositif permet de recueillir une fraction non résolue à l'issue de la première colonne pour la ré-injecter ensuite dans la seconde colonne. L'installation comporte donc deux détecteurs et une vanne d'introduction entre les deux colonnes.

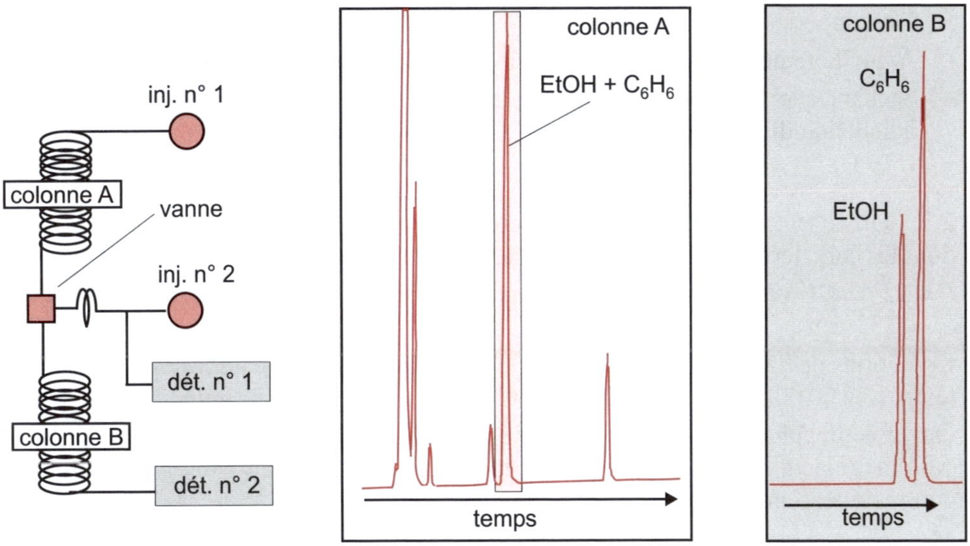

Figure 2.19
Chromatographie bidimensionnelle et exemple de séparation en suivant ce procédé.
Agencement des deux colonnes avec les deux détecteurs et la vanne d'injection intermédiaire. Dans l'exemple ci-dessus, la colonne A, polaire, ne sépare pas l'éthanol du benzène. La fraction correspondante est ré-injectée dans la colonne B, non polaire, dans laquelle la séparation a lieu (d'après un document Thermoquest).

Exercices

2.1 Montrer que, pour une colonne capillaire, le débit moyen peut être calculé à partir de la formule suivante :

$$\mathscr{D}_{\text{mL/min}} = \overline{u}_{\text{cm·s}^{-1}} \times 0{,}47\, DI^2_{(\text{mm})}$$

$\overline{u}$ représente la vitesse linéaire de la phase mobile dans la colonne de diamètre interne *DI*.

2.2 Une étude comparée de l'évolution du facteur de rétention du n-undécane et du n-tridécane en fonction de la température de la colonne utilisée en CPG, à débit de gaz vecteur constant égal à 3 mL/min, a donné les résultats suivants :

$$\text{n-décane :} \quad \log k_1 = -6{,}58 + 2\,450 \cdot T^{-1}$$

$$\text{n-tridécane :} \quad \log k_2 = -7{,}91 + 3\,010 \cdot T^{-1}$$

a) Justifier la forme générale : $\log k = -A + B/T$

b) À quelle température ces deux solutés coéluraient-ils ? Lequel des deux éluera-t-il en premier si on travaille à une température T inférieure à T_1 ? Même question si T est supérieure à T_1 ?

c) À quelle température T_2 le facteur de séparation sera-t-il égal à 2.

d) Sachant que le rapport de phase de la colonne est égal à 250, calculer les coefficients de distribution de Nernst K_1 et K_2 des deux solutés quand on travaille à 150 °C.

2.3 On se propose de déterminer l'efficacité maximum d'une colonne capillaire dont les caractéristiques sont les suivantes :

L = 12 m, DI = 200 μm, phase stationnaire : méthyl-phényl polysiloxane,
e_f = 0,33 μm

Conditions opératoires : gaz vecteur H_2 ; temp. injecteur : 250 °C ;
temp. four : 100 °C ; temp. FID : 250 °C ; débit de *split* : 30 mL/min.

On effectue plusieurs injections d'une solution de n-undécane dans le pentane (volume injecté : 0,5 μL) en modifiant le débit du gaz vecteur. Un logiciel de calcul donne l'équation de la courbe de Golay :

$$H = 5{,}44/u + 0{,}004u \quad \text{avec} \quad H \text{ en mm et } u \text{ en mm/s.}$$

a) Pour quelle valeur de u, la hauteur équivalente à un plateau théorique passe-t-elle par un minimum ? Quelle est la valeur de H_{min} ?

b) En déduire la valeur de l'efficacité maximale N_{max}.

c) Entre quelles valeurs de u peut-on travailler si on tolère que l'efficacité soit supérieure à 0,95 N_{max} ?

2.4 On donne ci-après un tableau des valeurs du facteur de rétention k pour quatre gaz de raffinerie, étudiés à trois températures différentes sur une même colonne capillaire (L_C = 30 m, diam. int. DI = 250 µm) dont la phase stationnaire est du type SE-30. Le chromatographe est muni d'un accessoire cryogénique.

		Valeurs de *k*		
composé	**temp. Eb. (°C)**	–35 °C	25 °C	40 °C
éthylène	– 104	*0,249*	*0,102*	*0,0833*
éthane	– 89	*0,408*	*0,148*	*0,117*
propène	– 47	*1,899*	*0,432*	*0,324*
propane	– 42	*2,123*	*0,481*	*0,352*

a) D'après l'ordre d'élution peut-on dire si la phase si la phase SE-30 est polaire ou non ?

b) Calculer le facteur de sélectivité pour le couple propène-propane aux trois températures indiquées.

c) Pourquoi k diminue-t-il lorsque la température croît, pour un même composé ?

d) Quel est le nombre de plateaux théoriques de la colonne pour le propane à 40 °C, sachant qu'à cette température le facteur de résolution pour le couple propène-propane est égal à 2 ? Calculer la HEPT correspondante.

e) Quelle serait la valeur théorique minimale de l'HEPT pour le propane à 40 °C ?

2.5 Dans une série d'analyses par CPG, on cherche à déterminer l'influence de la longueur de la colonne sur certains paramètres du chromatogramme. Toutes les expériences sont réalisées dans les mêmes conditions de température et de débit du gaz vecteur.

L (m)	$a = \sqrt{L}$	t_R (min)	t_R/L	R	R/a
15		3,7		2,05	
30		7,5		2,91	
60		15,3		4,15	

a) Compléter le tableau.

b) Quelle relation simple peut-on, aux incertitudes de mesures près, envisager entre temps de rétention et longueur de la colonne ?

c) Quelle relation simple peut-on, aux incertitudes de mesures près, envisager entre résolution et racine carrée de la longueur de la colonne ?

d) En admettant que les deux pics utilisés pour déterminer la résolution ont pratiquement même largeur à mi-hauteur déduire des questions précédentes une relation entre largeur à mi-hauteur d'un pic et longueur de la colonne et une relation entre efficacité théorique de la colonne et longueur de celle-ci.

e) Les deux pics utilisés pour calculer R ont des temps de rétention respectivement égaux à 8,3 min et 9,7 min avec la colonne de longueur égale à 60 m. Calculer la largeur à mi-hauteur de ces pics (même approximation qu'à la question d), ainsi que l'efficacité théorique de la colonne pour le soluté dont le temps de rétention est de 8,3 min.

f) Calculer l'efficacité théorique des colonnes de 15 et 30 m pour le même soluté.

2.6 L'analyse chromatographique d'une essence sans plomb est réalisée dans les conditions suivantes :

Colonne : L = 150 m, DI = 0,25 mm, e_f = 0,25 μm, phase stationnaire apolaire « PDH 150 »

Injecteur, *split* ratio de 100/1, T = 200 °C ; détecteur FID, T = 200 °C. ;
four, T = 35 °C. ; gaz vecteur, He, u = 20 cm/s ; pression en tête de colonne, 2,5 bars ; volume injecté = 1 μL.

Dans le tableau suivant sont répertoriées les variations d'enthalpie libre de dissolution, à la température de l'expérience, des solutés observés sur le chromatogramme.

soluté	2,3-diméthyl pentane	2,4-diméthyl pentane	2-méthyl hexane	3-méthyl hexane	benzène
ΔG^0_{308}(kJ/mol^{-1})	−17,79	−16,80	−17.73	−18.05	−17,27

Les temps de rétention des différents solutés sont donnés en fonction du N° du pic.

N° du pic	10	11	12	13	14
t_R (min)	48,00	55,17	63,90	64.59	68.28

a) Calculer le temps mort t_M associé à cette analyse. Le méthane n'étant pas retenu par la phase stationnaire, évaluer sa variation d'enthalpie libre à la température de l'expérience.

b) Attribuer à chaque pic le soluté qui lui correspond en justifiant la réponse.

c) À partir du pic du 2,3-diméthyl pentane dont la largeur à mi-hauteur est de 25 s, évaluer le nombre de plateaux théoriques de la colonne.

d) Calculer le rapport de phase de cette colonne.

e) Calculer le coefficient de distribution K du benzène de 2 manières différentes :

- En utilisant sa variation d'enthalpie libre de dissolution
- À partir de son facteur de rétention.

2.7 La méthode la plus connue d'estimation du temps mort t_M consiste à mesurer le temps de rétention d'un composé non retenu. On propose ici une autre méthode de calcul du temps mort t_M faisant appel à la relation utilisée dans l'établissement des indices de rétention, à savoir que dans une série homologue de composés organiques on peut écrire, si la température de la colonne ne varie pas :

$$\log(t_R - t_M) = a \cdot n + b$$

t_R représente le temps de rétention du composé à n atomes de carbone, a et b sont des constantes qui dépendent de la classe des solutés et de la phase stationnaire choisie.

a) Rappeler les paramètres de caractérisation chromatographiques qui exigent de connaître t_M. Quel est le composé habituellement utilisé pour déterminer t_M ?

b) Calculer, avec la méthode ci-dessus, t_M à partir de l'expérience suivante : on injecte un mélange des alcanes linéaires à 6, 7 et 8 atomes de carbone. Les temps de rétention sont respectivement de 271, 311 et 399 s en régime isotherme à 80 °C (longueur de la colonne 25 m, DI = 0,2 mm, e_f = 0,2 μm, phase stationnaire à base de polysiloxanes).

c) Connaissant l'indice de Kovats de la pyridine sur squalane qui est de 695, quelle est la constante de McReynolds de ce composé sur la colonne étudiée, sachant que dans les conditions de l'expérience, son temps de rétention est de 346 s ?

2.8 Dans une expérience de CPG, on injecte un mélange de n-alcanes (à n atomes de carbone, n étant variable) et de 1-butanol ($CH_3CH_2CH_2CH_2OH$) sur une colonne en régime isotherme comportant une phase stationnaire de type diméthylpolysiloxane. L'équation de la droite de Kovats déterminée à partir du chromatogramme est :

$$\log t'_R = 0{,}39\,n - 0{,}29 \qquad (t'_R \text{ exprimé en secondes}).$$

Le butanol a un temps de rétention corrigé de 168 s. Sachant que son indice de rétention (de Kovats) sur colonne squalane est de 590, en déduire la constante de McReynolds du butanol sur cette colonne.

3 Chromatographie liquide haute performance

Parmi les techniques chromatographiques dont la phase mobile est un liquide, on distingue la chromatographie liquide haute performance (CLHP), la chromatographie ionique (CI) et la chromatographie d'exclusion stérique (CES). La CLHP qui fait l'objet de ce chapitre recouvre une grande partie du champ d'application de la CPG auquel s'ajoute l'analyse de solutés thermolabiles et de masses molaires plus grandes. Si l'efficacité des colonnes utilisées en CLHP est plus faible que celles utilisées en CPG (longueur et conception des colonnes), l'optimisation des séparations est plus puissante par le fait qu'on peut agir de façon très précise sur les facteurs de sélectivité entre composés en exploitant les interactions soluté/phase stationnaire, soluté/phase mobile (en intervenant sur sa composition) et phase mobile/phase stationnaire. Les techniques particulières par appariement d'ions et par interaction hydrophobe accroissent également ses possibilités. Enfin sa miniaturisation (nanochromatographie) jointe aux progrès des modes d'ionisation en spectrométrie de masse facilitent désormais l'association entre ces deux méthodes d'analyse, ce qui rend la CLHP de plus en plus présente dans les laboratoires d'analyse ou de recherche.

3.1 Conception générale d'un appareil de CLHP

La *chromatographie liquide haute performance*, désignée par son abréviation CLHP — HPLC en anglais — dérive de la forme la plus ancienne de la chromatographie liquide sur colonne dont les performances se sont trouvées grandement améliorées par la miniaturisation et la mise au point de nouvelles phases stationnaires. Celles-ci, formées de micro-particules génèrent des colonnes garnies très compactes qui imposent l'emploi, en tête de colonne, de fortes pressions pour assurer un écoulement suffisant de la phase mobile.

En raison de ces particularités, une chaîne CLHP comporte plusieurs modules spécialisés, qui se présentent dans des boîtiers distincts ou intégrés dans un même châssis pour des raisons de moindre encombrement (fig. 3.1).

Ces modules sont reliés entre eux par l'intermédiaire de canalisations de très faible diamètre interne (0,1 mm) pour assurer la circulation de la phase mobile. Elles peuvent être en acier inoxydable ou en PEEK® (ou *polyether-etherketone*), un polymère souple et coloré qui résiste aux solvants usuels, même sous des pressions élevées (350 bars).

L'écoulement des faibles débits obéit à la loi de Poiseuille. La vitesse de la phase mobile est maximum au centre des canalisations et nulle au contact des parois. Une dispersion des composés se produit donc inévitablement. Pour améliorer les séparations on fait donc en sorte que le volume de phase mobile hors-colonne soit le plus réduit possible (10 % du volume mort de la colonne).

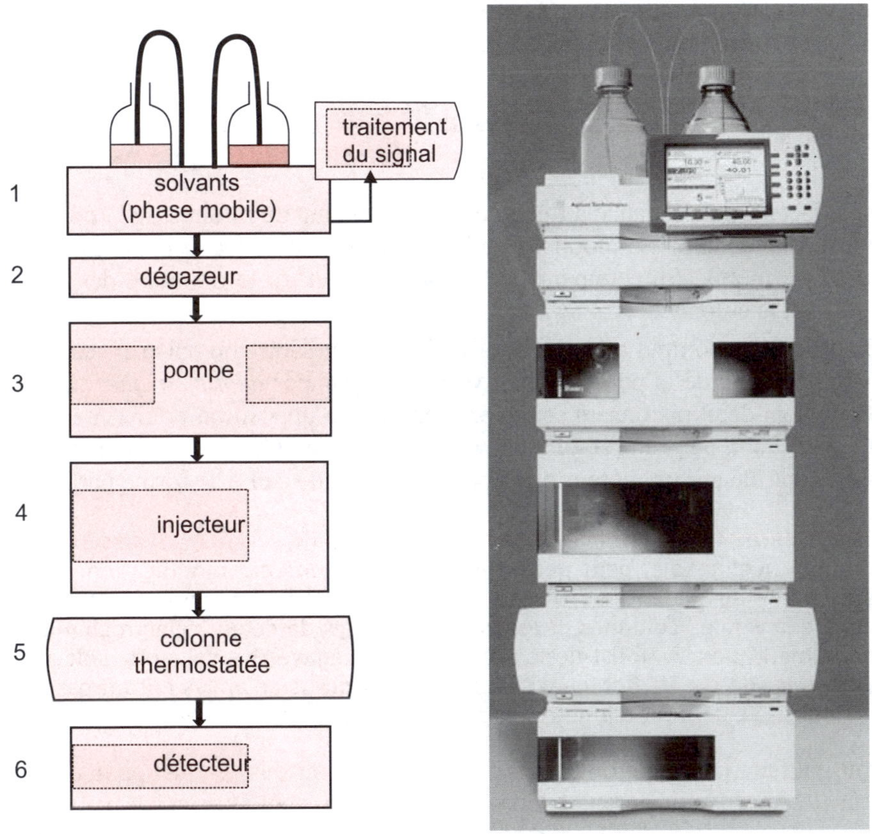

Figure 3.1

Schéma d'une installation de CLHP avec double détection. Un exemple de réalisation de type modulaire.

La présentation en colonne des différents modules est commune à de très nombreux modèles concurrents. Ici le chromatographe modèle Agilent 1200 (reproduit avec l'autorisation de la société Agilent Technologies), comporte un injecteur automatique permettant un fonctionnement en continu et une colonne thermostatée pour améliorer la reproductibilité des séparations.

3.2 Pompes et gradients d'élution

3.2.1 Pompes pour éluants

Toute installation de CLHP comporte au moins une pompe pour forcer le passage de la phase mobile à travers la colonne dont le remplissage est très compact. Il en résulte une pression importante au niveau de l'injecteur qui peut atteindre et même dépasser 40 MPa (400 bars) selon le débit imposé à la phase mobile, sa viscosité ainsi que selon la nature de la phase stationnaire.

Ces différents facteurs sont réunis dans l'expression 3.1 qui permet de calculer avec une bonne approximation la perte de charge (ΔP) entre l'entrée de la chaîne de CLHP et la sortie (le plus souvent à la pression atmosphérique).

$$\Delta P = \Phi \frac{\eta \cdot L \cdot u}{d_P^2} \tag{3.1}$$

ϕ est le facteur de résistance à l'écoulement dépendant du remplissage de la colonne, η la viscosité de la phase mobile, L la longueur de la colonne, u la vitesse moyenne de la phase mobile (directement liée à son débit) et d_P le diamètre des particules remplissant la colonne.

On utilise des pompes conçues pour maintenir un débit non pulsé et stable, même si la composition de la phase mobile varie. Ces pompes *débitmétriques* comportent généralement deux pistons en série fonctionnant en opposition pour éviter les interruptions de débit dues au remplissage du cylindre (fig. 3.2). Le déplacement des pistons est contrôlé par un moteur pas à pas associé à une came de forme particulière.

La présence, dans les solvants, des gaz ambiants (N_2, O_2 CO_2...), dissous en quantité non négligeable, peut perturber les séparations par modification de la compressibilité des éluants et formation éventuelle de bulles. En outre le dioxygène abrège la vie des colonnes et est gênant pour les détecteurs électrochimiques ou photométriques UV. Il est donc préférable de dégazer les solvants, soit avec des ultrasons soit par barbotage d'hélium, soit par diffusion en les faisant passer dans un long tube de petit diamètre en polymère perméable aux gaz.

Pour parfaire la régulation du débit, on intercale entre la (ou les) pompe(s) et l'injecteur un amortisseur de pulsations fonctionnant suivant le principe mécanique du ballastage. Le montage le plus simple consiste à intercaler dans le circuit de la phase liquide un tube de faible section de plusieurs mètres de long, enroulé sur lui-même. Sous l'effet de l'onde de pression de solvant envoyée par la pompe, le tube se déplie légèrement ce qui augmente son volume interne et par là, contrecarre la variation de pression.

Pour obtenir les micro-débits (1 μL/min, par exemple) nécessaires aux colonnes capillaires remplies, on utilise les mêmes pompes en ajoutant à la sortie un by-pass pour diviser le débit en deux fractions dont seule la plus petite est dirigée vers la colonne.

Par ailleurs pour résister aux pH acides de beaucoup de mélanges d'élution, qui sont d'autant plus corrosifs que la pression est plus grande, les pièces et revêtements au contact de la phase mobile doivent être inertes. Ainsi les pistons ou clapets des pompes sont en téflon ou alliages spéciaux et souvent même en pierres précieuses, saphir ou agate.

Suivant leur conception, les chromatographes comportent une ou plusieurs pompes. Associées à une chambre de mélange située en amont ou en aval, elles permettent de délivrer un éluant de composition fixe (*mode isocratique*) ou au contraire de composition variable en cours d'analyse (*gradient d'élution*). Le système doit tenir compte dans ce second cas des différences de compressibilité des solvants, afin que la composition soit respectée à la pression d'utilisation.

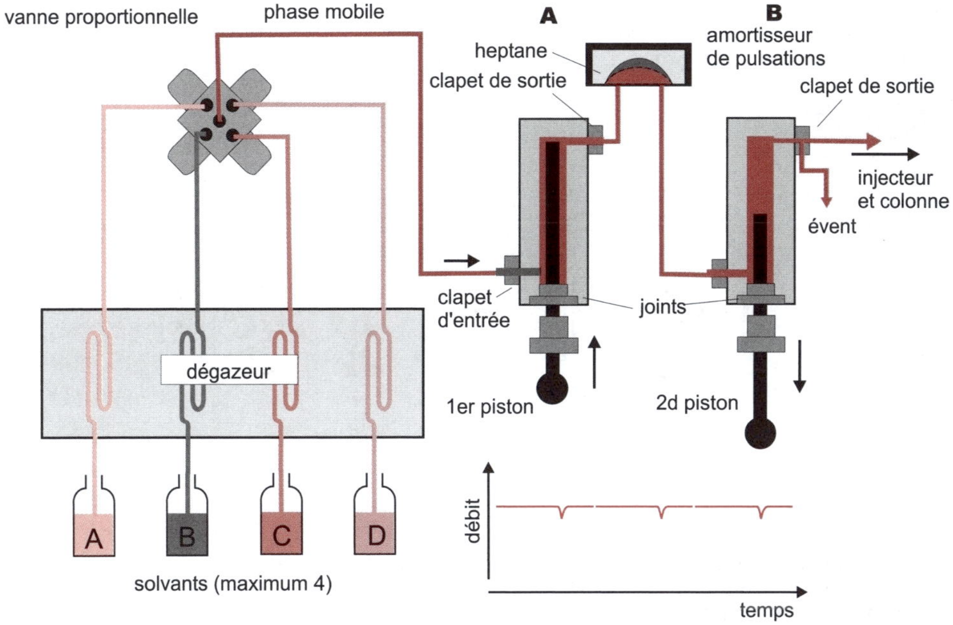

Figure 3.2

Principe de fonctionnement d'une pompe à deux têtes en série.
De manière simplifiée et en ignorant les corrections de compressibilité des solvants, on peut décrire ainsi le cycle de fonctionnement. Partant de l'instant où le clapet de sortie du cylindre A vient de se fermer et le clapet d'entrée vient de s'ouvrir, le piston de A recule pour remplir la chambre A. Pendant ce temps le cylindre B est ouvert et le piston de B avance pour chasser la phase mobile dont la composition a été définie en amont, vers la colonne. Le volume déplacé par le piston de B est deux fois plus petit que le volume aspiré par le piston de A. Arrivé au fond de sa course, le clapet d'entrée de A se ferme et le clapet de sortie s'ouvre. Le piston de A avance et chasse le contenu du cylindre A (étape représentée sur la figure). Ce volume pour moitié est expulsé vers la colonne, l'autre moitié servant à remplir le cylindre B dans sa phase de recul. Entre les deux cylindres est placé un amortisseur de pulsations (dessin réalisé à partir d'un document de la société Agilent-Technologies). *(En bas),* Variations de débit d'une pompe en fonction des cycles.

3.2.2 Gradients basse-pression ou haute-pression

Pour réaliser des gradients de phases mobiles, il faut disposer de plusieurs solvants de polarités différentes. Si l'installation comporte une pompe unique, celle-ci doit être précédée d'une chambre de mélange *basse-pression* dans laquelle des électrovannes font rentrer les différents solvants selon un programme préétabli. Par opposition, d'autres installations comportent plusieurs pompes, spécialisées chacune pour un ou deux solvants (pompes binaires), sachant que le mélange final est obtenu sous *haute-pression*, dans une sorte de té placé avant la colonne (fig. 3.3).

Lorsqu'on doit enchaîner plusieurs analyses on évite si possible de recourir à l'usage de gradients, en recherchant un compromis de séparation réalisable avec un éluant de composition fixe. On réduit ainsi le temps de post-analyse qui sépare les analyses consécutives. On considère en effet qu'avec un gradient, il faut, pour rééquilibrer les deux phases entre elles avec la composition de départ, faire passer dans la colonne au moins 10 fois le volume mort de l'installation.

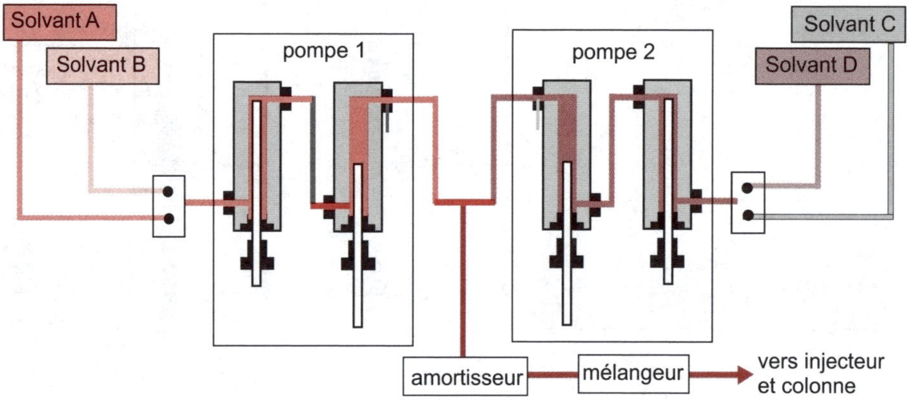

Figure 3.3

Exemple de configuration pour gradient haute pression.

Les pompes sont appelées binaires, ternaires, quaternaires suivant le nombre de solvants qu'elles peuvent mélanger (ici quaternaire).

3.3 Injecteurs

L'injection d'un volume précis de l'échantillon en tête de colonne doit se faire en un temps bref afin de perturber le moins possible le régime de circulation de la phase mobile qui doit être stable de la colonne au détecteur. On utilise pour ce faire, une vanne haute pression à plusieurs voies, manuelle ou motorisée dans le cas des injecteurs automatiques, placée juste avant la colonne (fig. 3.4). Il s'agit d'une pièce de précision qui doit résister à des pressions pouvant dépasser 30 000 kPa. Elle fonctionne en deux temps :

- Dans la position *chargement*, où seule la communication entre pompe et colonne est assurée (fig. 3.5), l'échantillon est introduit à pression atmosphérique à l'aide

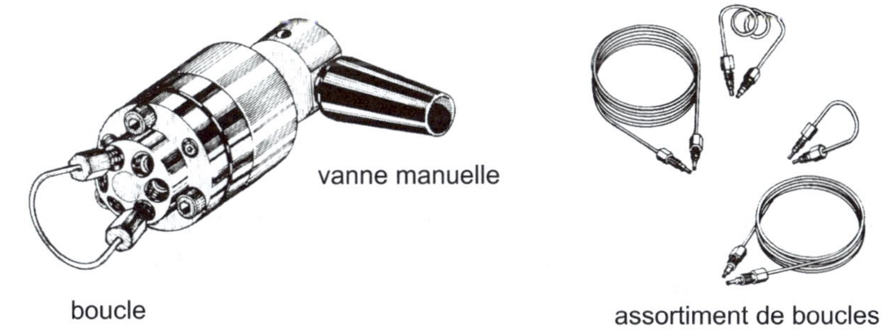

Figure 3.4

Vanne d'injection pour CLHP et boucles assorties.

Vanne vue de l'arrière (vanne à 6 entrées/sorties avec une boucle raccordée) et assortiment de boucles de différents volumes (reproduit avec l'autorisation de la société Rheodyne Inc.).

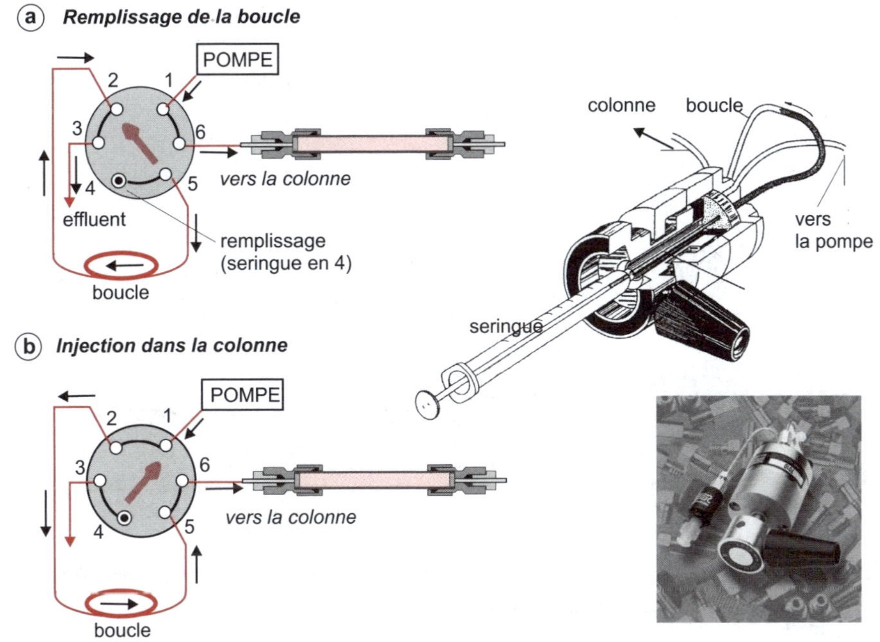

Figure 3.5

Injection avec une boucle.

a) Remplissage de la boucle. Dans cette étape, la seringue est introduite à la position n°4 ; b) injection dans la colonne (noter la nouvelle position de la manette). Vanne modèle 7125. Les vannes sont motorisables (reproduit avec l'autorisation de la société Rheodyne Inc.)

d'une seringue dans un petit volume tubulaire appelé *boucle*. Celle-ci, dont il existe tout un choix de volumes, est soit extérieure, soit intégrée dans le corps de la vanne.

- Dans la position *injection*, l'échantillon est inséré dans le flux de phase mobile par rotation de 60 ° d'un levier qui permet d'inverser le sens de circulation dans la boucle. Une bonne reproductibilité des volumes n'est atteinte que si la boucle a été totalement remplie par l'échantillon. Le volume prélevé avec la seringue est donc toujours largement supérieur à celui de la boucle.

3.4 Colonnes

La colonne en CLHP se présente comme un tube, le plus souvent en acier, rempli avec la phase stationnaire. La longueur et le diamètre peuvent être très variables. Les colonnes « standard » dont le diamètre interne (*DI*) est d'environ 4,5 mm et la longueur de 10 cm (fig. 3.6), sont de plus en plus supplantées par des colonnes de plus faibles diamètres, baptisées *narrow-bore* (*DI* 2-4 mm), *micro-bore* (*DI* 1-2 mm), *capillaires remplies* (*DI* 0,1-1 mm). Ces derniers modèles, apparus suite à l'évolution des phases stationnaires, facilitent le mode de détection par spectrométrie de masse (technique couplée CLHP/SM, *cf.* chapitre 16).

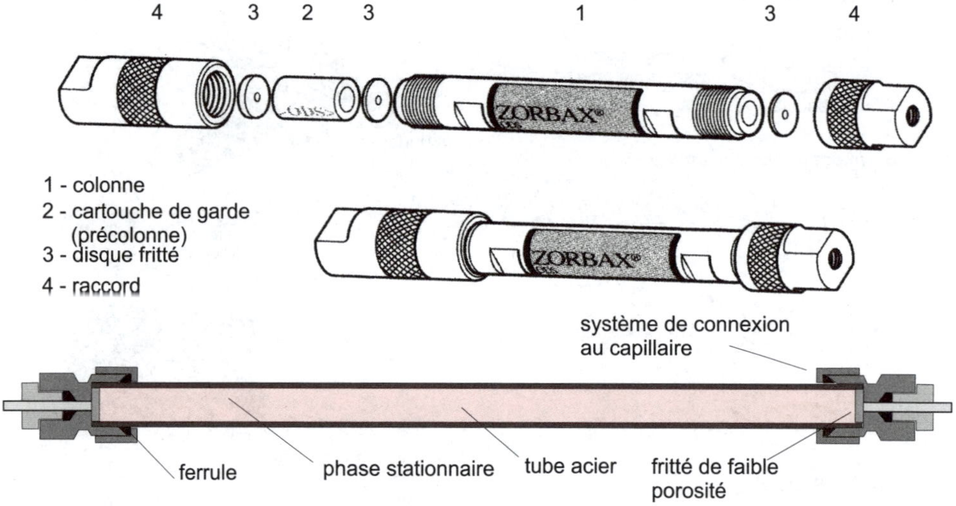

Figure 3.6
Colonne standard et précolonne de CLHP.
Aspects extérieurs éclatés et assemblés d'une colonne. La phase stationnaire est maintenue par deux disques poreux situés à ses extrémités. La surface interne du tube est rendue inerte par un traitement de passivation, ou par un chemisage de verre ou de polymère PEEK®. La précolonne, périodiquement changée, évite le colmatage de la colonne (reproduit avec l'autorisation de la société RTI).

Toute application en chromatographie correspond à une séparation. La colonne doit donc avoir une efficacité suffisante, sans pour autant qu'il soit utile d'avoir des performances plus que nécessaires. Une colonne courte permettra d'aller plus vite. Une colonne étroite se traduira par une économie de phase mobile. Ainsi pour une colonne standard, le débit est de l'ordre de 1 mL/min, alors qu'il tombe à quelques μL/min pour une colonne micro-bore, ce qui nécessite des pompes et des détecteurs adaptés — quelques gouttes suffisant pour éluer tous les composés (*cf.* § 3.10).

La colonne est souvent précédée d'une précolonne, dite *colonne de garde*, courte (0,4 à 1 cm), remplie de la même phase stationnaire, ce qui sert à retenir certaines impuretés (fig. 3.6). On augmente ainsi la durée de vie de la colonne principale en préservant ses performances.

3.5 Phases stationnaires

La phase stationnaire, maintenue dans la colonne, est constituée de microparticules sphériques ou d'un solide poreux dont la surface au contact de la phase mobile atteint plusieurs centaines de m^2 par gramme, favorisant ainsi les mécanismes de partition avec les différents solutés présents.

3.5.1 Le gel de silice, matériau de base des phases stationnaires

Parmi tous les matériaux qui ont été ou sont actuellement utilisés pour la confection des phases stationnaires, alumine, oxyde de zirconium, polymères organiques, le *gel de silice* tient une place prépondérante. Ses qualités intrinsèques sont à l'origine de son important développement commercial.

Ce matériau est un solide amorphe ayant pour formule de composition $SiO_2(H_2O)n$ (avec n très proche de 0). Il est tout à fait différent de la silice naturelle cristalline (SiO_2) qui n'est qu'un précurseur très éloigné de sa préparation. Cette dernière fait appel à des procédés de polymérisation *sol-gel* d'un tétraalcoxysilane (fig. 3.7).

Le gel de silice n'a pas la structure ordonnée de la silice cristalline, mais il reste néanmoins bâti autour de l'agencement tétraédrique des quatre liaisons issues de l'atome de silicium. C'est un polymère inorganique réticulé. Il comporte des *groupements silanols,* Si–OH en nombre variable, qui ont résisté à la phase finale de déshydratation thermique. Ces groupements sont responsables des propriétés catalytiques acides de ce matériau très polaire car Si–OH a un pK de 10, comparable à celui du phénol. Leur concentration peut être établie par RMN du ^{29}Si ou par analyse centésimale du carbone pour les phases greffées (*cf.* plus loin).

Le gel de silice comporte des pores de tailles différentes. Pour remplir la colonne d'une manière homogène, il est préparé sous forme, soit de micro particules sphériques, soit d'un monolithe poreux (fig. 3.8). Il est nécessaire en effet d'éviter la formation de chemins préférentiels pour la phase mobile et par suite pour les composés qui y sont dissous.

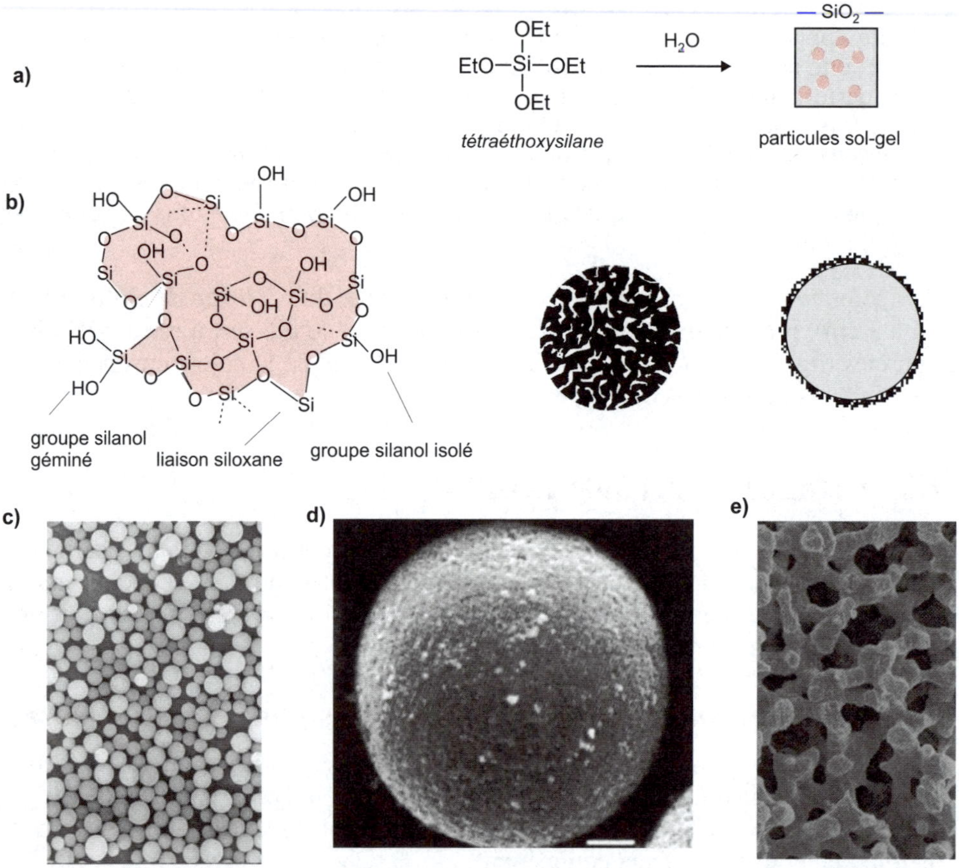

Figure 3.7
Le gel de silice pour chromatographie.
a) Préparation de grains sphériques de gel de silice *via* un sol-gel ; b) représentation du réseau, correspondant à un maillage tridimensionnel, d'un gel de silice porteur de groupements silanols ; c, d) images de particules sphériques de gel de silice ; e) matériau macroporeux d'une colonne monolithe.

- Les micro-sphères ont un diamètre sensiblement constant dans une même colonne mais il en existe plusieurs types allant de 1 à 12 μm.
- Les monolithes, apparus plus récemment, sont ainsi nommés parce qu'il s'agit d'un gel de silice formé d'une seule pièce dans la colonne même (fig. 3.7 et 3.9). Ils offrent une alternative intéressante car étant plus perméables, la perte de charge due à la colonne est moins importante.

Les propriétés des gels de silice dépendent de nombreux paramètres : *structure interne*, *porosité ouverte* (dimension et répartition des pores), *surface spécifique*, *résistance à l'écrasement* et *polarité*. Les gels de silice courants comportent environ 5 groupes silanols par μm^2. La surface spécifique est de l'ordre de 350 m^2/g avec

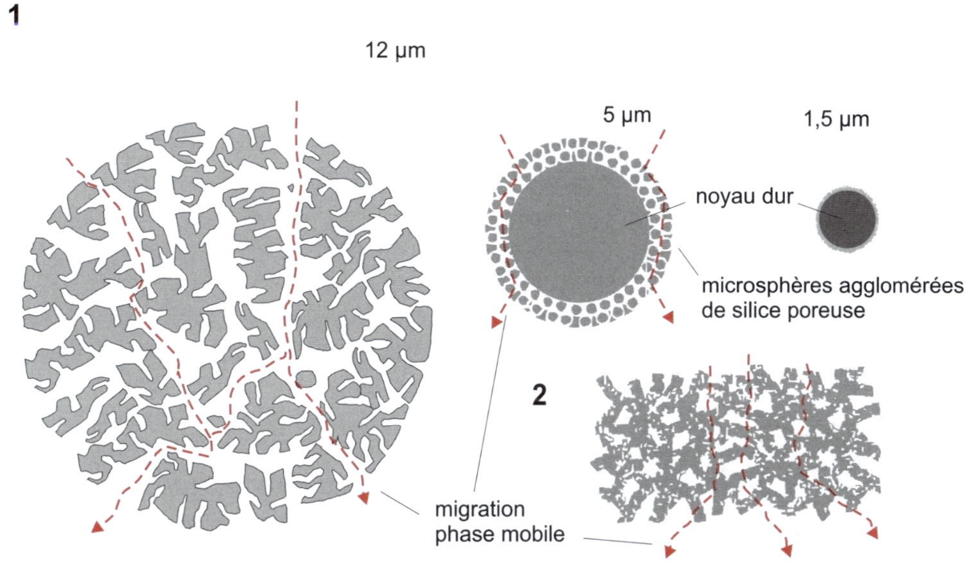

Figure 3.8
Représentations imagées de quelques types de gels de silice (porosité et dimensions).
1- structure comportant des pores de diffusion répartis dans la totalité de la particule (environ 1 cm^3/g de phase stationnaire) ; 2 - A la même échelle, particules de 5 et de 1,5 µm de diamètre à porosité de surface et noyau dur.

des pores d'environ 10 nm. Pour les particules sphériques, la porosité mesurée par le volume de phase mobile dans la colonne varie de 30 à 70 % du volume total de la colonne.

Quant aux phases stationnaires monolithes, elles permettent des débits d'élution plus importants qu'avec les colonnes traditionnelles. Les macropores dont le diamètre de pore est de l'ordre de 3 µm, assurent la perméabilité de la colonne (porosité totale supérieure à 80 %) et les mésopores dont le diamètre est en moyenne de 12 nm forment une fine structure poreuse permettant d'obtenir une surface spécifique importante sur laquelle a lieu l'adsorption des molécules (fig. 3.8).

On est bien loin des phases utilisées au début du siècle par Tswett, constituées de craie ou de sucre en poudre. Le traitement subi par la silice en fait plutôt une sorte de « sable magique ».

La préparation du gel de silice sous forme de grains irréguliers, utilisé en chromatographie préparative, fait appel à un procédé hydrothermal : on forme d'abord l'acide orthosilicique, composé instable, [$Si(OH)_4$] 1 par acidification du silicate de sodium [Na_2SiO_3] encore appelé « *liqueur de cailloux* », ou *water-glass*, lui-même issu de certains sables très purs par fusion alcaline. 1 donne d'abord un dimère 2 qui continue à se polycondenser progressivement en particules colloïdales à surface hydroxylée. On obtient par agrégation un *hydrogel* de silice gélatineux dont la calcination conduit à des grains de gel de silice dense (*xerogel*).

$$SiO_2 + NaOH \longrightarrow Na_2SiO_3 + H_2O$$

$$Na_2SiO_3 \xrightarrow{H_3O^+} \underset{\text{acide orthosilicique } \underline{1}}{[Si(OH)_4]} \xrightarrow{-H_2O} \underset{\text{acide orthodisilicique } \underline{2}}{[(OH)_3SiOSi(OH)_3]} \xrightarrow{-nH_2O} \underset{\text{« gel de silice »}}{(SiO_2)_n,\ (H_2O)_x}$$

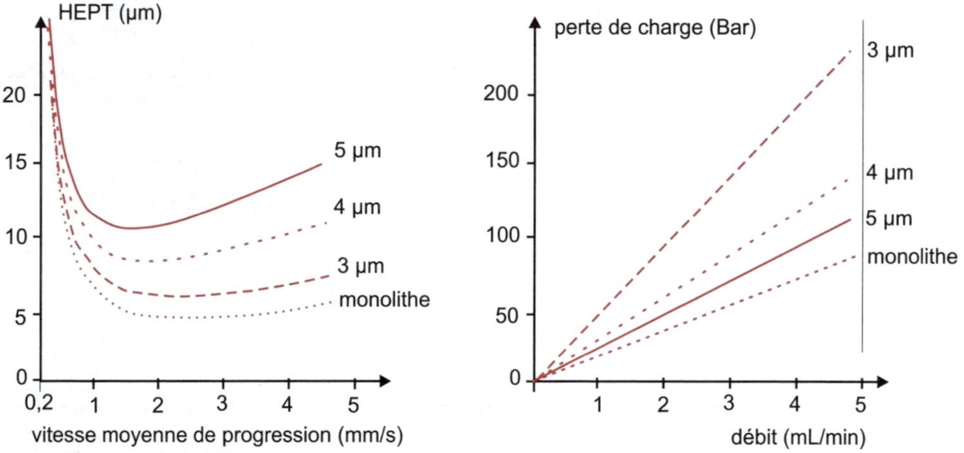

Figure 3.9

Nature de la phase stationnaire et efficacité.
La HEPT décroît avec la taille des particules, mais à débit identique, la perte de charge augmente. Les colonnes monolithiques améliorant les transferts de masse entre les phases, apparaissent supérieures. Essais réalisés avec des colonnes de 5 cm remplies d'une phase stationnaire RP-18 de même fabrication et en prenant le naphtalène comme composé test.

Le mécanisme d'action du gel de silice repose sur l'adsorption (fig. 3.10), phénomène qui consiste en l'accumulation d'un composé à l'interface entre deux phases. Dans les cas les plus simples, il y a formation d'une monocouche (isotherme de Langmuir), mais souvent il se crée aussi une attraction entre les molécules déjà adsorbées et celles qui sont restées en solution. C'est la raison principale de la non-symétrie des pics d'élution. D'autres théories expliquent le phénomène de séparation des constituants par un simple ralentissement (sans immobilisation) au niveau de l'interface PM/PS qui diffère pour chaque analyte.

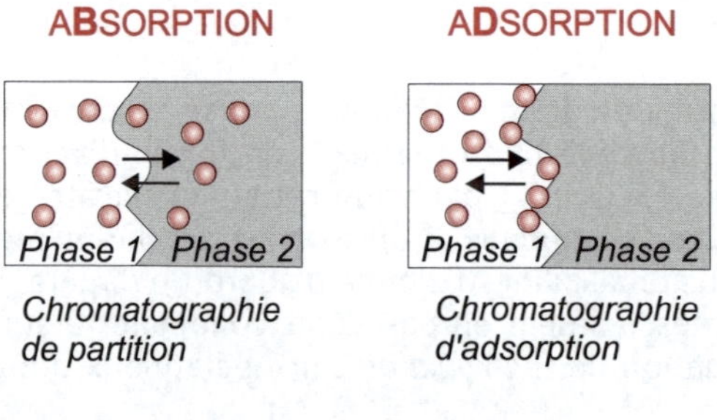

Figure 3.10

Phénomènes d'adsorption et de partage.
L'adsorption est un phénomène d'interface à la différence de l'absorption.

3.5.2 Les phases stationnaires à base de silices greffées

Bien qu'ayant une capacité d'adsorption élevée, le gel de silice décrit précédemment n'est plus utilisé tel quel en chromatographie analytique. Hydrophile par nature, ses caractéristiques évoluent au cours du temps, entraînant un manque de reproductibilité des séparations. Pour diminuer sa polarité jugée excessive dans de nombreux cas on le rend essentiellement hydrophobe.

Les modifications classiques mettent à profit la réactivité des fonctions silanols présentes en surface pour fixer des molécules organiques par des liaisons covalentes. Le gel de silice ainsi modifié devient assimilable à un liquide immobilisé, la séparation mettant en jeu les *coefficients de partage* et non plus les *coefficients d'adsorption*. Ces phases greffées, dont la polarité peut être ajustée avec précision, sont à l'origine de la *chromatographie de partage à polarité de phase inversée*, utilisée dans quasiment toutes les séparations.

Ces modifications de la surface du gel conduisent à deux types de phases.

Phases greffées monomériques (10-15 μm d'épaisseur). Elles sont obtenues en faisant réagir un monochlorosilane en présence d'une base sur les fonctions silanols de surface (fig. 3.11). On prépare ainsi les phases classiques RP-8 (groupement diméthyloctylsilane) et RP-18 (groupement diméthyloctadécylsilane, ou ODS). Une fraction des groupements Si-OH demeure cependant intacte. Elle peut être la cause d'interactions polaires gênantes. D'autres réactifs silylés tels le chlorotriméthylsilane ($ClSiMe_3$) ou l'hexaméthyldisilazane ($Me_3SiNHSiMe_3$), conduisent à une réaction plus complète. Les quelques sites restants non transformés, car inaccessibles au réactif, le sont également aux analytes.

Phases greffées polymériques (25 μm ou plus en épaisseur). On utilise cette fois un di- ou trichlorosilane en présence de vapeur d'eau qui provoque une polymérisation en solution du réactif avant dépôt et greffage sur la silice. On obtient ainsi une couche polymérique réticulée. L'architecture finale du revêtement est difficile à se représenter. Mono- ou multicouche, sa représentation à l'échelle moléculaire relève plutôt de la spéculation.

Autres phases greffées. Les gels de silice précédents, comportant des greffons alkyles à 8 ou 18 atomes de carbone, sont polyvalents et par conséquent très utilisés (80 % des séparations sont faites avec les greffons C18), mais pour améliorer la séparation de certaines classes de composés, il est fait appel à des phases stationnaires spécifiques. Sur le gel de silice, sont fixés des ligands porteurs de fonctions (groupements aminopropyle, cyanopropyle, benzyle) ou des greffons dipolaires (zwitterions) pour conférer une polarité intermédiaire à la phase stationnaire. La séparation des mélanges comportant à la fois des constituants polaires et non polaires, qui exigent des phases mobiles riches en eau, s'en trouve améliorée. Les sucres, les peptides et autres composés hydrophiles deviennent séparables.

3.5.3 Phases stationnaires à polarités variées

Le gel de silice peut être remplacé par l'alumine ou l'oxyde de zirconium (ZrO_2) comme supports de dépôts réticulés à base de divers polymères : polybutadiène, styrène/divinylbenzène ou hydroxyméthylstyrène. Ces phases stationnaires restent stables en milieu basique ou acide, conditions que ne supportent pas les liaisons Si–O–C. De même, le carbone graphite poreux, sous forme de sphères dont la surface est totalement hydrophobe, est utilisé pour les composés ayant des facteurs de rétention élevés.

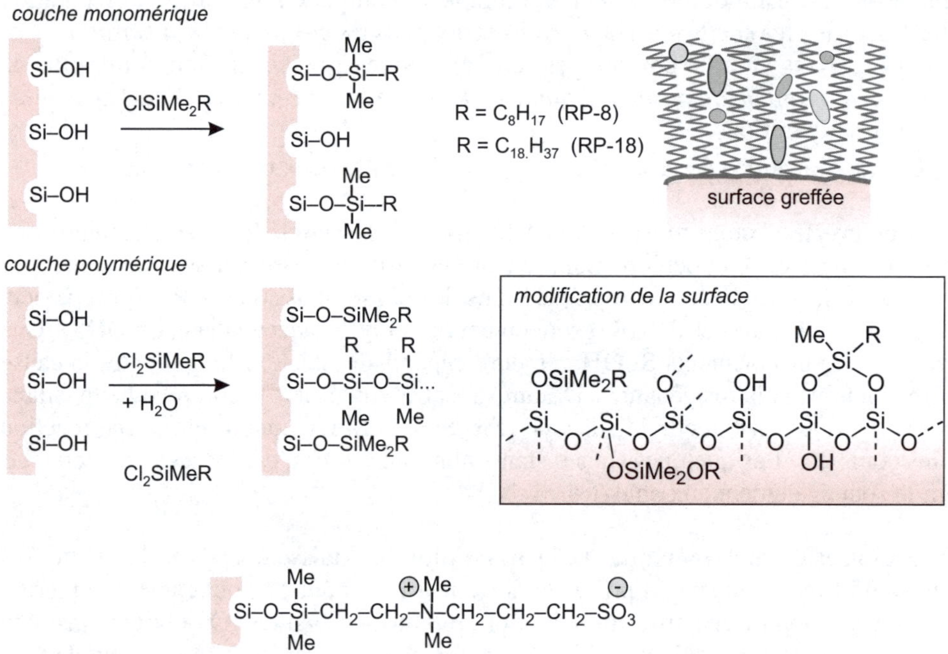

Figure 3.11
Formation d'organosilanes greffés à l'interface du gel de silice.
Représentation de quelques groupements monomériques ou polymériques rencontrés en surface du gel de silice. Détail d'une particule chevelue. L'enchaînement Si-O-Si-C est plus stable que Si-O-C. On peut atteindre, pour les revêtements polymériques, plus de 15 % de carbone après greffage sur les silanols accessibles. En bas, un exemple de phase comportant un greffon dipolaire. D'autres réactions sont aussi utilisées (hydrosylylation en particulier).

3.5.4 Phases stationnaires pour la CLHP chirale

Comme en CPG, la CLHP permet de séparer directement les énantiomères sur colonnes contenant un sélecteur chiral (voir § 2.6.3). Contrairement à la CPG, ces colonnes n'ont pas pour obligation de pouvoir résister à des températures élevées.

Compte tenu du choix de sélecteurs chiraux disponibles, il est difficile de prévoir lequel sera le plus efficace pour l'analyse envisagée. La nature des interactions entre chacun des énantiomères et le sélecteur présent dans la colonne varie suivant le choix de ce dernier. Elles combinent des aspects stériques, chimiques et électroniques du type donneur/accepteur. D'une manière générale, les diastéréoisomères résultants forment des complexes peu stables, réversibles, dont les solubilités sont différentes, ce qui conduit finalement à une séparation dans le temps, le diastéréoisomère le moins stable étant élué en premier.

Les colonnes chirales disponibles sont réparties en plusieurs catégories selon le sélecteur présent :

- Protéines (sérum albumine) et glyco-peptides, immobilisés sur gel de silice, ce qui requiert une chimie sophistiquée (choix des « espaceurs » et des points d'ancrage).
- Polysaccharides, dérivés de la cellulose ou de l'amylose.
- Petites molécules, camphre, lactate d'éthyle, dérivés d'acides aminés (dinitrobenzoylphényl), carbamates (c'est la catégorie la plus ancienne — colonnes de type Pirkle)...
- Cyclodextrines (à 6, 7 ou 8 unités glucopyranose) greffées sur un gel de silice par l'intermédiaire d'un « bras » ayant plusieurs atomes de carbone (fig. 3.12).

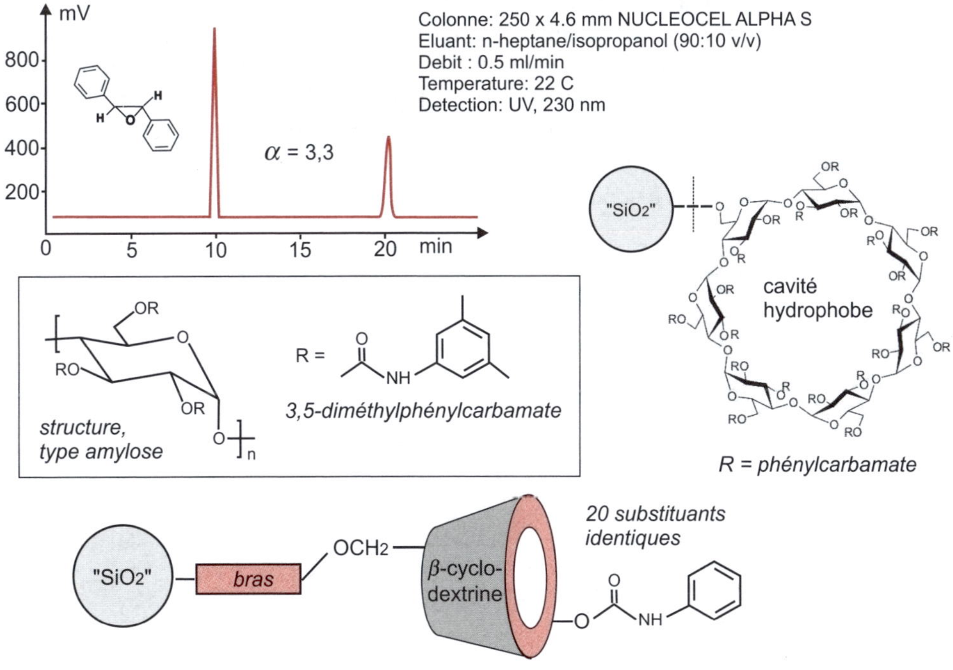

Figure 3.12

Exemples de phases stationnaires chirales utilisées en CLHP.
Séparation des énantiomères de l'oxyde de trans-stilbène (reproduit d'après un document de la société Macherey-Nagel). Sélecteur chiral à base d'amylose ou à base de β-cyclodextrine, substituées sous forme de carbamates.

Pour séparer par CLHP les énantiomères, il existe une autre méthode, moins générale d'emploi, qui consiste à introduire un additif chiral approprié dans la phase mobile, dans le but de former des complexes labiles au sein de la colonne. Ces espèces, aux propriétés physiques différentes, donnent en principe deux pics distincts dont les aires sont dans le même rapport que les énantiomères de départ. Valable pour les énantiomères à caractère ionique, le vecteur chiral est en très large excès par rapport à l'analyte. Parmi ces réactifs on trouve le (S) (+)-lactate d'éthyle et l'acide (+)-10-camphosulfonique.

Ces analyses particulières sont devenues courantes pour les contrôles d'authenticité, en toxicologie, dans l'industrie des arômes et surtout dans l'industrie pharmaceutique, où la chromatographie chirale est aussi transposée à l'échelle préparative, en tant que méthode de séparation qualifiée d'« élégante » par sa simplicité.

3.6 Phases mobiles

Suivant un principe général, à une phase stationnaire polaire on oppose une phase mobile peu ou pas polaire et vice-versa. La chromatographie est dite *en phase normale* dans le premier cas et à *polarité de phase inversée (« RP-HPLC »).* dans le second.

Sachant que la plupart des applications actuelles font appel à des gels de silice transformés, peu polaires, de nature plutôt hydrophobe, on choisit comme phases mobiles des mélanges d'eau et d'un modifiant tel le méthanol ou l'acétonitrile. En changeant la composition de la phase mobile, donc sa polarité, on agit par l'intermédiaire des coefficients de distribution K (C_S/C_M) sur les facteurs de rétention k des composés (fig. 3.13). La difficulté pour le chromatographiste est de faire le bon choix en fonction des composés à séparer (fig. 3.14).

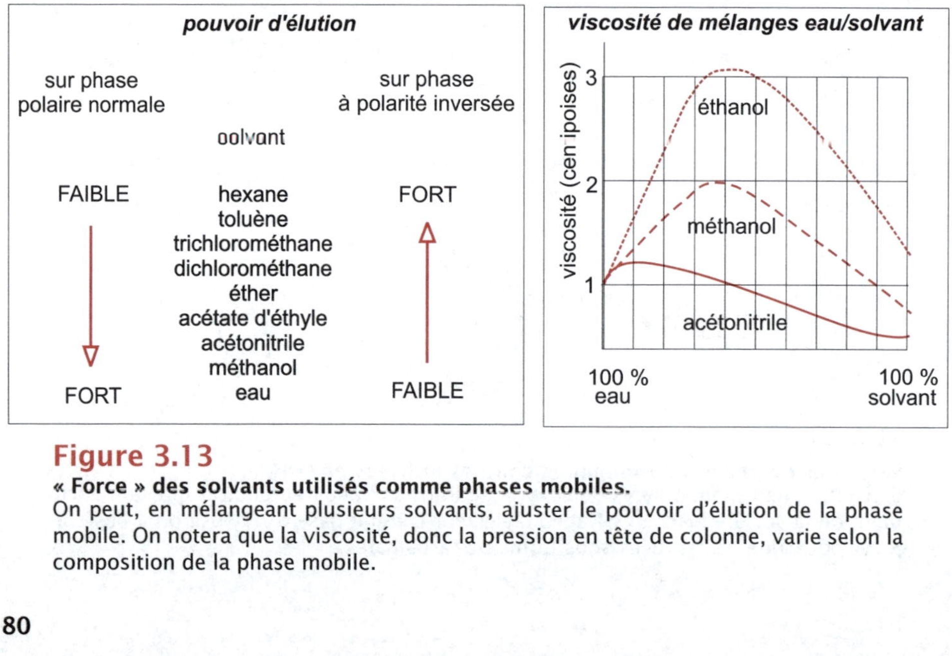

Figure 3.13

« Force » des solvants utilisés comme phases mobiles.

On peut, en mélangeant plusieurs solvants, ajuster le pouvoir d'élution de la phase mobile. On notera que la viscosité, donc la pression en tête de colonne, varie selon la composition de la phase mobile.

Avec une phase stationnaire de type RP l'ordre d'élution est opposé à celui auquel on est habitué avec les phases stationnaires non traitées. Ainsi avec un éluant polaire, un composé polaire migre plus vite qu'un composé apolaire. Dans ces conditions les hydrocarbures sont fortement retenus. En revanche, les composés polaires sont assez difficiles à séparer entre eux. Il faut réaliser des gradients d'élution en diminuant progressivement au cours du temps la concentration en eau (polaire) au profit du modifiant choisi (moins polaire). On commencera par exemple avec un mélange 80/20 % eau/acétonitrile pour terminer à la composition de 40/60 %. C'est le domaine de la chromatographie d'interaction hydrophile.

On reconnaît quatre types d'interactions entre les molécules de solvant et de soluté :

- ionique quand soluté et solvant ont tous deux des moments dipolaires.
- de dispersion due à l'attraction entre elles des molécules voisines.
- diélectriques, qui favorisent la dissolution des solutés ioniques dans les solvants polaires.
- par liaisons hydrogène, quand sont réunis un soluté et un solvant dont l'un est donneur et l'autre accepteur de protons.

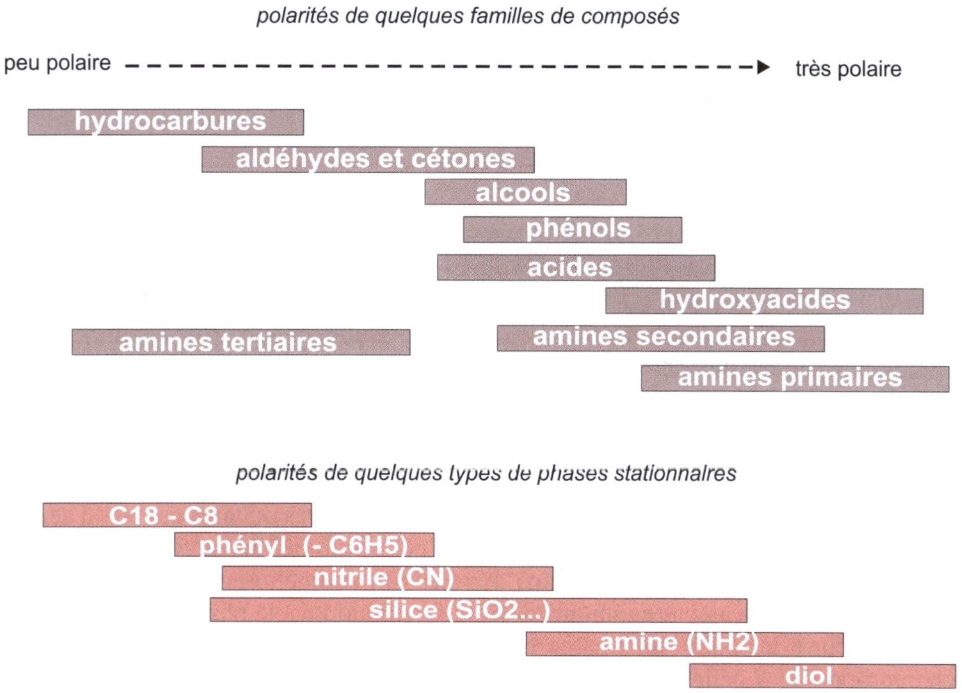

Figure 3.14
Polarités de quelques familles de composés organiques ainsi que des principaux types de greffons des phases stationnaires actuelles.

La séparation des composés très polaires sur les phases stationnaires de type RP-18 impose l'usage d'une phase mobile très riche en eau. Dans ces conditions, il arrive que la phase stationnaire, qui est hydrophobe, devienne subitement non mouillable. La séparation devient mauvaise. C'est pourquoi on choisit de préférence des phases présentant une polarité résiduelle pour maintenir l'interaction entre les analytes et l'eau de la phase mobile (fig. 3.15).

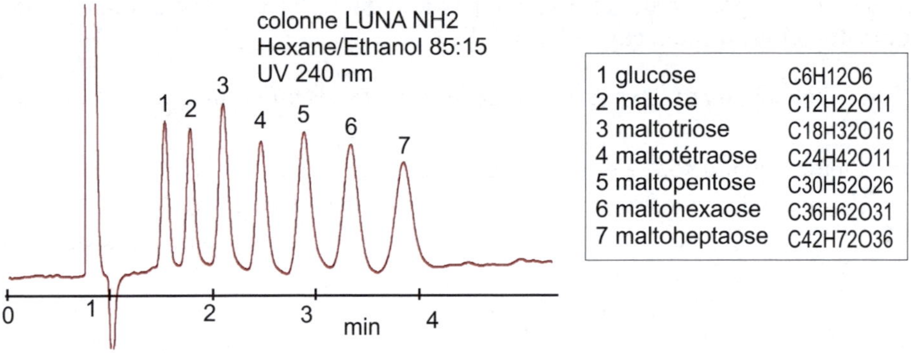

Figure 3.15
Séparation de sucres sur une phase « amine ».
L'ordre d'élution des 7 sucres homologues nous indique que la phase stationnaire est polaire et que le pouvoir d'élution de la phase mobile diminue d'autant plus que la masse moléculaire est plus grande.

3.7 Phases mobiles et colonnes particulières

Pour améliorer la séparation de catégories particulières de composés (acides, protéines...) ou déterminer la pureté optique des analytes, on modifie la phase liquide par des adjuvants ou on choisit des colonnes particulières. Les trois techniques suivantes en sont des illustrations.

3.7.1 Chromatographie d'appariement d'ions

La chromatographie par appariement d'ions (PIC, *Paired Ion Chromatography*) permet d'améliorer la séparation des composés ioniques ou très polaires quand on décide d'utiliser une colonne apolaire pour laquelle ces composés ont trop peu d'affinité (fig. 3.16). Pour augmenter leur temps de rétention et améliorer leur séparation, on doit diminuer leur caractère ionique. À cette fin on ajoute à la phase mobile un composé porteur à la fois d'une chaîne carbonée (peu polaire) et d'un groupement de charge opposée à celle du composé à séparer (alkylammonium ou alkylsulfonate). Ceci conduit à des *paires d'ions* globalement neutres, assez stables. De la sorte, il devient possible de séparer des cations et des anions inorganiques avec une colonne remplie de polarité inversée.

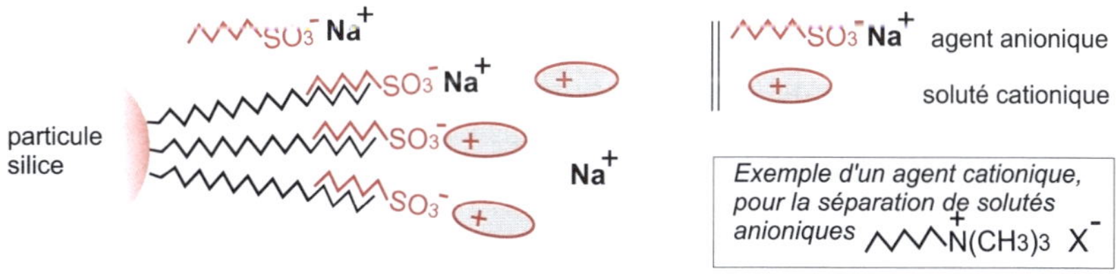

Figure 3.16

Effet de l'appariement d'ions sur une séparation avec une colonne type RP-18. Agissant comme un savon, la partie hydrophobe de l'hexane sulfonate s'assemble, soit avec les chaînes C_{18} de la phase stationnaire dont la surface devient ainsi porteuse de charges anioniques, soit avec le soluté. La séparation d'espèces chargées s'en trouve améliorée.

3.7.2 Chromatographie d'interaction hydrophobe

La chromatographie à interaction hydrophobe (HIC, *hydrophobic interaction chromatography*) permet d'améliorer la séparation des composés bioorganiques tels les protéines solubles dans l'eau. On choisit une colonne apolaire et on commence l'élution avec une phase mobile fortement saline (sulfate d'ammonium 2 M et phosphate monosodique 0,1 M, à pH 7). Dans ces conditions les protéines se fixent par leurs domaines hydrophobes sur la phase stationnaire. Ensuite on diminue progressivement la concentration saline afin que les protéines repassent dans la phase mobile (fig. 3.17). Ainsi elles sont éluées dans l'ordre décroissant de leur caractère hydrophile.

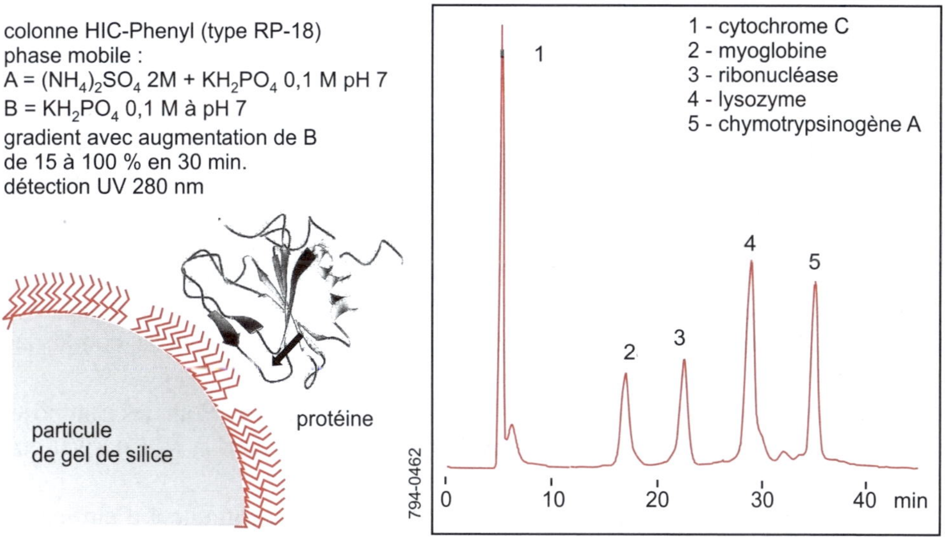

Figure 3.17

Séparation améliorée sur le principe de l'interaction hydrophobe. Chromatogramme d'un mélange de protéines de moins en moins hydrophiles, obtenu en diminuant au cours du temps la concentration saline (reproduit avec l'autorisation de la société Supelco).

> Cette opération rappelle une technique expérimentale connue en chimie organique : quand, dans une ampoule à décanter, on veut extraire avec de l'éther un composé organique au sein d'une phase aqueuse, on ajoute de la saumure pour faire reculer la solubilité du composé organique dans l'eau donc faciliter son extraction par l'éther.

3.8 Principaux détecteurs

L'analyse par chromatographie a rarement pour but de déterminer la composition totale de l'échantillon, mais plutôt de repérer la présence ou doser un composé présent, pour lequel on a choisi un détecteur bien adapté. Le détecteur universel n'est donc pas indispensable. Dans certains cas, il peut même être un handicap pour la lisibilité du chromatogramme. Plus nettement encore qu'en CPG, les aires relatives des pics d'un chromatogramme n'ont souvent aucun rapport avec la composition molaire ou massique du mélange analysé.

Cependant quel qu'il soit, le détecteur doit réunir un certain nombre de qualités : donner pour chaque composé détecté une réponse proportionnelle à sa concentration instantanée, être sensible, avoir peu de bruit de fond, être stable dans le temps et être éventuellement utilisable en gradient d'élution.

Les modes de détection les plus courants reposent sur les propriétés optiques des composés : absorption, fluorescence et indice de réfraction.

3.8.1 Détecteurs spectrophotométriques

La détection est basée sur la loi de Lambert-Beer ($A_\lambda = \varepsilon_\lambda \ell C$) : l'absorbance A_λ de la phase mobile est mesurée en sortie de colonne, à la longueur d'onde λ ou à plusieurs longueurs d'onde dans l'UV ou le visible (*cf.* chapitre 9). La phase mobile ne doit pas, ou très peu, absorber par elle-même (fig. 3.18). L'intensité de l'absorption dépend du coefficient d'absorption molaire ε_λ, ce qui rend impossible, par la simple observation d'un chromatogramme, de se faire une idée de la concentration des espèces repérées, même de manière très approximative. Il peut se produire aussi, pour une certaine longueur d'onde, que le soluté absorbe moins que la phase mobile dans lequel il se trouve dilué. Dans ce cas, l'absorbance diminue au passage du composé, conduisant à un pic inversé (« détection négative »).

La détection UV correspond donc à une détection sélective. Pour les composés qui n'ont pas de spectre d'absorption exploitable, on fait appel à la « dérivation » post-colonne des analytes.

Les détecteurs correspondants peuvent être utilisés en mode gradient d'élution.

Détection monochromatique. Le modèle de base se compose d'une source au deutérium ou à vapeur de mercure, d'un monochromateur pour isoler une bande passante étroite (10 nm) ou une raie (ex. la raie 254 nm du Hg), d'une cellule à circulation d'un volume de quelques µL (trajet optique de 0,1 à 1 cm) et d'un moyen de détection optique.

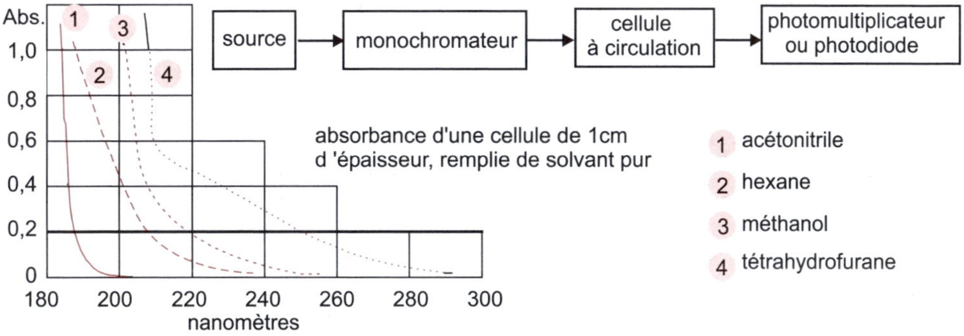

Figure 3.18
Détection photométrique.
Principe d'un détecteur photométrique à une seule longueur d'onde et spectres d'absorption de quelques solvants utilisés en chromatographie liquide. On considère que la limite de transparence d'un solvant correspond à une absorbance de 0,2 pour 1 cm d'épaisseur traversée.

L'essor actuel des biotechnologies, comme de la biochimie, a accru la demande d'analyse des acides aminés (hydrolysats de protéines); on peut utiliser les détecteurs photométriques à condition de réaliser avant passage dans la cellule de mesure une réaction post-colonne avec la ninhydrine par exemple (*cf.* chapitre 8).

Détection polychromatique. Les détecteurs plus perfectionnés permettent soit d'enregistrer l'absorbance à plusieurs longueurs d'onde quasi-simultanément, soit de capter en une fraction de seconde tout un domaine de longueurs d'onde sans interrompre la circulation dans la colonne (fig. 3.19 à 3.21). Le détecteur à barrette de diodes permet non seulement d'obtenir un chromatogramme, mais il fournit des renseignements spectraux pouvant servir à s'assurer de l'identité des composés séparés (fig. 3.20). C'est ce qu'on nomme *l'analyse de certitude* (*cf.* chapitre 9).

Les spectres successifs des composés élués par la phase mobile, captés en sortie de colonne, sont tout d'abord mis en mémoire par l'instrument au fur et à mesure de l'élution, pour être traités ultérieurement par un logiciel adapté. On obtient des spectrochromatogrammes souvent spectaculaires (fig. 3.21). Cette acquisition d'un grand nombre de spectres pour une seule analyse accroît les potentialités de ces détecteurs qui se prêtent à de multiples usages, telle la représentation topographique de la séparation effectuée, $A = f(\lambda, t)$ (diagrammes d'isoabsorption).

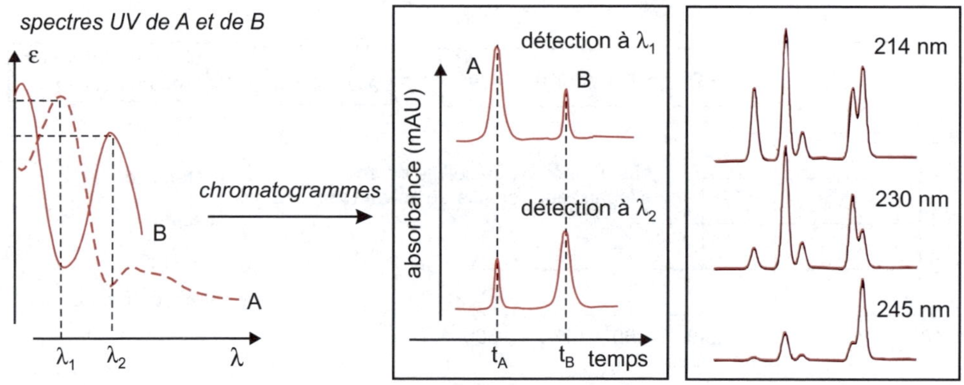

Figure 3.19

Chromatographie d'un échantillon contenant 2 composés A et B, dont les spectres UV sont différents.

Selon le choix de la longueur d'onde de détection, le chromatogramme n'aura pas le même aspect. Les chromatogrammes (à droite) d'un mélange de quelques pesticides enregistrés à trois longueurs d'onde différentes illustrent ce phénomène. En analyse quantitative, on doit donc déterminer d'abord les facteurs de réponse du détecteur pour tous les composés analysés (*cf.* analyse quantitative, chapitre 1).

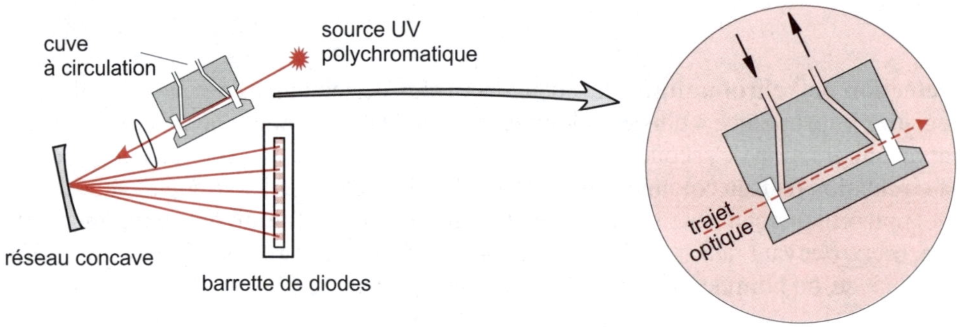

Figure 3.20

Principe du détecteur à barrette de diodes.

La cellule de mesure est éclairée par une source polychromatique dans le proche UV/-Vis. La lumière transmise par l'échantillon est dispersée par un réseau à réflexion sur un détecteur constitué par une rangée de diodes (plusieurs centaines), chacune permettant de connaître l'absorbance moyenne sur un intervalle très étroit de longueur d'onde (ex. 1 nm).

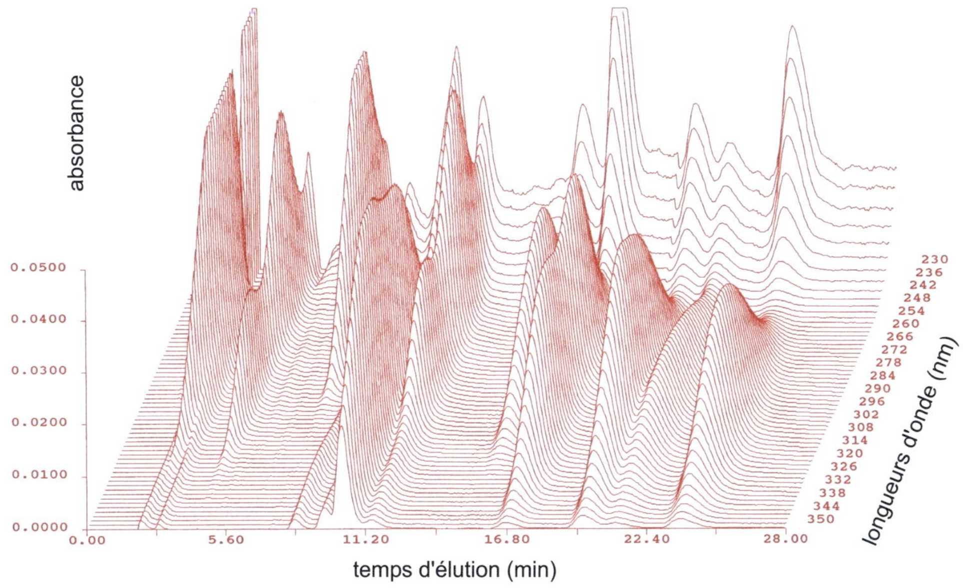

Figure 3.21
Représentation sous forme tridimensionnel, $i = f(t, \lambda)$, d'une séparation chromatographique obtenue par une méthode d'enregistrement rapide (reproduit avec l'autorisation de la société TSP instruments).

3.8.2 Détecteur spectrofluorimétrique

Les composés fluorescents réémettent sous forme de radiations lumineuses une fraction plus ou moins grande du rayonnement de la source auquel ils sont soumis (*cf.* chapitre 11). L'intensité de fluorescence est proportionnelle à la concentration de la substance à condition que celle-ci reste faible. Les détecteurs de fluorescence (fig. 3.22) à la fois sensibles et sélectifs sont utilisables pour les composés naturellement fluorescents et pour tous ceux qui peuvent le devenir par traitement préalable à la détection. Dans ce dernier cas on fait appel aux procédés de dérivation pré- ou post-colonne : un automate placé soit avant la colonne soit entre la colonne et le détecteur effectue une ou plusieurs réactions sur les composés afin de les rendre fluorescents.

En suivant ce principe, on dose les traces de carbamates (pesticides) dans l'environnement, par saponification avec de la soude puis réaction sur l'aldéhyde o-phtalique, pour transformer la méthylamine en un dérivé fluorescent (fig. 3.22).

3.8.3 Détecteur réfractométrique

Ce type de détecteur comporte un réfractomètre différentiel qui a pour objet de mesurer en continu la différence d'indice de réfraction entre la phase mobile et l'effluent de la colonne. Pour cela un faisceau lumineux (mono- ou polychromatique) passe

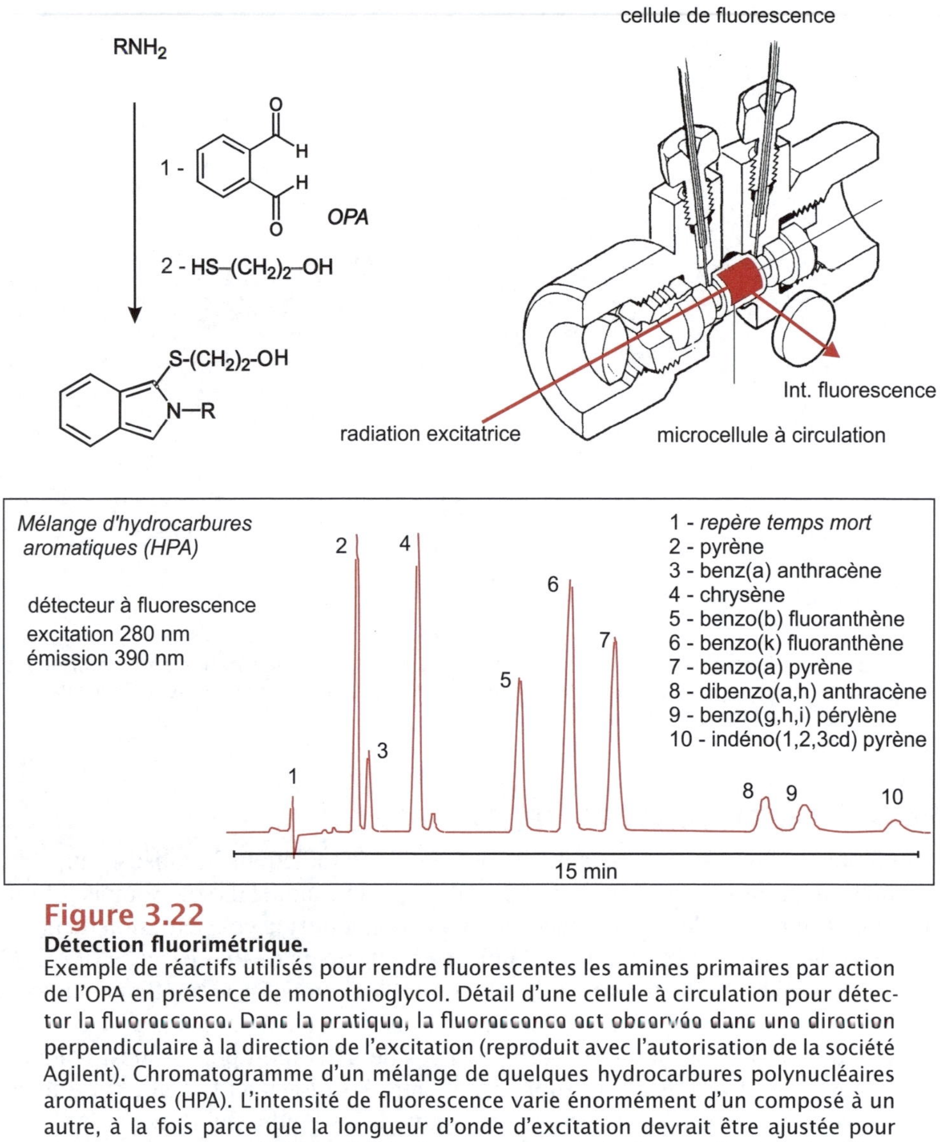

Figure 3.22

Détection fluorimétrique.

Exemple de réactifs utilisés pour rendre fluorescentes les amines primaires par action de l'OPA en présence de monothioglycol. Détail d'une cellule à circulation pour détecter la fluorescence. Dans la pratique, la fluorescence est observée dans une direction perpendiculaire à la direction de l'excitation (reproduit avec l'autorisation de la société Agilent). Chromatogramme d'un mélange de quelques hydrocarbures polynucléaires aromatiques (HPA). L'intensité de fluorescence varie énormément d'un composé à un autre, à la fois parce que la longueur d'onde d'excitation devrait être ajustée pour chaque composé et que l'intensité de fluorescence varie également. Il existe des détecteurs programmables pour obtenir une réponse optimale.

à travers une cellule comportant deux compartiments dont l'un est rempli avec la phase mobile seule et l'autre avec l'effluent en sortie de colonne (fig. 3.23). La différence d'indice entre les deux liquides, qui apparaît lorsqu'un composé est mélangé à l'éluant, se traduit par un déplacement angulaire du rayon réfracté. Dans la pratique, le signal correspond à la mesure en continu de la rétroaction qu'il faut fournir à un élément optique pour compenser la déviation du faisceau réfléchi.

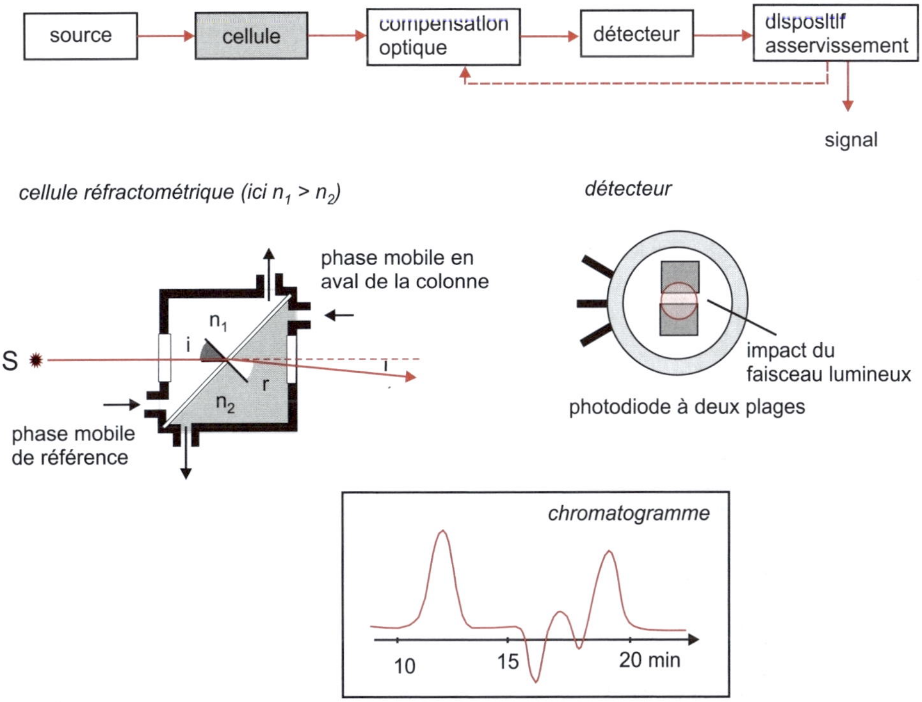

Figure 3.23

Un détecteur réfractométrique différentiel à déviation. Trajet optique au niveau de la cellule.

Le principe repose sur les lois de Fresnel de transmission de la lumière dans les milieux transparents dont l'indice de réfraction est *n*. Le contrôle de la position du faisceau réfracté est obtenu avec une photocellule à deux plages sensibles, dont on maintient les réponses égales par un coin optique (non représenté). Aspect d'un chromatogramme d'un mélange de sucres obtenu avec ce type de détecteur.

Ce détecteur considéré comme quasi universel présente l'inconvénient d'être beaucoup moins sensible que le détecteur UV, et d'être trop sensible aux variations de température. Il faut que sa température soit parfaitement régulée (à 0,001 °C) et que la colonne soit thermostatée. Il conduit à des pics négatifs ou positifs (fig. 3.23). Il ne peut être utilisé qu'en mode isocratique. En effet, en gradient d'élution, la composition de la phase mobile évolue au cours du temps ainsi que son indice, d'où une dérive de la ligne de base. La compensation, facilement obtenue dans le cas d'un éluant de composition fixe, n'est plus réalisable quand la composition de l'éluant en tête de colonne diffère de celle qui en sort. Il n'est donc utilisé que pour les composés qui n'absorbent pas dans l'UV-Visible ou en série avec d'autres détecteurs.

3.8.4 Détecteur à diffusion de la lumière

Ce détecteur met à profit la diffusion de la lumière par un brouillard de particules solides ou liquides issus des différents solutés après évaporation de la phase mobile, obtenue par les effets conjugués d'un courant de diazote et par chauffage (fig. 3.24).

Ce mode de détection est limité aux solutés de masse molaire suffisante pour former un aérosol, sans passer à l'état gazeux dans la zone chauffée, à la différence de la phase mobile qui doit, quant à elle, être suffisamment volatile. Un dosage utilisant ce mode de détection nécessite un étalonnage préalable très sérieux, la réponse n'étant pas directement proportionnelle à la concentration du soluté.

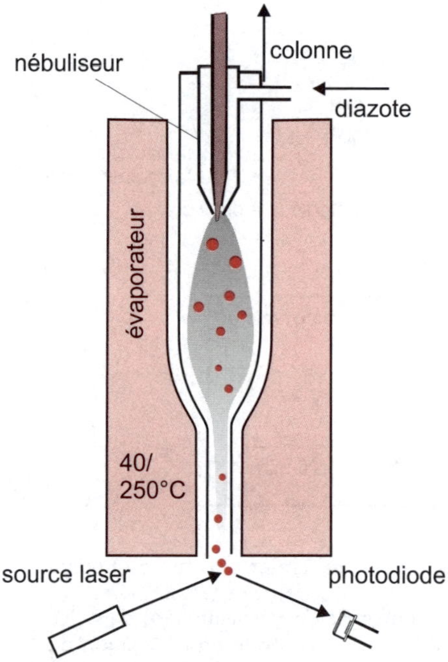

Figure 3.24

Détecteur à diffusion de la lumière. La phase mobile en sortie de colonne est transformée, sous l'effet d'un courant de diazote, en un brouillard par un dispositif d'atomisation de géométrie adaptée. Lorsqu'un composé est élué, les gouttelettes, en s'évaporant, abandonnent en suspension de fines particules. Éclairées par une source laser elles diffusent la lumière par effet Tyndall (ce qui se passe est comparable à la diffusion de la lumière que l'on observe avec les phares d'une voiture par temps de brouillard). Les facteurs de réponse sont très voisins quel que soit le composé.

3.8.5 Autres détecteurs

L'identification d'un composé d'après son seul temps de rétention est quelquefois aléatoire. Elle exige qu'on en dispose à l'état authentique pour pouvoir faire une injection témoin.

Comme il a été déjà signalé pour la CPG, des détecteurs plus perfectionnés, donnant des informations complémentaires sur les produits élués de la colonne, peuvent être également installés en sortie de colonne.

On aboutit, quand le détecteur constitue à lui seul une seconde méthode d'analyse, à des identifications bidimensionnelles plus sûres. Dans ce domaine on trouve divers types de spectrophotomètres à qui on fait jouer à la fois le rôle de détecteurs classiques (obtention du chromatogramme) et d'outils d'identification des espèces séparées (*cf.* § 16.5). Le couplage avec la spectrométrie de masse (CLHP/SM), est très utile pour identifier les mélanges de composés connus quand on dispose d'une spectrothèque adaptée. Quant au couplage avec la RMN (CLHP/RMN ^{1}H), longtemps considéré comme impossible, il facilite grandement l'étude des mélanges comportant des composés inconnus (*cf.* chapitres 15 et 16).

3.9 Optimisation en CLHP

Comme en CPG, l'optimisation d'une séparation en CLHP est le compromis entre une bonne séparation et un temps d'analyse relativement court.

Les paramètres liés à la séparation sont la résolution et le facteur de sélectivité. L'optimisation dépend :

1. **de la colonne et de ses caractéristiques.** D'abord du choix de la phase stationnaire, en fonction des solutés à séparer. Toutefois la plupart des séparations actuelles étant effectuées sur des colonnes de type RP-18, la longueur L, le diamètre DI et le diamètre des particules d_P demeurent surtout les critères de choix.
2. **de la phase mobile et des paramètres liés aux réglages du chromatographe**. Contrairement à la CPG, la phase mobile joue un rôle prépondérant. Sa composition (donc sa polarité et son pH), peut être constante (*mode isocratique*) ou varier en cours d'analyse (*gradient d'élution*). Du bon choix du débit dépend également l'efficacité de la colonne.
   La figure 3.25 illustre, par un exemple, l'optimisation d'une séparation en chromatographie liquide, d'un mélange d'hydrocarbures aromatiques par modification de la composition de la phase mobile. On remarquera que cette optimisation s'accompagne d'une augmentation importante du temps d'analyse.

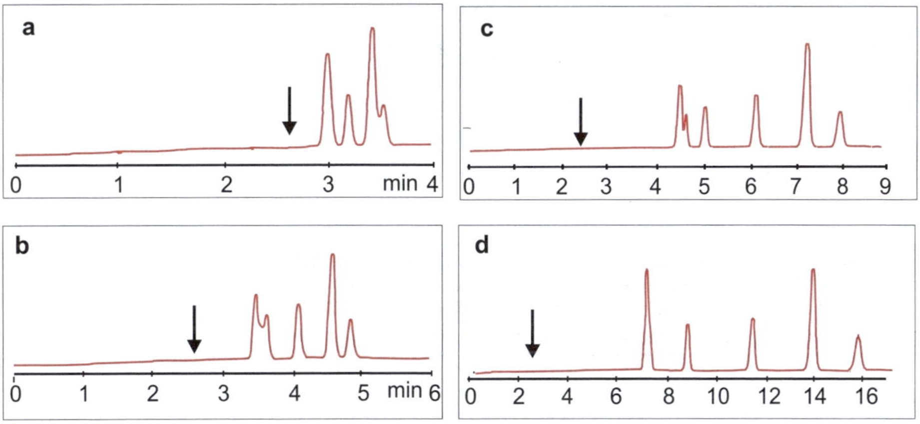

Figure 3.25
Chromatogrammes d'une séparation.
La phase mobile est un mélange binaire eau/acétonitrile : a) 50/50; b) 55/45; c) 60/40; d) 6/35. La flèche indique le temps mort t_M (min), (selon J.W. Dolan, *LC-GC Int*, 1994, **7**(6), 333).

3. **de la température.** Alors qu'en CPG il est bien connu que la température est un facteur important pour améliorer une séparation sans changer de colonne, l'effet de ce facteur est longtemps resté ignoré en CLHP, sans doute parce que les phases stationnaires à base de silice greffées se dégradaient au-dessus de 60 °C. Tout au plus, si l'on portait la colonne vers 35 °C c'était pour s'affranchir des variations de température du laboratoire et ainsi améliorer la reproductibilité des séparations.

Or, pour tout soluté, le facteur de rétention k varie avec la température, ce qui est logique, sachant que la constante d'équilibre, ou constante de partition K, varie avec la température (expression 1.8) et que k, est relié à K par le rapport de phase β de la colonne considérée (expression 1.26). En comparant les chromatogrammes d'un même soluté à deux températures différentes, le tracé des courbes de Van Deemter correspondantes met en évidence que le terme B (qui traduit le phénomène de diffusion dans la colonne) augmente avec la température alors qu'en revanche, le terme C (relatif au transfert de masse) diminue (fig. 3.26). Le travail à haute température améliore donc la séparation car la diffusion des solutés entre les deux phases est favorisée.

Beaucoup de chromatographes liquides permettent de mener des séparations à plus de 120 °C, si du moins la phase stationnaire ainsi que les solutés résistent à ces températures et n'interagissent pas chimiquement entre eux. Le bénéfice se traduit alors par un gain de temps et des pics plus symétriques. Il devient possible également de remplacer un gradient de solvants par une programmation de température.

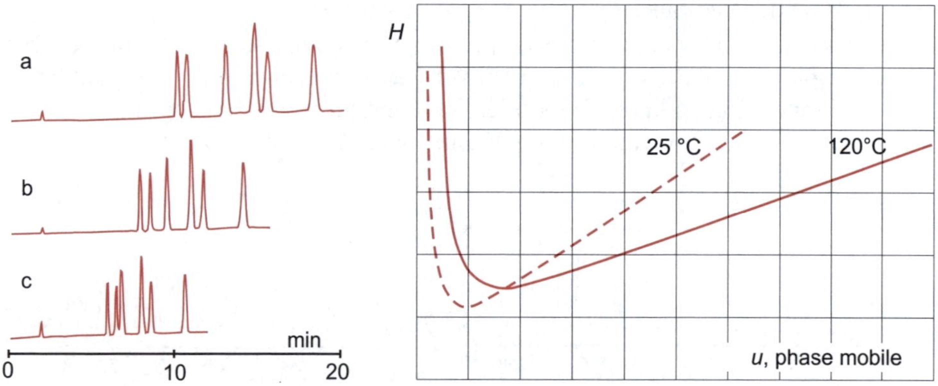

Figure 3.26

Effet de la température de la colonne sur une séparation.
Exemple relatif à trois essais effectués sur un même mélange et avec un même débit de phase mobile à des températures différentes (a), 25 °C, (b) 35 °C et (c) 45 °C. Le temps mort quant à lui, est indépendant de la température.

3.10 Nouveaux développements de la CLHP

Diminuer les temps d'analyse et la consommation de phase mobile, travailler sur des échantillons très petits, améliorer les séparations et l'identification des composés élués, sont autant d'éléments moteurs qui ont fait progresser la CLHP conventionnelle pour en accroître les possibilités. Grâce aux efforts des constructeurs dans la conception de ces instruments, une succession d'améliorations a donné naissance à des appareils plus performants. Bien qu'il ne s'agisse pas d'une forme nouvelle de chromatographie, de nouveaux acronymes, au départ d'origine commerciale, sont passés dans le langage du chromatographiste pour désigner ces avancées instrumentales. Il en est ainsi pour l'UPLC et l'UFLC, abréviations d'origine anglo-saxonne relatives à l'*ultra performance liquid chromatography* et l'*ultra fast liquid chromatography*.

L'amélioration à moindre frais des performances en CLHP consiste d'abord à rechercher s'il existe une colonne dédiée et un mode opératoire défini pour l'analyse à réaliser. Il en est ainsi pour quelques dosages courants, tels ceux des sucres, HPA, amines ou nucléotides.

a) Diminution des temps d'analyse

Pour raccourcir le temps d'analyse, il faut gagner du temps dans l'étape de séparation, sans pour autant perdre l'efficacité et la sélectivité souhaitées. On y parvient notamment en utilisant des colonnes plus courtes (2 à 5 cm) à condition de choisir des phases support soit monolithiques, soit constituées de particules non poreuses de petit diamètre (2 µm ou moins). En contrepartie, ces dernières provoquent une plus grande perte de charge. Aussi, les pompes doivent-elles être capables d'atteindre des pressions pouvant dépasser 80 MPa. On gagne également en rapidité si on effectue la séparation en chauffant la colonne, ce qui permet d'accéder plus rapidement aux équilibres de concentration par diminution de la viscosité de la phase mobile. Ces progrès peuvent conduire à des facteurs de rétention 10 fois plus courts. C'est le domaine de l'UFLC (fig. 3.27).

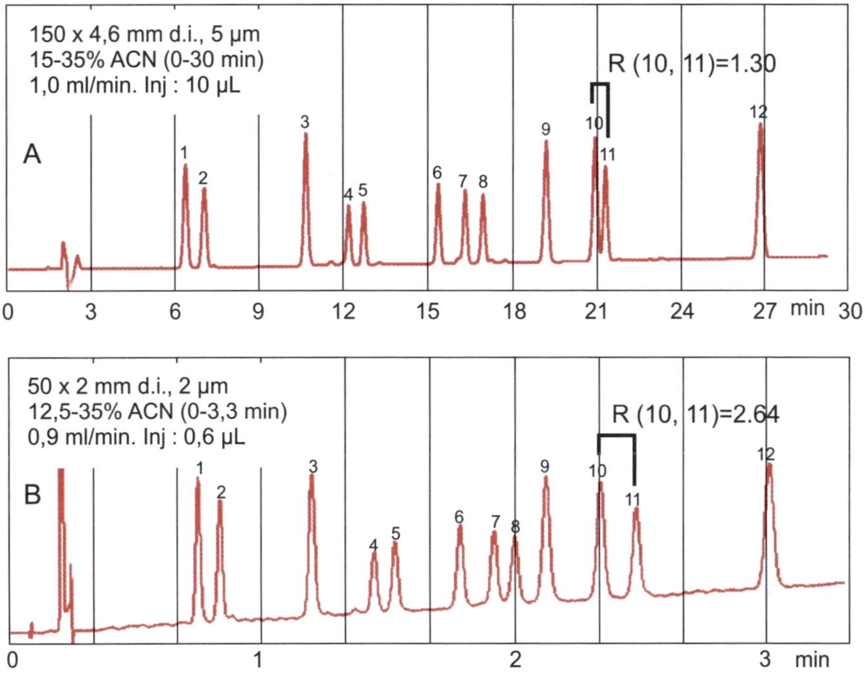

Figure 3.27

Chromatographie rapide (UFLC)

Comparaison, à titre d'exemple, de deux séparations d'un même mélange (isoflavones) effectuées, l'une (A) dans des conditions de chromatographie liquide classiques, l'autre (B) dans des conditions de chromatographie 9 fois plus rapides. On peut noter que la séparation des constituants 10 et 11 s'en trouve améliorée (d'après une note de YMC Europe GmbH).

b) Diminution des volumes de phase mobile

Pour réduire la consommation de phase mobile, donc le coût des séparations, et augmenter la sensibilité, donc pouvoir travailler sur de très petits échantillons, on utilise des colonnes dont les diamètres peuvent descendre à 75 μm, remplies des phases support traditionnelles ou de phases monolithiques (fig. 3.28). En contrepartie, le passage de cette chromatographie liquide capillaire ou nano-chromatographie au royaume de Lilliput est exigeant sur le plan de la réalisation. Il faut savoir gérer les micro débits de phase mobile, les volumes morts les plus petits possibles sur tout le parcours, de la chambre de mélange pour gradients jusqu'au volume de la cellule de détection. Le matériel ici encore doit être adapté. C'est le domaine de l'UPLC.

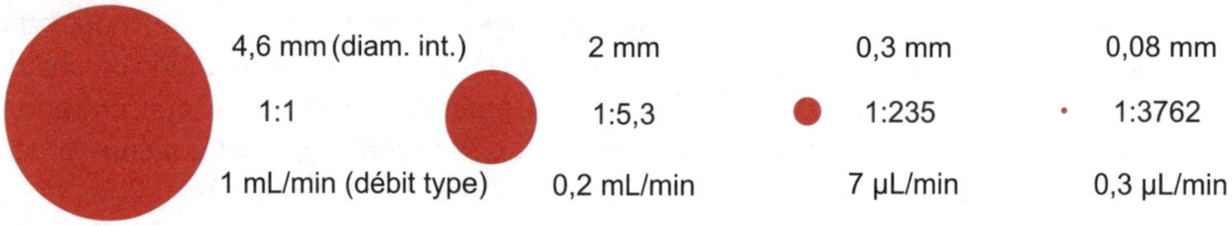

Figure 3.28
Comparaison des débits dans des colonnes de diamètres différents.
En admettant que le remplissage de ces quatre colonnes est de même nature et de même porosité, on voit l'avantage que présente le passage de la CLHP classique (à gauche) à la CLHP-capillaire ou à la nano-CLHP (à droite). Plus le diamètre de la colonne est étroit, plus la consommation de phase mobile diminue, mais la reproductibilité des gradients est difficile à ce niveau.

c) Améliorations des performances par utilisation de la spectrométrie de masse comme méthode de détection

Les faibles débits des colonnes de petits diamètres et l'emploi de phases mobiles compatibles ont grandement facilité la technique couplée CL/SM, qui a investi de nouveaux domaines, tel celui des applications protéomiques. Cette méthode permet la séparation et l'identification des protéines à partir de mélanges complexes (empreintes métaboliques), pour lesquels les seuls temps de rétention sont insuffisants pour identifier les composés. Ces analyses, dont la conduite est assez difficile et demande plus de compétence, sont désormais classées parmi les applications de l'UPLC.

Exercices

3.1 Les appareils actuels de CLHP peuvent utiliser des colonnes de 300 μm de diamètre interne (*DI*) pour lesquelles le débit optimum conseillé est de 4 μL · min^{-1}.

1. Montrer par un calcul simple que ce débit conduit pratiquement à la même vitesse linéaire de la phase mobile que pour une colonne de même type mais d'un diamètre standard de 4,6 mm pour laquelle le débit conseillé est de 1 mL · min^{-1}.

2. La séparation d'un échantillon comportant 16 HPA (hydrocarbures polyaromatiques) a été effectuée sur une colonne de type RP-18 (L_C = 25 cm, DI = 300 µm). Le débit de la phase mobile (acétonitrile/eau) est de 4 µL · min^{-1}. L'un de ces HPA a un temps de rétention de 48 min. Calculer le volume de rétention de ce composé. Que peut-on en conclure ?

3. On dispose de deux colonnes remplies de la même phase stationnaire, l'une a un diamètre intérieur DI égal à 4,6 mm et l'autre, à 300 µm. Les colonnes ont mêmes longueur et taux de remplissage (V_S/V_M). On décide de les utiliser successivement avec le même chromatographe et dans des conditions identiques, avec les débits conseillés ci-dessus pour chacune d'elles. On injecte la même quantité d'un même composé dans les deux expériences.

   a) Quand on passe d'une colonne à l'autre, le volume de rétention (ou d'élution) du composé est-il modifié ?

   b) Si la sensibilité du détecteur n'a pas été modifiée entre les deux expériences, l'intensité du pic correspondant sera-t-elle différente ?

3.2 Quel est l'ordre d'élution des acides suivants en CLHP avec une colonne dont la phase stationnaire est de type C18 et une phase mobile un tampon formiate C = 200 mM, de pH 9 ?

1	acide linoléique	$CH_3(CH_2)_4CH{=}CHCH_2CH{=}CH(CH_2)_7CO_2H$
2	acide arachidique	$CH_3(CH_2)_{18}CO_2H$
3	acide oléique	$CH_3(CH_2)_7CH{=}CH(CH_2)_7CO_2H$

3.3 Indiquer en regard de chacune de ces techniques chromatographiques, le terme qui représente le mode essentiel de fixation sur la phase.

1	phase inversée	a	masse moléculaire
2	perméation de gel	b	hydrophilie
3	chromatographie ionique	c	hydrophobie
4	phase normale	d	protonation/ionisation

3.4 On étudie par CLHP la séparation de deux composés A et B avec une colonne de type RP-18. La phase mobile est un mélange binaire d'eau et d'acétonitrile. On admettra qu'il existe une relation linéaire entre le logarithme du facteur de capacité et le pourcentage d'acétonitrile du mélange binaire eau/acétonitrile utilisé. À partir de 2 chromatogrammes obtenus l'un avec pour phase mobile un mélange eau/acétonitrile 70/30 v/v et l'autre avec un mélange eau/acétonitrile 30/70 v/v, les équations des deux droites sont :

pour le composé A : $\log k_A = -6{,}075 \times 10^{-3}(\%\ \text{MeCN}) + 1{,}3283$

pour le composé B : $\log k_B = -0{,}0107\ (\%\ \text{MeCN}) + 1{,}5235$

a) Trouver la composition de la phase binaire qui conduirait à un facteur de sélectivité de 1.

b) On suppose que pour chaque composé, la largeur du pic correspondant sur le chromatogramme à mi-hauteur est la même et que l'efficacité de la colonne n'est pas modifiée suivant la composition de la phase mobile. La résolution entre les deux pics est-elle meilleure pour la phase mobile contenant 70 % d'eau ou 30 % d'eau ? Montrer l'intérêt pratique du choix précédent.

3.5 On cherche à déterminer la composition en simazine et en atrazine d'une eau de surface prélevée en rivière. On prélève 1 L de cette eau que l'on traite de la façon suivante :

Extraction de la simazine et de l'atrazine au dichlorométhane,

Évaporation à sec sur évaporateur rotatif du dichlorométhane,

Reprise du résidu sec par 10 mL de méthanol. On obtient alors la solution inconnue S_{inc}.

On analyse cette solution en CLHP sur une colonne de type RP en effectuant successivement trois injections, dans des conditions identiques. Les résultats sont rassemblés dans le tableau suivant :

soluté	Aire du pic	soluté	Aire du pic
atrazine	3 021	simazine	2 505
	2 989		2 432
	2 897		2 317

On prépare trois solutions standard contenant respectivement 10 mg (solution S1), 15 mg (solution S2), 20 mg (solution S3) d'atrazine et de simazine dans 100 mL de méthanol.

Chaque solution étalon est injectée 2 fois. Les aires des pics de l'atrazine et de la simazine sont les suivantes :

solution	Injection n° 1	Injection n° 2
S1	875 (Atrazine) 912 (Simazine)	880 (Atrazine) 924 (Simazine)
S2	1 308 (Atrazine) 1 362 (Simazine)	1 319 (Atrazine) 1 371 (Simazine)
S3	1 698 (Atrazine) 1 792 (Simazine)	1 730 (Atrazine) 1 852 (Simazine)

a) Calculer, pour chaque injection de standard, les coefficients de réponse du détecteur à l'atrazine et à la simazine en mg/unité d'aire.

b) Calculer, pour chaque soluté, le coefficient de réponse moyen du détecteur à l'atrazine et à la simazine en mg/unité d'aire.

c) En déduire, pour chaque injection de la solution inconnue $S_{inc.}$ la concentration massique en atrazine et en simazine de la solution alcoolique. Donner la concentration massique moyenne en atrazine et en simazine de l'eau de rivière prélevée.

3.6 D'après la théorie des courbes d'élution, la concentration d'un soluté au maximum du pic chromatographique est donnée par la relation :

$$C_{max} = \frac{C_0 V_{inj}}{V_R} \sqrt{\frac{N}{2\pi}}$$

où C_0 est la concentration du soluté considéré dans la solution injectée, V_{inj} le volume de solution injecté et N l'efficacité de la colonne.

Caractéristiques de la colonne : $L = 20$ cm, $N = 3\,000$ plateaux dans les conditions d'utilisation.

Conditions d'utilisation : régime isocratique, débit $D = 0{,}5$ mL · min^{-1}, temps mort $t_M = 0{,}8$ min.

Solution injectée : $C_0 = 0{,}5$ g · L^{-1}, $V_{inj} = 20$ µL

a) Calculer le volume et le temps de rétention du soluté considéré si on veut que la concentration C_{max} au sommet du pic soit égale à 0,75 C_0.

b) En déduire, dans ces conditions, la valeur du facteur de rétention du soluté.

c) Que devient le temps de rétention si la longueur de la colonne est multipliée par 2 ? Que devient alors C_{max} ? On admettra que la HEPT de la colonne est constante.

d) En admettant que la limite de détectabilité du détecteur pour le soluté considéré est égale à 0,5 mg·L^{-1}, quelle serait la longueur maximale de la colonne à utiliser (on conservera le même volume d'injection) ?

4 CHROMATOGRAPHIE IONIQUE

La chromatographie ionique (CI) est une technique qui s'apparente à la CLHP mais qui présente cependant suffisamment de particularités, tant au niveau du principe de la séparation que de certaines méthodes de détection, pour en faire l'objet d'une étude à part. Elle est adaptée à la séparation des ions minéraux et de toutes sortes de molécules organiques à la condition qu'elles soient polaires. La phase mobile est constituée par un milieu aqueux ionique et la phase stationnaire par un solide qui se comporte comme un échangeur d'ions. Les modes de détection classiques par absorbance ou fluorescence étant souvent mal adaptés à ces analytes, on utilise des détecteurs mettant à profit la conductance des solutions. Les applications actuelles de la CI débordent largement les analyses des cations ou des anions qui ont fait ses premiers succès.

4.1 PRINCIPE DE LA CHROMATOGRAPHIE IONIQUE (CI)

Cette technique de chromatographie est orientée vers la séparation des ions et des composés polaires. Pour cela on utilise des colonnes contenant des phases stationnaires comportant des sites ioniques pour qu'il se crée des interactions dipolaires avec les analytes à séparer. Plus grande est la charge portée par un soluté, plus ce dernier est retenu par la phase stationnaire. Ce processus d'échange est lent, comparé à ceux qui régissent les autres types de chromatographie. Pour les composés organiques, il se superpose au mécanisme précédant les effets déjà décrits en CLHP avec les colonnes à polarité inversée.

Parmi les composés séparables en CI on trouve les mono ou polysaccharides, les nucléosides et nucléotides, les acides carboxyliques les anions et cations organiques ou minéraux divers (métaux de transition, terres rares)...

Les appareils sont constitués de modules indentiques à ceux déjà rencontrés en CLHP (fig. 4.1). Les parties au contact de la phase mobile doivent être en matériaux inertes compte tenu de l'agressivité des solutions aqueuses acides ou basiques qui servent d'éluants.

La progression et la séparation des composés de l'échantillon reposent sur des phénomènes d'échanges ioniques. On distingue deux situations :

- Si on cherche à séparer des espèces cationiques (type M^+), on choisit une colonne, appelée *cationique*, dont la phase stationnaire comporte des sites aptes à échanger les cations. Une telle phase est constituée par exemple par un polymère greffé avec des groupements $-SO_3H$ (c'est par conséquent l'équivalent d'un polyanion).

- En revanche, si on cherche à séparer des anions (type A^-) on choisit une colonne dite *anionique*. Celle-ci est obtenue par exemple à partir d'un polymère comportant des groupements ammonium).

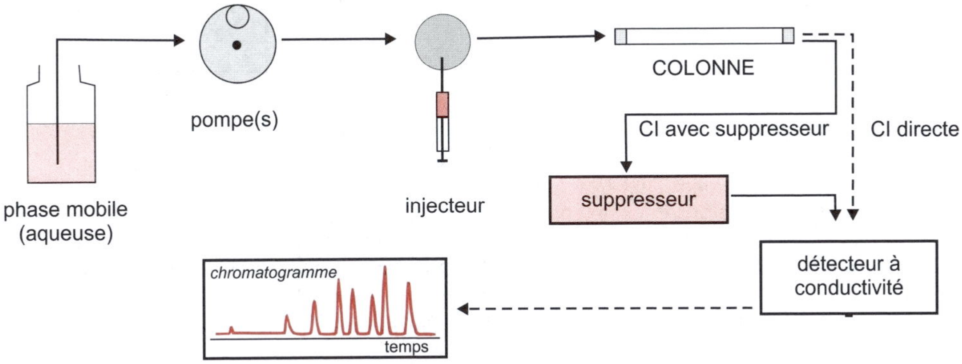

Figure 4.1
Schéma de principe d'une installation de chromatographie ionique.
On retrouve l'architecture modulaire classique de la chromatographie liquide, avec pour différence, le fait de pouvoir utiliser un mode de détection original basé sur la conductance des solutions. Cependant la nature et la concentration ionique de certaines phases mobiles sont à l'origine de difficultés avec ce mode de détection. On fait alors appel à un montage particulier comportant un « suppresseur », dispositif intercalé entre la colonne et le détecteur, qui a pour rôle d'éliminer les ions de l'éluant par réaction de type acido-basique.

Pour comprendre le mécanisme d'une séparation, prenons pour exemple une colonne anionique comportant des groupements ammonium quaternaire, en équilibre avec une phase mobile riche en anions hydrogénocarbonates (contre-anions). Ainsi, tous les sites cationiques de la phase stationnaire se trouvent appariés avec les ions de la phase mobile (fig. 4.2).

Lorsqu'un anion A^-, apporté par l'échantillon, est entraîné par l'éluant, une suite d'équilibres réversibles se produit, régis par une équation d'échange qui détermine sa répartition entre les deux phases, mobile (PM) et stationnaire (PS). Le sens 1 correspond à la fixation de l'anion A^- sur la PS et le sens 2 à son retour dans la PM, donc à sa progression dans la colonne.

$$A^-_{PM} + \left[HCO_3^-\right]_{PS} \underset{2}{\overset{1}{\rightleftarrows}} \left[HCO_3^-\right]_{PM} + A^-_{PS}$$

$$\frac{\left[A^-_{PS}\right] \cdot \left[\left[HCO_3^-\right]_{PM}\right]}{\left[A^-_{PM}\right] \cdot \left[\left[HCO_3^-\right]_{PS}\right]} = \text{Cste} \qquad (4.1)$$

Cet équilibre représente la sélectivité α entre les deux anions vis-à-vis du cation de la phase stationnaire.

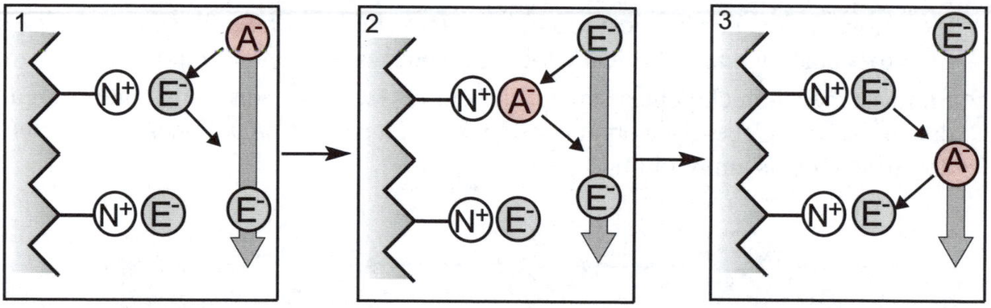

Figure 4.2

Illustration de la progression d'un anion A^- au contact d'une phase stationnaire ammonium appariée avec un contre-anion E^- de la phase mobile. L'ion E^- (généralement l'ion hydrogénocarbonate) est fixé sur la phase stationnaire. L'anion A^- (ion chlorure par exemple), qui est dans la phase mobile, vient prendre la place de l'ion E^-. Ensuite, l'élution produit une inversion du sens de la réaction d'équilibre en régénérant, au niveau du site considéré, la phase stationnaire liée à un ion E^-(ou un autre ion de même type). La progression de A^- dans la colonne dépendra de son affinité avec les sites ioniques de la colonne.

À partir d'une colonne de type cationique, on peut décrire une situation calquée sur la précédente (PS correspond par ex. à une phase de type Polym-SO_3H fortement acide) :

$$M^+_{PM} + H^+_{PS} \underset{2}{\overset{1}{\rightleftarrows}} M^+_{PS} + H^+_{PM}$$

Ce phénomène d'échange qui permet de retenir les espèces polaires sur la résine est connu sous le nom d'extraction en phase solide (fig. 4.3). Si l'échantillon contient deux ions X et Y et si $K_Y > K_X$, Y est plus retenu par la colonne que X.

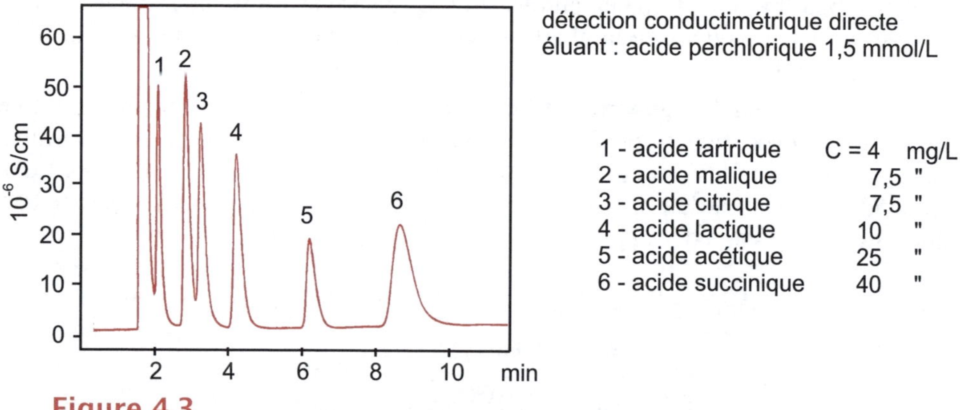

Figure 4.3

Séparation de quelques acides organiques avec une colonne cationique.

4.2 PHASES STATIONNAIRES

Les phases stationnaires doivent satisfaire aux impératifs de distribution granulométrique étroite (monodisperse), de grande surface spécifique, de résistance mécanique, de bonne tenue aux pH acides ou basiques et assurer un transfert rapide des ions.

4.2.1 Copolymères de synthèse

Les phases stationnaires les plus utilisées sont obtenues par copolymérisation styrène/divinylbenzène. On obtient des phases réticulées, résistantes à l'écrasement. Elles se présentent sous forme de particules sphériques d'un diamètre de quelques micromètres (fig. 4.4). Ces particules sont ensuite greffées pour en faire des polyanions ou polycations.

Pour greffer des groupements SO_3H, on fait réagir de l'acide sulfurique concentré, sachant que seuls les noyaux aromatiques accessibles au réactif seront transformés. On obtient une phase très acide — dite cationique forte — dont l'anion est fixé sur le copolymère et le cation est échangeable avec d'autres espèces cationiques présentes dans l'éluant. La capacité d'échange, indépendante du pH de la solution, est de quelques mmol/g.

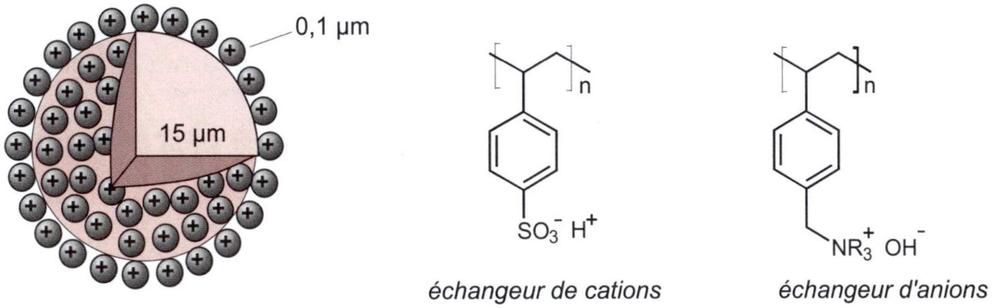

Figure 4.4
Phases stationnaires en CI.
Schéma d'une particule sphérique de polystyrène à usage d'échangeur de cations. Matrice de polystyrène transformée en résine échangeuse de cations (ex. DOWEX® 4 ou en résine échangeuse d'anions (ex. DOWEX® MSA-1, ou Permutite® si $R = \mathrm{Me}$).

Pour réaliser une résine anionique en partant du même copolymère, on commence par une chlorométhylation, ce qui revient à fixer $-CH_2Cl$ (obtention de la « *résine de Merrifield* ») puis on fait réagir une amine tertiaire ou secondaire selon la basicité souhaitée de la phase stationnaire.

Une phase stationnaire faiblement basique comme Polym-NMe_2 donne au contact de l'eau une phase faiblement ionisée $(\text{Polym-NMe}_2\text{H})^+\text{OH}^-$ surtout si on est en milieu alcalin. En revanche, en milieu acide, elle apparaîtra comme une phase fortement basique dont la surface active sera fortement ionisée : $(\text{Polym-NMe}_2\text{H})^+\text{Cl}^-$. Les résines de ce type ont une capacité d'échange qui varie avec le pH.

4.2.2 Silices greffées

Le gel de silice peut également servir de support pour fixer, par des liaisons covalentes, des chaînes alkylphényles porteuses de groupements sulfonés ou ammonium quaternaire. La démarche est semblable à celle qui est suivie pour obtenir les silices greffées de la CLHP. Ces phases associent les propriétés de la chromatographie ionique à celles de la CLHP. La séparation repose à la fois sur les coefficients ioniques et sur les coefficients de partage.

Un autre procédé, pour obtenir ces phases stationnaires, consiste à copolymériser un mélange de deux monomères acryliques, l'un de type anionique (ou cationique) choisi selon la nature de la phase désirée, et l'autre polyhydroxylé (fig. 4.5), destiné à assurer le caractère hydrophile. Cependant ces résines ont un inconvénient, car leur taux de gonflement varie en fonction de la composition de la phase mobile. Elles sont réservées au domaine de la chromatographie moyenne pression, pour certaines applications biochimiques.

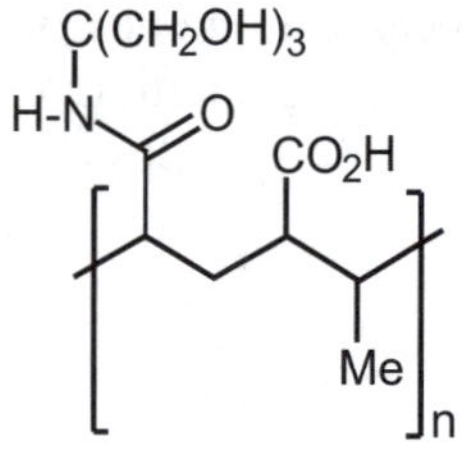

Figure 4.5
Copolymérisation de deux monomères monoéthyléniques (un acide et un trihydroxyamide).
Exemple de structure obtenue (CM-TRISACRYL M® de IBF-France). S'agissant d'un acide faible une phase de ce type n'est pas utilisable à des pH acides, puisqu'elle n'est plus sous forme ionisée.

4.2.3 Résines pelliculaires

Un polymère appelé latex, préparé au départ d'un monomère porteur de fonctions organiques, est déposé à l'état de minuscules sphères jointives (0,1-0,2 μm de diamètre) pour former une pellicule continue de 1 à 2 μm d'épaisseur sur un support imperméable, constitué de microsphères de silice, de verre, ou de polystyrène de 25 à 50 μm de diamètre (fig. 4.6) propre à conduire à des équilibres rapides entre phases.

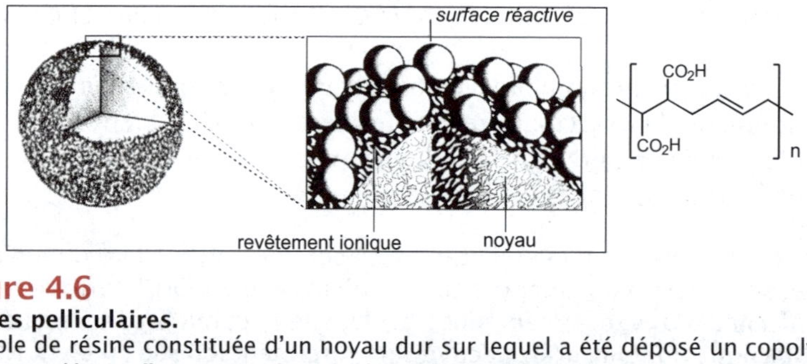

Figure 4.6
Résines pelliculaires.
Exemple de résine constituée d'un noyau dur sur lequel a été déposé un copolymère obtenu au départ d'un monomère résultant de la réaction de l'acide maléique sur le 1,3-butadiène (Reproduit avec l'autorisation de la Société Dionex).

Dans le cas du support polystyrène/divinylbenzène, le latex est fixé de manière électrostatique. Ce latex résulte de la réaction de deux monomères insaturés tels que le 1,3-butadiène avec l'acide maléique ou le méthacrylate de 2-hydroxyéthyle. Les doubles liaisons restantes servent à durcir le matériau par réticulation.

4.3 PHASES MOBILES

Les éluants servant de phases mobiles sont des solutions aqueuses chargées d'ions salins ou organiques et, si nécessaire, d'un peu de méthanol ou d'acétone pour faciliter la dissolution de certains échantillons. Suivant le type, cationique ou anionique de la colonne, les ions de l'éluant sont apportés soit par des acides minéraux ou organiques (perchlorique, benzoïque, phtalique, méthanesulfonique...), soit par des bases (hydroxyde de potassium ou de sodium, carbonates ou hydrogénocarbonates...).

Dans ce dernier cas, les solutions d'élution ont malheureusement tendance à se carbonater par absorption du dioxyde de carbone de l'air ambiant, ce qui perturbe progressivement les temps de rétention. Pour éviter cette contamination, on peut acquérir par exemple un générateur d'hydroxyde de potassium (KOH) qui s'intercale entre la pompe et l'injecteur du chromatographe (fig. 4.7). Connaissant le débit d'eau et

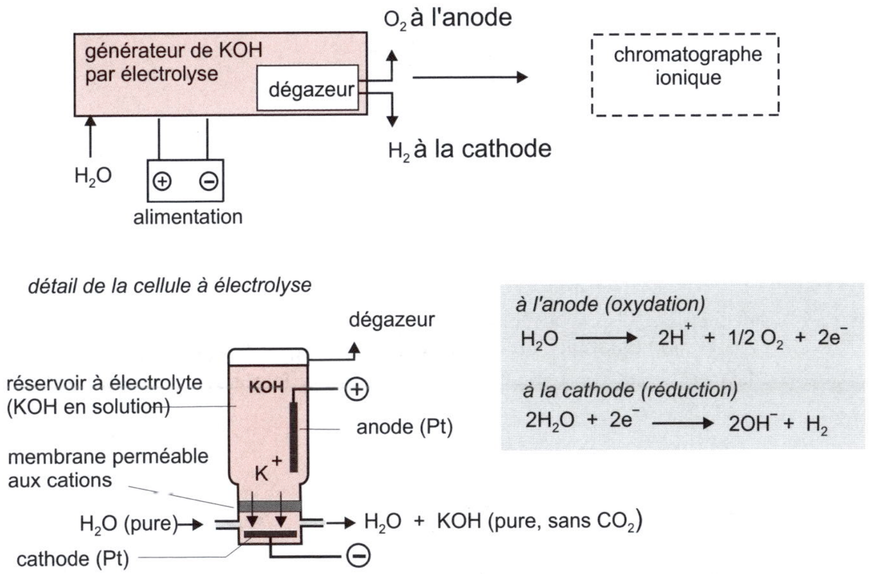

Figure 4.7

Chromatographie ionique avec générateur d'éluant pour séparer des anions. Schéma montrant la position du générateur de potasse diluée (KOH) entre pompe et chromatographe. Le dioxygène formé à l'anode et le dihydrogène à la cathode, sont éliminés par un dégazeur à capillaire. Il est à noter que la pompe est alimentée en eau pure, donc ne souffre pas de la corrosion apportée par les acides ou les bases. Détail illustrant la partie active du générateur de potasse diluée de la cellule d'électrolyse (dessin exécuté à partir d'un document de la société Dionex).

l'intensité du courant d'électrolyse on règle avec précision la concentration en KOH de l'éluant et on peut même faire des séparations reproductibles avec des gradients de concentration.

Les pics d'élution d'origine accidentelle

L'ion de l'éluant (qui a pour rôle de déplacer les équilibres ioniques dans la colonne), a également un temps de rétention comme tout ion de l'échantillon dans les conditions de l'expérience. Si, au cours de l'injection, la solution aqueuse de l'échantillon ne comporte pas cet ion, il se produit un déficit en cet ion pendant un court instant (« concentration négative »). On observera alors sur le chromatogramme un pic appelé *pic système* souvent en négatif qui correspond au temps d'élution de l'ion éluant (fig. 4.8). Un autre artefact est dû à l'eau contenue dans l'échantillon qui génère un second pic, positif ou négatif, pour la même raison. Ce pic indique le temps mort de la chromatographie en cours.

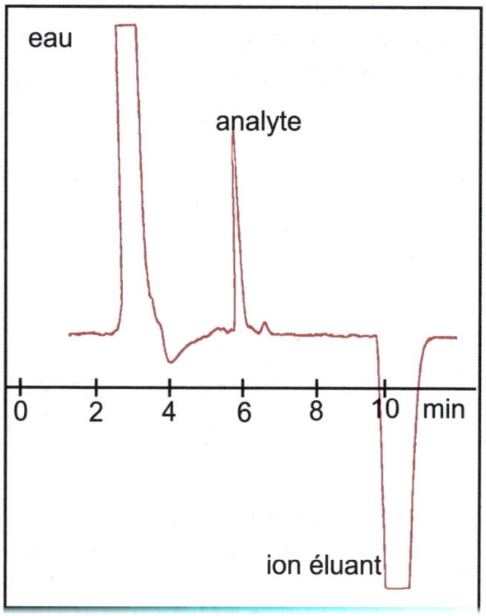

Figure 4.8
Chromatogramme faisant apparaître le pic de l'eau (2 min) et le pic système (10 min).

4.4 DÉTECTEUR À CONDUCTIVITÉ

En dehors des détecteurs spectrophotométriques basés sur l'absorption ou la fluorescence dans l'UV/VIS, utilisables lorsque la phase mobile n'absorbe pas elle-même dans le domaine de mesure, on trouve un mode de détection particulier basé sur la propriété des électrolytes de conduire le courant électrique : on mesure, en sortie de colonne, la conductance (inverse de la résistance) de la phase mobile entre deux micro-électrodes. Pour pouvoir faire une mesure directe, il faut utiliser un éluant peu chargé en ions, possédant une faible conductance et disposer d'une cellule de mesure thermostatée à 0,01 °C près, étant donné l'effet prononcé de la température sur la conductance ($\sim$ 5 %/°C). La cellule de mesure, disposée en aval de la colonne, est d'un volume très réduit (environ 2 μL).

On peut prévoir la sensibilité de la détection d'un ion X (valence z et conc. mol. C) à condition de connaître sa conductance équivalente (Λ_X) et celle de l'ion éluant E (Λ_E). On calcule la valeur de ΔK selon l'expression 4.2, sachant que, suivant le signe trouvé, le pic sera dit positif ou négatif :

$$\Delta K = C \cdot z \cdot (\Lambda_X - \Lambda_E) \quad (4.2)$$

Conductance des solutions

La conductance $G = 1/R$ correspond à la valeur réciproque de la résistance R mesurée entre deux électrodes entre lesquelles on maintient une ddp et qui plongent dans la solution conductrice. G s'exprime en Siemens (S). Pour un ion donné, la conductance de la solution varie comme la concentration de l'électrolyte. La relation est linéaire pour les solutions très diluées. La conductance spécifique (en $S \cdot m^{-1}$) ou conductivité k, permet de s'affranchir des paramètres de la cellule :

$$k = G \cdot K_{cell} \quad (4.3)$$

$K_{cell} = d/S$ désigne la constante de cellule (surface S et écartement d). Sa valeur n'est pas accessible par une mesure directe. On la détermine à partir d'une solution d'étalonnage dont on connaît la conductivité k. Enfin la conductance équivalente ionique ($S \cdot m^2 \cdot mol^{-1}$) représente la conductivité d'un ion de valence z, en solution aqueuse à 25 °C, lorsque la concentration molaire C (mol/L) tend vers 0 dans l'eau (tableau 4.1).

$$\Lambda_0 = 1\,000\, k/C \cdot z \quad (4.4)$$

Tableau 4.1 Conductivités équivalentes de quelques ions à dilution infinie dans l'eau, à 25 °C.

cations	$\Lambda_0^+ (S \cdot m^2 \cdot mol^{-1}) \times 10^{-4}$	anions	$\Lambda_0^- (S \cdot m^2 \cdot mol^{-1}) \times 10^{-4}$
H^+	350*	OH^-	198
Na^+	50	F^-	54
K^+	74	Cl^-	76
NH_4^+	73	HCO_3^-	45
1/2 Ca^{++}	60	$H_2PO_4^-$	33

* **note** : 3 500 000 en $S \cdot m^2 \cdot mol^{-1}$ ou 350 en $S \cdot cm^2 \cdot mol^{-1}$.

4.5 Le suppresseur d'ions de l'électrolyte

Au sein de l'éluant fortement ionique, il peut être difficile de repérer le signal apporté par les faibles concentrations des ions de l'analyte. Pour améliorer la sensibilité de ce type de détection on intercale, entre la colonne et le détecteur, un dispositif destiné à échanger par capture les ions apportés par l'électrolyte, appelé *suppresseur*. Le but est de remplacer les ions initiaux de l'éluant par d'autres de plus faible conductivité.

Le modèle le plus simple de suppresseur consiste en une colonne de type échangeur d'ions. L'exemple suivant explique le mécanisme d'action d'un suppresseur qui contient une phase stationnaire avec des groupements fonctionnels de charge opposée à ceux de la colonne de séparation.

Supposons que l'on ait séparé un mélange contenant les cations Na^+ et K^+ avec une colonne cationique dont la phase mobile est de l'acide chlorhydrique dilué. En sortie de colonne, les ions Na^+ et K^+ sont accompagnés des ions H^+ apportés par l'acide chlorhydrique. Les ions chlorures assurent l'électroneutralité à l'ensemble du milieu. Après la colonne séparatrice, la phase mobile traverse une seconde colonne qui contient une résine anionique dont l'ion mobile est OH^-. Les ions Cl^- se fixent sur cette colonne en déplaçant les ions OH^- qui réagissent avec les ions H^+ pour donner de l'eau. En aval du suppresseur, ne subsisteront dans l'eau que les espèces (Na^+OH^-) et (K^+OH^-) plus conductrices que (Na^+Cl^-) et (K^+Cl^-). Les ions H^+ et Cl^- auront disparu. La détection des ions Na^+ et K^+ s'en trouvera exaltée (fig. 4.9).

Ce type de suppresseur a un inconvénient, son important volume mort qui diminue l'efficacité de la séparation par un nouveau mélange des ions avant leur détection. Il doit être régénéré périodiquement et n'est utilisable qu'en mode isocratique.

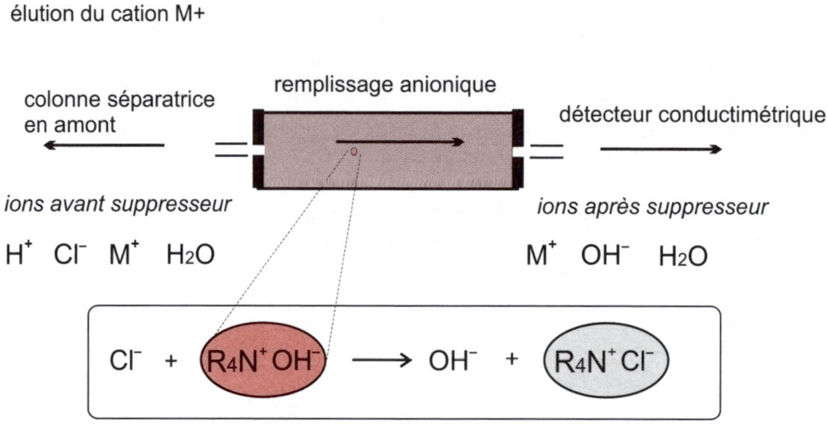

Figure 4.9

Suppresseur chimique à colonne de neutralisation.

Dans cet exemple de détection d'un cation, le suppresseur anionique purge l'éluant des ions H^+ et de la quasi-totalité des ions Cl^-, facilitant ainsi la détection du cation M^+. On a associé à une colonne de séparation cationique (ex. $ArSO_3H$) un suppresseur chimique contenant une résine anionique (ex. $ArCH_2(NR_3)^+OH^-$) pour neutraliser les cations de l'éluant.

Les suppresseurs à fibres ou à micromembrane ont, par la suite, pris le relais. Ils ont des volumes morts très petits, de l'ordre de 50 μL, et une forte capacité ionique. Ils permettent l'élution avec gradient de concentration, la dérive de la ligne de base étant négligeable.

La figure 4.10a représente le schéma correspondant au passage d'un anion A^- en solution dans un électrolyte typique d'une colonne anionique, au travers d'un suppresseur à membrane cationique.

Plus récemment sont apparus des suppresseurs autorégénérés par réaction électrolytique. Ils comportent, soit une colonne spéciale contenant une résine régénérée par électrolyse, soit un suppresseur à membrane dont les ions régénérants sont produits *in situ* par électrolyse de l'eau. La figure 4.10b illustre ce procédé : elle représente le passage d'un cation, en solution dans de l'acide chlorhydrique dilué, au travers d'un suppresseur dont la membrane est perméable aux anions.

En revanche, si le problème à résoudre est une séparation d'un mélange d'anions sur une colonne anionique (garnissage cationique), avec un l'éluant contenant de la soude diluée, on choisira une membrane perméable aux cations. Du côté cathodique, le passage des ions hydroniums vers l'électrolyte fera disparaître les ions OH^-. Du côté de l'anode, ce sont les ions Na^+ qui migreront et viendront réagir sur les ions OH^-.

4.6 Analyseurs d'acides aminés

La séparation et le dosage des mélanges d'acides aminés correspondent à une application classique de la chromatographie ionique couplée à une méthode colorimétrique. Les acides aminés ne pouvant être identifiés directement par absorption UV, on les fait réagir en sortie de colonne avec de la ninhydrine pour faire apparaître, quel que soit l'acide aminé, le même dérivé coloré, aisément détectable par spectrophotométrie.

Pour séparer les acides aminés les uns des autres on utilise un appareillage spécialisé qui comporte une colonne cationique (polystyrène sulfoné) équilibrée avec une solution d'hydroxyde de lithium de façon à ce que les groupements acides sulfoniques soient sous forme de sels de lithium (fig. 4.11). L'échantillon à doser étant porté à $pH = 2$, les aminoacides, sous forme cationique, déplacent les ions Li^+ de la phase stationnaire et s'y fixent plus ou moins solidement en fonction de leur degré d'ionisation. L'élution se fait en augmentant progressivement le pH et les concentrations salines de la phase mobile. En sortie de colonne, ils sont mélangés à un réactif contenant de la ninhydrine puis chauffés. Excepté les acides aminés secondaires (type R-NH-R′), qui donnent une coloration jaune (détectée à 440 nm), les acides aminés primaires (type $R\text{-}NH_2$) conduisent à la même coloration violette (détectée à 570 nm). L'intensité de la coloration est proportionnelle à la quantité d'acide aminé présente dans le milieu réactionnel. Dans des conditions déterminées, le rapport d'absorption optique 570 nm/440 nm est caractéristique pour chaque acide aminé. La limite de détectabilité est d'environ 30 picomoles.

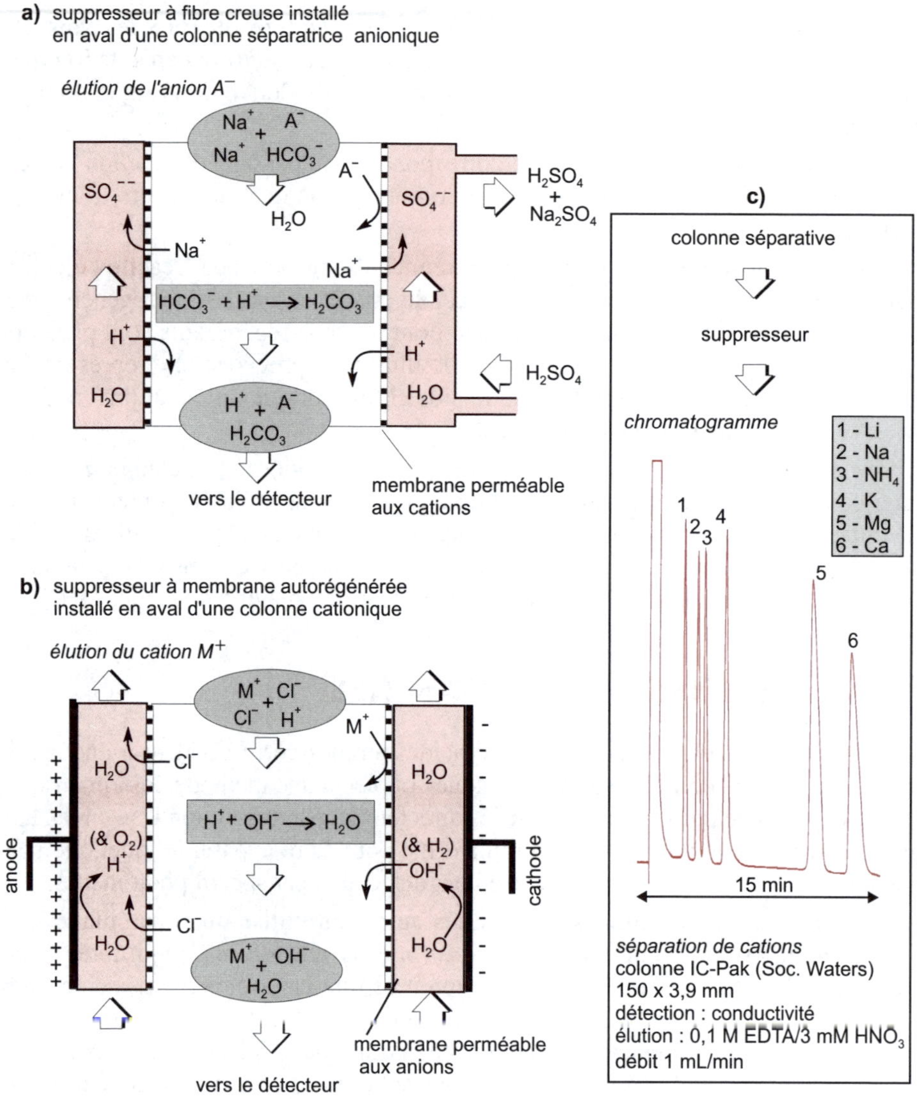

Figure 4.10

Principe de fonctionnement d'un suppresseur à membrane et d'un suppresseur à régénération électrochimique.

Il existe deux types de membranes, les unes perméables aux cations (H^+ et ici Na^+), les autres aux anions (OH^- et ici Cl^-). a) Le modèle à membrane microporeuse cationique est adapté à l'élution des anions. Seuls les cations peuvent traverser la membrane (qui correspond en fait à une paroi polyanionique fixe repoussant, par conséquent, les anions de la solution) ; b) le modèle à électro-désionisation fait ici appel à un suppresseur à membrane anionique, utilisé, par opposition au modèle précédent, en aval d'une colonne cationique. Il est régénéré en ions par électrolyse de l'eau. Noter, dans les deux cas, la circulation à contre-courant entre la phase éluée et la solution du suppresseur post-colonne ; c) exemple d'une séparation de cations inorganiques (concentrations de l'ordre du ppm) utilisant un suppresseur de ce type.

Le dosage des acides aminés apporte beaucoup d'informations particulièrement dans le diagnostic de maladies. Ce sont les éléments constitutifs des protéines du règne vivant. Ils existent également à l'état libre dans les liquides biologiques. Les échantillons de protéines sont hydrolysés au moyen de HCl 6M vers 200 °C. Quant aux liquides biologiques, ils sont déprotéinés par chauffage avec de l'acide sulfosalicylique.

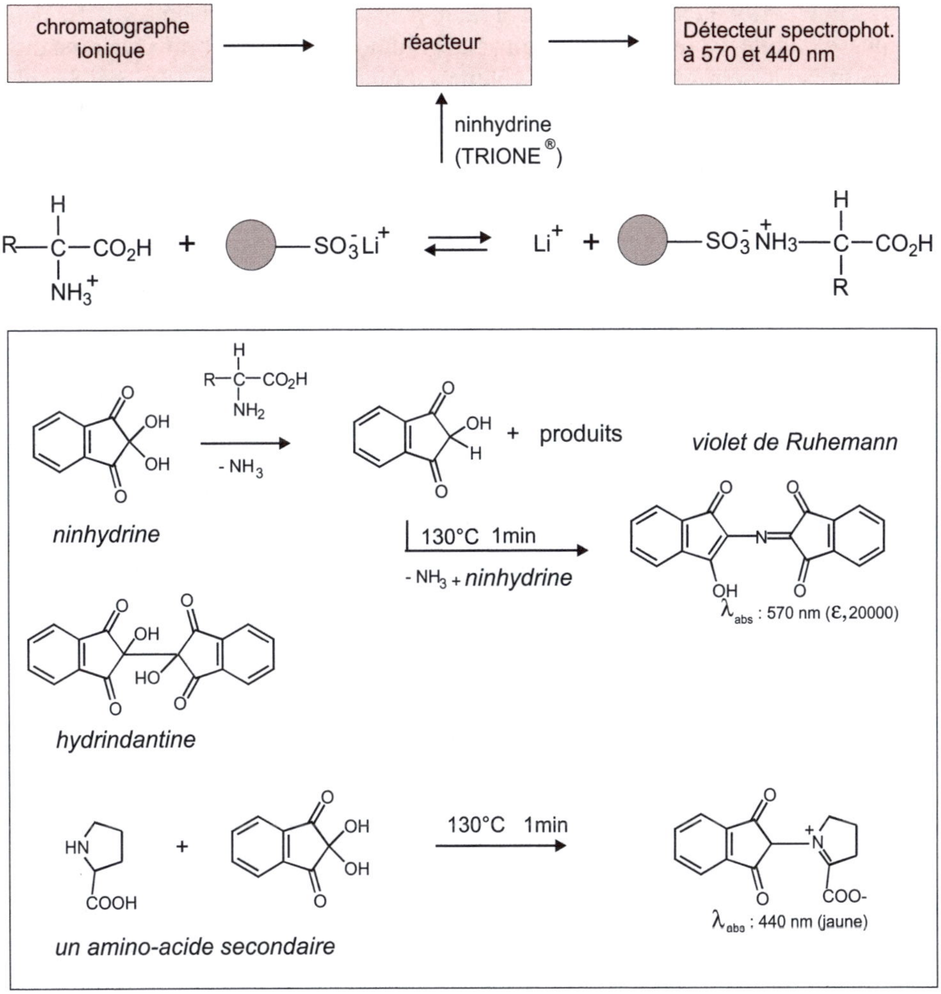

Figure 4.11

Analyse des acides aminés.

Réaction d'échange sur la colonne et réactions de dérivation avec la ninhydrine. Quel que soit l'acide aminé de départ, R désignant le reste de la molécule sous forme non-explicite, il se forme le violet de Ruhemann, dont le maximum d'absorption est à 570 nm. L'hydrindantine qui se forme par couplage de 2 molécules de ninhydrine est un catalyseur de la réaction. Une alternative consiste à transformer chaque amino-acide en un dérivé de l'indole fluorescent en présence d'aldéhyde *o*–phtalique et d'un dérivé du thio-éthanol.

Exercices

4.1 Pour séparer un mélange de protéines, on utilise une colonne comportant une phase à base de cellulose carboxyméthylée. Le diamètre interne DI de la colonne est de 0,75 cm et sa longueur 20 cm. Le pH de la phase mobile est ajusté à 4,8. Le débit de la phase mobile est réglé à 1 mL/min. Le volume mort est de 3 mL. On note qu'il apparaît trois pics correspondant aux volumes d'élution V_1 à V_3 de 12, 18 et 34 mL.

a) S'agit-il d'une phase anionique ou, au contraire, de type cationique ?

b) Pourquoi en augmentant le pH de la phase mobile, modifie-t-on notablement les temps de rétention de ces trois composés ? Prédire si ces temps vont être augmentés ou diminués.

4.2 On se propose de quantifier les ions potassium et calcium présents dans un sel de régime par chromatographie ionique.

On prélève 1,007 g de sel de régime que l'on dissout avec de l'eau ultra-pure dans une fiole jaugée de 200 mL. On obtient une solution S_1qui servira au dosage des ions calcium. Pour doser les ions potassium, on prépare une solution S_2 en diluant 25 fois la solution S_1.

On prépare une gamme étalon contenant les ions potassium et calcium à partir d'une solution mère à 1g/L de chacun de ces cations.

a) Calculer les masses de nitrate de potassium et de calcium à peser pour préparer 1 L de cette solution mère.

Les solutions de la gamme étalon, ainsi que les solutions S_1 et S_2 sont chromatographiées dans des conditions identiques. Sur les différents chromatogrammes obtenus, on relève les aires des pics correspondant à Ca^{++} et à K^+.

Tous les résultats sont regroupés dans le tableau suivant :

K^+			Ca^{++}		
solution	Conc. mg/L	Aire	solution	Conc. mg/L	Aire
Étalon 1	10	2,51	Étalon 1	10	4,22
Étalon 2	20	4,88	Étalon 2	20	8,64
Étalon 3	50	12,31	Étalon 3	50	21,48
Étalon 4	100	24,48	Étalon 4	100	43,19
S_2		19,62	S_1		25,87

b) Établir, pour chaque ion, par régression linéaire, l'équation de la droite d'étalonnage.

c) Déduire les concentrations massiques des solutions S_1 et S_2, et les pourcentages massiques en potassium et calcium du sel de régime.

CHROMATOGRAPHIE PLANAIRE

5

La **chromatographie planaire**, également connue sous le nom de **chromatographie sur couche mince** (CCM), est une technique complémentaire de la CLHP actuelle, ayant sa propre spécificité. La colonne est remplacée par un support plan sur lequel est déposée la phase stationnaire et la phase mobile se déplace uniquement par l'effet des forces de capillarité. Bien que la mise en œuvre de ces deux techniques soit différente, le principe de la séparation et la nature des phases restent les mêmes. L'appareillage actuel permet de maîtriser les trois étapes essentielles : le dépôt de l'échantillon, la migration sur la plaque et la mesure de concentration. Applicateurs et densitomètres automatiques ont ainsi conduit à la nano-CCM, une technique très sensible qui peut être associée à la spectrométrie de masse ou à des techniques spectroscopiques. Méthode sensible, pouvant être automatisée, elle est devenue désormais indispensable sachant aussi qu'il est possible de mener plusieurs analyses en parallèle.

5.1 MISE EN ŒUVRE DE LA CHROMATOGRAPHIE PLANAIRE

La séparation par chromatographie planaire des constituants de l'échantillon est réalisée sur une fine couche (100-200 μm) de phase stationnaire, généralement à base de gel de silice, déposée sur une plaque rectangulaire de verre, de plastique ou d'aluminium, de quelques centimètres de côté. Pour maintenir la phase stationnaire sur ce support et assurer la cohésion des particules, un liant organique est incorporé au cours de la fabrication de la plaque.

Le principe du partage des solutés entre les deux phases en présence (stationnaire et mobile), est semblable à celui de la CLHP, mais la conduite d'une analyse par CCM est différente. On distingue trois étapes : le dépôt de l'échantillon, le développement de la plaque et la révélation post-chromatographique.

5.1.1 Dépôt de l'échantillon

On commence par déposer par capillarité ou par vaporisation un petit volume (compris entre quelques nanolitres et plusieurs microlitres) de l'échantillon en solution dans un solvant convenable, à proximité du bord inférieur de la plaque.

Le *dépôt par capillarité,* sous forme d'une tache de 1 à 3 mm de diamètre, est réalisé soit manuellement, soit de manière automatique, avec un capillaire à extrémité plane (fig. 5.1). Cette méthode s'accompagne d'une diffusion de l'échantillon au niveau de la tache, ce qui interdit toute séparation complexe.

Le *dépôt par vaporisation* sous l'effet d'un courant d'azote, permet, quant à lui, de débarrasser l'échantillon du solvant de dilution, et de le déposer sous forme d'une petite bande horizontale de concentration homogène sur toute sa longueur. Ce mode de dépôt est très reproductible, ce qui est indispensable en analyse quantitative.

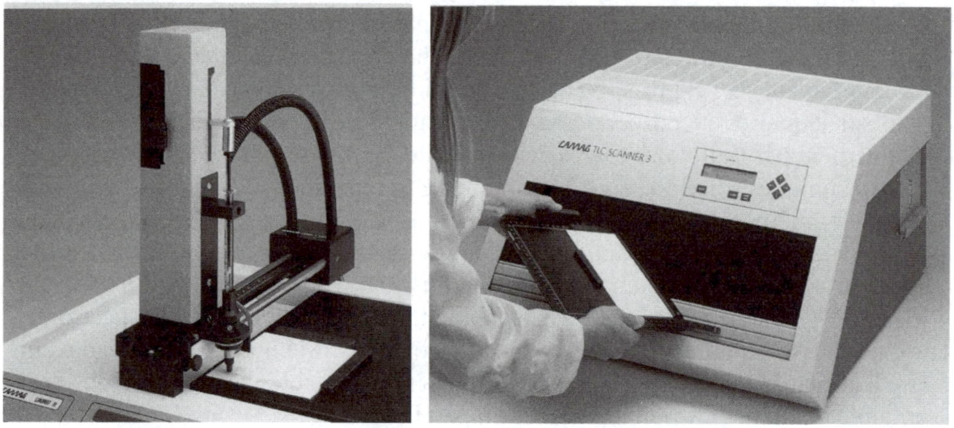

Figure 5.1

Appareil de dépôt automatique en CCM et de lecture de plaque.
Applicateur Linomat IV programmable, et densitomètre mesurant la lumière réfléchie ou transmise par la plaque. Le schéma optique est assez semblable à celui d'un spectromètre UV/Visible (modèle Scanner 3, reproduit avec l'autorisation de la société Camag).

5.1.2 Développement de la plaque

La plaque ainsi préparée, est introduite dans une cuve de développement dont il existe de nombreux modèles. Ordinairement, il s'agit d'une cuve munie d'un couvercle, au fond de laquelle se trouve un peu de la phase mobile servant d'éluant (fig. 5.2). L'endroit où l'échantillon a été déposé doit être situé au-dessus du niveau d'immersion. La phase mobile migre verticalement par capillarité à travers la phase stationnaire, en équilibre avec les vapeurs de l'éluant, entraînant à des vitesses différentes les constituants à séparer. Le temps de migration (plusieurs minutes) dépend de divers paramètres. Quand le front de solvant a parcouru une distance considérée comme suffisante (quelques centimètres), on retire la plaque de la cuve, on repère la position limite atteinte par la phase mobile et on évapore cette dernière.

Lorsqu'on utilise une plaque à polarité de phase inversée de type RP-18, l'éluant comporte généralement de l'eau. Il est alors utile d'ajouter un sel, tel du chlorure de lithium, pour limiter les phénomènes de diffusion et augmenter ainsi la résolution.

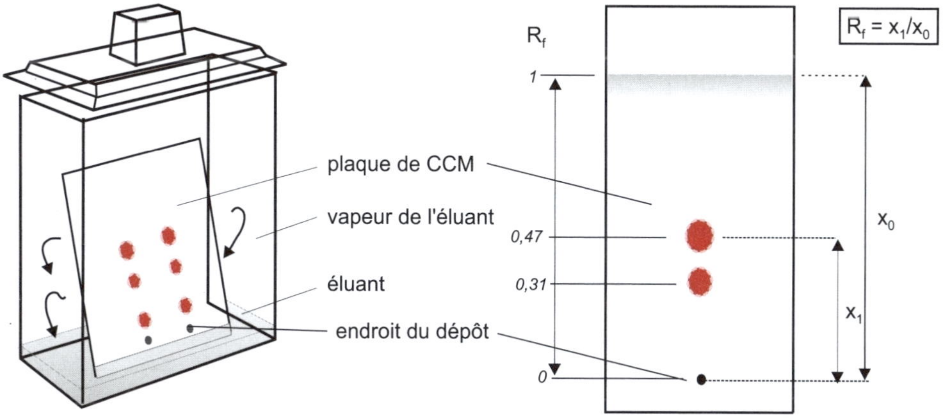

Figure 5.2

Chambre de développement à cuve verticale et plaque de CCM.

De dimensions variées en fonction de la taille des plaques (de 5×5 à 20×20 cm) elles sont en verre et munies d'un couvercle. Il existe d'autres cuves permettant une migration horizontale de la phase mobile. Aspect classique d'une plaque après révélation des spots de migration, calcul du R_f.

5.1.3 Révélation post-chromatographique

Après migration sur la plaque, les analytes sont localisés soit visuellement, soit à l'aide d'un densitomètre automatique (fig. 5.1). À cette fin, la phase stationnaire contient généralement un indicateur fluorescent (silicate de zinc ou autre pigment inorganique) qui émet une fluorescence lorsqu'il est éclairé avec une lampe UV à vapeur de mercure munie d'un filtre pour isoler soit la radiation située à 254 soit celle à 366 nm. Tout composé qui absorbe la lumière à l'une de ces longueurs d'onde apparaît sous forme d'une tache sombre (ou quelquefois colorée) sur un fond fluorescent vert ou bleu. Ce mode de détection convient aussi pour les composés fluorescents qui apparaissent sous forme d'une tache lumineuse lorsqu'ils sont irradiés par la raie située à 366 nm.

La lumière réfléchie par une zone sans composé représente le signal de base. Son intensité diminue au niveau d'une tache, mais pour éviter l'apparition d'un pic négatif, le signal qui s'ensuit est inversé électroniquement pour conduire à une représentation ressemblant à un chromatogramme (fig. 5.4).

Il existe beaucoup d'autres méthodes pour faire apparaître les composés après séparation, généralement par immersion dans des réactifs généraux (acide phosphomolybdique, vanilline), ou spécifiques (ninhydrine en solution alcoolique pour les acides aminés, bactéries luminescentes pour l'étude des solutés bio-actifs par exemple). Plusieurs centaines de réactifs répertoriés servent à introduire des groupements chromophores ou fluorophores.

L'utilisation d'une plaque de forme carrée permet de faire de la chromatographie bidimensionnelle en procédant à deux élutions successives avec deux éluants différents (figure 5.3). Une application typique de cette méthode est la séparation des acides aminés.

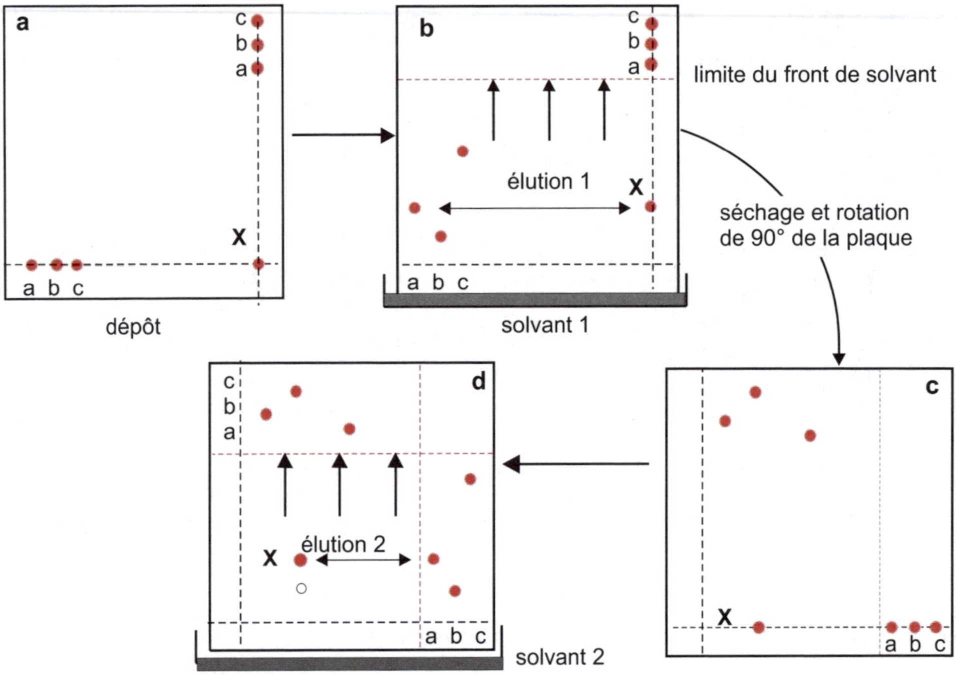

Figure 5.3

Une expérience de CCM bi-dimensionnelle.

En procédant à 2 élutions successives dans les 2 directions, on peut conclure que le composé X est un mélange d'au moins deux composés parmi lesquels le composé de référence a (même R_f dans les deux solvants), mais le second composé n'est pas b, bien qu'ayant le même R_f dans l'élution 2.

5.2 Particularités liées à la CCM

La CCM met en jeu des phénomènes physico-chimiques plus complexes que la CLHP. En effet trois phases distinctes sont présentes entre lesquelles des équilibres naissent : la phase stationnaire, la phase mobile liquide et la phase vapeur.

- La phase stationnaire n'est que partiellement en équilibre avec la phase liquide avant le passage des composés. Selon la manière dont on fait la séparation, la phase mobile est en équilibre ou non avec la phase vapeur. Les vitesses de migration en dépendent.
- Le pouvoir d'adsorption de la surface diminue de façon notable dès qu'une partie des sites d'adsorption est occupée, ce qui a pour effet d'étirer les taches en longueur. Le R_f d'un composé à l'état pur ou présent dans un mélange est donc légèrement différent. Il sera diminué d'autant plus que l'on augmentera la saturation durant la séparation.

- On ne peut pas faire varier le débit de la phase mobile pour améliorer l'efficacité de la séparation. Une solution consiste à faire des développements successifs en séchant la plaque entre chaque cycle de migration. À cet effet, il existe des dispositifs automatiques qui enchaînent plusieurs migrations successives avec des éluants de compositions différentes, reproduisent ainsi l'effet d'un gradient d'élution en CLHP.
- La vitesse de progression du front de solvant n'est pas constante. C'est une fonction complexe où intervient, entre autres, la dimension des particules de la phase stationnaire. Elle obéit à une loi quadratique : $x^2 = kt$, où x représentant la hauteur du front, t le temps et k une constante. Il en résulte que la résolution entre deux spots dépend beaucoup du R_f, donc du composé. Elle atteint généralement son maximum pour un R_f d'environ 0,3.

En résumé, l'efficacité N d'une plaque est très variable. La hauteur équivalente à un plateau théorique passe par une valeur optimale, comme en CLHP.

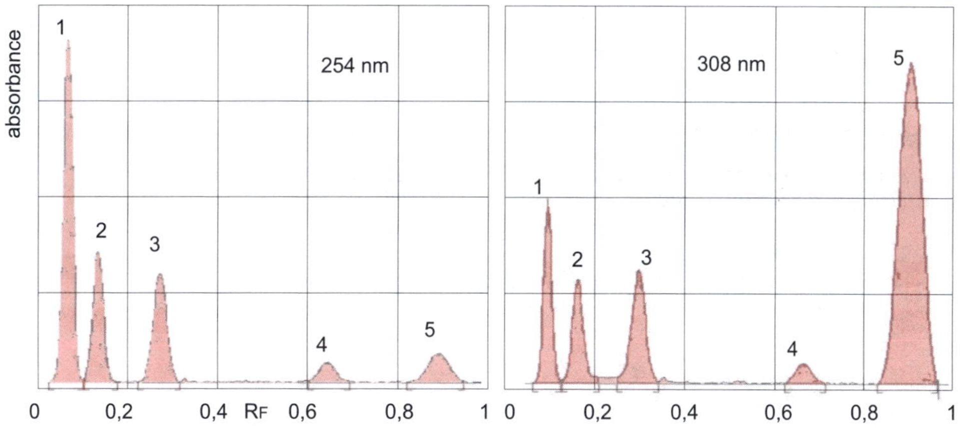

Figure 5.4
Scannérisation d'une plaque de CCM.
L'absorbance d'une même plaque de CCM selon qu'elle est enregistrée à 254 nm ou à 308 nm montre que la sensibilité des mesures dépend du choix de la longueur d'onde d'étude (étude de 5 sulfonamides, selon un document de la société Camag).

5.3 PHASES STATIONNAIRES

Beaucoup de facteurs et de paramètres physico-chimiques sont à prendre en compte dans la recherche d'une bonne phase stationnaire. La taille des grains, leur surface spécifique, le volume des pores, leur diamètre et la répartition granulométrique définissent les propriétés des matériaux utilisés.

Le rapport entre le nombre de groupements silanols et siloxanes fixe le caractère hydrophile plus ou moins prononcé de la phase. Ensuite, comme en CLHP, il existe toute une gamme de silices greffées par des chaînes aux structures variées. Certaines sont constituées de simples greffons alkyles (RP-2, RP-8, RP-18), d'autres, de greffons comportant des fonctions organiques (nitrile, amine ou alcool), ou des sélecteurs chiraux de sorte que n'importe quel système de solvants peut être utilisé. La figure 5.5 rassemble, en guise d'exemple, les résultats obtenus dans la séparation d'un mélange test de quatre esters, composés de polarités différentes et chromatographiés dans des conditions différentes. Pour la nano-CCM, la taille des particules est de l'ordre de 4 μm et celle des mésopores de 6 nm.

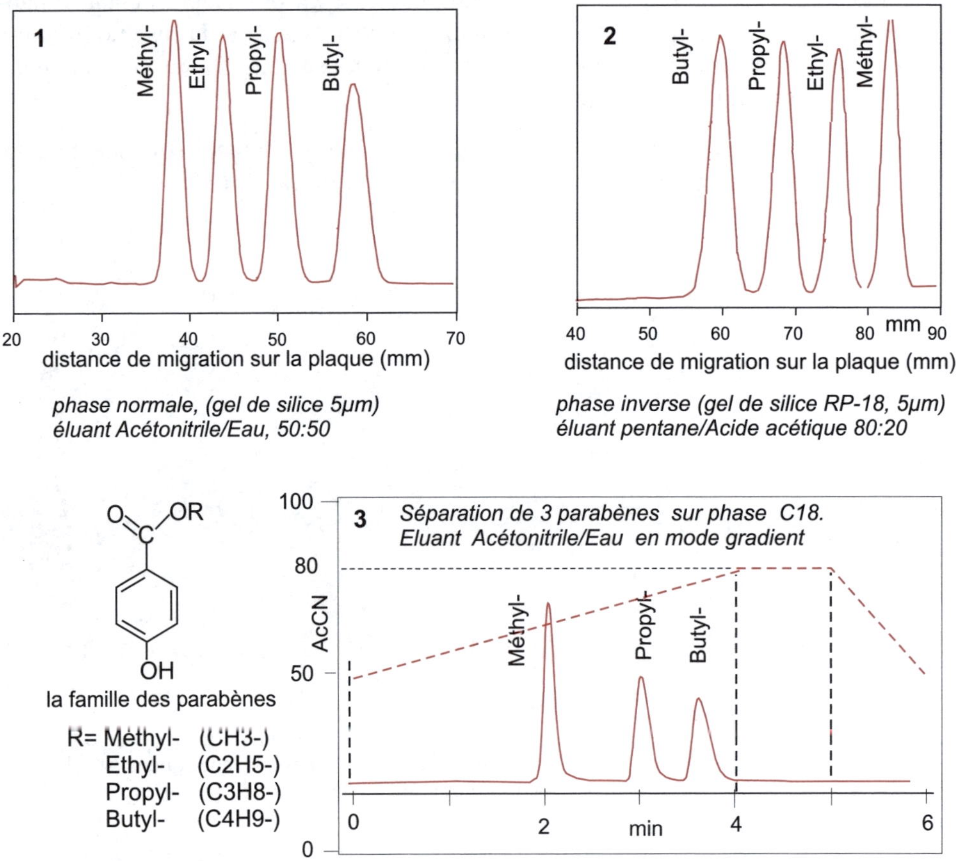

Figure 5.5

Étude de la séparation de composés (famille des parabènes) sur des phases différentes.

(**1**) Sur phase polaire avec un éluant peu polaire l'ordre de migration (du plus petit déplacement vers le plus grand) correspond à l'ordre de polarité décroissante (le butylparabène le moins polaire migre plus vite). En revanche, sur phase inversée peu polaire (**2**), avec un éluant polaire, l'ordre de migration correspond à l'ordre de polarité croissante. Par comparaison, en CLHP sur phase inverse (**3**), avec le même type d'élution, on observe que le butylparabène a le plus grand temps de rétention.

Il existe de ce fait un grand choix de plaques et sachant qu'elles ne servent qu'une seule fois, il est bon de pouvoir disposer d'un certain nombre de plaques différentes pour la mise au point des analyses.

On trouve aussi des phases à base de polyamide (nylon-6) ou de cellulose modifiée chimiquement. La plus connue est la DEAE-cellulose, phase assez basique comportant le groupement diéthylaminoéthyle. D'autres phases, aux propriétés d'échange d'ions, ont un caractère hydrophile mis à profit pour la séparation des ampholytes.

L'utilisation de liants minéraux (type plâtre) rend la couche de phase stationnaire fragile, ce qui peut être un avantage lorsqu'on veut récupérer les composés séparés en décollant du support les zones utiles et en les extrayant avec un solvant.

5.4 PARAMÈTRES DE SÉPARATION ET DE RÉTENTION

Chaque composé est défini par son R_f, (abréviation de « *retardation factor* »), qui correspond à sa migration relative par rapport au solvant :

$$R_f = \frac{\text{distance parcourue par le soluté}}{\text{distance parcourue par le front de solvant}} = \frac{x}{x_0} \tag{5.1}$$

On définit l'efficacité N de la plaque pour un composé dont la distance de migration est x et le diamètre du spot w par la relation 5.2 et H (HEPT) par la relation 5.3 :

$$N = 16\frac{x^2}{w^2} \quad (5.2) \qquad \text{et} \qquad H = \frac{x}{N} \quad (5.3)$$

Pour calculer le facteur de rétention k d'un composé ou la sélectivité entre deux composés on fait généralement correspondre les distances de migration sur la plaque aux temps de migration lus sur un chromatogramme. En admettant que le *rapport* des vitesses $\overline{u}$ et $\overline{u}_0$ de migration sont les mêmes sur la plaque et la colonne (ce qui n'est que très approximatif), on pourra relier R_f et k :

$$R_f = \frac{x}{x_0} = \frac{\overline{u}}{\overline{u}_0} = \frac{t_0}{t} = \frac{1}{k+1}$$

soit

$$k = \frac{1}{R_f} - 1 \tag{5.4}$$

Enfin, on pose que la résolution, à l'image de l'expression 1.33, a pour valeur :

$$R = 2\frac{x_2 - x_1}{w_1 + w_2} \tag{5.5}$$

5.5 CCM QUANTITATIVE

Pour valider une méthode de dosage par CCM il faut non seulement disposer d'un moyen de quantification des taches (fig. 5.1 et 5.6), mais aussi définir les paramètres habituels (spécificité, étendue du domaine de linéarité, précision...). Dans ce but, la plaque à examiner est déplacée sous l'optique d'un densitomètre (ou scanner) qui mesure soit l'absorption soit la fluorescence à une ou plusieurs longueurs d'onde. Cet appareil conduit à un pseudochromatogramme comportant des pics dont on peut mesurer les aires (voir par ex. figure 5.4). Il s'agit en fait d'une image isochrone de la séparation à l'instant final. En CCM il suffit de quelques ng d'un composé absorbant dans l'UV pour former une tache décelable.

Afin de révéler les composés marqués par un radio-isotope β^-, on dispose de densitomètres particuliers équipés d'une caméra vidéo qui donne une image de la distribution radioactive de la plaque. L'ancien procédé d'autoradiographie par contact sur une plaque photographique a pour défaut d'être très peu sensible (poses pouvant dépasser 48 heures). Ces densitomètres, connus sous le nom de *machines de Charpak*, sont également utilisés en électrophorèse sur gel. La sensibilité est suffisante pour déceler des activités de quelques becquerels par mm^2.

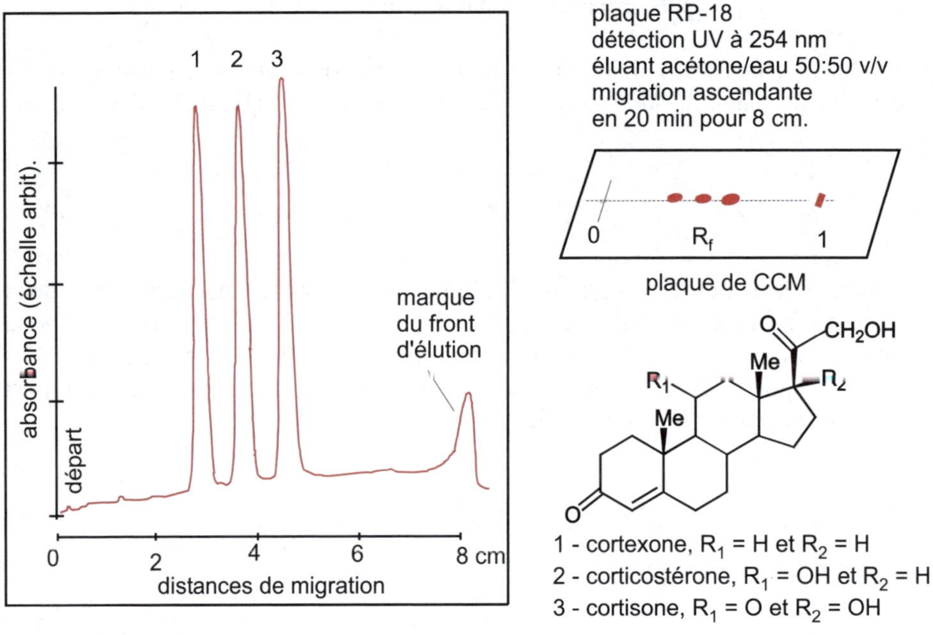

Figure 5.6

Séparation de 3 stéroïdes en CCM sur phase de polarité inversée.
La distance de migration augmente avec la polarité du composé. Le *pseudochromatogramme* a été obtenu par scannérisation de la plaque CCM. La même séparation menée en CLHP conduirait à un chromatogramme dans lequel l'ordre des pics serait inversé, un composé fortement retenu ayant un plus grand temps d'élution.

Pour beaucoup d'applications, la CCM permet d'obtenir des résultats de qualité comparables à ceux de la CLHP. Bien qu'elle demande encore actuellement plus d'intervention humaine que cette dernière, l'utilisation des nouveaux outils perfectionnés pour déposer, développer en faisant usage de gradients d'élution, révéler et lire la plaque, lui confère la reproductibilité nécessaire. Une avancée technologique consiste à faire migrer l'éluant à vitesse constante par un champ électrique ou en exerçant une surpression par un gaz au niveau de la cuve de développement spécialement prévue à cet effet.

Comparée à la CLHP, même dans ses derniers développements (haute pression ou haute vitesse), la CCM est apte à traiter plus d'échantillons dans le même temps, par mise en œuvre d'analyses faites en parallèle sur la même plaque. La préparation des échantillons est moins contraignante qu'en CLHP la plaque étant à usage unique. La nature de la matrice importe peu puisqu'elle se trouve adsorbée à l'endroit du dépôt, ce qui est très utile pour les échantillons biologiques. La plaque de CCM sur laquelle des produits ont été séparés est aussi un moyen, provisoire, de conserver des très petits échantillons, qui après extraction peuvent servir à d'autres analyses (spectrométrie de masse par exemple).

Exercices

5.1 Un mélange de deux composés A et B conduit après migration à deux taches aux caractéristiques suivantes (distance de migration x et diamètre du spot w) :

– $x_A = 27$ mm $w_A = 2$ mm
– $x_B = 33$ mm $w_B = 2{,}5$ mm

La migration du front de solvant dans cette expérience est de 60 mm.

a) Calculer R_f, N et H pour chacun des composés.

b) Calculer le facteur de résolution entre les deux composés A et B.

c) Établir la relation entre le facteur de sélectivité et le R_f des deux composés. Calculer sa valeur numérique.

5.2 La figure ci-après représente le résultat de la scannérisation d'une plaque de CCM en phase normale (phase mobile : hexane/acétone 80:20). Les trois composés ont pour structures A, B et C.

a) Attribuer à chaque pic de l'enregistrement le composé qui lui correspond.

b) Quel serait l'ordre d'élution des composés A, B et C sur une colonne de CLHP contenant le même type de phase stationnaire et la même phase mobile ?

c) Quel serait l'ordre d'élution des composés A, B et C sur une colonne de CLHP contenant une phase de type RP-18 avec comme éluant un mélange acétonitrile/-méthanol (8 :2) ?

d) Calculer le R_f du composé qui migre le plus rapidement sur la plaque.

e) Pour ce même composé, calculer, à partir de l'enregistrement reproduit, l'efficacité de la plaque CCM et la HEPT correspondante (on utilisera pour ce calcul la formule transposée de la chromatographie sur colonne donnant l'efficacité en fonction de δ largeur du pic à mi-hauteur, avec x, distance de migration).

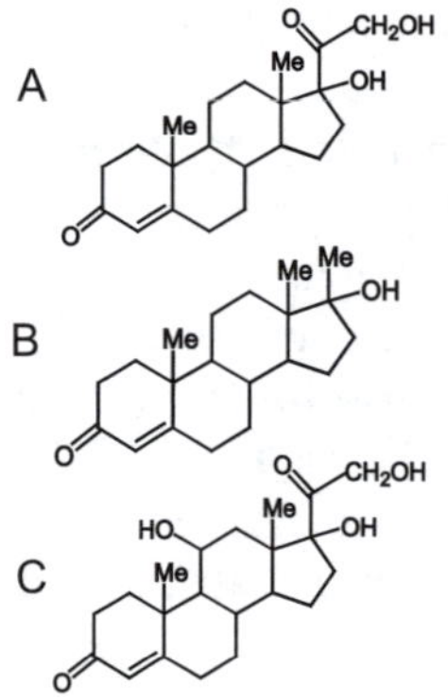

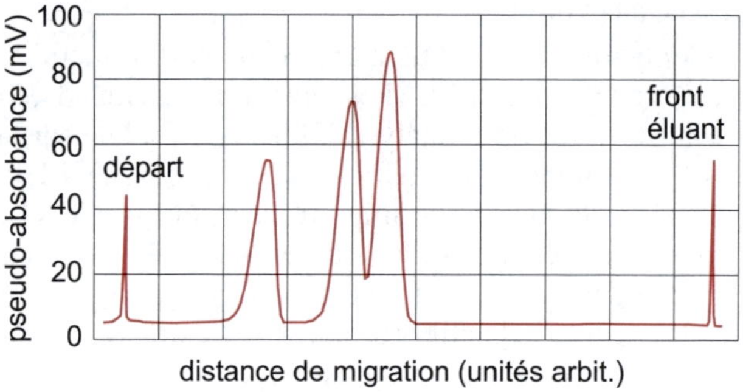

CHROMATOGRAPHIE EN PHASE SUPERCRITIQUE

6

La chromatographie en phase supercritique (CPS) a pour originalité d'utiliser comme phase mobile un fluide à l'état supercritique, ce qui améliore les séparations de composés thermolabiles ou de masses moléculaires élevées. Le matériel est de conception hybride entre CPG et CLHP. On peut utiliser soit les colonnes capillaires de la CPG soit les colonnes classiques de la CLHP, mais la tendance actuelle est d'opter plutôt pour l'utilisation de ces dernières. L'arrivée tardive de cette technique sur le marché de l'instrumentation a été un handicap à son développement, beaucoup de méthodes étant déjà normalisées avec les autres techniques chromatographiques classiques qui donnent satisfaction. Si on ajoute à cet argument que le matériel est plus complexe et d'un coût plus élevé, on conçoit que peu de constructeurs d'instruments d'analyse s'y soient intéressés et que ce type de chromatographie soit resté peu développé malgré tout son intérêt.

6.1 RAPPEL SUR LES FLUIDES SUPERCRITIQUES

Le passage d'un corps pur de l'état liquide à l'état gazeux, et réciproquement, correspond à un changement de phase qu'il est possible de provoquer en agissant sur la température ou la pression, mais seulement dans un domaine limité. En particulier, au-dessus d'une température appelée température critique T_C, un corps pur à l'état gazeux ne peut passer à l'état liquide, quelle que soit la pression qu'on lui applique. La pression minimum requise pour liquéfier un gaz à sa température critique est appelée pression critique P_C. La courbe délimitant les domaines gazeux et liquide s'arrête au point critique C (fig. 6.1). Les phases gazeuse et liquide ont alors même densité. Au-delà le corps pur considéré devient un fluide supercritique.

L'utilisation de fluides supercritiques comme phases mobiles en chromatographie présente certains avantages liés à leurs propriétés physiques intermédiaires entre celles des liquides et des gaz. En particulier leur viscosité est de 10 à 20 fois plus faible que celle des phases liquides habituelles. D'autre part les propriétés de solvatation (repérées par les coefficients de distribution K) sont du même ordre que celles des solvants organiques peu polaires. Ainsi le dioxyde de carbone sous 300 bars et 40 °C peut-il être comparé au benzène pour les applications chromatographiques.

Suivant le choix de la température et de la pression, le comportement d'un fluide supercritique ressemble, tantôt à celui d'un gaz dense, tantôt à celui d'un liquide (fig. 6.1).

Le dioxyde de carbone à l'état de phase supercritique permet l'extraction, à l'échelle du laboratoire, de certains échantillons, ce qui permet de séparer de la matrice les analytes qui sont peu stables. Il a également beaucoup d'applications possibles dans l'industrie qui vont des extractions de produits alimentaires (décaféination, récupération d'arômes et d'épices, élimination de graisses) jusqu'au pressing pour le nettoyage à sec des vêtements. Ce fluide particulier peut être éliminé à basse température sans laisser de résidu toxique, mais l'emploi de pressions élevées alliées à de grands volumes rend ces installations d'extraction potentiellement dangereuses.

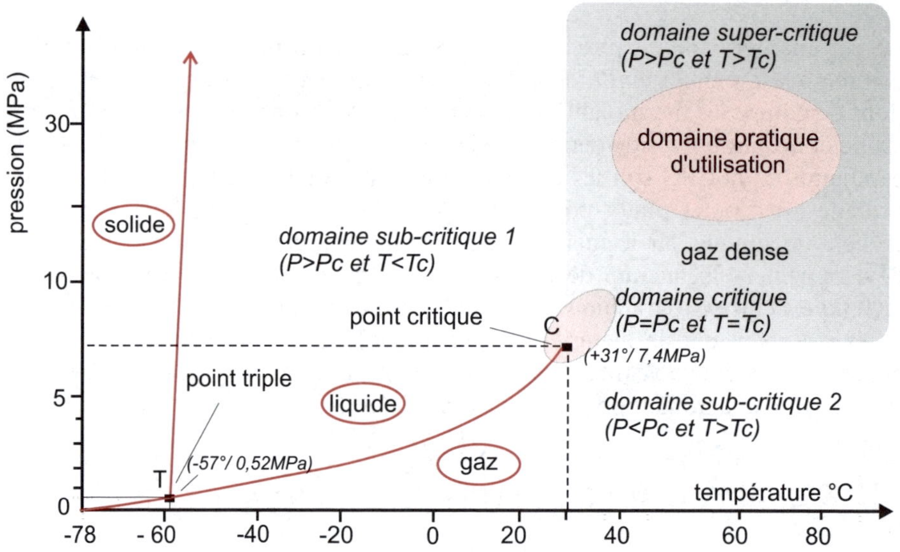

Figure 6.1

Diagramme d'équilibre de phase pression/température du dioxyde de carbone

Il existe pour chaque corps pur une relation entre les trois variables pression P, volume V et température T connue sous le nom d'équation d'état. Le diagramme ci-dessus est la projection (P/T) pour CO_2. Le point critique est situé à 31 °C et 7,4 MPa (1 MPa $= 10^6$ Pa, soit 10 bars). Il est possible de passer de l'état liquide à l'état gazeux en contournant le point critique, donc sans discontinuité de phase.

6.2 Une phase supercritique comme phase mobile

Le dioxyde de carbone à l'état supercritique est le composé le plus utilisé parce que son point critique a pour coordonnées $T_C = 31$ °C et $P_C = 7\,400$ kPa (fig. 6.1). Si la pression et la température sont toutes deux supérieures, on passe dans le domaine de l'état supercritique, dans des conditions qui techniquement sont assez faciles d'accès. De plus ce composé est peu toxique, ininflammable, sans odeur et non corrosif.

On utilise également, quoique plus rarement, le monoxyde de diazote

$$N_2O,\ T_C = 36\ °C,\ P_C = 7\,100\ kPa,$$

ou l'ammoniac

$$NH_3,\ T_C = 132\ °C,\ P_C = 11\,500\ kPa.$$

La densité et par suite le pouvoir de solvatation des fluides supercritiques varient avec la pression à laquelle ils sont soumis. Par conséquent, en faisant un gradient de pression en SFC, l'effet est comparable à un gradient de concentration en CLHP, ou à un gradient de température en CPG. Si le chromatographe utilisé permet de réaliser un double gradient de température et de pression, allié à l'ajout d'un modifiant (qui déplace les coordonnées du point critique), il devient possible d'agir de manière très fine sur les facteurs de rétention des analytes, donc sur les sélectivités α (fig. 6.2).

À 16 000 kPa et 60 °C, le dioxyde de carbone a une masse volumique de 0,7 g/mL (fig. 6.2), d'où l'expression de « gaz dense », pour exprimer le fait qu'il ne s'agit plus d'un gaz classique. Sa polarité est alors proche de celle du toluène. Par suite de cette faible polarité, qui le rend inapte à éluer les composés ioniques ou très polaires, on lui ajoute assez souvent un modifiant polaire appelé entraîneur, tel le méthanol, l'acide formique ou l'acétonitrile.

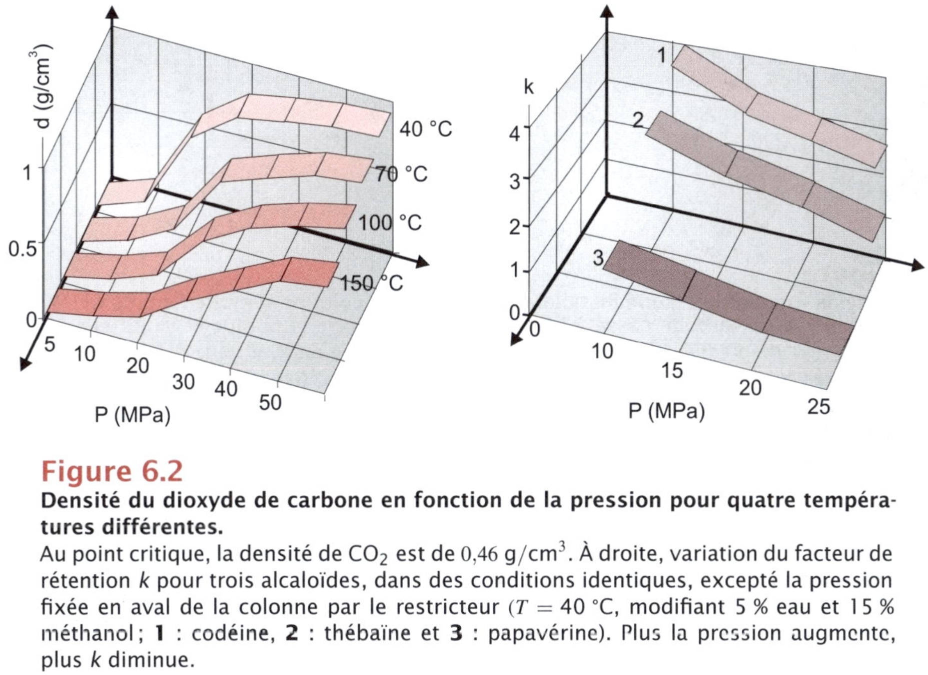

Figure 6.2
Densité du dioxyde de carbone en fonction de la pression pour quatre températures différentes.
Au point critique, la densité de CO_2 est de 0,46 g/cm^3. À droite, variation du facteur de rétention *k* pour trois alcaloïdes, dans des conditions identiques, excepté la pression fixée en aval de la colonne par le restricteur ($T = 40$ °C, modifiant 5 % eau et 15 % méthanol ; **1** : codéine, **2** : thébaïne et **3** : papavérine). Plus la pression augmente, plus *k* diminue.

6.3 Instrumentation en CPS

Les installations de chromatographie en phase supercritique (SFC pour *Supercritical Fluid Chromatography*, sigle souvent rencontré) sont des montages hybrides de CPG et de CLHP (fig. 6.3 et 6.7). Pour assurer le débit du fluide supercritique on utilise une pompe à seringue (si la composition de la phase mobile est fixe) ou une pompe à piston dont le corps de pompe est maintenu au-dessous de la température critique à l'aide d'un cryostat réglé vers 0 °C. Dans le cas où un modifiant est ajouté, on utilise soit une seconde pompe, soit une pompe à piston alternatif comportant deux chambres, l'une pour le fluide supercritique et l'autre pour le modifiant. Le liquide passe ensuite dans un serpentin chauffé pour élever sa température au-dessus du point critique afin de le transformer en fluide supercritique.

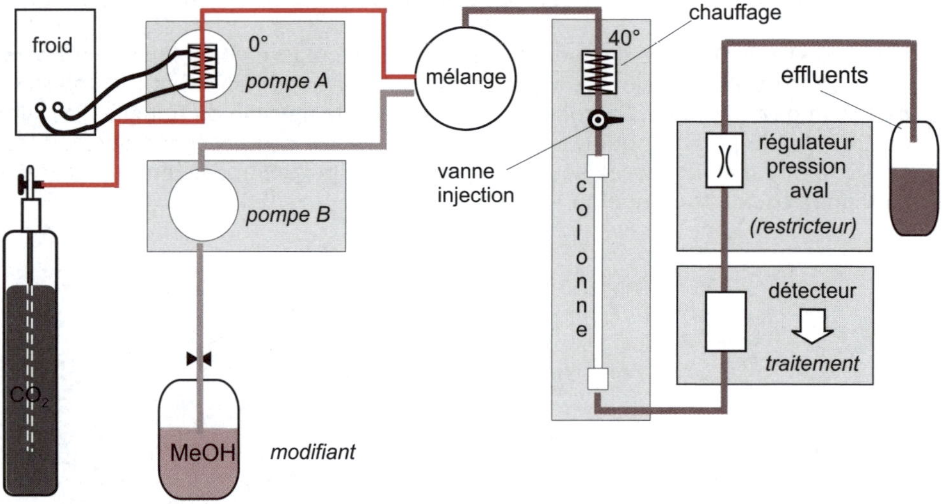

Figure 6.3

Schéma fonctionnel d'une installation de SFC pour colonne remplie de type CLHP. Le dioxyde de carbone passe à l'état supercritique entre la pompe et l'injecteur. Un régulateur de pression (encore appelé *restricteur*) situé en aval de la colonne, avant ou après le détecteur suivant son type, permet le maintien de la phase mobile à l'état supercritique jusqu'à l'extrémité de la colonne. Un modifiant ajouté en faible quantité (moins de 10 %) permet de gouverner la sélectivité des analytes (dessin exécuté d'après un document de la société Vydac).

Un appareillage de SFC comporte également un système de contre-pression régulateur pour maintenir la phase mobile à l'état supercritique depuis la pompe jusqu'à l'extrémité de la colonne, voire jusqu'en aval du détecteur selon le type choisi. Le dispositif de restriction de pression doit gérer correctement le refroidissement important et l'expansion de volume quand la phase supercritique redevient un gaz à la pression atmosphérique. Il est installé en amont du détecteur s'il s'agit d'un FID (ce détecteur à ionisation de flamme fonctionne à la pression atmosphérique), et après pour un détecteur reposant sur l'absorption *UV*, la fluorescence ou la diffusion de la lumière (*cf.* fig. 3.24).

On utilise une grande variété de colonnes CLHP (remplies) ou CPG (capillaires). Dans ce dernier cas leur longueur varie de 2 à 20 m et le diamètre interne de l'ordre de 50 μm. Le film de phase stationnaire a une épaisseur qui est au minimum de 1 μm. Ces deux types de colonnes sont complémentaires. Leur choix dépend de l'objectif visé.

Dans une colonne remplie de type CLHP, le débit important de fluide rendra plus difficile la détection au moyen d'un FID ou mettant en œuvre un couplage avec un spectromètre de masse. Il en sera de même si on a ajouté un modifiant au fluide supercritique.

6.4 Comparaison de la CPS avec la CLHP et la CPG

La CPS complète les autres techniques classiques de chromatographie liquide ou gazeuse. La migration du soluté résulte d'un mécanisme de partage entre une phase stationnaire apolaire et une phase éluante peu polaire. Le phénomène de rétention est donc différent de celui de la CLHP. Le pouvoir solvatant de la phase mobile est déterminé par la pression et la température de la phase supercritique. La résistance au transfert de masse entre la phase stationnaire et la phase mobile est moindre qu'en CLHP parce que la diffusion des solutés dans la phase mobile est environ 10 fois plus rapide. Le coefficient C de l'équation de Van Deemter étant plus faible, la vitesse de la phase mobile peut donc être plus grande sans perte appréciable d'efficacité (fig. 6.4). Par ailleurs, comme la viscosité de la phase mobile est proche de celle d'un gaz, on peut utiliser les colonnes capillaires de la CPG. Cependant la perte de charge, due à la colonne, modifie les coefficients de distribution des composés entre le début et la fin de leur migration, ce qui provoque un élargissement des pics. De ce fait on n'atteint pas les efficacités rencontrées en CPG.

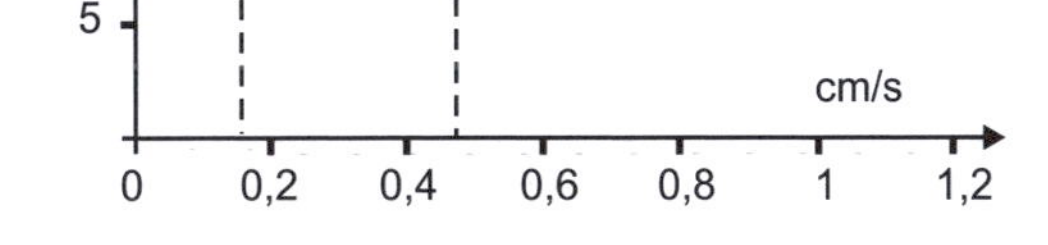

Figure 6.4
Comparaison entre CLHP et SFC.
Ces deux courbes expérimentales ont été obtenues avec *une même colonne* et un même composé, l'une en utilisant une phase liquide classique et l'autre du dioxyde de carbone à l'état supercritique. Les HEPT sont comparables mais la séparation peut être conduite 3 fois plus rapidement en SFC, d'où un gain de temps.

6.5 Place de la CPS en chromatographie

Les applications de la CPS sont potentiellement nombreuses (fig. 6.5 et 6.6). La possibilité de faire varier la sélectivité par programmation des paramètres P et T au lieu de modifier la composition chimique de l'éluant marque sa différence. La faible viscosité de la phase mobile permet aussi de mettre en série plusieurs colonnes de CLHP. On peut étudier des composés de masses moléculaires plus élevées qu'en CPG (> 1 000), avec une résolution meilleure qu'en CLHP. Le domaine propre de

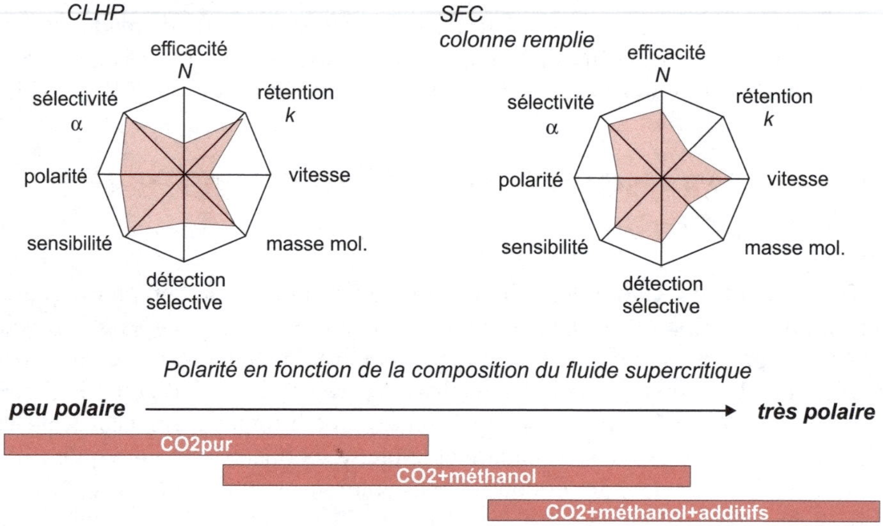

Figure 6.5

Comparaison de la SFC avec colonnes remplies avec la CLHP.
Le dioxyde de carbone permet en mélange avec méthanol et additifs de recouvrir la gamme de polarité des principaux types d'analytes.

la CPS concerne l'analyse des lipides et matières grasses, des émulsifiants, des oligomères et polymères (fig. 6.6). Les séparations étant rapides, la technique se prête à l'installation sur site. L'utilisation du dioxyde de carbone comme phase mobile facilite des modes de détection plus élaborés : couplage avec un spectromètre de masse, un spectrophotomètre infrarouge et même un spectromètre de RMN.

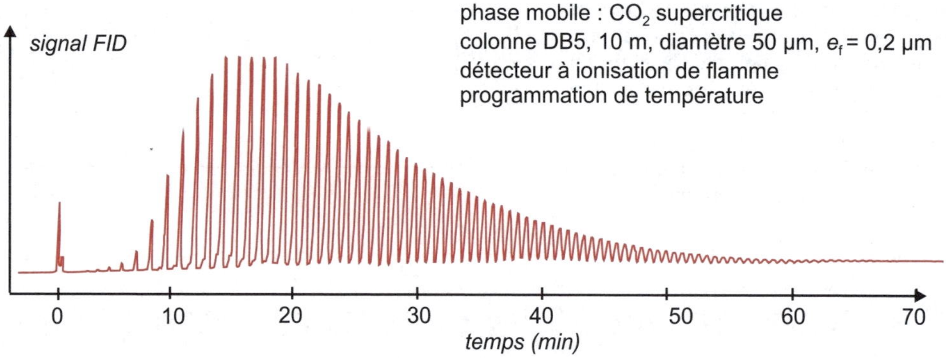

Figure 6.6

Chromatogramme d'un mélange d'oligomères de polysiloxanes en SFC.
(reproduit avec l'autorisation de la société FISONS Instruments). Chaque composé défini conduit à un pic unique sur le chromatogramme, permettant ainsi de déterminer la répartition des molécules formées dans une réaction de polymérisation

Chromatographie d'exclusion stérique

7

La **chromatographie d'exclusion stérique** (CES) permet de séparer les molécules suivant leur taille. Elle utilise pour cela des phases stationnaires qui comportent des pores dans lesquels les composés vont pouvoir diffuser, plus ou moins suivant leur volume en solution. Il s'agit d'une méthode de faible résolution dont l'efficacité des séparations n'atteint pas celle de la CLHP. En outre, la différentiation des composés par leur taille n'est pas particulièrement bien adaptée aux molécules petites ou moyennes. La particularité essentielle de la CES, qui fait aussi son intérêt, est que non seulement elle rend possible la séparation des mélanges constitués de solutés de masses moléculaires petites et grandes, mais en plus, elle donne accès, en fonction du détecteur choisi, à certaines caractéristiques physico-chimiques de ces polymères, très utiles dans la pratique. De ce fait c'est une technique irremplaçable pour beaucoup de produits industriels qui sont des mélanges de substances de masses très différentes. L'instrumentation est en tout point comparable avec celle utilisée en CLHP.

7.1 Principe de la chromatographie d'exclusion stérique (CES)

La chromatographie d'exclusion stérique (CES) est basée sur la différence de pénétration des molécules de l'échantillon dans la phase stationnaire. Celle-ci comporte des pores dont le diamètre est comparable à celui des espèces présentes lorsqu'elles sont en solution dans la phase mobile (fig. 7.1). La CES est quelque fois désignée par *filtration sur gel* quand la phase stationnaire est hydrophile (phase mobile aqueuse) et par *perméation de gel* quand elle est hydrophobe (la phase mobile étant un solvant organique).

Le volume total V_M de phase mobile dans la colonne peut être décomposé en deux parties : le volume interstitiel V_I (extérieur aux pores) et le volume V_p qui est celui des pores. V_I représente le volume de phase mobile nécessaire pour transporter une grosse molécule supposée exclue des pores et $V_M = V_I + V_P$, le volume correspondant pour une petite molécule pouvant rentrer dans tous les pores. Les volumes d'élution V_e sont donc compris entre V_I et V_M. On a :

$$V_e = V_I + K V_P \qquad (7.1) \qquad \text{soit} \qquad K = \frac{V_e - V_I}{V_M - V_I} \qquad (7.2)$$

K, coefficient de diffusion, représente le degré de pénétration d'une espèce dissoute dans le volume V_P ($0 < K < 1$). Pour la plupart des remplissages modernes, V_I et V_P sont tous les deux de l'ordre de 40 % du volume de la colonne vide.

> Lorsque V_e/V_M dépasse 1, le comportement du composé dans la colonne ne suit plus seulement le mécanisme d'exclusion stérique, mais il s'y ajoute des interactions physico-chimiques avec la phase stationnaire comme en CLHP. Cette situation est à éviter en CES qui doit rester un phénomène purement entropique

Dans la pratique les molécules dont le diamètre est plus grand que celui des plus larges pores ($K = 0$) sont exclues de la phase stationnaire. Elles traversent la colonne sans être retenues et forment un seul pic sur le chromatogramme à la position V_I appelé volume d'exclusion totale (fig. 7.1). De là vient la dénomination de cette méthode dite de chromatographie *d'exclusion stérique* (CES, ou *SEC* en anglais pour *Size Exclusion Chromatography*). En revanche le volume d'élution des très petites molécules est V_M appelé volume de perméation totale. Chaque phase stationnaire est donc adaptée à une plage de séparation définie par les deux masses, supérieure et inférieure, au-dessus et au-dessous desquelles il n'y a pas d'effet de séparation possible. Pour augmenter cette plage, qui correspond à la différence entre ces deux volumes, on augmente la longueur totale de la colonne en en mettant 2 ou 3 bout à bout.

L'efficacité est optimale avec les solvants de faible viscosité et lorsque les séparations sont effectuées à chaud. Les coefficients de diffusion K sont indépendants de la température.

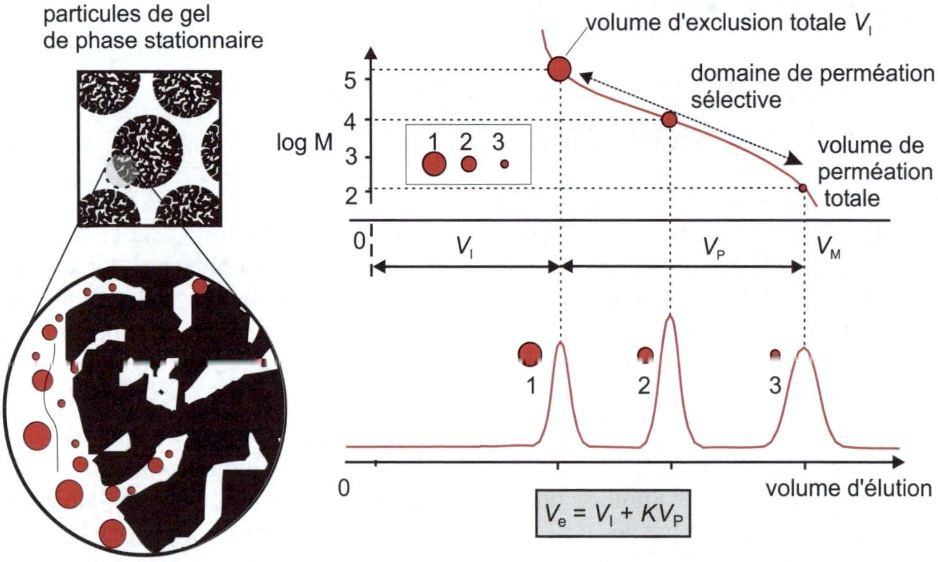

Figure 7.1

Migration au travers du gel de phase stationnaire.
Chromatogramme figurant une séparation de trois espèces (**1,2,3**) de tailles différentes en solution. Les molécules les plus grosses **1** arrivent en tête, suivies des molécules moyennes **2** et enfin des petites molécules **3**. Les volumes d'élution sont compris entre V_I et $V_M = V_P + V_I$. Image d'un gel poreux pour illustrer la notion de séparation selon la taille des pores.

7.2 Phases stationnaires et phases mobiles

Les phases stationnaires sont constituées par des polymères réticulés organiques ou minéraux (silices greffées de substituants hydroxylés), qui se présentent sous forme de grains sphériques de 3 à 10 µm de diamètre avec des pores compris entre 4 nm et 200 nm. Ces matériaux, communément appelés *gels*, doivent résister à l'effet d'écrasement dû à la pression en tête de colonne et à une température de plus de 100 °C pour la technologie actuelle.

> La réduction du diamètre des particules, gage d'efficacité en chromatographie, a pour effet de diminuer les passages interstitiels ce qui rend plus difficile la migration des grosses molécules exclues. Aussi est-il préférable dans ce cas d'augmenter la taille des particules et de compenser par une colonne plus longue. Les colonnes standard ont une longueur de 30 cm (diamètre interne de 7,5 mm). Leur efficacité N peut atteindre 10^5 plateaux/m.

La nature des phases en présence dépend du type de CES :

- pour la**perméation de gel** (souvent désignée par son sigle anglo-saxon de GPC) la phase stationnaire la plus courante est un polymère *styrène-divinylbenzène* et la phase mobile un solvant organique (fig. 7.2). Sont utilisés, le tétrahydrofuranne, le benzène, le trichlorométhane ou le trichlorobenzène (réservé aux polymères de synthèse difficiles à solubiliser).

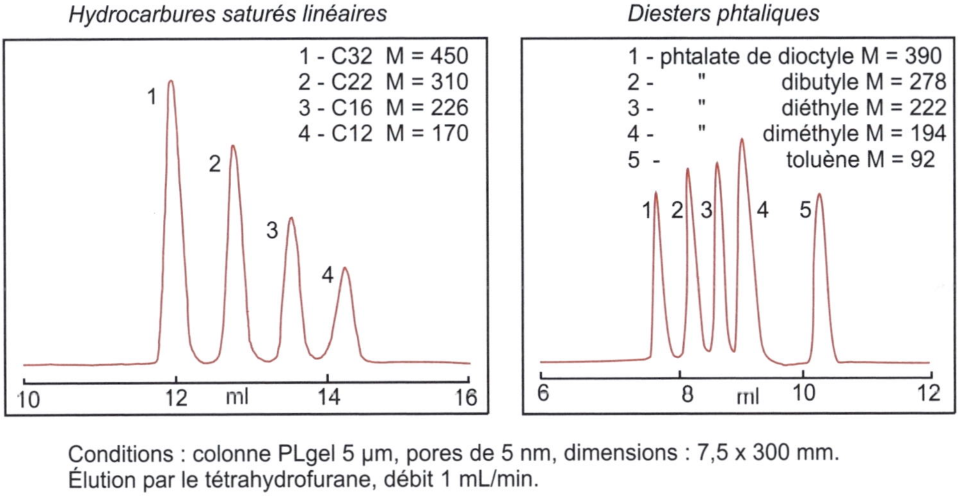

Figure 7.2
Perméation de gel.
Lorsque la phase stationnaire possède des petits pores, on peut séparer des composés organiques de faible masse moléculaire. Le toluène, dans le chromatogramme de droite (plastifiants de polymères), permet de repérer V_M (reproduit avec l'autorisation de la société Polymer Laboratories).

- pour la **filtration sur gel** on utilise des phases stationnaires polyhydroxylées à base d'*alcools polyvinyliques* purs ou copolymérisés avec des *polyglycérométhacrylates*, ou bien des *polyacétates de vinyle* (fig. 7.3). Ces phases portent le nom de gels car elles gonflent en présence des phases mobiles aqueuses. On fait également appel à des gels de silice poreuse dont la surface est hydrophile (présence du groupement glycéropropyle [$\equiv Si(CH_2)_3\text{-}O\text{-}CH_2CH(OH)CH_2OH)$]). Les phénomènes d'adsorption sont faibles, même pour les petites molécules. Elles servent pour séparer les bio-polymères (ex. polysaccharides) ou les macromolécules biologiques (les protéines par exemple), qui exigent une phase mobile aqueuse.

Le terme de *filtration sur gel* ne doit pas être confondu avec le procédé courant de filtration qui produirait plutôt l'effet inverse, à savoir que les plus grosses molécules auraient plus de mal à traverser le filtre que les petites.

Les performances de chaque phase stationnaire sont décrites pour un solvant donné par une courbe d'étalonnage utilisable pour une catégorie de macromolécules : polystyrènes, polyoxyéthylènes, pullulanes ou polyéthylèneglycols... (fig. 7.3 et tableau 7.1).

Tableau 7.1 **Domaine de perméation (Da) de trois hydrogels en fonction des étalons choisis**

étalon	G2000 pores 12,5 nm	G3000 pores 25 nm	G4000 pores 45 nm
Protéine globulaire	5 000 - 100 000	10 000 - 500 000	20 000 - 7 000 000
Dextrane	1 000 - 30 000	2 000 - 70 000	4 000 - 500 000
Polyéthylèneglycol	500 - 15 000	1 000 - 35 000	2 000 - 250 000

7.3 Instrumentation

Le matériel est comparable à celui qui est utilisé en CLHP si ce n'est que les colonnes ont des volumes plus importants. Pour améliorer la résolution il est assez courant de mettre en série deux ou trois colonnes de porosités complémentaires.

Pour les applications classiques de chromatographie, on utilise les mêmes détecteurs qu'en CLHP (voir chapitre 3) tels les détecteurs UV ou réfractométriques, en donnant une préférence à ce dernier type, la variation d'indice de réfraction étant généralement indépendante de la masse moléculaire (ces détecteurs sont sensibles à la concentration en polymère).

Pour les applications destinées à déterminer les paramètres des polymères on utilise des détecteurs plus spécifiques basés sur la viscosité ou sur la diffusion de la lumière sous des angles variés.

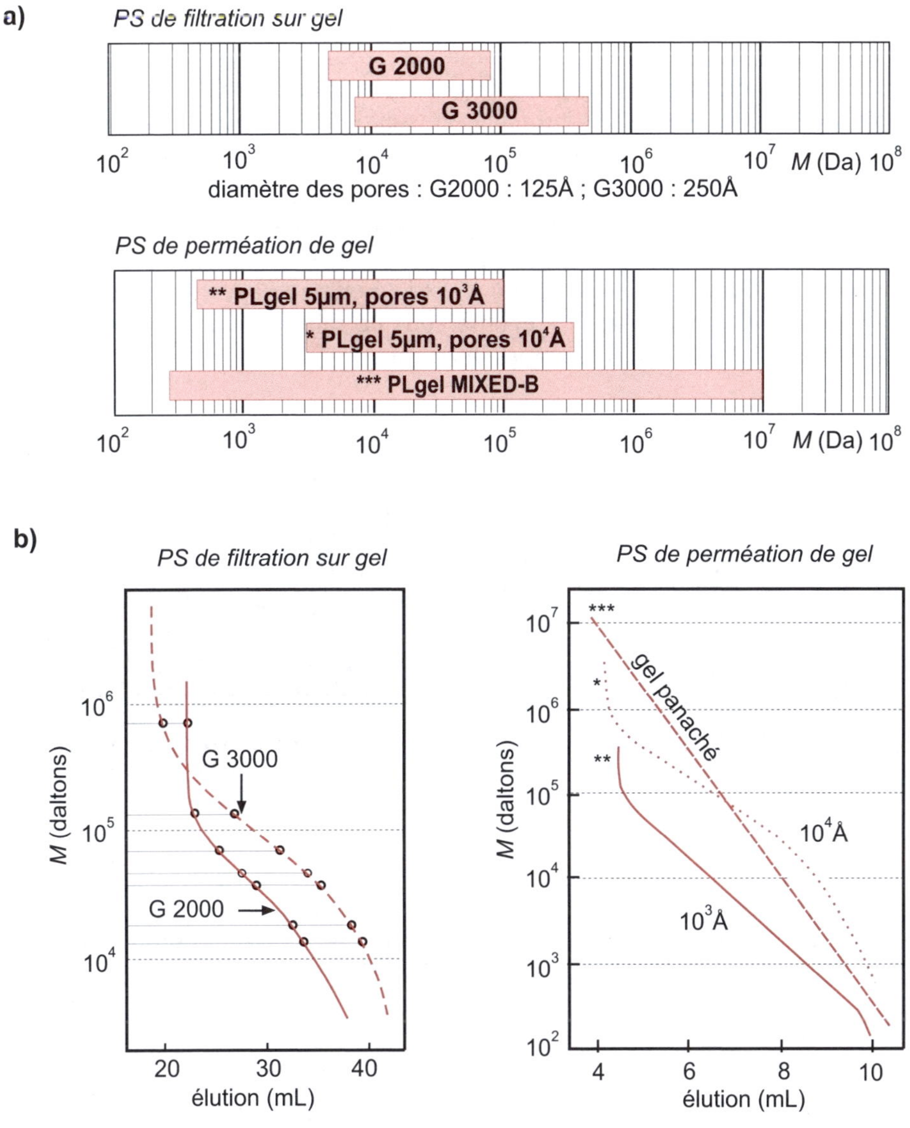

Figure 7.3

Comparaison de colonnes de filtration sur gel et de perméation de gel et caractéristiques de phases stationnaires.

a) Graphe indiquant le domaine de masse de 2 phases en filtration sur gel et de 3 phases en perméation de gel ;

b) courbes d'étalonnage (log $M = f(V_e)$) de ces différentes phases, obtenues avec des protéines connues pour les colonnes de filtration sur gel et des standards de polystyrène pour les autres. Une pente faible de la partie linéaire témoigne d'une meilleure résolution entre masses voisines. C'est le cas lorsque les pores ont une dimension régulière. Les courbes log $M = f(K)$ tracées moins fréquemment ont même aspect (reproduit avec l'autorisation des sociétés Tosohaas et Polymer Lab.). Pour les protéines on ajoute quelquefois des dénaturants afin de détruire d'éventuels agrégats en phase aqueuse.

- Le détecteur viscosimétrique (fig. 7.4) sensible à la masse moléculaire, donne une réponse qui peut être mise sous la forme : *Réponse* $= K \cdot [\eta] \cdot C$ où K désigne la constante du détecteur et $[\eta]$ la viscosité intrinsèque du soluté, inversement proportionnelle à la densité des particules en solution. Ainsi, une macromolécule en forme de pelote a une densité plus grande qu'une macromolécule étirée en forme de bâton.
- Le détecteur à diffusion de lumière (fig. 3.23) donne une réponse à la masse moléculaire en poids M_W du soluté, qui peut-être mise sous la forme : *Réponse* $= K \cdot M_W \cdot (dn/dC)^2 \cdot C$ où K est la constante du détecteur. Ce détecteur est utilisé soit en mesurant la réponse sous de faibles angles, soit en mesurant différentes réponses sous des angles différents.

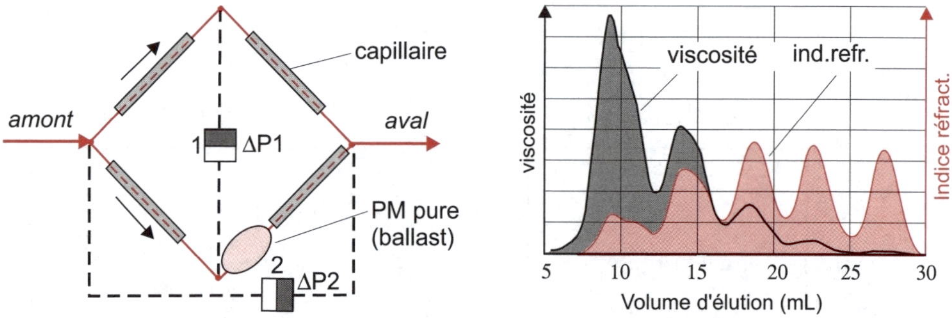

Figure 7.4
Détection viscosimétrique.
Comparaison de deux chromatogrammes (détection réfractométrique et viscosimétrique) obtenus à partir d'un même mélange de polymères. Diagramme de principe d'un détecteur viscosimètrique. 4 capillaires sont répartis en 2 voies avec en plus un réservoir de phase mobile pure sur la voie dite de référence. La viscosité instantanée (et intrinsèque) est déduite des mesures de pression par les capteurs 1 et 2.

7.4 Traitement du chromatogramme

Un polymère de synthèse, même chimiquement pur, correspond toujours à un mélange de répartition de macromolécules de masses différentes. La CES a pour originalité qu'en plus de l'obtention du chromatogramme classique (fig. 7.6) elle permet d'accéder à plusieurs paramètres relatifs aux propriétés physico-chimiques des polymères étudiés, telles la résistance mécanique ou la flexibilité. Il est ainsi possible d'accéder à la distribution moléculaire et de caractériser les masses moyennes en nombre ou pondérées ainsi que plusieurs autres caractéristiques. Le calcul de ces paramètres impose de choisir un mode de détection adapté, certains nécessitant une combinaison de deux, voire trois, détecteurs de principes différents. La connaissance d'une colonne passe par son étalonnage.

7.4.1 Étalonnage conventionnel

L'*étalonnage conventionnel* d'une colonne est réalisé avec une gamme étalon de polymères monodisperses de même nature dont les masses moléculaires sont connues et adaptées de façon que les volumes de rétention soient compris entre les volumes d'exclusion totale et de perméation totale. Par régression polynomiale, on établit ensuite une équation reliant log M_W, au volume de rétention. Les courbes représentatives ont une allure sigmoïdale, mais en faisant des mélanges de phases stationnaires de porosités différentes, on obtient des colonnes mixtes conduisant à des courbes pratiquement linéaires sur une large plage de masses. Ces courbes restent néanmoins assez indicatives dans la mesure où tailles et masses ne sont pas des paramètres étroitement liés lorsqu'on passe d'un polymère à un autre. Si par exemple, l'étalonnage a été effectué avec des polystyrènes, il conduit à la masse moléculaire du polymère inconnu en équivalent masse de polystyrène. Si le polymère étudié change de structure, ramification par exemple, la masse moléculaire relative donnée est incorrecte. Cet étalonnage ne donne donc aucune information sur la structure du polymère.

À partir du pic chromatographique obtenu par injection d'une solution du polymère dont on veut déterminer la masse moléculaire, l'équation de la courbe d'étalonnage conduit à l'aide d'un logiciel, et par application des relations 7.3 à 7.5, à la masse moléculaire moyenne en nombre$\overline{M}_n$ (masse totale des macromolécules divisée par leur nombre total), à la masse moléculaire moyenne en poids $\overline{M}_W$ (moyenne pondérée) et à l'indice de polymolécularité $\overline{I}$qui permet de voir comment le polymère étudié est dispersé en masse (pour un polymère parfait où toutes les molécules sont identiques, $\overline{I} = 1$).

$$\overline{M}_n = \frac{\sum C_i}{\sum C_i/M_i} \tag{7.3}$$

$$\overline{M}_W = \frac{\sum M_i C_i}{\sum C_i} \tag{7.4}$$

$$\overline{I} = \frac{\overline{M}_W}{\overline{M}_n} \tag{7.5}$$

7.4.2 Étalonnage universel

L'*étalonnage universel* est indépendant de la nature chimique du polymère. Cet étalonnage repose sur la constatation que le produit de la viscosité intrinsèque par la masse moléculaire pondérée est directement proportionnel à son volume en solution (appelé *volume hydrodynamique*). Il nécessite donc l'utilisation d'un détecteur viscosimétrique. Le principe de l'étalonnage est le même que précédemment mais la courbe est obtenue en reportant sur un graphe log $[\eta] \cdot M$ en fonction du volume de rétention. De ce fait, et quelles que soient la nature et la structure des polymères utilisés comme étalons, toutes les courbes coïncident pour une même colonne (fig. 7.5).

La masse moléculaire de la macromolécule ou du polymère est déduite de son volume hydrodynamique. Ce mode d'étalonnage présente plusieurs avantages : il conduit, d'une part, à la masse moléculaire réelle et à la viscosité intrinsèque, d'autre part, ce qui permet d'atteindre les coefficients *a* et *K* de l'équation empirique de Mark-Houwink (relation 7.6) et d'avoir ainsi des indications sur l'échantillon étudié.

$$[\eta] = K \cdot M_W^a \tag{7.6}$$

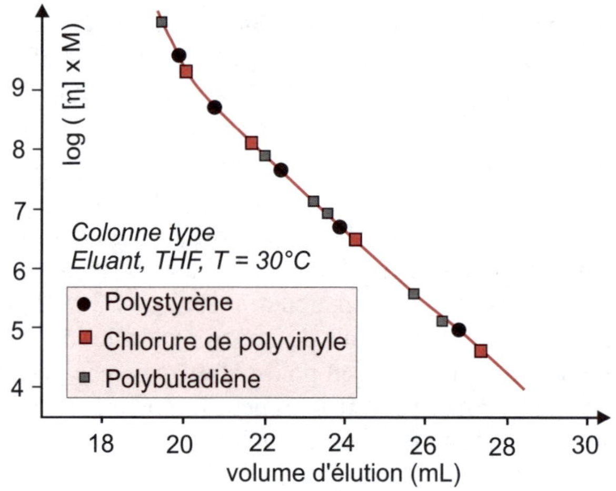

Figure 7.5
Courbe d'étalonnage universelle.

7.4.3 Triple détection

En combinant les propriétés d'une détection constituée par un détecteur réfractométrique (ou UV), un détecteur viscosimétrique et un détecteur par diffusion de la lumière sous divers angles, on obtient d'autres données comme le *rayon hydrodynamique* de la molécule ou le *rayon de giration*, qui sont des informations structurales utiles (ramifications, conformation, forme pelote ou bâton et présence d'agrégats).

7.5 Domaines d'application

Comme il est possible de séparer des masses moléculaires comprises entre 200 et plus de 10^7 Da, les principales applications se trouvent évidemment dans le domaine de l'analyse des polymères, qu'ils soient d'origine naturelle ou de synthèse. Pour les composés organiques courants qui peuvent être analysés par CLHP ou CPG il y a moins d'applications, sachant que pour espérer une séparation il faut que les masses moléculaires varient du simple au double.

Le choix de la phase stationnaire adaptée à la séparation envisagée se fait à partir des courbes d'étalonnage conventionnel des différentes colonnes disponibles. On choisit celle dont la courbe en masses présente une partie linéaire de faible pente recouvrant toute l'étendue des masses présentes dans l'échantillon (fig. 7.6). Ainsi le tableau 7.1 montre que les domaines de séparation des 3 gels de la figure 7.3 sont différents suivant les standards utilisés.

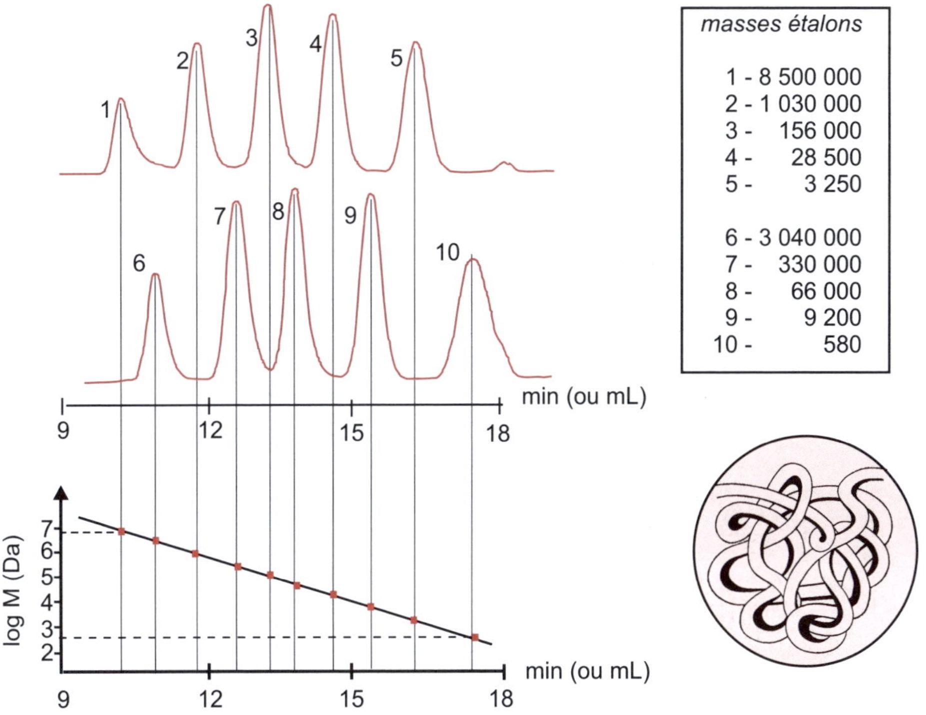

2 colonnes PLgel-MIXED-B 10µm de 300 x 7,5 mm bout à bout
éluant : tétrahydrofurane

débit 1 mL/min
Injection 25 µL à la conc. de 0,1 %
détection UV

Figure 7.6

Courbe d'étalonnage d'aspect linéaire d'une colonne de perméation de gel.
En utilisant, comme le montre la figure, deux mélanges complémentaires d'étalons de polystyrène on dispose d'un nombre suffisant de masses pour étalonner la colonne. La droite obtenue, qui recouvre un large domaine de masses (conséquence d'une phase stationnaire « panachée »), permet, dans un second temps de déterminer la masse moléculaire d'un polystyrène inconnu. En bas, à droite, le dessin symbolise une macromolécule repliée sur elle-même par effet du solvant.

L'absence d'interaction chimique avec la phase stationnaire, les temps de rétention très courts et la récupération totale des analytes, constituent autant d'avantages à la méthode. La mise au point des analyses est rapide, sachant aussi qu'on n'utilise pas de gradient d'élution puisqu'il n'y a pas d'interaction soluté/phase mobile.

La CES est utile pour analyser les échantillons de composition inconnue, susceptibles de contenir à la fois des polymères et des petites molécules, ce qui est le cas de nombreux produits commerciaux ou industriels, tels les polysaccharides (fig. 7.7), amidons ou pâte à papier et produits pharmaceutiques. Enfin, en dehors des applications analytiques, la CES se prête avec des colonnes de plus grosses sections, à des séparations préparatives.

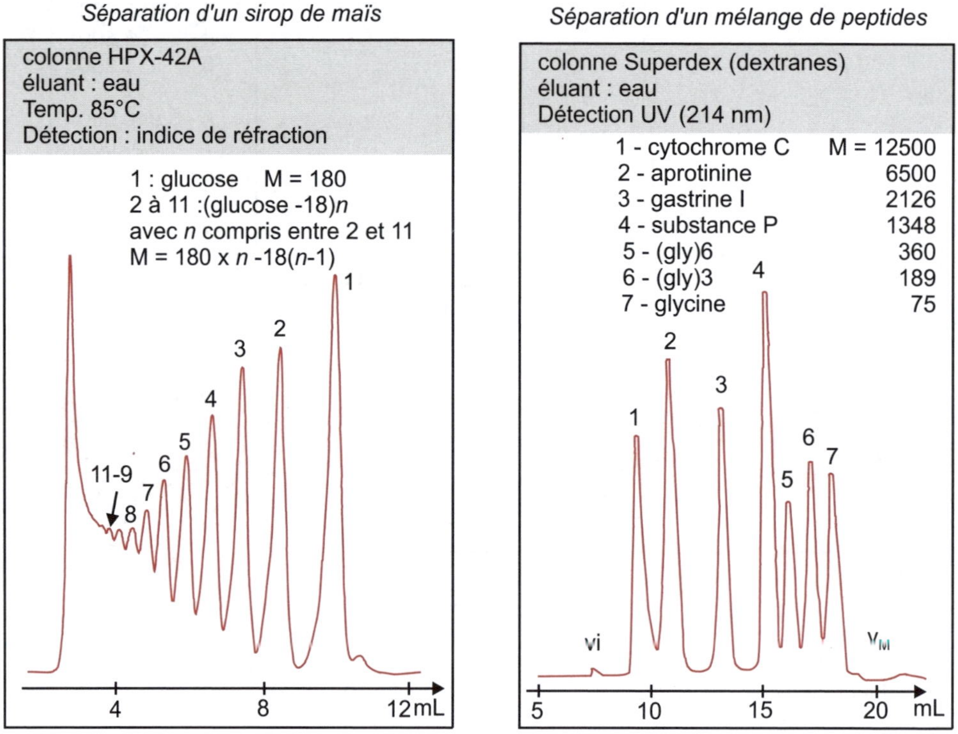

Figure 7.7

Chromatogrammes de filtration sur gel.

À gauche, séparation d'un mélange d'oligomères du glucose allant du premier terme (le glucose, M = 180), jusqu'à une vingtaine d'unités (M environ 3 000) (reproduit avec l'autorisation de Polymer Lab.). À droite, séparation d'un mélange de diverses protéines et oligomères de la glycine (reproduit avec l'autorisation de Pharmacia-Biotech).

Exercices

7.1 On chromatographie une solution dans le tétrahydrofuranne (THF) d'un mélange de polystyrènes de masses moléculaires connues sur une colonne ($DI = 7{,}5$ mm, $L = 300$ mm) dont le domaine de perméation s'étend de 400 à 30 000 daltons. La phase éluante est du THF. Son débit est de 1 mL/min. La détection UV est effectuée à 254 nm.

À partir du chromatogramme obtenu reproduit ci-après

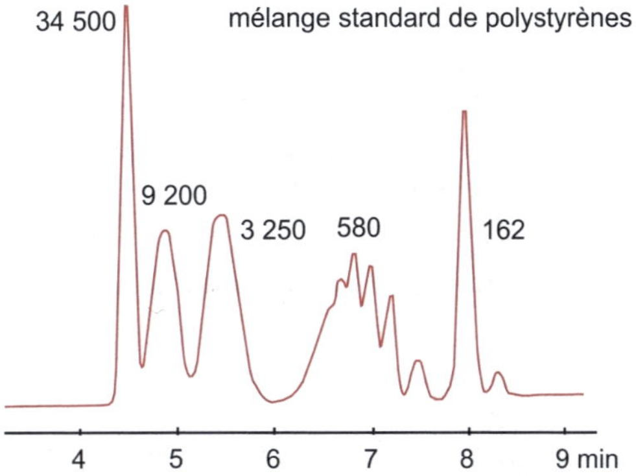

a) Calculer le volume d'exclusion totale (volume interstitiel) et le volume des pores de la colonne utilisée.

b) Calculer le coefficient de diffusion K pour le composé de masse 3 250 Da.

c) On observe quelquefois en CES des valeurs de K supérieures à 1. Interpréter ce phénomène.

7.2 On veut séparer par chromatographie de perméation de gel, un mélange de 4 étalons de polystyrène dont les masses moléculaires sont de 9 200, 76 000, $1{,}1 \times 10^6$ et 3×10^6 daltons. On dispose de 3 colonnes dont les domaines de perméation sont les suivants :

A : 70 000 à 4×10^5 Da ; B : 10^5 à $1{,}2 \times 10^6$ Da ; C : 10^6 à 4×10^6 Da

Comment peut-on séparer ces 4 polymères en une seule opération, sachant qu'on peut mettre bout à bout deux colonnes ?

7.3 En chromatographie d'exclusion stérique, après injection de polystyrènes étalons, on trouve une relation entre masse moléculaire et temps de rétention de la forme suivante :

$$\log M = 5{,}865 + 1{,}411\, t_R - 0{,}333\, t_R^2 + 0{,}016\, t_R^3 \qquad (1)$$

où M est la masse moléculaire en Dalton et t_R le temps de rétention en min.

a) Calculer, à partir de cette relation, la masse molaire d'un soluté qui éluerait avec un temps de rétention égal à 7,48 min dans l'hypothèse où ce polymère est monomasse.

b) En réalité, le polymère monomasse n'existe pratiquement pas (excepté pour les étalons). On définit une masse moléculaire moyenne M_N (2) et une masse moyenne pondérée M_W (3)

$$M_N = \frac{\sum_i N_i M_i}{\sum_i N_i} \quad (2) \qquad M_W = \frac{\sum_i N_i M_i^2}{\sum_i N_i M_i} \quad (3)$$

où M_i est la masse molaire d'un polymère éluant dans l'intervalle de temps correspondant à un pic chromatographique et N_i le nombre de moles de ce polymère. Un logiciel de calcul tranche le pic chromatographique et détermine pour chaque tranche la masse molaire associée et l'aire A_i. En supposant le coefficient de réponse k du détecteur constant au cours du pic chromatographique, et en utilisant la relation de base $m_i = N_i \cdot M_i = k \cdot A_i$, transformer les relations (2) et (3) en utilisant uniquement A_i et si besoin M_i .

c) Un rapport chromatographique a donné les résultats suivants :

t_R	6,95	7,05	7,15	7,25	7,35	7,45	7,55	7,65	7,75	7,85	7,95	8,05
A_i	0	0	1,77	8,53	17,74	40,36	19,44	9,32	2,03	0	0	0
M_i												

– Compléter ce tableau en utilisant la relation (1) et calculer les masses molaires M_N et M_W en utilisant les relations (2) et (3).

ÉLECTROPHORÈSE CAPILLAIRE ET ÉLECTRO-CHROMATOGRAPHIE

8

L'électrophorèse capillaire est une méthode séparative d'analyse qui s'est développée grâce aux acquis de la chromatographie liquide haute performance et des procédés plus anciens d'électrophorèse. Elle permet de séparer aussi bien les biomolécules que les composés de faible masse moléculaire difficiles à étudier par les procédés classiques d'électromigration sur support. Cette méthode encore appelée électrophorèse capillaire haute performance (ECHP) a fait sortir l'électrophorèse traditionnelle des laboratoires de biochimie. Incluse dans les pharmacopées, elle se prête à l'analyse quantitative. Dans un assez proche domaine l'électrochromatographie capillaire se développe rapidement. Elle correspond à une méthode hybride qui rassemble certains avantages propres à la CLHP et à l'ECHP. Elle est caractérisée par des valeurs très grandes de l'efficacité.

8.1 ÉLECTROPHORÈSE DE ZONE ET ÉLECTROPHORÈSE CAPILLAIRE

L'électrophorèse capillaire correspond à une adaptation de la méthode générale d'électrophorèse. Cette technique séparative repose sur la migration dans un champ électrique et au contact d'un support approprié, des espèces présentes dans l'échantillon en solution, porteuses ou non d'une charge électrique globale.

Dans la technique d'électrophorèse semi-manuelle classique, largement utilisée dans le domaine de la bioanalytique, on utilise une bandelette de matière plastique recouverte d'une substance poreuse imprégnée d'un électrolyte. Ses extrémités plongent dans deux réservoirs indépendants contenant également cet électrolyte et reliés aux électrodes d'un générateur de tension continue (fig. 8.1). L'échantillon est déposé sous forme d'un petit trait transversal sur la bandelette, éventuellement refroidie et emprisonnée entre deux plaques isolantes. Les espèces hydratées présentes migrent en un temps très variable, allant de quelques secondes à plus d'une heure, vers l'une ou l'autre des extrémités de la bandelette. Chaque composé se différentie par sa mobilité, mais l'absence d'un front de solvant mesurable oblige à repérer la distance de migration par rapport à celle d'un composé à usage de marqueur interne. La détection des espèces, après migration, s'effectue généralement en les transférant par un procédé par contact sur une membrane, où elles sont révélées au moyen de sels argentiques ou avec le bleu de Coomassie® ou d'autres réactifs particuliers (fig. 8.1). On peut également utiliser des marqueurs contenant des isotopes radioactifs à usage de traceurs (^{32}P ou ^{3}H). Le tracé obtenu est exploité de la même manière qu'en CCM.

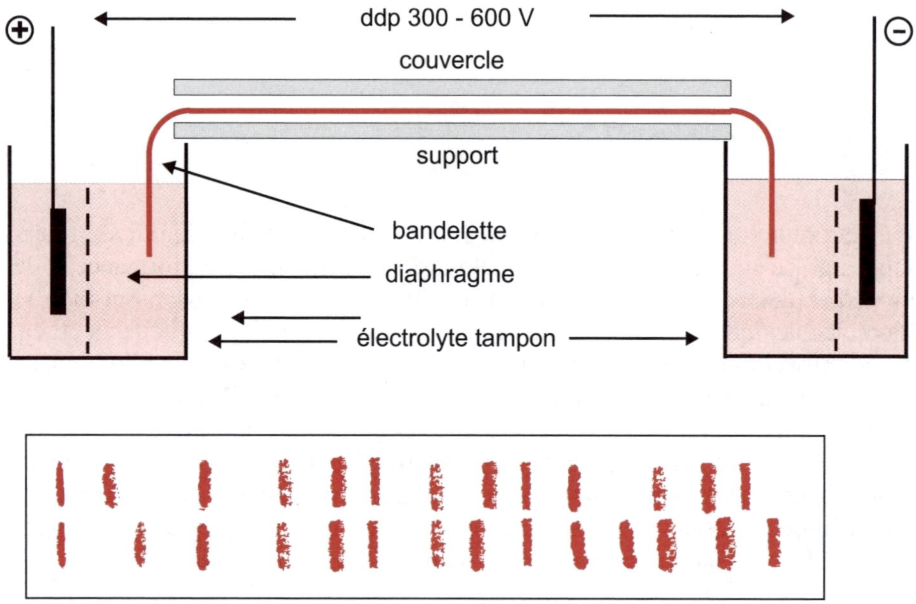

Figure 8.1

Electrophorèse de zone : principe d'une installation.
Chaque compartiment est séparé par un diaphragme afin d'éviter la contamination de l'électrolyte par les produits secondaires qui se forment au contact des électrodes. Selon les cas, on opère soit à intensité, soit à tension, soit à puissance constante. Aspect caractéristique d'une analyse après révélation. Pour mettre en évidence les protéines ou les acides aminés on utilise souvent la ninhydrine. Ce réactif se transforme au contact de l'acide aminé qu'il dégrade avec apparition d'un composé instable qui réagit à son tour sur une seconde molécule de ninhydrine pour donner le « violet de Ruhemann » voir à ce propos la figure 4.11.

En électrophorèse capillaire, le support plan de la technique classique est remplacé par un tube capillaire ouvert à ses extrémités, en verre de silice de très faible diamètre (15 à 150 μm). Ce capillaire, d'une longueur L variant entre 20 et 80 cm, est rempli d'un électrolyte tampon (fig. 8.2). Le champ électrique appliquée peut atteindre 600 V/cm, mais l'intensité ne doit pas dépasser une centaine de microampères, afin que la puissance dissipée reste inférieure à 3 W. Pour limiter l'échauffement du capillaire il est préférable de le placer dans une enceinte thermostatée, sachant également que la température influe sur les temps de migration.

Un détecteur est placé à la distance ℓ de l'extrémité amont du capillaire près du compartiment cathodique. Le signal obtenu est à la base de l'obtention de *l'électrophorégramme* (fig. 8.2) qui donne des renseignements sur la composition de l'échantillon. Ne sont détectées que les espèces qui se dirigent vers la cathode.

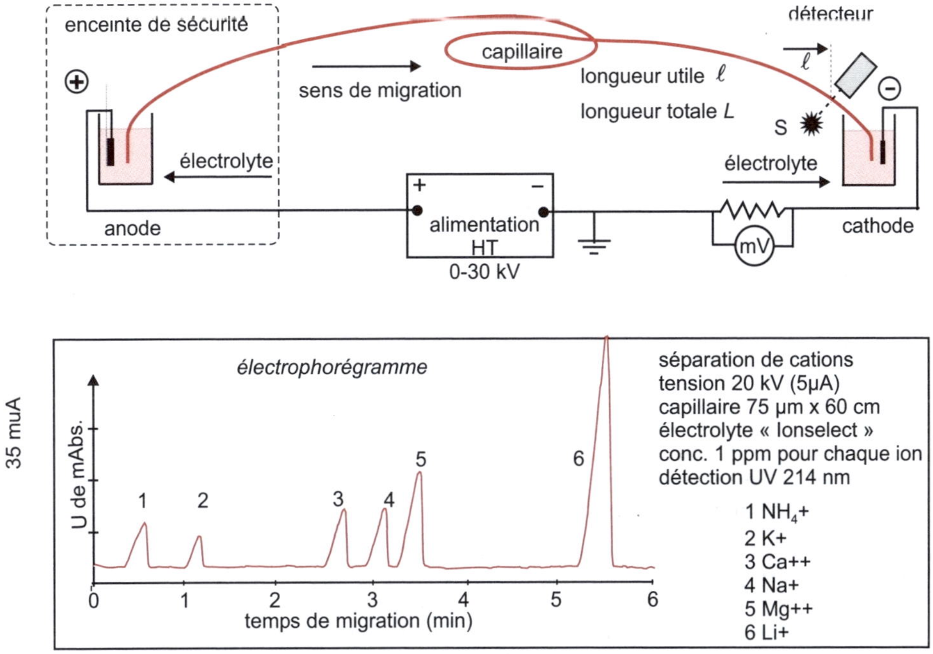

Figure 8.2

Une installation d'électrophorèse capillaire.

L'électrolyte est une solution aqueuse ionique, filtrée, dégazée contenant divers additifs. L'échantillon est introduit dans la partie amont du capillaire (*cf.* 8.3). Au-delà de $5 - 600$ V/cm (ddp totale 30 kV si $L = 50$ cm) une isolation particulière devient nécessaire pour éviter arcs et fuites de courant en atmosphère humide. La distance effective de migration ℓ est plus courte d'une dizaine de centimètres que la longueur totale L du capillaire. En bas : un électrophorégramme typique d'une séparation de quelques cations (ordonnées en unités de milliabsorbance). L'électrolyte est un mélange commercial. La non-symétrie des pics est due à ce que les cations de l'échantillon vont plus vite que les ions de l'électrolyte. Ils seraient symétriques si ces vitesses étaient pratiquement identiques (reproduit avec l'autorisation de la société Waters).

8.2 Mobilité électrophorétique et flux électro-osmotique

Les particules en suspension dans un liquide, de même que les molécules solvatées, peuvent porter une charge électrique résultante dont la grandeur et le signe dépendent à la fois de leur taille, de leur nature et de celle de l'électrolyte, en particulier de son pH (fig. 8.3). Cette charge provient de la fixation, à leur surface, d'ions contenus dans l'électrolyte tampon.

Sous l'effet de divers phénomènes ou actions agissant simultanément, température, viscosité, différence de potentiel, ces particules vont avoir des vitesses de migration d'autant plus grandes qu'elles seront plus petites et porteuses de charges plus importantes.

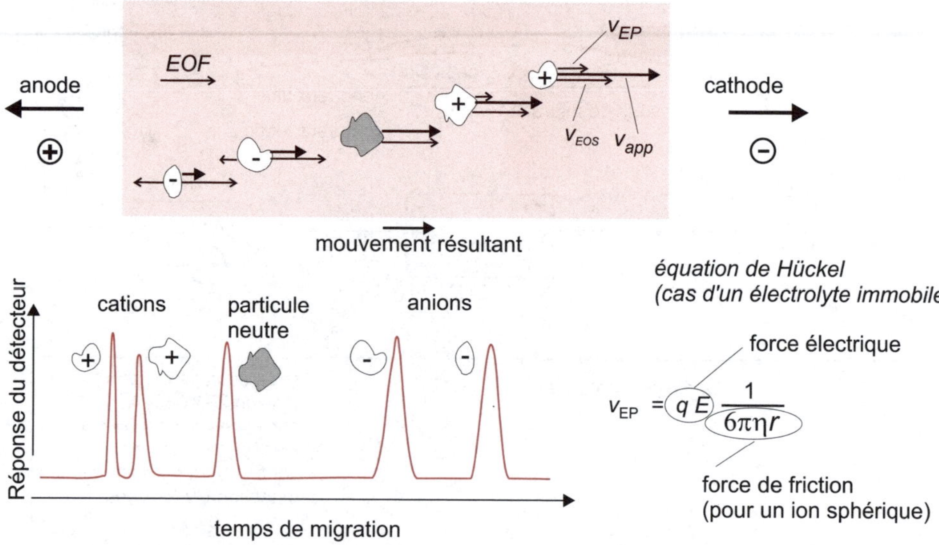

Figure 8.3
Équation de Hückel.
Influence de la charge nette, du champ électrique, du rayon hydrodynamique de l'ion et de la viscosité de la solution sur sa vitesse de migration dans un électrolyte (*cf.* 8.2.2). La séparation dépend approximativement du rapport masse/charge de chaque espèce. Les anions de petite taille arrivent en dernier car ce sont les ions qui progresseraient le plus vite vers l'anode, s'il n'y avait pas le flux électro-osmotique qui les drainent, bien malgré eux, dans l'autre sens.

Pour chaque ion la *vitesse limite de migration* v_{EP} résulte de l'équilibre entre la force électrique $\vec{F}$ qui s'exerce dans le champ $\vec{E}$ sur la particule de charge q, et les forces de frottement qui découlent de la viscosité η du milieu. La séparation dépend ainsi du rapport volume/charge de l'ion hydraté. Les espèces neutres se séparent mal entre elles, à moins d'ajouter à l'électrolyte un agent ionique qui peut s'associer avec elles et provoquer leur entraînement différentiel.

Hückel a proposé une équation rendant compte de l'influence de ces facteurs sur la vitesse électrophorétique v_{EP} d'un ion assimilé à une sphère de rayon r.

Les espèces présentes dans l'échantillon sont soumises à deux effets principaux qui se manifestent pour les ions comme pour les molécules ou les micelles. Il s'agit d'une part de leur *mobilité électrophorétique* propre et d'autre part du *flux* ou *écoulement électro-osmotique.*

8.2.1 Mobilité électrophorétique — électromigration

Tout composé porteur d'une charge électrique se déplace dans l'électrolyte à une vitesse v_{EP} qui dépend des conditions de l'expérience et de sa mobilité électrophorétique propre μ_{EP}. Ce paramètre accessible (*cf.* 8.2.3) est défini à partir de la vitesse de migration électrophorétique du composé et du champ électrique E (expression 8.1) :

$$\mu_{EP} = v_{EP}/E = v_{EP}L/V \qquad (8.1)$$

L désigne la longueur totale du capillaire et V la ddp appliquée à ses extrémités. On affecte à la mobilité électrophorétique un signe (+ ou −) selon la nature cationique ou anionique de l'espèce ; μ_{EP} ($\text{cm}^2 \cdot \text{V}^{-1} \cdot \text{s}^{-1}$) est nulle pour une espèce globalement neutre.

On peut obtenir μ_{EP} à partir d'un électrophorégramme, en calculant v_{EP} du composé dans un champ E connu en tenant compte de la vitesse de l'électrolyte (*cf.* 8.2.3).

8.2.2 Mobilité électro-osmotique — électro-osmose (EOS)

Le second facteur qui contrôle la migration des solutés est l'écoulement de l'électrolyte — encore appelé *flux électro-osmotique* caractérisé par sa *mobilité électro-osmotique*, μ_{EOS}. On définit μ_{EOS} par la relation 8.2 (les lettres ayant la même signification que pour la formule 8.1).

$$\mu_{\text{EOS}} = v_{\text{EOS}}/E = v_{\text{EOS}}L/V \qquad (8.2)$$

Pour calculer μ_{EOS} on doit déterminer v_{EOS}. Celle-ci correspond à la vitesse d'écoulement dans l'électrolyte des espèces sans charge globale. On y accède à partir du temps de migration t_{mn} que met un *m̲arqueur n̲eutre* à usage de traceur pour parcourir la distance effective ℓ du capillaire, $v_{\text{EOS}} = \ell/t_{\text{mn}}$. On choisit comme marqueur une molécule organique, non polaire au pH de l'électrolyte utilisé, et facilement détectable par absorption dans le proche UV (ex. acétone, oxyde de mésityle, benzène, phénol...).

Le flux électro-osmotique, qui règle le déplacement de toutes les espèces présentes dans l'échantillon, a plusieurs causes qui dépendent de l'effet de la paroi interne du capillaire. En effet un capillaire de verre de silice n'ayant pas subi de traitement particulier comporte en surface de nombreux groupements silanols (Si–OH) qui sont ionisés en silanoates (Si–O^-) si le pH de l'électrolyte est supérieur à 3. Ces sites anioniques fixes attirent des cations présents dans la solution et les ordonnent en deux couches dont l'une est collée à la paroi et l'autre quelque peu mobile (fig. 8.4). Entre ces deux couches naît une différence de potentiel (le « potentiel de zéta »), dont la valeur dépend de la concentration de l'électrolyte et du pH. Plus au cœur de la solution, le champ électrique provoque la migration des cations vers la cathode. Ces ions étant solvatés par des molécules d'eau, il apparaît un flux d'électrolyte qui se dirige dans le même sens. Les anions sont entraînés : ils progressent « contre-électro-osmotiquement ».

En règle générale, une surface négative provoque un flux électro-osmotique dirigé vers la cathode. En revanche si on ajoute un surfactant, tel un tétraalkylammonium, pour inverser la polarité de la paroi, le flux électro-osmotique se dirige vers l'anode (fig. 8.5). Le flux électro-osmotique est proportionnel à l'épaisseur de la double couche cationique qui elle-même diminue si la concentration de l'électrolyte tampon augmente. Il croît avec le potentiel appliqué et le pH (entre pH 7 et pH 8, v_{EOS} peut augmenter de 35 %).

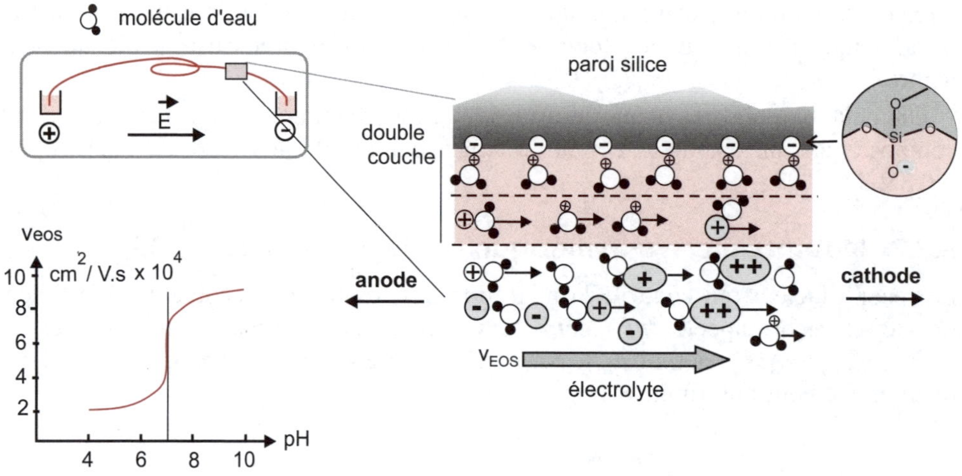

Figure 8.4

Apparition d'un flux électro-osmotique dans un capillaire rempli par un électrolyte. Si la paroi n'a pas subi de traitement (paroi polyanionique négative de verre ou de silice) il apparaît un effet de pompage qui aspire le liquide du compartiment anodique vers le compartiment cathodique : c'est le flux électro-osmotique. Son origine fait intervenir le potentiel existant à la surface de la paroi. Si on annule ce potentiel en recouvrant la paroi d'un film apolaire (film polyhydroxyvinylique hydrophile ou octadécyle, par exemple), ce flux n'existe plus.

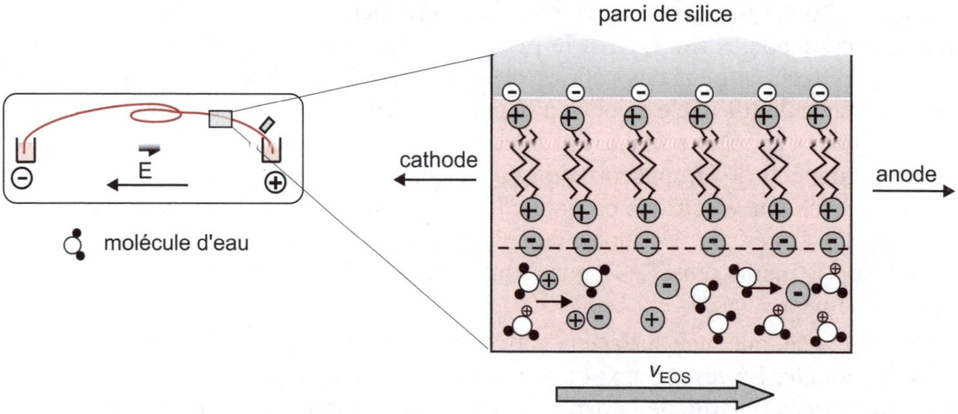

Figure 8.5

Effet d'un surfactant cationique. Modification dynamique de la paroi de silice. Les migrations devant se faire vers l'extrémité où se trouve le détecteur, on doit inverser les pôles de l'appareil. Les espèces anioniques progressent naturellement dans le même sens que le flux d'électrolyte, donc vers le détecteur.

En traitant la paroi avec un alkylsilane pour la rendre hydrophobe, les protéines deviennent séparables, alors qu'elles ont tendance à rester accrochées à la paroi lorsque celle-ci n'est pas traitée. À la limite, on peut ne récupérer qu'une seule catégorie d'ions, en fonction de la direction du champ appliqué.

8.2.3 Mobilité apparente

En fonction de ce qui précède, chaque ion a donc une vitesse apparente de migration v_{app} qui dépend de la vitesse électrophorétique et de la vitesse du flux électro-osmotique (relation 8.3) :

$$v_{app} = v_{EP} + v_{EOS} \tag{8.3}$$

v_{app} est aisément calculable à partir de ℓ, longueur utile du capillaire entre les points d'injection et de détection et de t_m, son temps de migration.

v_{app} est donnée par la relation :

$$v_{app} = \ell / t_m$$

La mobilité électrophorétique apparente μ_{app}, définie par une relation analogue à 8.1 ou 8.2, est telle que :

$$\mu_{app} = \frac{v_{app}}{E} = v_{app}\frac{L}{V} \quad \text{par conséquent on a :} \quad \mu_{app} = \frac{\ell \cdot L}{t_m \cdot V} \tag{8.4}$$

En combinant le flux électro-osmotique de l'électrolyte et la mobilité apparente il est donc possible de calculer la mobilité électrophorétique vraie des espèces porteuses de charges. À partir de 8.3, on écrira :

$$\mu_{EP} = \mu_{app} - \mu_{EOS} \tag{8.5}$$

soit :

$$\mu_{EP} = L \cdot \ell / V \left(\frac{1}{t_m} - \frac{1}{t_{mn}} \right) \tag{8.6}$$

La séparation des espèces anioniques est très courante en ECHP. Généralement on inverse les pôles de l'alimentation, le détecteur étant alors du côté anodique. Le flux électro-osmotique est ainsi inversé. Seuls seront détectés les anions dont les μ_{EP} seront supérieures à μ_{EOS} (fig.8 .6).

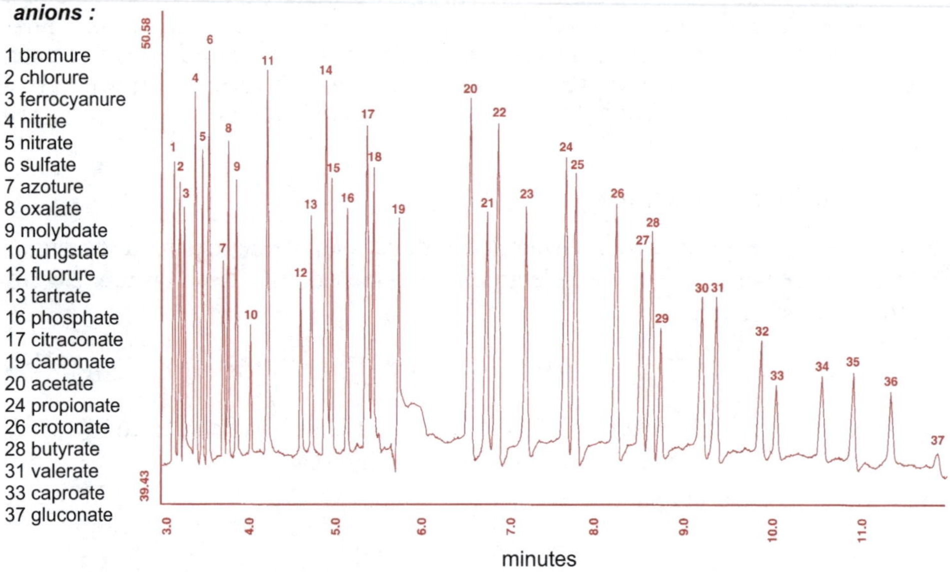

Figure 8.6
Un électrophorégramme.
Séparation d'un mélange complexe d'anions. La non symétrie des pics souvent observée (voir aussi figure 8.2) provient des variations du champ électrique tout au long du capillaire par suite de compositions ioniques variables. Seuls les anions les plus courants sont indiqués (reproduit avec l'autorisation de la société ATI Unicam).

8.3 INSTRUMENTATION

8.3.1 Modes d'injection

Pour introduire un microvolume d'échantillon, qui ne doit pas dépasser 1 % de la longueur utile du capillaire sous peine de voir la résolution diminuer, deux procédés sont utilisés :

- **l'injection hydrostatique.** Elle consiste à plonger l'extrémité du capillaire dans l'échantillon en solution (également un électrolyte) et à provoquer une aspiration à l'autre extrémité. On peut améliorer le procédé en exerçant une pressurisation d'environ 50 mbar sur la solution échantillon.
- **l'injection par électromigration.** Elle est utilisable en électrophorèse sur gel, et consiste à immerger pendant un certain temps l'extrémité du capillaire dans l'échantillon porté à un potentiel (50 mV/cm) dont on choisit la polarité par rapport à l'autre extrémité. Par opposition avec le procédé précédent, ce mode d'injection provoque une action discriminante sur les composés présents, ce qui conduit à faire l'analyse sur une fraction dont la composition est différente de celle de l'échantillon de départ. Cette méthode est optimisée pour chaque mélange.

La méthode de l'injection hydrostatique rend l'opération moins précise qu'en CLHP. Il n'existe pas de boucles d'injection pour des volumes qui sont ici compris entre 5 et 50 nL. La quantité rentrant dans le capillaire dépend de beaucoup de paramètres dont ceux qui figurent dans la formule de Poiseuille relative au débit dans un tuyau d'un liquide ayant une viscosité dynamique η. L'application de cette formule donnerait une valeur approximative de ce qu'on pourrait appeler le « débit entrant » $\mathscr{D}$ dans le capillaire.

$$\mathscr{D} = \Delta P \frac{\pi r^4}{8 \eta L}$$

Son intérêt est plutôt de montrer que si le rayon r du capillaire est doublé le volume entrant sera 16 fois plus grand, ou encore que ce volume est proportionnel à la différence de pression ΔP et qu'une augmentation de la longueur L du capillaire produit l'effet inverse. En conclusion pour améliorer les performances quantitatives en ECHP, il faut utiliser un étalon interne. On utilisera soit une solution de dilution contenant l'étalon interne pour préparer toutes les solutions soit on ajoutera un volume précis d'une solution de l'étalon à ces mêmes solutions.

8.3.2 Modes de détection

- *Détection UV/VIS* (*cf.* chapitre 9). On mesure l'intensité de la lumière passant à travers le capillaire dont une petite zone de revêtement opaque a été éliminée. Le capillaire coupe le trajet optique allant de la source au photomultiplicateur (fig. 8.7). On évite ainsi tout volume mort. Le très faible parcours optique dans le capillaire rend peu sensible ce mode de détection si la solution absorbe peu, d'autant que souvent les matrices sont elles-mêmes absorbantes.

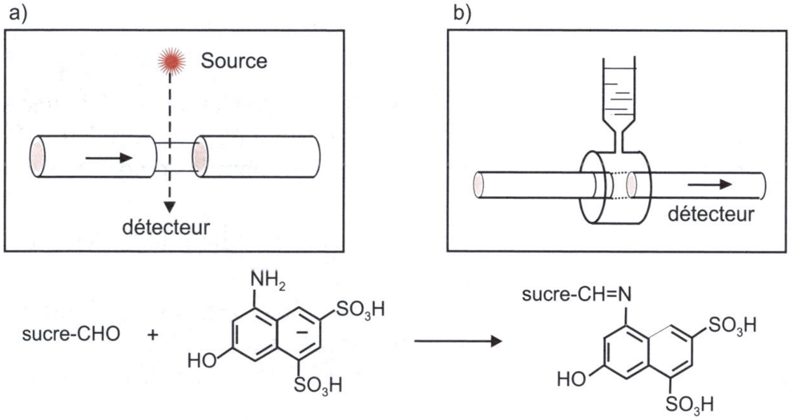

Figure 8.7

Détection UV et dérivation post-séparation.

a) La cellule de mesure est constituée par le capillaire lui-même ; b) la post-dérivation peut être réalisée en coupant le capillaire un peu en amont du détecteur et en introduisant le réactif. Exemple de réaction de dérivation pour transformer un sucre en un dérivé fluorescent.

Détection UV/Vis en mode inverse

Les ions inorganiques qui absorbent très peu la lumière peuvent néanmoins être détectés par mesure d'absorbance : on choisit un électrolyte rendu très absorbant par ajout d'un chromate ou d'un phtalate. Dans ces conditions, lorsqu'un ion de l'échantillon arrive au niveau du détecteur, l'absorbance diminue, ce qui conduit à des pics « en négatif » (fig. 8.8). Cette variation d'absorbance est reliée linéairement à la concentration de l'ion détecté.

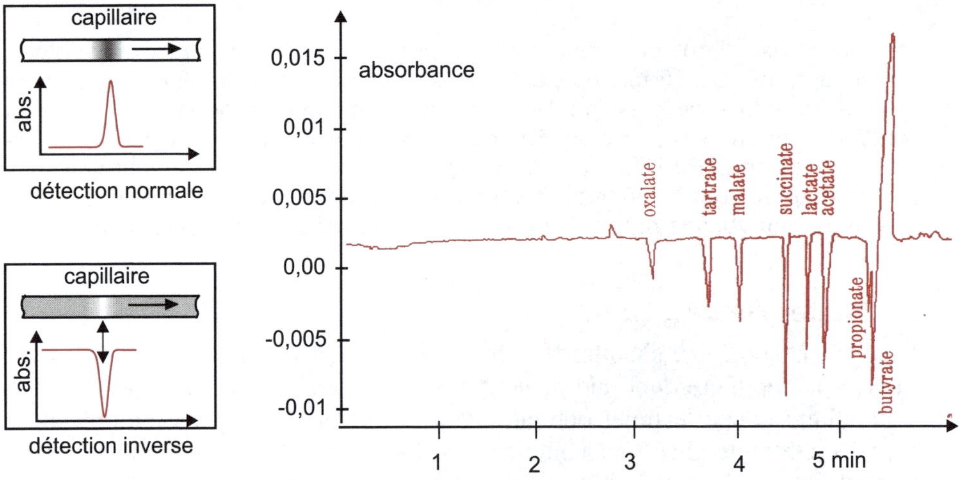

Figure 8.8

Séparation des principaux acides organiques dans un vin blanc par détection inverse.
Les deux acides malique et lactique témoignent de la fermentation classique malolactique (selon une note d'application de la société TSP).

- *Détection par fluorescence*. Ce procédé est plus sensible si on emploie une source laser très intense. Pour étendre le champ d'application de cette forme de détection on peut faire une pré- ou postdérivation des analytes pour les rendre porteurs d'un fluorophore (fig. 8.7).
- *Détection électrochimique*. Réalisable en insérant de minuscules électrodes dans le capillaire.
- *Détection par spectrométrie de masse*. Le très faible débit du capillaire se prête bien aux méthodes d'ionisation à pression atmosphérique (*cf.* chapitre 15), ce qui permet l'étude des composés biologiques (fig. 15.7). Ce procédé est surtout utilisé en analyse pharmaceutique.

8.4 Techniques électrophorétiques

8.4.1 Électrophorèse capillaire de zone (*CZE*)

C'est le procédé d'électrophorèse le plus courant. Le capillaire est parcouru par l'électrolyte constitué soit par un milieu tampon qui, selon l'application, est acide (phosphate ou citrate) ou basique (borate), soit par un ampholyte (molécule possédant une fonction acide et une fonction basique). Le flux électro-osmotique croît avec le pH de la phase liquide. Il peut être rendu nul. Ce procédé est encore appelé électrophorèse en solution libre par opposition à la *CGE* (§ 8.4.3).

8.4.2 Électrophorèse capillaire électrocinétique micellaire (*MEKC*)

Dans cette variante au procédé de base décrit précédemment, on ajoute dans la phase mobile un composé cationique ou anionique, tel le dodécylsulfate de sodium, pour former des micelles dont le caractère ionique les rend porteuses de charges. Ces micro-gouttelettes peu mobiles, qui ne sont pas miscibles à la solution, emprisonnent les composés neutres, plus ou moins efficacement, par affinité du type hydrophile/hydrophobe (fig. 8.9). Ce type d'électrophorèse est donc utile pour les composés qui ont tendance à migrer sans séparation. En ajoutant à l'électrolyte tampon, un additif chiral, tel une cyclodextrine persulfatée, on peut déterminer la pureté optique des composés. Il se forme des complexes d'inclusion de stabilité différente avec les couples d'énantiomères (*cf.* § 2.6.3 et fig. 8.9).

8.4.3 Électrophorèse capillaire sur gel (*CGE*)

C'est la transposition de l'électrophorèse sur gel de polyacrylamide (PAGE) ou d'agarose. Le capillaire est rempli avec un électrolyte contenant un gel. Celui-ci produit un effet de filtration qui ralentit les grosses molécules et qui minimise les phénomènes de convection ou de diffusion. Les oligonucléotides, peu fragiles, peuvent être ainsi séparés. Le flux électro-osmotique reste faible.

> Dans l'électrophorèse sur plaque, le support sur lequel se produit la migration peut contenir un gel (amidon ou mieux polyacrylamide) imprégné de l'électrolyte. Si ce dernier contient du dodécylsulfate de sodium (SDS), on désigne cette forme d'électrophorèse sur gel par son sigle anglais *SDS PAGE*. La séparation se trouve améliorée par un phénomène de filtration qui se superpose aux forces électriques. Ces techniques sont surtout utilisées pour les trois grandes catégories de biomolécules : les polypeptides (protéines), les oligonucléotides (fragments d'ADN ou d'ARN) et les mono- et polysaccharides (hydrates de carbone).

8.4.4 Électrophorèse à focalisation isoélectrique (*CIEF*)

Cette technique également connue en électrophorèse sur support, consiste à créer un gradient de pH linéaire dans un capillaire à paroi traitée contenant un ampholyte. Le capillaire plonge dans H_3PO_4 à l'anode et dans NaOH à la cathode. Chaque composé

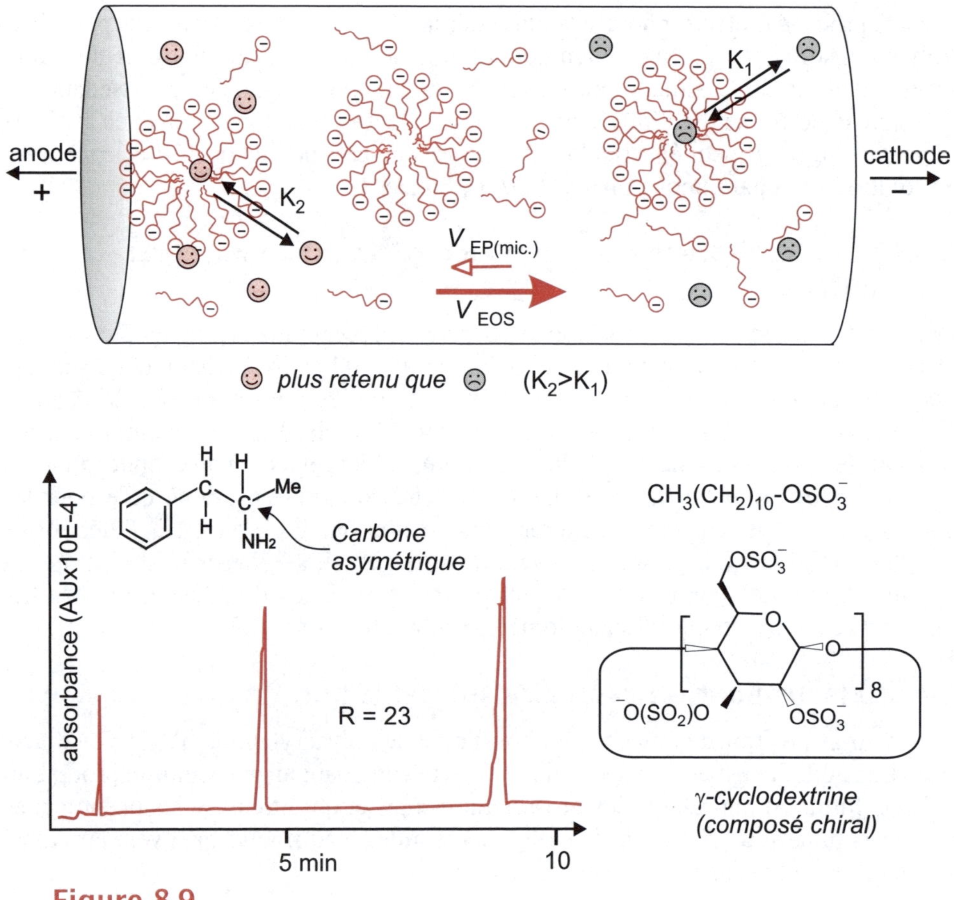

Figure 8.9

Séparation de composés neutres par usage de surfactants.
La partie lipophile du surfactant, généralement un alkylsulfonate, retient plus ou moins efficacement les divers analytes (ici $K_2 > K_1$). Les micelles insolubles présentes, bien que chargées négativement, sont lentement entraînées vers la cathode par la phase aqueuse sous l'effet du flux électro-osmotique. Elles forment une phase quasi-stationnaire, particularité de cette technique appelée MEKC (pour *Micellar ElectroKinetic Chromatography*). Electrophorégramme d'un échantillon d'amphétamine racémique en présence d'un électrolyte (NaH_2PO_4 25 mMol – pH 2,5) contenant 5% de gamma-cyclodextrine polysulfatée. A ce pH le flux électroosmotique est faible, si bien que les molécules de cyclodextrine, contrairement à l'exemple précédent, entraînent *vers l'anode* les molécules d'amphétamines retenues dans leur cavité hydrophobe. Les deux énantiomères conduisent à deux complexes diastéréomères dont les stabilités sont différentes. L'anode doit être raccordée du côté où se situe le détecteur.

migre et se focalise au pH qui a même valeur que son potentiel isoélectrique (au pI, sa charge nette est nulle). Ensuite, sous l'effet d'une pression hydrostatique et en maintenant le champ électrique, on déplace les espèces séparées vers le détecteur. Les résolutions élevées obtenues avec ce procédé, permettent notamment de séparer des peptides dont les pI ne diffèrent que de 0,02 unité pH.

8.5 Performances

Les performances de l'électrophorèse capillaire sont intrinsèquement comparables à celles de la chromatographie liquide qu'elle complète utilement pour les séparations de bio-molécules. La sensibilité est très grande : en employant un mode de détection basé sur la fluorescence déclenchée par laser, on peut déceler quelques milliers de molécules vraies après dérivatisation. La mise au point d'une séparation revient à trouver un milieu tampon adapté au problème à résoudre. La quantité requise d'échantillon est très faible et la consommation de réactifs ou de solvants est négligeable (fig. 8.10).

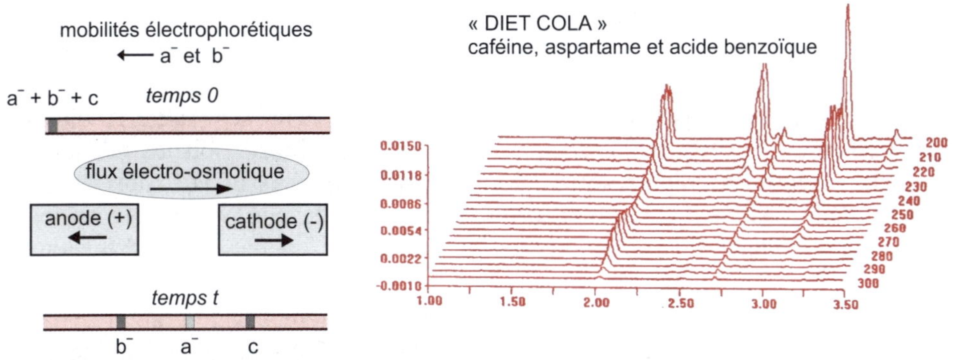

Figure 8.10

Séparation électrocinétique de trois espèces a^-, b^- et c.
On a choisi ici un flux électro-osmotique se dirigeant vers la cathode et entraînant avec lui toutes les espèces, chargées ou neutres. Les espèces négatives bien qu'attirées par le pôle positif, ne peuvent vaincre le flux électro-osmotique et se déplacent par conséquent vers la cathode. Séparation de la caféine (c) et des anions de l'aspartame (a^-) et du benzoate (b^-), d'un échantillon de DIET-COLA ; présentation sous forme d'un électrophorégramme 3D (reproduit avec l'autorisation de la société TSP).

Cependant la reproductibilité des analyses est moins sure qu'en CLHP car beaucoup de facteurs subtils peuvent affecter la répétabilité des volumes injectés. En utilisant un étalon interne, l'écart-type relatif (*CV*) est de l'ordre de 2 % dans la méthode d'introduction hydrostatique. Quand l'efficacité *N* des séparations est suffisamment grande, il devient possible de séparer les isotopes d'un même élément (fig. 8.11).

À la frontière de la chimie classique, l'ECHP dans sa version *lab-on-a-chip* intéresse les biologistes moléculaires pour analyser les produits de *PCR* (Polymerase Chain Réaction) et de dégradation des protéines.

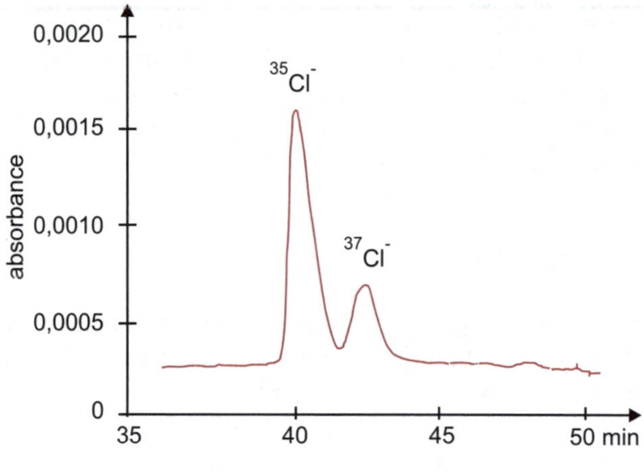

Figure 8.11

Séparation des isotopes du chlore.
Lorsque l'efficacité devient très grande, les isotopes d'un même élément conduisent à deux pics bien séparés comme dans cet exemple. Conditions : capillaire de 75 μm/47cm. $V = 20$ kV, $T = 25$ °C, électrolyte : chromate/borate pH = 9,2. Lucy, *T*. McDonald, *Anal. Chem.* 1995, **67**, 1074).

Les paramètres de séparation (efficacité, facteur de capacité, sélectivité, résolution) sont accessibles à partir des électrophorégrammes en utilisant soit les mêmes formules qu'en chromatographie, soit des formules spécifiques à l'ECHP. Ainsi l'expression classique, basée sur la seule diffusion, donnant l'efficacité N, qui peut atteindre 10^6 plateaux/mètre de capillaire permet de calculer le coefficient de diffusion D ($\mathrm{cm^2 \cdot s^{-1}}$) du soluté choisi.

Ce dernier paramètre est relié à la dispersion σ et au temps de migration t_m par la loi d'Einstein ($\sigma^2 = 2D \cdot t_m$). On accède à la relation 8.7 (ou 8.8 si on élimine t_m en utilisant l'expression 8.4) :

$$D = \ell^2/2\,Nt_m \qquad (8.7) \qquad \text{ou} \qquad D = \frac{\mu_\mathrm{app}}{2\,N} \cdot V \cdot \frac{\ell}{L} \qquad (8.8)$$

La relation 8.8 montre que l'efficacité croît avec la différence de potentiel appliquée.

Les macromolécules, dont les facteurs de diffusion sont plus petits que pour les petites molécules, conduisent à de meilleures séparations (fig. 8.12).

Enfin en ECHP, la résolution R entre deux pics peut être calculée en faisant intervenir l'efficacité N, la différence de vitesse de migration entre les deux solutés et leur vitesse moyenne (8.9). Comme N, la résolution dépend donc de V.

$$R = \frac{1}{4}\sqrt{N} \cdot \frac{\Delta v}{\overline{v}} \qquad (8.9)$$

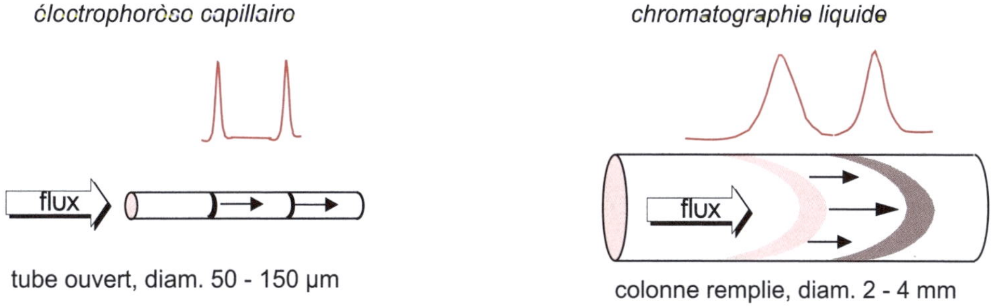

Figure 8.12

Comparaison des effets conjugués de la diffusion et du mode de progression de la phase mobile en ECHP et en CLHP.

La diffusion, qui croît comme le carré du diamètre du tube, est donc plus petite en électrophorèse qu'en chromatographie liquide, surtout s'il s'agit en plus de composés de masse moléculaire élevée. D'autre part, en EC, l'électrolyte est tracté par la paroi, alors qu'il est poussé en ECHP, autrement dit en EC le profil du flux hydrodynamique est plan, presque parfait et non parabolique comme en CLHP.

8.6 Électrochromatographie capillaire (ECC)

En associant l'électromigration des ions, propre à l'électrophorèse, et les effets du partage entre phases, propre à la chromatographie, on a développé sur ce concept, une méthode hybride de séparation miniaturisée appelée électrochromatographie capillaire, très performante dans le domaine des biomolécules.

La mise en œuvre nécessite un capillaire rempli avec une phase stationnaire constituée par des particules de très petit diamètre (1 à 3 µm). Il peut s'agir de particules à base de silice ou de polymères polaires ou de diverses structures poreuses continues (colonnes monolithiques). Le rôle de la phase stationnaire est double : elle agit comme un matériau retenant plus ou moins les composés (ex. RP-18) et, en outre, elle aide à la migration de l'électrolyte (fig. 8.13). Il faut donc qu'il subsiste, sur la surface externe des particules, suffisamment de groupements polaires (silanols par exemple) pour produire un flux électro-osmotique, afin que le remplissage se comporte de façon analogue à la paroi d'un capillaire non traité.

En électrochromatographie, il n'y a pas de perte de charge : chaque ion H_3O^+ migre de lui-même sous l'effet du champ électrique, la pompe devient donc inutile, alors qu'en chromatographie liquide, il en faudrait une travaillant sous une pression de près d'un millier de bars pour faire passer la phase mobile au travers d'une telle colonne.

Un changement de composition de la phase mobile intervient à la fois sur le flux électro-osmotique et sur la sélectivité.

Le facteur de séparation est très élevé mais un certain nombre de problèmes demeurent, dont l'effet des modifiants organiques sur le flux électro-osmotique et le contrôle précis du volume d'échantillon introduit dans le capillaire.

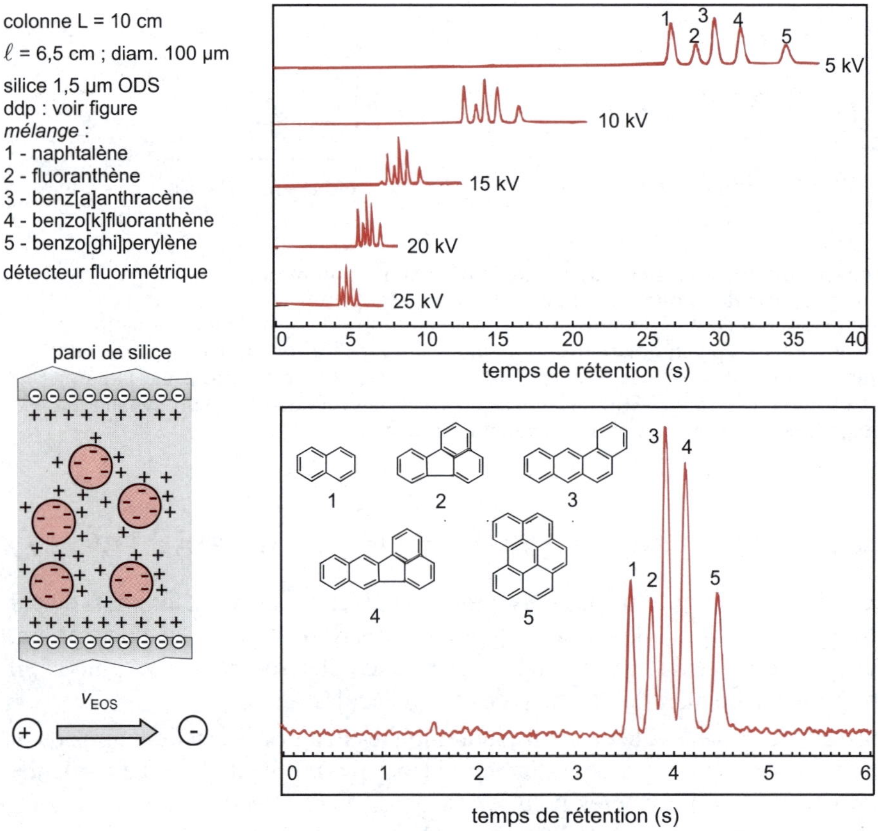

Figure 8.13

Séparation d'hydrocarbures aromatiques par électrochromatographie et représentation d'un segment de capillaire rempli.

Les différents essais de séparation d'un même mélange de composés neutres en faisant varier la tension vérifient, en première approximation, la relation existant entre tension et vitesse du flux électro-osmotique. Dans cet exemple, l'emploi d'une colonne très courte et d'une tension élevée permet la séparation, en quelques secondes (pour $V = 28$ kV) avec une bonne résolution d'un mélange de composés non ionisés. On atteint une grande efficacité par ce procédé (D.S. Anex et Coll., *Anal. Chem.*, 1998, **70**, 4787-92). Parmi les matériaux de remplissage des capillaires, on trouve désormais des structures polymériques continues à base de polymères utilisant des méthacrylates ou des acrylamides.

Exercices

8.1 Une installation d'électrophorèse en solution libre (CZE) comporte un capillaire de longueur totale $L = 32$ cm et de longueur effective $\ell = 24{,}5$ cm. La tension appliquée est de 30 kV. Dans les conditions de l'expérience réalisée le temps de migration t_{mn} d'un marqueur neutre est de 3 min.

a) Calculer la mobilité électrophorétique μ_{EP} d'un composé dont le temps de migration apparent est de 2,5 min. Préciser les unités employées.

b) Dans ces conditions, calculer le coefficient de diffusion de ce composé, en admettant que l'efficacité calculée est $N = 80\,000$.

8.2 On considère une installation d'électrophorèse capillaire comportant un capillaire de verre de silice non-traitée, à « paroi négative », de $L = 1$ m de longueur totale et de $\ell = 90$ cm de longueur utile (jusqu'au détecteur). La différence de potentiel appliquée aux bornes du capillaire est de 20 kV. Le détecteur est situé vers l'extrémité cathodique du capillaire. L'électrolyte est un milieu tampon de pH = 5. Un composé présent dans l'échantillon a un temps de migration $t_m = 10$ min.

a) Peut-on en déduire si la charge nette portée par ce composé est positive ou négative ?

b) Calculer la mobilité électrophorétique apparente μ_{app} de ce composé.

c) Sachant qu'un marqueur neutre a un temps de migration t_{mn} de 5 min, en déduire la valeur du flux électro-osmotique μ_{EOS}.

d) Calculer la mobilité électrophorétique μ_{EP} du composé. En déduire le signe de sa charge nette.

e) Que se passerait-il si on utilisait un capillaire à paroi traitée pour la rendre neutre ?

f) En supposant que le pI du composé soit de 4, quel sera le signe de sa charge nette si on abaisse le pH de l'électrolyte à 3 ?

g) Calculer N pour le composé étudié sachant que $D = 2 \times 10^{-5}$ cm$^2 \cdot$ s^{-1}.

h) Connaissant la relation entre l'efficacité N et la diffusion D, expliquer pourquoi les petites molécules conduisent en électrophorèse capillaire à des séparations généralement moins bonnes que les grosses molécules, et pourquoi les séparations sont d'autant meilleures que le diamètre du capillaire est plus étroit.

8.3 En EC, lorsque le capillaire contient un gel d'acrylamide en plus de l'électrolyte, on observe que la vitesse de migration est ralentie par un effet mécanique de filtration par le gel. Le phénomène est d'autant plus important que la molécule est plus grosse. On considère que la relation suivante est vérifiée :

$$\log M = a \cdot v + b$$

a et b sont deux constantes et M représente la masse moléculaire (Da) d'une molécule migrante dont la vitesse est v.

Dans une expérience destinée à mettre à profit cette relation pour calculer la masse moléculaire d'une protéine inconnue, on utilise deux témoins d'étalonnage :

- l'ovalbumine ($M = 45\ 000$ Da) dont la vitesse de migration est de 1,5 $cm \cdot min^{-1}$
- la myoglobine ($M = 17\ 200$ Da), dont la vitesse est de 5,5 $cm \cdot min^{-1}$.

Dans cette même expérience, la protéine inconnue a une vitesse de migration de 3,25 $cm \cdot min^{-1}$.

Calculer sa masse en daltons.

Partie II

Méthodes spectrométriques

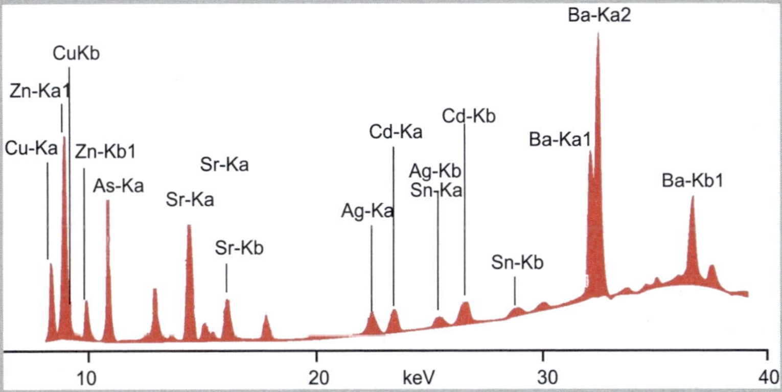

Les inventeurs de la colorimétrie

La colorimétrie visuelle, une des plus anciennes méthodes d'analyse, déjà appliquée du temps des Grecs et des Romains, a commencé à prendre un caractère scientifique quand Pierre Bouguer, en 1729 émit le postulat selon lequel « si une certaine épaisseur d'un verre coloré absorbe la moitié de la lumière issue de la source, une épaisseur de verre double réduit cette lumière au quart de sa valeur initiale. »

Trente années plus tard, Jean-Henri Lambert (1728-1777) en fit la traduction mathématique : « le logarithme de la diminution de lumière (soit l'équivalent de l'inverse de la transmittance) est égal au produit de l'opacité du milieu par son épaisseur ».

Enfin en 1850, Auguste Beer établit la relation entre concentration et densité optique (on dit maintenant absorbance), ce qui a conduit à la forme actuelle de la loi de Lambert et Beer. Parmi les différents dispositifs imaginés pour effectuer des dosages par colorimétrie visuelle, un des plus originaux fut décrit par Jules Duboscq en 1868. Cet instrument qui a été utilisé jusque vers les années 1960 permet de juxtaposer dans un même champ visuel, grâce à un système de prismes, les intensités lumineuses ayant traversé deux cuves identiques dont l'une contient l'échantillon de concentration C_X et l'autre un témoin connu (concentration C_R). L'expérimentateur ajuste la hauteurs h_X de la solution à doser de telle façon qu'il atteigne l'égalité de teinte avec la solution témoin servant de référence (hauteur h_R). Dans ces conditions les absorbances sont égales.

Si $A_R = A_X$, on aura :

$$\varepsilon \cdot h_R \cdot C_R = \varepsilon \cdot h_X \cdot C_X$$

On en déduira C_X, concentration cherchée.

Ce comparateur à pénombre conduit à la concentration de l'espèce cherchée en exploitant la loi de Beer et Lambert par comparaison des épaisseurs traversées. L'observateur peut repérer l'égalité des teintes avec une grande précision.

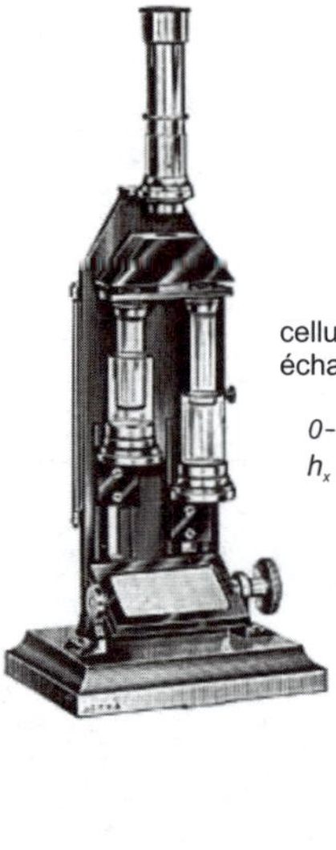

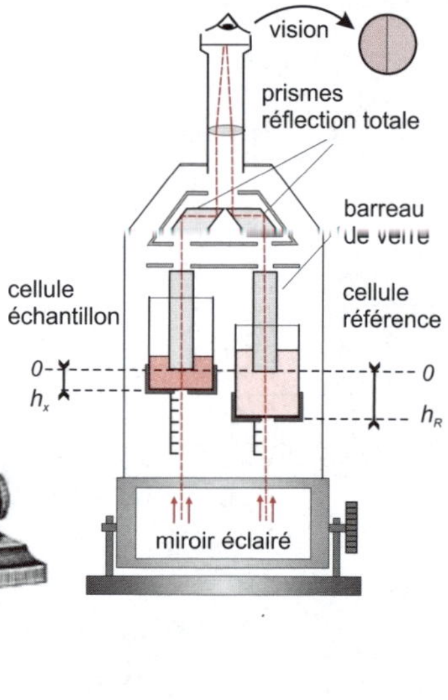

9 SPECTROMÉTRIE D'ABSORPTION DE L'ULTRAVIOLET ET DU VISIBLE

L'absorption des radiations lumineuses par la matière dans la plage spectrale s'étendant du proche ultraviolet au très proche infrarouge, soit entre 185 et 1 100 nm, a été abondamment étudiée d'un point de vue fondamental. Cette partie du spectre est désignée par l'« UV/Visible », parce qu'elle englobe les radiations perceptibles par l'œil humain. D'une manière générale elle apporte peu d'informations structurales, mais elle a, en revanche, beaucoup d'applications en analyse quantitative. Les calculs de concentration qui découlent de la loi de Beer et Lambert ont donné naissance à la méthode connue sous le terme général de **colorimétrie**. Cette méthode apparaît comme le cheval de labour de tout laboratoire d'analyses. Celle-ci s'applique non seulement aux composés qui possèdent un spectre d'absorption dans le visible mais aussi à tous ceux qui conduisent au moyen d'un réactif spécifique à un dérivé permettant une mesure d'absorbance. Les mesures d'absorption peuvent se faire avec tout un choix d'appareils qui vont des comparateurs de couleurs et autres colorimètres visuels simples, aux spectrophotomètres automatiques adaptés à l'analyse multicomposants. De plus, la chromatographie liquide et l'électrophorèse capillaire ont favorisé le développement de détecteurs UV/Visible perfectionnés, à l'origine d'un mode très courant d'obtention des chromatogrammes, accompagné de possibilités d'identification et de quantification des composés.

9.1 LE DOMAINE SPECTRAL UV-VIS ET L'ORIGINE DES ABSORPTIONS

Ce domaine spectral est divisé en trois plages de longueurs d'onde appelées *proche UV (185-400* nm), *visible* (400-700 nm) et *très proche infrarouge* (700-1 100 nm). La plupart des spectromètres vont de 185 à 900 nm mais pour certains appareils le domaine spectral peut s'étendre jusqu'au proche infrarouge (généralement 2 500 nm). La limite inférieure des appareils dépend à la fois de la nature des matériaux optiques utilisés et de la présence ou non sur le trajet optique de l'air ambiant, sachant que le dioxygène et la vapeur d'eau absorbent de manière intense en dessous de 190 nm.

Quelques instruments, à condition d'opérer sous vide, peuvent atteindre 150 nm avec des échantillons pris à l'état gazeux. C'est le domaine de l'*ultraviolet du vide*.

L'absorption de la lumière dans ce domaine spectral a pour origine l'interaction des photons de la source lumineuse avec les électrons des liaisons des espèces présentes dans l'échantillon observé, généralement constitué de molécules.

Chaque molécule, prise individuellement, possède une énergie interne qui obéit à des règles de quantification. Quand cette molécule est exposée à des photons dont l'énergie correspond précisément à des transitions permises, ils vont pouvoir être absorbés et vont ainsi augmenter son énergie interne.

Pour être plus précis, l'énergie d'une molécule peut être exprimée comme la résultante de trois contributions distinctes : l'énergie électronique ($E_{\text{élec}}$), l'énergie vibrationnelle (E_{vib}) et l'énergie rotationnelle (E_{rot}). L'arrangement hiérarchique est tel qu'à chaque niveau électronique E correspondent plusieurs niveaux de vibration V qui eux-mêmes comportent plusieurs niveaux de rotation J. Les niveaux d'énergie correspondants sont donc très nombreux (fig. 9.1).

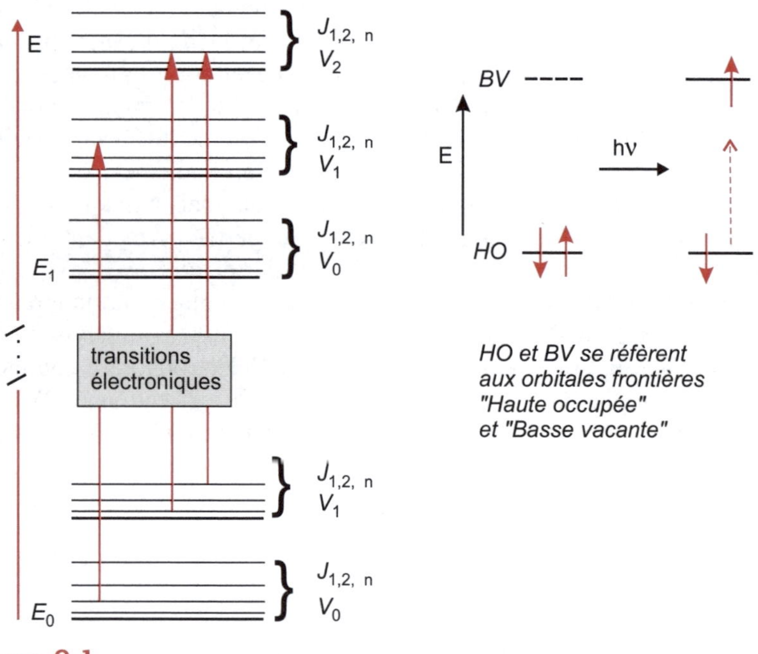

Figure 9.1

Diagramme énergétique d'une molécule et transitions électroniques associées. Sous la forme d'un diagramme d'état sont réunis les niveaux de rotation, de vibration et électronique d'une même molécule. Chaque trait horizontal correspond à un niveau d'énergie de la molécule. À l'échelle de ce dessin, les niveaux de vibration et de rotation devraient être comparativement plus resserrés, les distances étant, environ, entre elles comme les nombres 1 000 : 50 : 1. *À droite*, représentation sous forme d'un diagramme énergétique, de l'absorption d'un photon. Transfert d'un électron d'une orbitale occupée (*HO*) à une orbitale vacante (*BV*).

Avant absorption, les électrons des liaisons se trouvent en majorité dans les orbitales moléculaires de plus basse énergie. Seul l'état électronique fondamental E_0 est occupé, les états vibrationnels V_0 et V_1 sont significativement les plus peuplés ainsi que plusieurs états rotationnels $J_{1,2,..n}$ (conformément à la répartition de Boltzmann).

Sous l'action d'un rayonnement électromagnétique du domaine de l'UV-Vis, les molécules vont pouvoir absorber des photons de la source lumineuse. L'énergie correspondante est alors captée par un ou plusieurs de leurs électrons superficiels entraînant une modification des états énergétiques électroniques, de vibration et de rotation selon :

$$\begin{aligned} &\Delta E_{\text{tot.}} = \Delta E_{\text{élec}} + \Delta E_{\text{vib.}} + \Delta E_{\text{rot.}} \\ &(\text{avec} \quad \Delta E_{\text{élec}} > \Delta E_{\text{vib.}} > \Delta E_{\text{rot.}}) \end{aligned} \tag{9.1}$$

Ces perturbations sont à l'origine d'un grand nombre de transitions possibles (fig. 9.1) au cours desquelles surviennent des modifications de la polarité des liaisons, ce qui fait donner à ces spectres électroniques le nom générique de spectres *de transfert de charge.*

Tout composé observé, qu'il soit à l'état vapeur ou en phase condensée liquide ou solide, est constitué non pas d'une, mais de milliards de milliards de molécules semblables. Par suite des interactions de proximité d'une molécule à une autre, elles ne sont pas toutes dans un même état d'énergie et aucun appareil, aussi bonne que soit sa résolution, ne peut conduire à un spectre faisant apparaître les transitions individuelles. On observe donc des bandes d'absorption, larges et assez peu nombreuses. Tout au plus pour les molécules simples à l'état gazeux, il peut apparaître une *structure fine vibrationnelle (fig 9.2).* Ce graphe correspond à l'enveloppe des transitions individuelles.

Le phénomène d'absorption des photons qui est à l'origine de la spectrométrie UV se poursuit par d'autres changements de l'espèce ainsi perturbée dont certains se font avec émission de photons. La fluorescence et la phosphorescence en font partie (*cf.* chapitre 11). Cette relaxation, en libérant l'énergie reçue, explique aussi pourquoi le composé reste absorbant sans saturation.

9.2 Le spectre UV-VIS

Les spectromètres UV/Visible permettent d'obtenir le spectre des composés examinés sous la forme d'un tracé de la transmittance, ou de l'absorbance (voir définitions ci-après), en fonction de la longueur d'onde repérée en abscisses, ici en nanomètres ou plus rarement en fonction du nombre d'onde $\overline{\nu}$, en cm^{-1} $\left(\text{avec } \overline{\nu} = \dfrac{1}{\lambda}\right)$ (fig. 9.2).

En optique, la *transmittance T* est une mesure de l'atténuation d'un faisceau lumineux monochromatique basée sur la comparaison entre l'intensité lumineuse transmise (I) et l'intensité incidente (I_0) selon que l'échantillon est placé ou non sur le trajet optique entre la source et le détecteur. T est exprimée par un nombre fractionnaire ou sous forme de pourcentage :

$$T = \frac{I}{I_0} \quad \text{ou} \quad \%T = \frac{I}{I_0} \times 100 \qquad (9.2)$$

L'*absorbance* est la grandeur définie par : $A = -\log T$ (9.3)

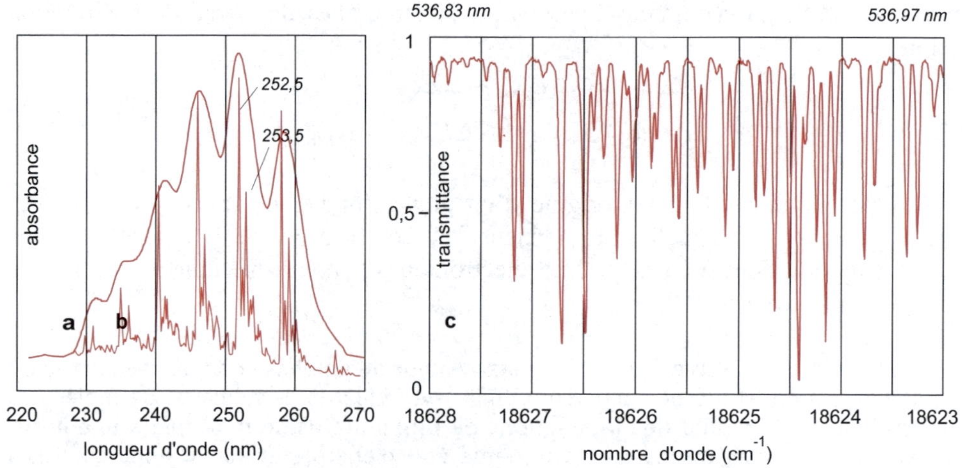

Figure 9.2

Trois aspects différents des spectres rencontrés dans l'UV/Visible.
Spectres du benzène a) en solution (spectre de bandes) ; b) à l'état de vapeur (spectre présentant une structure fine) ; c) expansion d'une partie du spectre de la vapeur d'iode haute résolution (0,14 nm d'intervalle au total).

Les spectres des composés pris en phase condensée, purs ou en solution, présentent généralement des bandes d'absorption larges et peu nombreuses. Mais les spectres obtenus à partir d'échantillons à l'état gazeux et sous faible pression font apparaître une « structure fine » (fig. 9.2b et c). Pour les composés dont la composition atomique est particulièrement simple, les transitions fondamentales apparaissent isolément si le spectromètre possède une très grande résolution. Dans ces situations extrêmes, les positions des absorptions sont repérées en cm^{-1}, unité mieux adaptée que le nm (le calcul montre, par ex., qu'il y a 110 cm^{-1} entre 300 de 301 nm).

9.3 Transitions électroniques des composés organiques

Les composés de la chimie organique forment l'essentiel des études faites en UV/visible. Les transitions observées ont pour origine les électrons des liaisons σ ou π et les doublets non-liants n des atomes tels H, C, N, O. Chaque fois qu'il en est possible, on indique pour toute bande d'absorption sa nature en relation avec les orbitales moléculaires (OM) concernées et le coefficient d'absorption molaire ε ($L \cdot mol^{-1} \cdot cm^{-1}$) calculé au maximum de la bande d'absorption.

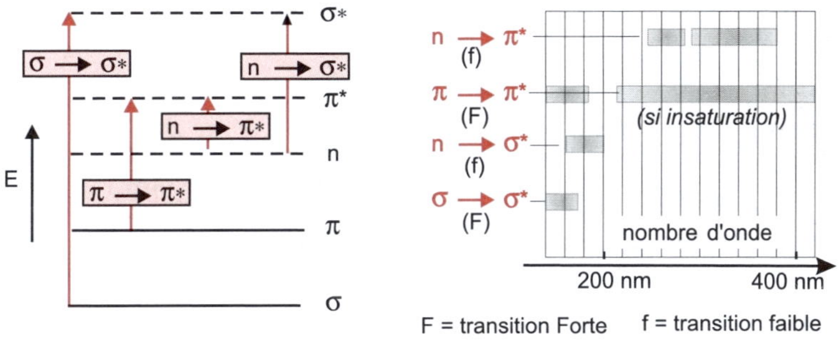

Figure 9.3
Comparatif des transitions les plus souvent rencontrées dans les composés organiques simples.
Les quatre types de transitions sont réunies sur un unique diagramme énergétique pour les situer les unes par rapport aux autres dans le cas général et pour préciser les plages spectrales concernées.

9.3.1 Transition $\sigma \rightarrow \sigma^*$

Elle apparaît dans le lointain UV car le saut d'un électron d'une OM liante σ dans une OM antiliante σ^* demande beaucoup d'énergie. C'est pourquoi les hydrocarbures saturés qui ne présentent que des liaisons de ce type, sont transparents dans le proche UV.

Exemple : *hexane (à l'état gazeux)* : $\lambda_{max} = 135$ nm (ε = 10 000).

Le cyclohexane et l'heptane sont utilisés comme solvants dans le proche UV. À 200 nm l'absorbance A d'une épaisseur de 1 cm d'heptane est égale à 1. Malheureusement, le pouvoir de solvatation de ces solvants est insuffisant pour dissoudre de nombreux composés polaires.
De même, la transparence de l'eau dans le proche UV ($A = 0{,}01$ pour $\ell = 1$ cm, à $\lambda = 190$ nm) est due au fait qu'il ne peut y avoir que des transitions $\sigma \rightarrow \sigma^*$ et $n \rightarrow \sigma^*$.

9.3.2 Transition $n \rightarrow \sigma^*$

Le saut d'un électron d'un doublet n des atomes O, N, S, Cl dans une OM σ^* conduit à une transition d'intensité moyenne qui se situe vers 180 nm pour les alcools, vers 190 nm pour les éthers ou les dérivés halogénés et vers 220 nm pour les amines (fig. 9.4).

Exemples : *méthanol* : λ_{max} 183 nm (ε = 50) ; *éther* : $\lambda_{max} = 190$ nm (ε = 2 000) éthylamine : $\lambda_{max} = 210$ nm (ε = 800) ; *chloro-1-butane* : $\lambda_{max} = 179$ nm.

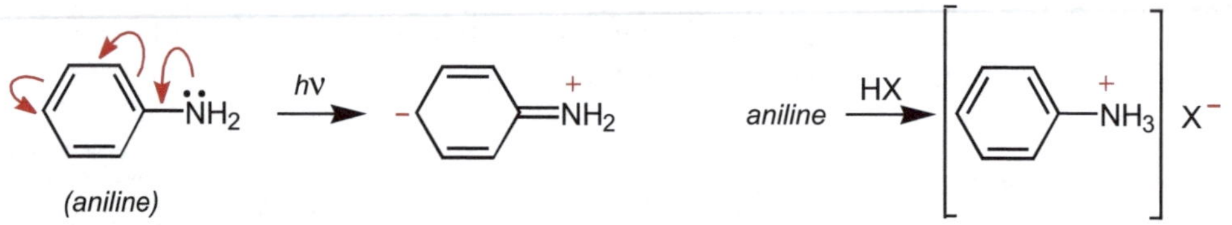

Figure 9.4

Transition $n \rightarrow \sigma^*$ de l'aniline (une amine primaire).

La transition correspond à une augmentation du « poids » de la forme mésomère polaire. L'absorption de l'aniline correspondant à cette transition disparaît si on ajoute un équivalent d'un acide protonique type HX, par suite de la formation d'un sel d'ammonium qui mobilise le doublet libre de l'atome d'azote, nécessaire à cette transition (voir la formule entre crochets).

9.3.3 Transition $n \rightarrow \pi^*$

Cette transition peu intense résulte du passage d'un électron d'une OM non liante de type n à une OM antiliante π^*. On la rencontre pour les molécules comportant un hétéroatome porteur de doublets électroniques libres et appartenant à un système insaturé. La plus connue est celle qui correspond à la bande carbonyle, facilement observable, située entre 270 et 295 nm. Le coefficient d'absorption molaire est faible.

Exemple : *éthanal* : $\lambda = 293$ nm ($\varepsilon = 12$, dans l'éthanol comme solvant).

9.3.4 Transition $\pi \rightarrow \pi^*$

Les composés qui possèdent une double liaison éthylénique isolée conduisent à une forte bande d'absorption vers 170 nm, dont la position dépend de la présence de substituants hétéroatomiques.

Exemple : *éthylène* : $\lambda_{max} = 165$ nm ($\varepsilon = 16\,000$).

Un composé transparent dans un domaine spectral, lorsqu'il est pris à l'état isolé, peut devenir absorbant s'il est mis en présence d'une espèce avec laquelle il interagit par un mécanisme du type *donneur-accepteur* (D-A). Ce phénomène est lié au passage d'un électron appartenant à une orbitale liante du donneur (qui devient un cation radicalaire) vers une orbitale vacante de l'accepteur (devenu un anion radicalaire) de niveau énergétique proche (fig. 9.5). La position de la bande d'absorption sur le spectre est fonction du *potentiel d'ionisation* du donneur et de l'*affinité électronique* de l'accepteur; la valeur de ε est en général très grande.

***Transition* d → d**

De nombreux sels inorganiques, comportant des électrons engagés dans des orbitales moléculaires **d**, conduisent à des transitions de faible absorptivité situées dans le domaine visible, responsables de colorations. Ainsi les solutions des sels métalliques de titane $(Ti(H_2O)_6]^{+++}$ ou de cuivre $[Cu(H_2O)_6]^{++}$ sont bleues, le permanganate de potassium donne des solutions violettes, etc..

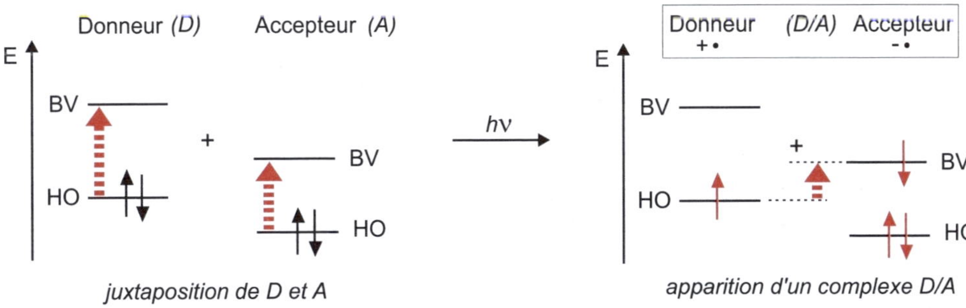

Figure 9.5
Représentation énergétique d'une interaction donneur/accepteur.
L'état excité est supposé être essentiellement sous forme ionique.

9.4 Groupements chromophores

Les groupes fonctionnels des composés organiques (cétones, amines, dérivés nitrés, etc.) responsables de l'absorption en UV/VIS sont appelés *groupements chromophores* (tab. 9.1). Une espèce formée d'un squelette carboné transparent dans le proche UV et porteur d'un ou de plusieurs chromophores constitue un chromogène.

Tableau 9.1 **Chromophores caractéristiques de quelques groupements azotés.**

Nom	Chromophore	λ_{max} (nm)	ε_{max} ($L \cdot mol^{-1} \cdot cm^{-1}$)
amine	$-NH_2$	195	3 000
oxime	$= NOH$	190	5 000
nitro	$- NO_2$	210	3 000
nitrite	- ONO	230	1 500
nitrate	$- ONO_2$	270	12
nitroso	$-N = O$	300	100

- *Chromophores isolés* : pour une série de molécules possédant le même chromophore, la position et l'intensité des bandes d'absorption restent sensiblement constantes. Si une molécule possède plusieurs chromophores isolés, c'est-à-dire n'interagissant pas l'un sur l'autre parce que séparés par au moins deux liaisons simples, on observe la superposition des effets de chacun des chromophores individuels.
- *Chromophores des systèmes conjugués* : quand les chromophores interagissent l'un sur l'autre, le spectre d'absorption est déplacé vers les grandes longueurs d'onde (*effet bathochrome*) avec augmentation de l'intensité d'absorption (*effet*

hyperchrome). Un cas particulier est celui des systèmes conjugués, c'est-à-dire des structures organiques comportant plusieurs chromophores insaturés séparés entre eux par une liaison simple. Le spectre est alors fortement perturbé par rapport à la simple superposition des effets produits par les chromophores isolés. Plus le nombre d'atomes de carbone, sur lequel le système conjugué s'étend est élevé, plus l'écart entre le niveau des orbitales frontière diminue. Cela se traduit par un effet bathochrome très important (fig. 9.6).

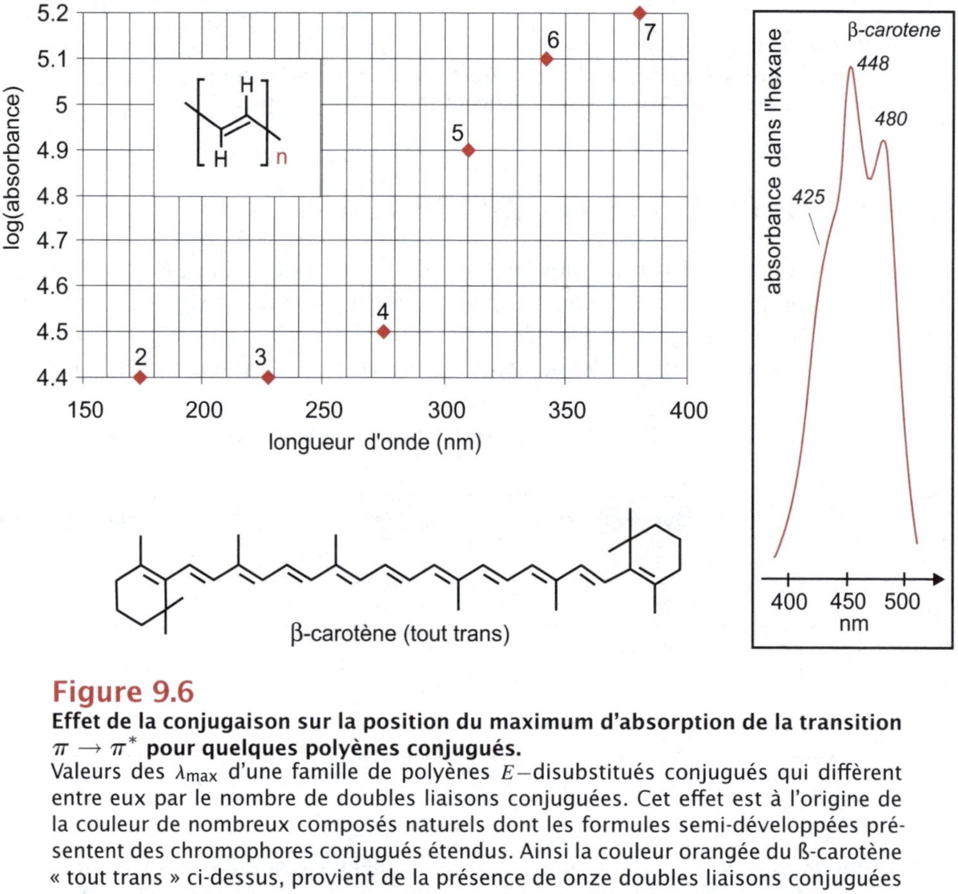

Figure 9.6

Effet de la conjugaison sur la position du maximum d'absorption de la transition $\pi \rightarrow \pi^*$ pour quelques polyènes conjugués.

Valeurs des λ_{max} d'une famille de polyènes E–disubstitués conjugués qui diffèrent entre eux par le nombre de doubles liaisons conjuguées. Cet effet est à l'origine de la couleur de nombreux composés naturels dont les formules semi-développées présentent des chromophores conjugués étendus. Ainsi la couleur orangée du ß-carotène « tout trans » ci-dessus, provient de la présence de onze doubles liaisons conjuguées (λ_{max} = 425, 448, et 480 nm dans l'hexane). Plus la délocalisation des électrons est importante, plus grand est l'effet bathochrome. Les composés aromatiques conduisent à des spectres plus complexes que les éthyléniques. Les transitions $\pi \rightarrow \pi^*$ sont à l'origine d'une « structure fine ». Le spectre de la vapeur de benzène, obtenu à partir d'une goutte déposée au fond d'une cuve en verre de silice de 1 cm de trajet optique, est un excellent test pour évaluer la résolution des appareils du proche UV (fig. 9.2). La substitution du noyau modifie, de façon très importante, l'aspect des bandes d'absorption.

9.5 Effets dus aux solvants : solvatochromie

Chaque solvant a une polarité qui lui est propre. Comme on sait que toute transition électronique modifie la répartition de la charge dans le composé en solution, il est évident que la position et l'intensité des bandes d'absorption vont varier quelque peu avec la nature du solvant employé. Les interactions solvant/soluté sont suffisamment nettes pour reconnaître le type de transition électronique mis en jeu. On distingue deux effets opposés (fig. 9.7).

9.5.1 Effet hypsochrome *(blue shift)*

Si le chromophore responsable de la transition observée est plus polaire dans son état fondamental que dans son état excité, un solvant polaire stabilisera surtout la forme avant absorption du photon par solvatation. Il faudra donc plus d'énergie pour provoquer la transition électronique concernée, d'où un déplacement du maximum d'absorption vers les courtes longueurs d'onde comparativement à ce qui se passerait dans un solvant non polaire. C'est l'*effet hypsochrome.*

Il en est ainsi pour la transition $n \rightarrow \pi^*$ du carbonyle des cétones en solution. La forme C^+–O^- (caractérisée par son moment dipolaire μ) sera d'autant plus stabilisée que le solvant sera plus polaire. L'état excité étant atteint rapidement, la cage de solvant, qui entoure le carbonyle, n'a pas le temps de se réorienter pour stabiliser la situation après absorption du photon. Ce même effet s'observe pour la transition $n \rightarrow \sigma^*$. Il est accompagné d'une variation du coefficient ε.

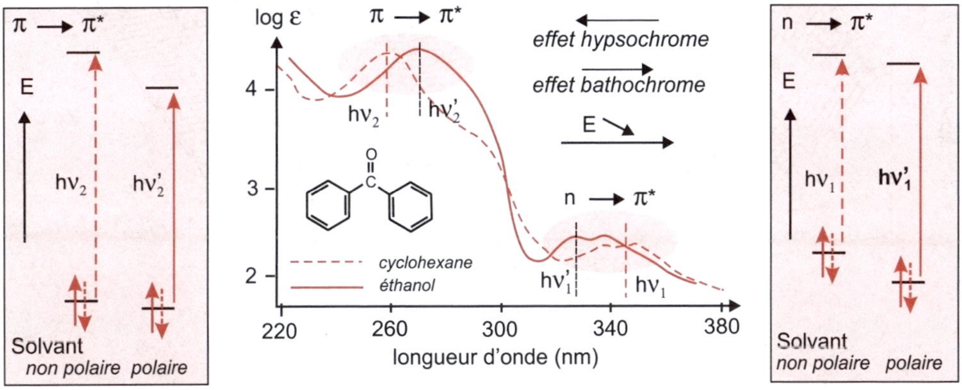

Figure 9.7
Spectres de la benzophénone dans le cyclohexane (---) et dans l'éthanol (—).
On observe ici avec deux solvants différents les effets bathochrome ou hypsochrome, sur les deux types de transitions.

9.5.2 Effet bathochrome *(red shift)*

Pour les composés peu polaires l'effet de solvant est faible. Cependant si le moment dipolaire du chromophore augmente au cours de la transition, l'état final sera plus solvaté. Un solvant polaire va ainsi stabiliser la forme excitée, ce qui favorise la transition : on observe un déplacement vers les grandes longueurs d'onde, comparativement au spectre obtenu dans un solvant non polaire. C'est l'*effet bathochrome.* Il en est ainsi de la transition $\pi \rightarrow \pi^*$ des hydrocarbures éthyléniques dont la double liaison de départ est peu polaire.

9.5.3 Effet du pH

Le pH du milieu dans lequel est dissous l'analyte peut avoir un effet important sur le spectre. Parmi les composés qui manifestent cet effet de manière spectaculaire, on trouve les indicateurs colorés dont le changement de couleur est mis à profit au cours de dosages acidimétriques (fig. 9.8). C'est ainsi que les points d'équivalence sont repérés.

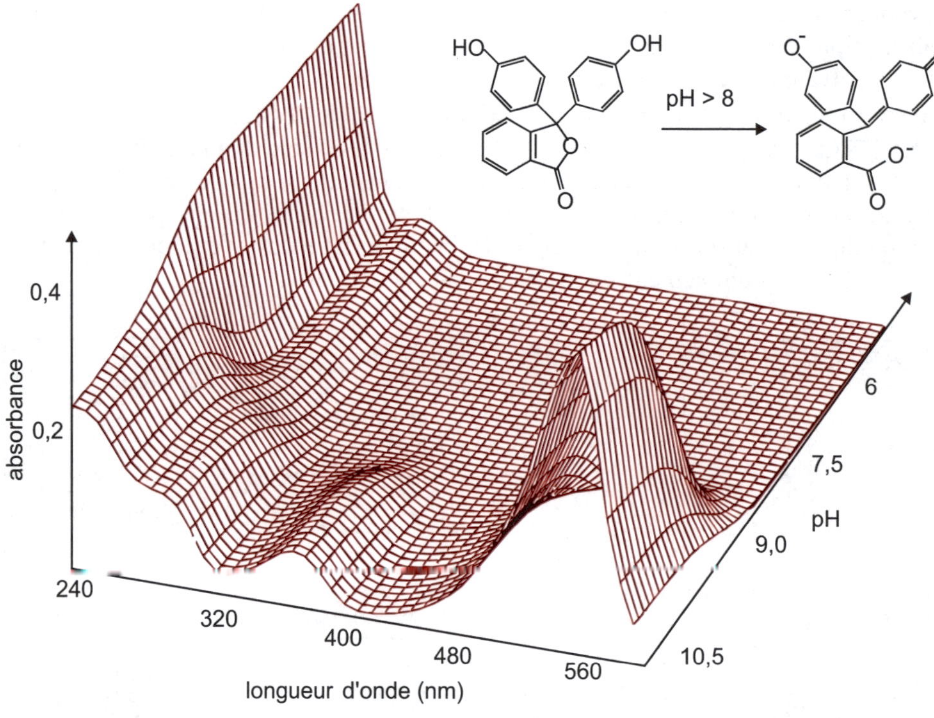

Figure 9.8
Effet du pH sur l'absorption d'une solution de phénolphtaléine.
Ce composé est incolore pour des pH inférieurs à 8 et rose vif pour des pH supérieurs à 9,5. Le graphe représenté ici en trois dimensions montre bien que pour des pH acides il n'y a pas d'absorption dans la partie visible du spectre. En revanche, c'est l'absorption vers 500 nm qui apparaît quand le pH devient alcalin, qui est responsable de la couleur bien connue de ce composé. On notera pour cet exemple, la modification des liaisons chimiques selon le pH.

L'analyse structurale à partir des spectres électroniques est assez problématique, dans la mesure où leur relative simplicité a pour corollaire un faible apport d'informations. Cependant, avant l'arrivée des puissantes méthodes d'identification que nous connaissons maintenant, la spectrométrie UV/Visible a été utilisée pour établir des corrélations entre structures et positions des maxima d'absorption. Les règles empiriques les plus connues, dues à Fieser, Scott et Woodward, concernent les composés carbonylés insaturés, les diènes et les stéroïdes.

9.6 Instrumentation dans l'UV/Visible

Un spectrophotomètre est conçu autour de trois modules : ceux de la *source* et du *système dispersif* (souvent conçu comme un monochromateur), qui constituent la partie optique et celui qui est responsable de la détection (fig. 9.9). L'ensemble est réuni dans un bâti unique. Un compartiment échantillon est inséré sur le trajet optique après ou avant le système dispersif selon la conception du montage.

Certains spectromètres sont réservés aux analyses de routine pour lesquelles il n'est pas besoin d'avoir une résolution élevée, sachant qu'en solution la plupart des composés conduisent à des spectres dépourvus de bandes fines. Il est essentiel, en revanche, que ces instruments conduisent à des mesures d'absorbance précises sur une gamme étendue de concentrations.

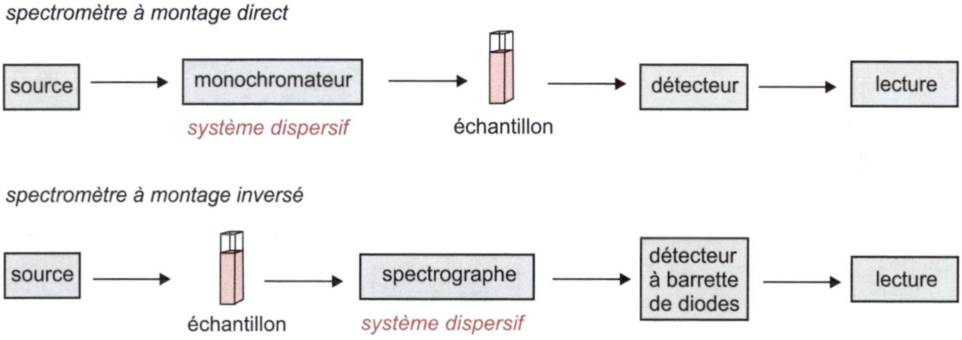

Figure 9.9
Les deux configurations de spectromètres à simple faisceau.

9.6.1 Sources lumineuses

On ne connaît pas de source lumineuse continue pouvant couvrir efficacement la totalité de la gamme spectrale concernée. C'est la raison pour laquelle beaucoup de spectromètres comportent deux lampes à usage de sources, l'une pour la partie du proche UV et l'autre pour la partie s'étendant vers le visible (fig. 9.10).

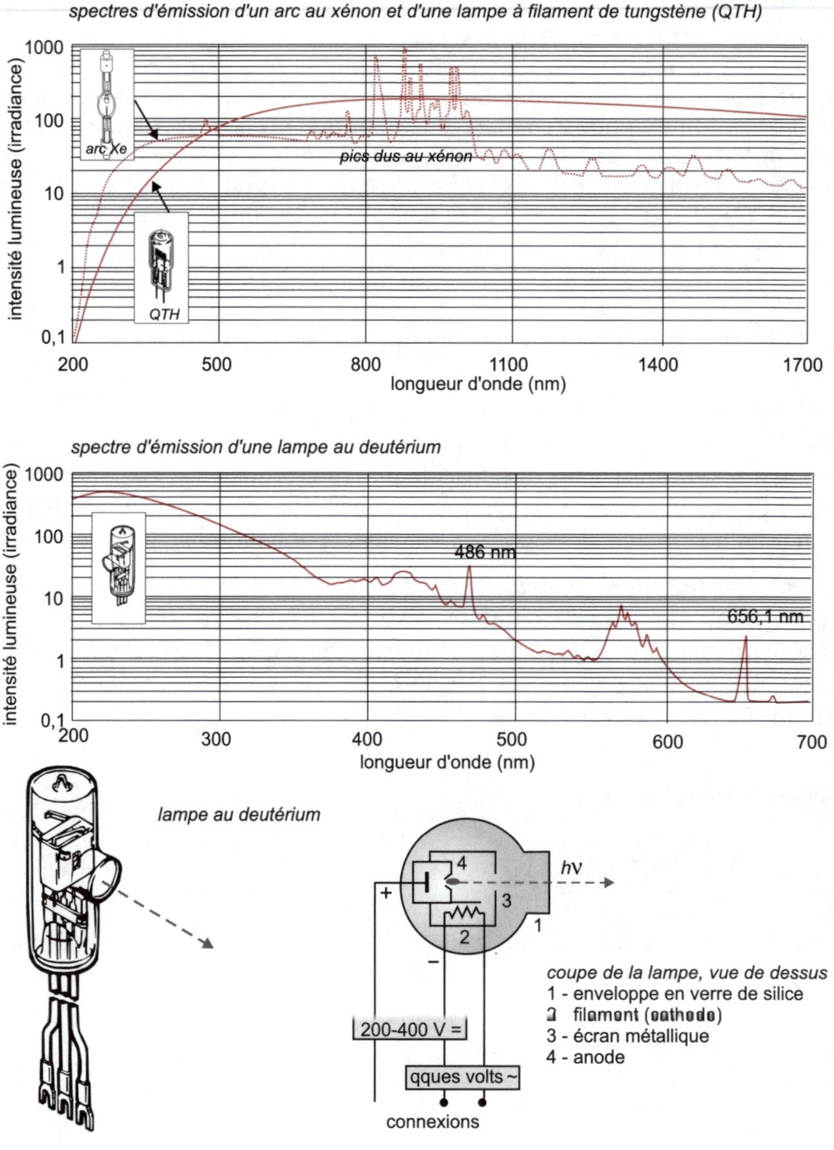

Figure 9.10

Spectres d'émission de différents types de sources dans l'UV-Visible.
L'échelle logarithmique rend compte des grandes différences d'intensité lumineuse selon les longueurs d'onde, pour les lampes sans filament. Vue générale et vue de dessus d'une lampe à deutérium (reproduit avec l'autorisation de la société Oriel). La lampe est amorcée avec une tension de 200 à 400 V. L'anode est une plaque de molybdène et la cathode est un filament d'oxydes métalliques émetteur d'électrons, alimenté sous quelques volts. Les pics d'émission du deutérium à 486,0 et 656,1 nm sont souvent utilisés pour régler les échelles de longueur d'onde des spectromètres.

On trouve généralement réunies :

- Une *lampe à arc au deutérium* sous moyenne pression pour la partie UV (< 350 nm), qui émet un rayonnement continu auquel se superposent deux raies du deutérium (entre 450 et 700 nm).
- Une *lampe à incandescence* avec un filament de tungstène et une enveloppe de verre de silice (quartz) pour la partie visible du spectre et au-delà (à partir de 350 nm). Elle contient une petite quantité d'iode, pour augmenter sa durée (lampe QTH : Quartz Tungstène Halogène). Cette source est maintenant souvent remplacée par une *lampe à arc xénon*, plus énergétique et qui de ce fait est choisie comme source unique par les constructeurs lorsqu'il s'agit d'un appareil de routine allant de 300 à 1 100 nm.

La source à deutérium comporte deux électrodes qui baignent dans une atmosphère de ce gaz (D_2 est préféré au dihydrogène H_2, pour des raisons techniques) entre lesquelles est placé un écran métallique percé d'un trou circulaire d'environ 1 mm (fig. 9.10). La circulation des électrons vers l'anode crée un courant de décharge qui provoque un arc intense au niveau de l'orifice situé près de l'anode. Soumises à ce bombardement d'électrons, les molécules de dideutérium D_2 se dissocient avec émission de photons qui forment un continuum d'émission dont les longueurs d'onde s'étendent de 160 à 500 nm.

9.6.2 Systèmes dispersifs

On en distingue deux catégories.

- *Montage direct.* Les radiations émises par la source sont dispersées par un réseau plan ou concave qui fait partie d'un montage appelé monochromateur. Ce dispositif permet d'extraire de la lumière émise par la source, un domaine étroit de son spectre d'émission. La longueur d'onde, ou plus exactement la bande spectrale qui est fonction de la *largeur de fente,* varie graduellement au cours du temps par pivotement du réseau (fig. 9.11). Pour obtenir un spectre, il faut donc effectuer un balayage en longueur d'onde ; les appareils à montage direct sont appelés *appareils séquentiels*. Les meilleures résolutions sont obtenues avec des montages comportant des monochromateurs de grandes distances focales (0,2 à 0,5 m).
- *Montage inversé.* Dans cette catégorie d'appareils dits *simultanés* l'échantillon est directement placé après la source et le monochromateur est remplacé par un dispositif appelé spectrographe. Ce dernier comporte un réseau mais ne possède pas de fente de sortie afin de laisser passer l'ensemble des radiations du domaine spectral de la source. Il est associé à un détecteur de type barrette de photodiodes ou détecteur CCD (*cf.* 9.6.4). L'absence de pièces en mouvement leur assure une très bonne stabilité et reproductibilité.

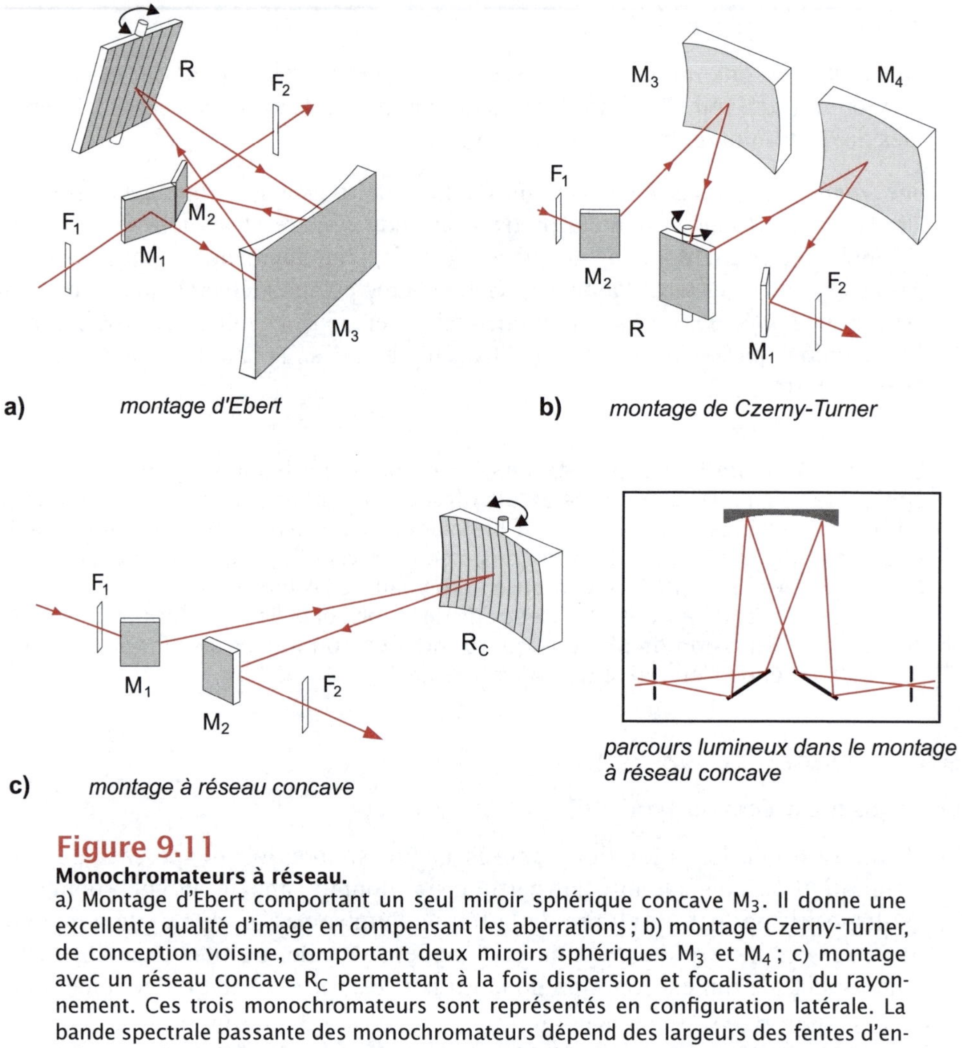

Figure 9.11

Monochromateurs à réseau.

a) Montage d'Ebert comportant un seul miroir sphérique concave M_3. Il donne une excellente qualité d'image en compensant les aberrations ; b) montage Czerny-Turner, de conception voisine, comportant deux miroirs sphériques M_3 et M_4 ; c) montage avec un réseau concave R_C permettant à la fois dispersion et focalisation du rayonnement. Ces trois monochromateurs sont représentés en configuration latérale. La bande spectrale passante des monochromateurs dépend des largeurs des fentes d'entrée F_1 et de sortie F_2.

9.6.3 Détecteurs

Le détecteur convertit en un signal électrique l'intensité de la radiation lumineuse qui l'atteint. Sa sensibilité dépend de la longueur d'onde. Pour les appareils séquentiels, les détecteurs sont des tubes photomultiplicateurs ou des semi-conducteurs (détecteur à transfert de charge ou photodiode au silicium (fig. 9.12)), les différentes longueurs d'onde étant sélectionnées par rotation du système dispersif du monochromateur.

Pour les appareils simultanés, qui ne possèdent pas de monochromateur mais un système du type spectrographe, on mesure les intensités lumineuses à toutes les longueurs d'onde pratiquement au même instant en alignant un grand nombre de détecteurs quasi ponctuels pour former une *barrette de diodes* (fig. 9.12). Le seuil photoélectrique, de l'ordre de 1 eV, permet de prolonger la plage de détection jusqu'à 1,1 μm. Ce mode de détection permet de réduire considérablement la durée d'acquisition des spectres (inférieure à la milliseconde)

L'efficacité d'un tube photomultiplicateur — dispositif très sensible dont la linéarité de la réponse s'étend sur 7 décades — dépend du rendement de la photocathode, qui varie avec la longueur d'onde (par ex. 0,1 e^-/photon à 750 nm), et de l'amplification du signal procuré par la cascade de dynodes (par exemple gain de 6×10^5). Avec ces valeurs, l'impact de 10 000 photons/*s* produit un courant de 0,1 nA. Il est difficile pour un photomultiplicateur, comme cela le serait pour l'œil, de comparer avec précision deux intensités lumineuses, en provenance pour l'une, du faisceau de référence et pour l'autre, du faisceau échantillon, lorsqu'elles sont très différentes. C'est pourquoi il est préférable que l'absorbance des solutions ne dépasse pas 1 (voir également § 9.9). Avec un instrument dont la lumière parasite est de 0,01 % (mesurée en % de transmittance), l'augmentation de la concentration de la solution ne produira plus de variations significatives du signal au delà de 4 unités d'absorbance.

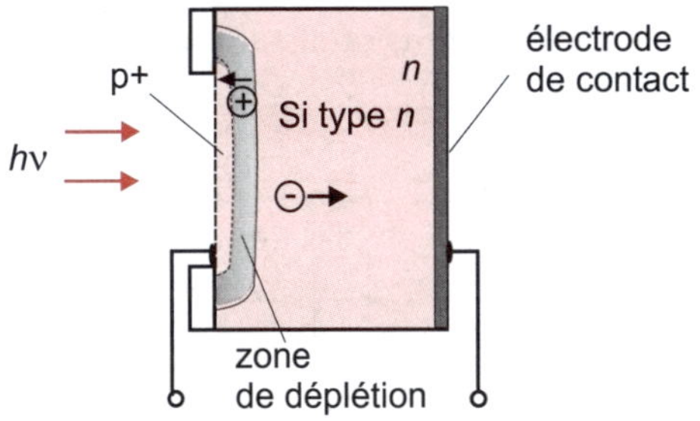

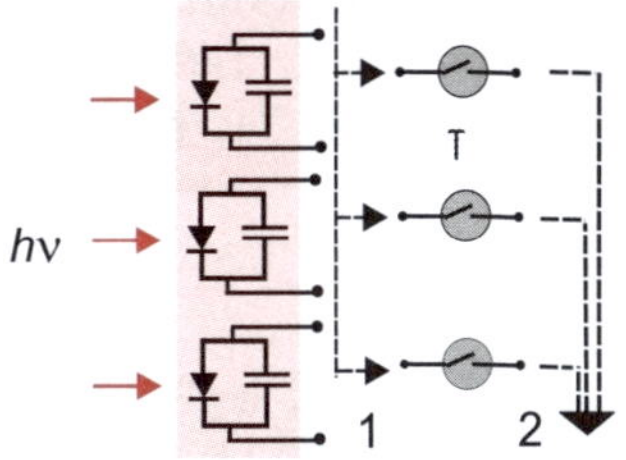

Figure 9.12

Photodiode au silicium et barrette de diodes (détecteurs CCD - Charged Coupled Device).

Chaque diode, de forme rectangulaire (15 × 25 μm), est associée à un condensateur préalablement chargé. Sous l'impact des photons la diode devient conductrice et décharge donc progressivement le condensateur. La valeur de la charge résiduelle de chacun des condensateurs dépend du nombre de photons reçus. Elle est mesurée de façon séquentielle par le circuit électronique (1 et 2). Les condensateurs sont rechargés périodiquement. À la différence du photomultiplicateur qui donne une intensité instantanée en watts, la diode permet de connaître l'énergie émise pendant un intervalle de temps en joules. La sensibilité, la linéarité et la gamme dynamique de réponse sont excellentes.

9.7 Les différentes configurations des spectromètres UV/Vis

On peut classer les appareils en deux catégories :

- les appareils à simple faisceau subdivisés en appareils à montage direct et montage inversé ;
- les appareils à double faisceau.

9.7.1 Spectromètres monofaisceau à optique directe, de type monocanal

Beaucoup de dosages de routine sont effectués à longueur d'onde fixe avec des photomètres simples munis de filtres interférentiels interchangeables ou de monochromateurs simples. La mesure de transmittance (ou d'absorbance) exige de comparer à la même longueur d'onde le signal de la source avant et après traversée de la solution échantillon. On place donc successivement sur le trajet optique un témoin correspondant au solvant seul ou une solution contenant les réactifs du dosage (mais sans le composé à doser, c'est le *blanc analytique*), puis la solution préparée à partir de l'échantillon de concentration inconnue. Ces appareils peuvent disposer d'une compensation électronique des variations d'intensité de la source (fig. 9.13) connue sous le nom de *split-beam*. Une partie de la lumière est déviée avant qu'elle n'atteigne l'échantillon, ce qui permet de stabiliser l'intensité de la source (il ne s'agit pas à proprement parler d'un faisceau de référence). Ces appareils donnent l'absorbance et calculent le plus souvent la concentration cherchée.

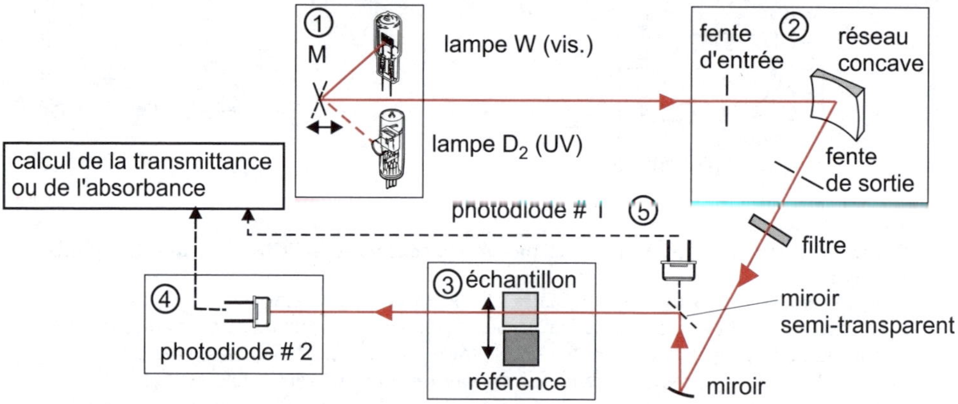

Figure 9.13

Schéma optique simplifié d'un spectrophotomètre simple faisceau de mode séquentiel.

1 : Deux sources coexistent mais une seule est choisie en fonction de la mesure. 2 : le monochromateur sélectionne la longueur d'onde de mesure. 3 : compartiment de mesure où une cellule contenant soit l'échantillon soit un blanc est placée sur le trajet optique. 4-5 : diode détectrice et diode de contrôle.

9.7.2 Spectromètres monofaisceau à optique inversée, de type multicanaux

Ce type d'appareil est apparenté aux spectrographes dans la mesure où il permet l'observation instantanée de toute l'étendue du spectre par emploi d'un détecteur composé d'un alignement de photodiodes miniaturisées, dont le nombre peut atteindre 2 000 (fig. 9.14).

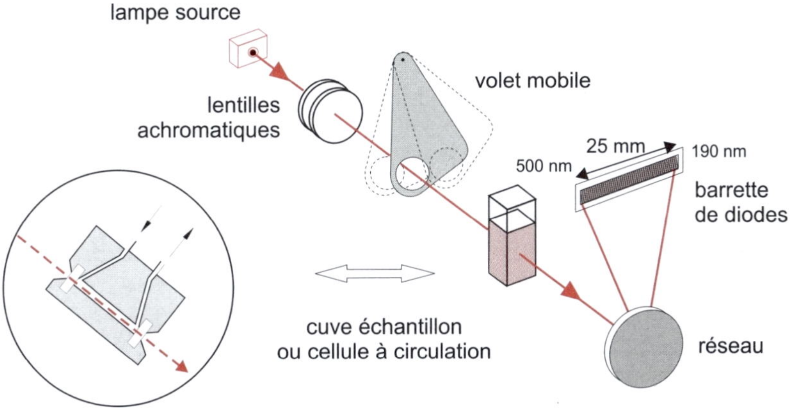

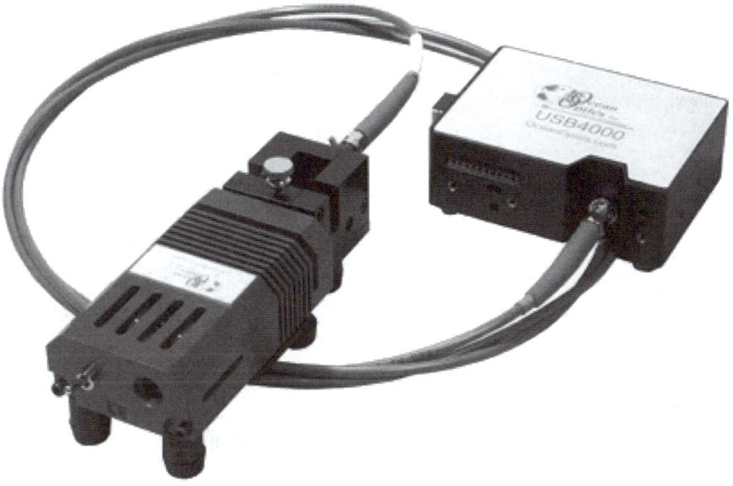

Figure 9.14

Schéma optique d'un spectrophotomètre simple faisceau illustrant le mode simultané (spectromètre à barrette de diodes).

Le volet, seule pièce mobile, permet de soustraire le bruit de fond ou « courant d'obscurité » produit lorsque aucune lumière ne vient frapper les diodes. Le montage à optique inversée permet de travailler avec le compartiment échantillon ouvert à la lumière extérieure. Ces appareils sont largement utilisés, comme détecteurs, en chromatographie liquide (*cf.* 3.8.1). En bas : exemple de réalisation d'un spectromètre miniaturisé. Une fibre optique transmet la lumière en provenance de la partie source/cellule-échantillon située à distance (Modèle CHEM4 reproduit avec l'autorisation de la société Ocean Optics Europe).

Un tel détecteur réalise une exploration séquentielle très rapide, considérée comme *quasi-simultanée,* de toute une gamme spectrale en $1/10^e$ de seconde, en consultant les signaux envoyés par les diodes dont chacune est dévolue à un petit intervalle de longueur d'onde. Le pouvoir de résolution de ces appareils sans monochromateur (donc plus lumineux) est limité par la taille des diodes.

9.7.3 Spectromètres à optique double faisceau (type séquentiel)

Les meilleurs spectrophotomètres dans ce domaine restent encore les appareils à deux faisceaux dont l'un traverse l'échantillon et l'autre sert de parcours de référence. Deux miroirs tournants en forme de secteurs, synchronisés avec le mouvement *pas à pas* du réseau, permettent au détecteur de comparer exactement pour la même longueur d'onde les intensités transmises par l'une ou l'autre des deux voies (fig. 9.15).

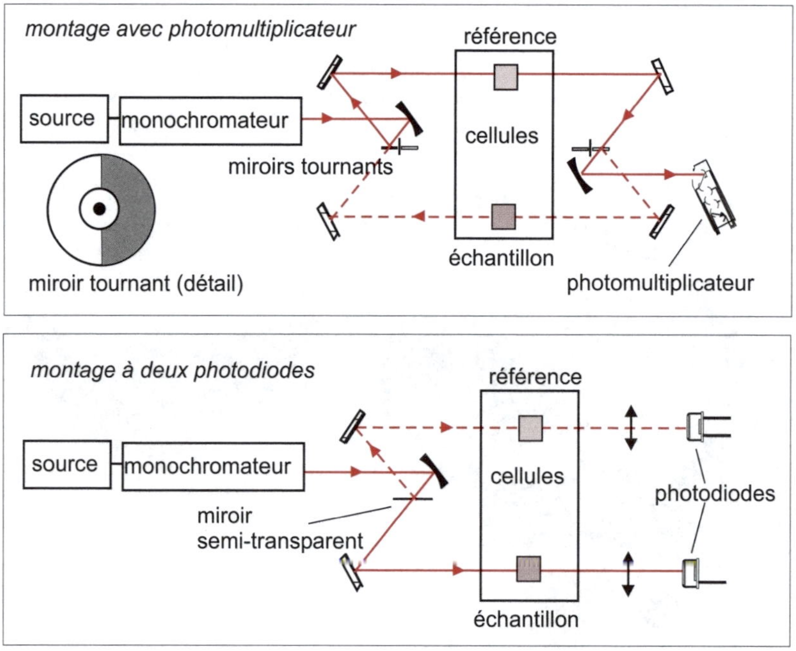

Figure 9.15

Parcours optique de deux appareils à double faisceau, entre la sortie du monochromateur et le détecteur (modèle à miroirs tournants et modèle à miroir semi-transparent).

L'agencement des appareils à miroirs tournants est à rapprocher de celui des spectrophotomètres IR, hormis le fait que la lumière issue de la source passe d'abord par le monochromateur avant d'arriver sur l'échantillon. On minimise ainsi les réactions de photolyse qui pourraient survenir par exposition prolongée à la totalité des radiations de la source. L'optique plus compacte des montages à un seul faisceau divisé associé à deux détecteurs est plus simple. Un miroir semi-transparent et fixe remplace le mécanisme délicat des miroirs tournants synchrones.

L'amplification du seul signal modulé permet d'éliminer en partie la lumière parasite. Le circuit ajuste la sensibilité du photomultiplicateur de façon inverse à l'intensité lumineuse qu'il reçoit. Un montage plus simple consiste à utiliser un miroir semi-transparent et deux photodiodes appariées. Le signal correspond à la tension nécessaire pour maintenir invariable la réponse du détecteur (principe de rétroaction ou *feed-back*). Ces appareils se caractérisent par une vitesse de balayage rapide (30 nm/s) et la possibilité de mesurer des absorbances de plusieurs unités.

Pour vérifier l'exactitude des longueurs d'onde des spectromètres, on utilise une solution à 4 % *m/v* d'oxyde d'holmium dans l'acide perchlorique 10 % *v/v*, dont on connaît la position précise des différents maxima du spectre. Les valeurs dépendent quelque peu du réglage de la largeur de bande spectrale. En effet les bandes d'absorption ne sont pas symétriques si bien que la largeur de la bande spectrale choisie pour le balayage du spectre influe sur l'énergie qui vient frapper à chaque instant le détecteur, ce qui se répercute sur l'intensité du signal, et finalement sur le tracé du spectre. Ex : en passant d'une largeur de fente de 0,1 nm à 3 nm, le maximum d'absorption à 536,47 nm passe à 537,50 nm.

Les spectrophotomètres à double faisceau permettent de faire des mesures différentielles entre l'échantillon et le blanc analytique. Ils sont préférables aux modèles monofaisceau si les solutions sont troubles. La bande passante des meilleurs appareils peut descendre à 0,01 nm.

Les composés fluorescents

Quand le composé étudié est fluorescent, le spectre d'absorption est moins intense puisque la lumière ré-émise vient se superposer à la lumière absorbée. Observée avec un montage à optique inversée, par exemple, la fluorescence de l'échantillon (soumis à la totalité du rayonnement de la source) diminue donc l'absorbance dans la partie du spectre où se situe l'émission. Par contre, avec un montage optique traditionnel, la fluorescence apparaît quand le monochromateur sélectionne la zone correspondant à l'excitation : l'absorbance sera moins intense dans cette partie du spectre enregistré. Cependant il ne faut pas grossir le problème, car la fluorescence est émise dans toutes les directions et les photons qui empruntent le trajet optique constituent une très petite partie de la lumière émise.

9.8 Cellules et dispositifs de mesure

Sur le trajet optique du spectromètre, un emplacement libre est réservé pour y placer une cellule ou un autre dispositif adapté à l'état physique de l'échantillon étudié (gaz, liquide ou solide) et au domaine spectral concerné.

Pour les deux grands type d'analyses (enregistrement d'un spectre ou mesure d'absorbance dans le cas d'un dosage), le composé se trouve en solution. Suivant la précision souhaitée on trouve tout un choix de cellules qui vont du simple petit tube cylindrique aux plaques à micropuits en passant par les cuves appariées parallélépipédiques, aux mesures très précises (fig. 9.16).

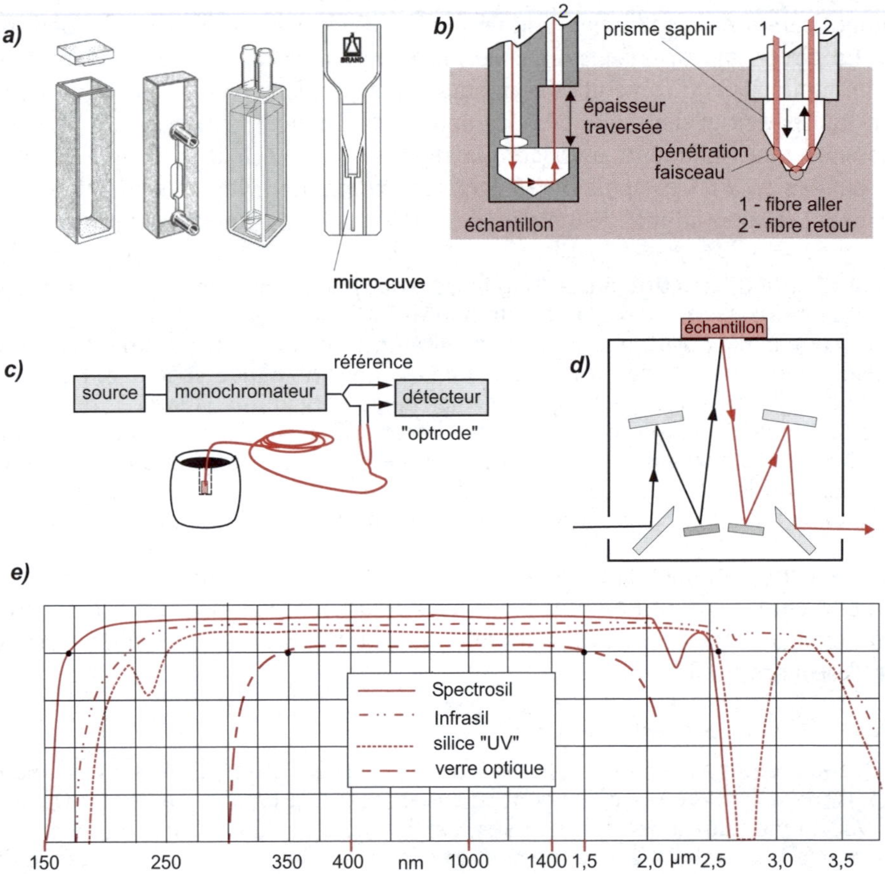

Figure 9.16

Cellules et principaux dispositifs d'échantillonnage.
a) modèles de cuves standard et à circulation pour l'étude des solutions ; b et c) modèles de sondes à immersion. Extrémités d'une sonde classique et d'une sonde de type ATR. La lumière monochromatique issue du spectrophotomètre est guidée vers une cellule à immersion puis retourne vers le détecteur. Le trajet de référence est également assuré par une autre fibre optique. Le prisme saphir a un indice plus grand que celui de la solution. Le dessin matérialise les trois réflexions du faisceau optique avec pénétration dans la solution (voir explication au § 10.9.3) ; d) trajet optique dans un dispositif de réflexion spéculaire ; e) courbe de transmittance de quatre matériaux optiques utilisés dans le domaine de l'UV-Visible.

Trois types de matériaux sont utilisés dans leur fabrication :

- Diverses variétés de silice (SiO_2) transparentes à partir de 200 nm ;
- Des verres « optiques » (silicates, borosilicates...) utilisables à partir de 320 nm ;
- Des matières plastiques variées pour les tubes et cuves à usage unique et utilisables à partir de 300 nm pour le plexiglas ou le polystyrène, etc.

Cependant il existe beaucoup d'applications qui requièrent des cellules aux formes particulières. Les trajets optiques peuvent ainsi s'étendre de quelques micromètres (cellules de détection en CLHP) à plusieurs centaines de mètres (cellules pour gaz et mesures en trajet ouvert).

Pour les examens de surface il existe comme pour l'infrarouge (chap10, § 10.9.3) des dispositifs à réflexion spéculaire (fig. 9.16). Enfin pour effectuer des mesures à distance et en continu, comme par exemple le suivi de la concentration d'un composé sur une ligne de fabrication, il existe des sondes à immersion. Ce dispositif, placé dans le compartiment réservé aux cellules classiques, comporte deux fibres optiques pour conduire et récupérer la lumière après absorption dans le milieu étudié. Il en existe deux types : par transmission pour les solutions limpides et par réflexion totale atténuée (*ATR*, voir § 10. 9.3) pour les solutions très absorbantes.

9.9 Analyse quantitative : lois de l'absorption moléculaire

9.9.1 Loi de Beer et Lambert

L'UV/Visible est largement exploité en analyse quantitative, depuis fort longtemps dans le domaine du visible. Les mesures reposent sur la loi de Beer et Lambert qui relie dans certaines conditions, l'absorption de la lumière à la concentration d'un composé en solution.

L'origine de cette loi remonte aux travaux du mathématicien français Lambert qui avait, au XVIIIe siècle, défini les bases de la photométrie. Par la suite Beer, physicien allemand du XIXe siècle, a posé une loi qui permet de calculer la quantité de lumière transmise après passage à travers une épaisseur donnée d'un composé en solution dans une matrice non absorbante.

Il en est résulté la *loi de Beer et Lambert* présentée ici sous sa forme actuelle :

$$A_\lambda = \varepsilon_\lambda \ell c \qquad (9.4)$$

A_λ désigne l'absorbance, paramètre optique sans dimension, accessible au moyen du spectrophotomètre, ℓ est l'épaisseur (en cm) de la solution traversée, c la concentration molaire et ε_λ le coefficient d'absorption molaire ($L \cdot mol^{-1} \cdot cm^{-1}$) à *la longueur d'onde* λ *à laquelle on fait la mesure*. Ce coefficient (également appelé coefficient d'absorbance) propre au composé analysé, dépend en outre de la température et du solvant. Généralement sa valeur est repérée pour la seule longueur d'onde du maximum d'absorption. Elle peut varier sur une large plage allant de quelques unités à plus de 200 000.

À l'origine de cette formule on trouve l'hypothèse de Lambert selon laquelle l'intensité I d'une *radiation monochromatique* a diminué de dI (négatif) après avoir traversé une épaisseur dx d'un matériau dont le *coefficient d'absorption* est k pour la longueur d'onde choisie (fig. 9.17), soit :

$$-\frac{\mathrm{d}I}{\mathrm{d}x} = k\, I_X \qquad (9.5)$$

En appelant I_0 l'intensité lumineuse de la radiation incidente en amont du milieu traversé d'épaisseur ℓ, l'expression 9.5 s'écrira sous la forme intégrée donnant l'intensité transmise I :

$$[\mathrm{Ln}\, I_x]_{I_0}^{I} = -k\,[x]_0^{\ell} \qquad (9.6)$$

soit

$$\mathrm{Ln}\,\frac{I}{I_0} = -k \cdot \ell \qquad (9.7)$$

ou encore :

$$I = I_0\, \mathrm{e}^{-k\ell} \qquad (9.8)$$

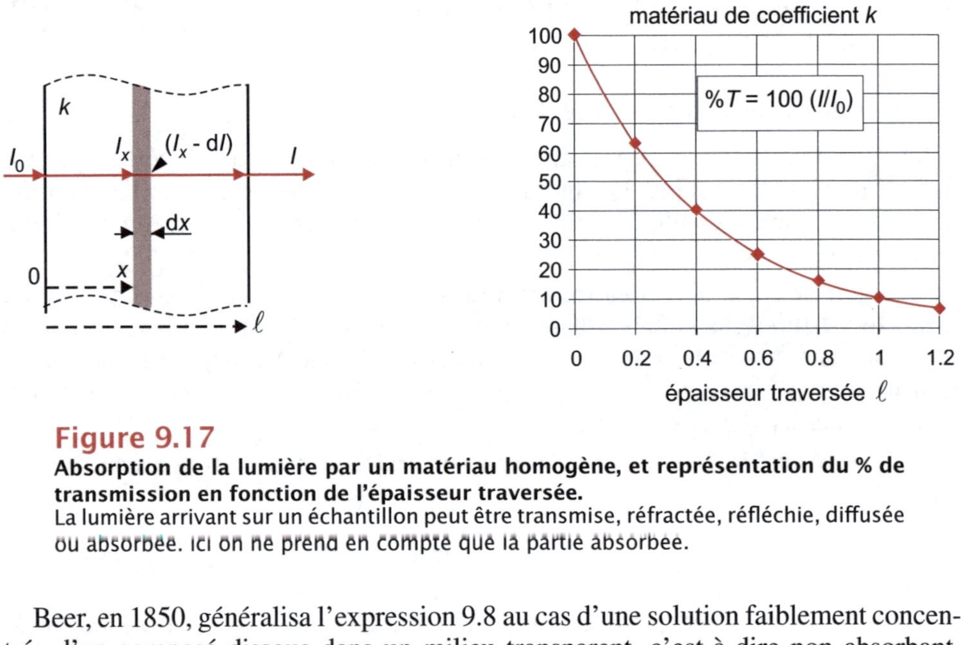

Figure 9.17

Absorption de la lumière par un matériau homogène, et représentation du % de transmission en fonction de l'épaisseur traversée.

La lumière arrivant sur un échantillon peut être transmise, réfractée, réfléchie, diffusée ou absorbée. Ici on ne prend en compte que la partie absorbée.

Beer, en 1850, généralisa l'expression 9.8 au cas d'une solution faiblement concentrée d'un composé dissous dans un milieu transparent, c'est-à-dire non absorbant, en écrivant que k était proportionnel à la concentration molaire c de ce composé (fig. 9.18).

$$k = k' \cdot c \qquad (9.9)$$

En remplaçant k par $k' \cdot c$ dans la relation 9.8, on obtient une expression qui est généralement connue sous la forme 9.4 dans laquelle l'*absorbance* A est représentée par l'une des expressions équivalentes :

$$A = \log\frac{I_0}{I} \quad \text{ou} \quad A = \log\frac{1}{T} \quad \text{ou} \quad A = \log\frac{100}{T\ \%} \quad \text{ou} \quad A = 2 - \log T\ \% \qquad (9.10)$$

La loi de Beer et Lambert, considérée à l'origine comme un postulat, a fait l'objet par la suite de nombreuses interprétations et démonstrations en partant d'hypothèses statistiques, cinétiques ou simplement logiques.

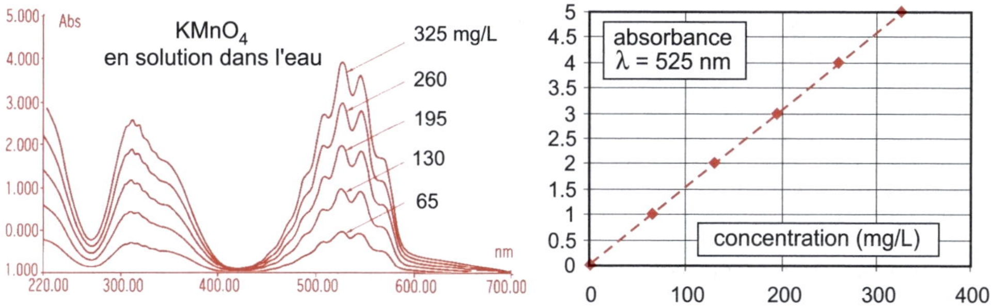

Figure 9.18
Illustration de la loi de Beer et Lambert.
Spectres de solutions aqueuses de concentrations croissantes en permanganate de potassium. Graphe des absorbances correspondantes mesurées à 525 nm montrant la croissance linéaire de ce paramètre.

Cette loi, qui ne concerne que la fraction de la lumière absorbée, n'est vérifiée que si l'ensemble des conditions suivantes est respecté :

- la lumière utilisée doit être monochromatique ;
- les concentrations doivent être faibles ;
- la solution ne doit être ni fluorescente ni hétérogène ;
- le soluté ne doit pas donner lieu à des transformations photochimiques ;
- le soluté ne doit pas donner d'associations variables avec le solvant.

Quand, pour un dosage, on se contente de mesurer l'absorbance à une seule longueur d'onde, on choisit, en général, celle qui correspond au maximum d'absorption. D'autre part, pour que l'absorbance reflète correctement la concentration, il faut que la bande spectrale $\Delta\lambda$ qui atteint le détecteur, choisie par le paramètre de l'appareil appelé *largeur de fente* ou *bande passante* (Spectral Bandwidth SBW), soit beaucoup plus étroite (10 fois) que la largeur de la bande d'absorption mesurée à mi-hauteur.

9.9.2 Additivité des absorbances

La loi de Beer et Lambert est additive (fig. 9.19). Ceci veut dire que si à une longueur d'onde λ donnée on mesure l'absorbance A, dans une cuve d'épaisseur ℓ, d'un mélange de deux composés $\underline{1}$ et $\underline{2}$ en solution dans un solvant, on obtiendra la même absorbance totale, si la lumière passe successivement à travers deux cuves d'épaisseur ℓ, placées l'une après l'autre, contenant l'une le composé 1 (Abs. A_1) et l'autre le composé 2 (Abs. A_2). Il faut bien sûr que les concentrations et le solvant soient les mêmes que pour le mélange initial (on donne ici l'indice 1 au composé 1 et l'indice 2 au composé 2) :

$$A = A_1 + A_2 = \ell(\varepsilon_1 c_1 + \varepsilon_2 c_2) \qquad (9.11)$$

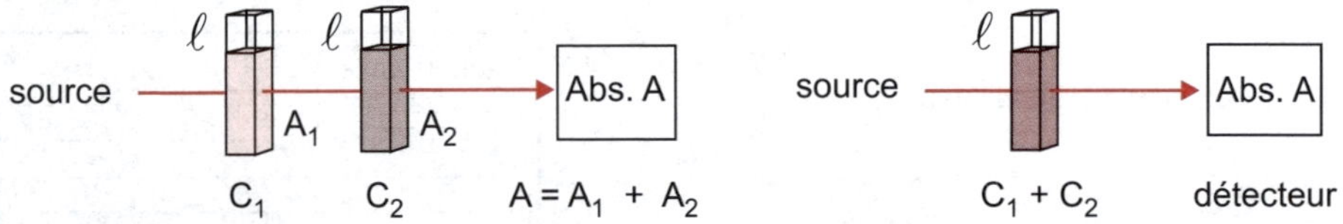

Figure 9.19
Additivité des absorbances.
Pour toute longueur d'onde, l'absorbance d'un mélange est égale à la somme des absorbances de chaque composant du mélange (pris à la même concentration) pour cette longueur d'onde.

Ce principe est illustré par l'étude des points isobestiques : considérons un composé A qui se transforme par une réaction du premier ordre en un composé B. Supposons que les spectres d'absorption de A et de B, enregistrés séparément dans un même solvant et à la même concentration, se coupent en un point I lorsqu'on les superpose (fig. 9.20). Pour la longueur d'onde du point I, les absorbances des deux solutions sont les mêmes, et par conséquent les coefficients ε_A et ε_B sont égaux ($\varepsilon_A = \varepsilon_B = \varepsilon$) Or dans ce type de transformation on a initialement A pur et pour finir B pur. Pour tout mélange intermédiaire, la concentration totale des mélanges de A et de B ne varie pas ($c_A + c_B = \text{Cste}$),

$$A_I = \varepsilon_A \ell c_A + \varepsilon_B \ell c_B = \varepsilon \ell (c_A + c_B) \qquad (9.12)$$

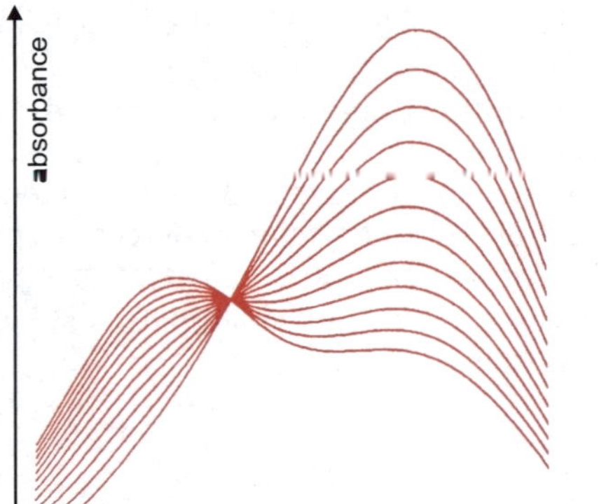

Figure 9.20
Point isobestique.
Hydrolyse alcaline à 25 °C du salicylate de méthyle. Superposition des spectres successifs enregistrés entre 280 et 350 nm à des intervalles de 10 min.

Tous les spectres des mélanges A + B formés au cours du temps passeront donc par le point **I**, appelé point isobestique, où l'absorbance *A* conservera la même valeur.

Ces réseaux de courbes concourantes se rencontrent quand on étudie le virage d'un indicateur coloré en fonction du pH, ou au cours de l'étude des cinétiques de réaction.

9.10 MÉTHODES UTILISÉES EN ANALYSE QUANTITATIVE

9.10.1 Colorimétrie

Quand un composé n'absorbe pas la lumière, il peut néanmoins faire l'objet d'un dosage photométrique si on peut le transformer préalablement à la mesure en un dérivé qui, lui, comporte un chromophore exploitable. Par cet artifice, il devient possible de doser toutes sortes d'espèces chimiques dont l'absorption est initialement soit très faible, soit dans une partie du spectre où coexistent d'autres absorptions qui interfèrent. À cette fin, la mesure d'absorbance est précédée d'une transformation chimique qui doit être à la fois spécifique, totale, rapide, reproductible et conduire à un dérivé stable en solution. C'est le principe des *tests colorimétriques.*

Le terme de colorimétrie vient de ce que les premiers dosages effectués dans ce domaine, bien avant l'invention des spectrophotomètres, se faisaient avec de la lumière naturelle (lumière blanche) et sans appareil particulier, par comparaison visuelle directe de la coloration de l'échantillon dosé avec celle de témoins de concentrations connues.

Les deux situations qui se présentent le plus souvent sont les suivantes :

- *Le composé à doser est présent dans une matrice dont certains constituants absorbent dans le même domaine spectral :* la mesure directe de l'absorbance due au seul composé est donc impossible (fig. 9.21a). Pour contourner cette difficulté, on transforme de façon spécifique le composé par une réaction totale en un dérivé dont la bande d'absorption se situe dans une région libre de toute interférence avec la matrice (fig. 9.21b).
- *Le composé à doser n'a pas de chromophore exploitable à l'état brut* (fig. 9.21c) : on fait apparaître, ici encore, un chromophore de remplacement en dérivant l'espèce initiale suivant le même principe (fig. 9.21d).

En colorimétrie, on préfère baser la mesure d'absorbance sur un chromophore situé vers les grandes longueurs d'onde, car on diminue le risque de superposition des absorptions propres aux différents composés. D'autre part, quand on fait précéder la mesure d'une réaction, il arrive qu'on ne connaisse pas la structure exacte du dérivé coloré dont on mesure l'absorbance ; néanmoins, en supposant que la réaction impliquée soit quantitative, son coefficient molaire d'absorption est accessible à partir de la concentration molaire du composé utilisé en référence.

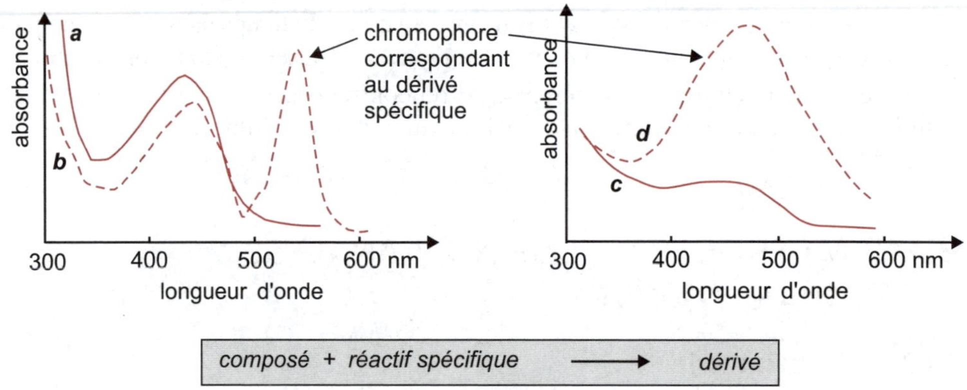

Figure 9.21
Illustration de deux situations fréquemment rencontrées.
Un composé masqué dans un mélange ou bien ne présentant pas d'absorption nette peut néanmoins être dosé par colorimétrie en faisant appel à une réaction chimique qui le transforme en un dérivé absorbant exempt d'interférences.

9.10.2 Analyse d'un seul analyte

Pratiquement, on commence par construire une courbe d'étalonnage $A_\lambda = f(c)$ à partir de solutions de concentrations connues du composé à doser, soumises au même traitement que l'échantillon. Cette courbe, le plus souvent assimilable à une droite pour les solutions diluées, permet de déduire la concentration c_X de la solution inconnue.

On se contente quelquefois de préparer une seule solution étalon. Dans ce cas on prépare une solution de référence dont la concentration c_R est telle que son absorbance A_R est légèrement supérieure à celle que l'on attend de la solution inconnue A_X (fig. 9.22).

On applique alors la formule suivante pour calculer c_X :

$$c_X = c_R \frac{A_X}{A_R} \tag{9.13}$$

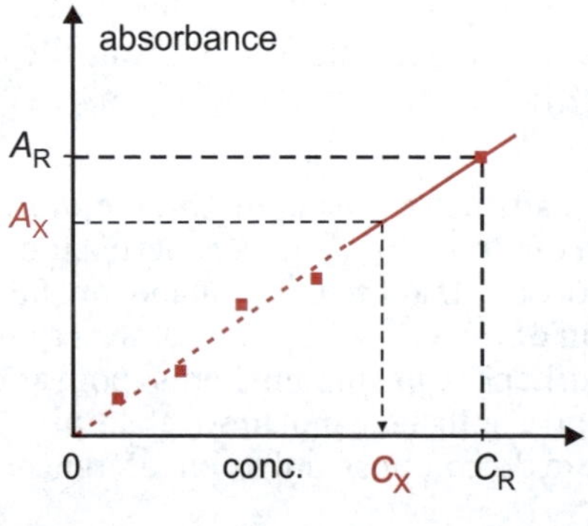

Figure 9.22
Courbe d'étalonnage
Si on se contente de préparer une seule solution de référence, ceci revient à considérer que la courbe d'étalonnage est une droite qui passe par l'origine. La précision du résultat sera d'autant meilleure que la concentration inconnue sera proche de la concentration de référence (le résultat est déterminé par interpolation).

9.10.3 Analyse de confirmation

Le calcul classique de la concentration d'un analyte à partir de la relation 9.13 conduit à un résultat erroné si l'échantillon contient une impureté ou une autre substance (absente dans la solution de référence) qui absorbe également à la longueur d'onde de mesure. Aussi, fait-on assez souvent appel à une méthode baptisée *analyse de confirmation.*

On part de la constatation que pour tout composé pur, le rapport des coefficients d'absorption, déterminés à deux longueurs d'onde, est constant et est caractéristique du composé. Donc, si on effectue une ou deux mesures d'absorbance supplémentaire(s), décalée(s) de quelques nanomètres par rapport à la mesure originale, on pourra calculer les rapports d'absorbance de la solution échantillon et les comparer à ceux qui auront été établis de la même façon avec un témoin pur. Si ces rapports sont différents, on en déduira que l'échantillon contient un autre composé que l'analyte, qui absorbe à la longueur d'onde d'étude. Il faudra alors choisir une autre longueur d'onde pour que l'analyse soit fiable.

Partant de ce principe, il est possible de contrôler l'homogénéité des pics d'élution en chromatographie liquide, à condition de disposer d'un détecteur UV permettant la mesure simultanée de l'absorbance à plusieurs longueurs d'onde (un détecteur à barrettes de diodes, par exemple). Toute variation, au cours de l'élution d'un constituant, du rapport des absorbances à deux longueurs d'onde, témoigne qu'il s'agit d'un mélange de composés sortant simultanément de la colonne (fig. 9.23). Cette méthode est cependant mise en défaut en cas de coélution parfaite de deux composés.

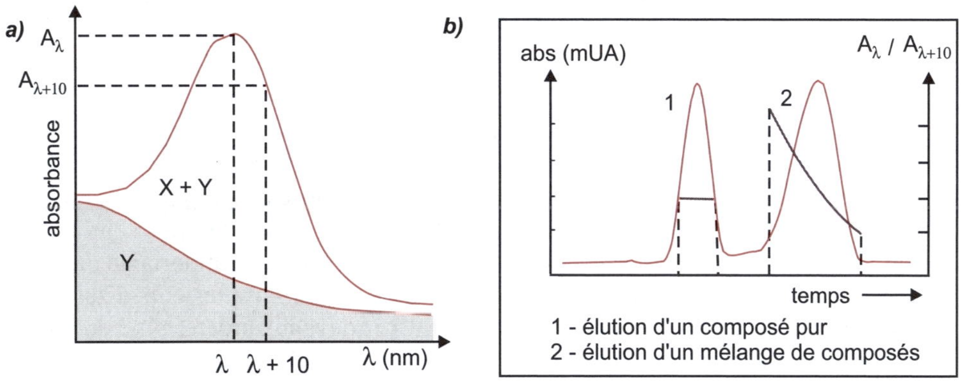

Figure 9.23

Analyse de confirmation.

a) Spectre d'un mélange (X + Y) et spectre de Y seul dans le même domaine (partie grisée) ; b) dessin illustrant un chromatogramme qui présente deux pics dont le premier est dû à un composé unique et le second à l'élution de deux composés légèrement décalés dans le temps. L'évolution du rapport des absorbances en cours d'élution permet de contrôler la pureté des composés élués. Ces variations sont habituellement mises en évidence par les logiciels sous forme de plages colorées.

9.10.4 Analyse multicomposants (MCA)

Lorsque l'on est en présence d'un mélange de composés dont les spectres d'absorption individuels sont connus, on peut en déterminer la composition. Selon la loi d'additivité (relation 9.11), le spectre du mélange correspond à la somme pondérée des spectres de chacun des constituants. La méthode classique de calcul est rappelée ici pour mémoire. Elle n'est plus utilisée telle quelle, mais au travers des outils logiciels.

- *Méthode algébrique de base*

Soit un mélange de trois composés a, b, c en solution (conc. c_a, c_b, c_c). On mesure dans un premier temps, à l'aide de solutions de référence, les absorbance de chacun des trois composés à trois longueurs d'onde λ_1, λ_2 et λ_3 afin de calculer les valeurs des coefficients d'absorbance correspondants (9 valeurs au total, de ε_a^1 à ε_c^3). On mesure ensuite les absorbances du mélange à ces trois longueurs d'onde, soit A_1, A_2 et A_3. On écrira ainsi, par application de la loi d'additivité des absorbances, le système suivant de trois équations (on suppose que le trajet optique des cuves utilisées est de 1 cm) :

$$\begin{aligned} &\text{à } \lambda_1 \qquad && A_1 = \varepsilon_a^1 c_a + \varepsilon_b^1 c_b + \varepsilon_c^1 c_c \\ &\text{à } \lambda_2 && A_2 = \varepsilon_a^2 c_a + \varepsilon_b^2 c_b + \varepsilon_c^2 c_c \\ &\text{à } \lambda_3 && A_3 = \varepsilon_a^3 c_a + \varepsilon_b^3 c_b + \varepsilon_c^3 c_c \end{aligned} \tag{9.14}$$

La résolution de ce système, qui correspond à une matrice [3 × 3], permet de trouver les trois concentrations cherchées c_a, c_b et c_c.

$$\begin{bmatrix} c_a \\ c_b \\ c_c \end{bmatrix} = \begin{bmatrix} A_1 \\ A_2 \\ A_3 \end{bmatrix} \cdot \begin{bmatrix} \varepsilon_a^1 & \varepsilon_b^1 & \varepsilon_c^1 \\ \varepsilon_a^2 & \varepsilon_b^2 & \varepsilon_c^2 \\ \varepsilon_a^3 & \varepsilon_b^3 & \varepsilon_c^3 \end{bmatrix}^{-1} \tag{9.15}$$

Cette approche donne de bons résultats quand les composés ont des spectres significativement différents, mais elle devient moins précise quand les spectres sont voisins puisqu'une petite erreur de mesure peut conduire à une variation importante du résultat. Pour cette raison les appareils à barrettes de diodes utilisent plusieurs dizaines de points de données. Le système à résoudre (rel. 9.15) devenu surdéterminé conduit à de meilleurs résultats.

- *Régression linéaire multilongueurs d'onde (méthode MLRA)*

L'analyse des mélanges a donné lieu à diverses méthodes, rendues possibles par les logiciels d'analyse quantitative qui peuvent utiliser un grand nombre de points extraits des spectres de l'échantillon à doser et des solutions d'étalonnage. À titre d'exemple est décrite, ci-après, une méthode de régression linéaire qui permet de neutraliser le bruit de fond et donc d'améliorer le résultat d'une analyse de deux composés connus, présents dans un échantillon (fig. 9.24).

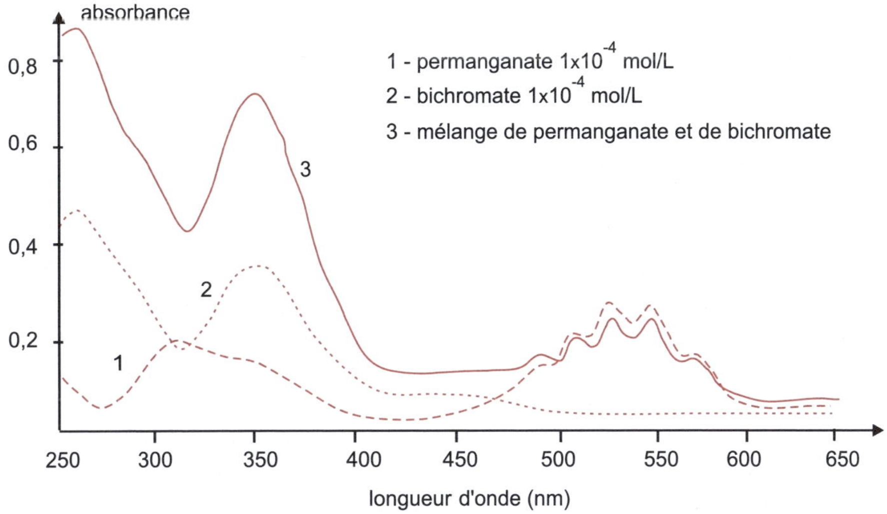

Figure 9.24

Analyse multicomposants.

Spectres d'une solution 1×10^{-4} M en permanganate, d'une solution 1×10^{-4} M de bichromate et d'une solution contenant $0{,}8 \times 10^{-4}$ M de permanganate et $1{,}8 \times 10^{-4}$ M de bichromate (d'après Bianco et Coll., *J. Chem Educ.*, 1994, 66(2), p. 178).

L'appareil utilise trois enregistrements mis en mémoire : un spectre de l'échantillon (qui contient le mélange des deux composés dont on veut trouver les concentrations) et deux spectres, dans le même domaine spectral, correspondant chacun à une solution de référence de concentration connue de l'un et de l'autre composé.

Pour chaque longueur d'onde, la loi d'additivité des absorbances permet d'écrire que l'absorbance du mélange considéré des deux composés (notés a et b), supposés n'interagissant pas l'un sur l'autre, est donnée par l'expression :

$$A = \varepsilon_a \ell c_a + \varepsilon_b \ell c_b \tag{9.16}$$

Pour chacun des deux spectres de référence, on a, en supposant que l'épaisseur des cellules de mesure est $\ell = 1$ cm :

– pour le composé a $$A_{\text{réf.a}} = \varepsilon_a \cdot c_{\text{réf.a}} \tag{9.17}$$

– pour le composé b $$A_{\text{réf.b}} = \varepsilon_b \cdot c_{\text{réf.b}} \tag{9.18}$$

Ces deux expressions permettent de calculer les coefficients d'absorption ε de chaque constituant pur, à chaque longueur d'onde considérée. On peut donc ré-écrire 9.15 sous la forme :

$$A = \frac{A_{\text{réf.a}}}{c_{\text{réf.a}}} c_a + \frac{A_{\text{réf.b}}}{c_{\text{réf.b}}} c_b \tag{9.19}$$

En divisant le premier membre par $A_{\text{réf.a}}$, on aura pour chaque longueur d'onde :

$$\left(\frac{A}{A_{\text{réf.a}}}\right) = \frac{c_a}{c_{\text{réf.a}}} + \frac{c_b}{c_{\text{réf.b}}} \cdot \left(\frac{A_{\text{réf.b}}}{A_{\text{réf.a}}}\right) \tag{9.20}$$

Le premier membre de l'expression 9.20 est donc une fonction affine du rapport des absorbances figurant au second membre. Les valeurs calculées sont sur une droite dont la pente ($c_b/c_{réf.b}$) et l'ordonnée à l'origine ($c_a/c_{réf.a}$) permettent de calculer c_a et c_b.

Le résultat sera d'autant plus précis que le nombre de points utilisés sera grand.

9.10.5 Déconvolution

D'assez nombreux logiciels de traitement de données permettent de trouver la composition de mélanges à partir des spectres. L'une des méthodes les plus connues utilise l'algorithme du filtre de Kalman des moindres carrés. Elle permet de trouver de manière automatique, par approximations successives, le spectre de la solution échantillon par addition des spectres en mémoire de chacun des composés affectés d'un coefficient de pondération (loi d'additivité des absorbances). Ce sont les méthodes connues sous les noms de PLS (*Partial Least Square*), PCR (*Principal Component Regression*), ou MLS (*Multiple Least Squares*) (fig. 9.25).

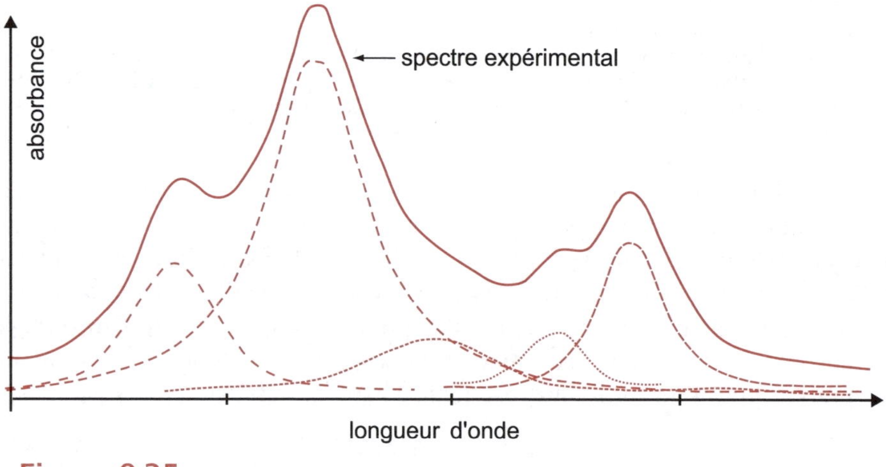

Figure 9.25
Déconvolution du spectre d'un mélange de 5 composés.
À partir du spectre expérimental du mélange, le logiciel retrouve la proportion de chacun d'eux (dont les spectres individuels sont connus par ailleurs).

9.11 MÉTHODES DE CORRECTION DE LIGNE DE BASE

Certains échantillons, tels les fluides biologiques, contiennent des particules micellaires en suspension qui créent par diffusion de la lumière (effet Tyndall) une absorption supplémentaire. Celle-ci varie de manière régulière avec la longueur d'onde (fig. 9.26).

Plusieurs méthodes cherchent à corriger ce phénomène en retranchant de l'absorbance mesurée la part qui n'est pas due à l'analyte. Il s'agit en fait de corrections de la ligne de base faites à partir de mesures réalisées à plusieurs longueurs d'onde.

9.11.1 Modélisation par une fonction polynomiale

On suppose que la variation de la ligne de base est représentable par une fonction $A = k\,\lambda^n$. Pour trouver k et n, on repère une plage où l'analyte n'absorbe pas afin que le logiciel utilise cette zone de la courbe pour calculer ces coefficients par une méthode des moindres carrés, (sachant que $\log A = \log k + n \log \lambda$). Ensuite quelle que soit la longueur d'onde du dosage, on pourra retrancher l'absorbance due au fond absorbant.

9.11.2 Méthode des trois points (Morton-Stubbs)

La méthode de Morton et Stubbs (ainsi que la méthode faisant appel aux courbes dérivées, *cf.* 9.12) permet une correction efficace de la ligne de base à condition que l'absorption sous-jacente varie linéairement dans la zone de mesure. Ainsi, dans une situation telle que celle représentée sur la figure 9.26a, il faut, pour quantifier le composé, corriger l'absorbance A_2 lue au maximum λ_2 en retranchant ce qui correspond aux valeurs notées x et y.

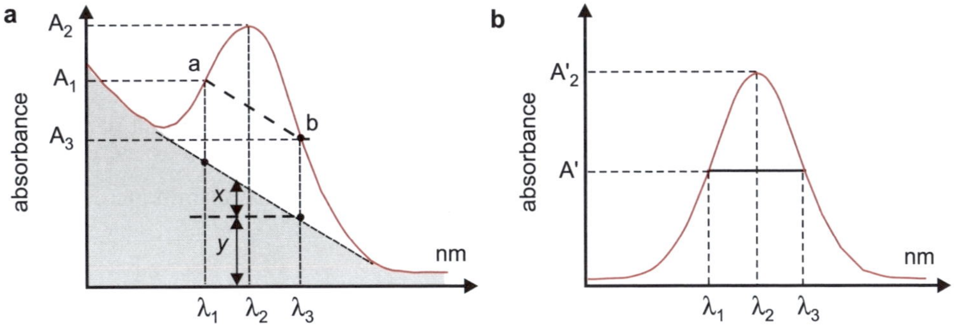

Figure 9.26
Illustration se rapportant aux calculs de la méthode de Morton et Stubbs.
a - Spectre de l'échantillon. b - Spectre de l'analyte pur.

Pour cela on va faire un spectre de référence du composé pur, afin de choisir deux longueurs d'onde λ_1 et λ_3 telles que les coefficients d'absorbance soient les mêmes (fig. 9.26b). Ainsi sur la figure, on a pour λ_1 et λ_3 la même absorbance A' et une absorbance A'_2 au maximum λ_2. On calcule le rapport R entre ces deux valeurs ($R = A'_2/A'$). On effectue ensuite, sur le spectre de l'échantillon à doser, le rapport des absorbances à ces deux mêmes longueurs d'onde. À condition d'assimiler la ligne de base à une droite de même pente que le segment ab, la valeur de x peut alors être déduite par calcul (voir figure) :

$$x = (A_1 - A_3)\frac{(\lambda_3 - \lambda_2)}{(\lambda_3 - \lambda_1)} \qquad (9.21)$$

À partir de R et du rapport A_2/A_3 de l'échantillon, on accède à y sachant que le rapport des absorbances, après correction de x et y, conserve la valeur R (fig. 9.26) :

$$R = \frac{A_2 - (x + y)}{A_3 - y}$$

soit :

$$y = \frac{RA_3 - A_2 + x}{R - 1} \tag{9.22}$$

La connaissance de x et y permet de calculer l'absorbance corrigée A selon :

$$A = A_2 - x - y$$

Cette méthode nécessite simplement de disposer d'un spectre du composé pur. Elle est indépendante de la concentration de la solution de référence et fait partie des logiciels de traitement des spectres UV.

9.12 Distribution des erreurs relatives dues aux appareils

Pour beaucoup de spectrophotomètres il est possible de faire des mesures allant jusqu'à 4 ou 5 unités d'absorbance. Sachant que ces valeurs élevées correspondent à des intensités transmises qui sont extrêmement faibles ($I/I_0 = 10^{-5}$ pour $A = 5$), on peut craindre que les résultats soient moins fiables. Il est donc important de considérer les limites techniques du matériel.

On reconnaît trois sources d'erreurs instrumentales sur la transmittance. Il s'agit de causes indépendantes qui peuvent s'ajouter (fig. 9.27) :

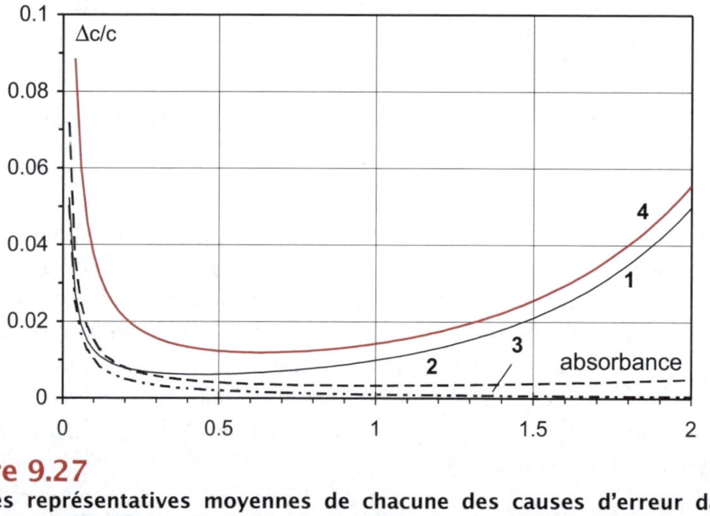

Figure 9.27
Courbes représentatives moyennes de chacune des causes d'erreur dans la mesure de l'absorbance (1, 2, 3), ainsi que la courbe globale résultant de leur somme (4) (voir texte).

- *le bruit de fond de la source lumineuse.* Ce terme ΔT_1 est considéré comme constant et indépendant de T : $\Delta T_1 = k$ (courbe 1) ;
- *le bruit de fond du photomultiplicateur.* Ce terme ΔT_2 varie en fonction de T, suivant une expression complexe, traduite par la relation suivante (courbe 2) :

$$\Delta T_2 = k_2\sqrt{T^2 + T} \tag{9.23}$$

- *les réflexions et diffusions lumineuses* sur le parcours optique de l'instrument. Ce terme est proportionnel à T : $\Delta T_3 = k_3 T$ (courbe 3).

Comme ces causes d'erreur s'ajoutent, l'erreur totale sur la concentration correspond — en admettant les trois expressions ci-dessus — à une courbe résultante dont l'ordonnée en chaque point est la somme des ordonnées des trois autres. Cette courbe passe par un minimum qui se situe généralement pour $A = 0{,}7$. Pour les dosages il est donc conseillé d'ajuster les dilutions afin que les absorbances se situent dans cette zone optimale.

À partir de la loi de Beer et Lambert il est également possible de relier l'erreur relative, faite sur la concentration c, à l'erreur relative faite sur la transmittance T (courbe 4).

$$\frac{\Delta c}{c} = \frac{1}{\ln T} \cdot \frac{\Delta T}{T} \tag{9.24}$$

9.13 Spectrométrie dérivée

Le principe consiste à calculer par un procédé mathématique les courbes dérivées des spectres pour améliorer la précision de certains dosages. Ce procédé est appliqué par exemple quand l'analyte se confond dans le spectre global du mélange dans lequel il se trouve. Les tracés des courbes dérivées sont en effet beaucoup plus accidentés que ceux des spectres d'origine (appelés *spectre d'ordre zéro*) dont ils mettent en relief les faibles variations de pente (fig. 9.28). Le processus d'obtention de la courbe

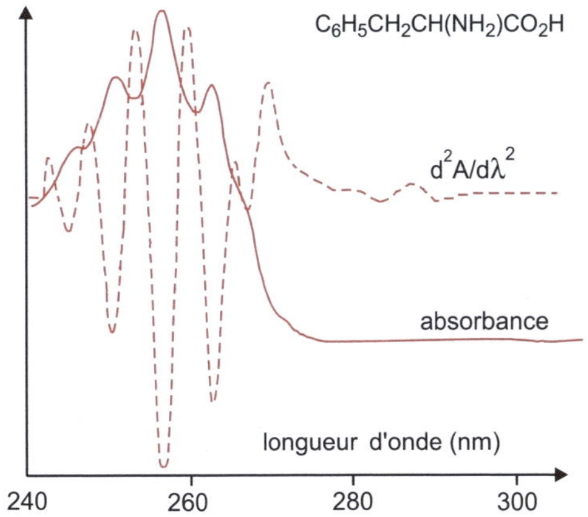

Figure 9.28
Spectre UV de la phénylalanine et courbe de sa dérivée seconde.

dérivée première, $\mathrm{d}A/\mathrm{d}\lambda = (\mathrm{d}\varepsilon/\mathrm{d}\lambda) \cdot \ell \cdot c$, peut être étendu aux dérivées successives (n^{e} dérivée).

Les logiciels des spectromètres conduisent à ces courbes dérivées par calcul, et non plus par des modifications du montage optique comme il en était à l'origine.

La courbe correspondant à la *dérivée seconde,* fait correspondre aux points d'inflexion du spectre d'ordre zéro, des points d'annulation de pente, c'est-à-dire des maxima ou des minima (fig. 9.29). La quatrième dérivée met encore mieux en évidence les faibles variations d'absorbance du spectre initial.

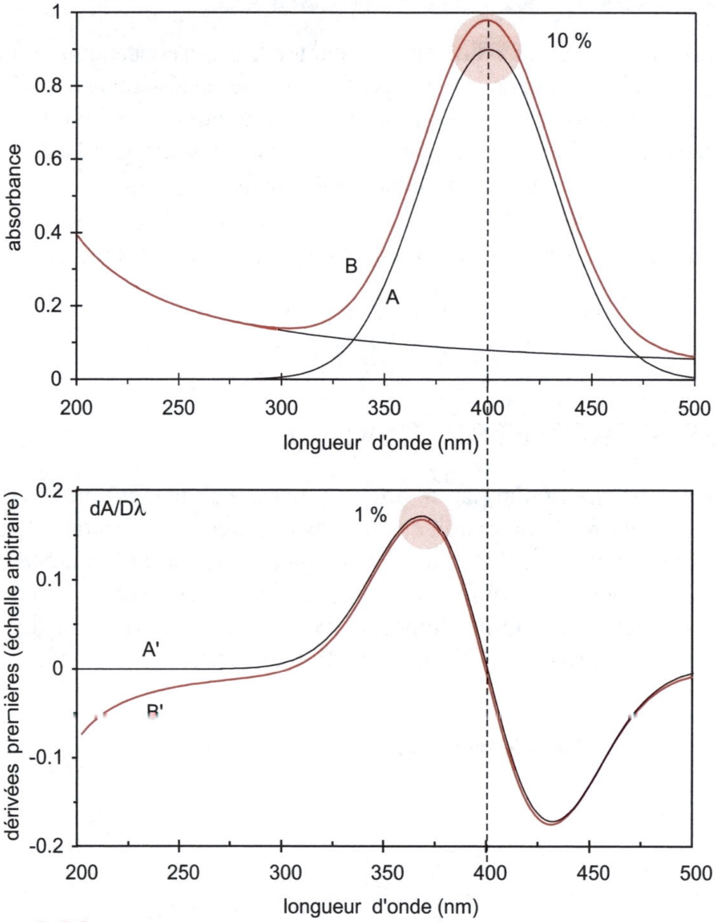

Figure 9.29

Effet d'un phénomène de diffusion sur un spectre enregistré en absorbance et sur sa courbe dérivée.

Comparaison des courbes dérivées correspondant pour A au spectre d'un composé en solution sans phénomène de diffusion et pour B au même spectre en présence de diffusion. On observe que la diffusion perturbe ici de 10 % l'absorbance mais de seulement 1 % environ la valeur de l'amplitude de la courbe dérivée (spectres modélisés à partir de fonctions correspondant à des courbes de Gauss).

De nombreux dosages gagneraient à utiliser ce principe, sachant que la conduite d'un dosage à partir des courbes dérivées n'est pas plus difficile qu'à partir des spectres en absorbance. L'amplitude entre le maximum et le minimum de la courbe dérivée n^e, est proportionnelle à la valeur de l'absorbance de la solution. La courbe d'étalonnage est établie à partir de plusieurs solutions étalons de concentrations différentes auxquelles le même traitement mathématique est appliqué, ainsi qu'à la solution échantillon. L'intérêt du procédé est manifeste dans trois situations où l'absorbance est faussée :

- si le spectre de la solution échantillon présente un décalage vers le haut par suite d'un fond d'absorption uniforme, la courbe dérivée, qui n'est sensible qu'aux variations de pente de la courbe d'ordre zéro, n'en sera nullement affectée.
- si on est en présence d'un phénomène de diffusion de la lumière au sein de la solution échantillon, qui se traduit par un fond d'absorption qui croît modérément vers les petites longueurs d'onde, là encore, les courbes dérivées seront peu affectées (fig. 9.29).
- une absorbance due à l'analyte, quasiment invisible sur le spectre original, parce que noyée dans une absorbance régulière provenant d'un effet de matrice, devient détectable.

9.14 Colorimétrie visuelle par transmission ou réflexion

La colorimétrie visuelle, utilisée depuis plus de deux siècles, est une forme simplifiée de la spectrométrie d'absorption instrumentale. Elle se pratique intensément étant donné son faible coût et sa précision bien souvent étonnante.

Les colorimètres les plus simples (fig. 9.30), utilisés pour les dosages de routine, sont des comparateurs visuels apparentés aux tubes de Nessler, d'origine bien ancienne. Ces derniers sont constitués par des tubes de verre à fond plat avec trait de jauge, que l'on remplit avec différentes solutions de concentrations étalons et éventuellement d'un agent de dérivation. La solution à analyser, placée dans un tube identique, est intercalée dans la série des témoins précédents. Ces tubes, disposés sur un fond de lumière blanche, sont observés par transparence. La concentration cherchée est intermédiaire entre celles des deux témoins dont les colorations les plus proches encadrent celle du tube contenant l'échantillon à doser. Ces tests sélectifs, prêts à l'emploi et ne nécessitant aucun appareil, complètent les méthodes établies et aident, par leur mise en œuvre immédiate, à maîtriser le flot des analyses semi-quantitatives en tous genres.

Les innombrables tests, présentés sous forme de bandelettes qui se colorent plus ou moins intensément lorsqu'elles sont trempées dans les milieux appropriés, sont autant d'applications courantes de la colorimétrie. Cependant le résultat, issu d'un examen visuel de la lumière réfléchie, est donc à rattacher à la réflectométrie plutôt qu'à la colorimétrie par transmission.

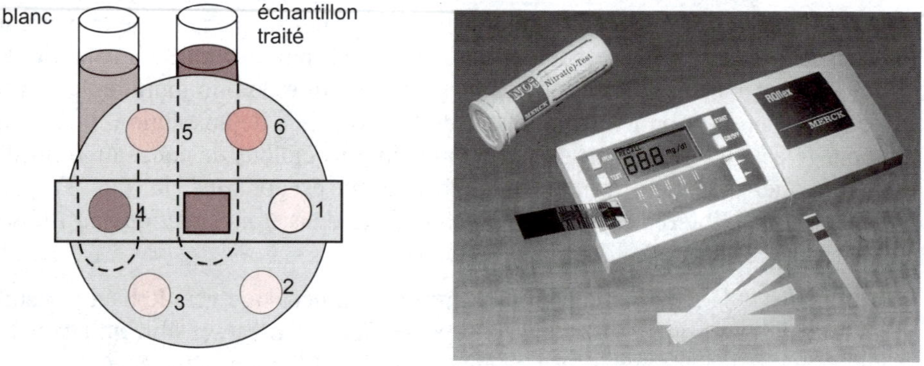

Figure 9.30

Colorimétrie visuelle.

À gauche, comparateur à disque. L'utilisation de cet appareil consiste à choisir, par rotation du porte-filtres, celui qui permet, quand il est superposé au « blanc analytique », d'égaliser au mieux les colorations des deux tubes. L'observation se fait par transparence en lumière blanche. Le tube central contient l'échantillon après traitement. Le disque est étalonné pour un dosage particulier. À droite, un réflectomètre portatif qui permet de s'affranchir de l'appréciation de l'œil humain (reproduit avec l'autorisation de la société Merck).

La néphélométrie, technique différente de la colorimétrie, fait cependant également appel à la même loi de Beer et Lambert. La méthode consiste à mettre en jeu la formation d'un précipité et, à partir de la lumière absorbée à une longueur d'onde donnée, à déterminer la concentration du précurseur. Par exemple, pour doser l'ion sulfate, on ajoute un sel de baryum soluble. Il se forme un précipité de sulfate de baryum dont on mesure l'absorbance, après avoir été stabilisé avec un polymère hydrosoluble, tel le Tween®.

Exercices

9.1 Une eau polluée contient du chrome ($M = 52\ \text{g} \cdot \text{mol}^{-1}$) à la concentration massique d'environ 0,1 ppm. On choisit, pour son dosage, le complexe Cr^{VI} avec le diphénylcarbazide ($\lambda_{max} = 540$ nm, $\varepsilon_{max} = 41\,700\ \text{L} \cdot \text{mol}^{-1} \cdot \text{cm}^{-1}$).
Proposer une valeur du trajet optique de la cuve pour que l'absorbance soit de l'ordre de 0,40.

9.2 Une solution aqueuse de permanganate de potassium ($c = 1{,}28 \times 10^{-4}\ \text{mol} \cdot \text{L}^{-1}$) a une transmittance de 0,5 à 525 nm, si on utilise une cuve de 10 mm de parcours optique.

a) Calculer le coefficient d'absorption molaire du permanganate pour cette longueur d'onde.

b) Si on double la concentration, calculer l'absorbance et la transmittance de la nouvelle solution.

9.3 Les peintures et vernis extérieurs doivent être protégés de l'effet des radiations solaires pour ralentir leur dégradation (photolyse et réactions photochimiques).

Quelle doit être la concentration, en $g \cdot L^{-1}$, d'un additif UV (M) pour que 90 % du rayonnement soit absorbé sur une épaisseur de 0,3 mm ?

Données : $M = 500\ g \cdot mol^{-1}$; $\varepsilon_{max} = 15\ 000\ L \cdot mol^{-1} \cdot cm^{-1}$ pour $\lambda_{max} = 350$ nm.

9.4 On veut déterminer la concentration ($mol \cdot L^{-1}$) de deux sels A ($Co(NO_3)_2$) et B ($Cr(NO_3)_3$) dans un échantillon inconnu en solution aqueuse. On enregistre un spectre dans le visible de chacun de ces deux composés pris isolément en solution aqueuse ainsi que de la solution échantillon à analyser. Le trajet optique des cuves utilisées est 1 cm.

Les valeurs des absorbances mesurées à 510 et 575 nm sur les trois spectres sont les suivantes : le composé A ($1.5 \times 10^{-1}\ mol \cdot L^{-1}$) présente une absorbance de 0,714 à 510 nm et de 0,0097 à 575 nm. Le composé B ($6 \times 10^{-2}\ mol \cdot L^{-1}$) présente une absorbance de 0,298 à 510 nm et de 0,757 à 575 nm. La solution à doser présente une absorbance de 0,40 à 510 nm et de 0,577 à 575 nm.

a) Calculer les 4 coefficients d'absorption molaire $\varepsilon_{A(510)}$, $\varepsilon_{B(510)}$, $\varepsilon_{A(575)}$ et $\varepsilon_{B(575)}$.

b) Calculer les concentrations molaires ($mol \cdot L^{-1}$) des deux sels A et B dans la solution échantillon.

9.5 On veut déterminer la concentration ($mol \cdot L^{-1}$) en $KMnO_4$ et $K_2Cr_2O_7$ dans une solution aqueuse inconnue par la méthode MLRA.

On prépare deux solutions de référence, l'une $KMnO_4$ ($1 \times 10^{-4}\ mol \cdot L^{-1}$) et l'autre en $K_2Cr_2O_7$ ($1 \times 10^{-4}\ mol \cdot L^{-1}$). Les spectres de la solution inconnue et des deux solutions de référence sont enregistrés entre 250 et 400 nm. Le trajet optique des cuves utilisées est 1 cm.

À partir des résultats, au nombre de 5, rassemblés dans le tableau ci-dessous :

λ (nm)	Abs.MnO_4^- (réf.)	Abs.$Cr_2O_7^{2-}$ (réf.)	échantillon
266	0,042	0,410	0,766
288	0,082	0,283	0,571
320	0,168	0,158	0,422
350	0,125	0,318	0,672
360	0,056	0,181	0,366

a) Trouver l'équation de la droite de régression

$$A_{\text{échant}}/A_{\text{permanganate}} = f(A_{\text{bichromate}}/A_{\text{permanganate}}).$$

b) Calculer les concentrations molaires ($\text{mol} \cdot \text{L}^{-1}$) en $KMnO_4$ et $K_2Cr_2O_7$ dans la solution échantillon.

9.6 Un indicateur coloré acido-basique se comporte comme un acide faible HA de constante d'acidité K_a.
On prépare diverses solutions de même concentration C_0 de cet indicateur dont on fait varier le pH sans dilution. On mesure, dans les mêmes conditions ($\ell = 1$ cm et $\lambda = 595$ nm) l'absorbance des différentes solutions préparées. On admettra que seule la forme basique absorbe à 595 nm et que la relation de Beer Lambert est utilisable pour les quatre mesures. On obtient les valeurs suivantes :

pH	8,31	8,71	9,09	12
A	0,326	0,642	1,000	1,640

Calculer la valeur de la constante d'acidité de l'indicateur.

9.7 Le fructose F réduit le molybdène VI en molybdène V (bleu de molybdène) suivant le schéma :

$$\text{F} + \text{Mo (VI)} \rightarrow \text{Mo (V)}.$$

Afin de déterminer l'ordre partiel « α » de la réaction par rapport au fructose, on ajoute à une solution de fructose un grand excès de molybdate d'ammonium. On suit la cinétique de cette réaction en mesurant, à différents instants, l'absorbance du mélange à 720 nm, longueur d'onde où seul Mo (V) absorbe.
On obtient les résultats suivants :

***t* (min)**	0	10	20	30	50	infini
A	0	0,175	0,302	0,384	0,494	0,600

Vérifier que la réaction est d'ordre 1 par rapport au fructose et calculer la constante de vitesse apparente k'.

Spectrométries infrarouge et Raman

10

La spectrométrie infrarouge et la diffusion Raman désignent en chimie analytique deux méthodes qui mettent à profit la plage des radiations électromagnétiques comprise entre 1 et 50 μm pour identifier ou doser des composés par des procédés basés sur l'absorption, la réflexion ou la diffusion de la lumière par l'échantillon. Cette bande spectrale est divisée en proche infrarouge (de 1 à 2,5 μm) et en moyen infrarouge (2,5-50 μm). Bien que le domaine du proche infrarouge soit pauvre en absorptions spécifiques, il a pris une grande importance dans les laboratoires de contrôle comme moyen d'analyse quantitative. Le domaine du moyen infrarouge est, par contre, plus riche en informations sur les structures des composés examinés. De ce fait, il est très utilisé comme procédé non destructif pour identifier les composés moléculaires organiques dont le spectre constitue l'empreinte.

Pour effectuer ces analyses, on dispose d'une panoplie d'appareils allant des spectromètres à transformée de Fourier aux divers analyseurs portables dont certains sont du type dispersif, spécialisés dans le dosage de composés prédéfinis (analyse des gaz et composés volatils). Les instruments actuels offrent de nombreuses possibilités de traitement des spectres et permettent des applications dans l'analyse de micro-échantillons structurés (microanalyse infrarouge).

Quant à la spectrométrie Raman, basée sur l'étude d'une émission lumineuse de très faible intensité, elle est longtemps restée difficile d'accès. C'est la principale raison qui l'a cantonnée aux seuls laboratoires de recherche jusqu'à ce que les progrès récents dans l'instrumentation éliminent cet handicap. Actuellement, avec une l'offre commerciale en progression, les nombreuses potentialités de cette méthode la rendent de plus en plus présente dans des secteurs variés allant des analyses de process, aux analyses sur le terrain en passant par les laboratoires polyvalents d'analyse.

10.1 Origine de l'absorption lumineuse dans l'infrarouge

Dans le proche et le moyen infrarouge, l'absorption de la lumière par la matière a pour origine l'interaction entre les radiations de la source lumineuse et les liaisons chimiques. Plus précisément, on sait que les atomes situés aux deux extrémités d'une liaison sont animés d'un mouvement de vibration l'un par rapport à l'autre et que s'ils sont différents, ils forment un dipôle électrique oscillant à cette même fréquence.

Si on irradie une telle liaison non symétrique par une source lumineuse monochromatique dont la fréquence est la même que la fréquence de vibration, il va naître une interaction avec le dipôle électrique de la liaison. Autrement dit la composante électrique de l'onde pourra transmettre son énergie à la liaison à condition qu'il y ait accord entre sa fréquence mécanique de vibration et la fréquence électromagnétique de la radiation (fig. 10.1). Cette approche simplifiée explique qu'en l'absence de dipôle permanent, ce qui est le cas des molécules telles O_2, N_2, Cl_2, aux liaisons non polaires, il n'y ait pas couplage avec l'onde électromagnétique et qu'aucune absorption d'énergie ne se produise. Ces liaisons sont dites « transparentes » dans le moyen infrarouge.

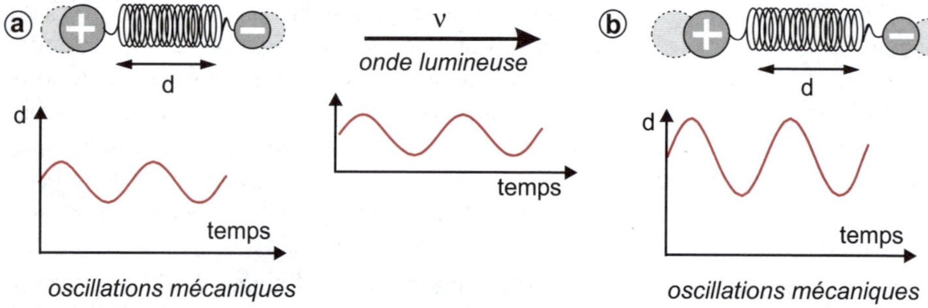

Figure 10.1
Interprétation « mécanique » de l'interaction d'une onde lumineuse avec une liaison polarisée.
La fréquence mécanique de l'onde n'est pas changée par absorption du photon, seule son amplitude croît.

10.2 Présentation des absorptions dans l'infrarouge

L'absorption de l'échantillon, qui varie suivant la longueur d'onde des radiations émises par la source, est représentée par le spectre infrarouge obtenu avec le spectromètre. L'ordonnée du graphe représente le rapport des intensités transmises, avec et sans échantillon, calculé pour chaque longueur d'onde inscrite en abscisse. Ce quotient est appelé *transmittance* T. Sur le graphe il est souvent remplacé par son pourcentage ($\%T$) ou par l'*absorbance*, $A = \log(1/T)$. Si l'étude a été faite en lumière réfléchie ou diffusée, on utilise des unités de *pseudo-absorbance* (*cf.* 10.9.3). Enfin, il est très fréquent de substituer aux longueurs d'onde leur équivalent exprimé en *nombres d'onde* $\overline{\nu}$ dont l'unité est le cm^{-1}ou kayser, (formule 10.1). La figure 10.2 correspond à un tel spectre enregistré dans le moyen infrarouge, entre 2,5 et 25 μm.

$$\overline{\nu}_{cm^{-1}} = \frac{1}{\lambda_{cm}} \qquad (10.1)$$

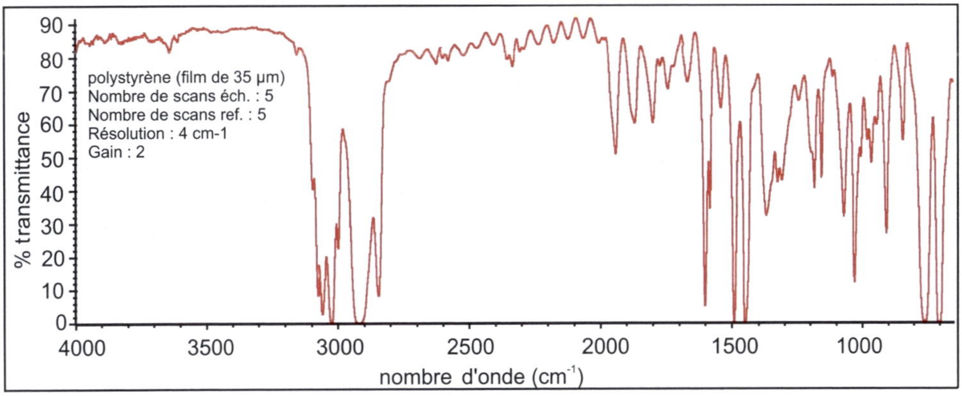

Figure 10.2

Spectre d'un film de polystyrène dans le moyen infrarouge.

Représentation habituelle d'un spectre, avec en abscisse une échelle en cm^{-1} (voir formule 10.1), linéaire sur toute l'étendue spectrale, et en % de transmittance en ordonnée (pour une observation plus aisée de la partie droite du spectre, on fait assez souvent un changement d'échelle à 2 000 cm^{-1}, voir figure 10.9). La transmittance est quelquefois remplacée par l'absorbance A ($A = -\log T$). L'échelle, en cm^{-1}, (ou kaysers) est linéaire en énergie ($E = hc/\lambda$), et va en diminuant de la gauche vers la droite (des fortes aux faibles énergies).

10.3 Bandes de vibration-rotation dans l'infrarouge

Excepté à la température de zéro Kelvin, les atomes des molécules sont en perpétuel mouvement. Chacun d'eux possède trois *degrés de liberté* si l'on se réfère aux trois coordonnées cartésiennes classiques. Tous ces mouvements confèrent à chaque molécule isolée une énergie mécanique totale. La théorie pose comme postulat qu'elle résulte de la réunion de termes quantifiés indépendants nommés énergie électronique moléculaire $E_{\text{Elec.}}$, énergie de vibration $E_{\text{Vib.}}$ et énergie de rotation $E_{\text{Rot.}}$:

$$E_{\text{Tot.}} = E_{\text{Elec.}} + E_{\text{Vib.}} + E_{\text{Rot.}} \qquad (10.2)$$

Les valeurs de ces énergies sont très différentes entre elles. Selon l'hypothèse de Born-Oppenheimer, elles peuvent varier indépendamment les unes des autres.

Dans le moyen infrarouge, une source émettant une radiation de 1 000 cm^{-1} correspond à des photons dont l'énergie est de $E = hc\overline{\nu} = 0{,}125$ eV. Si un tel photon est absorbé par une molécule, son énergie totale sera augmentée de cette valeur. La théorie montre que le terme $E_{\text{vib.}}$ sera modifié mais que le terme $E_{\text{Elec.}}$ ne sera pas perturbé.

Comme les échantillons ordinaires sont sous forme condensée liquide ou solide (purs ou en solution) et non pas sous forme d'espèces isolées, il se produit de nombreuses interactions dipôle-dipôle entre les espèces présentes, ce qui perturbe les niveaux d'énergie, et par suite les longueurs d'onde d'absorption. On est donc toujours en présence de spectres formés de pics élargis appelés bandes, pouvant s'étendre sur des dizaines de cm^{-1} qu'aucun appareil ne permet de séparer en transitions individuelles (fig. 10.2).

Seules les petites molécules di- ou triatomiques prises à l'état gazeux et sous faible pression conduisent à des spectres comportant des bandes fines et régulières dont les positions permettent de retrouver les divers états énergétiques prévus par la théorie (fig. 10.5).

10.4 MODÈLE SIMPLIFIÉ DES INTERACTIONS VIBRATIONNELLES

Pour modéliser les vibrations des liaisons, on se réfère à l'oscillateur harmonique, ensemble formé par deux masses pouvant glisser sans frottement sur un plan et réunies par un ressort (fig. 10.3). Si on écarte les deux masses d'une valeur x_0 par rapport à la distance d'équilibre R_e, et qu'on relâche le système, celui-ci se met à osciller avec une période qui dépend de la constante de raideur du ressort k ($N \cdot m^{-1}$) et des masses en présence. La fréquence approchée est donnée par la loi de Hooke (formule 10.3) dans laquelle μ (kg) représente la masse réduite du système.

$$\nu_{\text{Vib.}} = \frac{1}{2\pi}\sqrt{\frac{k}{\mu}} \tag{10.3}$$

avec

$$\mu = \frac{m_1 m_2}{m_1 + m_2} \tag{10.4}$$

L'énergie mécanique de vibration de ce modèle simple $E_{\text{vib.}}$, peut varier de manière continue. Après une élongation Δx_0 faible (mais quelconque), par rapport à la distance d'équilibre R_e, elle vaut :

$$E_{\text{Vib.}} = \frac{1}{2} k \, \Delta x_0^2 \tag{10.5}$$

Pour une liaison :

$$\overline{\nu} = \frac{1}{2\,\pi\, c}\sqrt{\frac{k}{\mu}} \tag{10.6}$$

avec :

$$\overline{\nu} = \frac{1}{\lambda} = \frac{\nu}{c} \tag{10.7}$$

Le modèle précédent est applicable à la liaison chimique qui relie deux atomes, à condition de faire intervenir l'aspect quantique qui régit les espèces aux dimensions atomiques.

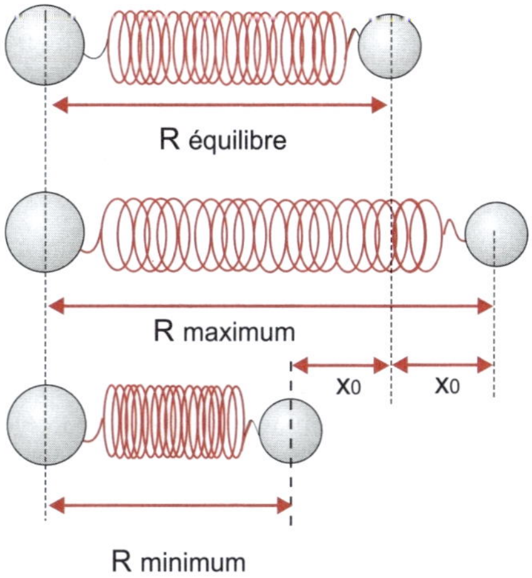

Figure 10.3
Une molécule diatomique représentée sous la forme d'un oscillateur harmonique. Le terme d'oscillateur harmonique, vient de ce que l'élongation est proportionnelle à la force exercée, alors que la fréquence ν_{Vib} en est indépendante.

Selon la mécanique quantique, l'énergie vibrationnelle d'un oscillateur harmonique est quantifiée et est fonction du nombre quantique de vibration V ($V = 0, 1, 2, ..,$ entier positif) :

$$E_{vib} = h\nu(V + 1/2) \tag{10.8}$$

Avant absorption, une très grande majorité des molécules se trouve dans l'état vibrationnel fondamental $V = 0$ (de l'état électronique fondamental E_0), soit $E_{(\text{Vib})0} = 1/2\ h\nu$ (énergie à 0 Kelvin).

L'écart qui sépare 2 niveaux de vibration successifs ($\Delta V = +1$) vaut par conséquent :

$$\Delta E = h\nu_{inc.}$$

Cet écart correspond à une transition dite de « simple quantum ». Il s'agit d'une transition permise, ce qui signifie que la liaison peut absorber un photon de cette même énergie $h\nu_{inc}$ entraînant par là une augmentation de l'énergie vibrationnelle de la molécule de ce quantum (fig. 10.4).

En d'autres termes, si la fréquence de la radiation lumineuse incidente ($\nu_{inc.}$) est identique à la fréquence de vibration de la liaison, il y aura couplage entre l'onde incidente et la molécule, ce qui se traduira par l'absorption de l'énergie transportée par l'onde électromagnétique.

Pour les différents types de liaisons, il se trouve que cet écart d'énergie correspond à l'énergie transportée par les radiations infrarouges situées entre 4 000 et 500 cm^{-1}(2,5 à 20 µm).

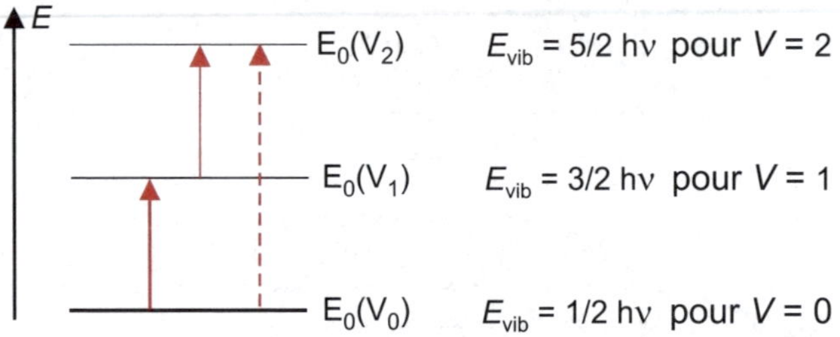

Figure 10.4
Diagramme des énergies de vibration d'une liaison.
La transition $V = 0$ à $V = 2$ correspond à une bande harmonique de faible intensité. Compte tenu des énergies des photons dans le moyen infrarouge, on peut calculer que le premier état excité ($V = 1$) est 10^6 fois moins peuplé que l'état fondamental. Les transitions harmoniques sont exploitées dans le proche infrarouge.

À côté de la transition ordinaire $\Delta V = +1$, celle correspondant à $\Delta V = +2$, « interdite » par cette théorie, apparaît faiblement lorsque la bande d'absorption fondamentale est particulièrement intense (cas de la vibration d'élongation de la liaison C=O des cétones ou aldéhydes, par exemple). Par ailleurs aucun mode de vibration de valence ne se situe au-delà de 3 960 cm^{-1} (H-F), ce qui définit la frontière entre le moyen et le proche infrarouge. Cependant pour des raisons utilitaires, beaucoup de spectromètres actuels englobent le moyen et le proche infrarouge permettant d'aller jusqu'à 8 000 cm^{-1}.

10.5 Les composés réels

Le modèle de l'oscillateur harmonique ne tient pas compte de la nature réelle des liaisons qui sont loin d'être des ressorts parfaits. k diminue si on éloigne les atomes mais, par contre, augmente fortement si on cherche à les superposer. Les modélisations plus précises font intervenir plusieurs termes correctifs dus à l'anharmonicité des oscillations observées expérimentalement.

Par ailleurs, dans le moyen infrarouge, l'énergie des photons est suffisante pour modifier à la fois les termes quantifiés $E_{\text{Vib.}}$ et $E_{\text{Rot.}}$ de la formule 10.2. Les bandes d'absorption obtenues résultent ainsi de transitions mettant en jeu à la fois des niveaux d'énergie vibrationnels et rotationnels d'un même état électronique : on est donc en présence de spectres de vibration-rotation, c'est-à-dire que plusieurs dizaines de transitions de rotation distinctes accompagnent chaque transition de vibration.

Il est possible d'interpréter dans le cas des molécules les plus simples l'aspect particulier des bandes d'absorption. L'expérience et la théorie ont permis d'énoncer des règles de sélection des transitions permises. Le monoxyde de carbone ou le chlorure d'hydrogène (fig. 10.5) ont été de ce point de vue largement étudiés.

La relation 10.2 conduit à définir les absorptions possibles :

$$\Delta E_{VR} = (E_{VR})_2 - (E_{VR})_1 = \Delta E_{\text{Vib}} + \Delta E_{\text{Rot}} \quad (10.9)$$

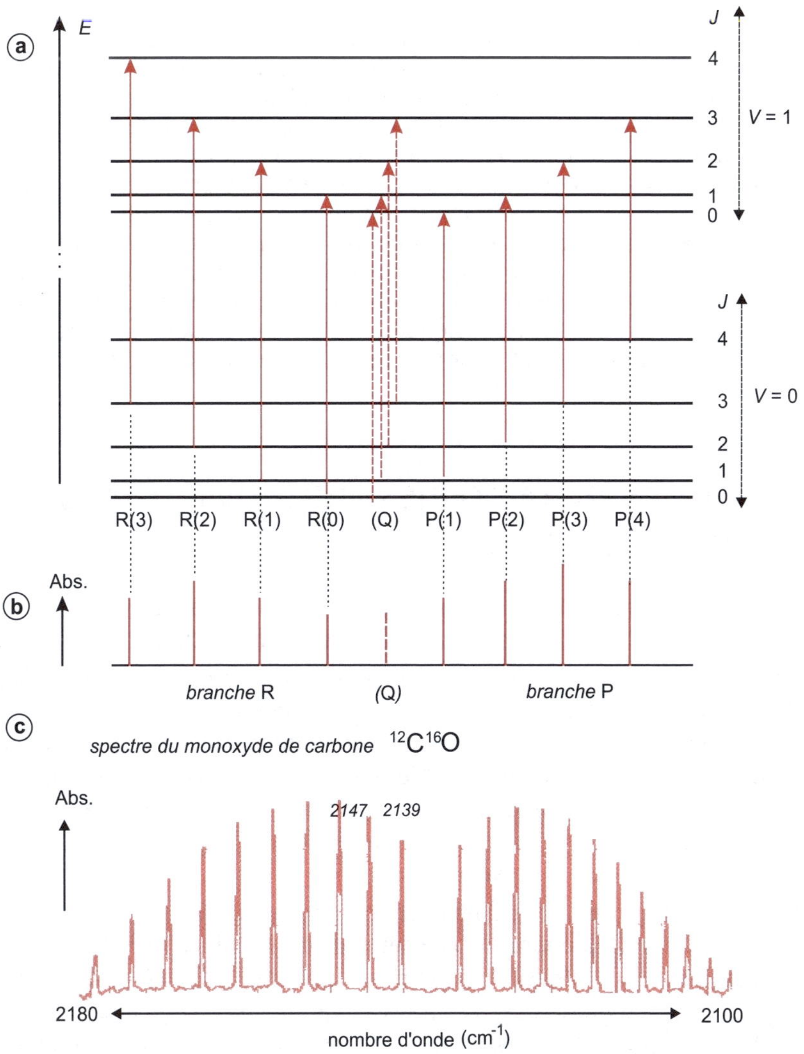

Figure 10.5

Étude de niveaux de rotation/vibration d'une molécule simple avec la traduction graphique sous forme d'un spectre de vibration/rotation. V **et** J **sont les nombres quantiques de vibration et de rotation.**

La vibration fondamentale correspond à $\Delta V = +1$ et $\Delta J = +1$. a) Une bande de vibration-rotation correspond à tous les sauts quantiques autorisés. Si l'échelle du diagramme est en cm^{-1}, les flèches correspondent aux nombres d'onde des absorptions ; b) la branche R correspond à $\Delta J = +1$, et la branche P à $\Delta J = -1$. Elles sont situées de part et d'autre de la bande Q, absente du spectre (la transition $\Delta J = 0$ est interdite pour les molécules diatomiques) ; c) en dessous, bande de vibration-rotation du monoxyde de carbone ($P = 1\ 000$ Pa). Les nombreuses raies sont expliquées par les règles de sélection. L'écart entre les raies successives de rotation n'est pas constant, par suite du facteur d'anharmonicité.

Une molécule de n atomes entre lesquels s'exercent des interactions est définie par $3N$ coordonnées, appelées degrés de liberté (voir § 10.3). Comme il faut 3 coordonnées pour définir son centre de gravité (mouvement de translation de la molécule), les $3N - 3$ degrés restants sont appelés degrés de liberté internes. En général il en faut 3 pour définir la rotation de la molécule entière. Les $3N$-6 mouvements restants constituent les vibrations fondamentales de la molécule (réduits à $3N$-5 dans le cas des molécules linéaires pour lesquelles une rotation autour de l'axe moléculaire ne constitue pas un degré de liberté). Une molécule avec 30 atomes aura donc 84 modes normaux de vibration, fort heureusement pas tous actifs puisqu'il doit y avoir variation du moment dipolaire. Un si grand nombre de niveaux d'énergie, auxquels s'ajoutent des combinaisons de niveaux et des harmoniques ne peut conduire qu'à des spectres complexes et uniques pour chaque type de composé.

10.6 BANDES CARACTÉRISTIQUES DES COMPOSÉS ORGANIQUES

L'extension des notions ci-dessus à toutes sortes de composés a été mise à profit pour utiliser le moyen infrarouge comme méthode d'analyse structurale.

Empiriquement, on a remarqué qu'il y avait une corrélation entre les positions des maxima d'absorption de certaines bandes et la présence de fonctions organiques ou de particularités de squelette dans les espèces examinées (voir tableau 10.2 en fin de chapitre). Cette propriété provient du fait que chaque fonction organique correspondant à un ensemble type de quelques atomes, on retrouve des caractéristiques spectrales communes à toutes les molécules dans lesquelles cette fonction est présente.

Pour une liaison donnée, la constante de force k (expression 10.3) varie peu d'une molécule à une autre (typiquement pour une liaison simple $k \approx 500 \text{ N} \cdot \text{m}^{-1}$, pour une double liaison $k \approx 1\,000 \text{ N} \cdot \text{m}^{-1}$ et pour une triple liaison $k \approx 1\,500 \text{ N} \cdot \text{m}^{-1}$). De plus, le calcul montre que la masse réduite tend vers une valeur limite, propre à la fonction, dès que les masses moléculaires deviennent grandes (voir formule 10.4).

Les mouvements moléculaires les plus connus sont les vibrations d'élongation (symétrique et asymétrique) et les vibrations de déformation angulaires (fig. 10.6).

Les bandes d'absorption liées aux vibrations d'élongation, communes à toutes les molécules porteuses des fonctions organiques associées, se situent majoritairement dans la zone 1 500 – 4 000 cm^{-1}. C'est l'étude de cette région qui permet de réaliser une première approche de l'analyse fonctionnelle d'une molécule c'est-à-dire de décrire l'ensemble des groupements chimiques qui la constitue.

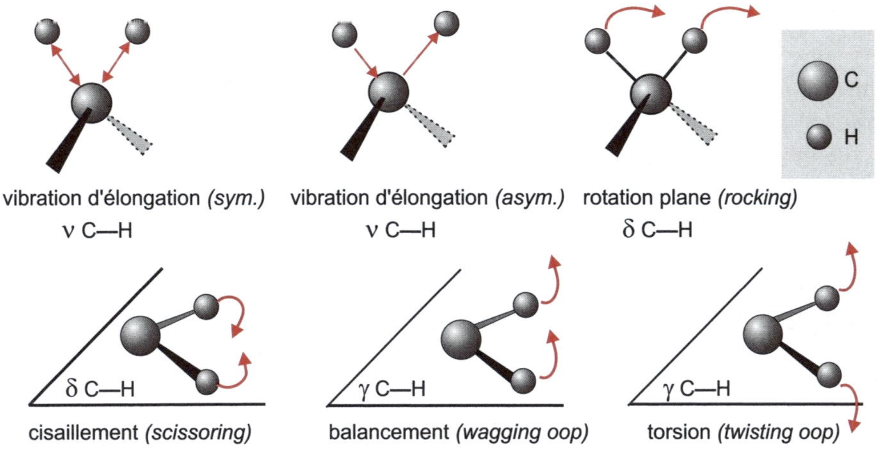

Figure 10.6

Vibrations moléculaires du CH_2.
Vibrations caractéristiques d'élongation et de déformation, dans le plan et hors du plan (*oop, « out of plane »*). Dans l'infrarouge, la position et l'intensité des bandes sont modifiées par les associations entre molécules, la polarité des solvants, etc.

En revanche, la partie du spectre en dessous de 1 500 cm^{-1}, dans laquelle on trouve encore des bandes d'élongation de liaisons simples, correspond surtout à la plage spectrale de très nombreuses bandes de déformation angulaire des liaisons et de squelette qui diffèrent pour chaque composé et qu'il est rare de pouvoir toutes interpréter.

Pour des raisons instrumentales, la bande spectrale qui s'étend de 1 à 2,5 μm (4 000 – 10 000 cm^{-1}, bien qu'il n'y ait pas de limites formelles) est longtemps restée ignorée. Ce sont les progrès conjugués des détecteurs et des fibres optiques transparentes dans le proche infrarouge alliés au développement des méthodes chemiométriques qui ont permis son développement.

Quant aux spectres du proche infrarouge *NIR* (Near Infrared), ils se présentent souvent comme des courbes sans pics nets. Néanmoins chaque enregistrement est représentatif de l'échantillon, donc utilisable comme une empreinte. Pour les composés organiques, les bandes d'absorption du proche infrarouge ont pour origines soit les bandes harmoniques soit les bandes de combinaison des vibrations fondamentales des liaisons CH, OH et NH (qui se situent vers 3 000–3 600 cm ^{1}). Ainsi pour les composés carbonylés, les deux premières harmoniques de la vibration fondamentale du C=O ($\bar{\nu}_0 = 1\,700$ cm^{-1}) apparaissent vers 3 400 ($2\bar{\nu}_0$) et 5 100 ($3\bar{\nu}_0$) cm^{-1}. Les bandes de combinaison, résultant de l'interaction de deux ou plusieurs modes de vibration pour un même groupe fonctionnel, se superposent aux précédentes. L'énergie de la transition est approximativement la somme de celles qui lui ont donné naissance.

Le chloroforme qui absorbe à 3 020cm^{-1} et à 1 215 cm^{-1} possède 1 bande de combinaison à 4 220 cm^{-1} qui représente approximativement la somme des deux valeurs précédentes.

10.7 SPECTROMÈTRES ET ANALYSEURS INFRAROUGES

Les instruments se répartissent en deux catégories : les *spectromètres à transformée de Fourier* qui réalisent une analyse simultanée de toute la bande spectrale à partir de mesures interférométriques et les nombreux *analyseurs spécialisés*. Dans le proche infrarouge on trouve également encore quelques *spectromètres de type dispersif*.

La première catégorie est basée sur l'emploi d'un interféromètre de type Michelson ou assimilé, associé à un microprocesseur spécialisé pour calculer le spectre sous forme numérique tandis que la seconde utilise des filtres ou un monochromateur installés dans des montages particuliers en fonction de la plage spectrale étudiée (fig. 10.7).

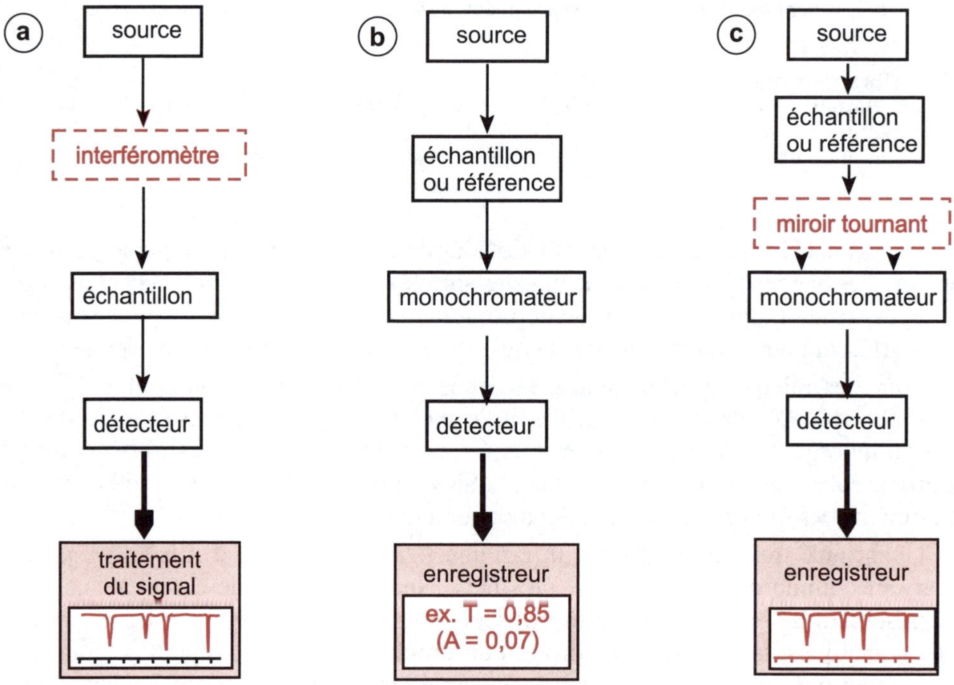

Figure 10.7

Configurations des spectromètres et analyseurs dans l'infrarouge.

a) Spectromètre simple faisceau à transformée de Fourier ; b) analyseur simple faisceau, comportant un monochromateur fixe ou un filtre, utilisé lorsqu'une mesure à longueur d'onde unique suffit ; c) spectromètre double faisceau de type dispersif. Contrairement aux spectrophotomètres de l'UV/Visible, l'échantillon, placé avant le monochromateur, est soumis en permanence à tout le rayonnement de la source. L'énergie des photons dans ce domaine est insuffisante pour briser les liaisons et, par cela même, dégrader l'échantillon.

Pendant longtemps, les spectromètres du moyen infrarouge ont été construits sur le principe des appareils double faisceau. Ce montage optique assez complexe qui est resté utilisé dans l'UV/Visible, donne progressivement, en temps réel, le spectre de l'échantillon par la mesure pour chaque longueur d'onde, de la transmittance calculée en comparant les intensités lumineuses en provenance de deux parcours optiques distincts, dont l'un sert de voie de référence et l'autre passe par l'échantillon. À cette fin, la lumière issue de la source est séparée par un jeu de miroirs en deux faisceaux semblables dont l'un se dirige vers le compartiment échantillon et l'autre vers le compartiment de référence. Pour chaque petit intervalle de longueur d'onde, défini par le monochromateur, la lumière ayant suivi chacune des deux voies arrive alternativement sur le détecteur par effet d'un miroir tournant au rythme d'une dizaine de fois par seconde. Le rapport des signaux obtenus pratiquement au même instant, correspond à la transmittance pour cette longueur d'onde.

10.7.1 Spectromètres à transformée de Fourier (IRTF)

Les spectromètres infrarouges à transformée de Fourier correspondent à un montage optique à simple faisceau qui comporte comme pièce essentielle un interféromètre — souvent de type Michelson — placé entre la source et l'échantillon (fig. 10.7a).

Les radiations issues de la source polychromatique viennent frapper une lame semi réfléchissante, appelée *séparatrice*, inclinée à 45° par rapport à la direction de propagation du rayonnement incident et placée au centre du montage. Elle est constituée d'un film de germanium déposé sur une lame de KBr. Ce dispositif permet de générer deux faisceaux dont l'un se dirige vers un miroir fixe et l'autre vers un miroir mobile dont on fait varier la distance à la séparatrice. Ces deux faisceaux, recombinés ensuite sur le même trajet, traversent l'échantillon avant de venir frapper le détecteur qui reçoit l'intensité lumineuse globale. C'est un procédé de multiplexage appliqué ici au domaine des signaux optiques.

Le cœur de l'interféromètre de Michelson est le miroir mobile, seule pièce en mouvement, qui oscille au cours du temps entre deux positions extrêmes. Lorsque sa position est telle que les chemins empruntés par les deux faisceaux ont même longueur, la composition de la lumière sortant de l'interféromètre est identique à la lumière qui y entre. Par contre, lorsque le miroir mobile quitte cette position particulière, la lumière sortante a une composition spectrale qui dépend du déphasage entre les deux voies : le signal transmis au cours du temps par le détecteur est traduit sous forme d'un *interférogramme*, $(Int.\ totale) = f(\delta)$, δ représentant la différence de trajet optique entre les deux voies (fig. 10.8). La gestion du banc optique et l'acquisition des données est réalisée par une interface électronique spécifique. Pendant le déplacement du miroir, un convertisseur ADC échantillonne l'interférogramme sous forme de milliers de points. Chacune de ces valeurs correspond à une position du miroir et représente l'intensité globale qui a traversé l'échantillon. Il s'agit formellement du second membre d'une formidable équation linéaire dont les termes correspondent aux intensités des n différentes longueurs d'onde (choisies en nombre fini) pour la position considérée du miroir et après absorption par l'échantillon. À partir de ces milliers de valeurs, un microprocesseur spécialisé exécute, en moins de temps qu'il ne faut pour le dire, le calcul d'une matrice géante en suivant un algorithme particulier de transformée de Fourier rapide, dû à Cooley, pour conduire aux amplitudes de chaque longueur d'onde de la bande spectrale étudiée. Compte tenu d'un facteur de résolution imposé par la méthode de calcul, on obtient la représentation classique du spectre $I = f(\lambda)$ ou $I = f(\overline{\nu})$. Selon le théorème de Nyquist, il faut au moins deux points par période pour retrouver, par calcul, une longueur d'onde donnée du spectre. Pour obtenir le spectre d'un échantillon, équivalent à celui obtenu avec un appareil double faisceau, on enregistre deux spectres des intensités transmises : le premier, *sans échantillon* (fond d'absorption, *background* en anglais) et le second, *avec l'échantillon.*

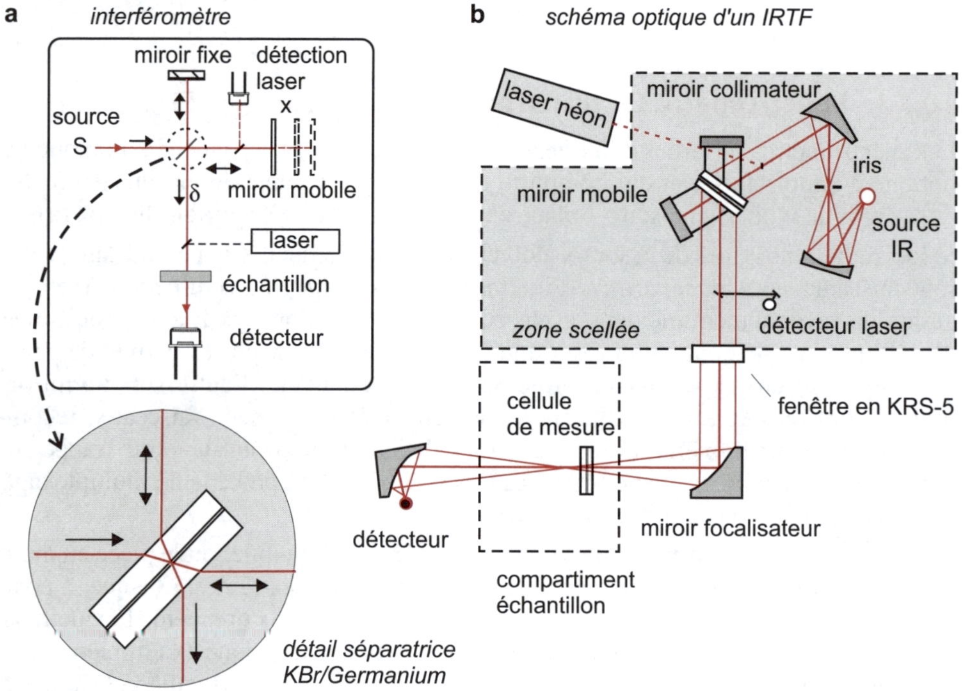

Figure 10.8

Montage optique d'un appareil à transformée de Fourier.

a) Interféromètre de Michelson 90° avec, en cartouche, quelques détails au niveau de la séparatrice ; b) diagramme optique d'un spectrophotomètre à simple faisceau (dessin du modèle 8 300 de la société Shimadzu). Un laser He/Ne de faible puissance émettant dans le visible (632,8 nm) est utilisé comme étalon interne afin de repérer avec précision la position du miroir mobile par une méthode interférentielle (ce second interférogramme sinusoïdal suit le même trajet optique).

Le spectre traditionnel, en % de *T*, est issu du calcul point par point du rapport des émittances des deux spectres précédents (fig. 10.9).

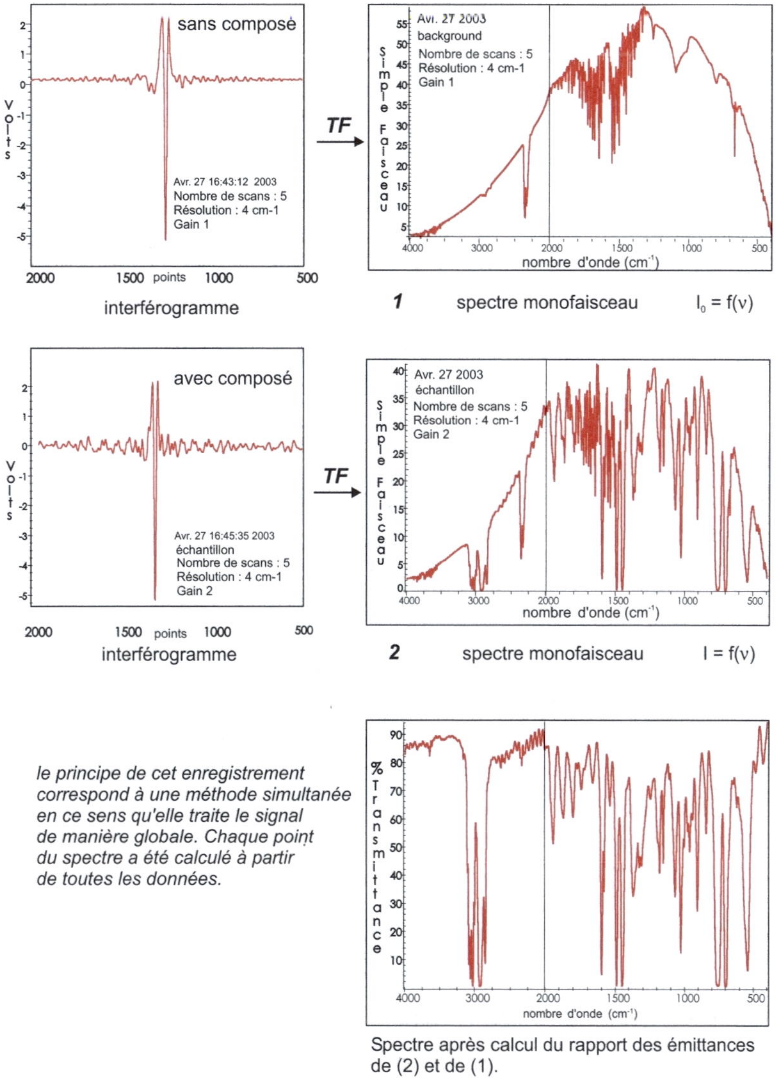

Figure 10.9

Séquence d'obtention d'un spectre pseudodouble-faisceau avec un spectromètre infrarouge à transformée de Fourier.

L'appareil enregistre et met en mémoire deux spectres qui représentent les variations de I_0 (le blanc) et de I (l'échantillon) en fonction du nombre d'onde (ce sont les spectres en émittance 1 et 2); puis il calcule le spectre conventionnel, identique à celui que donne un appareil de type double faisceau, en effectuant le rapport $T = I/I_0$, pour chaque nombre d'onde. L'absorption atmosphérique de CO_2 et H_2O (bandes d'élongation et de déformation observées en 1 sur le spectre sans composé) se trouve ainsi éliminée. Les illustrations correspondent à la réalisation d'un spectre d'un film de polystyrène.

Le mathématicien français J.B. Fourier (1768-1830) n'a jamais été aussi célèbre que depuis l'invasion des micro-ordinateurs. Le principe de ses calculs, publiés dans un traité sur la propagation de la chaleur en 1 808, est appliqué dans de nombreux logiciels scientifiques pour le traitement des spectres (acoustique, optique) et des images. On dit qu'il élabora ces calculs quand l'armée Napoléonienne le chargea d'améliorer les dimensions des canons.
D'une manière générale, une transformée est une opération mathématique qui permet de passer d'un domaine de mesure à un autre (par exemple du temps, à la longueur d'onde).

Si l'on considère deux appareils comparables (source, détecteur, résolution...), la spectrométrie multiplex, illustrée ici par la spectrométrie MIR (Moyen InfraRouge) à transformée de Fourier (également adaptée au proche infrarouge), présente de nombreux avantages :

- Amélioration du rapport signal/bruit (*avantage de Fellget*) : le multiplexage qui résulte de l'emploi d'un interféromètre conduit à un rapport signal/bruit bien supérieur à celui d'un spectromètre à réseau. De plus, compte tenu de la durée d'acquisition extrêmement réduite par rapport à un système dispersif, ce rapport peut encore être amélioré par accumulation d'un grand nombre de spectres.
- Accroissement du flux lumineux (*avantage de Jacquinot*) : le flux lumineux d'un interféromètre est de 20 à 300 fois plus intense (suivant le nombre d'onde considéré) que celui d'un spectromètre dispersif grâce à une plus grande ouverture optique disponible à l'entrée d'un interféromètre ce qui fournit un meilleur signal au détecteur qui reçoit plus d'énergie.
- Meilleure précision en longueur d'onde (*avantage de Connes*) : les nombres d'onde sont calculés par autoétalonnage à partir de la longueur d'onde stable et connue avec précision du laser de contrôle He-Ne émettant à 632,8 nm (15 802,7 cm^{-1}). Ce calcul confère au système une très bonne reproductibilité ce qui rend possible des comparaisons de spectres .
- Diminution de la lumière parasite (relative à tout rayonnement non attendu parvenant au détecteur) très faible dans un interféromètre.
- Résolution constante et meilleure sur tout le domaine étudié.

10.7.2 Analyseurs infrarouges

De nombreux appareils de taille réduite, autonomes, utilisés pour la protection du personnel et des applications ciblées, dont les contrôles d'alcoolémie réalisés au moyen des éthylomètres, sont basés sur des mesures d'absorbance dans le moyen ou le proche infrarouge. Leur conception est beaucoup plus simple que celle des spectrophotomètres précédents. Prévus pour mesurer des absorbances très faibles ($1 \cdot 10^{-5}$), ils permettent cependant de déterminer de manière fiable des concentrations de l'ordre du ppm pour des gaz tels le mono ou dioxyde de carbone, l'ammoniac, le méthanal, l'éthanol, le méthane... (en tout une centaine de gaz ou composés volatils). La source peut-être une diode laser qui émet à une longueur d'onde précise ou un simple filament dans une gaine de silice (cas des éthylomètres). Le détecteur est du type pyroélectrique. Les mesures des taux de mono- et dioxyde de carbone des gaz d'échappement automobile sont effectuées selon ce principe. On mesure l'absorbance vers 2 170 cm^{-1} pour le CO (*cf.* fig. 10.5) et à 2 364 cm^{-1} pour le CO_2 (fig. 10.10 et 10.11). Pour l'éthanol on mesure l'absorbance caractéristique des alcools primaires à 1 050 cm^{-1}. Ces *colorimètres de l'infrarouge* sont concurrents des appareils basés sur des principes différents (détection ampérométrique, *cf.* chapitre 20).

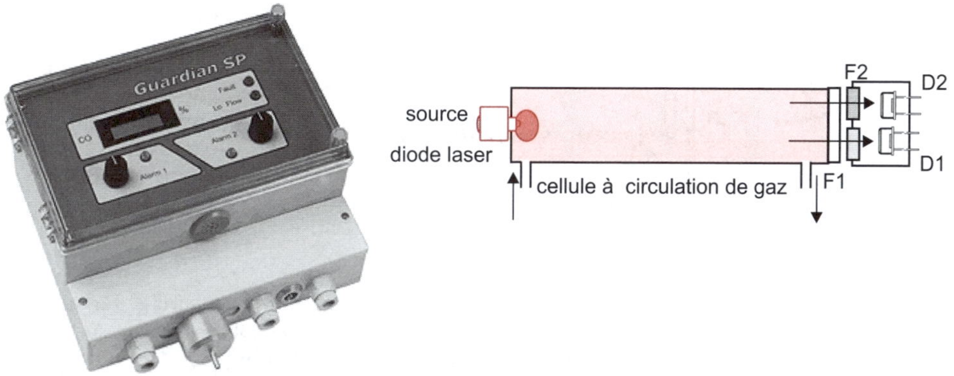

	moyen-IR	proche-IR
gaz	µm (cm^{-1})	µm
CO_2	4,23 (2364)	1,96
CH_4	3,26 (3067)	1,65
NH_3	10,3 (971)	1,50
HCHO	3,55 (2817)	1,93

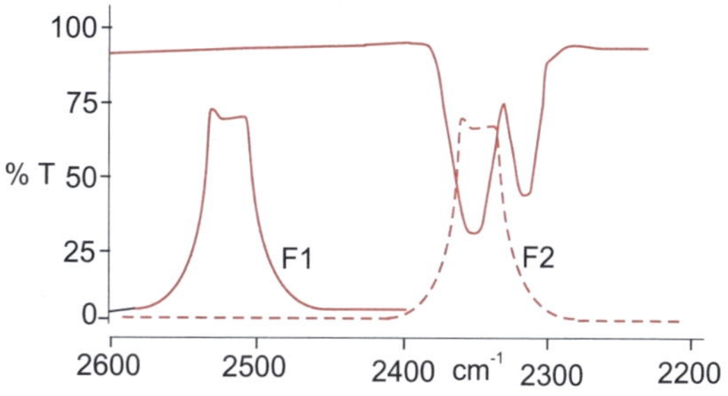

Figure 10.10

Analyseur non dispersif pour le dosage du CO_2 *en milieu gazeux.*

Ce montage est représentatif de beaucoup de détecteurs portables. La sélectivité est assurée par un filtre optique adapté ($F2$) et par une membrane à l'entrée de la cellule qui ne laisse passer que le gaz à détecter. Le montage comporte un second filtre ($F1$) situé dans une zone de non absorption, pour permettre de calculer la transmittance. Sur le dessin sont représentées les bandes passantes des 2 filtres et le spectre en transmittance d'un gaz, ici le CO_2. Les détecteurs sont des thermistors (reproduit avec l'autorisation de la société Edinburgh Sensors, GB). En bas tableau résumant le choix de longueurs d'onde dans le moyen-IR et le proche IR pour quelques gaz.

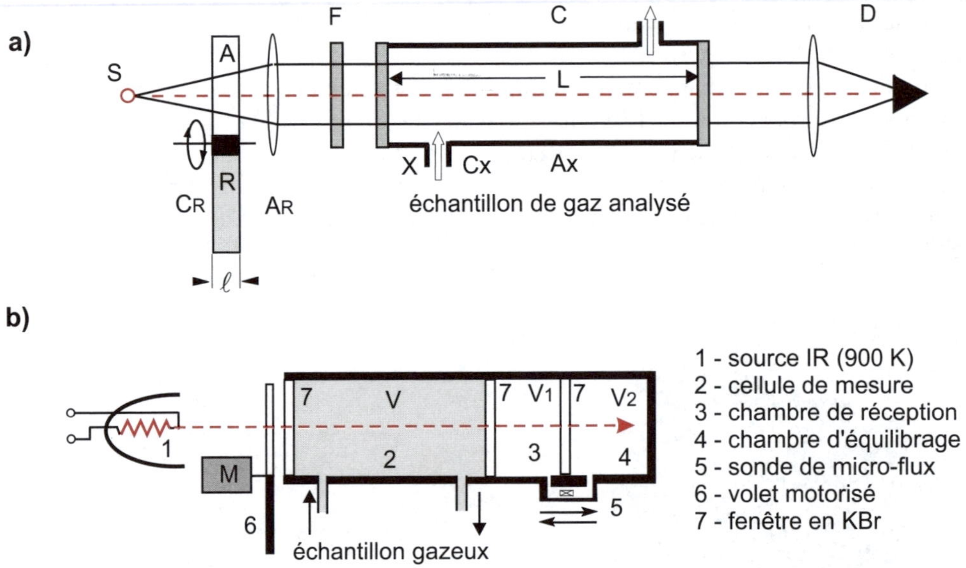

Figure 10.11

Deux modèles d'analyseurs de gaz de type simple faisceau.

a) La lumière issue de la source S, traverse d'abord un montage à barillet servant de modulateur. Il comporte deux capsules l'une R remplie à 100 % avec du gaz à détecter et l'autre A avec un gaz neutre (diazote). Ensuite la lumière traverse un filtre interférentiel F choisi en fonction de la longueur d'onde de mesure, puis la cellule C contenant l'échantillon. Quand la cellule R est sur le parcours, on obtient une absorbance supplémentaire connue qui permet de déduire celle due au gaz recherché (et des interférents) dans la cellule de mesure (adapté d'un appareil de la société Servomex, GB) ; b) la lumière de la source, après avoir traversé la cellule de mesure V, atteint la cellule V_1 contenant le gaz de référence (pour doser CO par exemple, V_1 et V_2 contiennent ce gaz). La mesure du flux gazeux, par un capteur de microdébit, circulant entre V_1 et V_2 est une indication des variations de pression entre ces deux chambres, donc du rayonnement infrarouge absorbé par le gaz présent dans V_1 : le rayonnement atteignant V_1 sera d'autant plus atténué que l'échantillon dans la cellule de circulation V contiendra de ce même gaz. Un disque modulateur sert à hacher le flux lumineux pour avoir un signal pulsé (adapté d'un appareil de la société Siemens).

10.8 Sources et détecteurs dans le moyen IR

10.8.1 Sources lumineuses

Les sources continues de rayonnement IR usuelles sont constituées de solides inertes portés à haute température qui rayonnent par incandescence (fig. 10.12). Suivant le type d'appareil on trouve soit une source à filament (plutôt réservée au domaine du proche infrarouge), soit une source Globar constituée d'un barreau en carbure de silicium (carborundum, SiC) qui se comporte comme une résistance électrique, soit enfin un barreau creux en céramique chauffé par une résistance intérieure, alimentée par un courant électrique. Portées vers 1 500 K, sans enveloppe protectrice, elles dissipent une puissance de l'ordre d'une centaine de watts, en émettant dans un large domaine allant du visible à l'infrarouge thermique en passant par un maximum pour $\lambda = 3\,000/T$ (λ en micromètres et T en Kelvin – adaptation de la loi de Stefan). L'intensité rayonnée varie énormément en fonction de la température de la source.

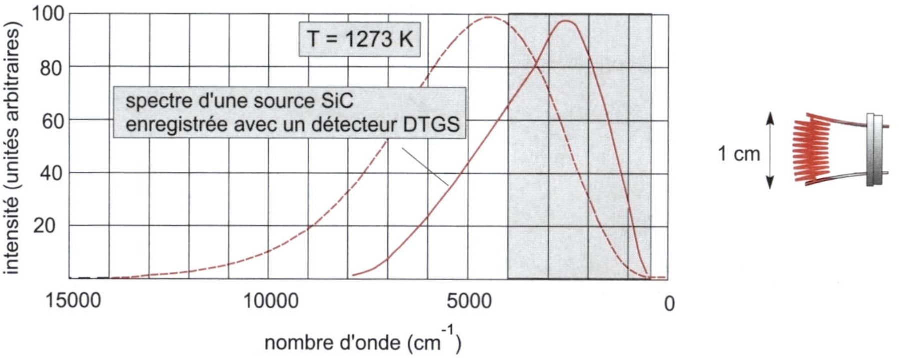

Figure 10.12

Spectre d'émission typique d'une source du moyen infrarouge et dessin d'une source simple.

En pointillés est représentée la courbe théorique d'émission d'une source parfaite (rayonnement du corps noir, à la température de 1 000 °C). Suivant le modèle de source, de séparatrice, de détecteur, on enregistre une courbe expérimentale de réponse qui diffère sensiblement de la courbe théorique. On remarquera en particulier qu'entre 4 000 et 400 cm^{-1}. L'intensité lumineuse est divisée par un facteur de 10 environ. Les sources ont une durée de vie de plusieurs années.

10.8.2 Détecteurs

La détection des photons du domaine de l'infrarouge a pendant longtemps été difficile, cause principale de la médiocre sensibilité des premiers spectrophotomètres. Suivant le type d'application ou d'instrument, on utilise soit des détecteurs thermiques, sensibles à la chaleur dégagée par l'absorption des photons (dont les plus simples de conception sont les thermistors, thermocouples, thermopiles), soit des détecteurs quantiques sensibles directement aux photons. Ces derniers possèdent en général une réponse plus rapide que les détecteurs thermiques. D'autres capteurs, quelquefois astucieux, peuvent être utilisés pour des applications précises (fig. 10.11b). Pour les spectromètres à transformée de Fourier, le détecteur, qui doit pouvoir suivre les modulations rapides de l'intensité lumineuse, est un *cristal pyroélectrique* ou un *semiconducteur* du type photodiode (fig. 10.13). Peu encombrants et légers, ils ont une faible inertie thermique et une réponse instantanée et linéaire.

Le *détecteur à effet pyroélectrique* le plus souvent rencontré comporte un monocristal de sulfate de triglycine deutériée (DTGS) ou de tantalate de lithium ($LiTaO_3$), placé en sandwich entre deux électrodes, dont l'une, semi-transparente, reçoit l'impact du faisceau optique. Le cristal se polarise proportionnellement au rayonnement reçu. Il se comporte comme un condensateur et ne répond qu'aux variations de température.

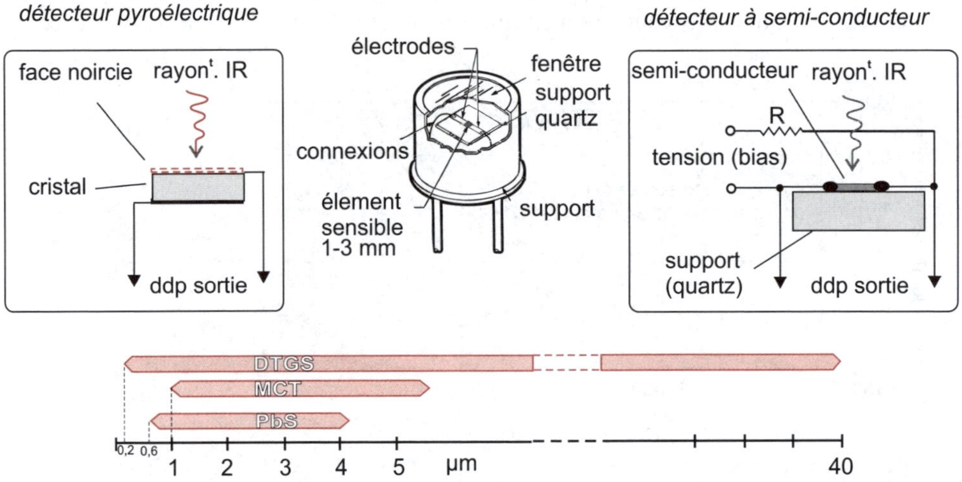

Figure 10.13

Détecteurs dans l'infrarouge.

Principe de fonctionnement des détecteurs pyroélectrique et à semi-conducteur. Au centre, aspect général du détecteur et de son boîtier. En bas, plage d'utilisation des principaux détecteurs.

Le *détecteur à semi-conducteur* comporte une photodiode qui est utilisée soit en mode photovoltaïque (sans tension de bias) soit en mode photoconducteur (en appliquant un bias). Il contient une jonction P-N qui, sous l'effet du rayonnement, libère des paires électron/trou qui font apparaître une ddp mesurable dans un circuit ouvert. Ce type de détecteur est constitué, pour le moyen infrarouge, d'un alliage de mercure cadmium tellure (MCT) ou d'indium/antimoine (In/Sb) déposé sur un support inerte, et pour le proche infrarouge, de sulfure de plomb ou d'un alliage indium/gallium/arsenic. La sensibilité est améliorée lorsque ces détecteurs sont refroidis à la température de l'azote liquide (77 K).

10.9 Examen des échantillons

Les spectres sont acquis à partir d'échantillons observés soit par transmission, soit par réflexion. Ce second procédé, devenu courant dans l'infrarouge est à l'origine de plusieurs techniques pour l'examen de toutes sortes d'échantillons solides, gazeux et de solutions aqueuses.

10.9.1 Matériaux optiques

Les matériaux optiques traditionnels utilisés dans le visible ou le proche infrarouge deviennent opaques dans le moyen infrarouge. Pour les parois des cellules ou les fenêtres des détecteurs, on doit donc utiliser d'autres matériaux cristallisés ou amorphes, chacun ayant sa plage spectrale d'utilisation. On en dénombre une bonne douzaine. Les plus courants sont le chlorure de sodium (NaCl) et le bromure de potassium (KBr) déjà signalés. Comme ils sont fragiles et solubles dans l'eau, on leur préfère quelquefois l'iodure de césium (CsI, transparent jusqu'à 200 cm^{-1}), le chlorure d'argent (AgCl), le KRS-5 (bromoiodure de thallium) et même le diamant, substances dures et insolubles, malheureusement plus chères. Signalons enfin les AMTIR (*Amorphous Material Transmitting Infrared Radiation*), verres composés de germanium, d'arsenic et de sélénium (ex. $Ge_{33}As_{12}Se_{55}$).

10.9.2 Procédés par transmission

Ces procédés sont utilisés lorsque l'échantillon est suffisamment transparent donc pour des échantillons de faible épaisseur.

- *Les gaz*, dont les absorbances sont faibles, nécessitent des cellules pour lesquelles le trajet optique peut être très grand. Il est au minimum de quelques centimètres (fig. 10.14) mais il peut atteindre plusieurs centaines de mètres, par le jeu de multiples réflexions du faisceau infrarouge sur des miroirs internes à la cellule. Le volume de la cellule devient alors important (0,2 L).

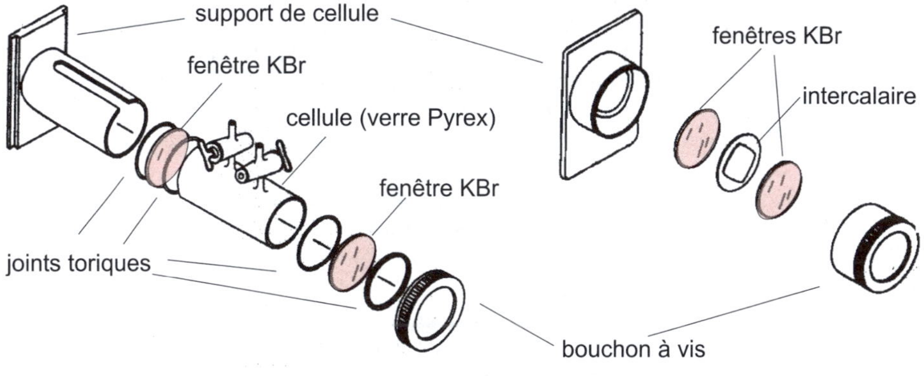

Figure 10.14
Cellules dans le moyen infrarouge.
Vues éclatées d'une cellule à gaz à trajet optique direct et d'une cellule simple pour films liquides (reproduit avec l'autorisation de la société SpectraTech). Cette conception classique des cellules démontables pour le moyen infrarouge est due à la nature des matériaux choisis pour les fenêtres. Dans le proche infrarouge, par contre, les cellules sont en quartz comme dans l'UV-VIS.

- *Les liquides* sont étudiés de deux façons selon le type de l'analyse, qualitative ou quantitative.
  Pour obtenir le spectre de l'échantillon, on utilise des cellules à parois démontables, comportant deux disques de NaCl ou de KBr (transparents au rayonnement

infrarouge) entre lesquels on écrase modérément une goutte de l'échantillon pour en faire un film.
Pour une analyse quantitative, on se sert, selon la longueur d'onde de la mesure, soit de cuves en quartz *Infrasil*™ (trajet optique de 1 à 5 cm), soit de cuves en matériaux conventionnels, dont l'épaisseur est contrôlée régulièrement.

- *Les solides* sont plus difficiles à étudier du fait des multiples formes sous lesquelles ils peuvent se présenter (massifs, pulvérulents, surface rugueuse ou non plane, épaisseur élevée...).
  Si le solide peut être mis en solution, on est ramené au cas général de l'examen d'un liquide, bien qu'il n'existe pas de solvant transparent sur toute l'étendue du moyen infrarouge. Ce procédé permet de faire des mesures quantitatives dans les parties du spectre pour lesquelles le solvant n'absorbe pas.
  Si le solide peut être réduit en poudre fine (idéalement en particules de moins de 1 μm), on en disperse quelques milligrammes dans un milieu qui joue le rôle de matrice, tel une huile de paraffine (encore appelée NUJOL™) ou du bromure de potassium anhydre (KBr). Cela permet à la fois de diminuer la forte dispersion optique causée par l'interface particule/air et de maintenir le solide sur le trajet optique de l'appareil. On limite d'autant plus les pertes de lumière par diffusion que la taille des particules est faible.

Le NUJOL ne présente que trois bandes principales d'absorption en dehors desquelles le spectre de l'échantillon est exploitable. On peut compléter ce premier spectre par un second réalisé dans l'hexachlorobutadiène, en revanche transparent dans les domaines où la paraffine absorbe. En ce qui concerne la pastille de KBr, on broie ce dernier avec le solide dans un mortier en agate. Ce mélange est ensuite comprimé sous forme d'un petit disque translucide à l'aide d'une presse hydraulique ou manuelle (pression de 5 à 8 t/cm^2). Cette méthode peut parfois entraîner des transitions de phase (liées à la pression exercée lors du compactage) ou des modifications de composition (par des réactions d'échange entre halogènes).

10.9.3 Procédés par réflexion

L'obtention de spectres par réflexion est une alternative aux procédés précédents. Les dispositifs correspondants sont basés sur la *réflexion totale atténuée*, la *réflexion spéculaire* ou la *réflexion diffuse* et ne sont utilisables qu'avec les IRTF, sachant que les spectres obtenus en lumière réfléchie doivent subir des corrections mathématiques pour les rendre comparables aux spectres par transmission.

Lorsqu'un faisceau lumineux arrive à la surface d'un milieu dont l'indice de réfraction est différent, il peut subir, suivant l'angle d'incidence et le sens de la variation de l'indice, soit une réflexion totale comme sur un miroir, soit une réflexion atténuée après avoir, en partie, pénétré dans le second milieu (quelques micromètres seulement pour le moyen infrarouge). La composition spectrale du faisceau réfléchi dépend de la façon dont varie, avec la longueur d'onde, l'indice de réfraction du matériau et celui du composé étudié.

- **Accessoire de Réflexion Totale Atténuée (ATR).** On fait subir au faisceau optique une ou plusieurs réflexions à l'interface entre l'échantillon et un matériau transparent dans le domaine de longueur d'onde choisi, d'indice de réfraction n élevé tel le germanium ($n = 4$), l'AMTIR ($n = 2{,}5$), le diamant ($n = 2{,}4$) ou le KRS -5 ($n = 2{,}4$) sur lequel il a été déposé (fig. 10.15 et 10.16a). On éclaire pour cela ce matériau d'indice élevé sous un angle d'incidence supérieur à son angle critique. Dans ces conditions une faible fraction de la lumière incidente pénètre néanmoins de quelques dixièmes de micromètre dans l'échantillon, cette profondeur étant fonction de la longueur d'onde, de l'angle d'incidence et des indices de réfraction du cristal et de cet échantillon. Une explication plus complète de ce phénomène nécessiterait de faire appel à la notion *d'onde évanescente* de l'optique ondulatoire. La succession de plusieurs réflexions *totales mais atténuées* de ce type conduit à un trajet optique effectif comparable à celui qui aurait été obtenu par transmission. On corrige néanmoins le spectre pour tenir compte de la profondeur de pénétration dont on sait qu'elle augmente avec la longueur d'onde. Ce procédé est devenu indispensable, par suite de sa polyvalence, pour les échantillons solides, les poudres, les liquides aqueux et même les gaz. Dans certains dispositifs le cristal est plongé au sein du composé à analyser.

Sondes à fibres optiques

La technique ATR se prête à l'étude d'échantillons à distance du banc optique de l'appareil par emploi de fibres optiques adéquates, c'est-à-dire transparentes dans l'infrarouge sur une distance de quelques mètres. Elles se prêtent notamment à la réalisation de sondes immersives dans le produit à analyser, ce qui permet des analyses rapides de contrôle dans un environnement difficile ou agressif.

- **Accessoire de Réflexion Spéculaire.** Il est réservé aux échantillons réfléchissant un minimum de lumière (films de polymères, vernis, certains revêtements...) caractérisés par des échelles de rugosité très petites devant la longueur d'onde du rayonnement utilisé. Cet accessoire mesure la *réflectance*, c'est-à-dire la lumière réfléchie par l'échantillon dans une direction d'observation symétrique de la direction incidente (fig. 10.16b). Les radiations recueillies ressemblent partiellement à la lumière incidente en partie absorbée. Elles traduisent surtout les variations d'indice de réfraction du composé en fonction de la longueur d'onde. En comparant, après enregistrement, pour chaque longueur d'onde, la réflexion spéculaire I de l'échantillon à la réflexion totale I_0 obtenue en remplaçant l'échantillon par un miroir d'aluminium, l'appareil calcule le spectre de réflectance $R = I/I_0 = f(\lambda)$. Enfin, en appliquant à ce spectre une transformation mathématique dite de Kramers-Kronig (K–K), on aboutit à un spectre calculé, présenté en pseudo-absorbance, quasiment identique à celui qu'on obtiendrait par transmission (fig. 10.17a).

- **Accessoire de Réflexion Diffuse.** Il s'agit d'un dispositif comportant un agencement de miroirs destiné à recueillir une partie de la lumière diffusée par l'échantillon finement dispersé au préalable dans du KBr en poudre (fig. 10.16 c). Par comparaison avec un enregistrement de référence obtenu à partir de KBr pur, suivie d'une correction mathématique dite de Kubelka-Munk, on obtient, ici encore, un spectre comparable à un enregistrement issu d'un procédé classique par transmission. Plus long de mise en œuvre cette technique est pratiquement abandonnée pour cette raison.

La figure 10.17 compare ces trois approches à partir de deux composés organiques.

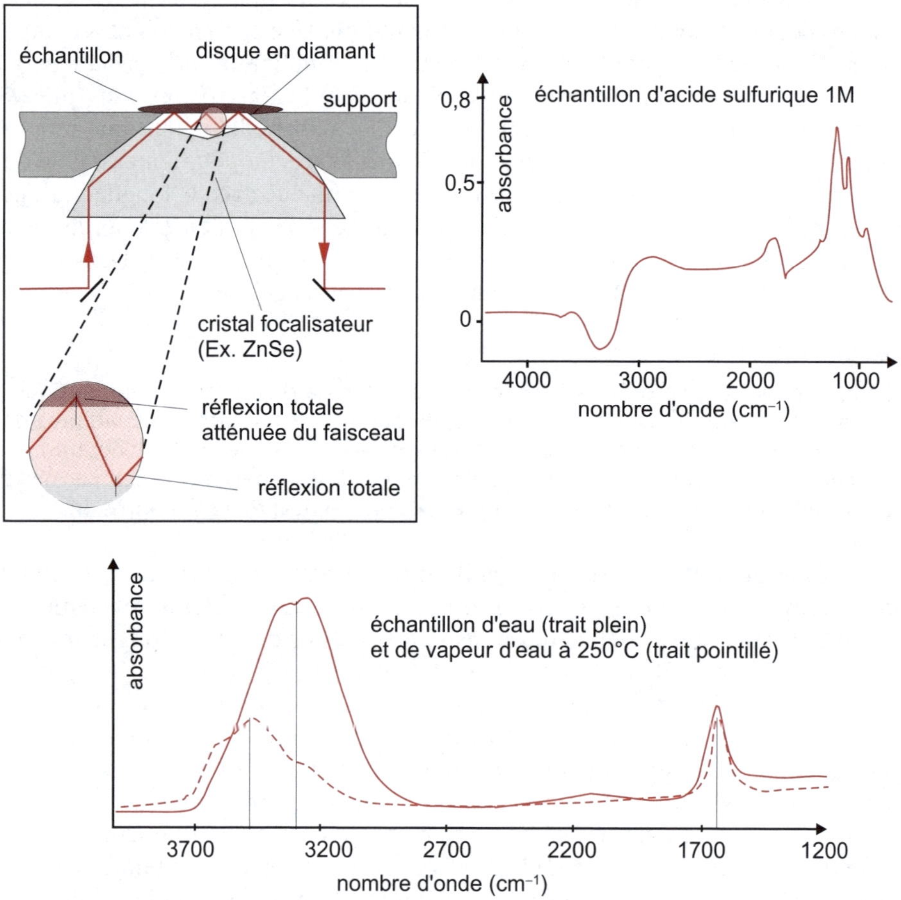

Figure 10.15

Dispositif ATR à trois réflexions et exemples de spectres.
Le petit disque en diamant (diamètre 0,75 mm) permet d'isoler l'échantillon examiné du cristal de ZnSe. Sa dureté et son inertie chimique le rendent apte à l'examen de toutes sortes d'échantillons durs que l'on appuie à sa surface ou contenant de l'eau. À titre d'exemples sont reproduits deux spectres obtenus avec un tel dispositif. Spectre obtenu à partir d'une goutte d'acide sulfurique (H_2SO_4 1 M) déposée comme échantillon (reproduit avec l'autorisation de la société SensIR). Spectre de l'eau à 25 °C et de la vapeur d'eau surchauffée (250 °C) (Intl. Lab. 32,(2), 2002).

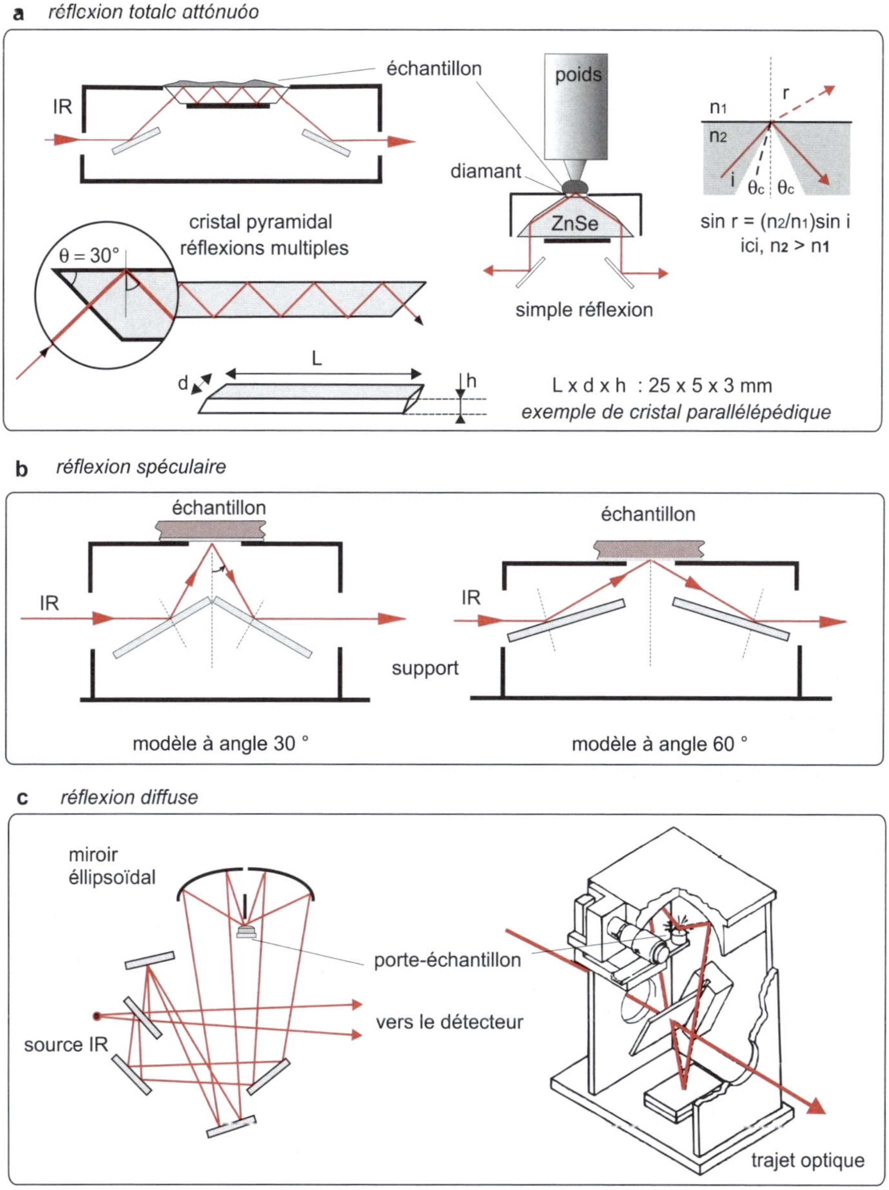

Figure 10.16

Accessoires permettant l'étude des échantillons par réflexion.
a) dispositifs ATR (réflexion totale atténuée) avec cristal pyramidal pour réflexions multiples et modèle à une seule réflexion pour micro-échantillons solides (l'application d'un poids permet d'améliorer le contact de l'échantillon sur le cristal de forme arrondie). Formule de base et notion d'angle critique ; b) dispositif par réflexion spéculaire. Parcours optique dans un dispositif à angle fixe de 30° pour les échantillons très réfléchissants et de 60° dans le cas contraire ; c) schéma optique d'un dispositif pour réflexion diffuse et dessin à vue d'une réalisation Spectra-Tech.

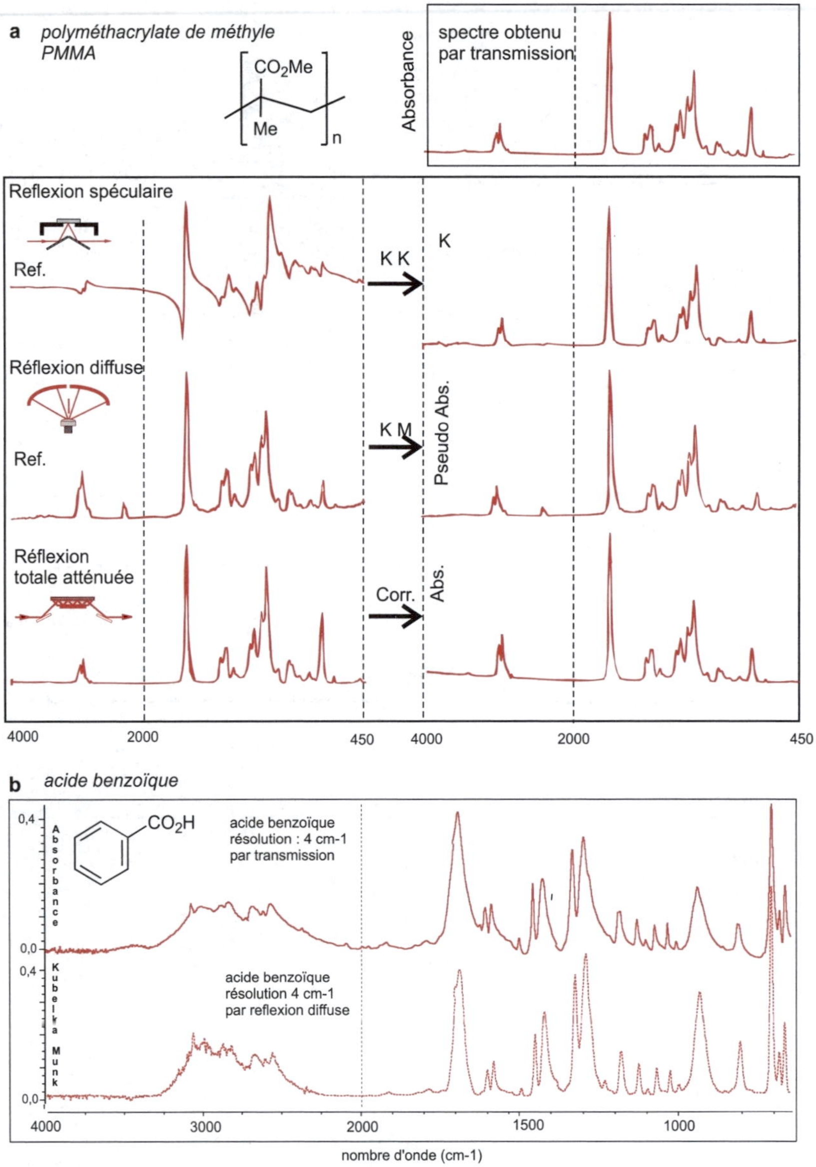

Figure 10.17

Spectres en reflexion.

a) Spectres d'un échantillon de plexiglas obtenus par utilisation des trois dispositifs de réflexion. A gauche les spectres bruts et à droite les spectres après correction. En haut : signal brut de réflexion spéculaire et le résultat en unités « K » par application du calcul de Kramers-Kronig (transformation de la réflectance) ; au milieu, spectre obtenu en lumière diffuse : comparaison du spectre brut et du spectre corrigé selon Kubelka-Munk ; en bas spectre obtenu par ATR, ce dernier nécessite une correction peu importante diminuant l'absorbance pour les grandes longueurs d'onde qui serait surévaluée ; b) comparaison de 2 spectres de l'acide benzoïque, l'un par transmission, l'autre par réflexion diffuse et correction K-M.

10.10 Techniques couplées

10.10.1 Spectroscopie d'imagerie chimique

La grande sensibilité des détecteurs ainsi que la gamme étendue des objectifs disponibles pour les microscopes permettent l'étude par transmission ou réflexion de petits échantillons. Le couplage d'un microscope avec un spectromètre IRTF permet ainsi d'examiner des échantillons de 10 à 30 μm, la limite inférieure étant liée aux lois de diffraction et au rapport signal/bruit. La résolution spatiale accessible peut atteindre l'ordre de grandeur de la longueur d'onde d'analyse.

Cette technologie permet, par extension, de réaliser des cartographies liées à la composition d'échantillons présentant une microstructure.

L'appareillage est composé d'un spectromètre couplé à un microscope d'observation (fig. 10.18). Un montage optique de transfert dévie le rayonnement infrarouge de l'interféromètre vers le microscope.

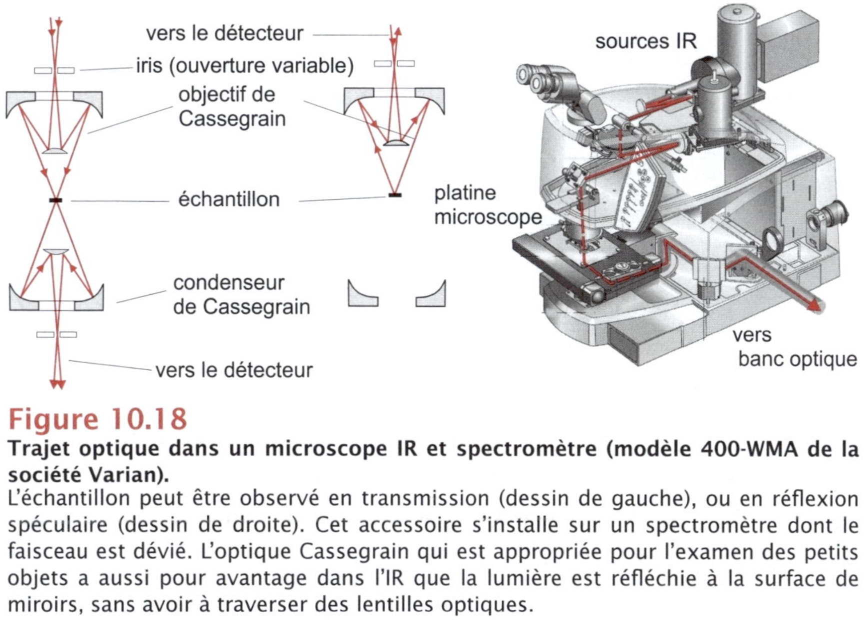

Figure 10.18

Trajet optique dans un microscope IR et spectromètre (modèle 400-WMA de la société Varian).

L'échantillon peut être observé en transmission (dessin de gauche), ou en réflexion spéculaire (dessin de droite). Cet accessoire s'installe sur un spectromètre dont le faisceau est dévié. L'optique Cassegrain qui est appropriée pour l'examen des petits objets a aussi pour avantage dans l'IR que la lumière est réfléchie à la surface de miroirs, sans avoir à traverser des lentilles optiques.

Beaucoup de composés industriels ou naturels se présentent comme des mélanges solides hétérogènes. Les méthodes d'analyse traditionnelles menées à partir d'échantillons de ces matériaux conduisent à des valeurs moyennes concernant la composition atomique dont on ne peut se satisfaire dans tous les cas. La spectroscopie réalisée ponctuellement permet au contraire de connaître la distribution des différents constituants et même la nature des molécules en chaque point de la composition. On pourra par exemple dans un comprimé à usage de médicament étudier la dispersion de l'agent actif dans l'excipient, ou évaluer les impuretés dans un aliment pour bétail. Les méthodes statistiques et chimiométriques PCA et PLS sont alors très utiles.

10.10.2 Couplage CPG/IRTF

Ce couplage permet d'utiliser les renseignements fournis par le spectre infrarouge pour identifier les différents solutés séparés par CPG.

Techniquement, l'interface CPG/IRTF est un tube inerte thermostaté raccordé à la cellule à gaz parcourue par les effluents de la colonne. Cette cellule est constituée d'un tube en quartz, recouvert intérieurement d'or (permettant d'obtenir des réflexions multiples) et fermé par deux fenêtres de KBr. Le rapport longueur/diamètre élevé ($L = 10$ cm et $\varnothing < 1$ mm) permet l'obtention d'un flux laminaire (on parle de *light pipes* pour l'aspect filiforme des cellules). Le volume interne doit être petit (de quelques dizaines à quelques centaines de μL au maximum). Un détecteur de type MCT complète le montage.

Dans ce type de techniques couplées (il en est de même pour le couplage CLHP/IRTF) les chromatogrammes s'inscrivent en temps réel à l'écran. Ils sont issus d'un procédé de calcul rapide, l'algorithme de Gram-Schmidt, qui prend directement en compte les interférogrammes captés plusieurs fois par seconde pendant toute la durée de l'élution. Ceux-ci servent d'indicateur d'intensité du signal. Les spectres IR individuels sont obtenus en mode différé. Ils servent notamment à identifier les composés élués et à reconstituer des « pseudochromatogrammes » (fig. 10.19).

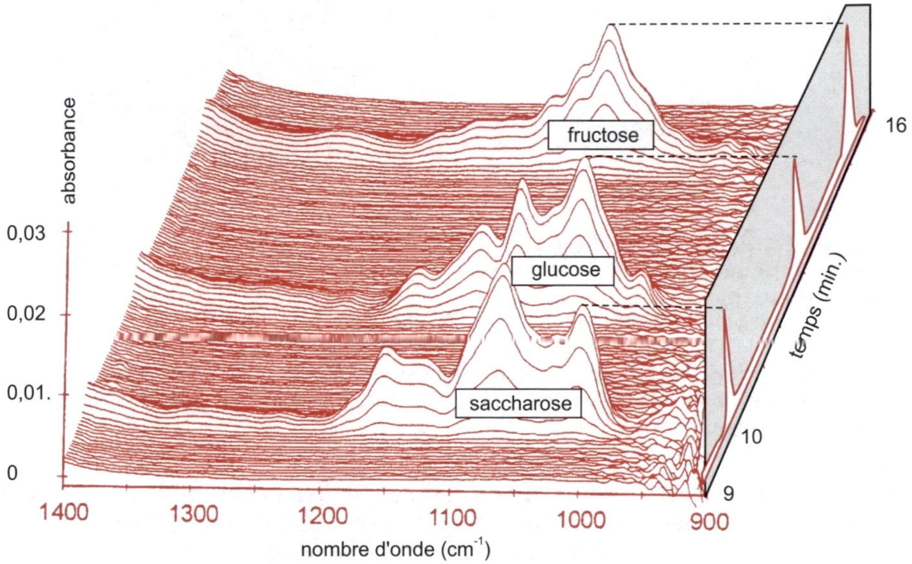

Figure 10.19

Tracé de Gram-Schmidt.

Reconstitution tridimensionnelle établie en différé, entre 1 400 et 900 cm^{-1} d'une solution contenant 10 mg/mL des 3 sucres saccharose, glucose et fructose, par CLHP/IRTF (volume injecté de 50 μL), d'après R. Keller et Coll., Anal. Chem. Vol. 69, p. 4288, 1997.

10.11 Comparaisons de spectres

L'identification des composés peut être facilitée à condition de disposer de *spectrothèques* générales ou spécialisées (polymères, solvants, adhésifs, molécules organiques classées par fonctions) que proposent plusieurs sociétés ou éditeurs (Aldrich, Sigma, Sadtler, Hummel...). Pour que les comparaisons soient fiables, les spectres archivés doivent avoir été obtenus à partir de composés dans le même état physique que le composé à identifier (en phase gazeuse par exemple, lorsqu'il s'agit de la méthode CPG/IRTF). Généralement les spectres en bibliothèque sont normalisés en attribuant à la bande la plus intense une absorbance égale à l'unité.

Le spectre à comparer est d'abord mis en conformité (absorbance et longueurs d'onde) avec le modèle des spectres en bibliothèque. La recherche consiste en une comparaison mathématique du spectre du composé inconnu avec tous ceux qui forment la spectrothèque considérée, pour établir à l'issue de la session de recherche un classement des spectres les plus voisins assortis d'un indice de fiabilité pour chacun d'eux. L'analyste doit examiner avec attention ces résultats qui ont pour objectif de l'aider et non de se substituer à lui, car si on change l'algorithme de comparaison, le classement final est différent. Les meilleures méthodes d'identification passent plutôt par les programmes interactifs dans lesquels l'analyste est mis à contribution afin de définir des *filtres* pour resserrer le champ d'investigation.

L'algorithme de la différence absolue est le plus simple : pour chacun des j spectres de la spectrothèque, on fait la somme Sj, pour les n points d'abscisses définis, des différences absolues entre l'absorbance de l'inconnu et celle du spectre j de la spectrothèque (formule 10.10). On classe ensuite les j sommes S_j par ordre croissant, le meilleur spectre étant celui qui minimise S_j. Le résultat est présenté assorti d'un indice de corrélation.

$$S_j = \sum_{i=1}^{n} \left| y_i^{\text{réf}(j)} - y_i^{inc.} \right| \qquad (10.10)$$

On peut choisir d'autres formules : remplacer les différences ci-dessus par leurs carrés ou par les différences de ces carrés ou encore faire la différence sur les incréments entre les deux points consécutifs. Chaque algorithme minimise ou met en valeur certains facteurs (différences d'intensité, bruit de fond, différence de pente...).

10.12 Analyse quantitative

La précision des mesures d'absorbance et les possibilités de retraitement des spectres ont favorisé l'analyse quantitative par infrarouge. La méthode est devenue très utilisée à la fois parce qu'il est facile dans le moyen IR de repérer dans un spectre de mélange des bandes spécifiques au composé à doser et parce qu'on dispose de méthodes de traitement statistiques efficaces pour le proche IR.

Certains analystes considèrent encore que les appareils dispersifs à double faisceau sont préférables aux appareils IRTF pour l'analyse quantitative parce qu'ils sont les seuls à comparer les intensités transmises sur les deux voies (de référence et échantillon) au même instant.

10.12.1 Analyse quantitative dans le moyen infrarouge

Pratiquement toutes les espèces moléculaires absorbent dans ce domaine spectral et la grande spécificité des spectres peut, en outre, être particulièrement intéressante quand on est en présence de mélanges de composés de structure chimique voisine. Cependant l'analyse quantitative dans ce domaine de longueurs d'onde est malheureusement plus difficile à mettre en œuvre, comparée à l'UV-visible. La complexité provient essentiellement de la présence, sur les spectres, d'un nombre élevé de bandes d'absorption et de la difficulté de pouvoir maîtriser la reproductibilité des conditions d'analyse essentielles à la réalisation de gammes d'étalonnage (transmittance et trajets optiques des cellules, et comparaison entre spectres de référence et d'échantillon).

Pour les échantillons liquides, il n'est quasiment pas envisageable de pouvoir disposer d'une paire de cellules identiques pour le solvant et l'échantillon. En effet, les fenêtres des cellules, qui sont généralement des sels polis (NaCl, KCl), sont fortement hygroscopiques et se dégradent sous l'effet de l'humidité contenue dans l'atmosphère et dans les échantillons. Quant au parcours optique ℓ, il est souvent très faible (< 1 mm) pour minimiser l'absorbance propre au solvant, dont aucun n'est vraiment transparent dans ce domaine. Un étalonnage périodique du trajet optique des cellules utilisées est donc impératif afin de limiter l'incertitude sur la valeur de ℓ.

Pour les cellules de faible épaisseur, cette mesure est basée sur une méthode interférométrique qui consiste à enregistrer la transmittance de la cellule vide entre deux nombres d'onde $\overline{\nu}_1$ et $\overline{\nu}_2$. Comme le montre la figure 10.20, le rayon S_2 a subi une double réflexion sur les parois internes de la cellule, si bien que pour une incidence normale, il a parcouru une distance supplémentaire de 2ℓ . Par exemple si $2\ell = k\lambda$, il y aura addition des deux intensités lumineuses (les deux rayons ℓ_1 direct et S_2 sont alors en phase). En fonction de la longueur d'onde, il se produit donc une modulation du faisceau principal S_1 de quelques pourcents. Après calculs, si N est le nombre de franges comptées entre $\overline{\nu}_1$ et $\overline{\nu}_2$ (en cm^{1}), on aboutit à :

$$\ell_{(cm)} = \frac{N}{2(\overline{\nu}_1 - \overline{\nu}_2)} \tag{10.11}$$

Pour les échantillons solides, dispersés au sein d'un disque de KBr, dont l'épaisseur n'est pas mesurable avec précision, on ajoute un composé à usage de référence interne (carbonate de calcium, naphtalène, nitrure de sodium), en égale quantité à tous les standards ainsi qu'à l'échantillon.

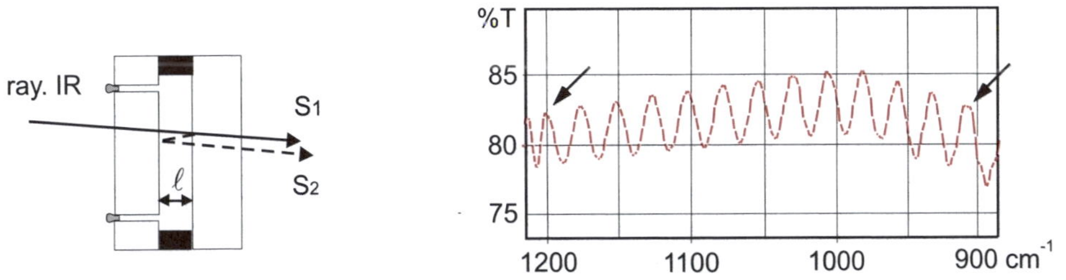

Figure 10.20

Calcul de l'épaisseur d'une cellule par la méthode des franges d'interférences.
À gauche, réflexions sur les parois d'une cuve (pour plus de clarté, l'angle d'incidence du faisceau sur la cellule est décalé de l'incidence normale d'un petit angle ; à droite, partie d'un enregistrement obtenu à partir d'une cellule vide. On dénombre 12 franges entre les deux flèches. Le calcul (expression 10.11) conduit ici à $\ell = 204$ μm.

Il faut également tenir compte du fond d'absorption qui se manifeste assez souvent sur une bonne partie du spectre. Il dépend en particulier de la manière dont a été préparé l'échantillon. Les absorbances étant additives, il faut donc soustraire de l'absorbance totale celle qui n'est pas due au composé à doser. On évalue celle-ci par la méthode de la tangente (fig. 10.21).

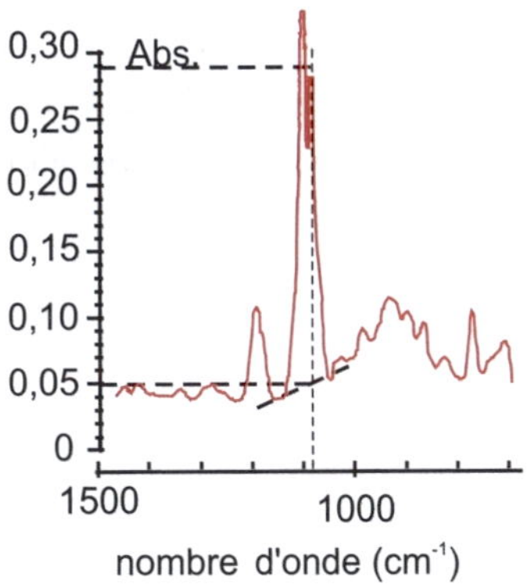

Figure 10.21

Correction du fond d'absorption.
En supposant, que dans l'exemple reproduit ci-contre, la mesure de concentration soit basée sur l'absorbance de la bande à 970 cm^{-1}, il faut retrancher à l'absorbance totale (0,29), le fond d'absorption de 0,05, ce qui conduit à 0,24 u-abs.

Toutefois, dans le cas où ces paramètres sont déterminés avec précision et où il est possible d'isoler une ou plusieurs bandes caractéristiques de la substance à analyser, les méthodes d'analyse quantitative, telles que celles décrites pour l'absorption moléculaire dans le domaine UV-visible (*cf.* chapitre 9), peuvent être mises en œuvre.

10.12.2 Analyse quantitative dans le proche infrarouge

Dans le proche infrarouge, les bandes d'absorption ont pour origine les harmoniques ou des combinaisons des vibrations fondamentales du moyen infrarouge.

La molécule d'eau a de ce point de vue été particulièrement bien étudiée. En première approximation la bande qui apparaît vers 5 154 cm^{-1} (1 940 nm, voir figure 10.22) résulte de la combinaison entre la vibration asymétrique située à 3 500 cm^{-1} et la vibration de déformation (cisaillement, voir §10.6) à 1 645 cm^{-1} (fig. 10.15). Ces calculs simples (3 500 + 1 645 = 5 145) ne sont qu'une approche imparfaite qui occulte un certain nombre de facteurs dont l'état physique des composés auquel l'infrarouge est sensible. Des approximations semblables peuvent être faites pour les bandes de combinaison des liaisons C–H, N–H, C–O... dans le proche infrarouge.

Dans ce domaine, essentiellement réservé aux analyses de contrôle, et où les spectres bruts sont assez souvent d'aspect déroutant par leur absence de bandes d'absorbance nettes, on ne peut que très rarement utiliser une méthode d'étalonnage basée sur l'absorbance à une seule longueur d'onde comme en spectrométrie UV–VIS (*cf.* chapitre 9). Pour beaucoup d'échantillons, comme les matrices complexes d'origine agroalimentaire, il est nécessaire, pour étalonner et pour valider, de disposer de nombreuses références représentatives, elles-mêmes mesurées par une méthode ayant fait ses preuves (Kjeldhal, par exemple, pour l'azote des protéïnes). Ainsi n'est-il pas rare d'établir des corrélations avec 50 échantillons de référence très semblables à ceux que l'on se propose de doser. De nombreux produits (protéines, huiles dans les graines, viandes), peuvent être analysés par cette méthode, en routine et sans préparation. D'une manière générale on recherche une relation entre certaines absorptions et la présence du ou des constituants à doser dans la matière à analyser. C'est le domaine de l'*analyse corrélative.*

Les bandes d'absorption sont peu intenses. Pour cette raison, les mesures sont effectuées dans des cuves de 1 cm de parcours optique, et sur le composé sans dilution. On opère en transmission ou en réflexion (par exemple on dose les protéines, les matières grasses, la cellulose ou l'amidon par réflectance).

Le passage par les courbes dérivées améliore la précision (fig. 10.22).

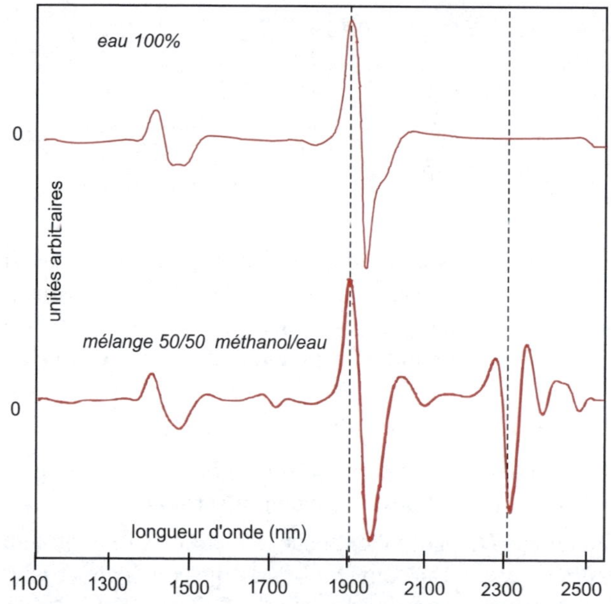

Figure 10.22
Courbes dérivées.
Comparaison des spectres de dérivée seconde dans le proche infrarouge de l'eau pure et d'un mélange moitié eau/moitié méthanol. On remarque qu'il est possible de doser le méthanol à partir du pic situé vers 2,3 μm, sans interférence avec le signal de l'eau situé vers 1,94 μm. Dans cette gamme spectrale, considérée comme l'extension de la plage du visible, les longueurs d'onde sont plutôt exprimées en nm ou μm.

Certains logiciels font appel à des méthodes connues sous le nom de MLR (*Multiple Linear Regression*) ce qui permet de traiter statistiquement un grand nombre de points de mesure pour établir une équation d'étalonnage. Ces méthodes chemiométriques modélisent l'ensemble de toutes les absorptions mesurées aux différentes longueurs d'onde, quelle qu'en soit l'origine : constituant à doser, matrice ou artefacts de l'appareil, sont couramment utilisées (méthode PCA (*Partial Component Analysis*) et méthode PLS (*Partial Least Squares*)).

En résumé, bien que certains dosages dans le proche infrarouge ne soient pas toujours très sensibles, ils sont réputés pour être maintenant très fiables.

SPECTROMÉTRIE RAMAN

La diffusion Raman, qui porte le nom de son découvreur, connue depuis bientôt un siècle apporte des renseignements comparables et complémentaires à ceux du moyen ou lointain infrarouge. Restée longtemps difficile d'accès, cette méthode d'étude des matériaux doit son apparition dans le secteur industriel (contrôle en production) et les laboratoires d'analyses aux progrès de l'instrumentation. Les spectromètres Raman constituent désormais une famille d'appareils qui complète par ses spécificités les autres méthodes d'analyse instrumentales. Les applications deviennent progressivement de plus en plus nombreuses.

10.13 PRINCIPE DE L'EFFET RAMAN

Quand on irradie un échantillon composé de molécules toutes identiques avec une source intense et monochromatique (laser) dont les photons ont une énergie différente de celle qui correspond à une transition électronique ou vibrationnelle de ces molécules, il ne se produit aucune interaction particulière (l'échantillon est transparent) sauf pour une très faible proportion d'entre elles (environ un milliardième). Celles-ci interagissent en effet avec les photons au cours de deux types de collisions :

- les *collisions élastiques* sans échange d'énergie. Elles se traduisent par une simple diffusion du rayonnement incident, sans changement de fréquence, dans une direction quelconque. Ce rayonnement constitue la raie de diffusion Rayleigh, intense, dont la longueur d'onde est la même que celle de la source excitatrice.
- les *collisions inélastiques* pour lesquelles il y a échange d'énergie entre les photons et les molécules (fig. 10.23). Dans ce cas les molécules passent dans un état d'énergie *virtuel*, transitoire, avant d'émettre à leur tour de nouveaux photons qui constituent la diffusion Raman (faible) formée des raies Stokes et anti-Stokes qui encadrent la raie de diffusion Rayleigh.

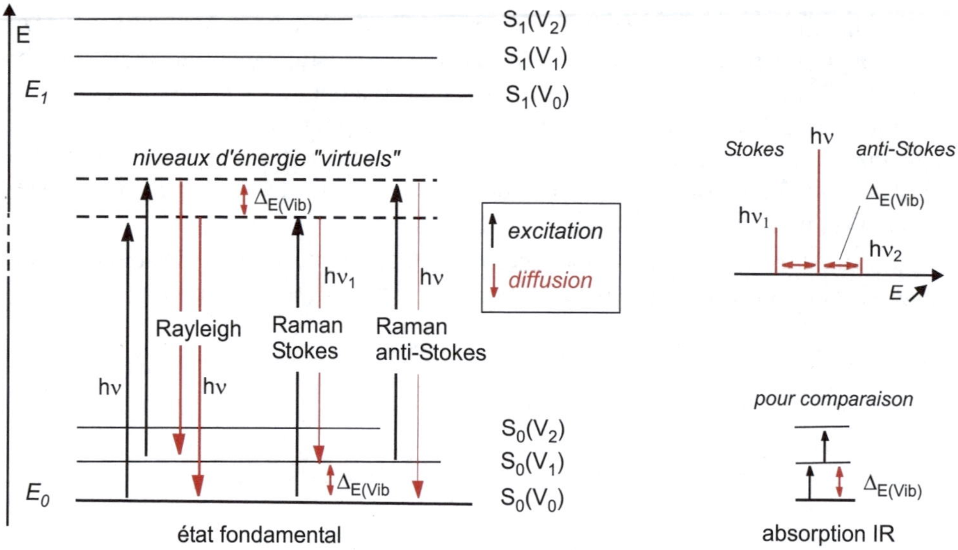

Figure 10.23

Diagramme énergétique et diffusion Raman.

L'utilisation d'un diagramme énergétique, de type Jablonski, pour représenter l'évolution de l'énergie d'une liaison stimulée par laser rend compte du phénomène de diffusion Raman et permet d'insérer les niveaux d'énergie virtuels. Une molécule polyatomique possède de nombreux degrés de liberté dont certains sont actifs en infrarouge (si le moment dipolaire varie) et d'autres en Raman (si la polarisabilité varie).

Raies Stokes : Si la molécule est initialement au repos, dans son état fondamental $S_0(V_0)$, elle peut conserver une partie de l'énergie du photon incident pour passer, par exemple, dans le premier état vibrationnel excité $S_0(V_1)$ par capture d'un quantum de vibration appelé *phonon*. Dans ce cas, elle réémet un photon de moindre énergie qui conduit à une raie Stokes (fig. 10.23).

Raies anti-Stokes : Comme le prévoit l'équilibre de répartition de Boltzmann (*cf.* chapitre 15, expression 15.5), une très faible proportion des molécules se trouve initialement dans le premier état vibrationnel $S_0(V_1)$. Celles-ci vont pouvoir, après l'étape d'excitation, revenir à l'état fondamental $S_0(V_0)$, en émettant cette fois un photon de plus grande énergie dont la valeur correspond à l'énergie du photon incident auquel s'ajoute l'énergie du quantum de vibration assurant son retour à l'état fondamental (destruction d'un phonon). Il en résulte une raie anti-Stokes, très peu intense.

En résumé, la technique Raman étudie les transitions vibrationnelles à partir de la diffusion inélastique de la lumière.

Comme on peut le remarquer sur le diagramme, l'écart d'énergie entre la raie Rayleigh et une raie Stokes ou anti-Stokes correspond à l'énergie du pic d'absorption du spectre IR, si du moins le mode de vibration impliqué est actif dans les deux cas. Il se trouve en effet que pour observer une raie Raman, il faut que la polarisabilité de la liaison soit nettement modifiée par effet de la composante champ électrique de l'onde électromagnétique incidente. Une liaison dont le moment dipolaire est faible (inactive dans l'IR) a en général une grande polarisabilité et sera donc active en Raman. Plusieurs règles d'exclusion sont définies par la théorie.

Par convention, le spectre Raman d'un analyte reproduit les seules raies Stokes. Pour rendre son exploitation plus aisée, on utilise la même présentation que pour un spectre infrarouge pour laquelle l'énergie va en diminuant quand on se déplace vers la droite du spectre (fig. 10.24 et 10.25). En ordonnée on porte l'intensité des raies et en abscisse la différence en cm^{-1} entre la raie Rayleigh et les différentes raies Stokes, ce qui revient à prendre pour origine de l'échelle la valeur (en cm^{-1}) de la raie Rayleigh.

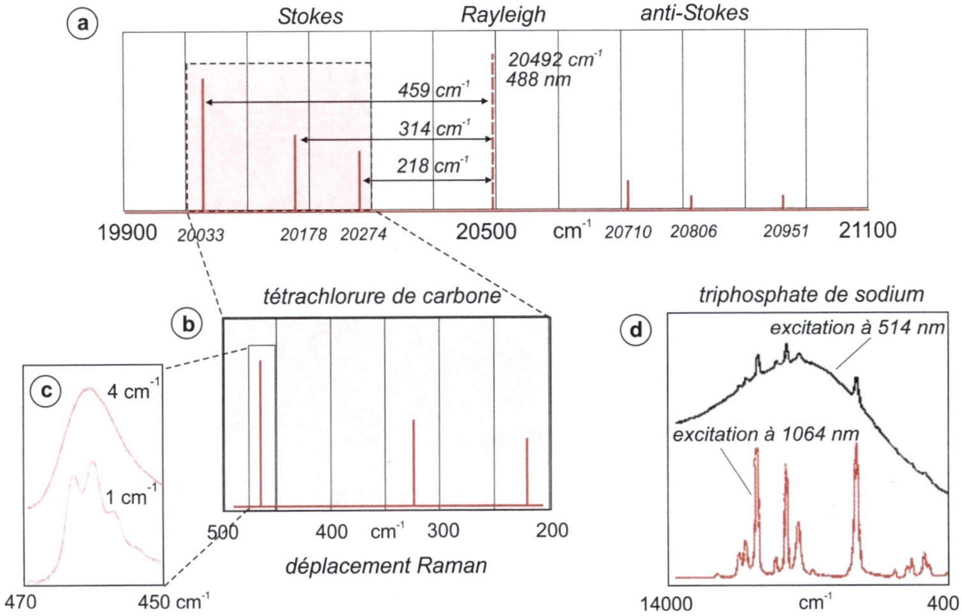

Figure 10.24
Spectre Raman.
a) Les trois principales raies Stokes et anti-Stokes de la molécule de tétrachlorure de carbone (excitation : laser argon ionisé, 488 nm); b) représentation théorique du spectre Raman du même composé; c) spectre réel de la « raie » 459 nm, à 2 résolutions différentes (4 et 1 cm^{-1}); d) influence de la longueur d'onde excitatrice dans le cas d'un composé fluorescent (d'après un document de la société Jasco). Par utilisation d'une plus grande longueur d'onde, le spectre Raman est obtenu sans fluorescence gênante.

Pour accroître l'intensité des raies Stokes, on irradie l'analyte avec un rayonnement dont l'énergie est proche de celle qui permet d'atteindre la première transition électronique. Dans ces conditions l'intensité Raman peut être multipliée par un facteur de 10 000 (cette technique appelée Raman de résonance permet l'étude d'analytes très peu concentrés). Une autre solution consiste à irradier l'analyte pendant un certain temps ce qui a pour effet de diminuer sa fluorescence (« blanchiment » du composé).

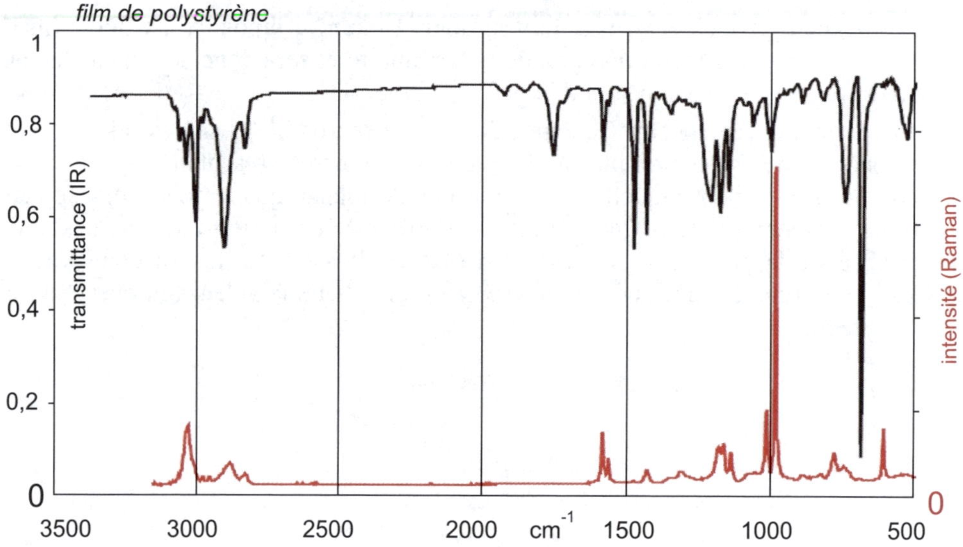

Figure 10.25

Spectre Raman d'un film de polystyrène réticulé.
Comparaison avec le spectre infrarouge, enregistré en transmittance dans le même domaine spectral.

10.14 INSTRUMENTATION

Les spectromètres Raman, souvent dénommés *IR-Raman* sont composés d'une source, d'un système analyseur et d'un détecteur.

Les sources d'excitation actuelles sont des lasers : lasers à gaz à atomes neutres ou ionisés dont les principaux sont les lasers Hélium/Néon (632.8 nm) Argon (514.5 nm) et Krypton (647 nm) et lasers à l'état solide dont le plus courant est le laser Nd : YAG constitue d'un cristal de grenat d'yttrium et d'aluminium contenant des ions néodyme (1064 nm) pour les composés fluorescents.

Ces sources sont complétées par des filtres optiques pour éliminer les émissions secondaires de la source ainsi que la majeure partie de la diffusion Rayleigh. Le faisceau peut être focalisé pour les applications de micro-Raman, c'est-à-dire l'étude de micro-échantillons. L'observation se fait en standard sous un angle de 90 °.

Le système analyseur est soit un système dispersif classique soit un interféromètre de Michelson s'il s'agit d'un spectromètre à transformée de Fourier.

Suivant la technique retenue, le détecteur est un photomultiplicateur ou un capteur CCD.

10.15 Domaines d'applications

Les spectres comportent moins de pics que dans le moyen infrarouge, ce qui rend les interférences moins nombreuses et facilite ainsi les dosages (tableau 10.1). Les échantillons ne nécessitent pas de préparation particulière et les solutions aqueuses peuvent être analysées dans des cellules en verre.

Tableau 10.1 Comparaison des intensités d'absorption (IR) et de diffusion (Raman) pour quelques liaisons chimiques.

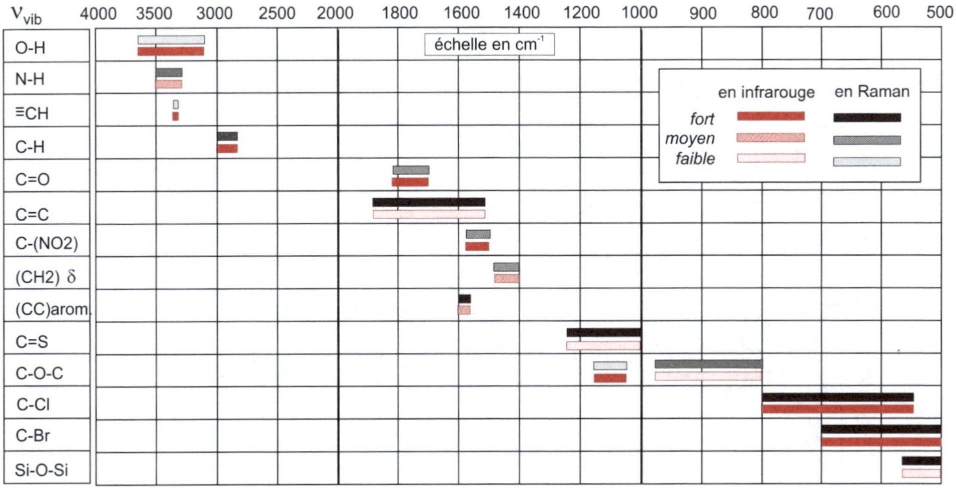

Avec une source excitatrice Hélium/Néon (633 nm), on peut calculer que les raies Stokes observées sur une plage de 4 000 cm^{-1} correspondent à des raies émises entre 633 et 847 nm, domaine dans lequel l'eau ou le verre sont transparents.

La fluorescence de certains composés gêne l'observation des raies Stokes (fig. 10.24d). On peut cependant contourner ce type d'interférence en choisissant parmi la grande diversité de raies excitatrices disponibles une source émettant dans le proche infrarouge. On évite ainsi de provoquer la fluorescence du composé étudié et de plus, les bandes de diffusion Raman se « déplacent » avec la longueur d'onde de la source excitatrice, contrairement aux bandes de fluorescence qui se situent en général dans le domaine du visible. Il faut noter cependant que les raies Raman sont d'autant moins intenses que la longueur d'onde est plus grande.

La spectrométrie Raman et la spectrométrie du moyen infrarouge ont les mêmes domaines d'applications qui concernent l'identification des composés ou la caractérisation des minéraux, roches et des matériaux en général.

Tableau 10.2 Corrélation dans le moyen infrarouge entre groupes fonctionnels et bandes d'absorption.

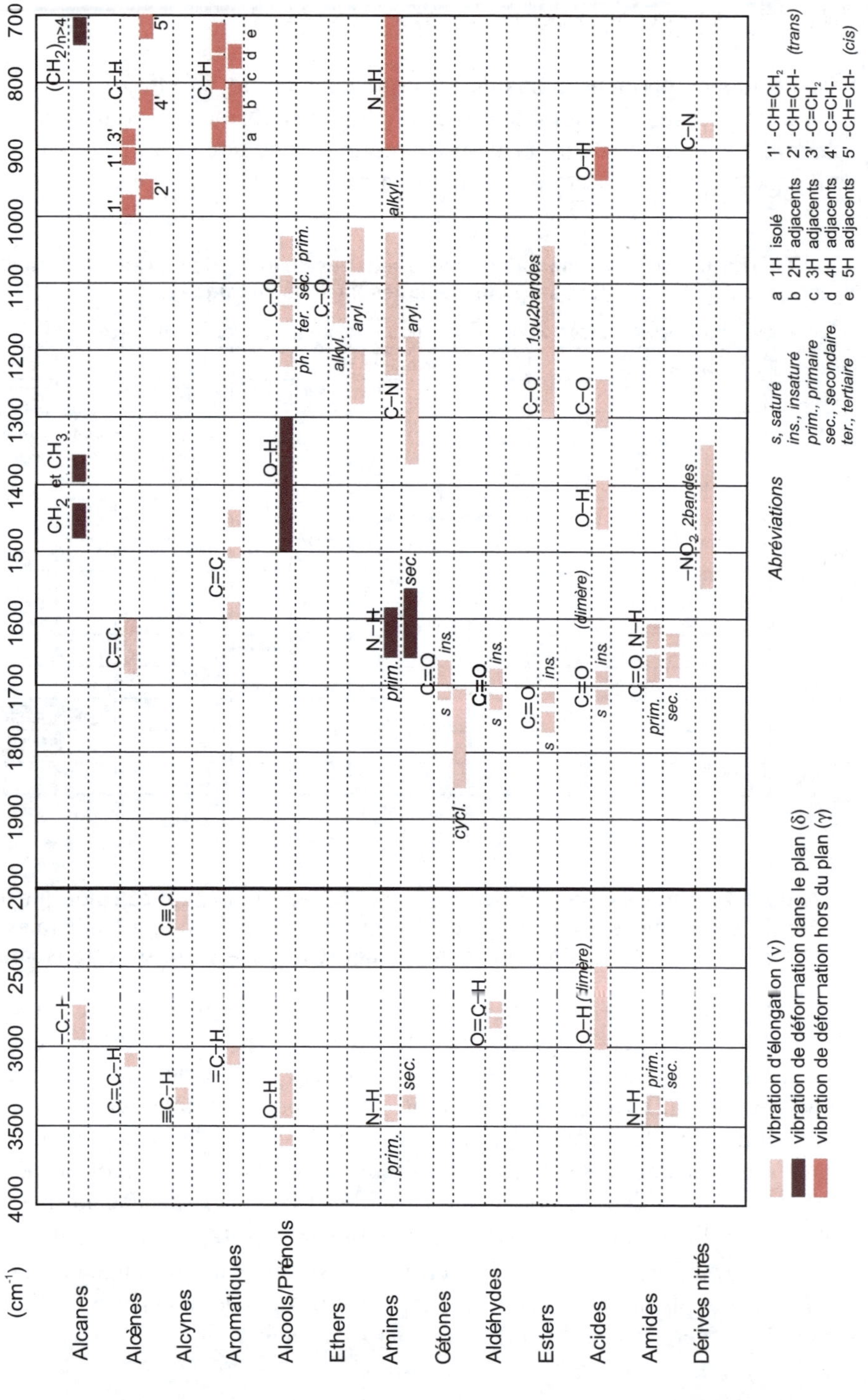

Exercices

10.1 a) Quelle est l'énergie transportée par une radiation définie par un nombre d'onde de 1 000 cm^{-1} ?

b) Transformer $\lambda = 15$ µm en cm $^{-1}$, puis en m^{-1}. À quelle longueur d'onde correspond 1 700 cm^{-1} ?

10.2 Sachant que la position de la bande d'absorption de la liaison C-H du chloroforme (trichlorométhane) est à $3\,018,5$ cm^{-1}, prévoir la position de la bande d'absorption de la liaison C-D du deutérochloroforme ($\overline{\nu}$ exp. : 2 253 cm^{-1}).

10.3 La liaison entre deux atomes d'une molécule diatomique est caractérisée par une constante de force de 1 000 $N \cdot m^{-1}$. Cette liaison est responsable d'une absorption située à 2 000 cm^{-1}. En admettant que l'énergie de la radiation incidente est transformée en énergie de vibration, trouver une valeur approchée de l'augmentation de l'élongation maximale cette liaison.

10.4 Sachant que la fréquence fondamentale du monoxyde de carbone est de 2 135 cm^{-1} dans le tétrachlorure de carbone comme solvant, en déduire la « constante » de force de la liaison de cette molécule dans ces conditions.

10.5 On dispose de la formule brute incomplète d'un composé : C_3H_9O⊠
À partir de la bande d'absorption observée à 3 320 cm^{-1} sur son spectre IR, il est possible de déterminer la nature de l'atome X inconnu de cette formule brute, sachant que la constante de force de la liaison impliquée dans cette vibration vaut 607 $N \cdot m^{-1}$. Dans ce but :

a) Calculer la masse réduite μ de la liaison associée à cette bande d'absorption.

b) L'un des deux atomes composant cette liaison est un atome d'hydrogène, en déduire la nature de l'atome inconnu X. Vérifier cette hypothèse, sachant que la masse molaire de ce composé est $M = 75{,}1$ $g \cdot mol^{-1}$

c) Quel est alors le type de vibration moléculaire associée à cette bande d'absorption ?

10.6 Un cristal de ZnSe ($n = 2{,}4$) de section parallélépipédique, utilisé dans un accessoire ATR horizontal, a pour dimensions $L \times l \times d = 24 \times 8 \times 3$ mm. L'angle d'incidence est de 45 °. On dépose un composé d'indice 1,4 sur toute la face supérieure du cristal.

a) Calculer l'angle critique de ce cristal lorsqu'il est recouvert du composé.

b) Calculer le nombre de réflexions sur la face supérieure.

c) En déduire l'épaisseur totale équivalente à 4 000 et à 400 cm^{-1} en admettant que pour chaque réflexion atténuée la lumière pénêtre d'une distance égale à une longueur d'onde.

d) Quelle correction est-il utile d'effectuer pour rendre le spectre équivalent à un spectre par transmission ?

10.7 Parmi les films d'emballage commerciaux on trouve des copolymères éthylène/acétate de vinyle (EAV). Pour définir ces matériaux on calcule le % d'acétate de vinyle (AV). On se base sur l'intensité de la bande située à 1 030 cm^{-1}. L'absorbance est déterminée par la méthode des tangentes. Les résultats concernant 4 films EAV de composition connue et d'un film EVA inconnu, dont les épaisseurs (en μm) sont désignées par d, sont rassemblés ci-après.

EVA	%AV	$A_{1\,030}$	A_{720}	d (μm)
1	0	0,01	1,18	56
2	2	0,16	1,55	80
3	7,5	0,61	1,49	82
4	15	0,36	0,45	27
inc.	?	0,7	1,54	90

a) En tenant compte de l'épaisseur d du film, trouver par ajustement linéaire, à partir des résultats ci-dessus, l'équation de la droite $A_{1\,030} = f(\%\ \text{AV})$, pour un film de 1 μm d'épaisseur.

b) Expliquer pourquoi la bande à 720 cm^{-1} du polyéthylène (due aux CH_2) peut être choisie comme étalon interne, puis calculer le rapport $A_{1\,030}/A_{720}$ pour les 4 films connus.

c) En utilisant les 2 méthodes décrites en b) et c) calculer la teneur en AV exprimée en % de l'échantillon de film EVA inconnu.

10.8 Dosage des hydrocarbures totaux dans les eaux par spectrophotométrie IR (Norme AFNOR $T90-114$).

Principe : extraction des composés hydrocarbonés par le tétrachlorure de carbone en milieu acide ; séparation des hydrocarbures des autres matières organiques par chromatographie ; détermination spectrophotométrique de la somme des absorbances aux quatre longueurs d'onde dans l'IR : 3 290 nm, 3 380 nm, 3 420 nm et 3 510 nm.

a) Calculer, en cm^{-1}, les nombres d'onde correspondant à ces longueurs d'onde.

b) À quelles vibrations correspondent ces nombres d'onde ?

c) Pourquoi utilise-t-on le tétrachlorure de carbone comme solvant ?

Préparation de la gamme étalon.

Préparation de la solution mère : $n-$hexadécane ($m = 0{,}375$ g), iso-octane ($m = 0{,}375$ g), toluène ($m = 0{,}250$ g) dans une fiole d'un litre avec CCl_4 comme solvant.

Par dilution de la solution mère, on prépare une gamme de solutions étalons de concentrations en hydrocarbures totaux égales à 0, 1, 2, 5, 10, 20, 50 mg $\cdot L^{-1}$.

Pour chaque solution, on mesure les absorbances aux quatre longueurs d'onde d'étude et on en fait la somme. On obtient les résultats suivants :

C(mg $\cdot$ L^{-1})	0	1	2	5	10	20	50
A (tot.)	1	0,0217	0,0445	0,1105	0,2210	0,4420	1,1068

Déterminer l'équation de la droite de régression linéaire $A(\text{tot}) = f(C)$. Donner le coefficient de régression r.

Préparation de l'échantillon.

L'échantillon est prélevé dans un flacon en verre, acidifié à un pH voisin de 2 puis conservé à 4 °C environ jusqu'à analyse. Dans une ampoule à décanter, on verse 250 mL de l'échantillon auxquels on ajoute 25 mL de CCl_4. On agite 15 min puis on laisse décanter. On filtre la phase organique sur sulfate de sodium anhydre puis on la passe sur une colonne de purification en silicate de magnésium. On récupère le filtrat et on ajuste à 25 mL avec le solvant. On enregistre le spectre IR entre 3 200 et 2 600 cm^{-1} et on fait la somme des absorbances aux quatre nombres d'onde d'étude. On trouve $A(\text{tot}) = 0{,}0047$ pour une eau de rivière.

Calculer la concentration massique en hydrocarbures totaux de l'échantillon étudié.

11 FLUORIMÉTRIE ET CHIMILUMINESCENCE

Certains composés organiques ou minéraux, liquides ou solides (matériaux amorphes, cristaux moléculaires ou ioniques), qu'ils soient purs ou en solution, émettent de la lumière lorsqu'ils sont excités par des photons du domaine de l'infrarouge au proche ultraviolet. Parmi les applications en analyse de ce phénomène, baptisé photoluminescence, se trouve la **fluorimétrie,** une méthode à la fois sélective et très sensible permettant de très nombreux dosages, l'intensité de fluorescence étant en rapport avec la concentration de l'analyte. Les mesures sont effectuées à l'aide de fluorimètres ou de spectrofluorimètres. L'extinction extrêmement rapide de l'intensité lumineuse lorsque l'excitation cesse, fait également l'objet de mesures à des fins analytiques. Par opposition, la **phosphorescence** se caractérise par une décroissance dans le temps beaucoup plus lente. La fluorescence est également mise à profit dans la conception de détecteurs utilisés en chromatographie liquide. Bien que l'origine en soit différente, la **chimiluminescence,** qui consiste en émission de lumière au cours de certaines réactions chimiques, trouve quelques applications en chimie analytique.

11.1 ORIGINE DE LA FLUORESCENCE

Beaucoup de composés, lorsqu'ils sont excités par une source lumineuse absorbent de l'énergie pour la restituer par la suite sous forme d'un rayonnement. Certains présentent la faculté plus ou moins prononcée de réémettre quasi-instantanément à une longueur d'onde plus grande que celle de la lumière d'origine. Ils sont dits *fluorescents*.

11.1.1 Processus d'absorption et de relaxation

Dans son état standard (énergie minimale), une molécule possède des électrons en nombre pair, appariés dans chaque orbitale moléculaire. Son spin global S (somme des spins individuels) est égal à 0. Sachant que la *multiplicité,* qui désigne le nombre d'états résultant d'interactions entre les moments angulaires de spin vaut $2S + 1$, la molécule à l'état fondamental a donc une multiplicité égale à 1. C'est l'état au repos, dit *singulet* (noté S_0) (fig. 11.1).

Quand un photon est absorbé, il en résulte une augmentation de l'énergie de la molécule qui se traduit par le passage d'un de ses électrons dans un état excité.

Dans un premier temps, l'électron conserve son spin, la multiplicité de l'état excité reste donc égale à 1. Il s'agit encore d'un état *singulet,* noté S_1. Mais le spin de cet électron peut se retourner par un processus appelé *croisement intersystème,* le principe d'exclusion de Pauli ne s'appliquant plus. La multiplicité devient alors égale à 3 (puisque $S = 1$). C'est un état dit *triplet*, noté T_1, thermodynamiquement favorisé, car son énergie est légèrement inférieure à celle de S_1 (règle de HUND).

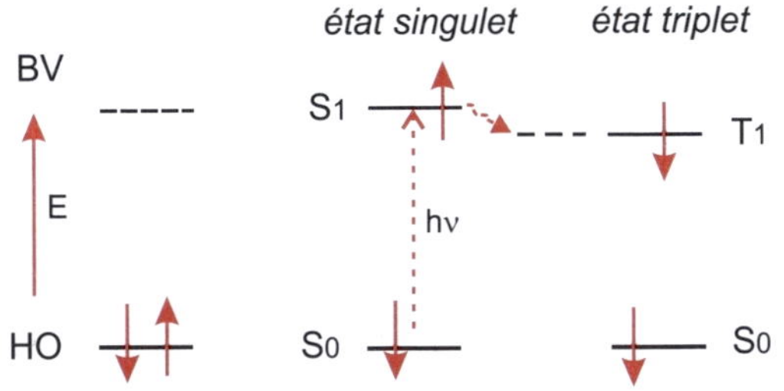

Figure 11.1
Représentation sous forme d'un diagramme énergétique, de l'absorption d'un photon par une molécule.
Transfert d'un électron d'une orbitale occupée (*HO*) vers une orbitale vacante (*BV*) avec apparition d'un état singulet évoluant en un état triplet, plus stable. Les petites flèches désignent un électron dont le spin est figuré par le sens de la flèche.

Sitôt après absorption du photon, la molécule se retrouve de fait dans l'un des nombreux niveaux vibrationnels V_i associés à l'état électronique excité S_1. Sous l'effet des collisions intermoléculaires, les électrons du composé et ceux des molécules environnantes de solvant se rééquilibrent quasiment instantanément, mais les positions des noyaux des atomes en revanche restent identiques à ce qu'elles sont dans l'état fondamental (c'est le principe de Franck-Condon). Le système évolue par dissipation d'énergie mécanique. Cette *relaxation vibrationnelle* non radiative ramène l'électron très rapidement (10^{-12} s) vers le niveau V_0 de l'état S_1.

Plusieurs processus de relaxation sont alors possibles, dont celui qui caractérise la fluorescence, représentés sur le diagramme énergétique dit de *Jablonski* (fig. 11.2) :

- Si ce niveau est compatible avec le niveau fondamental, l'électron promu peut perdre son excédent d'énergie par émission d'un photon de *fluorescence* (10^{-11} à 10^{-3} s). La molécule revient à l'état S_0 ou dans l'un des niveaux vibrationnels qui y sont associés.

Des processus de relaxation vibrationnelle peuvent accompagner ce retour de l'électron après l'étape de fluorescence si la molécule conserve une partie de l'énergie reçue au cours de l'excitation. Cet excès d'énergie de vibration est dissipé soit par collisions ou autres processus non radiatifs soit par émission de photons beaucoup moins énergétique, à l'origine d'une fluorescence située dans le moyen infrarouge.

- D'autres processus non radiatifs peuvent co-exister avec le précédent. On distingue la *conversion interne,* transition non radiative entre états de même multiplicité ainsi que le *croisement intersystème*, transition non radiative $S_1 \rightarrow T_1$, due au retournement du spin de l'électron (fig. 11.2).

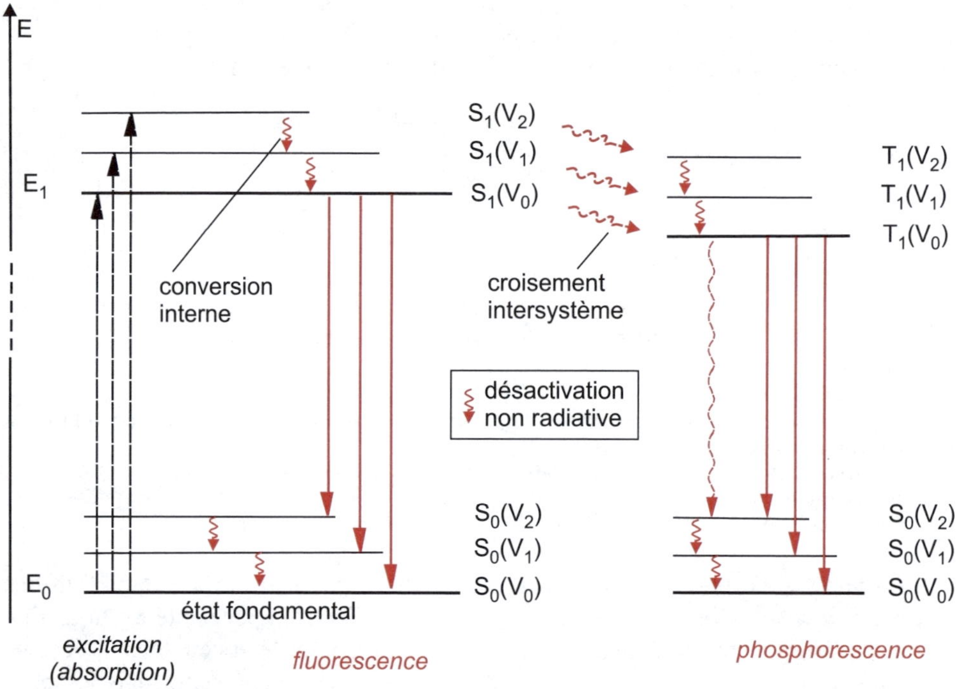

Figure 11.2
Diagramme de Jablonski.
Les flèches ondulées correspondent à des mécanismes de relaxation vibrationnelle sans émission de photons. La fluorescence résulte de transferts entre états de spin de même multiplicité, et la phosphorescence entre états de multiplicités différentes. L'état T_1 produit un retard dans le retour à l'état fondamental pouvant atteindre plusieurs heures. Le « Stokes shift » correspond à l'énergie dissipée sous forme de chaleur (relaxation vibrationnelle) pendant la durée de vie de l'état excité, donc avant que les photons ne soient émis. La situation réelle est plus complexe que ce diagramme très simplifié peut le laisser supposer. À notre échelle, un composé peut être à la fois fluorescent et phosphorescent car à l'échelle moléculaire les espèces individuelles qui le composent n'ont pas toutes le même comportement.

Ce dernier cas est important, car l'état triplet va d'abord se stabiliser dans l'état vibrationnel le plus bas de T_1. Ensuite, comme la transition triplet $\rightarrow$ singulet est « interdite » (transition entre états de même multiplicité de spin) on assiste le plus souvent à une désactivation non radiative $T_1 \rightarrow S_0$. Il existe cependant des molécules pour lesquelles cette transition se fait avec émission de lumière. Il s'agit de la *phosphorescence*. La constante de vitesse de la phosphorescence est très inférieure à celle des autres transitions puisque le processus implique un nouveau retournement du spin de l'électron. L'émission lumineuse d'un composé phosphorescent peut dépasser plusieurs minutes.

11.1.2 Durée de vie de fluorescence

L'intensité lumineuse, due à la fluorescence diminue extrêmement rapidement suivant une loi exponentielle représentée par l'expression 11.1 qui relie l'intensité de fluorescence I_t au temps écoulé t après l'excitation :

$$I_t = I_0 \cdot \exp\left[-kt\right] \qquad (11.1)$$

La *durée de vie* de fluorescence τ_0 est définie à partir de k par $\tau_0 = 1/k$. À l'instant $t = \tau_0$, l'intensité I_t est égale, d'après 11.1, à 36,8 % de l'intensité de départ I_0. Autrement dit, un composé fluorescent correspond à l'échelle microscopique à une population d'espèces individuelles dont 63,2 % sont revenues à un état non émissif après ce temps. τ_0 peut varier de quelques nanosecondes à quelques millisecondes. Pour faciliter les mesures de fluorescence, les instruments courants opèrent en régime stationnaire, c'est-à-dire en maintenant la source d'excitation allumée avec, en contrepartie, l'obligation évidente de différentier la lumière de la source et celle de fluorescence.

Cette loi de décroissance s'applique également à la *phosphorescence*. La différence provient de la valeur de la constante k qui est beaucoup plus grande pour la *fluorescence* que pour la *phosphorescence* car cette dernière décroît beaucoup plus lentement.

Fluorescence résolue dans le temps

L'avènement de sources lumineuses à impulsions ultra brèves (lasers picoseconde par exemple) permet d'accéder aux courbes de décroissance de la fluorescence en fonction du temps. L'analyse des durées de vie qui en découle permet d'obtenir de précieuses informations sur l'espèce fluorescente et son environnement. La complexité et le coût des montages instrumentaux nécessaires à ces études en limite toutefois l'utilisation aux laboratoires de recherche et de développement.

11.1.3 Déplacement de Stokes

Au cours d'une transition de fluorescence entre deux niveaux électroniques, seule une des raies d'émission est commune à celles du diagramme d'absorption. Elle correspond à la transition entre les niveaux vibrationnels fondamentaux des niveaux électroniques impliqués et est appelée *raie de résonance* (fig. 11.2).

Sur la figure 11.3, réunissant sur le même graphe avec une double échelle, le spectre en absorbance et celui en émittance, les raies de résonance sont associées à la zone de recouvrement des deux spectres. Le nombre élevé de niveaux intervenant dans les transitions accompagnant la fluorescence explique l'allure des spectres sous forme de spectres de bandes constitués d'une multitude de raies dont la résolution est souvent difficile à observer à température ambiante.

Les autres bandes de fluorescence sont composées de raies dont la longueur d'onde est supérieure à celle du rayonnement absorbé responsable de leur excitation. Ce déplacement vers les plus grandes longueurs d'onde est appelé *déplacement de Stokes*. Il explique l'apparente symétrie en miroir des spectres d'absorbance et de fluorescence de nombreux composés (fig. 11.3).

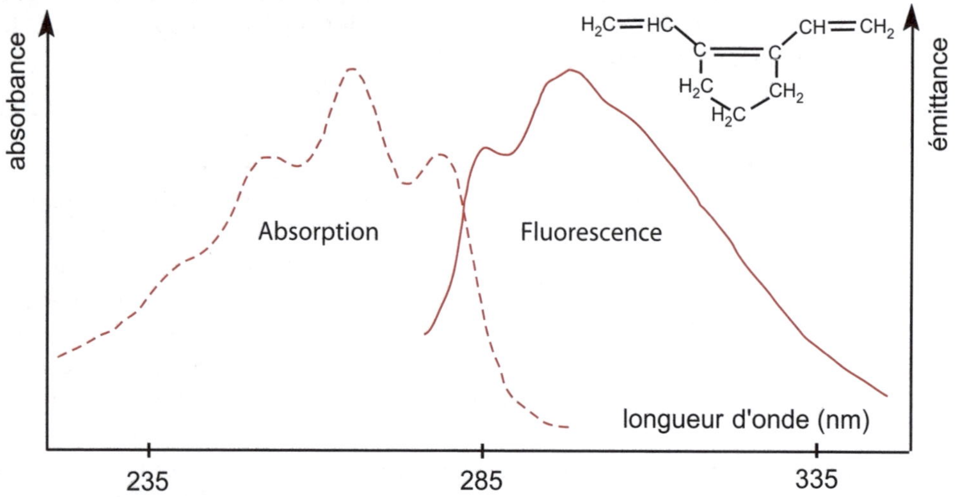

Figure 11.3

Représentation sur un même graphe des spectres d'absorption et de fluorescence d'un composé éthylénique.

Le spectre de fluorescence qui ressemble à l'image dans un miroir du spectre d'absorption, ainsi que le « Stokes shift » peuvent s'interpréter en considérant les diagrammes énergétiques (figure 11.2) Exemple extrait de H. Jacobs et Coll, **Tetrahedron** 1993, p. 6 045.

11.2 Les composés fluorescents

La fluorescence résultant du retour à l'état fondamental d'une espèce après absorption d'un rayonnement, il paraît légitime de supposer au prime abord que toutes les molécules absorbantes sont également fluorescentes ou phosphorescentes. Alors pourquoi ne le sont-elles pas toutes ?

Comme il a été vu en 11.1.1, seul le retour de la molécule d'un niveau électronique excité vers un niveau électronique d'énergie inférieure, par un processus radiatif, est à l'origine de sa fluorescence. Or des phénomènes de relaxations non radiatives coexistent avec ces processus radiatifs. Il existe donc une compétition entre ces deux types de relaxation. Ainsi, seules les molécules dont les relaxations radiatives se produisent plus rapidement que leurs correspondantes non radiatives seront fluorescentes. Le rendement quantique de fluorescence Φ_f (voir § 11.3), traduit cette compétition. Une espèce très fluorescente aura un rendement quantique proche de 1 alors qu'il sera pratiquement nul pour une espèce non fluorescente.

Parmi les composés organiques, les molécules cycliques, rigides et possédant des liaisons π sont celles qui produisent la fluorescence la plus intense (fig. 11.4). Elle se trouve augmentée par la présence de groupes électro-donneurs et diminuée avec les groupes électro-attracteurs.

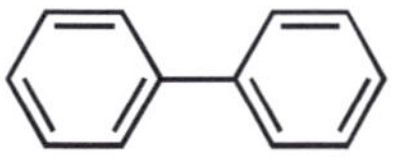

biphényle (0,2)

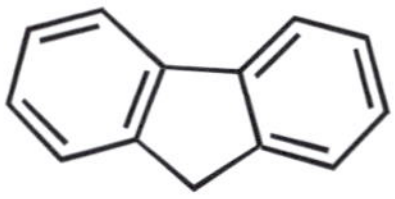

fluorène (1)

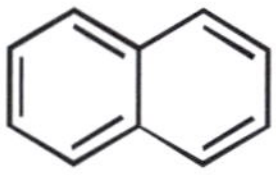

naphtalène (0,55)

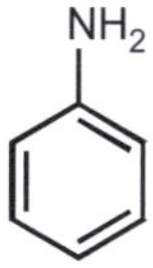

aniline (0,6)

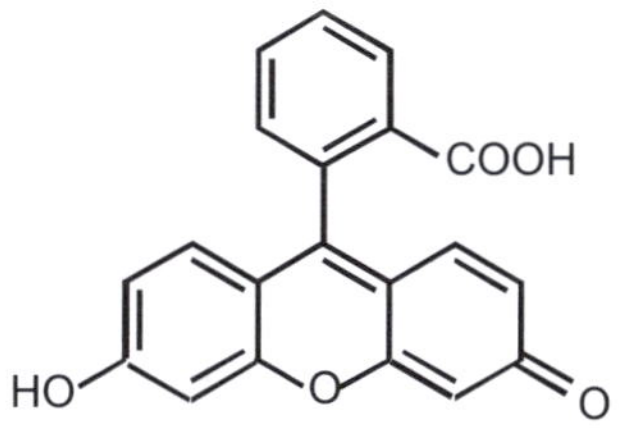

fluorescéine (0,92 dans NaOH 0,1 M et 0,65 à pH = 7)

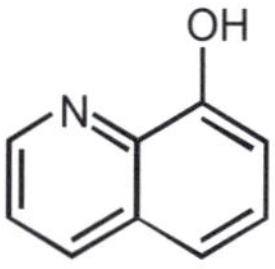

8-hydroxyquinoléine

Figure 11.4

Composés fluorescents aromatiques.

Le nom est suivi du rendement de fluorescence Φ_f (voir § 11.3) dont la valeur est obtenue de proche en proche par comparaison avec des composés de fluorescence connue. Les mesures sont faites à 77 K. La 8-hydroxyquinoléine est représentative de diverses molécules formant des complexes de chélation fluorescents avec certains ions métalliques.

Plus généralement, la fluorescence d'une molécule peut être directement corrélée à sa rigidité structurale. La vitesse de relaxation non rayonnante est en effet réduite par la rigidité de la molécule, ce qui rend l'émission radiative majoritaire.

Une augmentation du rendement de fluorescence, similaire à celle liée à la rigidité structurale, est également observée lorsque l'espèce fluorescente est adsorbée sur un support solide. De même l'émission de certains agents chélatants augmente après avoir formé un complexe avec un ion métallique.

Les molécules non rigides, par contre, perdent facilement la totalité de l'énergie absorbée par dégradation et relaxation vibrationnelle.

Par analogie, on peut comparer ce phénomène à l'effet que produit un coup de marteau soit sur un bloc mou, caoutchouc par exemple, soit sur quelque chose de dur, comme une enclume. Sur le caoutchouc, l'énergie se disperse dans la masse (échauffement) et aucun bruit n'est émis, en revanche, sur l'enclume, une partie de l'énergie mécanique est retransmise vers l'extérieur (rayonnement sonore), phénomène comparable à la fluorescence.

L'intensité de fluorescence dépend également de la concentration (voir § 11.3), du pH, du solvant et de la température. Ainsi, le rendement quantique diminue à température élevée car la fréquence des chocs entre molécules augmente ce qui tend à favoriser les processus non radiatifs. Il en est de même lorsque la viscosité du solvant diminue.

11.3 Relation entre fluorescence et concentration

En chaque point de la solution l'intensité de fluorescence est différente parce qu'une partie de l'intensité de la radiation excitatrice est absorbée avant d'atteindre le point considéré et qu'une partie de la lumière de fluorescence se trouve piégée avant de sortir de la cellule. Globalement la fluorescence reçue par le capteur du détecteur correspond donc à la résultante des fluorescences de chacun des petits volumes individuels qui constituent l'espace délimité par les fenêtres d'entrée et de sortie (fig. 11.5). C'est pourquoi le calcul *a priori* de l'intensité de fluorescence (émittance I_f) de l'échantillon est difficile. Le phénomène d'affaiblissement lumineux appelé « filtre interne », dû au recouvrement partiel des spectres d'absorption et d'émission (*quenching couleur*) est augmenté des transferts d'énergie d'espèces excitées avec d'autres molécules ou ions étrangers par collisions ou formation de complexes (*quenching chimique*). Ainsi l'oxygène entraîne une sous-estimation de la fluorescence.

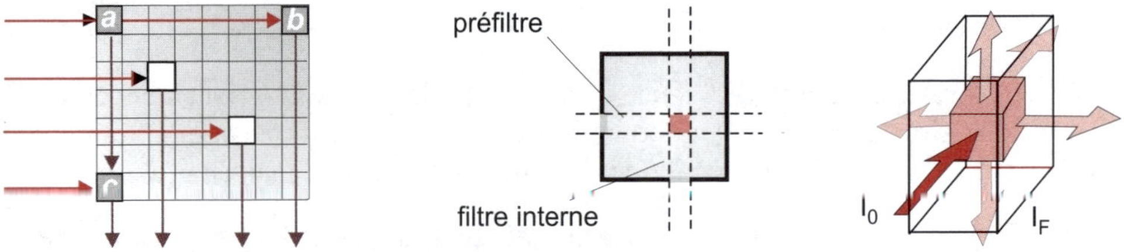

Figure 11.5
Intensité de fluorescence.
Suivant l'endroit de la solution où la fluorescence est émise, une intensité lumineuse variable atteint le détecteur; il est possible d'évaluer la réabsorption de la lumière de fluorescence (comparaison entre a et c) et l'absorption de la lumière incidente (comparaison entre a et b). La présence d'un iris fait que seule la lumière, en provenance de la partie centrale de la cuve, est recueillie.

Pour les solutions, on définit le rendement quantique de fluorescence Φ_f (compris entre 0 et 1) par le rapport du nombre de photons émis sur le nombre de photons absorbés, ce dernier étant équivalent au rapport de l'intensité de fluorescence I_f sur l'intensité absorbée I_a (relation 11.2).

$$\Phi_f = \frac{\text{nombre de photons émis}}{\text{nombre de photons absorbés}} = \frac{I_f}{I_a} \qquad (11.2)$$

En posant $I_a = I_0 - I_t$ (I_t désignant l'intensité de la lumière transmise), la relation 11.2 permet de relier I_f à la concentration c du composé :

$$I_f = \Phi_f(I_0 - I_t) \quad \text{soit} \quad I_f = \Phi_f \cdot I_0 \cdot \left(1 - \frac{I_t}{I_0}\right) \qquad (11.3)$$

Comme l'absorbance A est égale à $\log I_0/I$, l'expression 11.3 devient :

$$I_f = \Phi_f \cdot I_0 \cdot (1 - 10^{-A}) \qquad (11.4)$$

Or

$$10^{-A} = 1 - 2{,}303A + \frac{(2{,}303A)^2}{2!} - \cdots + \cdots$$

Si la solution est diluée, le terme A est très petit et le terme 10^{-A} est donc proche de $1 - 2,3A$. L'expression (11.4) peut être simplifiée et devient :

$$I_f = 2{,}3 \cdot \Phi_f \cdot I_0 \cdot A \quad \text{soit} \quad I_f = 2{,}3 \cdot \Phi_f \cdot I_0 \cdot \varepsilon \cdot \ell \cdot c \qquad (11.5)$$

avec I_0 intensité de la radiation excitatrice, c concentration molaire de la substance, ε son coefficient d'absorption molaire, ℓ épaisseur de la cuve, et Φ_f rendement de fluorescence.

Cette dernière expression montre que l'intensité de fluorescence dépend de la concentration (c), des conditions expérimentales (ℓ, I_0) et du composé (ε, Φ_f). Dans la pratique d'un dosage, les paramètres propres au composé étudié et à l'appareil sont fixes. En les réunissant dans un même facteur K, on écrira pour les très faibles concentrations ($A < 0{,}01$) :

$$I_f = K \cdot I_0 \cdot c \qquad (11.6)$$

Les dosages par fluorimétrie font appel aux nombreuses méthodes classiques d'étalonnage avec une seule ou plusieurs solutions de référence, ou encore aux méthodes d'ajout, mais pour obtenir de bons résultats, les solutions doivent être très diluées.
Au-delà d'une certaine limite, la fluorescence n'est plus proportionnelle à la concentration par suite de la non linéarité de la loi de Beer. L'excitation est proportionnellement plus faible et il apparaît des complexes d'association entre molécules excitées et molécules restées à l'état fondamental. On aboutit au résultat, qui semble paradoxal, selon lequel la fluorescence peut aller jusqu'à diminuer. La courbe de

la figure 11.6 est l'illustration graphique de l'expression 11.7 (issue de 11.4) en donnant des valeurs raisonnables à ces différents paramètres.

$$I_f = \Phi \cdot k \cdot I_0 \cdot 10^{-(\varepsilon_1 \ell_1 + \varepsilon_2 \ell_2)c} \cdot (1 - 10^{-\varepsilon \ell c}) \quad (11.7)$$

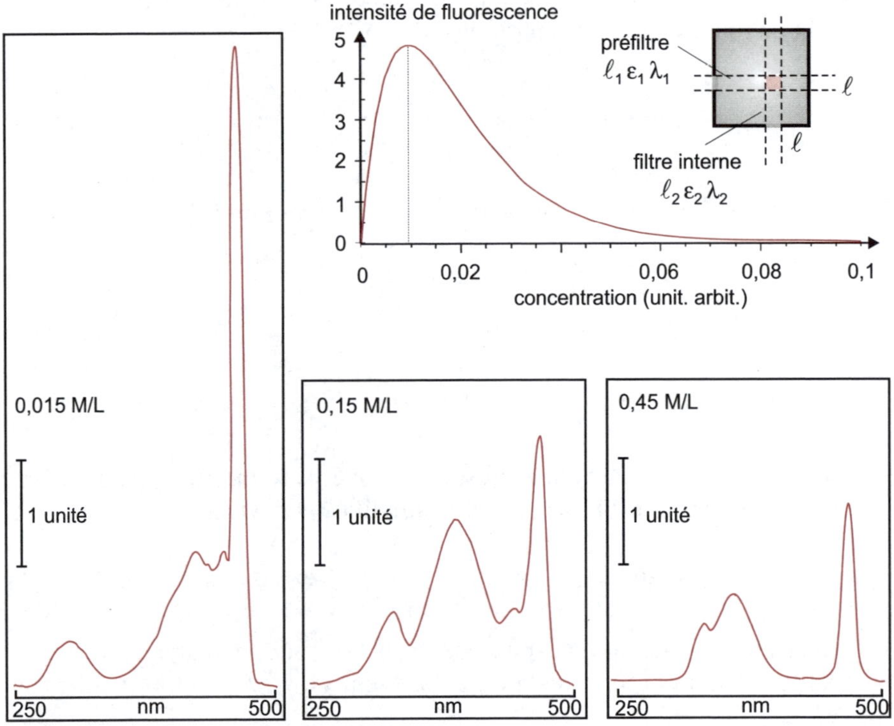

Figure 11.6

Intensité de fluorescence et concentration.

Modélisation à partir de la formule 11.7 de l'effet de la concentration sur l'intensité de fluorescence. On observe un maximum de fluorescence au-delà duquel elle diminue. Plus la solution est concentrée, plus faible est la fluorescence — sorte de *roll over* ou de *self quenching*. L'illustration correspond à 3 enregistrements à même échelle de solutions de biacétyle dans le tétrachlorométhane. La courbe correspond à la lumière recueillie en provenance du petit volume de côté ℓ situé au sein de la solution comme précisé sur la figure 11.4 (paramètres ℓ et ε choisis arbitrairement).

11.4 Diffusion Rayleigh et diffusion Raman

Lorsque les longueurs d'onde d'excitation et d'émission sont voisines, on peut observer, près de la fluorescence de l'échantillon, d'autres bandes provenant de phénomènes de diffusion dus à la matrice ou au solvant dans lesquels se trouve le composé (fig. 11.7).

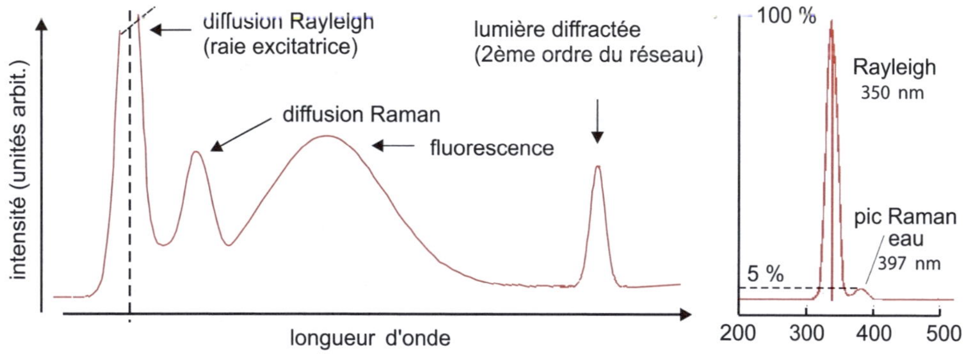

Figure 11.7
Les diverses composantes d'un spectre de fluorescence.
La position de la raie Raman dépend de la longueur d'onde de la raie excitatrice et du solvant. À droite, test de sensibilité d'un fluorimètre.

11.4.1 Diffusion Rayleigh

La diffusion Rayleigh, dite *élastique*, est la réémission par la matrice ou le solvant, à la même longueur d'onde, d'une petite fraction de la lumière excitatrice dans toutes les directions de l'espace (*cf.* chap.10 § 10.14).

11.4.2 Diffusion Raman

De part et d'autre de la raie de diffusion Rayleigh, il existe des raies satellites dues à des effets de *diffusion inélastique*. Elles proviennent d'interactions vibrationnelles entre les molécules de solvant et la radiation excitatrice. L'écart entre les raies Raman et la raie Rayleigh correspond aux fréquences de vibration de la molécule (*cf.* chap.10 § 10.14).

Les composantes déplacées vers les grandes longueurs d'onde par rapport à la raie Rayleigh sont appelées raies *Stokes* et celles déplacées vers les longueurs d'onde plus courtes sont appelées raies *anti-Stokes*.

La différence d'énergie entre les photons absorbés et les photons réémis est constante, si bien qu'en modifiant la longueur d'onde d'excitation, on déplace la position du pic Raman (tableau. 11.1 et fig. 11.7).

Tableau 11.1 **Positions des pics Raman, calculées pour quatre solvants usuels et cinq longueurs d'onde excitatrices d'une lampe à mercure**

Excitation (nm)	254	313	365	405	436	*écart* (cm^{-1})
eau	278	350	416	469	511	*3 380*
éthanol	274	344	405	459	500	*2 920*
cyclohexane	274	344	408	458	499	*2 880*
chloroforme	275	346	410	461	502	*3 020*

La diffusion Raman de l'eau sert de test de sensibilité des fluorimètres. Celui-ci consiste à mesurer le rapport signal/bruit du pic Raman avec une cellule remplie d'eau, par exemple à 397 nm (25 191 cm^{-1}) si l'excitation est réglée à 350 nm (28 571 cm^{-1}), par suite du décalage de 3 380 cm^{-1} propre à ce solvant (correspondant au nombre d'onde de la vibration d'élongation ν_{OH}).

La fluorescence n'est pas seulement mise à profit à des fins d'analyse. C'est ainsi qu'on ajoute aux poudres à laver le linge un additif fluorescent destiné à s'accrocher aux fibres textiles. Ce composé absorbe les radiations solaires invisibles pour l'œil et restitue l'énergie captée sous forme de radiations de plus grande longueur d'onde, dans la partie bleue du spectre visible.

11.5 INSTRUMENTATION

Le composé fluorescent qui fait l'objet de l'analyse se comporte comme une source qui irradie dans toutes les directions de l'espace. Pour les composés faiblement absorbants, le détecteur est placé perpendiculairement à la source de façon à s'affranchir de la composante transmise qui masquerait la fluorescence et dégraderait le détecteur en le saturant. Pour les solutions fortement absorbantes, l'observation peut se faire dans le prolongement du faisceau incident et pour les échantillons opaques ou semi-opaques dans une direction frontale sous un angle variable (fig. 11.8). La source

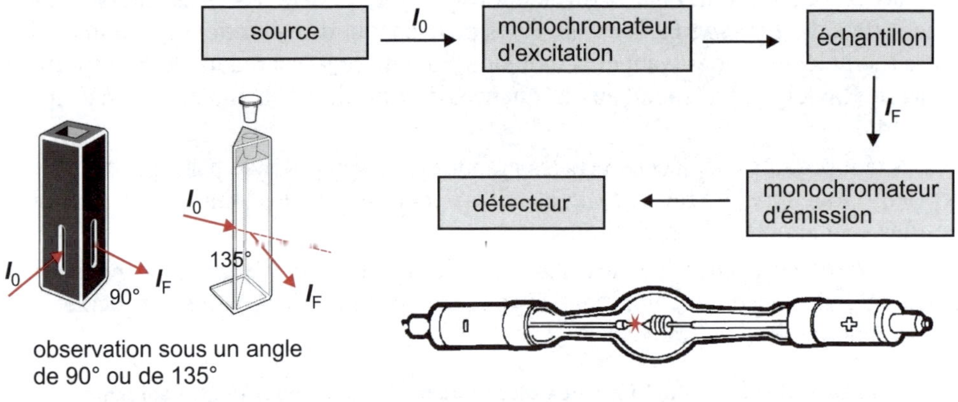

Figure 11.8

Agencement des différentes composantes d'un spectrofluorimètre et lampe à arc xénon.

La fluorescence est mesurée en régime permanent « steady state », en maintenant l'excitation, à la différence de l'étude de la fluorescence dynamique. Deux géométries, angle droit et angle aigu, sont utilisées pour l'examen de la lumière émise. Modèle de lampe à arc xénon. La pression de xénon dans la lampe est d'environ 1 MPa. Ces lampes à arc sans filament, à enveloppe en verre de silice, sont des sources de « lumière blanche ». La cathode correspond à l'électrode la plus fine (reproduit avec l'autorisation de la société Oriel).

excitatrice est constituée d'une source polychromatique, le plus souvent une lampe à arc xénon de 150 à 800 watts pour les appareils les plus simples et d'un laser continu ou pulsé (fluorescence dynamique ou résolue dans le temps) pour les montages plus complexes. La mesure de l'intensité lumineuse est faite par un photomultiplicateur ou une photodiode.

Le solvant, la température, le pH et la concentration sont autant de paramètres qui interviennent sur les intensités de fluorescence.

Certains gaz à l'état de traces dans l'atmosphère terrestre sont quantifiés à partir de leur fluorescence rétrodiffusée, induite par excitation d'une très courte impulsion (1 μs) d'un puissant laser monochromatique qu'il est possible d'accorder sur une longueur d'onde spécifique du composé recherché (dispositif appelé lidar).

Deux grandes catégories d'appareils sont proposées par les constructeurs :

- les fluorimètres à rapport de fluorescence,
- les spectrofluorimètres.

11.5.1 Fluorimètres à rapport de fluorescence (méthode ratiométrique)

La lumière émise par la source traverse d'abord le monochromateur d'excitation qui permet de sélectionner la bande étroite de longueurs d'onde (15 nm) qui va servir à exciter l'échantillon. Le monochromateur d'émission (par lequel on sélectionne la longueur d'onde de mesure) recueille la part de la fluorescence émise par le composé perpendiculairement ou parallèlement (selon les modèles) au faisceau incident. La radiation sélectionnée atteint ensuite le détecteur.

De nombreux constructeurs commercialisent des modèles avec filtres (fig. 11.9) qui remplacent l'un ou l'autre des monochromateurs (souvent même les deux). Ces appareils sont de type monofaisceau. Ils comportent un compartiment à tourelles dans lesquelles sont placées à la fois les cuves contenant les solutions étalons, l'échantillon ainsi qu'une cuve remplie d'un composé à usage de standard fluorescent. En alternant sur le trajet optique les solutions étalons et échantillon et le standard fluorescent on mesure le rapport de fluorescence qui sert à la fois à construire la courbe d'étalonnage et, pour l'échantillon, de paramètre de mesure. On élimine ainsi les fluctuations possibles de la source et bon nombre de paramètres de réglage de l'appareil. Les standards courants utilisés dans cette méthode ratiométrique sont généralement des solutions de sulfate de quinine, de rhodamine B ou de 2-aminopyridine.

L'emploi d'une lampe flash xénon comme source pulsée permet d'étudier la fluorescence après extinction de la source. Cette méthode est connue en immunologie où les complexes fluorescents obtenus avec les sels de lanthane ont une durée de vie de fluorescence d'environ 1 ms, suffisante pour être à l'origine de dosages très sensibles (de l'ordre de la picomole).

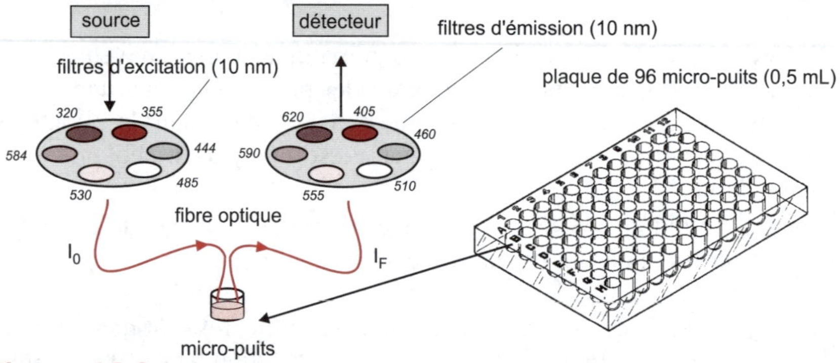

Figure 11.9

Schéma optique simplifié d'un fluorimètre à lecteur de micro-puits.
Une fibre optique amène la lumière excitatrice au niveau du puits choisi et une seconde fibre récupère la fluorescence, ici sous une géométrie frontale. Pour le contrôle des résultats en chimie combinatoire et autres méthodes de screening en immunologie/enzymologie ces fluorimètres peuvent recevoir des micro-plaques comportant de 6 à 384 puits.

11.5.2 Spectrofluorimètres

Les spectrofluorimètres sont dotés de fonctions qui leur permettent l'étude plus complète des composés fluorescents, notamment par l'enregistrement de leurs spectres d'émission et d'excitation (fig. 11.10). Ils disposent de deux monochromateurs

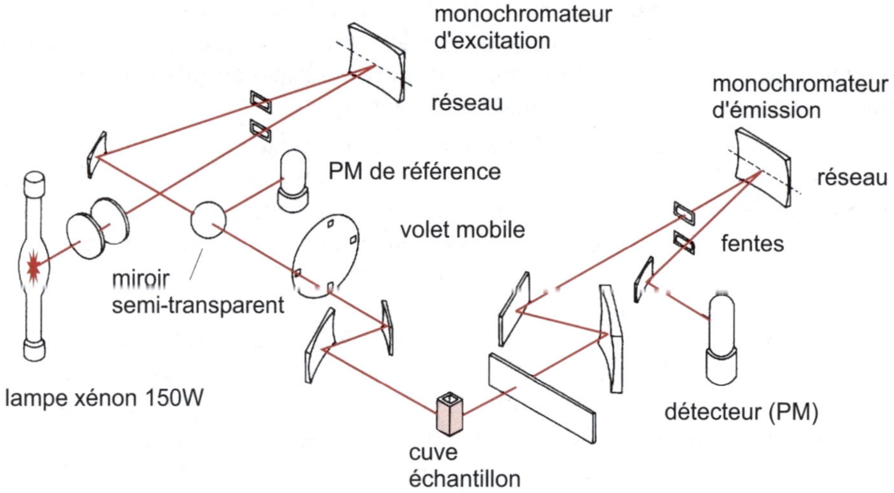

Figure 11.10

Schéma du spectrofluorimètre Shimadzu F-4500.
Une fraction du faisceau incident, réfléchie par un miroir semi-transparent, arrive sur une photodiode de référence. La comparaison des signaux des deux détecteurs permet de compenser la dérive de la source. Ce procédé à un seul faisceau permet d'obtenir la stabilité propre aux appareils à double faisceau. Les spectres présentent souvent des petites différences lorsqu'ils proviennent d'appareils différents (reproduit avec l'autorisation de la société Shimadzu).

motorisés pouvant balayer chacun une bande spectrale. On obtient le spectre d'émission en maintenant la longueur d'onde d'excitation fixe, et le spectre d'excitation en maintenant la longueur d'onde d'émission fixe.

Les spectrofluorimètres disposent de logiciels qui peuvent déterminer automatiquement le meilleur couple de longueurs d'onde excitation/émission (fig. 11.11).

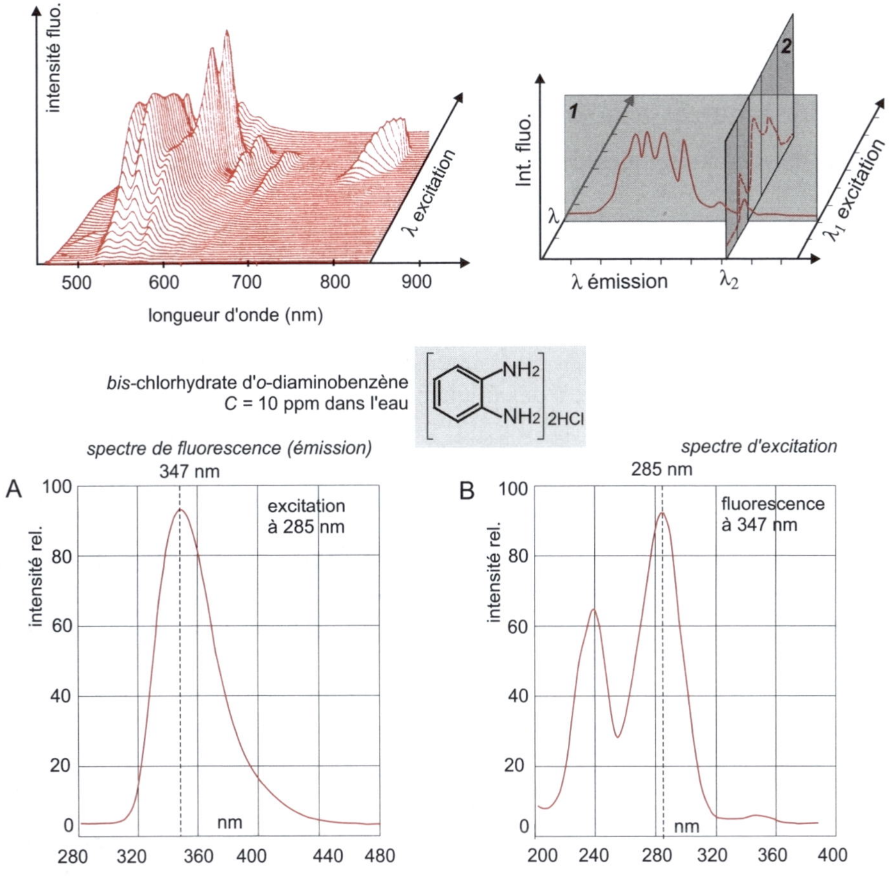

Figure 11.11

Spectres de fluorescence

En haut **:** Matrice d'émission-excitation d'un mélange de deux ions fluorescents. Ce type d'enregistrement permet de trouver la meilleure longueur d'onde d'excitation. À droite, **1** correspond à un spectre de fluorescence (excitation λ_1) et **2** à la fluorescence observée à λ_2 quand on fait varier la longueur d'onde excitatrice. En bas : Exemple de spectres d'émission-excitation A et B.

Manuellement le processus peut se faire par la méthode dite « un seul facteur à la fois » :

- on enregistre le spectre UV du composé avec un spectrophotomètre UV/VIS ;
- on règle le monochromateur d'excitation à la valeur correspondant au maximum du spectre d'absorption ;

- on enregistre le spectre de fluorescence en balayant le domaine spectral d'étude par rotation du monochromateur d'émission.
- on règle le monochromateur d'émission à la longueur d'onde du maximum de fluorescence et on fait varier la longueur d'onde d'excitation. On obtient le spectre d'excitation qui permet un meilleur choix final de la radiation excitatrice (qui peut être distincte de celle correspondant au maximum d'absorption du spectre UV).

Spectrofluorimètres à résolution temporelle

Les avancées technologiques de ces appareils permettent désormais d'accéder à la mesure des durées de vie de fluorescence bien que celles-ci soient très courtes. Il existe pour cela plusieurs méthodes basées soit sur l'enregistrement de la courbe de décroissance de la lumière émise lorsque l'excitation a cessé, soit sur la comparaison de la modulation de la fluorescence en fonction d'une modulation rapide de l'excitation.

La première méthode, sachant que l'intensité lumineuse décroît très vite, impose l'utilisation d'une source pulsée à des fréquences de plusieurs mégahertz (diode laser, lasers à colorant par exemple). La durée d'impulsion peut varier, selon les modèles, et en fonction de l'application, de quelques millisecondes (10^{-3} s) à quelques nanosecondes (10^{-9} s) voire femtosecondes (10^{-15} s). La seconde méthode utilise une source modulée de fréquence élevée.

Au cours des cycles successifs, quand la source est éteinte, le détecteur mesure le temps écoulé jusqu'à l'instant aléatoire où un photon de fluorescence l'atteint. Il incrémente alors le canal mémoire qui est réservé au temps correspondant. Après avoir accumulé un grand nombre de photons, le graphe de la décroissance est finalement reconstruit en faisant un histogramme du contenu de tous les canaux mémoire (fig. 11.12).

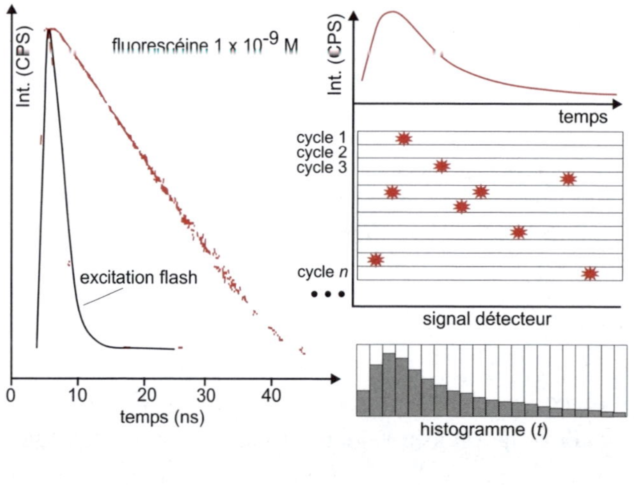

Figure 11.12
Représentation de la décroissance de fluorescence et principe de la mesure.
Sur le graphe, chaque point figure le contenu d'un canal mémoire (couple temps /nombre de photons). La courbe de décroissance exponentielle attendue apparaît ici sous forme d'un tracé linéaire, ce qui est dû au choix de l'échelle logarithmique pour les ordonnées. L'illustration de droite indique comment on accède à cette représentation.

11.6 Applications de la fluorescence

La sensibilité en fluorimétrie peut atteindre jusqu'à 1 000 fois celle que l'on connaît en absorption UV/visible. Elle peut en effet être améliorée en augmentant la puissance de la source excitatrice et l'amplification du détecteur (ces modifications sont, par contre, sans effet pour les méthodes d'absorption qui sont basées sur la mesure du rapport de deux intensités et dans ce cas affectées de manière identique). L'usage correct de cette technique nécessite toutefois une bonne connaissance du phénomène afin d'éviter de nombreuses sources d'erreurs.

Les applications de l'analyse par fluorescence moléculaire sont extrêmement nombreuses et variées. Elles concernent entre autres le domaine médical (analyse de prélèvements), celui de l'agroalimentaire (contrôle de stérilité des aliments), de la pharmacie (analyse de principes actifs), de l'environnement (test de toxicité) mais s'étendent également à celui des matériaux, de la photonique et de l'optoélectronique.

En dehors des molécules possédant une fluorescence naturelle (moins de 10 % de l'ensemble des composés), beaucoup peuvent le devenir par le biais d'une modification ou d'une association avec une autre molécule fluorescente. On peut greffer par exemple sur l'analyte un *réactif fluorophore* par réaction chimique (les 7-hydroxycoumarines peuvent être utilisées à cet effet). C'est la *dérivation de fluorescence*, qui rappelle le procédé employé en colorimétrie. Pour doser les métaux sous forme de cations, on forme des complexes de chélation avec l'oxine (8-hydroxyquinoléine), l'alizarine ou la benzoïne, extractibles par les solvants organiques.

En biochimie la fluorescence trouve de nombreuses applications pour quantifier les protéines ou les acides nucléiques au moyen de réactifs qui se fixent spécifiquement sur ces composés. Cette approche, quelquefois très élaborée, en association avec l'électrophorèse, constitue une alternative plus sensible et moins contraignante que la révélation au moyen de substrats radioactifs.

La **chimifluorescence** (à ne pas confondre avec la chimiluminescence) est également un moyen particulièrement sensible de détection de protéines spécifiques. On doit disposer pour cela d'un anticorps spécifique porteur d'un conjugué enzymatique, tel une phosphatase (fig. 11.13). Mis en présence d'un substrat tel un dérivé phosphaté de la fluorescéine, il y a libération de cette dernière, facile à mettre en évidence par sa fluorescence déclenchée par une source excitatrice.

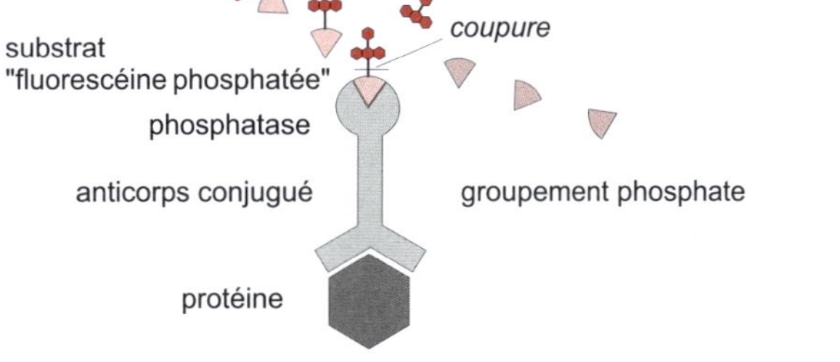

Figure 11.13

Processus d'un dosage de protéine par chimifluorescence en biochimie.

La figure regroupe simplement les réactions mises en jeu sachant que pour réaliser un tel dosage on suit un protocole dans lequel les différentes réactions se font au cours d'étapes distinctes.

En analyse par CLHP, on peut ainsi marquer les amines (avec d'autres coumarines), ce qui permet des seuils de détection extrêmement bas, de l'ordre de l'attomole (10^{-18} M). Parmi les applications classiques actuelles de la fluorescence, figurent les dosages des hydrocarbures polycycliques aromatiques (« HPA ») dans les eaux de consommation. Dans ce cas, le détecteur est muni d'une cellule de fluorescence à circulation, installée en aval de la colonne du chromatographe. Ce mode de détection est particulièrement bien adapté pour atteindre les seuils très bas imposés par la législation. Ce même procédé permet de doser également les aflatoxines (fig. 11.14), ainsi que de nombreux autres composés organiques (adrénaline, quinine, stéroïdes, vitamines).

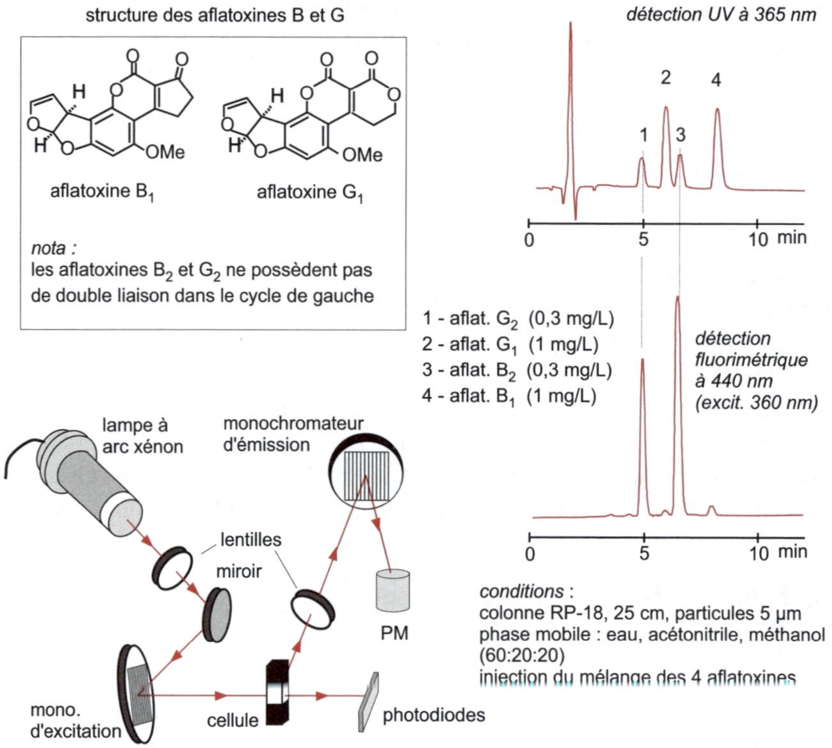

Figure 11.14

Comparaison d'une détection UV et par fluorescence après séparation chromatographique.

Les aflatoxines, contaminants cancérogènes présents dans certains lots de céréales, font l'objet de contrôles par CLHP. On remarquera que, par détection UV, les intensités des pics varient comme les concentrations des 4 composés, alors que la détection par fluorescence est beaucoup plus sensible pour les G_2 et B_2 (reproduit avec l'autorisation de la société SUPELCO). En bas à gauche, agencement des différentes parties d'un détecteur basé sur la fluorescence. Il permet de trouver pour chaque composé élué le meilleur couple excitation /émission en un temps très bref sans interrompre le déroulement de la chromatographie. Les chromatogrammes obtenus sont étudiés en différé (reproduit d'après un document de la société Agilent technologies).

11.7 Chimiluminescence

La *chimiluminescence* est un cas particulier de la phosphorescence. Dans ce cas les molécules excitées sont directement produites au cours d'une réaction chimique, et ce, dans un état menant à une phosphorescence. Ainsi le fluor, dans l'exemple de la figure 11.15, agit comme un oxydant puissant pour transformer le diméthylsulfure. Une partie de l'énergie libérée par cette réaction est émise sous forme de lumière.

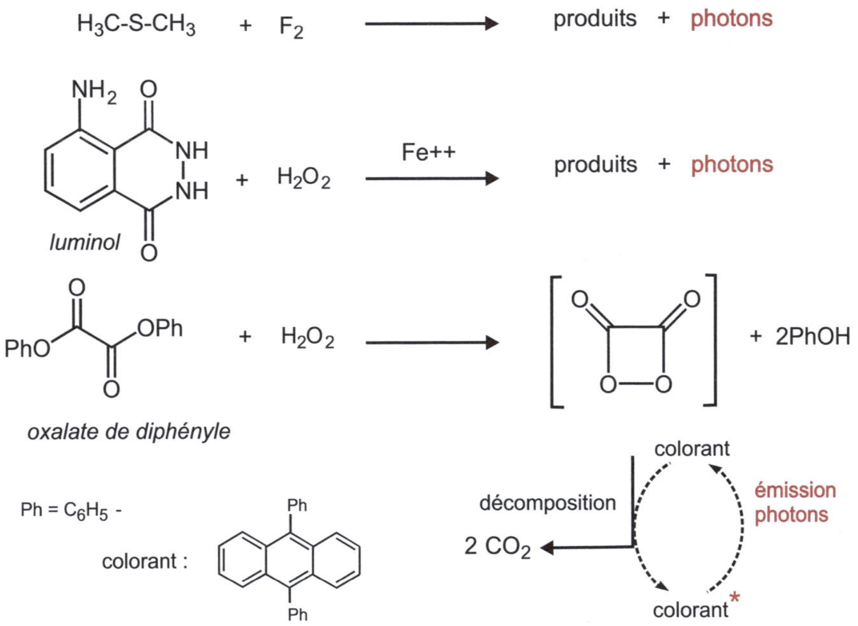

Figure 11.15

Exemples de réactions de chimiluminescence.

La nature des produits de réaction est quelquefois mal connue. Le luminol émet une intense lumière « bleu électrique ». Quant à l'oxalate de diphényle il permet d'obtenir, suivant le colorant utilisé, des émissions dans des couleurs très variées. Le dérivé aromatique à l'usage de « colorant » représenté est utilisé pour générer la couleur bleue des bâtons lumineux.

Le luminol et l'oxalate de diphényle sont deux composés très classiques utilisés dans diverses applications allant des dispositifs lumineux de secours sans électricité aux cerceaux, colliers et bâtons lumineux vendus dans les fêtes populaires nocturnes. Les réactions mises en jeu sont toutes des oxydations par le peroxyde d'hydrogène (eau oxygénée).

Ces réactions sont à la base de nombreux dosages d'une très grande sensibilité. Si l'utilisation du luminol pour doser le fer ferreux ou le peroxyde d'hydrogène peut paraître anecdotique, il existe un certain nombre d'applications importantes de la chimiluminescence en analyse chimique, telles celles qui mettent à profit l'ozone comme réactif d'oxydation.

Ainsi, cet oxydant puissant permet de doser le monoxyde d'azote (oxydé en dioxyde d'azote) avec l'aide d'appareils automatisés qui disposent d'un générateur d'ozone incorporé (fig. 11.16). Le champ d'application de ce dosage est plus vaste qu'il n'y paraît car il va de l'étude des atmosphères polluées (on sait transformer quantitativement le dioxyde d'azote en monoxyde d'azote), aux dosages de la quantité d'*azote total* d'un échantillon organique, à condition qu'il ait été transformé par une combustion préalable afin que cet élément passe à l'état de dioxyde d'azote.

$$NO \xrightarrow[-O_2]{O_3} NO_2^* \longrightarrow NO_2 + \text{photons}$$

sensibilité : 1 ppb < C_{NO} < 20 %

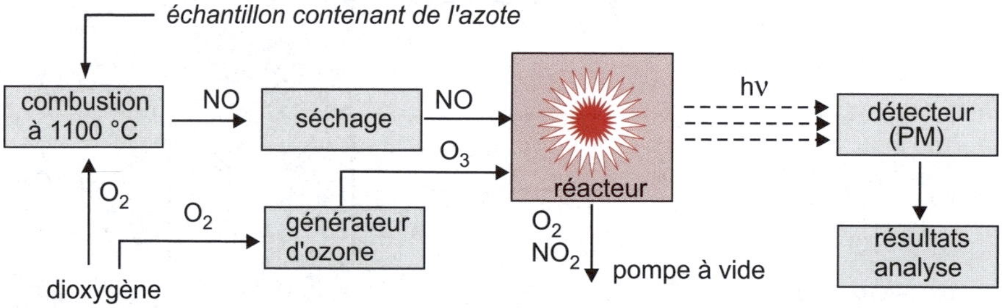

Figure 11.16

Schéma de principe d'un analyseur basé sur la luminescence du monoxyde d'azote.

Cet appareil permet d'évaluer l'émission de lumière à partir de tout composé contenant l'élément azote. Installé en sortie de colonne d'un chromatographe en phase gazeuse, l'appareil devient un détecteur sélectif.

Il existe d'autres appareils, fonctionnant sur ce même principe, pour doser l'élément soufre d'abord transformé en SO_2 par combustion en présence de dioxygène (fig. 11.17), puis réduit en sulfure d'hydrogène (H_2S) avant d'être finalement réoxydé par l'ozone (étape de chimiluminescence).

En chromatographie en phase gazeuse, certains détecteurs, sélectifs pour les éléments S et N, font appel à ce principe.

Inversement l'ozone peut à son tour être dosé par chimiluminescence en présence d'éthylène (fig. 11.16).

Le luminol, dont la chimiluminescence en présence de peroxyde d'hydrogène peut être également catalysée par la peroxydase du radis noir (HRP, *horseradish peroxidase*), a trouvé une application dans la mise au point de tests ELISA (*cf.* § 17.5). L'intensité lumineuse qui apparaît, stable durant quelques minutes, rend la méthode extrêmement sensible pour effectuer des dosages sur une gamme étendue de concentrations, peu habituelle pour ce genre de tests.

Enfin en enzymologie, certains réactifs spécialement préparés libèrent, sous l'action d'un enzyme spécifique, des intermédiaires instables dont la décomposition s'accompagne d'une émission de lumière. On peut ainsi quantifier avec précision les phosphatases alcalines ou la beta-galactosidase.

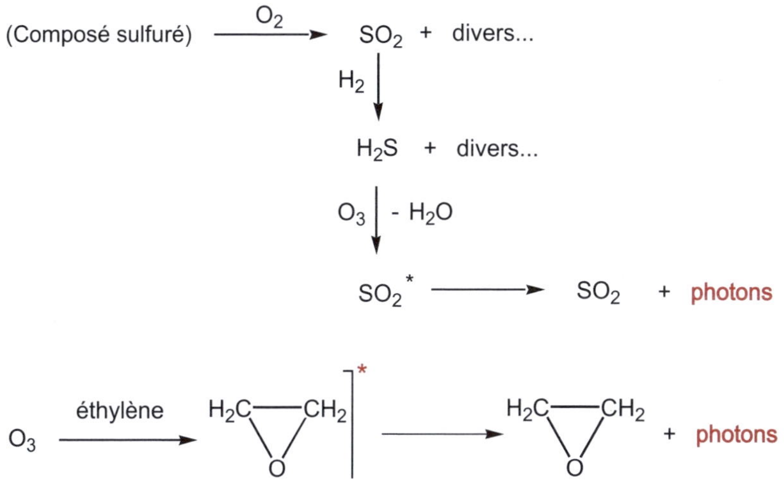

Figure 11.17
Réactions de chimiluminescence faisant intervenir l'ozone.
Principe de la transformation d'un composé sulfuré en dioxyde de soufre à l'état excité, par l'ozone. La dernière réaction peut s'appliquer au dosage de l'ozone comme de l'éthylène.

Exercices

11.1 Le fer ferreux catalyse l'oxydation du luminol par le peroxyde d'hydrogène. L'intensité de la chimiluminescence qui en suit croît linéairement avec la concentration du Fe(II) dans la plage allant de 10^{-10} à 10^{-8} M. Pour doser une solution de concentration inconnue en fer(II), on en prélève 2 mL et on ajoute 1 mL d'eau ainsi que 2 mL de peroxyde d'hydrogène dilué et enfin 1 mL d'une solution alcaline de luminol.

Le signal de luminescence émis, intégré sur une période de 10 s, est de 16,1 (unités arbitraires). Dans un second essai on prélève 2 mL de la solution inconnue en fer(II), et on y ajoute 1 mL d'une solution à $5{,}15 \times 10^{-5}$ M en fer(II) ainsi que les mêmes quantités de peroxyde d'hydrogène et de luminol que dans l'essai précédent. Le signal est de 29,6 (mêmes unités).

Calculer la concentration molaire en fer(II) dans la solution à doser.

11.2 Une solution de 9-aminoacridine dans l'eau conduit à une intensité de fluorescence qui, mesurée à 456 nm, est de 60 % par rapport à un témoin de fluorescence externe. Un échantillon de ce composé dont la concentration est de 0,1 ppm dans le même solvant, conduit, dans les mêmes conditions, à une fluorescence de 40 % (l'eau présente une fluorescence négligeable).

Calculer la valeur de la concentration de l'échantillon en ppb.

11.3 Le 3,4-benzopyrène est un hydrocarbure aromatique dangereux qui peut être présent dans l'air pollué. Il est dosable par fluorimétrie, en solution dans l'acide sulfurique dilué. La longueur d'onde d'excitation est de 520 nm et la mesure s'effectue à 548 nm.

On fait barboter 10 L d'air contaminé dans 10 mL d'acide sulfurique dilué. La fluorescence de 1 mL de cette solution, mesurée avec un fluorimètre monofaisceau à 548 nm, est de 33,3 (unités arbitraires).

Deux standards, l'un contenant 0,75 μg et l'autre 1,25 μg de 3,4-benzopyrène par mL de cette même solution sulfurique diluée, conduisent pour 1 mL aux valeurs de 24,5 et 38,6 (même unité). Dans les mêmes conditions de mesure ce fluorimètre, pour un échantillon ne contenant pas de 3,4-benzopyrène, indique 3,5.

Calculer la masse de 3,4-benzopyrène par litre d'air.

11.4 On se propose de doser la concentration en quinine d'une boisson commerciale par fluorimétrie. La longueur d'onde d'excitation est de 350 nm et la longueur d'onde de mesure de 450 nm.

À partir d'une solution A de quinine à 0,1 $mg \cdot L^{-1}$, on fait une série de 5 solutions standards pour établir une courbe d'étalonnage.

solution	volume de A	H_2SO_4 (0,05 M)	Fluorescence (unités arbit.)
standard 1	20	0	182,0
standard 2	16	4	138,8
standard 3	12	8	109,2
standard 4	8	12	75,8
standard 5	4	16	39,5
blanc analytique	0	20	0,0

On prélève ensuite 0,1 mL de la boisson à doser que l'on dilue à 100 mL avec H_2SO_4 0,05 M. Le signal est de 113 pour cette solution.

a) Trouver, par régression linéaire, l'équation de la droite d'étalonnage.

b) Quelle est la concentration en quinine exprimée en $g \cdot L^{-1}$ puis en ppm ?

11.5

Le test de sensibilité des fluorimètres consiste à mesurer l'intensité de fluorescence du pic de diffusion Raman d'une cellule de 1 cm de trajet optique remplie d'eau.

Si la longueur d'onde d'excitation est réglée à 250 nm, à quelle longueur d'onde doit-on effectuer la mesure (le décalage Raman de l'eau est de 3 380 cm^{-1}) ?

SPECTROMÉTRIE DE FLUORESCENCE X

12

La fluorescence X est une propriété spectrale des atomes exploitée couramment en analyse pour obtenir des renseignements qualitatifs ou quantitatifs sur la composition élémentaire de toutes sortes de mélanges. Le principe consiste à irradier l'échantillon soit par un faisceau de rayons X, soit par bombardement avec des particules, généralement des électrons ayant suffisamment d'énergie, pour que les atomes ainsi ionisés émettent un rayonnement de fluorescence également dans le domaine des rayons X. Le caractère universel du phénomène et la possibilité de faire un examen rapide sur des échantillons restés le plus souvent dans leur état d'origine, expliquent le succès de cette méthode d'analyse non destructive. Il existe un large choix d'analyseurs par fluorescence X, soit dédiés soit polyvalents, allant des appareils mobiles et peu encombrants, jusqu'aux spectromètres très performants, en passant par les sondes à rayons X adaptées aux microscopes électroniques à balayage pour faire des analyses ponctuelles ou de véritables cartographies élémentaires.

12.1 PRINCIPE DE BASE

Lorsqu'on irradie avec un rayonnement de grande énergie (le terme « rayonnement » faisant référence à un rayonnement électromagnétique ou à une particule), entre 5 et 100 keV, un matériau servant de cible, plusieurs phénomènes se produisent. Une partie du rayonnement est diffusée (diffusion Rayleigh élastique ou diffusion Compton inélastique) le reste étant absorbé en provoquant une transition électronique. Si l'énergie incidente est suffisamment élevée, l'atome passe à l'état ionisé.

Quand il s'agit d'un rayonnement électromagnétique, l'électron éjecté est un *photoélectron* (c'est l'effet photoélectrique). En revanche, quand le rayonnement primaire est constitué d'un faisceau d'électrons, les électrons éjectés sont dits *secondaires.*

Suite au départ de l'électron il se produit une relaxation de l'atome au cours de laquelle un électron d'un niveau supérieur vient combler la case quantique vacante résultant de ce départ.

Lorsque l'énergie du rayonnement incident est grande, le photon émis possède également une grande énergie. Il appartient au domaine des rayons X. Ce phénomène est à l'origine de la fluorescence X.

Ce photon X pourra être re-capturé par l'atome lui-même et provoquer l'éjection d'un électron périphérique (il s'agit alors de *l'émission Auger*).

Les modes d'excitation pour provoquer ce qu'on nomme la fluorescence X des atomes sont nombreux : photons ou particules (électrons rapides, protons, rayonnement α ...). Quelle que soit la méthode choisie, le rayonnement produit conduit néanmoins à des spectres faisant apparaître les mêmes radiations de fluorescence X.

L'application en analyse chimique est évidente : elle consiste à comparer le spectre de fluorescence X émis par l'échantillon inconnu à des spectres de références dont les compositions sont connues ou à des spectres d'éléments purs allant du bore (Z = 5) à l'uranium (Z = 92).

Les spectres dépendent très peu des combinaisons chimiques des éléments car les transitions, qui se produisent, mettent en œuvre des électrons ne participant pas aux liaisons chimiques. Ceci permet de simplifier la préparation des échantillons correspondants.

Si l'analyse semi-quantitative des éléments présents ne pose pas de difficultés majeures, il en va autrement pour les analyses quantitatives car une partie non négligeable du rayonnement émis à distance de la surface de l'échantillon est ré-absorbée avant de sortir de l'échantillon. À condition d'apprécier correctement l'influence de la matrice, surtout si la prise d'essai n'est pas homogène, les résultats peuvent être aussi précis qu'en absorption ou émission atomique.

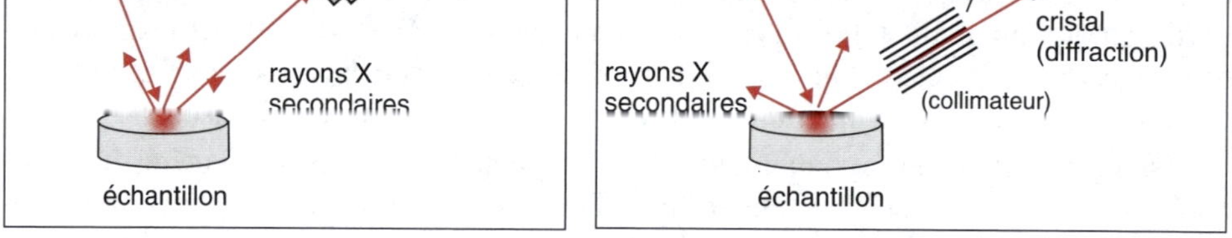

Figure 12.1
Fluorescence X.
L'échantillon, soumis à l'excitation d'une source primaire de rayons X émet un rayonnement de fluorescence qui peut conduire à deux types de spectres réunis ici sur la figure : 1) *Spectre en énergie (ED–XRF)* obtenu directement au moyen d'une diode dont le signal diffère selon l'énergie de chaque photon incident ; 2) *Spectre en longueur d'onde (WD – XRF)* obtenu par rotation d'un cristal faisant office de réseau (montage goniométrique comportant un (ou plusieurs) détecteur(s) mobile(s)). Cependant, énergie et longueur d'onde étant reliées (relation 12.2), on présente les spectres en unités d'énergie (eV), quel que soit le mode de détection.

12.2 LE SPECTRE DE FLUORESCENCE X

La fluorescence X d'un atome isolé résulte d'un processus en deux temps (fig. 12.2) :

- **photoionisation de l'atome,** au cours de laquelle l'impact du photon extérieur ou de la particule incident(e) se traduit par l'arrachement d'un électron interne de l'atome, tel un électron K si le photon a suffisamment d'énergie. L'atome est ainsi ionisé par suite de la lacune interne.

L'énergie de chaque photoélectron a pour valeur la différence entre l'énergie incidente et celle du niveau occupé initialement par l'électron éjecté. Le spectre énergétique est obtenu par la méthode ESCA (Electron Spectroscopy for Chemical Analysis) qui analyse en énergie cinétique les photoélectrons émis.

- **stabilisation de l'atome ionisé**, qui correspond à la ré-émission de tout ou partie de l'énergie acquise au cours de l'excitation. La lacune créée précédemment est suivie d'une réorganisation quasi instantanée (en 10^{-16} s) des électrons situés dans les différents niveaux de cet atome ionisé, ce qui le ramène très vite vers un état de faible énergie. Des réarrangements en cascade sont observés pour les atomes lourds, à la différence des éléments légers dont les électrons se répartissent sur un nombre plus restreint de niveaux de base.

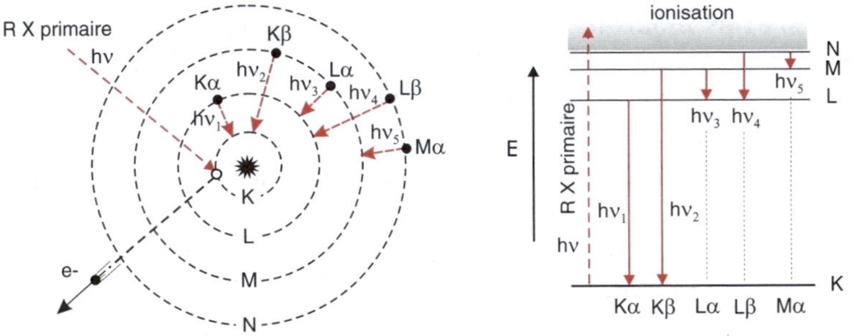

Figure 12.2

Schéma simplifié montrant l'origine de quelques transitions de fluorescence.
Sur l'image classique d'un atome de masse atomique moyenne, sont représentées les différentes réorganisations des électrons suite au départ d'un électron de la couche K. Ces transitions sont très peu affectées par la nature de la combinaison chimique dans laquelle se trouve l'atome. Ainsi, la raie $K\alpha_1$ du soufre passe de 0,5348 nm pour S^{6+} à 0,5350 nm pour S^0, soit un écart d'environ 1 eV, comparable à la largeur naturelle des raies X.

Cette réorganisation est à l'origine de l'émission des photons de fluorescence. En désignant par E_1 l'énergie de l'électron qui occupait la lacune considérée et par E_2 l'énergie de l'électron qui vient combler cette lacune, il pourra apparaître (probabilité comprise entre 0 et 1) un *photon de fluorescence* caractérisé par une fréquence ν, tel que :

$$h\nu = |E_2 - E_1| \tag{12.1}$$

L'interprétation ci-dessus est simplifiée, la fluorescence n'étant pas le seul processus permettant à l'atome de perdre son excédent d'énergie. Le spectre obtenu est rendu plus complexe par la présence d'un fond continu d'émission dû à la source de rayons X.

Chaque atome, à partir de $Z = 3$, conduit à un ensemble de radiations spécifiques, obéissant à des règles de sélection quantiques de ses électrons ($\Delta n > 0,\ \Delta l = \pm 1$). Les éléments de la première période (hydrogène et hélium) ne présentent pas de spectre de fluorescence X puisqu'ils n'ont des électrons que dans le niveau *K*. Du béryllium au fluor on note une seule transition de type $K\alpha$. Puis les atomes devenant plus gros le nombre de transitions possibles croît (75 pour le mercure) mais la probabilité de certaines est très faible. Heureusement il suffit pour caractériser un élément de repérer les quelques transitions les plus intenses (5 ou 6 au plus).

Pour l'ensemble des éléments, la fluorescence se situe dans une large plage allant de 40 eV à plus de 100 keV (31 à 0,012 nm).

La désignation précise des différentes transitions électroniques possibles fait référence aux niveaux d'énergie des orbitales de l'atome considéré, mais on utilise aussi une nomenclature simplifiée due à Siegbahn. Ainsi $\mathrm{Fe}K\beta_2$ symbolise, pour l'élément fer, la transition qui correspond au passage sur la couche *K* d'un électron venant d'une couche voisine ; β indique le passage $M - K(\Delta n = 2)$ et 2, l'intensité relative de la transition dans la série (1, plus intense que 2). Les transitions $K\beta$ sont approximativement six fois moins probables (donc moins intenses) que les transitions $K\alpha$ correspondantes, α marquant la « distance » la plus proche. Pour les niveaux $L,\ M$, qui sont multiples (3 pour *L* et 5 pour *M*), la notation selon Siegbahn n'est pas toujours suffisamment explicite.

Compte tenu de la relation $E = hc/\lambda$ reliant l'énergie *E* d'un photon à sa longueur d'onde λ, on caractérise le rayonnement émis indifféremment par l'une ou l'autre de ces grandeurs, λ (nm ou Å) ou *E* (eV ou keV). Les trois relations numériques de conversion les plus courantes sont :

$$\lambda_{(\mathrm{nm})} = \frac{1240}{E_{(\mathrm{eV})}} \quad \text{ou} \quad \lambda_{(\mathrm{nm})} = \frac{1{,}24}{E_{(\mathrm{keV})}} \quad \text{ou} \quad \lambda_{\text{Å}} = \frac{12{,}4}{E_{(\mathrm{keV})}} \tag{12.2}$$

12.3 Sources d'excitation des éléments en fluorescence X

Pour faire apparaître la fluorescence X de l'échantillon étudié, il faut une source de photons ou de particules d'énergies suffisantes. Généralement il s'agit de rayons X produits par des générateurs dont la puissance est variable ou, pour quelques appareils portables, de sources radio-isotopiques. En donnant au terme de fluorescence X le sens plus large d'émission X, on peut y adjoindre les procédés d'excitation faisant appel à des particules (e^-, α).

12.3.1 Générateurs à rayons X

Dans une enceinte sous vide, un faisceau d'électrons, accéléré par une *ddp* pouvant atteindre 100 kV, frappe une cible servant d'anode (encore appelée *anticathode*) constituée d'un métal de numéro atomique compris entre 25 et 75. Celle-ci devient la source de rayons X *primaires*. Le rayonnement issu de cette source se compose d'une partie continue (rayonnement blanc, dit *de freinage*), due aux électrons ralentis dans la cible et de raies de fluorescence, très intenses, dont les longueurs d'onde sont caractéristiques du matériau de l'anode (fig. 12.3). La limite du spectre vers les courtes longueurs d'onde, λ_0, dépend de la ddp. Elle peut être calculée à partir des expressions 12.2. Pour disposer de raies d'émission énergétiques, utiles pour certaines applications, on trouve un choix de *tubes à RX* qui diffèrent par l'anode : rhodium (raie $K\alpha$ à $\lambda = 0{,}061$ nm ; $E = 20{,}3$ keV), tungstène (raie $K\alpha$ à $\lambda = 0{,}021$ nm ; $E = 59$ keV), gadolinium, etc.

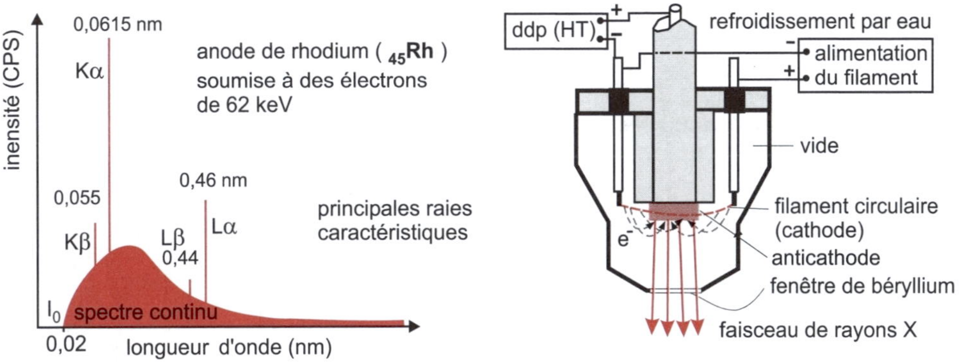

Figure 12.3

Spectre d'émission X d'une anticathode et schéma d'un tube à rayons X.
On distingue le spectre continu et le spectre de raies de l'anode. La partie continue de ce rayonnement qui dépend de la tension appliquée, est utile pour les applications nécessitant des puissances élevées. En revanche ce sont les raies, isolées au moyen de filtres, qui sont exploitées pour constituer les sources monochromatiques. Le refroidissement par eau est indispensable si le tube est de forte puissance (1 – 4 kW), ce qui n'est pas nécessaire pour les tubes de quelques watts des appareils de routine. Pour faire des sources monochromatiques (sans le rayonnement continu), on associe un monochromateur adapté ou on se sert d'un tube de ce type pour exciter une seconde cible dont la fluorescence relaie la première, sans rayonnement de freinage cette fois.

Sachant que les détecteurs de rayons X sont devenus très sensibles, la puissance des générateurs classiques a tendance à diminuer.

Comme on le voit, un tel générateur de rayons X constitue lui-même une application de la fluorescence X. On ne s'étonnera donc pas que dans le passé, des spectromètres appelés à « excitation directe » ont été conçus en utilisant comme anticathode l'échantillon, pourvu qu'il soit conducteur du courant électrique ; la puissance requise pour faire apparaître la fluorescence, par action des électrons, est inférieure à celle qu'il faut fournir par impact de photons.

Pour les appareils portables des générateurs de *RX* miniaturisés de faible puissance (< 1 W) ont été développés. Les électrons nécessaires sont produits différemment soit par impact laser soit à partir d'un cristal pyroélectrique.

Le générateur pris comme exemple (fig. 12.4) comporte un cristal pyroéolectrique (contenant du tantale) orienté de telle sorte que sa face supérieure se dépolarise par chauffage et se re-polarise par refroidissement. Ainsi quand la température augmente, la face supérieure devient positive et attire les électrons du gaz de remplissage ionisé. Il apparaît un rayonnement blanc avec les raies de fluorescence du tantale Ta ($L\alpha$). Au refroidissement la face devient négative. Les électrons sont accélérés vers une électrode de cuivre. Le rayonnement comporte cette fois les raies de cet élément. La production de rayons X s'effectue de manière cyclique.

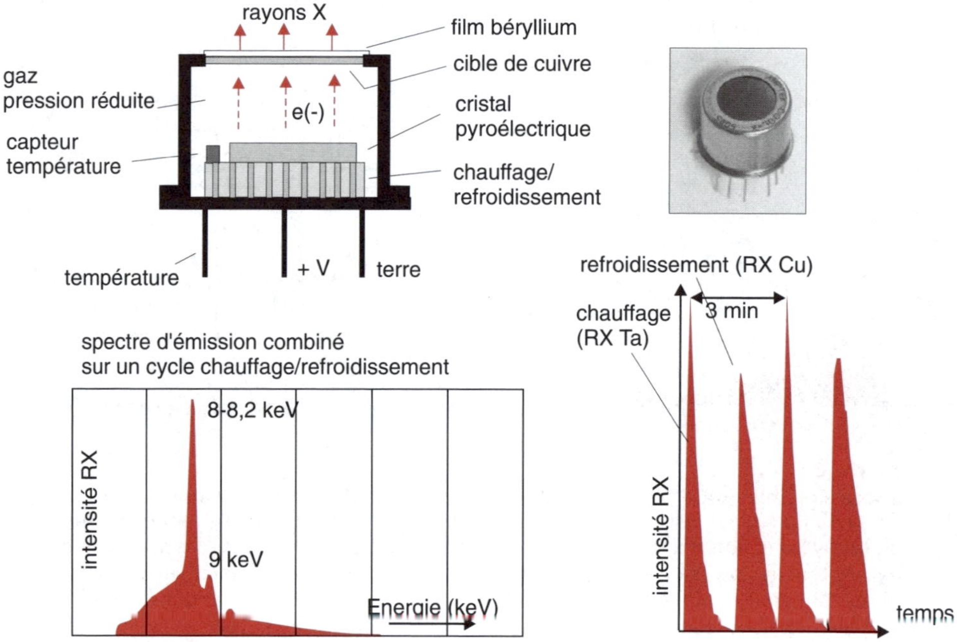

Figure 12.4

Générateur de rayons X de faible puissance.

Réservé aux appareils portables, de par leur faible encombrement (diam. 15 mm). La production de *RX* correspond sur le dessin à la phase refroidissement. Le cycle chauffage/refroidissement dure environ 3 min. Caractéristiques du modèle Amptek Cool−*X*.

12.3.2 Sources radio-isotopiques de rayons X

À côté des générateurs précédents, il existe des sources de rayons X basées sur l'emploi d'un radio-nucléide qui se transforme par capture électronique interne (CEI) ou *capture K*. Ce mode de décomposition correspond au passage d'un des deux électrons du niveau K dans le noyau de cet atome avec formation de l'élément de numéro atomique inférieur. Il apparaît ainsi une lacune électronique, vite comblée par un électron plus externe avec émission d'un photon de fluorescence X du noyau fils Y (fig. 12.5). Cette transformation s'écrit :

$$ {}^{A}_{Z}\mathrm{X} \xrightarrow{\mathrm{CEI}} {}^{A}_{Z-1}\mathrm{Y}^{*} \xrightarrow{h\nu} {}^{A}_{Z-1}\mathrm{Y} $$

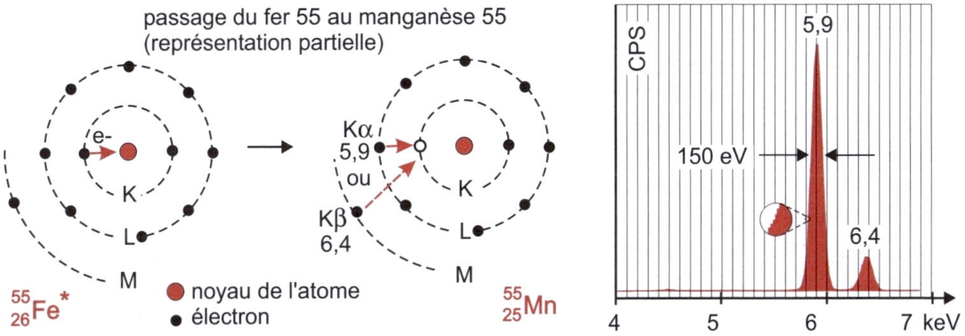

Figure 12.5

Source radioactive ^{55}Fe.

Enregistrement du spectre d'émission d'une source de ^{55}Fe obtenu en plaçant cette source dans le compartiment échantillon d'un spectromètre à dispersion en énergie. Les signaux correspondent à la fluorescence X du ^{55}Mn, c'est à dire au noyau fils du ^{55}Fe. La résolution de ce spectre, mesurée à mi-hauteur du pic principal est d'environ 150 eV.

On connaît plusieurs radio-nucléides de ce type, dont les périodes suffisamment longues les rendent aptes à constituer des sources dont les énergies diffèrent (tableau 12.1). L'activité de ces sources isotopiques est généralement de quelques millicuries (mCi), générant un flux de 10^6 à 10^8 photons/s/stéradian. Elles sont peu encombrantes et réservées aux instruments portables. Cependant elles nécessitent une autorisation de détention et peuvent poser des problèmes de transport, de stockage ou pour leur remplacement sachant qu'elles émettent en continu à la différence d'un générateur classique.

Tableau 12.1 **Quelques sources radio-isotopiques à rayons X**

transition	période (ans)	raie X	λ (nm)	E (keV)
^{55}Fe → ^{55}Mn	2,7	MnKα	0,21	5,9
^{57}Co → ^{57}Fe	0,7	FeKα	0,19	6,4
^{109}Cd → ^{109}Ag	1,3	AgKα	0,056	22,0

Il est également possible d'associer un radionucléide β^- avec un second élément à usage de cible qui fait office de l'anode d'un tube de rayons X conventionnel. Ainsi l'association ^{147}Pm/Al (τ = 2,6 ans) émet un rayonnement X continu exploitable entre 12 et 45 keV.

12.3.3 Autres sources excitatrices

- **Emetteurs α.** Pour générer les rayons X, on utilise également des radionucléides α tel l'américium ^{244}Am ($\tau = 430$ années) ou le curium ^{244}Cm. Au cours des collisions α, des électrons internes sont éjectés, provoquant la fluorescence X de la cible. L'intensité est de quelques dizaines de mCi. Cette source produit aussi un rayonnement γ de 60 keV.

- **Électrons rapides.** L'émission de fluorescence X pouvant être provoquée par des électrons, il n'est pas étonnant que l'on puisse réaliser des analyses chimiques à partir des microscopes électroniques à balayage (MEB).
  Quand l'objet est « éclairé » par le fin pinceau d'électrons très énergétiques nécessaires à la production d'une image, il se produit un certain nombre d'interactions, dans un petit volume en forme de poire qui entoure le point d'impact du faisceau sur le matériau (fig. 12.6). Il apparaît en particulier une émission de rayons X caractéristiques des atomes, en provenance de la zone située sous la surface soumise au bombardement des électrons. L'échantillon joue donc le rôle de l'anode d'un tube à rayons X.
  C'est pourquoi beaucoup de microscopes électroniques comportent les accessoires nécessaires permettant d'analyser ce rayonnement de fluorescence. L'énergie du faisceau d'électrons est ajustée entre 20 et 30 keV, un compromis qui permet de faire apparaître les raies K ou L caractéristiques des éléments. Cette analyse, qui peut être quasiment ponctuelle (étude d'un volume d'environ 1 μm^3), est appelée *microanalyse X*.

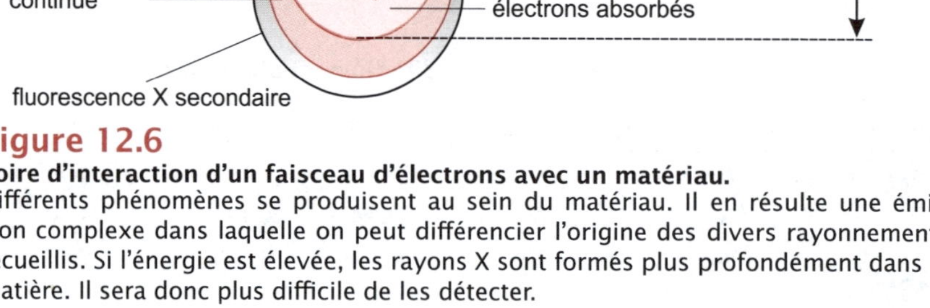

Figure 12.6
Poire d'interaction d'un faisceau d'électrons avec un matériau.
Différents phénomènes se produisent au sein du matériau. Il en résulte une émission complexe dans laquelle on peut différencier l'origine des divers rayonnements recueillis. Si l'énergie est élevée, les rayons X sont formés plus profondément dans la matière. Il sera donc plus difficile de les détecter.

12.4 Détection des rayons *X*

L'énergie des photons de fluorescence X varie énormément suivant l'élément considéré. Cette constatation qui aurait pu être un handicap à leur détection s'est finalement concrétisée avantageusement par la mise au point de détecteurs qui donnent pour chaque photon un signal dont l'intensité est en rapport direct avec son énergie. En particulier, ce sont les progrès continus dans leur réalisation qui ont permis de voir le jour à une catégorie de spectromètres, devenue très présente et appelée *ED-XRF*.

En fluorescence X, les détecteurs convertissent les photons en impulsions électriques. L'intensité du faisceau est enregistrée numériquement sous la forme d'un nombre de coups par unité de temps (*cps : coups par seconde*). Suivant le type d'appareil, qui peut être dispersif en longueur d'onde (*WD-XRF*) ou dispersif en énergie (*ED-XRF*) on choisit le détecteur approprié, en fonction de ses caractéristiques (efficacité, saturation, bruit, taux de comptage...). Parmi les trois types de détecteurs qui coexistent, chacun correspondant à une technologie différente, deux d'entre eux sont utilisés pour les appareils *WD-XRF* alors que le troisième est réservé aux appareils *ED-XRF*. Pour ces derniers il est indispensable, de par leur conception, que l'intensité du signal soit proportionnelle à l'énergie du photon X incident (fig. 12.7). On distingue ainsi :

- **Le compteur proportionnel à gaz.** Il s'agit d'un compteur de type Geiger-Müller dont la tension de polarisation est diminuée, de manière à éviter la saturation et récupérer ainsi un signal électrique dont l'intensité est proportionnelle à l'énergie du photon incident. Il en existe deux types, l'un à flux gazeux (optimisé pour les énergies inférieures à 8 keV) et l'autre à gaz scellé, dont la sensibilité est meilleure pour le domaine de 5 à 15 keV. Chaque photon X entrant dans le détecteur provoque l'ionisation des atomes d'un gaz inerte (Xe, Kr, Ar, Ne, quelquefois He). Ainsi, pour l'argon, on admet qu'il se crée une paire électron/ion pour 26 eV d'énergie incidente. Ce gaz est souvent associé à un second gaz dit *extincteur* afin de ramener rapidement le gaz ionisé à son état neutre. À chaque photon correspond un pic de courant, reconnu comme *un coup,* dont l'intensité dépend du photon recueilli, mais la résolution en énergie est néanmoins assez médiocre.
- **Le compteur à scintillation.** Il donne de meilleures performances pour les longueurs d'onde les plus courtes (0,04-0,15 nm ; 8-30 keV). Il est généralement constitué d'un cristal d'iodure de sodium activé au thallium (NaI/Tl) associé à un tube photomultiplicateur. Ce cristal joue le rôle de scintillateur solide, en produisant un flash lumineux à chaque impact d'un rayon X. Une partie des photons formés est collectée par la photocathode du photomultiplicateur qui les convertit en une impulsion électronique globale, comptabilisée comme un coup. Il est possible de compter jusqu'à 10^6 impacts/s. La résolution en énergie reste assez faible.
- **Le transducteur à semi-conducteur.** Au lieu d'ioniser un gaz, les rayons X viennent frapper un cristal semi-conducteur dans lequel vont se créer des paires électron/trou en nombre proportionnel à l'énergie de chaque photon X incident. À cette fin, le semi-conducteur, le plus souvent à base de silicium dopé avec

du lithium Si(Li), comporte une zone active dont la conductivité augmente par apparition d'1 électron pour environ 3,6 eV d'énergie incidente. L'intensité de l'impulsion en sortie du détecteur (le *coup*) est proportionnelle, ici encore, à l'énergie du photon X entrant. Pour diminuer le bruit de fond ces détecteurs doivent être maintenus à basse température par de l'azote liquide ou par effet thermoélectrique (effet Peltier). Leur face d'entrée est protégée par un film de béryllium de quelques μm (transparent pour $Z > 11$). Ce type de détecteur, utilisé pour les analyses *ED-XRF*, a une bonne résolution pour les photons dont l'énergie est comprise entre 0,2 et 40 keV. Pour mesurer des éléments lourds (jusqu'à 140 keV) on utilise plutôt un semi-conducteur au germanium dopé au lithium, Ge(Li). Au fil des ans, cette technologie a évolué. Plusieurs variantes sont apparues, tel le détecteur à champ de dérive (*SDD*, ou *Silicon Drift Detector*). De mise en œuvre plus facile, ces nouveaux détecteurs sont préférés pour la réalisation des appareils de terrain.

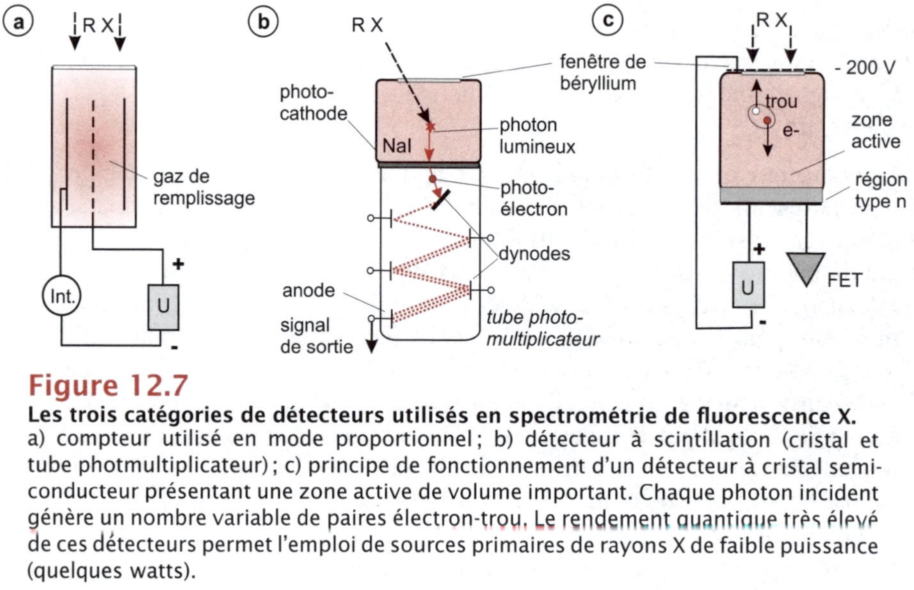

Figure 12.7

Les trois catégories de détecteurs utilisés en spectrométrie de fluorescence X.
a) compteur utilisé en mode proportionnel ; b) détecteur à scintillation (cristal et tube photmultiplicateur) ; c) principe de fonctionnement d'un détecteur à cristal semi-conducteur présentant une zone active de volume important. Chaque photon incident génère un nombre variable de paires électron-trou. Le rendement quantique très élevé de ces détecteurs permet l'emploi de sources primaires de rayons X de faible puissance (quelques watts).

Pour classer les photons avec une meilleure précision on en limite le nombre (environ 10 000/s) en diminuant, si nécessaire, l'intensité de la source. L'informatique de l'appareil doit en particulier identifier sans erreur l'énergie des photons « empilés », c'est-à-dire arrivant ensemble. La résolution des appareils est mesurée par la largeur à mi-hauteur de la raie $K\alpha$ du manganèse émise par une source radioactive de ^{55}Fe, (fig. 12.5). La résolution des appareils à dispersion d'énergie est d'une centaine d'eV, bien supérieure à la largeur naturelle des raies.

12.5 Les diverses catégories d'instruments

Les spectromètres de fluorescence X sont classés en deux catégories suivant la nature de la dispersion. Le premier type utilise les phénomènes de diffraction des rayons X par les cristaux (dispersion en longueur d'onde ; « *WD-XRF* »), le second la sensibilité de certains détecteurs à l'énergie des photons émis par l'échantillon (dispersion en énergie ; « *ED-XRF* ») (fig. 12.8). À la première catégorie appartient un groupe particulier d'appareils munis de filtres (type monocanal) dédiés à des mesures spécifiques.

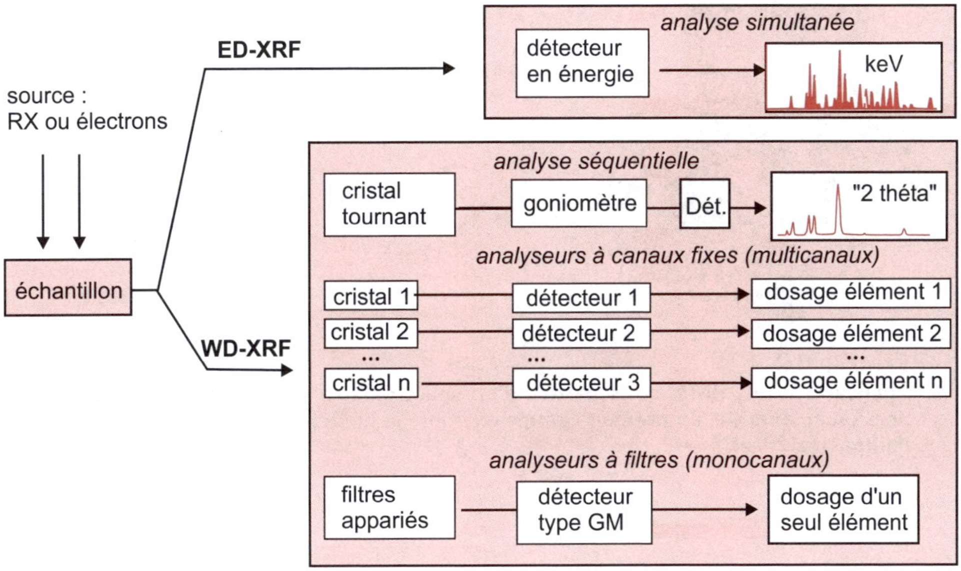

Figure 12.8
Les diverses approches permettant d'obtenir des spectres ou des résultats de fluorescence X.

12.5.1 Appareils à dispersion en énergie (EDXRF) - Système simultané

De faible encombrement, ces appareils sont réservés à l'analyse qualitative et aux dosages de routine (figures 12.9 et 12.13). Le spectre est obtenu grâce à un détecteur installé à proximité de l'échantillon, qui permet de déterminer l'énergie de chaque photon de fluorescence capté sous forme d'une impulsion. Ces appareils sont équipés d'un tube à rayons X de faible puissance (environ 10 W) ou d'une source radioactive pour les appareils de terrain.

Après avoir défini une largeur d'acquisition de 10 à 20 keV, l'analyseur multicanaux (2 000 par exemple), va comptabiliser pendant toute la durée de la mesure (plusieurs minutes) les impulsions libérées par les photons reçus. Chaque photon sera classé dans un canal d'énergie correspondant à un intervalle de quelques eV. Il va en résulter un spectre construit comme un histogramme (fig. 12.5). Ces appareils conduisent à faire une analyse simultanée sur toute l'étendue spectrale, d'autant meilleure que l'acquisition des signaux est effectuée sur un laps de temps t important (la sensibilité croît comme $\sqrt{t}$). L'étalonnage en énergie des radiations est souvent effectué avec la transition $K\alpha$ du cobalt utilisée comme référence externe.

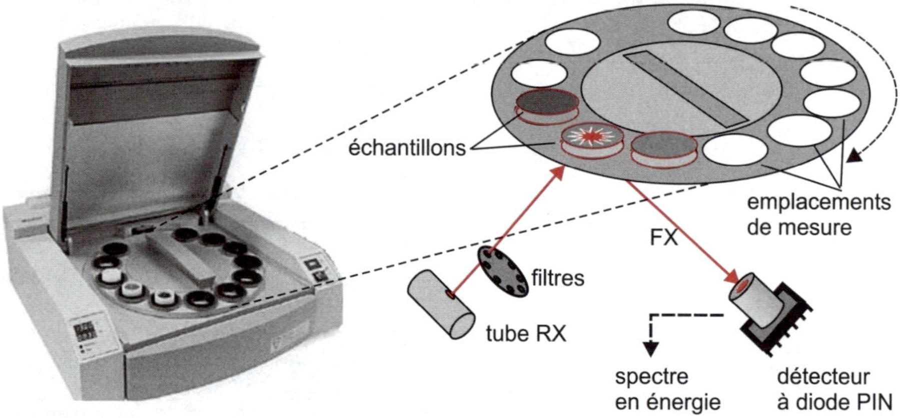

Figure 12.9
Agencement des différentes parties d'un spectromètre de fluorescence X à dispersion en énergie, en prenant comme exemple le modèle MiniPal 4 de la société Philips analytical.

12.5.2 Appareils à dispersion en longueur d'onde (WDXRF)

Dans cette seconde catégorie de spectromètres, connus pour leur très bonne résolution spectrale, le rayonnement de fluorescence de l'échantillon, traverse un collimateur constitué par de longs feuillets métalliques (fentes de Sollers), puis vient frapper un cristal taillé de telle façon que les atomes constitutifs forment des plans parallèles à la surface (figures 12.1 et 12.11). Ces plans distants entre eux de d, se comportent comme une succession de miroirs parallèles, dont chacun permet d'atteindre presque 100 % de réflexion si l'angle d'incidence θ est le même que l'angle d'observation de la lumière réfléchie (fig. 12.10). La combinaison de ces miroirs décalés de la distance d a le même effet qu'un réseau : seules seront observées les radiations dont la longueur d'onde satisfait à la condition de Bragg (n étant un entier appelé ordre de diffraction).

$$n\lambda = 2d \sin\theta \qquad (12.3)$$

Pour des raisons de construction, θ peut varier en général de 5 à 80°. Une valeur élevée de d permet d'observer de plus grandes longueurs d'ondes. La résolution de

cristal	*plan (indice de Miller)*	*d*(Å)
topaze	303	1,356
fluorure de lithium	200	2,01
silicium	111	3,14
graphite	001	6,69
ac. oxalique	001	5,85
mica	002	9,96
stéarate de plomb		51

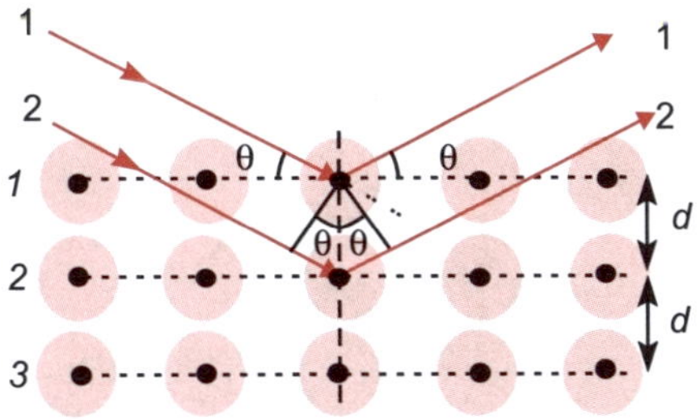

Figure 12.10

Quelques cristaux réflecteurs montés dans les goniomètres des spectromètres dispersifs en longueur d'onde et relation de Bragg.

Pour que les deux rayons 1 et 2 soient en phase, la différence de trajet optique doit être un multiple de λ. Quand cette condition est respectée entre les plans 1 et 2, elle l'est aussi pour tous les autres plans et l'effet global est donc renforcé. C'est le principe des interférences constructives. Chaque cristal permet d'explorer une plage de longueurs d'onde. Plus celle-ci est grande, plus le cristal choisi doit avoir une distance inter réticulaire importante, mais plus sa dispersion angulaire est petite.

l'instrument est cependant liée au pouvoir dispersif $d\theta/d\lambda$, que l'on calcule en différentiant l'expression 12.3 et qui est inversement proportionnel à d :

$$\frac{d\theta}{d\lambda} = \frac{n}{2d\cos\theta} \qquad (12.4)$$

Parmi les spectromètres de ce type on distingue :

- **les *analyseurs séquentiels*** qui comportent un montage goniométrique permettant au détecteur et au cristal d'effectuer des rotations synchronisées 2θ et θ, au 1/1 000 de degré d'angle (fig. 12.11). Ces appareils sont réservés aux dosages des éléments non routiniers.
- **les *appareils à canaux fixes***. La relation de Bragg montre qu'en choisissant un cristal (donc d) et en fixant l'angle de détection (donc la valeur de θ), on isole les radiations de longueur d'onde λ qui satisfont la condition de Bragg. Partant de ce principe on peut installer autour de l'échantillon plusieurs dizaines d'ensembles cristal-détecteur (jusqu'à 28 habituellement), chaque couple (d, θ), permettant d'isoler une longueur d'onde, donc de repérer un élément pré-défini avec une grande sensibilité. Ces appareils permettent alors l'analyse simultanée de plusieurs éléments.

Les transitions peu énergétiques des éléments jusqu'au phosphore ($Z = 15$), imposent d'opérer sous vide d'air. La résolution (en eV), peut atteindre quelques dixièmes d'électronvolt. Il existe des modèles de ce type qui sont adaptés aux microscopes à balayage.

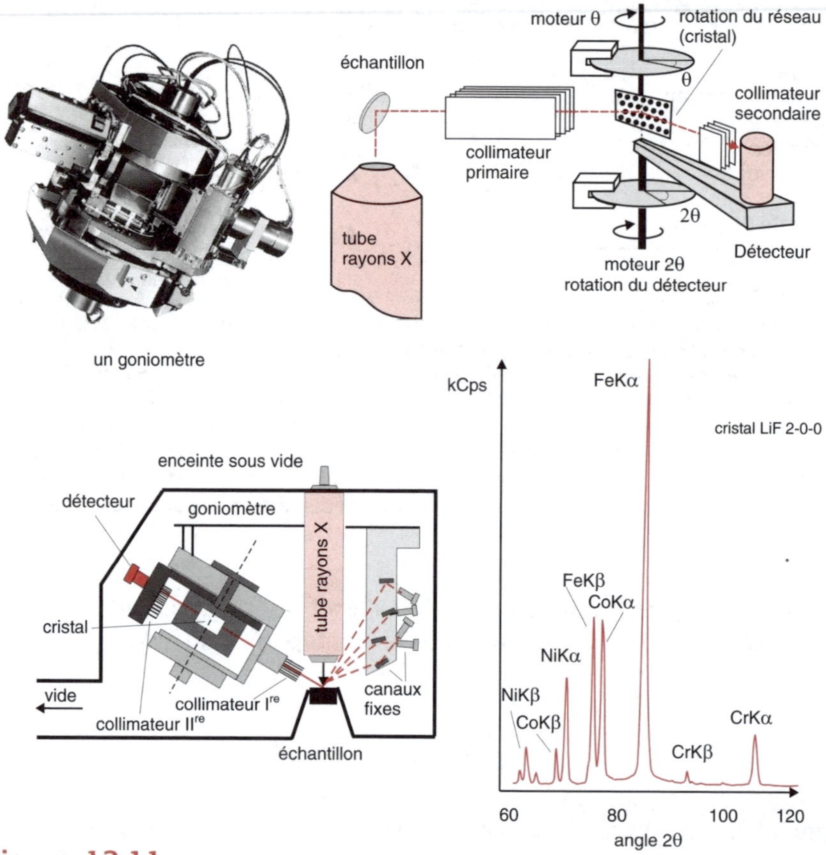

Figure 12.11

Deux modèles de spectromètre séquentiels à cristal.
En haut, dessin inspiré de l'appareil SR300 de la société Siemens. Le collimateur primaire canalise le faisceau de rayons X, produits par une source puissante. Le collimateur secondaire sert à éliminer toute la lumière diffractée qui ne serait pas parallèle à la direction 2θ dans laquelle se trouve le détecteur. Ces pièces sont constituées de feuillets métalliques parallèles. En bas, dessin inspiré du modèle ARL 9800, réunissant à la fois un montage goniométrique et des canaux fixes formés d'un couple cristal/détecteur pour doser des éléments prédéfinis ; à droite aspect d'un spectre enregistré en fonction de l'angle 2θ. Les détecteurs sont des compteurs à flux gazeux.

12.5.3 Appareils à filtres (monocanal fixe)

Il s'agit d'instruments robustes souvent installés sur site pour le contrôle en continu d'une production industrielle.

Pour doser un élément en ligne de fabrication à partir d'une seule transition caractéristique, la méthode consiste à relier la concentration cherchée à la différence entre deux comptages. Le premier est obtenu en interposant un *filtre de transmission* entre l'échantillon et le détecteur, pour laisser passer la radiation caractéristique de l'élément cherché et le second en interposant un *filtre d'absorption*, pour arrêter cette même radiation. On pourra, par exemple, quantifier le cuivre à partir de sa raie $K\alpha$, en utilisant deux filtres l'un de nickel et l'autre de cobalt.

La fluorescence propre des filtres apporte des limitations à cette méthode réservée aux dosages de routine.

12.6 Préparation des échantillons

En analyse qualitative, il est recommandé que la surface de l'échantillon soit la plus plane possible et sa composition la plus homogène possible. Ces paramètres n'étant que très rarement contrôlables pour les échantillons à analyser, un traitement préalable est souvent nécessaire. L'analyse semi-quantitative ou quantitative impose également de prendre en compte les effets de matrice qui constituent des sources d'erreur.

L'absorption de la matrice peut provoquer soit une sous-évaluation du résultat par quenching optique, soit une surévaluation lorsque certaines radiations de fluorescence provoquent une excitation secondaire d'autres éléments présents. Par exemple, la présence de fer avec de l'aluminium provoque une intensification de la fluorescence de ce dernier parce que la fluorescence du fer excite à son tour celle de l'aluminium.

Les méthodes de préparation dépendent alors de l'état physique et de la nature du matériau :

- *Pour les échantillons liquides*, il n'y a pas de préparation particulière avant analyse. Un petit volume d'échantillon est placé dans une coupelle dont le fond est constitué d'un film de polypropylène ou de mylar (polyester) très peu absorbant aux rayons X. Ainsi la profondeur d'absorption atteint 1 cm pour les hydrocarbures.
- *Pour les échantillons solides*, en revanche, surtout si les matrices sont mal connues, une transformation préalable est souhaitable. En effet la fluorescence mesurée pour les matériaux massifs ne concerne qu'une épaisseur de quelques micromètres sous la surface. Cette épaisseur analysée dépend à la fois de la composition du solide et de l'angle d'incidence des rayons X primaires : elle va de quelques angströms (si incidence rasante), à un demi-millimètre. Toute hétérogénéité superficielle se traduit donc par des variations importantes sur le résultat. C'est la raison principale du surfaçage avant analyse.

Les deux techniques de préparation des échantillons solides sont la minéralisation ou technique de la perle fondue (la plus complexe mais également celle qui donne les meilleurs résultats pour des solides hétérogènes) et le pastillage. La minéralisation consiste à mélanger un peu de l'échantillon réduit en poudre avec du tétraborate de lithium ($Li_2B_4O_7$), et divers additifs. Le verre obtenu par fusion dans un creuset électrique à chauffage par induction, appelé perle, constitue une matrice d'éléments légers, donc transparente aux rayons X. Le pastillage avec une presse hydraulique est une alternative à la fusion. Pour améliorer la cohésion de la pastille, on peut être amené à ajouter un liant, les principaux étant la cire (polymère organique formé d'éléments légers) et la cellulose microcristalline.

12.7 ABSORPTION DES RAYONS X - DENSIMÉTRIE X

La pénétration des rayons X dans la matière conditionne indirectement l'analyse par fluorescence X. Il est donc utile de rappeler la loi qui régit cette absorption.

L'intensité I du rayonnement qui émerge après avoir traversé un matériau dont l'épaisseur est x (cm) et dont le *coefficient d'absorption linéique* est μ (cm^{-1}) pour la longueur d'onde considérée, vaut, par rapport à sa valeur initiale I_0 et pour un angle de pénétration de 90° :

$$I = I_0 \cdot \exp\left[-\mu x\right] \tag{12.5}$$

Cette expression découle de l'intégration de la forme élémentaire $dI = -\mu I dx$, semblable au postulat posé en ce qui concerne la loi de Beer-Lambert (voir § 9.9). On peut calculer μ pour tout matériau dont on connaît ρ, masse volumique (g/cm^3) et la composition, à partir d'une table donnant les *coefficients d'absorption (ou d'atténuation) massiques* μ_{Mi} (cm^2/g) des éléments qui le compose. On commence par établir le coefficient massique pondéré μ_M du matériau étudié :

$$\mu_M = \sum_i x_i \mu_{M_i} \tag{12.6}$$

avec x_i fraction massique de chaque élément dans le matériau. On fait ensuite intervenir la densité du matériau, ce qui donne $\mu = \mu_M \rho$.

La figure 12.12 montre qu'un film de béryllium, tel ceux qui servent de fenêtre pour les détecteurs, est opaque au rayonnement émis par les éléments les plus légers

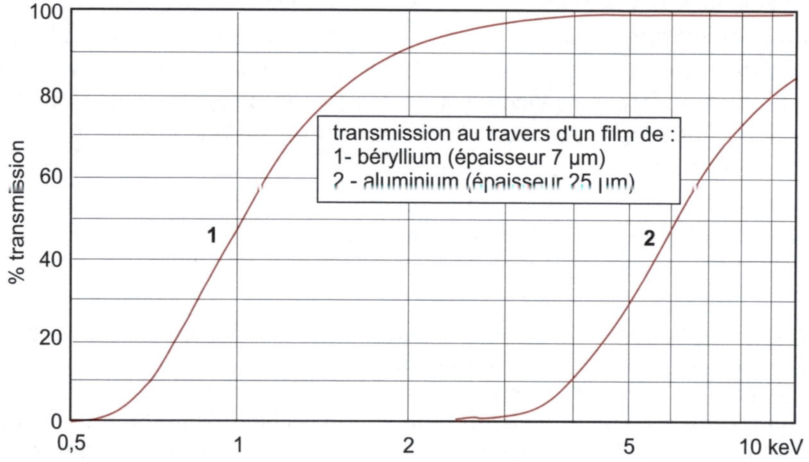

Figure 12.12

Densimétrie *X*. % de transmission de deux films d'éléments légers.
Le film de 7 µm de béryllium est souvent utilisé comme matériau pour confectionner les fenêtres des détecteurs en énergie. On remarque que pour une radiation de 1 keV, (Na Kα par ex.) l'atténuation apportée par ce film est encore de 50 %.

($E < 1$ keV pour $Z < 10$). Le coefficient d'absorption linéique d'un matériau décroît lorsque la longueur d'onde diminue. On comprend mieux pourquoi pour améliorer le dosage des éléments légers dans les liquides on opère sous atmosphère d'hélium et sous vide dans le cas des solides.

La relation 12.5 permet de calculer qu'un film d'aluminium ménager de 12 μm d'épaisseur ($\rho = 2{,}7$ g/cm^3) absorbe 57 % de l'intensité de la transition : Ti$K\alpha$ ($\mu_M = 264$ cm^2/g) mais 1 % seulement pour la transition Ag$K\alpha$ ($\mu_M = 2{,}54$ cm^2/g).

12.8 ANALYSE QUANTITATIVE PAR FLUORESCENCE X

La relation entre la concentration massique de l'élément à analyser et l'intensité mesurée d'une de ses raies caractéristiques est complexe. Dans le cas d'analyses de traces, différents modèles ont été développés pour corréler la fluorescence à la concentration atomique. On doit apporter de nombreuses corrections dues aux effets interéléments, à l'excitation préférentielle, à l'autoabsorption, au rendement de fluorescence (les atomes lourds se désexcitent plutôt par conversion interne sans émission de photons), autant d'effets qui exigent que les échantillons de référence aient pratiquement même structure et même composition atomique pour tous les éléments présents. La difficulté d'une bonne analyse quantitative de fluorescence X se situe à ce niveau. Lorsqu'on opère sur un échantillon solide, il faut veiller à avoir une surface parfaitement propre, éventuellement polie, sachant que l'analyse ne concerne que la composition à proximité immédiate de la surface.

La méthode se prête en analyse qualitative à l'identification automatique des raies, souvent agrémentée de présentations visuelles très sophistiquées sur fond de classification périodique multicolore. En analyse semi-quantitative, des logiciels conduisent à la composition approchée de l'échantillon sans nécessiter de standards de référence. En revanche, en analyse quantitative, les problèmes sont plus sérieux, l'étalonnage imposant des matrices en tout point comparables. De nombreuses corrections interviennent : du numéro atomique *Z*, de l'isotope A et de la fluorescence *F* (corrections ZAF).

12.9 APPLICATIONS DE LA FLUORESCENCE X

La fluorescence X est une méthode non destructive de l'échantillon qui ne nécessite pas ou très peu de préparation préalable. Elle permet l'analyse de tout élément chimique avec comme seule restriction l'analyse des éléments légers en dessous du bore ($Z < 5$) et lourds au-dessus de l'uranium ($Z > 92$) non détectables. Elle a, de plus, une plage dynamique étendue. Il est possible par exemple de doser sur une même prise d'essai deux éléments dont les concentrations sont de 50 % pour l'un et de quelques ppm pour l'autre. Les progrès dans la détection des photons de grande énergie ont amélioré la précision des analyses des éléments lourds qui peuvent être obtenues à partir de leurs raies *K*, et non plus de leurs raies *L* qui se situent dans la partie du spectre où les niveaux de bruit de fond sont élevés.

Initialement, la fluorescence X était surtout utilisée dans les industries traitant des métaux ou des alliages et d'une façon générale dans la grande industrie minérale (sidérurgie, industries des ciments, de la céramique, du verre).

Avec la commodité des appareils actuels (fig. 12.13), son champ d'application s'est considérablement étendu. Il va des analyses qualitatives de routine, à des dosages qui atteignent la précision des méthodes par voie humide, en passant par des analyses semi-quantitatives, soit en recherche et développement soit en contrôle de production. Les analyses semi-quantitatives sont désormais possibles, sans standards de référence, par l'emploi de logiciels très performants.

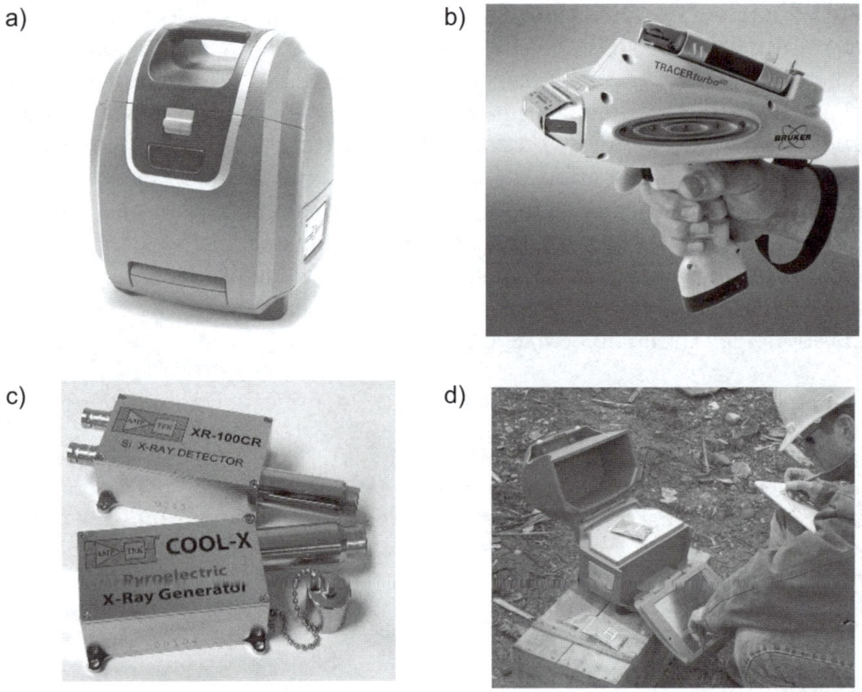

Figure 12.13
Appareils de type EDXRF portatifs.
a) et d) spectromètre portatif X-50 de la société Innov X Systems (USA) ; b) traceturbo de la société Bruker APS représentatif de plusieurs spectromètres adoptant le même aspect d'un pistolet ; c) source et détecteur de rayons X miniaturisés.

Enfin la microanalyse X permet, pour les échantillons qui idéalement doivent être conducteurs de l'électricité, de dresser la cartographie de chaque élément au sein d'un objet hétérogène, observé avec un microscope électronique.

La liste serait longue s'il fallait indiquer toutes les applications de la fluorescence X en analyse. Industries photographiques, papetières, des semi-conducteurs (impuretés du silicium), pétrochimiques (S, P, Cl)... On trouve également de nombreuses applications en médecine et biologie (Ca, K, P, Cl, S dans le sérum sanguin, teneur en hémoglobine par dosage de Fe), géologie, toxicologie, environnement (poussières, fumées de combustion, pollution des terrains), gestion des déchets et des rejets (éléments lourds tels As, Cr, Cd ou Pb), analyse des « ultra légers » (azote). Les sondes spatiales lancées en 1996 et 2003 par le Jet Propulsion Laboratory ont porté sur la planète Mars des petits véhicules robotisés munis chacun d'un spectromètre APXS (**A**lpha **P**article **X**-ray **S**pectrometer) équipés d'une source radioactive (^{244}Cm), ce qui a permis d'analyser des échantillons de sol martien. Enfin pour une application très répandue, c'est par cette méthode que l'on fait le diagnostic plomb dans l'habitat (peintures et revêtements muraux).

Exercices

12.1 a) Pourquoi le tableau des raies d'émission de fluorescence X ne commence-t-il qu'au lithium ?

b) Pour doser les éléments dont l'énergie du rayonnement émis est inférieure à 3 keV, il est nécessaire de purger l'air de l'appareil pour le remplacer par de l'hélium. Pourquoi ?

12.2 Un tube à rayons X dont l'anticathode est en tungstène, sert de source dans un spectromètre de fluorescence X comportant un goniomètre équipé d'un cristal de tartrate d'éthylènediamine. Le plan de réflexion mis en jeu correspond à une distance interréticulaire de $d = 4{,}404$ Å.

a) Calculer l'angle de déviation mesuré par rapport à la direction du rayon incident pour recueillir la raie de fluorescence $L\beta$ du brome ($\lambda = 8{,}126$ Å) émise par un échantillon de bromure de sodium (on considère que l'observation se fait en réflexion du premier ordre).

b) Sachant que la longueur d'onde de la raie $K\alpha$ de l'anticathode de tungstène est de 0,209 Å, calculer la tension accélératrice minimum des électrons du tube à rayons X pour faire apparaître cette raie.

12.3 Pourrait-on se protéger efficacement des rayons X, en s'entourant d'un film d'aluminium ménager, d'épaisseur 12 µm ?

On fera le calcul du pourcentage de transmission (masse volumique de $\text{Al} = 2{,}66\ \text{g/cm}^3$) :

- pour la raie $K\alpha$ du titane (4,51 keV, $\mu_M\text{Al} = 264\ \text{cm}^2 \cdot \text{g}^{-1}$),
- puis pour la raie $K\alpha$ de l'argent (22 keV, $\mu_M\text{Al} = 2{,}54\ \text{cm}^2 \cdot \text{g}^{-1}$).

12.4 Le soufre présente 2 raies de type K : $K\alpha_1 = 5{,}37216$ et $K\alpha_2 = 5{,}37496$ Å.

a) Quel est l'écart exprimé en eV entre ces deux raies ?

b) Si on admet que la largeur naturelle à mi-hauteur de ces raies est de 5 eV, quelle conclusion peut-on en tirer ?

c) Sachant que la position de la raie $K\alpha_2$ augmente de 0,002 Å lorsqu'on passe de S^{6+} à S^0, montrer que cela n'a pas d'incidence sur le repérage de la raie exprimé en énergie.

12.5 On veut déterminer le % massique de Mn présent dans une roche. On utilise l'élément Ba comme référence interne. Deux solutions solides d'étalonnage sous forme de perles au borax conduisent aux résultats suivants :

N° solution	% Mn (en masse)	rapport de comptage Mn/Ba
1	0,250	0,811
2	0,350	0,963
sol. à doser	**?**	**0,886**

Évaluer le pourcentage massique de Mn pour la solution à doser.

12.6 Un appareil de fluorescence X à dispersion en longueurs d'onde est utilisé pour déterminer le pourcentage en masse de carbone compris entre 2 et 4 % dans de la fonte. Bien que l'atténuation de la raie $K\alpha$ du carbone soit importante dans le fer, un étalonnage linéaire peut être réalisé si la matrice (fonte) a pratiquement la même composition que les étalons. Sept étalons sont utilisés pour cet étalonnage. La composition en carbone de ces étalons est déterminée avec précaution par une méthode classique de référence. Les intensités en coups par seconde (cps) de la raie Kα du carbone et les concentrations des étalons sont données dans le tableau suivant :

$\%_{m/m}$	2,32	2,93	3,45	3,89	2,87	3,80	3,46
cps	158	209	243	274	204	262	237

a) Déterminer la relation entre l'intensité de la raie en cps et la composition des étalons en % massiques par régression linéaire.

b) L'intensité de la raie du carbone, pour une fonte de composition inconnue, est évaluée à 233 cps. Calculer son pourcentage massique en carbone.

12.7 *Dosage de l'aluminium par spectrophotométrie de fluorescence X.*

L'encre en poudre est un élément important dans les imprimantes, les télécopieurs et les photocopieurs. La composition et l'absence d'impuretés dans cette encre sont d'une grande importance pour la qualité de l'impression et la durabilité du matériel. C'est pourquoi on dose l'aluminium présent par fluorescence X à dispersion d'énergie. L'appareil utilisé est doté d'un tube au rhodium et d'un détecteur haute résolution.

L'échantillon est compacté et introduit sous forme d'une pastille dans le compartiment échantillon. Les conditions d'analyse sont données dans le tableau ci-après :

élément	kV	μA	filtre	milieu	durée (s)
Al	6	900	aucun	hélium	60

Dans les conditions de l'analyse, on a purgé le compartiment échantillon pour remplacer l'air par de l'hélium. Sachant que dans les conditions de l'expérience, la masse volumique de l'air est égale à 0,54 $g \cdot L^{-1}$, que sa composition en % volumiques est de 80% de diazote et 20 % de dioxygène, et que les coefficients d'atténuation massique de l'azote et de l'oxygène sont respectivement égaux à 17, 7 et 27, 2 $cm^2 \cdot g^{-1}$ à 6 keV, calculer :

a) les pourcentages massiques en azote et oxygène dans l'air ;

b) le coefficient d'atténuation massique pondéré de l'air ;

c) le pourcentage d'énergie transmise par 10 cm d'air ;

d) le pourcentage d'énergie transmise par 10 cm d'hélium à 300 K sous 1 atmosphère ($M = 4$ g · mol^{-1}, $\mu_m = 0{,}395$ $cm^2 \cdot g^{-1}$). Conclure.

On procède à l'étalonnage en introduisant de l'aluminium dans une matrice proche de celle de l'échantillon, matrice initialement dépourvue d'aluminium. On obtient les résultats suivants :

$\%_{m/m}$ **en Al**	0,10	0,30	0,46	0,60	0,90
cps	24	37	48	56	75

e) Donner la relation entre l'intensité de la raie émise en cps et le % en Al dans les étalons.

f) Sachant que l'encre étudiée dans les mêmes conditions donne une intensité de raie émise égale à 38 cps, calculer, en pourcentage massique en Al, la composition de l'échantillon étudié.

13 ABSORPTION ATOMIQUE ET ÉMISSION DE FLAMME

La spectrométrie d'absorption atomique (SAA) et l'émission de flamme (EF), encore appelée photométrie de flamme, permettent de doser dans pratiquement toute sorte d'échantillon, un ou plusieurs éléments pré-définis (métaux ou non-métaux) choisis dans une liste en contenant environ 70. Les appareils correspondants permettent, pour la plupart d'entre eux, d'exécuter des dosages en suivant l'une ou l'autre de ces méthodes, bien que le principe des mesures soit différent. La grande sensibilité de ces méthodes permet de mesurer pour certains éléments des concentrations inférieures au µg/L (ppb). Les applications sont très nombreuses.

13.1 EFFET DE LA TEMPÉRATURE SUR UN ÉLÉMENT

Pour comprendre le principe de l'absorption atomique et de l'émission de flamme on peut se reporter aux expériences dues à Kirchhoff, vieilles de plus d'un siècle, dans lesquelles il a montré que les gaz incandescents absorbent aux mêmes longueurs d'onde que celles qu'ils peuvent émettre.

Lorsqu'on disperse la lumière d'un arc électrique (servant à l'époque de source de lumière blanche), avec un prisme, on obtient un spectre continu (fig. 13.1-1). Si on substitue à la source précédente un bec Bunsen dans lequel on projette un peu de chlorure de sodium, on obtient le spectre d'émission de cet élément formé de raies (images de la fente d'entrée) dont le doublet jaune bien connu et situé à 589 nm (figures 13.1-2 et 13.2). Cette partie de l'expérience illustre l'*émission de flamme*. Enfin, si on associe sur le même trajet optique les deux sources précédentes, arc électrique puis flamme du bec Bunsen, on obtient un spectre qui, contrairement à la figure 13.1-1, comporte des raies sombres à l'endroit des raies d'émission du sodium (fig. 13.1-3). Ce « renversement des raies » résulte de la présence dans la flamme d'une large proportion d'atomes de sodium restés à l'état fondamental qui absorbent les mêmes fréquences que les atomes de sodium émettent quand ils sont excités. C'est une manifestation de l'*absorption atomique*.

Parmi tous les analyseurs conçus pour faire des mesures quantitatives on trouve, pour doser les traces de mercure dans les atmosphères polluées, un instrument apparenté à un colorimètre qui exploite ce phénomène. La source est une lampe à vapeur de mercure et la cellule de mesure est un tube transparent rempli de l'atmosphère à contrôler. Si des vapeurs de mercure sont présentes sur le parcours optique, il y a absorption des radiations précisément émises par la lampe, ce qui conduit à une diminution de la lumière transmise, en relation avec la concentration en mercure.

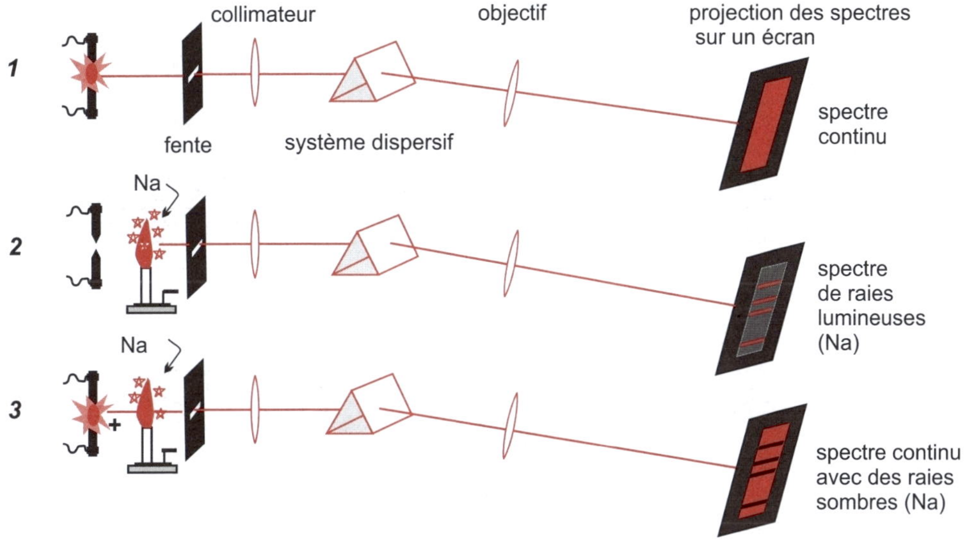

Figure 13.1

Expérience du « renversement des raies », de Kirchhoff.
Le schéma conventionnel du montage optique (collimateur, objectif) a été simplifié pour plus de clarté.

Cette expérience traduit l'existence d'états d'énergie potentielle définis pour tout atome et qui dépendent de sa configuration électronique. Lorsqu'un atome à l'état libre est porté à température élevée ou irradié avec une source lumineuse du domaine du proche UV/Visible, on provoque le passage d'un de ses électrons externes, de l'état fondamental où il se trouve normalement, à un état excité. Ce transfert correspond à une absorption d'énergie. Inversement, lorsque l'atome revient spontanément à son état fondamental, il peut ré-émettre cet excédent d'énergie sous forme d'un ou plusieurs photons. Dans l'expérience précédemment décrite, la flamme provoque les transitions les plus probables de l'atome de sodium (fig. 13.2).

La loi de répartition de Maxwell-Boltzmann permet de calculer l'effet de la température sur chaque transition. En désignant par N_0 le nombre d'atomes à l'état fondamental et par N_e celui à l'état excité, on a :

$$\frac{N_e}{N_0} = g \cdot \exp\left[-\frac{\Delta E}{kT}\right] \tag{13.1}$$

T température absolue en kelvins
g rapport des poids statistiques des états e et 0 de l'élément considéré (nombre entier)
ΔE écart d'énergie (joules) entre les deux populations concernées e et 0.
k constante de Boltzmann ($k = R/N = 1{,}38 \times 10^{-23}$ J/K)

Si ΔE est exprimé en eV et non en joules, la relation 13.1 devient :

$$\frac{N_e}{N_0} = g \cdot \exp\left[-11\ 600\frac{\Delta E}{T}\right] \quad (13.2)$$

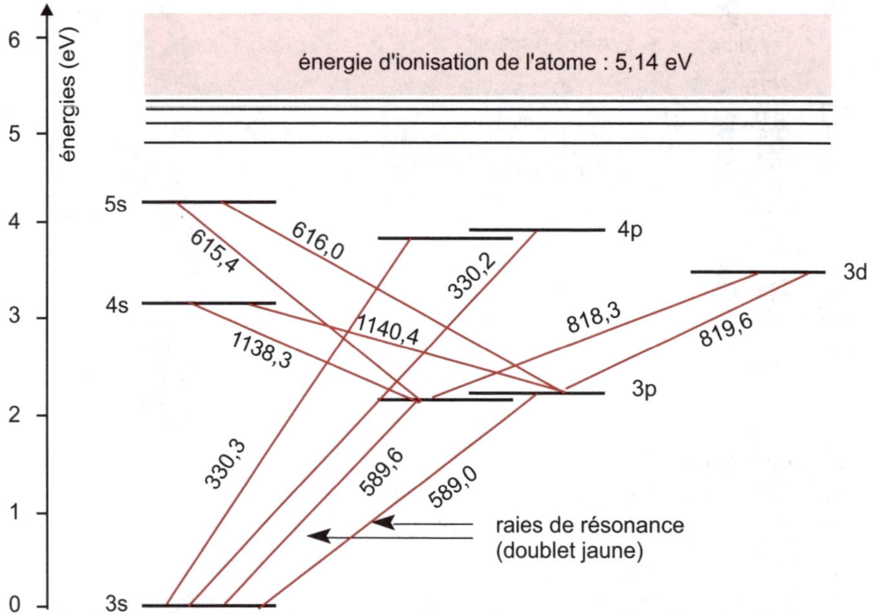

Figure 13.2

Quelques niveaux excités de l'atome de sodium

Représentation simplifiée des niveaux d'énergie de l'atome de sodium. Origine des différentes radiations émises, compte tenu des règles de sélection. Valeurs indiquées en nm

Chaque transition atomique correspond à une émission ou une absorption d'énergie, répartie sur un intervalle très étroit de longueur d'onde, ce qui correspond à la *largeur naturelle de la raie.* Celle-ci dépend de la température. Elle varie de 10^{-5} nm dans les conditions idéales à environ 0,002 nm à 3 000 K. En réalité les imperfections des spectroscopes sont responsables d'un élargissement bien plus grand de l'image des raies.

13.2 Application aux appareils actuels

Pour doser un élément par l'une ou l'autre de ces méthodes, il doit être sous forme d'atomes libres. L'échantillon est donc porté dans l'appareil à une température d'au moins 2 000 °C afin de dissocier toutes les combinaisons chimiques dans lesquelles sont l'élément considéré ainsi que tout le reste de l'échantillon. Cette pyrolyse conduit à la concentration totale de l'élément sans permettre de connaître sa répartition entre plusieurs composés dans lesquels il se trouvait éventuellement à l'origine (c'est le contraire d'une analyse de *spéciation*).

Deux dispositifs thermiques coexistent : l'un est constitué par un brûleur alimenté par un mélange gazeux comburant/combustible, l'autre par un four électrique tubulaire de petite taille. Dans le premier montage, qui convient pour la plupart des éléments, une solution aqueuse de l'échantillon est nébulisée puis entraînée à débit constant dans la flamme. Dans le second, l'échantillon est déposé dans un petit tube en graphite ouvert à ses deux extrémités, où il est volatilisé. Ce montage, plus coûteux, est beaucoup plus sensible pour les éléments réfractaires (V, Mo, Zr). Dans les deux cas le trajet optique source/détecteur traverse la zone contenant les atomes de l'élément passé à l'état libre (sorte de nuage formé d'un *gaz d'atomes*).

- En *absorption atomique*, la concentration est déduite de la mesure de l'absorption de la lumière par les atomes de l'élément restés à l'état fondamental lorsqu'ils sont éclairés par une source lumineuse convenable.
- En *émission de flamme,* au contraire, on mesure l'intensité des radiations émises par la fraction des atomes passés à l'état excité par simple effet thermique.

En absorption atomique comme en émission de flamme, la mesure d'intensité lumineuse est faite à une longueur d'onde spécifique de l'élément analysé.

> L'émission de flamme désigne l'émission de photons par certains éléments lorsqu'ils sont soumis à une température de l'ordre de 2 000 à 3 000 °C. La technique, qui sert uniquement à faire des dosages, se distingue de l'émission atomique; ce terme plus général concerne une autre méthode spectrale d'analyse, à la fois qualitative et quantitative, utilisant des sources thermiques à plasma atteignant des températures beaucoup plus élevées et une partie optique très performante.

13.3 Absorption atomique contre émission de flamme

Les valeurs courantes des différents paramètres des expressions 13.1 et 13.2 montrent avec quatre exemples (tableau 13.1) que les atomes demeurent pratiquement tous à l'état fondamental et cela d'autant plus que l'écart ΔE est plus grand et la température moins élevée.

Il semblerait donc qu'il soit préférable, dans toutes les circonstances, de baser les mesures sur l'absorption atomique plutôt que sur l'émission de flamme, d'autant plus que les spectres d'absorption sont plus simples que les spectres d'émission. Cependant la matrice dans laquelle se trouve l'élément peut provoquer des interférences, des interactions chimiques, une instabilité des niveaux et des phénomènes annexes qui se produisent aux températures élevées (figure 13.3) et qui rendent difficile la mesure de l'absorbance.

Tableau 13.1 **Rapport N_e/N_0 pour quelques éléments à différentes températures.**

Élément	λ(nm)	*E*(eV)	g	2 000 K	3 000 K	4 000 K
Na	589	2,1	2	$1{,}0 \times 10^{-5}$	$6{,}0 \times 10^{-4}$	$4{,}5 \times 10^{-3}$
Ca	423	2,93	3	$1{,}2 \times 10^{-7}$	$3{,}6 \times 10^{-5}$	$6{,}1 \times 10^{-4}$
Cu	325	3,82	2	$4{,}8 \times 10^{-10}$	$7{,}3 \times 10^{-7}$	$3{,}1 \times 10^{-5}$
Zn	214	5,79	3	$7{,}3 \times 10^{-15}$	$5{,}7 \times 10^{-10}$	$1{,}5 \times 10^{-7}$

Avec les détecteurs actuels comportant un photomultiplicateur, il suffit, pour faire une mesure fiable, que le rapport N_e/N_0 soit supérieur à 10^{-7}.

L'expérience montre que l'émission de flamme est préférable pour 5 à 6 éléments. C'est ainsi que les métaux alcalins, éléments donnant des flammes colorées, sont facilement dosés en émission (tableau 13.1).

Tous les atomes excités N_e ne retournent pas à l'état initial en émettant des photons. Ils peuvent perdre leur excédent d'énergie autrement. D'autre part, plus la température croît, plus le spectre d'émission devient complexe par suite de l'apparition de raies dues aux atomes ionisés, le spectre d'un atome étant tout à fait différent de celui de ses ions (figure 13.3). Pour étudier ces spectres complexes il faut des instruments possédant une optique de très grande qualité. Ce sont les spectrophotomètres d'émission atomique (*cf.* chapitre 14).

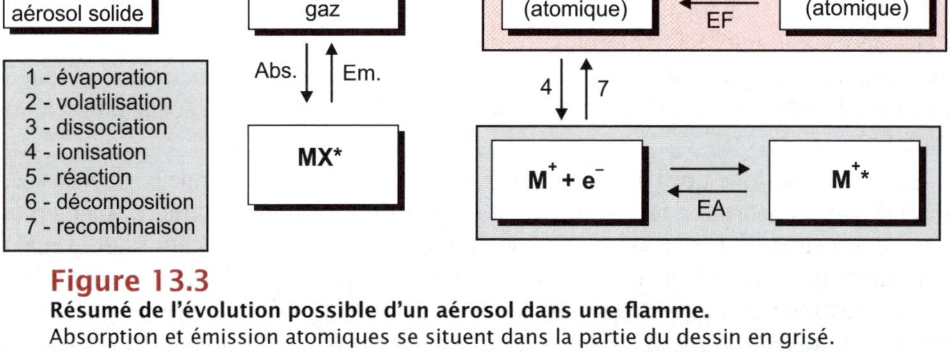

Figure 13.3
Résumé de l'évolution possible d'un aérosol dans une flamme.
Absorption et émission atomiques se situent dans la partie du dessin en grisé.

13.4 Dosages par SAA ou par EF

Le dosage des éléments par ces méthodes implique que l'on puisse relier leur concentration à l'intensité de l'absorption ou de l'émission lumineuse correspondante. Les méthodes font appel aux protocoles classiques avec établissement d'une courbe d'étalonnage à partir de solutions synthétiques de concentration croissante en analyse.

13.4.1 Dosages par absorption atomique

L'absorbance de l'élément dans la flamme dépend du nombre d'atomes N_0 restés à l'état fondamental sur le trajet optique. On procède par des mesures comparatives avec des solutions d'étalonnage.

$$A = k \cdot C \qquad (13.3)$$

A, absorbance ; C, concentration de l'élément ; k, coefficient propre à chaque élément pour la longueur d'onde choisie.

La comparaison s'arrête là avec la relation de Beer et Lambert (on ne calcule pas le coefficient d'absorption ε). L'appareil affiche l'absorbance en faisant le rapport des intensités transmises en l'absence, puis en présence de l'échantillon. La linéarité n'est effective que pour les concentrations faibles (typiquement en dessous de 3 ppm), pour les milieux où l'effet de matrice est négligeable (fig. 13.4). Si la matrice est complexe, il faudra reconstituer, pour la gamme étalon, l'essentiel du milieu ou alors utiliser la méthode des ajouts dosés, en s'assurant, pour cette dernière, de la linéarité de réponse en absorbance.

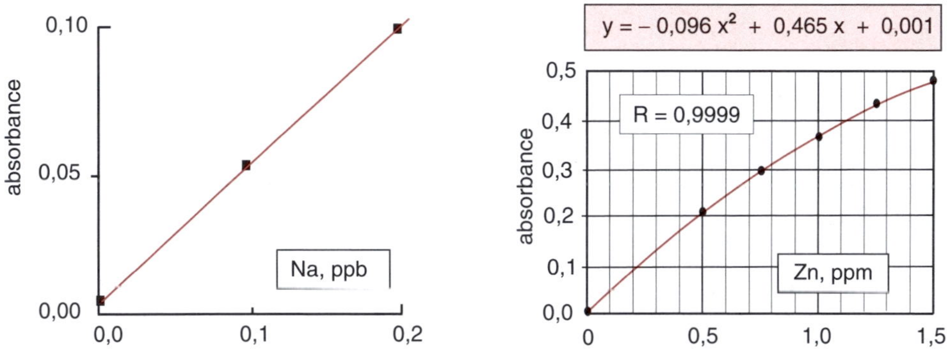

Figure 13.4

Exemples de courbes d'étalonnage en absorption atomique.
Droite d'étalonnage avec un appareil à effet Zeeman (voir § 13.8.2) pour le dosage du sodium à des concentrations sub ppb et courbe quadratique pour le dosage du zinc à des concentrations de l'ordre du ppm avec un appareil à brûleur. Cette dernière courbe montre que pour les concentrations de l'ordre du ppm la linéarité de l'absorbance n'est plus respectée. Les logiciels d'analyse quantitative en SAA proposent plusieurs types de courbes d'étalonnage.

13.4.2 Dosages par émission de flamme

Pour une population de n atomes excités, l'émission lumineuse I_e dépend du nombre dn d'entre eux qui retournent à l'état fondamental pendant l'intervalle de temps dt : ($dn/dt = k'n$). Comme n est proportionnel à la concentration de l'élément dans la partie chaude de l'appareil, l'intensité lumineuse émise I_e, qui varie comme dn/dt, est elle-même proportionnelle à la concentration :

$$I_e = K \cdot C \tag{13.4}$$

Cette formule n'est valable ici encore que pour les faibles concentrations et en l'absence d'autoabsorption ou d'ionisation. Comme précédemment la mise au point d'un dosage par émission de flamme exige un étalonnage de l'appareil avec une gamme de standards.

13.5 INSTRUMENTATION DE BASE EN ABSORPTION ATOMIQUE

Le schéma optique d'un appareil d'absorption atomique, illustré ici par un modèle de base de type monofaisceau (fig. 13.5), comporte quatre parties principales.

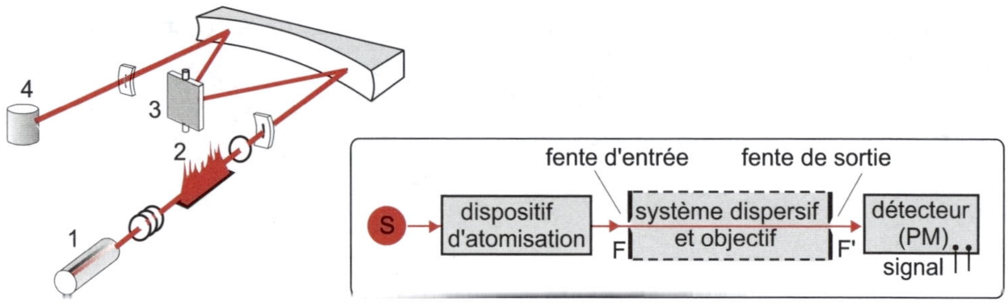

Figure 13.5

Les diverses parties d'un appareil commercial d'absorption atomique monofaisceau.

Modèle IL 157, construit dans les années quatre-vingt. **1**, source (lampe spectrale) ; **2**, flamme du brûleur ; **3**, monochromateur à réseau et **4**, détecteur (photomultiplicateur). La source éclaire une fente située à l'entrée amont du système dispersif. La fente de sortie, en aval, est à proximité de la fenêtre du détecteur. Elle permet de sélectionner une étroite bande passante du spectre ($\Delta\lambda$ de 0,2 à 1 nm), qu'il ne faut confondre ni avec la largeur de cette fente de sortie, ni avec celle de l'image de la fente d'entrée.

Le faisceau lumineux issu de la source (1) traverse l'atomiseur (2), ici la flamme, dans laquelle l'élément se trouve porté à l'état atomique, avant d'être focalisé sur la fente d'entrée d'un monochromateur (3) qui sélectionne un intervalle très étroit de longueurs d'onde. Le trajet optique se termine sur la fenêtre d'entrée du détecteur (4).

Si l'élément qui correspond à l'intervalle de longueur d'onde sélectionné par la fente d'entrée du système dispersif n'est pas présent dans la flamme, le détecteur reçoit toute l'intensité lumineuse I_0 émise par la source dans cet intervalle spectral. En revanche si l'élément est présent, l'intensité reçue I est moindre.

13.5.1 Sources

Deux principaux paramètres sont à considérer pour choisir une source lumineuse en absorption atomique : son intensité qui doit être la plus élevée possible et sa largeur de bande qui doit être la plus étroite possible. Ces critères sont à l'origine de l'utilisation quasi-exclusive des sources à spectre de raies en absorption atomique.

En effet, l'intensité des sources qui émettent un *continuum* de lumière est répartie sur toute la largeur du spectre. Elles restent ainsi généralement moins intenses que les lampes à spectre de raies lorsque l'on compare leurs intensités respectives à une longueur d'onde précise correspondant à la longueur d'onde d'analyse.

D'autre part, lorsque l'on compare les intensités transmises avec une source continue à celles obtenues avec une lampe à spectre de raies (fig. 13.6), il apparaît que dans le premier cas le rapport I_0/I est toujours proche de 1 car les raies d'absorption sont très fines (1×10^{-3} nm). Sa valeur sera donc difficile à déterminer avec précision.

Si, au contraire, on choisit une source qui émet les seules radiations que l'élément est capable d'absorber, le rapport I_0/I pourra être beaucoup plus petit que 1. Il en résultera une mesure plus fiable de ce rapport sachant que les photomultiplicateurs actuels sont extrêmement sensibles.

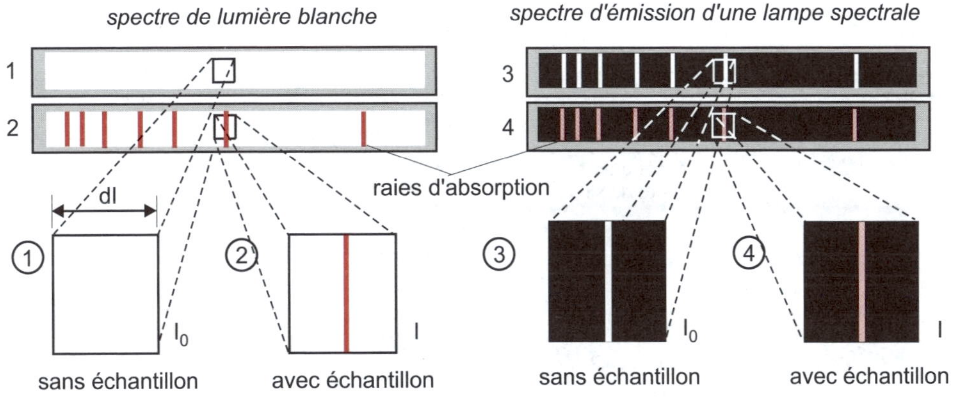

Figure 13.6
Comparaison des intensités transmises en AA avec une source à continuum (1 et 2), et avec une lampe à raies spectrales (3 et 4).
Le rectangle figure l'intervalle de longueurs d'onde que « voit » le PM. Le signal de ce dernier est proportionnel à la surface des parties en blanc. Par cette astuce, « la résolution est dans la source », pour reprendre l'expression de Walsh, l'un des pionniers de l'absorption atomique actuelle.

Très récemment, une nouvelle gamme de spectromètres d'absorption atomique à source continuum a été mise sur le marché dont la source de radiations est une lampe xénon à impulsion.

L'utilisation de ce type de source a pour grand intérêt de pouvoir procéder à des analyses multiélémentaires contrairement aux lampes à raies dédiées le plus souvent à un seul élément.

Lampes à cathode creuse

Les lampes à cathode creuse (*Hollow Cathode Lamps* HCL) sont les plus couramment rencontrées comme sources de rayonnement à spectre de raies. Ce sont des lampes à décharge utilisant l'argon ou le néon comme gaz de remplissage sous une pression de quelques centaines de pascals.

Le spectre d'émission de ces sources comporte des raies intenses qui dépendent de l'élément constituant la cathode. Ainsi, pour un élément tel le plomb, la cathode devra contenir du plomb. C'est pourquoi il existe près d'une centaine de lampes différentes avec des *cathodes creuses* constituées d'éléments purs mais aussi d'alliages ou de poudres frittées pour les lampes multiéléments (fig. 13.7). L'anode est en zirconium ou en tungstène et la fenêtre de la lampe est en verre pyrex ou de silice, suivant les longueurs d'onde émises par la cathode. Le montage ci-dessous n'est pas réalisable pour le sodium (point de fusion trop bas) ou le mercure (état liquide), pour lesquels on utilise des lampes à vapeur métallique.

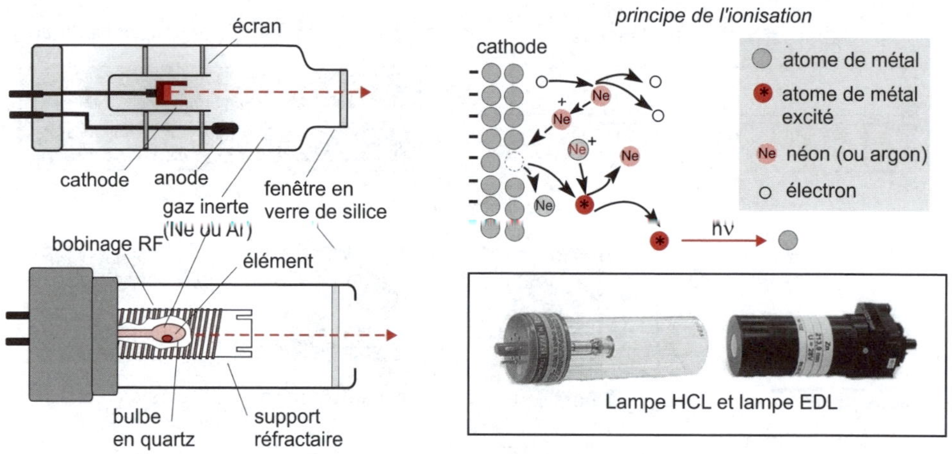

Figure 13.7

Lampe à cathode creuse et lampe à décharge sans électrode.

La cathode d'une lampe à cathode creuse est un cylindre creux dont l'axe de révolution correspond à l'axe optique de la lampe. A droite, représentation imagée de l'excitation des atomes de la cathode sous l'impact des ions néon. Pour une lampe à décharge, l'élément est enfermé dans une ampoule de silice et excité par le biais d'un bobinage parcouru par un courant de radiofréquences.

Lorsqu'on applique une tension d'environ 300 V entre les électrodes, les électrons provoquent l'ionisation du gaz de remplissage. Ces ions (Ar^+ ou Ne^+), acquièrent assez d'énergie cinétique pour arracher des atomes de la cathode qui devient équivalente, en surface, à un gaz atomique. En appelant M(Cat.) l'élément M à l'état de métal (cathode) et M(Gaz) lorsqu'il est à l'état atomique, l'émission correspond à un enchaînement d'étapes telles que :

$$\mathrm{M(Cat.)} \xrightarrow{\mathrm{Ne^+}} \mathrm{M(Gaz)^*} \longrightarrow \mathrm{M(Gaz)} + \text{photon}$$

Le spectre de la lampe correspond à la superposition des radiations émises par la cathode et par le gaz de remplissage (fig. 13.8). La largeur des raies d'émission, qui dépend des effets Doppler, Stark (ionisation) et Lorentz (pression), est plus étroite que la largeur de la bande d'absorption correspondante. En général, pour chaque lampe à CC, plusieurs raies d'émission sont utilisables. Elles n'ont pas toutes la même intensité. Le choix de la raie pour un dosage dépend entre autres de la concentration de la solution nébulisée, sachant qu'en SAA la précision du dosage diminue assez vite avec la concentration (plage dynamique de 1 à 100).

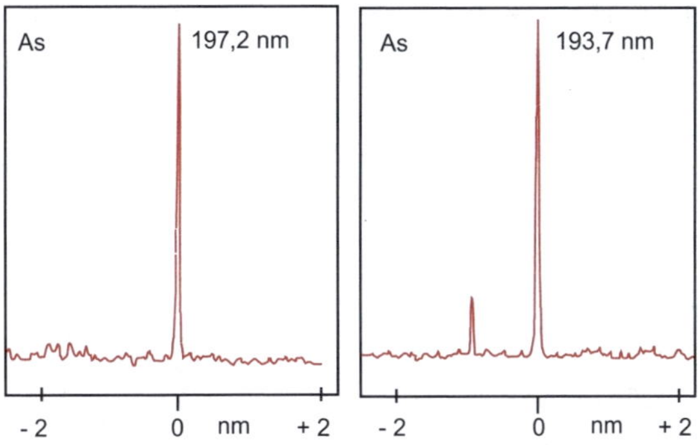

Lampe CC arsenic
Gaz de remplissage : néon
fenêtre : quartz
- raie la plus intense : 197,2 nm
bande passante recommandée : 0,5 nm
- raie secondaire (50% moins intense) : 193,7 nm
bande passante recommandée : 1 nm.
La sensibilité des mesures est 2 fois plus faible avec cette seconde raie.

Figure 13.8
Caractéristiques d'une lampe à cathode creuse (CC) pour l'élément As.
Il existe une centaine de lampes mono- ou multi-éléments (de 2 à 7 éléments). Leur durée de vie est assez courte.

Lampes à décharge sans électrode

Ces lampes sans électrodes, moins répandues que les précédentes, sont constituées d'un tube scellé en silice contenant un gaz inerte et l'élément choisi sous sa forme métallique ou de l'un de ses sels. L'élément est excité par un champ électromagnétique intense de radiofréquences ou par micro-ondes (fig. 13.7). Leur rayonnement est très intense et elles sont réservées, entre autres, à des éléments volatils tels que As, Hg, Sb, Bi et P pour lesquels les lampes à cathode creuse sont moins performantes.

Lampes xénon à impulsion

Ce type de source à micro-arc émet en continu, du proche UV au proche IR (190-900 nm), ce qui rend possible l'analyse multiélémentaire de plus de 67 éléments. Sa très forte intensité lumineuse conduit à une augmentation du rapport signal/bruit et à une sensible amélioration des limites de détection. La taille réduite du faisceau (<200 μm) en permet l'utilisation avec un atomiseur four graphite.

L'association de ces sources lumineuses avec des algorithmes de correction sophistiqués compense en continu les dérives et fluctuations, ce qui permet de réduire le temps de préchauffe et en assure la stabilité. La précision des longueurs d'onde est de l'ordre du picomètre par utilisation d'une diode au néon dont les nombreuses raies de référence connues sont réparties sur tout l'ensemble du spectre.

13.5.2 Dispositifs thermiques pour obtenir des gaz atomiques

Atomisation par nébulisation dans une flamme

Un ensemble mécanique robuste, appelé brûleur, alimenté par un mélange gazeux combustible/comburant, produit une flamme laminaire dont la base s'inscrit dans un rectangle de 10 cm de longueur et de 1 mm de largeur. L'axe optique de l'appareil est aligné dans sa plus grande dimension avec la flamme afin d'augmenter la probabilité d'interaction entre les photons et les atomes (fig. 13.9). L'échantillon mis en solution aqueuse est aspiré et nébulisé (transformé en un fin brouillard) dans ce mélange gazeux.

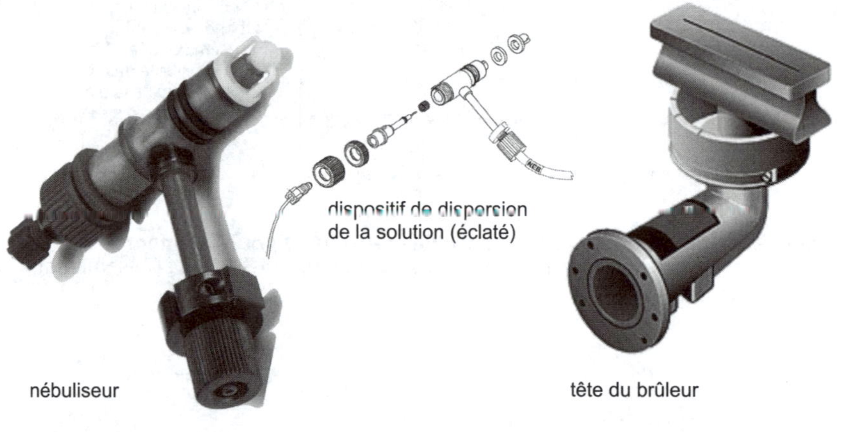

Figure 13.9
Nébuliseur et brûleur d'un appareil d'absorption atomique.
(Reproduit avec l'autorisation de la société Perkin-Elmer.)

La flamme est principalement caractérisée par sa réactivité chimique (liée à sa nature oxydante ou réductrice, fonction du rapport combustible/comburant), sa température (tableau 13.2) et son spectre. C'est un milieu complexe en équilibre, comportant des radicaux libres, à l'origine d'un spectre du proche UV, qui résulte de la superposition de raies d'émission et d'absorption, ce qui peut gêner l'observation de certains éléments. N'importe quel type de flamme ne convient donc pas à n'importe quel élément. La flamme comporte deux zones principales : le *dard* ou zone de combustion primaire, zone d'émission intense dans laquelle la combustion des gaz commence et le *panache* situé juste au-dessus, et dans lequel se trouve la zone la plus chaude de la flamme (à environ 4 cm du brûleur).

La réactivité chimique de la flamme n'étant de ce fait pas homogène il importe de régler la position du trajet optique de l'appareil.

On choisit souvent la flamme air/acétylène. Pour atteindre des températures plus élevées (nécessaires pour l'analyse d'éléments réfractaires), l'air est remplacé par l'oxyde nitreux N_2O.

Tableau 13.2 **Températures limites de quelques mélanges combustibles.**

Mélange combustible/comburant	Température max. (K)
butane/air	2 200
acétylène/air	2 600
acétylène/oxyde nitreux (N_2O)	3 000
acétylène/oxygène	3 400

Atomisation électrothermique

Le dispositif précédent avec flamme et nébuliseur est remplacé par un *four graphite* composé d'un tube en carbone graphite comportant une petite nacelle destinée à recevoir une quantité d'échantillon de quelques mg ou µL connue avec précision (fig. 13.10). Ce tube, dont l'axe central se superpose à l'axe optique du spectrophotomètre, fait office de résistance électrique. Il est susceptible d'atteindre, par effet Joule, plus de 3 000 K. Différentes configurations de chauffage existent : le chauffage longitudinal avec lequel on observe cependant un gradient de température entre le centre du tube et ses extrémités, à l'origine de phénomènes de recondensation, et le chauffage transversal. Une meilleure homogénéité peut être obtenue en ajoutant une plate-forme dans le tube. Le cycle de chauffage comporte généralement plusieurs étapes. Pour éviter toute perte par projections, on fait croître graduellement la température, pour sécher puis décomposer et enfin atomiser l'échantillon. Dans cette dernière étape, la montée en température peut atteindre 2 000 °C/s grâce à quoi l'échantillon est porté en 3 ou 4 secondes à l'état de gaz atomique. L'optimisation des différentes étapes du programme électrothermique étant capitale lors du développement d'une méthode d'analyse, certains constructeurs proposent désormais des appareils équipés d'une caméra intégrée permettant l'observation du dépôt des gouttelettes et de la phase de séchage.

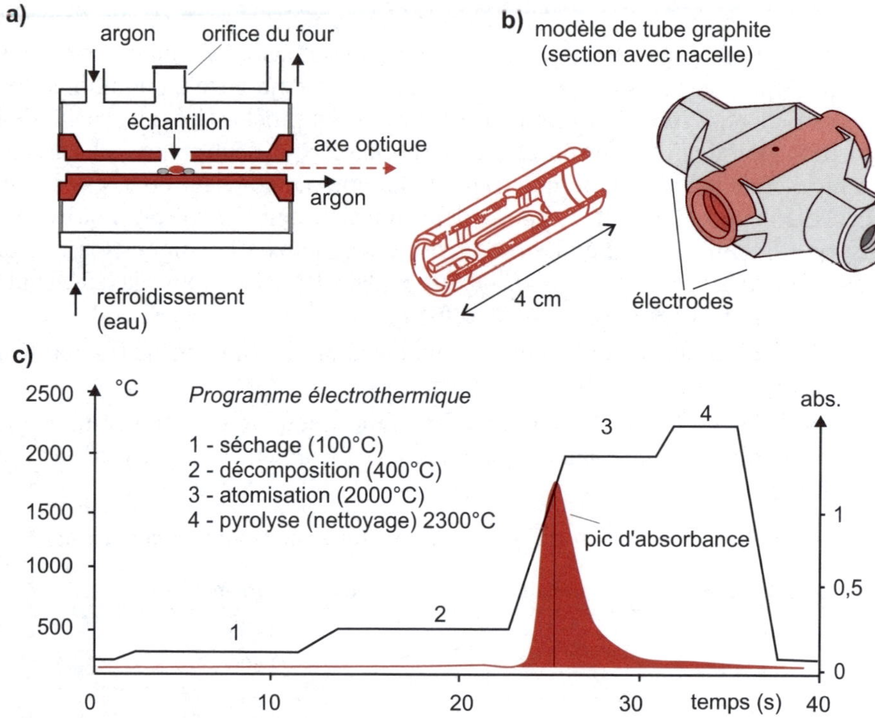

Figure 13.10

Système d'atomisation électrothermique.

a) Dispositif à four graphite chauffé par effet Joule ; b) exemple de tube chauffant en graphite et raccordement électrique en mode transversal d'un tube de four graphite ; c) courbe de programmation de température en fonction du temps avec profil absorbance-temps. Les deux premières étapes de ce programme électrothermique sont effectuées sous atmosphère inerte (balayage d'argon).

Le tube graphite est entouré d'une double gaine. L'une sert à faire circuler un gaz inerte tel l'argon pour protéger les éléments de l'oxydation, et l'autre de l'eau pour refroidir l'ensemble.

Comparativement au brûleur, ce dispositif permet de multiplier la sensibilité par un facteur 1 000. La densité d'atomes est en effet limitée dans la flamme à cause de la faible efficacité de la nébulisation. Le temps de séjour des atomes dans la zone d'observation est par ailleurs très court. Le four permet au contraire l'analyse de la totalité de l'échantillon d'où une plus forte densité d'atomes tout en augmentant leur temps de confinement.

Générateur d'hydrures

Quelques éléments dont l'arsenic (As), le bismuth (Bi), l'étain (Sn), le sélénium (Se) sont difficilement réduits à l'état atomique quand ils sont dans des états d'oxydation élevés. Pour doser ces éléments, on fait réagir l'échantillon, en amont du spectrophotomètre, sur un agent réducteur constitué par du borohydrure de sodium ou du chlorure stanneux en milieu acide (fig. 13.11). Il se forme un hydrure volatil de l'élément qui est entraîné par un gaz de balayage vers la cellule d'atomisation composée d'un long tube de quartz placé dans un four, le plus souvent chauffé électriquement ou porté dans la flamme du brûleur.

Exemple de la réduction d'un sel d'arsenic par le borohydrure de sodium :

$$As^{+++} \xrightarrow{NaBH_4} AsH_3 \xrightarrow{H^+\ (800°C)} As + \frac{3}{2} H_2$$

Les hydrures, facilement thermolysés vers 1 000 K, libèrent l'élément à l'état d'atomes. On utilise de préférence une source lumineuse constituée par une lampe sans électrodes.

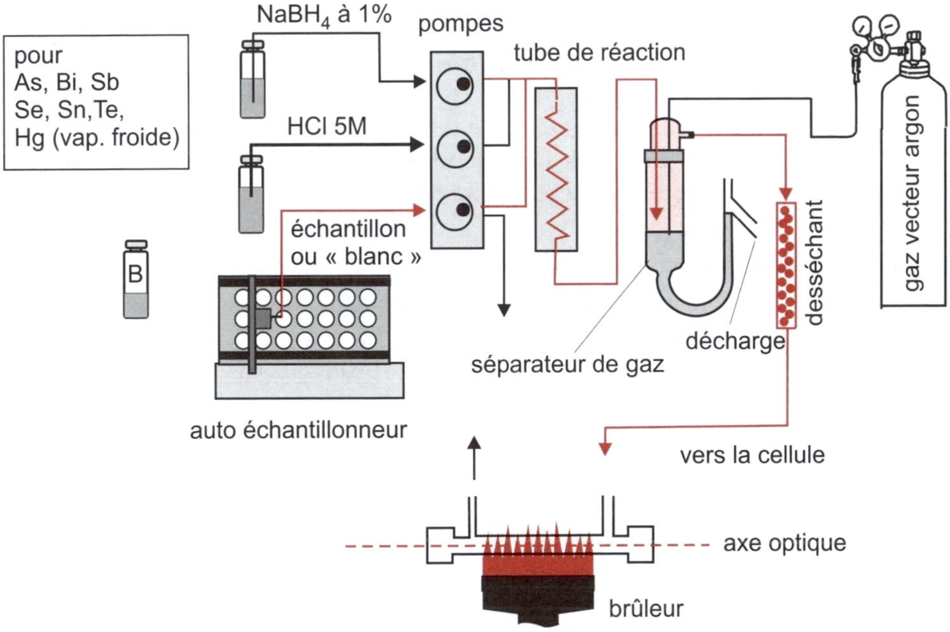

Figure 13.11
Dispositif hydrure.
Réservé à certains éléments, cet automate comporte un tube de mélange où l'hydrure du métal (ou du non-métal) est formé par action de l'hydrure de bore. Un courant d'argon extrait l'hydrure métallique formé (séparateur de gaz) pour l'entraîner dans un tube de silice porté entre 800 et 1 000 degrés dans la flamme.

Quant au mercure, il n'est pas transformé en hydrure, mais il reste à l'état métallique (Hg^0). On utilise par conséquent une cellule spéciale qui n'a pas besoin d'être portée dans l'atomiseur. C'est la méthode « à vapeur froide » mise en application dans des appareils spécialisés (réduction par $SnCl_2$).

13.5.3 Monochromateurs

Le rôle du monochromateur consiste à isoler la longueur d'onde de l'analyse tout en éliminant la lumière parasite. La sélection s'effectue généralement par un système dispersif de type réseau de diffraction mobile pour les systèmes monoéléments et une association réseau/prisme pour les systèmes multiéléments (on parle alors de polychromateur). Dans ce dernier cas, le faisceau est ensuite envoyé vers un détecteur multicanaux (*cf* 13.5.4).

Les intensités des différentes raies sont très différentes (fig. 13.8). Dans les systèmes monoélément, on sélectionne généralement la raie la plus intense afin d'obtenir la meilleure sensibilité possible. Dans les systèmes multiéléments, on peut être amené à sélectionner une des raies secondaires d'un élément lorsqu'il est associé à d'autres éléments présents à des concentrations très inférieures pour limiter les manipulations et les dilutions successives.

Le second rôle du monochromateur est d'éliminer toute lumière parasite qui provient essentiellement de la source dont le rayonnement est en réalité très complexe. Les raies d'émission de l'élément constituant la cathode s'accompagnent en effet d'autres raies provenant du gaz de remplissage ainsi que de raies d'éventuelles impuretés. L'atomiseur est également source de lumière parasite : de part sa propre émission (flamme, parois du four) et de celle d'autres éléments de l'échantillon que celui analysé qui peuvent être excités et réémettre de la lumière.

13.5.4 Détecteurs

La mesure des intensités lumineuses est généralement effectuée par un tube photomultiplicateur dans les systèmes monoélémentaires. Ces dispositifs sont remplacés par des détecteurs multicanaux de type barrettes de diodes dans les systèmes multiéléments qui permettent la mesure simultanée des intensités aux différentes longueurs d'onde des éléments analysés.

13.6 Photomètres de flamme

Les mesures d'émission par photométrie de flamme sont effectuées, soit à partir des spectromètres d'absorption atomique à brûleur utilisés source éteinte, soit à partir de photomètres de flamme, appareils plus simples, dont le prix d'achat est environ dix fois inférieur à celui des appareils d'absorption atomique. Ces photomètres sont capables de faire des mesures sur cinq ou six éléments seulement. Pour isoler une bande spectrale recouvrant la raie d'émission choisie, ils comportent, à défaut d'un monochromateur, un simple filtre coloré interchangeable. Ils demeurent toujours très utilisés pour les applications de contrôle concernant le dosage des métaux alcalins ou alcalino-terreux (ex. calcium dans les bières ou le lait, potassium dans les ciments et les minerais...). Certains modèles plus perfectionnés disposent de deux cellules de mesure ce qui permet de comparer l'intensité lumineuse émise avec celle d'une solution de référence, facilitant de ce fait le calcul des concentrations. La limite de linéarité de la réponse est vite atteinte, ce qui impose de travailler avec des solutions faiblement concentrées (10 à 100 ppm).

Le principe de la photométrie de flamme est mis à profit dans un type de détecteur spécifique et très sensible de l'élément soufre, en aval d'un chromatographe en phase gazeuse ou dans des analyseurs particuliers. Ainsi, en CPG, quand un composé organo-sulfuré est pyrolysé dans le brûleur du détecteur il se forme au contact d'une flamme air/dihydrogène, réductrice, du soufre à l'état d'élément, qui émet des radiations spécifiques de 394 nm de longueur d'onde.

13.7 PERTURBATIONS PHYSIQUES ET CHIMIQUES

L'absorption atomique permet de doser environ 70 éléments à des concentrations très faibles (fig. 13.17). Son champ d'application est donc considérable et son utilité est d'autant plus grande que cette méthode accepte des échantillons se présentant sous des formes variées. De nombreuses interactions peuvent cependant conduire à des résultats d'analyse erronés par surestimation (on parle d'exaltation) ou sous estimation (on parle de dépression) de la concentration réelle. On les classe en trois catégories :

13.7.1 Interférences spectrales

On les appelle également *absorptions non spécifiques*. Elles sont liées à des émissions parasites issues de la source d'atomisation. Elles proviennent d'une superposition de raies, de la présence de bandes d'absorption moléculaires ou de la diffusion de la lumière par des particules présentes dans l'atomiseur.

- **Superposition de raies.** Le dispositif d'atomisation peut conduire à une émission parasite (ex : parois du tube du four graphite). Les composés de la matrice peuvent également engendrer des absorptions annexes. On n'est donc jamais à l'abri de la superposition de deux radiations : celle choisie pour le dosage avec une raie secondaire appartenant à un autre élément. En absorption atomique, les confusions sont rares, mais il est quelquefois conseillé d'effectuer une seconde mesure en changeant la longueur d'onde. En émission atomique ce problème est fréquent, les spectres étant plus complexes (*cf.* chapitre 14).
- **Superposition de l'émission et de l'absorption d'un même élément.** Une fraction non négligeable des atomes de certains éléments passe à l'état excité par effet thermique. Ces atomes émettent précisément des photons de même énergie que les atomes restés à l'état fondamental sont susceptibles d'absorber. Pour corriger la mesure on alimente la lampe avec une tension pulsée, ce qui permet de différencier le signal de l'émission, constant, du signal dû à l'absorption qui lui est pulsé.
- **Absorptions moléculaires.** Ce type d'absorption non spécifique se rencontre principalement dans l'analyse d'éléments volatils ne nécessitant pas une température de flamme élevée en présence d'une matrice réfractaire. Il provient de molécules

présentes dans la matrice de l'échantillon analysé et se compose de larges et intenses bandes d'absorption pouvant perturber considérablement les analyses.

- **Diffusion de la lumière incidente.** Des particules solides ou liquides issues de la décomposition de l'échantillon ou de recombinaison d'atomes et de molécules diffusent la lumière incidente donnant lieu à une absorption continue qui se superpose à l'absorption de l'élément analysé.

Dans ces deux dernières situations, les corrections s'effectuent facilement en opérant avec un blanc aspiré dans la flamme lorsque les interférents ne proviennent que du mélange gazeux. Lorsque la diffusion ou l'absorption parasite provient de la matrice de l'échantillon on peut soit modifier les paramètres d'analyse (température de flamme, rapport combustible/comburant) ou ajouter un excès de la substance interférente aux solutions dosées (appelé *tampon spectrochimique*). Cet excès doit être impérativement beaucoup plus important que sa concentration dans la matrice de façon à rendre négligeable l'interférence propre.

13.7.2 Interférences chimiques

Quand on fait appel à l'absorption atomique pour rechercher des éléments à l'état de traces, il est important de tenir compte de la matrice dans laquelle ils sont présents. Il faut suivre des protocoles bien établis pour supprimer les interférences ioniques ou chimiques.

Ces interférences, également appelées *effet de matrice*, modifient la densité de vapeur atomique et/ou sa vitesse de formation. Une diminution du nombre d'atomes lors de l'étape de la décomposition, la formation avec les interférents de composés difficilement dissociables car réfractaires ou peu volatils en sont à l'origine. À titre correctif, on introduit dans les solutions à doser des sels minéraux ou des réactifs organiques servant d'« agents libérateurs ». Ainsi l'élément M sera libéré de la combinaison MX d'autant plus facilement par le libérateur R que le composé R-X sera plus stable.

$$R + MX \longrightarrow M + RX$$

> Ainsi, lorsqu'on veut doser le calcium en présence d'ions phosphates ou dans des combinaisons réfractaires contenant de l'aluminium, on ajoute du chlorure de strontium ou de lanthane. L'effet recherché est de libérer le calcium et d'augmenter la volatilité de la matrice pour assurer son élimination plus efficacement au cours de l'étape de décomposition. Pour le dosage du sodium ou du potassium il est courant d'ajouter un peu de solution de Schinkel ($CsCl/LaCl_3$).

Pour les appareils à four graphite, on ajoute de l'acide éthylènediaminetétracétique (EDTA) qui forme des complexes 1:1 avec les ions bivalents, ou du nitrate d'ammonium lorsqu'on est en présence d'une matrice contenant beaucoup de sodium (fig. 13.12).

Enfin, l'utilisation de flammes très chaudes peut provoquer l'ionisation partielle de certains éléments, diminuant d'autant la concentration en atomes libres dans la

$(HO_2C\text{-}CH_2)_2N\text{-}CH_2CH_2\text{-}N(CH_2\text{-}CO_2H)_2$ *acide EDTA*

$$NaCl + NH_4NO_3 \longrightarrow NaNO_3 + NH_4Cl$$

F = 800°C F = 307°C (se sublime)

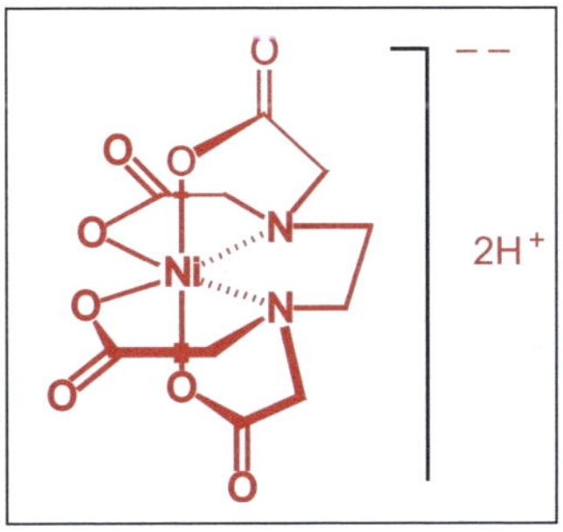

Figure 13.12
Modification de matrice.
Le nitrate d'ammonium ou l'acide EDTA augmentent la volatilité de certains éléments. Complexe volatil de type 1:1 entre une molécule d'EDTA et un ion Ni^{++}.

flamme. On corrige ce phénomène en ajoutant un suppresseur d'ionisation (ou tampon d'ionisation) sous forme d'un cation dont le potentiel d'ionisation est plus faible que celui de l'analyte. Un sel de potassium à 2 g/L convient en général.

> Cette variation de l'ionisation peut se faire plus ou moins spontanément quand la matrice contient, par nature, un ou plusieurs éléments alcalins. Pour éviter de telles erreurs aléatoires, on ajoute donc systématiquement aux solutions, un tampon d'ionisation à base de sel de potassium ou de sodium, ou bien on constitue une gamme d'étalonnage avec un milieu proche de celui dans lequel se trouve l'analyte.

13.7.3 Interférences physiques

Elles sont représentées principalement par les interférences dites *de transport* qui sont liées aux différences de viscosité entre les solutions étalons et les échantillons et plus généralement aux propriétés physiques des solutions étudiées.

13.8 Corrections des absorptions non spécifiques

Comme en spectrophotométrie du visible ou de l'infrarouge, la correction du fond d'absorption est nécessaire à la fois pour neutraliser les fluctuations d'intensité de la lampe et retrancher les absorptions non spécifiques dues aux interférences spectrales.

Avec les appareils à brûleur le bruit de fond est en général peu important parce qu'on nébulise des solutions aqueuses diluées.

En revanche, avec les dispositifs à four graphite, les échantillons déposés à l'état brut, solide ou liquide, peuvent engendrer une absorption parasite résultant d'une atomisation incomplète due à la matrice. Il apparaît un fond absorbant constant (fumées) dans l'intervalle délimité par le monochromateur. Pour corriger cet effet, les constructeurs proposent des appareils modifiés afin d'utiliser diverses méthodes. Étant donné que pour ce type d'échantillon il n'est pas possible de disposer de la matrice seule, sans l'analyte, il ne servirait à rien de fabriquer des appareils comportant un second dispositif thermique en tout point semblable au premier et placé sur un second trajet optique servant de référence.

13.8.1 Correction du bruit de fond par lampe au deutérium

Plusieurs constructeurs proposent des modèles d'appareils qui comportent une seconde source, continue, constituée par une lampe à deutérium (fig. 13.13). On commence d'abord par régler le monochromateur sur la raie choisie pour le dosage de l'élément à évaluer. L'atomiseur, flamme ou four, est éclairé alternativement par les deux rayonnements, au moyen d'un miroir tournant. Quand la lampe à deutérium est sélectionnée, on mesure le seul fond d'absorption car la bande passante est une centaine de fois plus large que la raie d'absorption choisie. Quand la lampe à cathode creuse est sélectionnée, on mesure cette fois l'absorbance totale (fond d'absorption plus absorption de l'analyte). Les absorbances étant additives, la différence entre les deux mesures permet de connaître l'absorption due au seul élément.

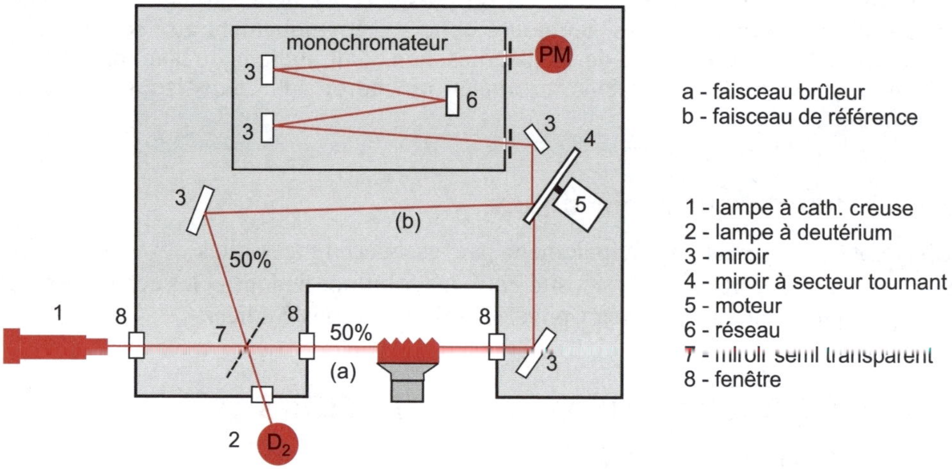

Figure 13.13

Schéma d'un appareil mettant en jeu la correction par lampe au deutérium. Le montage optique du type pseudo-double faisceau permet de s'affranchir de la dérive de la lampe pendant la période où elle n'est pas encore stabilisée. Le trajet optique de la lampe à deutérium se superpose par l'effet d'un miroir semi-transparent, à celui en provenance de la source à CC. La lumière qui atteint le détecteur provient en alternance soit de la voie de référence (**b**) soit de la voie échantillon (**a**). L'appareil mesure le rapport des intensités transmises par les deux faisceaux. Le domaine de correction est limité à la gamme spectrale de la lampe au deutérium, soit 200-350 nm (d'après le schéma optique du modèle SpectraAA-10/20 de la société Varian).

13.8.2 Correction du bruit de fond par application de l'effet Zeeman

L'action d'un champ magnétique sur un atome provoque une perturbation des états d'énergie de ses électrons par une levée de dégénérescence de l'état excité. Ce phénomène, appelé effet Zeeman, modifie l'aspect du spectre d'émission (ou d'absorption) de l'élément correspondant, du moins si la valeur du champ atteint au minimum 1 Tesla. Tous les éléments ne se comportent pas de la même manière. Dans le cas le plus simple (effet Zeeman « normal »), la raie d'absorption observée sans champ conduit à trois nouvelles raies polarisées, dont l'une, appelée composante π, conserve la position initiale (sans champ) tandis que les deux autres, appelées composantes satellites σ, sont décalées symétriquement de part et d'autre de la composante π (quelques picomètres pour un champ de 1 Tesla). Les directions de polarisation des raies π et σ sont perpendiculaires. En interposant sur le trajet optique un polariseur orienté convenablement, on pourra effacer ou non la composante π d'absorption due à l'élément alors que, contrairement aux atomes de l'élément, les particules et fumées en suspension ne seront pas affectées par cet effet (fig. 13.14).

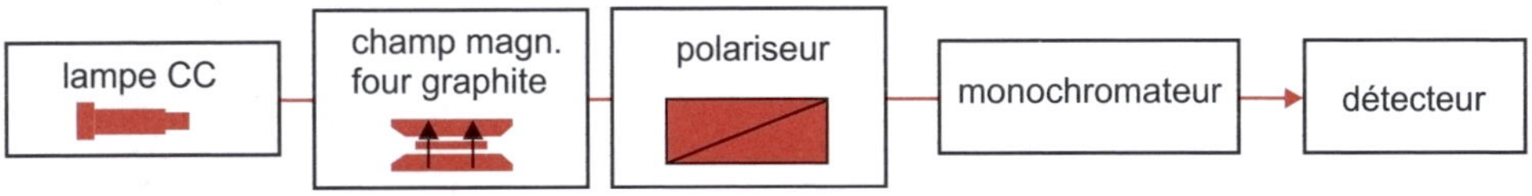

Figure 13.14
Correction par effet Zeeman.
Principe d'un appareil utilisant la correction d'absorbance par effet Zeeman. Deux solutions sont applicables : 1) avec ou sans champ magnétique, et polariseur fixe ; 2) avec champ magnétique fixe et polariseur tournant.

Mode de correction reconnu comme le plus efficace, il conduit à différentes configurations commercialisées qui se distinguent tout d'abord par la position de l'aimant qui peut se situer autour de la source (montage dit *direct*) ou de l'atomiseur (montage *inverse*). Ensuite, chacune de ces configurations peut être associée à un montage soit *longitudinal* (direction d'observation parallèle au champ magnétique) soit *transverse* (direction d'observation perpendiculaire au champ magnétique), à un champ constant ou alternatif et enfin à un polariseur fixe ou tournant.

- le montage le plus fréquent est de type inverse – transverse - constant. Il consiste à opérer à champ fixe et à placer un polariseur tournant entre la lampe et l'atomiseur. Le signal oscille entre deux valeurs qui correspondent soit au fond d'absorption augmenté de l'absorption de la composante π de l'élément quand la direction de polarisation de l'onde est parallèle à celle du champ (fig. 13.15 B) soit au fond d'absorption seul, quand le polariseur envoie une lumière polarisée perpendiculairement à la direction du champ magnétique (fig. 13.15 A).
- Un autre montage, de type inverse – transverse – alternatif, plus ancien, consiste à faire deux mesures comparatives *avec* puis *sans* champ B en plaçant un polariseur orienté constamment de façon perpendiculaire au champ magnétique. En l'absence

du champ B, le détecteur permet de calculer l'absorption totale : fond d'absorption plus absorption de l'élément à doser. En revanche lorsque l'on applique le champ B, la bande d'absorption sélectionnée éclate en plusieurs nouvelles raies. Celles qui ont changé de position ne peuvent plus occulter la raie émise par la source. Elles n'interviennent donc plus. Quant à la composante π qui subsiste à la longueur d'onde initiale (lorsque $B = 0$), elle est polarisée suivant l'axe du champ, perpendiculairement à la direction du polariseur et ne peut donc pas absorber la lumière dans ce plan. Le fond continu absorbe par contre toujours la raie d'émission.

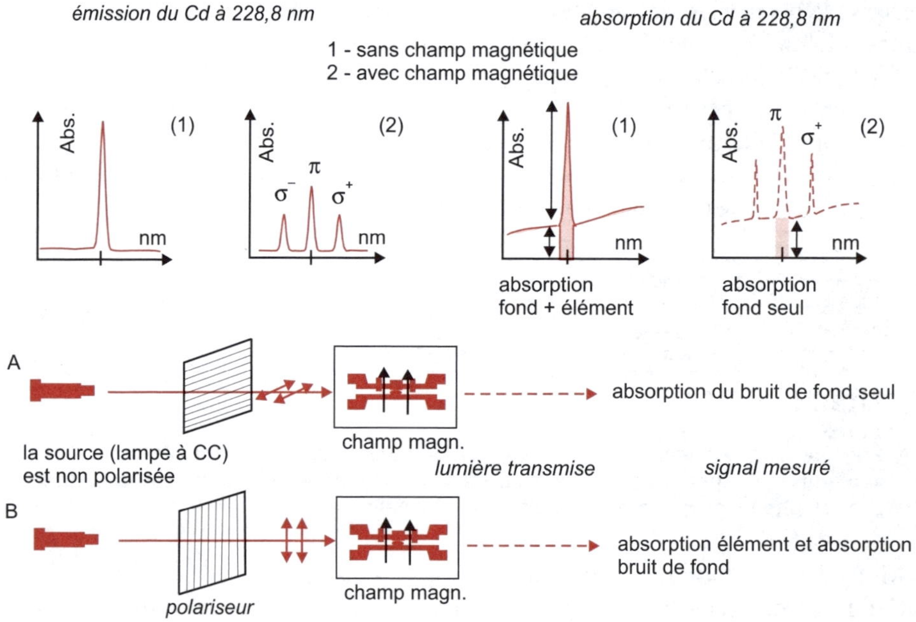

Figure 13.15
Effet Zeeman simple.
Explication imagée du montage inverse/transverse constant a partir de l'absorption du cadmium à 228.8 nm. En (1), plan de polarisation perpendiculaire au champ magnétique, en (2), plan de polarisation parallèle au champ.

13.8.3 Correction du bruit de fond par lampe pulsée (méthode S-H)

Quand on augmente brusquement l'intensité d'une lampe à cathode creuse par diminution de la résistance de ballastage du circuit d'alimentation, l'aspect des raies d'émission change. Leur profil s'élargit, conséquence attendue de l'augmentation de température de la cathode et il apparaît en leur milieu une partie moins intense. Ce phénomène, connu sous le nom de renversement de raie, provient de la cathode dont la température élevée provoque une sorte d'évaporation des atomes la constituant à l'intérieur de la lampe. Ce nuage d'atomes réabsorbe une fraction de la lumière, précisément de même longueur d'onde que celle qui provient de la partie émissive de cette cathode (fig. 13.16).

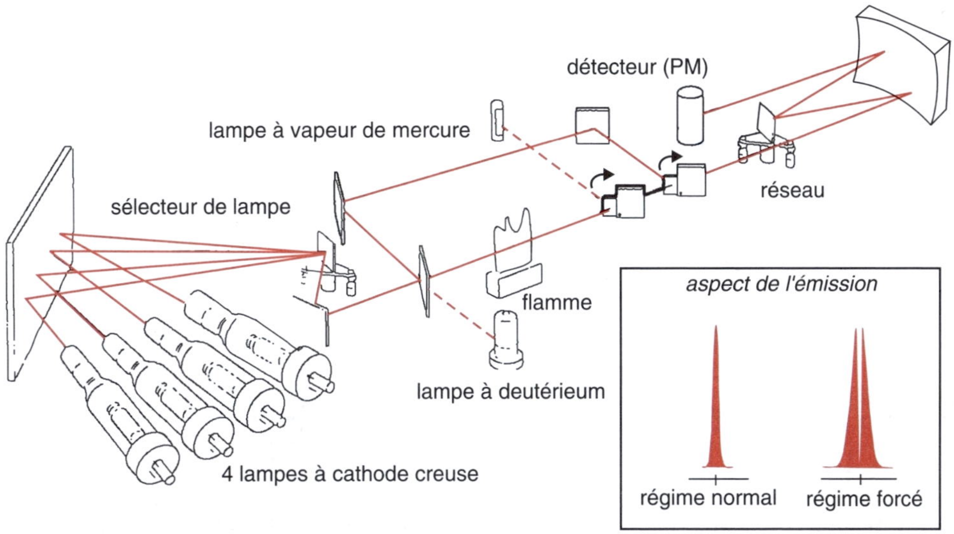

Figure 13.16
Correction par lampe pulsée.
Le modèle 4000 à correction de Smith-Hieftje (S-H) de la Société Thermo Jarrell Ash utilise le principe de la correction de fond par source pulsée. La source au mercure ainsi que les miroirs rétractables servent à l'étalonnage du monochromateur (reproduit avec l'autorisation de cette société). Aspect d'une raie d'émission d'une lampe à CC selon son alimentation.

Cette autoabsorption est exploitée pour déterminer la part du bruit de fond dans l'absorption totale. Pour obtenir les absorbances corrigées la méthode, connue du nom de Smith-Hieftje, utilise une lampe pulsée qui passe alternativement d'un régime normal (ex. 10 mA) à un régime forcé (500 mA). En régime normal, avec l'échantillon dans l'atomiseur, on mesure globalement la somme du fond d'absorption et de l'absorption de l'élément, alors qu'en régime forcé, on ne mesure que le fond d'absorption, puisque la lampe n'émet pratiquement plus à la longueur d'onde choisie. La différence entre ces deux mesures d'absorbance, faites de manière répétitive, permet donc de calculer l'absorption du seul élément dosé.

Ces trois méthodes de correction présentent avantages et inconvénients. La méthode D_2 utilise un montage optique plus complexe avec une seconde source, la méthode Zeeman est coûteuse, la méthode S-H nécessite des lampes spéciales. La gamme dynamique est diminuée. Le choix du dispositif de correction doit être fait en fonction des applications prévues.

13.9 Sensibilité et limite de détection en SAA

La concentration la plus basse pouvant être quantifiée dans un échantillon dépend de beaucoup de facteurs. En spectrométrie la *sensibilité* est définie à partir d'un élément, comme étant la concentration exprimée en µg/mL qui, en solution aqueuse, conduit à une diminution de la lumière transmise de 1 % ($A = 0{,}0044$). Quand on le peut, on établit les courbes d'étalonnage avec des concentrations de l'ordre de 20 à 200 fois cette limite.

La *limite de détection correspond à* la concentration de l'élément qui donne un signal dont l'intensité est définie sur la base de trois fois l'écart-type d'une série de mesures faites pour le blanc analytique ou sur une solution très diluée (degré de confiance de 95 %). Concrètement, les concentrations doivent être au moins dix fois supérieures pour avoir des mesures fiables (*cf.* 22.5.3).

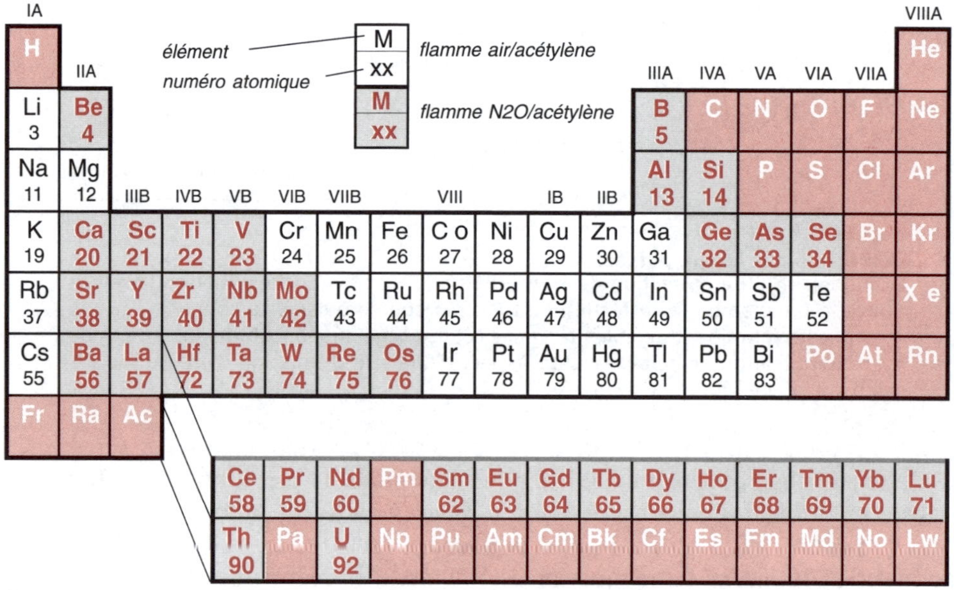

Figure 13.17

Les éléments dosés par SAA ou EF.

La plupart des éléments peuvent être dosés par absorption atomique ou émission de flamme en utilisant un des modes d'atomisation possibles (brûleur, four graphite ou dispositif pour hydrures). La sensibilité varie de quelques ppb (Cu, Cd, Cr...) à quelques ppm (cas des lanthanides). La représentation ci-dessus reprend les éléments dans le cadre de la classification périodique afin de montrer la polyvalence de ces méthodes. Les éléments du tableau (en blanc sur fond rose) pour lesquels le numéro atomique ne figure pas, ne sont pas dosés par absorption atomique. Cependant, les appareils hybrides SAA/EOS comportant des plasmas en guise de four, plus récents, ont encore reculé les limites de cette méthode.

Exercices

13.1 En admettant que la réponse du détecteur d'un photomètre de flamme soit proportionnelle à la concentration de l'élément passé à l'état excité par effet de la température, par quel facteur est multiplié le signal lorsque la température passe de 2 000 à 2 500 K ?

On établira l'expression littérale, puis on l'appliquera au cas de l'élément sodium, dont la raie de résonance est à 589 nm.

13.2 On analyse le potassium d'un sérum sanguin par émission de flamme en utilisant une méthode d'ajout. À cette fin, on prépare deux solutions identiques : on prélève 0,5 mL de sérum et on complète à 5 mL avec de l'eau distillée. Dans l'une d'elles on ajoute 10 μL de KCl 0,2 M. Les valeurs lues sur l'appareil sont respectivement 32,1 et 58,6.

Quelle est la concentration en potassium du sérum ?

13.3 Pourquoi ajoute-t-on souvent un sel de potassium tel que KCl lorsqu'on veut doser l'élément sodium par spectrophotométrie d'émission de flamme ? On rappelle que les potentiels de première ionisation du sodium et du potassium sont respectivement égaux à 496 et 419 $kJ \cdot mol^{-1}$.

13.4 Pour doser la quantité de plomb présent dans un échantillon de paprika frelaté par adjonction d'oxyde de plomb (même couleur), on utilise la méthode avec four graphite associé à un dispositif à effet Zeeman.

On dépose 0,01 g de poudre de paprika frelaté dans la coupelle d'un four graphite, ce qui permet de déterminer l'aire du pic d'absorbance. La mesure est effectuée à $\lambda = 283,3$ nm en l'absence puis en présence de champ magnétique. On trouve une valeur corrigée après correction du fond d'absorption de 1 220 (unités arbitraires). Dans les mêmes conditions de mesure, $0,01$ mL d'une solution à 10 $g \cdot L^{-1}$ en élément plomb conduit à la valeur de 1 000 (mêmes unités).

Calculer le pourcentage massique de plomb dans l'échantillon de paprika considéré.

13.5 Parmi les nombreux dérivés commerciaux utilisés en complexométrie de l'acide éthylènediamine tétraacétique (EDTA) on trouve le sel mixte de Zn/Na contenant 1 atome de zinc et 2 atomes de sodium par molécule d'EDTA. Ce sel mixte se présente sous forme d'un hydrate cristallisé. On veut calculer le nombre de molécules d'eau de cet hydrate en dosant le zinc par AA.

La solution échantillon est préparée en dissolvant 35,7 mg de cet hydrate dans 100 mL d'eau. On prélève 2 mL de cette solution que l'on complète à 100 mL avec de l'eau.

L'étalonnage est réalisé à partir de 5 solutions étalons de zinc ($mg \cdot L^{-1}$).

Solutions	Concentration	Absorbance
blanc	0,00 mg/L	0,0006
standard 1	0,50 mg/L	0,2094
standard 2	0,75 mg/L	0,2961
standard 3	1,00 mg/L	0,3674
standard 4	1,25 mg/L	0,4333
standard 5	1,50 mg/L	0,4817
Échantillon	C ?	0,3692

a) La *largeur de fente* de l'appareil d'absorption atomique utilisé a une valeur de 1 nm. Que représente ce paramètre ?

b) L'appareil propose une courbe d'étalonnage telle que $C = 0,99$ mg · L^{-1} pour une absorbance de 0,3692. Calculer le nombre de molécules d'eau du sel Zn/Na.

c) En utilisant la méthode de régression linéaire pour trouver l'équation de la droite d'étalonnage, quelle valeur de la concentration C (mg · L^{-1}) trouve-t-on ?

Données : H = 1,01 ; C = 12,0 ; N = 14,01 ; O = 16,00 ; Na = 22,99 ; Zn= 65,39 g · mol^{-1}.

13.6 Pour déterminer la quantité de chrome C_I dans une solution inconnue aqueuse, on utilise la méthode des ajouts dosés. Pour cela, cinq solutions 1-5 sont préparées de la façon suivante : on introduit 10 mL de la solution inconnue dans cinq fioles jaugées de 50 mL, puis on ajoute dans chacune des fioles de 2 à 5 des volumes croissants d'une solution étalon E de concentration en chrome C_E= 15,7 mg · L. On complète ensuite à 50 L avec de l'eau.

Les mesures des absorbances sont effectuées à λ = 359,7 nm et rassemblées dans le tableau ci-après :

V_I (mL) solution inconnue	V_E(mL) solution étalon	Absorbance en régime normal d'alimentation de la lampe	Absorbance en régime de suralimentation de la lampe
10,0	0,0	0,276	0,075
10,0	10,0	0,367	
10,0	20,0	0,453	
10,0	30,0	0,542	
10,0	40,0	0,629	
q.s.p 50 mL			

a) À quelle information la mesure de l'absorbance dans un régime de suralimentation de la lampe permet-elle d'accéder ?

b) Expliquez en le principe.

c) Quels autres moyens techniques sont couramment utilisés pour obtenir un résultat équivalent ?

d) Comment appelle-t-on cet effet d'interférences et quelles en sont ses origines ?

e) Calculez la teneur en chrome C_I ans l'échantillon.

SPECTROMÉTRIE D'ÉMISSION ATOMIQUE

14

L'analyse par spectrométrie d'émission atomique constitue une méthode générale de dosage des éléments qui repose sur l'étude des radiations émises par les atomes passés dans un état excité, généralement ionisé. Plusieurs procédés sont utilisés pour dissocier les échantillons en leurs éléments constitutifs, notamment par l'effet de températures très élevées générées par des plasmas. Les spectres étant beaucoup plus complexes qu'en émission de flamme, il faut des instruments dont l'optique soit de très grande qualité pour résoudre les situations d'interférences de raies et les effets de matrice.

Le domaine analytique de cette technique très sensible (quelques ppb) recouvre une gamme dynamique étendue. Utilisée depuis ses débuts dans les laboratoires métallurgiques, elle est devenue un outil indispensable de l'analyse chimique. Elle est arrivée à un point d'automatisation où du personnel peu expérimenté peut l'utiliser. Les spectromètres sont capables d'analyser en routine plusieurs éléments simultanément ou de façon séquentielle. Elle coexiste avec l'absorption atomique comparativement à laquelle elle est plus complémentaire que concurrente. Elle est enfin moins coûteuse que la spectrométrie de masse appliquée aux éléments mais ne convient pas à l'analyse des éléments légers.

14.1 SPECTROMÉTRIE D'ÉMISSION OPTIQUE (OES)

Quand on soumet un élément chimique, pris à l'état atomique, à des conditions d'excitation convenables, il émet des radiations qui lui sont caractéristiques. Sur cette observation repose une forme d'analyse élémentaire qualitative et quantitative très générale. Connue également sous le sigle OES (*Optical Emission Spectroscopy*), l'*émission optique* des atomes est très complexe. Elle conduit à des milliers de radiations accompagnées d'un fond continu.

Contrairement à l'absorption atomique, l'émission atomique permet d'analyser simultanément plusieurs éléments contenus dans l'échantillon étudié. Les spectromètres correspondants diffèrent suivant le mode d'excitation des atomes (plasmas, étincelles, décharge luminescente) mais tous exigent une grande qualité optique. Leur prix d'achat et leur coût d'entretien plus élevés que pour les spectromètres d'absorption atomique les font réserver aux laboratoires qui ont beaucoup d'échantillons à traiter.

14.2 PRINCIPE DE L'ANALYSE PAR ÉMISSION ATOMIQUE

Un spectromètre d'émission atomique comporte (fig. 14.1) :

- un dispositif pour introduire et dissocier l'échantillon à l'état d'atomes ou d'ions ;
- un système optique pour séparer les différentes émissions optiques ;
- un système de détection et d'analyse du rayonnement émis ;
- un système informatique pour réaliser l'interface avec l'utilisateur.

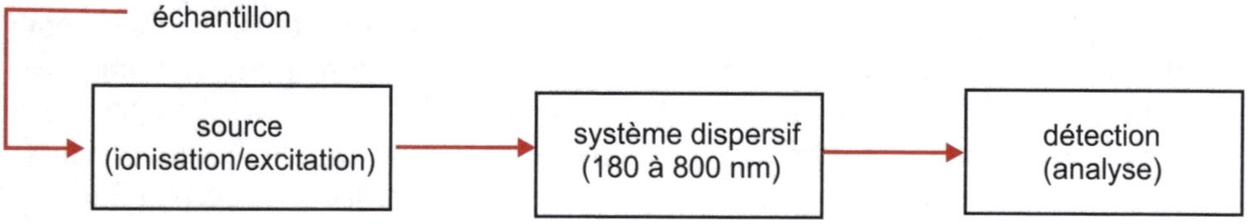

Figure 14.1
Conception de base d'un spectromètre d'émission atomique.

Comme en émission de flamme, la source lumineuse du spectromètre n'est autre que l'échantillon dont tous les atomes sont excités simultanément. On peut donc faire une analyse de composition, du moins qualitative, même si l'échantillon est inconnu au départ. Cela marque une différence importante avec l'absorption atomique qui ne peut doser que les éléments pour lesquels l'appareil a été préparé (par le choix de la lampe à cathode creuse). Avec une seule prise d'essai, on obtient en quelques minutes une analyse multi-élémentaire, contrairement à l'absorption atomique. Cependant on ne peut véritablement doser que les éléments pour lesquels l'étalonnage a été soigneusement réalisé.

Chaque atome, après avoir été porté dans un état excité, peut perdre son excédent d'énergie par émission d'un ou plusieurs photons dont les énergies peuvent prendre des centaines de valeurs distinctes et caractéristiques (fig. 14.2). Le système dispersif fait donc apparaître une multitude de radiations de longueurs d'onde et d'intensités différentes. Sachant que pour un échantillon la matrice (ensemble des autres éléments présents et solution) est également émissive, l'identification d'un élément, qui peut être présent à l'état d'ultratrace, de même que son dosage, reposent sur des mesures effectuées à plusieurs longueurs d'onde (une sorte d'empreinte).

L'analyse par émission atomique exige donc un matériel très performant capable de repérer des radiations faibles situées à proximité d'autres beaucoup plus intenses. C'est pourquoi, quand on peut choisir, il est préférable d'utiliser des appareils dont la *gamme dynamique* exploitable est grande.

Les appareils de photométrie de flamme, utilisables pour doser quelques éléments seulement, sont de conception beaucoup plus simple. Lorsqu'on recherche le sodium par exemple, avec un instrument dont la flamme atteint 2 000 °C, les atomes de cet élément sont pratiquement les seuls à émettre des radiations. Pour mesurer la lumière émise, il suffit d'interposer entre la flamme et le détecteur, à défaut d'un monochromateur, un simple filtre optique pour isoler une bande spectrale assez large convenant aux radiations émises par l'élément.

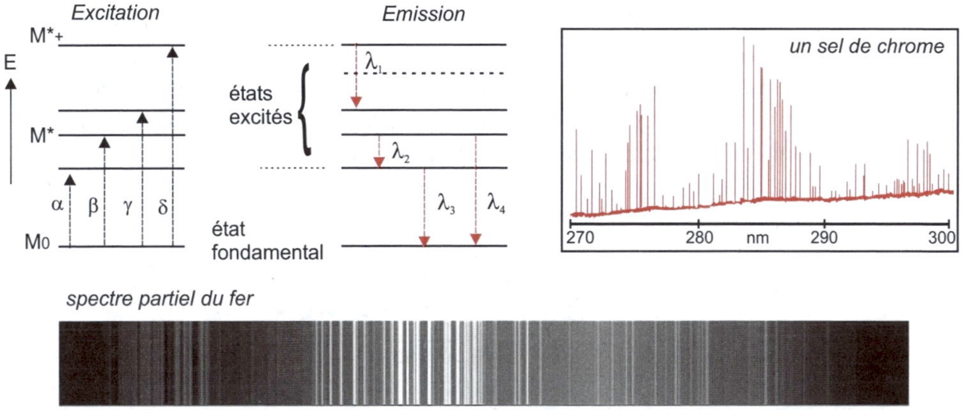

Figure 14.2

Transitions énergétiques pendant l'émission atomique.
Pour chaque atome il existe des centaines de possibilités de retour à l'état fondamental, chacune ayant une probabilité de se produire, si bien que pour le plus petit échantillon, qui comporte déjà un nombre énorme de ces atomes, on observe un spectre d'émission riche de centaines de transitions. À droite, exemple d'un spectre partiel d'une solution aqueuse contenant quelques ppm d'un sel de chrome.

14.3 Procédés pour dissocier l'échantillon en atomes ou ions

Pour transformer l'échantillon à l'état d'atomes ou d'ions excités, on fait appel à des procédés basés sur les plasmas de gaz, les étincelles, les lasers ou les décharges luminescentes.

14.3.1 Excitation au moyen de plasmas de gaz

La plupart des appareils d'émission atomique comportent une *torche à plasma* (torche ICP) car ce dispositif est bien adapté aux échantillons en solution aqueuse. Il s'agit de *plasmas à couplage inductif* obtenus avec l'aide d'une tension haute fréquence. Une variante consiste à utiliser un générateur de micro-ondes.

Un plasma est un milieu particulier : considéré comme le quatrième état de la matière, il est constitué d'atomes isolés à l'état d'équilibre entre leur forme neutre et leur forme ionisée (1 à 2 %) et d'électrons ($10^{18}/cm^3$) qui assurent globalement la neutralité de ce milieu.

Pour amorcer le plasma, on amène un courant d'argon faiblement ionisé par des étincelles (décharge Tesla) à l'extrémité d'un tube de quartz situé dans l'axe d'un enroulement de quelques spires d'un tuyau de cuivre refroidi par une circulation d'eau (fig. 14.3). Ces spires sont raccordées à un générateur de radiofréquences (typiquement 27 ou 40 MHz) d'une puissance de 1 à 2 kilowatts. Le champ magnétique variable créé confine les ions et les électrons sur un parcours annulaire (apparition d'un courant d'Eddy). Le milieu, qui devient de plus en plus conducteur, s'échauffe considérablement par effet Joule. Il se comporte comme le bobinage secondaire d'un transformateur en court-circuit. Le plasma est maintenu isolé des parois en faisant arriver par un tube extérieur et concentrique au précédent un second flux d'argon, cette fois non ionisé, afin de refroidir le tube central de la torche.

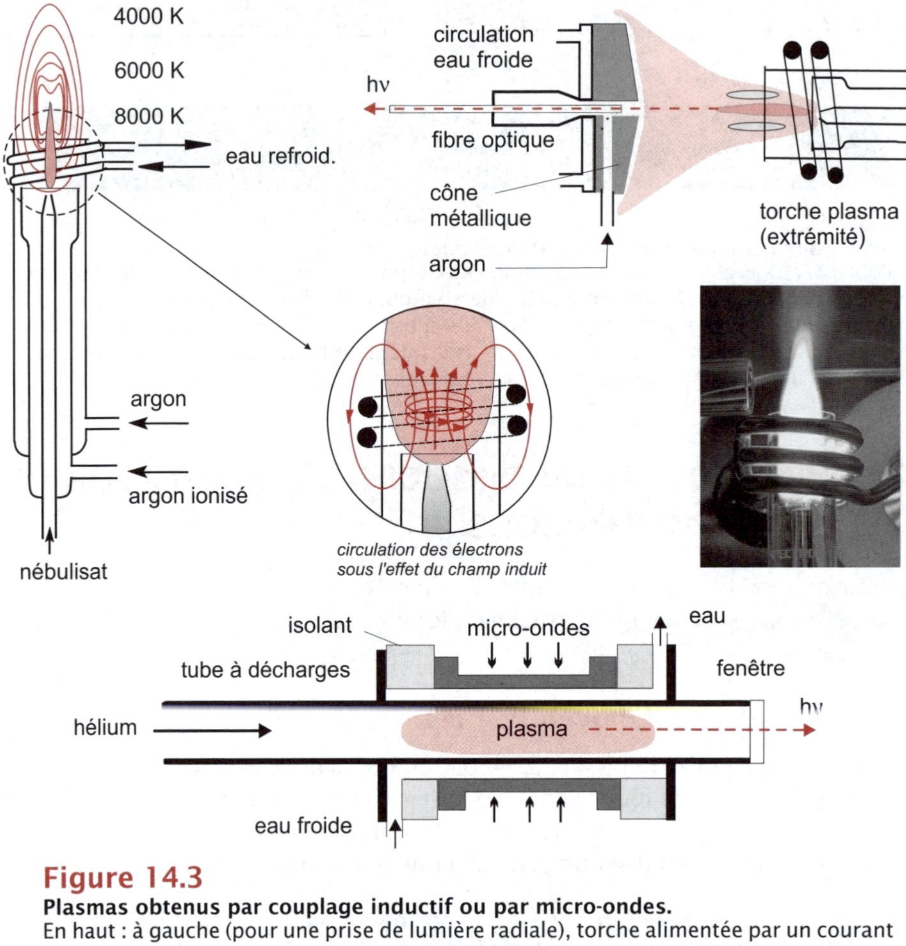

Figure 14.3

Plasmas obtenus par couplage inductif ou par micro-ondes.

En haut : à gauche (pour une prise de lumière radiale), torche alimentée par un courant de radiofréquences (entre 27 et 50 MHz), à l'origine de la circulation des électrons dans le gaz inerte ; à droite (pour une prise de lumière axiale), dispositif refroidi utilisant une fibre optique. La torche consomme 10 à 15 L/min d'argon, celui-ci servant à la fois de gaz d'ionisation, de gaz de nébulisation et de gaz de refroidissement (une nécessité pour éviter que la torche ne fonde !) ; en bas, plasma à micro-ondes utilisé en sortie d'un chromatographe en phase gazeuse. Ces sources à plasma sont stabilisées pour une meilleure reproductibilité des analyses.

La température du plasma peut dépasser 8 000 K en certains points. Comparativement, les flammes utilisées en photométrie de flamme font figure de sources relativement froides. L'échantillon, mis sous forme d'un aérosol au moyen d'un nébuliseur, est introduit avec un débit constant de quelques mg/min à la base de la torche par un autre tube de petit diamètre (1 à 2 mm). L'endroit choisi pour la « prise de lumière » du plasma, (transversale ou en bout – on dit encore *radiale* ou *axiale*), dépend de l'élément, et selon que le dosage est basé sur l'étude d'une raie ionique ou atomique. La température varie en effet de 9 000 à 2 000 K.

La torche ICP produit une double action sur les atomes : ils sont d'abord excités, ce qui leur fait émettre des photons, puis transformés en ions. C'est pourquoi on retrouve ce dispositif en spectrométrie de masse inorganique à des fins d'analyse élémentaire (*cf.* § 16.4 & 16.5.7). Dans les deux cas l'échantillon doit arriver sous la forme d'un aérosol dont les gouttelettes ne dépassent pas quelques micromètres de diamètre. Pour cela on utilise un nébuliseur comportant deux arrivées, l'une pour l'échantillon en solution, l'autre pour un gaz servant à rompre le liquide en fines gouttelettes et donc à générer l'aérosol. Ces deux arrivées peuvent être concentriques, perpendiculaires ou parallèles. Le choix dépend du débit nécessaire et de la concentration ionique de la solution (fig. 14.4).

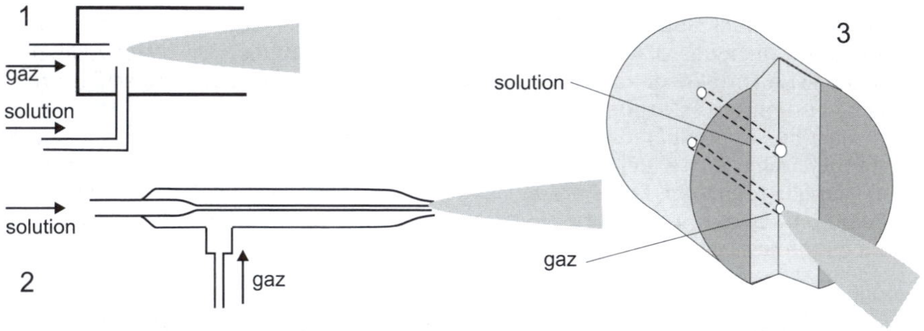

Figure 14.4
Nébuliseurs.
Modèles à flux croisés (1), concentriques (2) et parallèles (3). Contrairement aux deux autres modèles, ce dernier type n'est pas sujet au bouchage par d'éventuelles impuretés solides dans la solution. Celle-ci sort par un gros capillaire et s'écoule par gravité le long de la rainure en forme de V jusqu'à l'embouchure du gaz (argon) qui produit l'aérosol. L'emploi d'une pompe pour la solution régularise le débit de l'aérosol. En aval du dispositif nébuliseur on trouve une chambre de nébulisation comportant un drain, ce qui permet d'éliminer les plus grosses gouttelettes par gravité.

14.3.2 Excitation par action des étincelles ou d'un laser

À côté des plasmas, qui occupent le devant de la scène des dispositifs d'atomisation et d'excitation thermiques, d'autres procédés sont également utilisés. Ils font appel soit aux arcs ou étincelles électriques pour les échantillons conducteurs (fig. 14.5), soit à un laser impulsionnel qui permet d'engendrer également des étincelles (un plasma également) à la surface du matériau étudié. Ce sont des *méthodes d'ablation :* elles ont beaucoup progressé, et on les retrouve associées aux différents montages optiques des appareils actuels (fig. 14.6). Elles sont utilisées en analyse industrielle (aciéries, cimenteries).

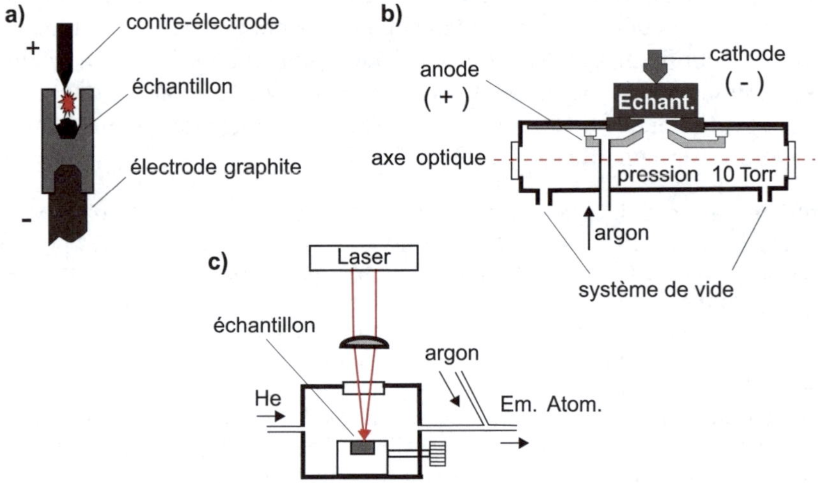

Figure 14.5

Dispositifs d'ionisation.

a) Arc continu (technique « globulaire »). Les électrodes sont soumises à une tension continue de quelques dizaines de volts (I = 10-20 A). L'utilisation d'électrodes en graphite est à l'origine de raies d'émission dues aux radicaux et aux molécules organiques « primitives » (bandes cyanogène CN entre 320 et 400 nm) ainsi que d'un fond continu. La température se stabilise entre 3 000 et 6 000 K ; b) Dispositif à décharge luminescente. L'échantillon (conducteur ou non) vient sceller une enceinte dans laquelle règne une faible pression d'argon. Le plasma est confiné dans l'espace anodique. Il conduit à l'excitation des atomes érodés de la surface de l'échantillon. c) Excitation par laser.

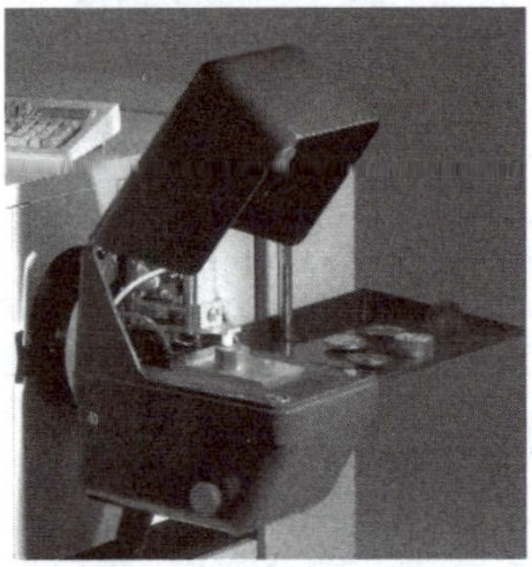

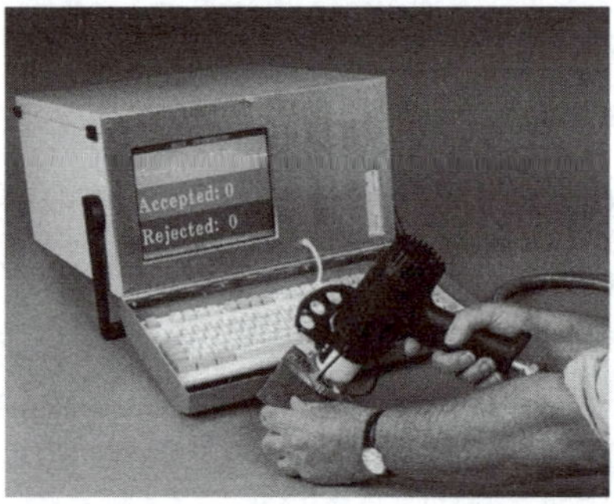

Figure 14.6

Appareils d'émission atomique à ionisation par étincelage.

À gauche modèle JY-50 de Jobin-Yvon. Détail de la chambre d'étincelage en position ouverte. À droite, poste mobile d'analyse industrielle ARC Met-900 de la société Metorex. L'étincelage est produit au moyen du pistolet, relié par fibre optique au spectrophotomètre situé dans la console (reproduit avec l'autorisation des sociétés Jobin-Yvon et American Stress Technologies).

L'ablation au moyen d'étincelles répétitives permet de produire un aérosol à partir de la surface de l'échantillon. La matière ainsi volatilisée au point d'impact des étincelles (environ 1 mg/min) est alors dirigée par un flux d'argon dans une torche ICP classique opérant sous argon avec une tension atteignant 20 à 50 kV. Par ailleurs, l'émission lumineuse recueillie directement au niveau des étincelles conduit à des spectres de raies ioniques alors qu'avec les arcs continus, on obtient plutôt des raies atomiques neutres.

14.3.3 Excitation à l'aide d'une source à décharge luminescente

Si l'échantillon est sous forme solide et si possible conducteur du courant électrique, il constitue la cathode d'une sorte de lampe spectrale dont le principe de fonctionnement est identique à celui d'une lampe à cathode creuse (*cf.* § 13.5.1 et fig. 14.5). Les atomes érodés de la surface de l'échantillon sont excités par le plasma. Ce procédé est surtout utilisé pour les analyses de surface. Il a pour avantage de conduire à des spectres dont les raies d'émission sont étroites, l'atomisation se faisant à une température plus basse que dans les autres techniques.

14.3.4 Excitation à l'aide d'une plasma par micro-ondes

Encore peu développé, l'emploi de micro-ondes représente une alternative pour obtenir des plasmas de petite taille, en forme de torche et consommant par conséquent moins d'énergie et de gaz.

14.4 Systèmes dispersifs et raies spectrales

La partie active de l'optique commence par la *fente d'entrée*, réglable en largeur par un système mécanique, sur laquelle est focalisée la lumière produite par l'échantillon (la source lumineuse). Sa largeur ne peut être inférieure à quelques micromètres parce qu'il faut bien qu'un minimum de lumière la traverse, mais sa longueur peut atteindre plusieurs centimètres. La source est ainsi transformée en un *objet lumineux* de forme linéaire, dont l'optique de l'appareil va donner autant d'images, encore plus fines — les raies —, qu'il y aura de radiations de différentes longueurs d'onde, présentes dans la source. Ainsi chaque raie observée correspond à l'image pratiquement monochromatique de la fente d'entrée du spectrographe. Un seul élément peut générer plus de 2 000 raies.

Concrètement, les raies se présentent dans le plan focal comme une succession de segments lumineux parallèles et très fins. Ces raies ont une largeur qui résulte plusieurs paramètres indépendants.
Il s'agit d'abord de raisons techniques, propres à l'instrument, réunies sous le terme de « fonction d'appareil » : largeur de la fente d'entrée, qualité de l'optique, dont sa distance focale, phénomènes de diffraction à travers les orifices étroits.
Cependant il existe aussi des causes dues à la mécanique quantique qui font que les transitions spectrales ont une largeur naturelle. Les radiations émises par les atomes ne sont pas tout à fait monochromatiques, en particulier dans les plasmas, milieux dans lesquels les collisions sont très rapprochées.

Trois effets contribuent à l'élargissement des raies : l'incertitude liée à la durée de vie de l'état excité (principe d'Heisenberg), la largeur Doppler due au déplacement de l'atome par rapport au détecteur et la largeur Lorentz due à la pression qui augmente la cadence des chocs entre les atomes (fig. 14.7). Ces trois effets conjugués expliquent que les largeurs de raies, vers 6 000 K, puissent atteindre plusieurs picomètres.

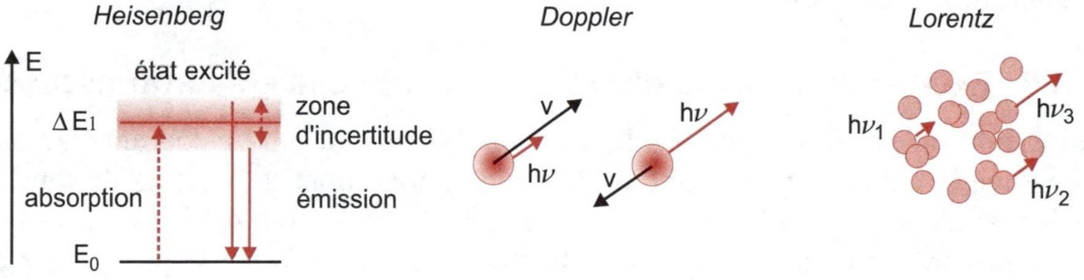

Figure 14.7

Les trois causes fondamentales d'élargissement des raies atomiques.
Représentation d'une transition entre un niveau fondamental stable, dont la durée de vie est infinie et un niveau excité de très courte durée de vie (Heisenberg) ; effet de la vitesse (Doppler) ; effet de la pression (Lorentz).

Pour repérer les radiations spécifiques de l'élément à quantifier (les différentes transitions optiques) il faut un banc optique de grande qualité. Les montages sont répartis entre *spectrographes* et *spectromètres* (§ 9.7 et fig. 9.11 et 14.8). La source éclaire une fente qui devient un objet lumineux lequel va être analysé par un système dispersif comportant des réseaux (plans ou concaves ou *échelles*).

- Dans un spectrographe, la fente d'entrée donne autant d'images, décalées les unes par rapport aux autres, qu'il y a de radiations différentes dans la source. Avec un détecteur constitué d'un capteur CCD (anciennement une plaque photographique), on obtient un enregistrement simultané.
- Dans un spectromètre, le détecteur est fixe, et ne reçoit donc que la radiation sélectionnée au moyen d'un monochromateur (constitué par la réunion d'un réseau optique et d'un moteur). Ce système permet, par conséquent, de mesurer l'intensité d'une seule raie à la fois. Ces appareils, utilisés pour effectuer des dosages, ne donnent pas de spectre.
  Le monochromateur peut être remplacé par un polychromateur, dispositif qui comporte, dans le plan focal image de la fente d'entrée, une plaque percée de plusieurs fenêtres (ou fentes) de sortie dont les positions ont été choisies en fonction des éléments à détecter. Derrière chacune d'elles se trouve un détecteur (fig 14.8) qui recueille la radiation sélectionnée. L'optique ne comporte pas de pièce en mouvement.

À l'origine, l'étude qualitative de ces spectres se faisait à l'aide de spectrographes à observation visuelle, travaillant par comparaison : ils sont maintenant remplacés par des spectromètres capables de résoudre les interférences de raies et les problèmes liés aux effets de matrice. Chaque élément, sous forme neutre ou ionisée, est responsable d'un ensemble de raies d'intensités très variables. L'appareil est donc programmé pour identifier et quantifier les éléments à doser dans l'échantillon.

14.5 APPAREILS SIMULTANÉS ET APPAREILS SÉQUENTIELS

On distingue deux grandes familles d'instruments dont l'une permet le dosage simultané de plusieurs éléments et l'autre, des mesures séquentielles. On rencontre plus souvent des instruments de la première catégorie, à optique fixe, livrés « clefs en mains » pour des applications définies. À leur désavantage, ils ne peuvent faire une analyse exhaustive de l'échantillon.

La mesure d'émission optique par un photomultiplicateur est possible sur une gamme dynamique très étendue. On peut donc doser des éléments dont les concentrations, autrement dit les intensités lumineuses des raies sont très différentes à partir d'une seule solution.

14.5.1 Appareils à optique fixe comportant un polychromateur

Pour chaque élément sélectionné, on mesure l'intensité d'une ou plusieurs raies, qui constituent autant de *lignes analytiques* ou canaux de mesure. Chacun se termine par un photomultiplicateur qui lui est dédié. Si le montage comporte un réseau concave, la fente d'entrée et les fentes de sortie sont situées sur le pourtour du *cercle de Rowland*, tangent au réseau et dont le diamètre est égal au rayon de courbure du réseau (fig. 14.8). Techniquement, par manque de place, il n'est pas facile d'installer un grand nombre de détecteurs, si bien que, de plus en plus, on préfère le type de montage décrit ci-après.

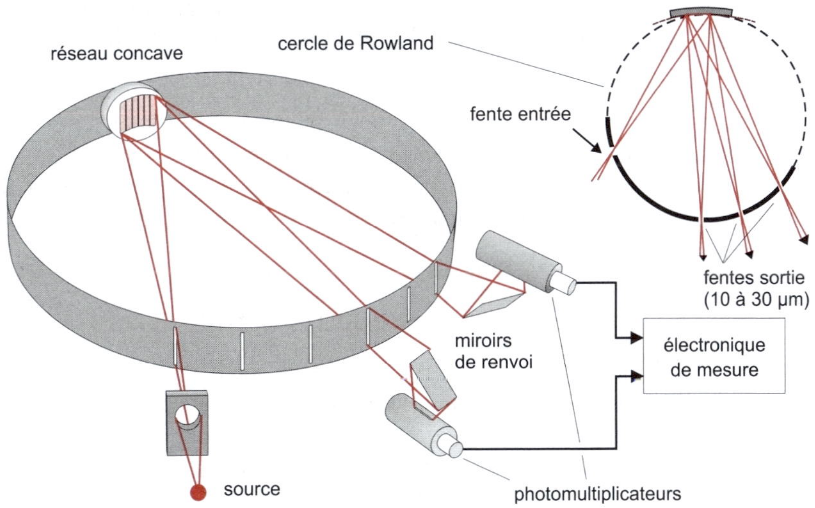

Figure 14.8

Agencement de l'optique d'un appareil à réseau concave et polychromateur à grande distance focale.

Lorsque les raies à détecter sont trop proches on peut avoir recours à des miroirs de renvoi. Plusieurs polychromateurs sont quelquefois associés. En haut, à droite, principe du cercle de Rowland. La partie optique de ces appareils doit être montée sur un socle métallique très stable.

En une seule analyse, on peut ainsi doser rapidement près d'une vingtaine d'éléments. La correction du bruit de fond est possible en déterminant simultanément plusieurs raies appartenant à un même élément. La linéarité des mesures s'étend sur une gamme plus étendue qu'en absorption atomique.

14.5.2 Appareils à optique fixe, à réseau échelle

Un montage différent consiste à associer une classe particulière de réseau, dit à *échelle,* avec un prisme focalisateur. Il conduit à une double dispersion de la lumière, dans le sens horizontal par le réseau et dans le sens vertical par le prisme lentille. Ce dispositif croisé, de grande résolution et dont la distance focale atteint plusieurs mètres, est appelé *séparateur d'ordres.* Il permet l'observation simultanée d'une gamme spectrale étendue, par ex. 200-800 nm (fig. 14.9).

Dans un réseau échelle la lumière incidente parvient perpendiculairement aux petits côtés des miroirs qui sont en nombre plus restreint que pour les réseaux traditionnels (par ex., une centaine par mm) (fig. 14.9). L'observation de la lumière diffractée se fait pratiquement sous le même angle, ce qui donne un maximum de luminosité à l'ensemble (réseau « blazé »). Le calcul montre que des radiations, dont les longueurs d'onde sont peu différentes, sont superposées dans la direction d'observation par suite du grand intervalle séparant deux miroirs successifs. Ce phénomène de multiplexage (superposition des différents ordres n du réseau – n vaut environ 100) est résolu par un élément dispersif croisé, tel un prisme qui utilise la seconde dimension du plan focal pour étaler les différentes images de la fenêtre d'entrée. Le spectre reste stationnaire par rapport à l'optique.

En fin de parcours, la dispersion des « raies » se fait sur une matrice de capteurs dont la réponse fournit quasi simultanément des informations sur des milliers de taches spectrales (fig. 14.10). Il en résulte des analyses plus rapides. Par diverses améliorations, la gamme dynamique de ces capteurs rejoint maintenant celle des photomultiplicateurs.

14.5.3 Appareil à balayage de longueurs d'onde (type monochromateur)

À la différence des appareils précédents, le système dispersif se déplace pour faire défiler les différentes longueurs d'onde devant la fente de sortie qui demeure fixe. Un moteur pas à pas permet une sélection programmée des longueurs d'onde désirées et l'examen séquentiel des lignes spectrales. La lumière issue de la source est analysée soit par un montage d'Ebert (*cf.* § 9.6), soit par un double monochromateur de type Czerny-Turner afin d'atteindre une très haute résolution optique (quelques nm), comparable à la largeur d'une raie d'émission à cette température, et ceci sur un large domaine spectral (160–850 nm). Plusieurs montages de ce type peuvent être placés en série pour constituer des double ou triple monochromateurs de hautes performances sans que les dimensions de l'ensemble ne rendent l'installation trop encombrante.

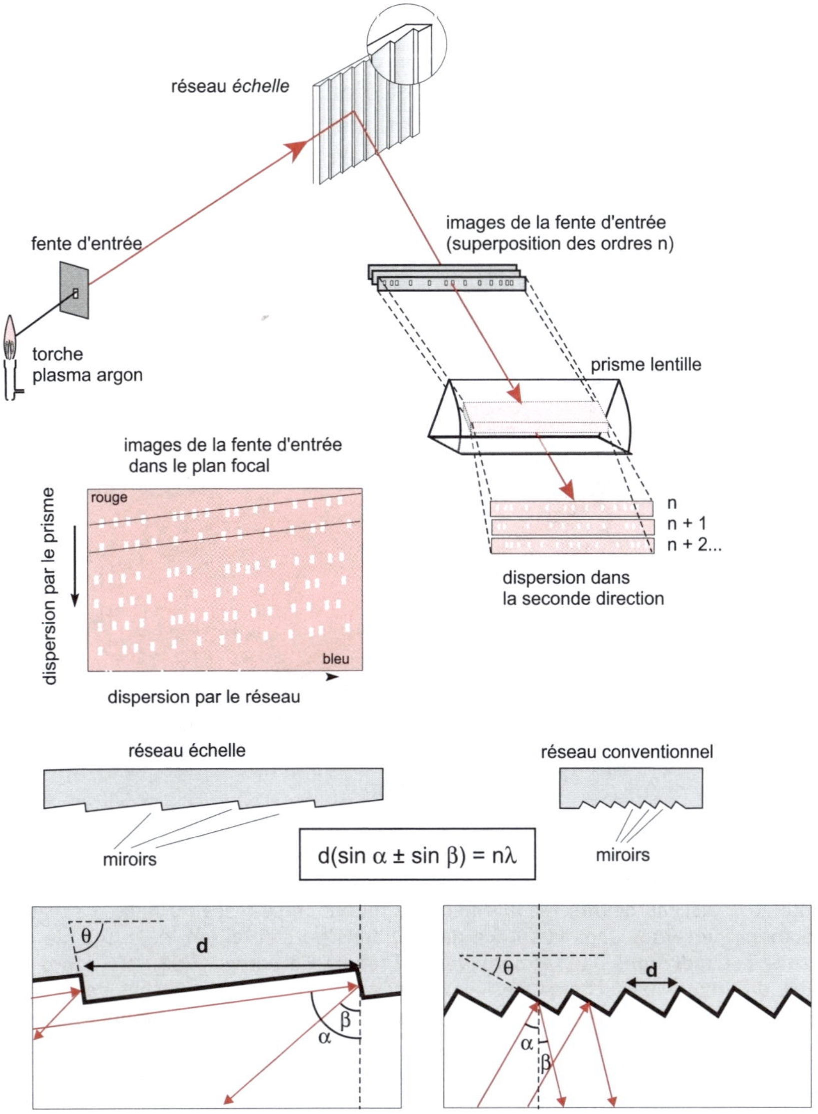

Figure 14.9

Principe de la dispersion dans le plan focal d'un montage associant un réseau échelle et un prisme.

Pour plus de clarté, l'optique associée (lentilles collimatrices et focalisatrices) n'a pas été représentée. Comparaison d'un réseau de diffraction échelle et d'un réseau conventionnel. L'angle de plus forte luminosité du réseau est repéré par l'angle de « blaze » θ (ce terme pouvant se traduire par *miroiter*). La formule de base indique quelles sont les longueurs d'onde renvoyées par le réseau pour un angle d'incidence α par rapport à la normale du réseau et pour une direction d'observation faisant l'angle β (le signe + si l'observation est du même côté que le rayon incident par rapport à la normale, et − dans le cas contraire). La résolution peut atteindre celle d'un appareil qui étalerait le spectre sur une longueur de 2 m dans le plan focal.

Ces appareils se distinguent par leur flexibilité. Une source annexe à vapeur de mercure sert comme moyen d'étalonnage interne des longueurs d'onde afin d'assurer un positionnement très rapide du réseau et d'offrir une précision de pointé élevée. Le trajet optique se fait dans une enceinte rigide maintenue sous vide. Ici encore la proximité de certaines raies nécessite un montage mécanique très précis.

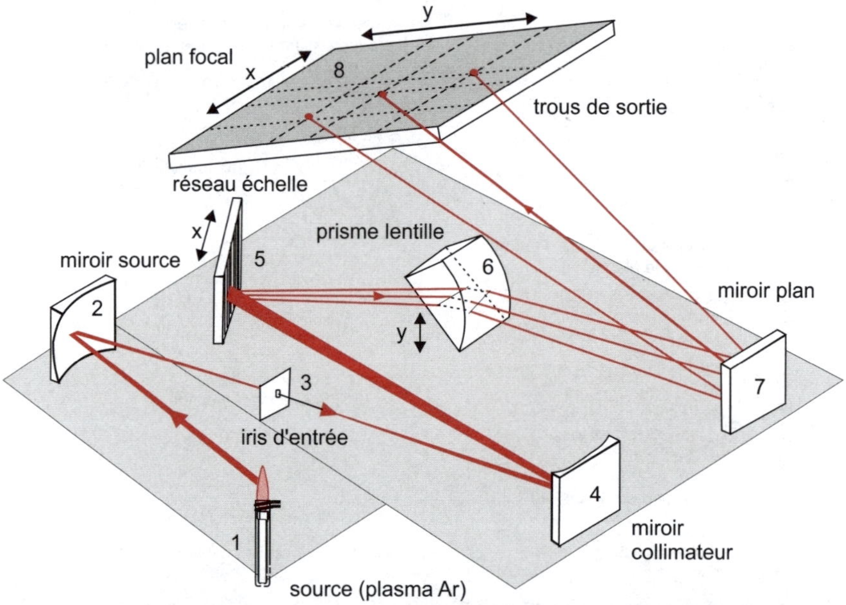

Figure 14.10

Schéma optique d'un spectromètre multicanal à réseau de diffraction à échelle. Pour plus de clarté, seule la partie centrale du faisceau issu de la source 1 est représentée (ce faisceau devrait recouvrir tout le miroir 2). Le réseau échelle 5 sépare les radiations présentes dans la source dans le sens horizontal (en *x*). Le prisme dévie ensuite ces radiations dans le sens vertical (en *y*). Le parcours de trois lignes spectrales différentes est schématisé. Les images du trou d'entrée 2 sont dans le plan focal 8. Pour détecter ces radiations on peut installer soit des photomultiplicateurs de taille réduite en des endroits spécifiques, soit un capteur à matrice de 10^5 à 10^6 photodiodes (CID ou CCD), équivalent électronique des films photographiques, ce qui permet une couverture spectrale continue de 190 à 800 nm avec une excellente résolution. Une étude complète de l'échantillon est alors possible (dessin exécuté d'après un schéma du modèle 7000 PU de la société Unicam.).

14.6 Performances

La rapidité et les limites de détection, qui sont inférieures au ppb pour beaucoup d'éléments, font de l'émission atomique une des grandes méthodes d'analyse élémentaire polyvalente. Avec les appareils comportant un détecteur du type CCD, il est possible de capter le spectre entier en haute résolution (plus de 10 000 raies d'émission) en quelques secondes.

Certains spectromètres acceptent plus facilement des matrices dominantes, tels les boues ou les sols, pour lesquels les éléments Si, Fe et Al sont largement majoritaires. Il faut donc choisir l'appareil en fonction des analyses que l'on effectue.

14.6.1 Seuil de sensibilité et limite de détection du spectromètre

Le seuil de sensibilité de l'instrument varie selon l'appareil et l'élément considéré. On trouve à ce sujet de nombreux tableaux comparatifs qui sont perpétuellement remis en cause avec les progrès réalisés dans le domaine de l'instrumentation. Le seuil de sensibilité correspond à la concentration minimum de l'élément en solution qui donne un signal dont l'amplitude est égale à trois fois l'écart type calculé sur le blanc analytique. Cette définition classique conduit à des valeurs optimistes, très variables suivant l'élément. La limite de détection de l'instrument représente la concentration d'un élément pouvant être decelé avec 95 % de certitude.

La limite de détection d'une méthode a plus d'intérêt que la limite de détection ci-dessus. On se place généralement dans un domaine de concentrations qui correspond à 50 fois la limite de détection de l'instrument. Lorsqu'il s'agit de doser des ultra-traces, il va de soi que la préparation de l'échantillon exige l'emploi de réactifs et d'eau de très grande pureté.

14.6.2 Pouvoir de résolution

La résolution spectrale est accessible par une mesure expérimentale directe sur un spectre enregistré. Elle correspond à la largeur $\Delta\lambda$ d'un pic d'émission, mesurée à mi-hauteur en prenant les unités du spectre. Cette valeur dépend du système dispersif et de la longueur d'onde.

Le *pouvoir de résolution* d'un spectromètre, c'est-à-dire sa faculté à séparer des raies spectrales de longueurs d'onde très voisines, est défini par R tel que :

$$R = \frac{\lambda}{\Delta\lambda} \tag{14.1}$$

Les appareils d'émission atomique ont des pouvoirs de résolution de l'ordre de 30 000 à 100 000. L'utilisation d'une fente de sortie trop large (bande passante reçue par le photomultiplicateur) dégrade le pouvoir de résolution du spectromètre.

14.6.3 Dispersion linéaire et bande passante

La partie optique des spectromètres d'émission atomique est caractérisée entre autres par deux paramètres, la *dispersion linéaire* (ou son inverse, la *dispersion linéaire réciproque*) et la *bande passante*. La dispersion linéaire réciproque, la plus employée, s'exprime en nm/mm. Elle représente l'écart de longueur d'onde qui, dans le plan focal, correspond à un intervalle de 1 mm. Elle dépend de plusieurs paramètres dont la distance focale du sélecteur de longueur d'onde. D'une manière générale, meilleure est la dispersion, plus grande est la séparation physique entre deux longueurs d'onde données. La bande passante, qu'il ne faut pas confondre avec la largeur de fente de sortie du monochromateur, est le petit intervalle de longueur d'onde que voit le détecteur. Exprimée en picomètres, elle est centrée sur une valeur nominale de longueur d'onde. Une bande passante trop étroite absorbe une partie du rayonnement, mais en revanche améliore la sélectivité de la mesure.

Ainsi, si la fente de sortie est de 20 μm et si la dispersion réciproque est de 0,2 nm/mm, la bande passante sera égale à 0,2 x 0,02 = 4×10^{-3} nm, soit 4 pm.

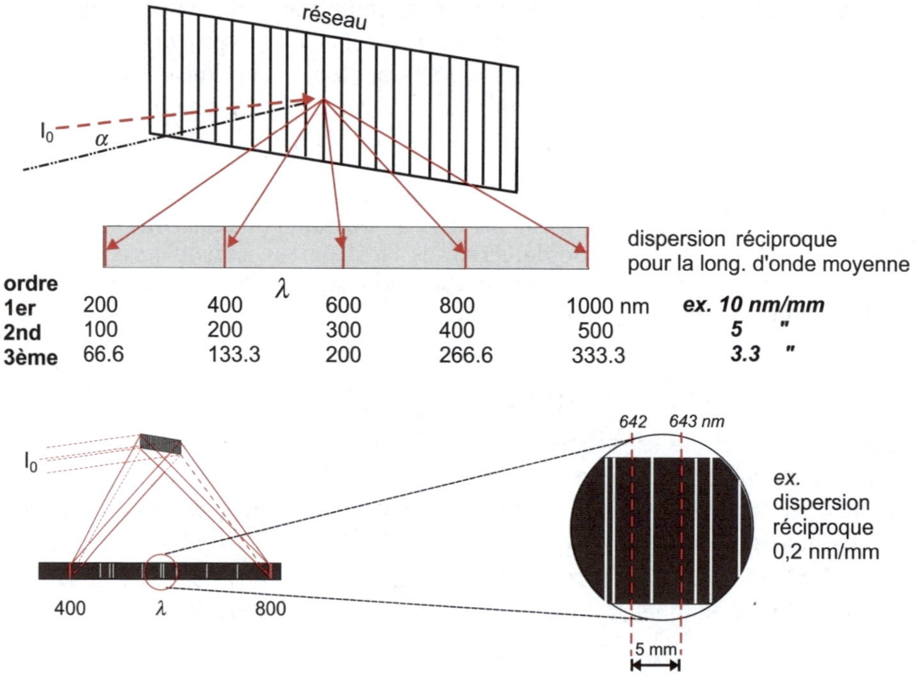

Figure 14.11

Dispersion linéaire et dispersion linéaire réciproque (dispersion inverse).
Un spectromètre d'émission atomique comporte un spectrographe, dispositif contenant un ou plusieurs réseaux gravés afin de disperser les différentes radiations dans le plan focal de l'appareil. La dispersion réciproque est accessible expérimentalement.

14.7 Couplage CPG/émission atomique (CPG/ICP-OES)

La détection par photométrie de flamme est utilisée depuis longtemps en CPG pour la recherche des composés contenant du phosphore ou du soufre. En partant de ce principe il est possible de profiter des hautes températures générées par les plasmas de gaz pour détruire les composés élués de la colonne et recueillir des informations sur leur composition élémentaire, en adaptant un spectromètre d'émission atomique au chromatographe.

En choisissant une raie spécifique d'un élément, on obtient un chromatogramme sélectif de tous les composés élués contenant cet élément. C'est alors le domaine des analyses de spéciation par la recherche de composés correspondant à l'association de plusieurs éléments. On évite ainsi les interférences dues aux matrices des échantillons.

> On peut simplement regretter que cette identification des molécules organiques impose de les détruire, pour finalement n'exploiter que leur composition élémentaire : au cours de cette « boucherie chimique » les informations structurales sont perdues.

14.8 APPLICATIONS DE LA SPECTROMÉTRIE D'ÉMISSION ATOMIQUE

Le très grand nombre d'éléments dosables par émission atomique rend cette méthode d'analyse incontournable. Elle permet soit de doser des éléments choisis par avance soit d'identifier les éléments présents dans un échantillon quelconque. En dehors des applications analytiques dans l'industrie en général — recherche, par exemple, des métaux d'usure trouvés dans les huiles de vidange des moteurs d'automobile ou d'aviation, sans démontage — c'est sans doute dans le domaine de l'environnement qu'elle est devenue indispensable.

Il peut s'agir aussi bien d'analyses sur les productions végétales ou animales (viande, lait), sur les eaux, sur l'air (poussières émises par les incinérateurs), ou enfin sur les sols, pour lesquels certains éléments sont présents dans des rapports énormes de concentration, (en relation avec l'épandage des boues industrielles sur les terres agricoles).

Cette méthode a reçu également diverses applications dans le domaine médico-légal ou en médecine clinique (analyse de tissus ou de liquides biologiques). Un de ses avantages est celui de la linéarité de la réponse sur une très grande gamme de concentrations, ce qui permet d'analyser des matrices complexes, avec un minimum de préparation. Ainsi, avec une seule solution il est possible de passer du dosage d'un élément concentré à un autre, présent à l'état de trace.

Exercices

14.1 Quand un atome émet une radiation, la fréquence du photon correspondant est liée à l'énergie des niveaux entre lesquels la transition a lieu. Selon le principe d'Heisenberg, si l'état excité a une durée de vie Δt, il en résulte une imprécision minimum sur l'énergie ΔE telle que $\Delta E \Delta t > h/\,2\pi$.

À partir de cette expression calculer la largeur naturelle de la transition observée à 589 nm pour l'atome de sodium, en admettant que Δt vaut 10^{-9} s.

14.2 On dit quelquefois que le niveau de résonance de l'atome de sodium est à 16 960 cm^{-1} du niveau fondamental.

Retrouver, à partir de cette valeur, quelle est la longueur d'onde correspondante et l'énergie de la transition qui lui est associée.

14.3 Un réseau à échelle comportant 100 miroirs par mm reçoit la lumière incidente sous un angle de 75 ° par rapport à la normale au réseau. L'angle d'observation varie de 60 à 65 °.

a) Dans quel ordre n doit travailler ce réseau pour pouvoir observer une radiation de 0,35 μm de longueur d'onde ?

b) Calculer les plages spectrales pour la valeur de l'ordre n trouvé précédemment ainsi que pour les ordres $(n - 1)$ et $(n + 1)$.

c) En conclure s'il y a recouvrement ou non des plages spectrales pour ces trois ordres.

14.4 Dans la détermination de traces de cuivre dans des sédiments marins par la méthode de Mac Laren, on utilise un appareil d'émission atomique doté d'une torche à plasma. Les mesures sont faites aux longueurs d'onde suivantes : 324,754 nm (émission du cuivre), 324,719 nm et 324,789 nm (pas d'émission : correction du bruit de fond) et 324,739 nm (émission du fer) si on suppose la présence de fer d'ans l'échantillon.

Dans l'expérience décrite, trois spectres ont été enregistrés dont les résultats sont rassemblés dans le tableau suivant (valeurs lues en μA) :

	324,719 nm	324,739 nm	324,754 nm	324,789 nm
Étalonnage Cu	23,1		63,71	8,1
Étalonnage Fe		$8{,}75 \times 10^5$	10,5	
Échantillon	27,5	$2{,}94 \times 10^4$	27,49	9,2

L'étalonnage du cuivre a été réalisé avec une solution contenant 50 ppm de cuivre mais ne contenant pas de fer.

a) Calculer la correction à apporter due au bruit de fond.

b) Calculer le facteur de correction à utiliser pour éliminer l'effet de recouvrement entre le fer et le cuivre.

c) Calculer, en ppm, la quantité de cuivre dans l'échantillon.

14.5 Afin de doser le plomb dans deux solutions A et B on prépare 5 solutions étalons de concentrations connues en plomb. On s'arrange pour que les solutions à doser et les étalons contiennent la même concentration en magnésium utilisé comme référence interne. Les mesures sont les suivantes :

conc. (mg/L)	signal d'émission (unit. arbit.)	signal Mg
0,10	13,86	11,88
0,20	23,49	11,76
0,30	33,81	12,24
0,40	44,50	12,00
0,50	53,63	12,12
sol A	**15,50**	**11,80**
sol B	**42,60**	**12,40**

Trouver les concentrations massiques en plomb des deux solutions A et B.

15 Spectrométrie de résonance magnétique nucléaire

La résonance magnétique nucléaire (RMN), dont les premiers travaux, vers 1945, sont dus aux physiciens Bloch et Purcell, est très vite devenue une méthode spectroscopique polyvalente irremplaçable dans divers secteurs de la chimie. La RMN permet l'étude des composés en solution ou à l'état solide. Elle sert aussi bien en analyse quantitative qu'en analyse structurale, mais c'est surtout dans ce dernier domaine qu'elle fait preuve de toute sa puissance. La meilleure méthode pour obtenir des renseignements structuraux sur les composés moléculaires, elle revêt donc une importance pratique toute particulière en chimie organique et en biochimie. Utilisée en complément des méthodes de spectroscopie optique et de la spectrométrie de masse, elle permet de déterminer la formule développée, la stéréochimie et dans certains cas la conformation du composé étudié. Elle est devenue, pour ces raisons, une des techniques majeures d'étude aussi bien des structures moléculaires que des cristaux, dont on ne saurait se passer.

15.1 Généralités

La *résonance magnétique nucléaire* a donné son nom à une méthode exceptionnelle qui permet de résoudre les problèmes de détermination de structure des composés moléculaires organiques et de certains types de matériaux inorganiques. Les spectromètres de RMN sont donc souvent localisés dans les laboratoires de recherche, mais il existe d'autres appareils de mise en œuvre simplifiée faisant appel à ce même phénomène pour des applications de routine (fig. 15.32).

Cette méthode d'étude de la matière peut être décrite en ne choisissant que des exemples relevant du domaine de la chimie organique, l'élucidation des structures moléculaires ayant, en effet, toujours servi de moteur à son développement et aux nombreuses améliorations techniques réalisées depuis son origine.

La RMN tire des informations de l'interaction qui peut apparaître entre les noyaux des atomes présents dans l'échantillon quand on le soumet à un champ magnétique intense et constant, produit par un aimant.

Le document de base, fourni par ces appareils, est le *spectre de* RMN (fig. 15.1). Il s'agit d'un diagramme représentant des signaux de résonance. Pour produire ces signaux, on utilise conjointement un second champ environ 10 000 fois plus faible que le précédent, en faisant appel à une source de radiations électromagnétiques du domaine des radiofréquences.

Le spectre de RMN résulte de l'absorption par l'échantillon de certaines des fréquences envoyées par cette source électromagnétique. L'interprétation des signaux (position, aspect, intensité), conduit à un ensemble de renseignements sur l'échantillon, d'autant plus facilement interprétables s'il s'agit d'un composé pur.

Pour comprendre l'origine de ces spectres, très différents des spectres optiques classiques, il faut faire appel au spin des noyaux.

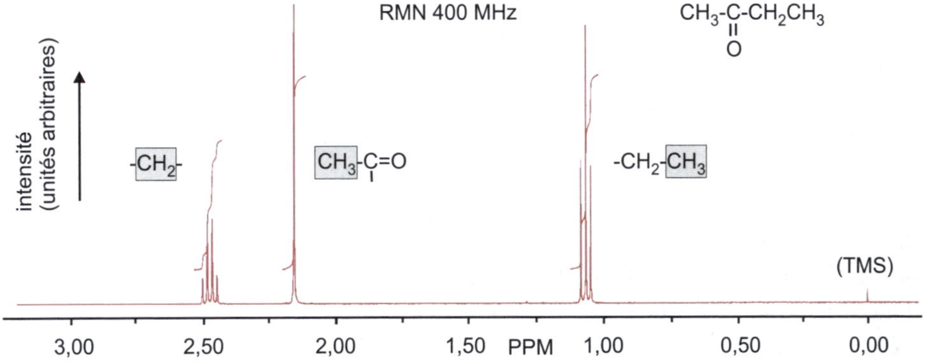

Figure 15.1

Présentation conventionnelle d'un spectre de RMN du proton ^{1}H d'un composé organique.

Ici, spectre de la butanone [$CH_3(C=O)CH_2CH_3$] avec, en superposition, la courbe d'intégration, qui permet d'évaluer les aires relatives des principaux groupes de signaux repérés sur le spectre. La nature de l'échelle des abscisses sera expliquée plus loin.

Le spectre de la figure 15.1 est un exemple de RMN dite à une dimension (l'intensité des signaux n'est pas comptée comme seconde dimension). D'autres études par RMN, plus sophistiquées, à 2, 3, 4... dimensions permettent de localiser la position de tous les atomes dans la molécule étudiée.

15.2 Interaction spin/champ magnétique pour un noyau

Tout noyau atomique — de même que chaque particule subatomique — est caractérisé par un certain nombre de grandeurs intrinsèques, dont le spin $\vec{I}$. Ce paramètre vectoriel, introduit en mécanique quantique et sans équivalent classique, permet, entre autres, d'expliquer le comportement des atomes dans les milieux où règne une orientation privilégiée. L'existence d'un champ magnétique crée une telle orientation privilégiée dans l'espace pour tout atome baignant dans ce champ. Le spin du noyau est à rapprocher du moment cinétique $\overrightarrow{L}$ de la mécanique classique dont il a les dimensions (J×s). La norme du spin varie d'un type de noyau à un autre car elle est définie à partir du nombre quantique de spin I, caractéristique de chaque noyau, dont la valeur peut être nulle ou un multiple positif de $\frac{1}{2}$.

Un noyau isolé dont le nombre de spin n'est pas nul se comporte comme un petit aimant de moment magnétique $\overrightarrow{\mu}$ ($J \times T^{-1}$) tel que :

$$\overrightarrow{\mu} = \gamma \cdot \overrightarrow{I} \qquad (15.1)$$

Ce *moment magnétique nucléaire* $\overrightarrow{\mu}$ est représenté par un vecteur colinéaire à $\overrightarrow{I}$, de même sens ou de sens opposé, suivant le signe de γ qui est appelé *rapport magnétogyrique* (on le désigne aussi par la *constante gyromagnétique*).

Si on soumet un noyau ayant un spin non nul, que l'on peut imaginer comme une sorte d'aiguille aimantée microscopique, à un champ d'induction magnétique $\overrightarrow{B}_0$ le vecteur spin $\overrightarrow{I}$ du noyau s'oriente en faisant un angle θ avec $\overrightarrow{B}_0$. Il apparaît une interaction entre $\overrightarrow{B}_0$ et $\overrightarrow{\mu}$ qui modifie l'énergie potentielle E du noyau. En appelant $\overrightarrow{\mu}_z$ la projection de $\overrightarrow{\mu}$ sur l'axe Oz, dirigé dans le sens de $\overrightarrow{B}_0$, on aura :

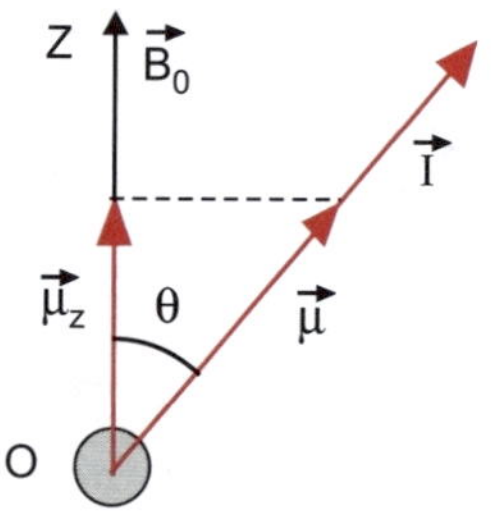

$$E = -\overrightarrow{\mu} \,.\, \overrightarrow{B}_0 \quad \text{soit} \quad E = -\mu\cos(\theta) \cdot B_0 \quad \text{ou encore} \quad E = -\mu_z \,.\, B_0 \qquad (15.2)$$

D'après les règles de la mécanique quantique, $\overrightarrow{\mu}_z$ pour un noyau, ne peut prendre que $2I + 1$ valeurs. Il en résulte que dans le champ magnétique $\overrightarrow{B}_0$ l'énergie potentielle E ne peut prendre, elle aussi, que $2I + 1$ valeurs. Il en va de même de l'angle θ. La quantification de μ_z est la conséquence des valeurs permises pour la projection m du vecteur spin sur Oz (m est le nombre magnétique de spin). Elles sont données (en unités naturelles $h/2\pi$), par les termes de la suite :

$$m = -I, -I + 1, \ldots, \; I + 1, \; I$$

En combinant la relation 15.2 avec 15.1, on aboutit à l'expression générale des $2I + 1$ valeurs permises de l'énergie :

$$E = -\gamma \cdot m \cdot B_0 \qquad (15.3)$$

Dans le cas où $I = 1/2$, les deux valeurs possibles de E (en joules) correspondent à $m = +1/2$ et $m = -1/2$. Elles sont notées suivant l'usage α et β :

$$E_1(\text{ou } E_\alpha) = -\gamma\frac{1}{2}\frac{h}{2\pi}B_0 \quad \text{et} \quad E_2(\text{ou } E_\beta) = +\gamma\frac{1}{2}\frac{h}{2\pi}B_0$$

Cette apparition de plusieurs niveaux d'énergie rappelle l'effet Zeeman qui concerne la séparation des niveaux électroniques, également dans un champ magnétique, d'où le terme quelquefois rencontré en RMN, de séparation Zeeman nucléaire.

La quantification de la projection du vecteur spin sur l'axe Oz lui laisse néanmoins la possibilité de balayer la surface d'un cône de révolution dont l'angle, entre l'axe et l'apothème, peut être calculé, connaissant les normes de $\vec{\mu}$ et de $\vec{\mu}_z$; ce *mouvement de précession,* autour d'un axe parallèle à celui du champ magnétique (fig. 15.2 et 15.4a), est caractérisé par sa fréquence qui augmente avec l'intensité du champ.

Pour se faire une idée concrète du spin nucléaire, on fait souvent le rapprochement, à notre échelle, du mouvement d'une toupie en rotation autour de son axe, qui fait, à un instant donné, un angle θ par rapport à la direction de la pesanteur (le champ de gravité terrestre). La toupie décrit un mouvement gyroscopique autour de cette direction, qui résulte de la combinaison de son mouvement de rotation autour de son axe propre et du couple de rappel dû au vecteur gravité. Les frottements ralentissant la rotation, l'angle θ augmente de façon continue. Pour un noyau dans le vide, contrairement au principe de la toupie, l'angle demeure fixe au cours du temps, quelle que soit la valeur du champ appliqué, car les normes du vecteur moment magnétique et de sa projection sont quantifiées. Ainsi, pour un noyau dont le nombre de spin est $I = 1/2$, on calcule que les angles permis de $\vec{I}$ par rapport à Oz sont d'environ 55 ° et 125 °, en tenant compte des normes du vecteur spin d'une part ($\sqrt{I(I+1)}$), et de sa projection (I) d'autre part. L'angle de 54,74 °, utilisé dans certaines expériences de RMN, est appelé « angle magique ». Pour cette valeur particulière du spin, il correspond à l'angle que fait la diagonale d'un cube avec ses six arêtes adjacentes.

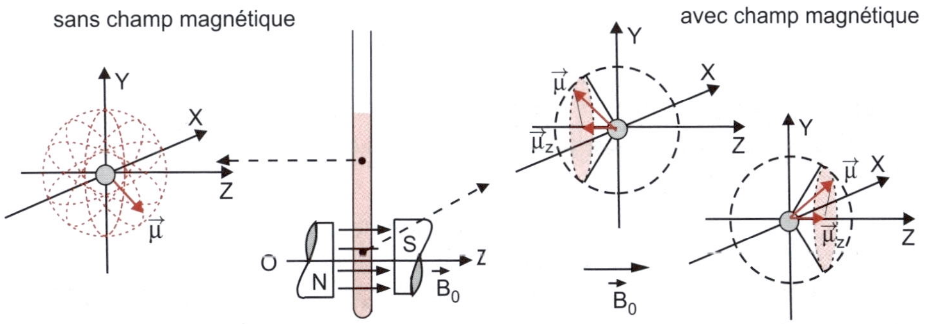

Figure 15.2

Effet d'un champ magnétique sur un noyau de nombre de spin 1/2 présent dans un composé en solution.

Si le noyau est dans la partie supérieure de l'échantillon, non soumise au champ magnétique extérieur, $\vec{\mu}$ n'a aucune orientation préférentielle. En revanche, dans la partie centrale baignant dans le champ, $\vec{\mu}$ balaie la surface d'un cône de révolution dont l'axe est aligné avec $\vec{B}$. La projection de $\vec{\mu}$ est dans le même sens que $\vec{B}$ ou dans le sens opposé.

15.3 Les noyaux qui peuvent être étudiés par RMN

Un nucléide quelconque représenté par ${}^{A}_{Z}X$ a un nombre de spin I non nul si les nombres Z de protons et A de nucléons ne sont pas tous les deux pairs. ${}^{1}_{1}H$, ${}^{13}_{6}C$, ${}^{19}_{9}F$, ${}^{31}_{15}P$ ont, par exemple, un nombre de spin $I = 1/2$ tandis que $I = 1$ pour ${}^{1}_{1}H$ (deutérium D) ou ${}^{14}_{7}N$. Tous ces noyaux donneront un signal en RMN. En revanche, les noyaux ${}^{12}_{6}C$, ${}^{4}_{2}He$, ${}^{16}_{8}O$, ${}^{28}_{14}Si$, ${}^{32}_{16}S$ auront un nombre de spin nul et ne pourront pas être étudiés par RMN. Dans l'ensemble, plus de la moitié des nucléides stables connus (au moins un isotope par élément) conduisent à un signal de RMN, mais la sensibilité varie énormément suivant les noyaux. Ainsi le proton, nom commun du noyau ${}^{1}H$, ou bien le ${}^{19}F$, sont plus faciles à détecter que le ${}^{13}C$, beaucoup moins sensible que le proton et qui ne représente que 1 % de l'élément carbone (tableau 15.1).

Tableau 15.1 Valeurs de γ pour quelques noyaux

noyau	spin	γ (rad · s^{-1} · T^{-1})	Sensibilité relative	Abondance isotopique
${}^{1}H$	1/2	$2{,}6752 \times 10^{8}$	1	99,985%
${}^{2}H$	1	$4{,}1066 \times 10^{8}$	$9{,}65 \times 10^{-3}$	0,015%
${}^{13}C$	1/2	$6{,}283 \times 10^{-7}$	$1{,}59 \times 10^{-2}$	1%
${}^{15}N$	1	$-2{,}7125 \times 10^{-7}$	$1{,}04 \times 10^{-3}$	0,37%
${}^{19}F$	1/2	$2{,}5181 \times 10^{8}$	0,83	100%
${}^{29}Si$	1/2	$-5{,}319 \times 10^{-7}$	$7{,}84 \times 10^{-3}$	4,7%
${}^{31}P$	1/2	$1{,}084 \times 10^{8}$	$6{,}6 \times 10^{-2}$	100%

15.4 Théorie de Bloch pour un noyau dont $I = 1/2$

À notre échelle, dite macroscopique, la plus infime quantité d'un composé moléculaire est constituée d'un nombre considérable de molécules individuelles. On est donc toujours en présence d'une collection si gigantesque de noyaux que les signaux de RMN reflètent des comportements statistiques, comme en spectroscopie optique.

Considérons un ensemble de noyaux identiques dont le nombre de spin est $I = 1/2$.

En l'absence de champ extérieur, les orientations des vecteurs spin individuels ont un caractère aléatoire et varient constamment. D'un point de vue énergétique, ces noyaux forment une seule population, à l'état dit *dégénéré* (fig. 15.2). Lorsqu'on place ces noyaux dans le puissant champ d'induction magnétique $\overrightarrow{B}_0$ extérieur (orientation Oz) une interaction naît entre chaque petit vecteur magnétique nucléaire et ce champ (*cf.* 15.2).

Il apparaît donc deux groupes de noyaux dont les énergies correspondent à E_1 ou E_2, définies précédemment selon le sens de la projection de leur vecteur spin sur l'axe Oz, (fig. 15.3).

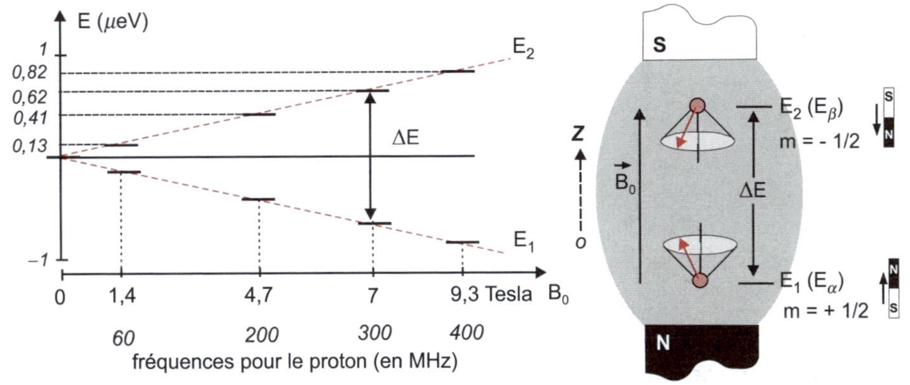

Figure 15.3

Représentation de l'éclatement entre les niveaux énergétiques d'un noyau de nombre de spin $I = 1/2$ placé dans un champ magnétique.

Les quatre valeurs choisies du champ B_0 correspondent, pour le proton, à des appareils commerciaux dits à 60, 200, 300 et 400 MHz. (B_0 représente la densité de flux magnétique exprimée en Tesla : 1T équivaut à 10 000 gauss).

La différence ΔE, entre les deux états, est :

$$\Delta E = E_2 - E_1 = \gamma \frac{h}{2\pi} B_0 \qquad (15.4)$$

ΔE est proportionnel au champ $\overrightarrow{B}_0$ (fig. 15.3). Ainsi, pour le proton, si $B_0 = 1{,}4$ T, l'écart d'énergie a une valeur très faible : $3{,}95 \times 10^{-26}$ J, soit $2{,}47 \times 10^{-7}$ eV. Quant au rapport $(E_2 - E_1)/B_0$, il ne dépend que de γ, c'est-à-dire du noyau étudié (tabl. 15.1).

La population, qui rassemble les noyaux situés dans l'état d'énergie E_2, est un peu moins nombreuse que dans l'état E_1 légèrement plus stable. L'expression 15.5 permet de calculer le rapport des deux populations (équilibre de répartition de Boltzmann).

$$R = \frac{N_2}{N_1} = \exp\left[-\frac{\Delta E}{kT}\right] \qquad (15.5)$$

(pour ^{1}H, on trouve $R = 0{,}999964$ si $T = 300$ K et $B_0 = 5{,}3\ T$ avec $k = 1{,}38 \times 10^{-23}\ \mathrm{J \cdot K^{-1} \cdot at^{-1}}$).

De ce fait, seul *le léger excès* de la population E_1 sera responsable du signal de RMN.

En augmentant la valeur du champ fourni par l'aimant de l'appareil, on creusera l'écart entre les deux populations et on aura donc une sensibilité accrue. Graphiquement, on explique la faible aimantation de la solution échantillon en rapportant à partir d'un même point tous les vecteurs individuels $\overrightarrow{\mu}$. Le vecteur résultant $\overrightarrow{M}_0$ est appelé *aimantation macroscopique* (fig. 15.4b). $\overrightarrow{M}_0$ est souvent envisagé pour expliquer l'apparition du signal observé quand il y a résonance.

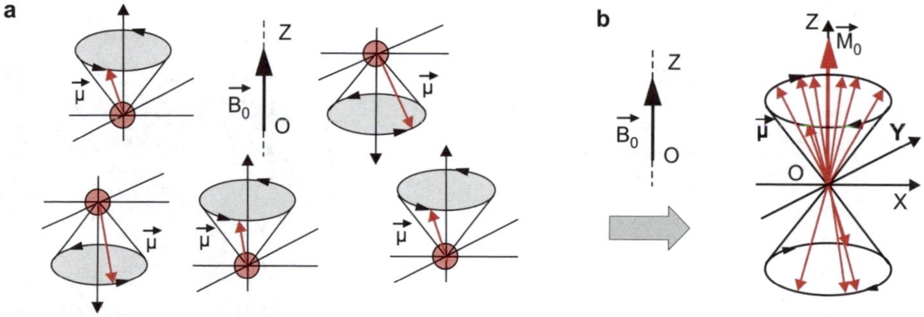

Figure 15.4
Précession et magnétisation.
a) Instantané figurant le mouvement de précession du vecteur spin de 5 noyaux indépendants dans le champ magnétique extérieur ; b) vecteur magnétisation macroscopique résultant des orientations individuelles d'un grand nombre de noyaux. L'échantillon en solution devient donc faiblement aimanté. $\overrightarrow{M}_0$ est un objet auquel s'appliquent les lois de l'électromagnétisme.

15.5 Fréquence de Larmor

D'un point de vue analytique, si on peut mesurer la différence d'énergie qui sépare dans un champ $\overrightarrow{B}_0$ les deux populations (dans le cas où $I = 1/2$), on pourra identifier le noyau correspondant d'après sa constante gyromagnétique γ. Pour évaluer cette différence d'énergie on va, comme en spectroscopie optique, créer les conditions de passage de l'un à l'autre des niveaux, c'est à dire provoquer un signal de résonance. Pour cela, on irradie les noyaux placés dans le champ magnétique avec une source de radiations électromagnétiques de fréquence variable dont la direction de propagation est perpendiculaire au champ extérieur. Il y aura absorption si :

$$h\nu = E_2 - E_1 \qquad (15.6)$$

La relation 15.4 conduit alors à la relation fondamentale de résonance (15.7) :

$$\nu = \frac{\gamma}{2\pi} B_0 \qquad (15.7)$$

Cette expression très importante et générale, est appelée **relation de Larmor**. Elle relie le champ magnétique dans lequel baignent les noyaux considérés et la fréquence de la radiation électromagnétique qui provoque la condition de résonance (tabl. 15.1).

La radiofréquence, qui provoque l'échange entre les deux niveaux, est également la fréquence dite de précession de Larmor à laquelle le vecteur spin tourne autour de la direction moyenne Oz. Larmor, physicien Irlandais dont les travaux sont antérieurs à ceux concernant la RMN, a montré, par un raisonnement indépendant que ω, pulsation ou fréquence angulaire de rotation du vecteur spin autour de Oz, a pour valeur :

$$\omega = \gamma \cdot B_0$$

Comme $\omega = 2\pi\nu$, on retrouve la relation démontrée dans le cas de la RMN. Ces deux approches sont différentes : l'une aboutit à la fréquence du quantum qui sépare les deux niveaux et l'autre, à la fréquence mécanique de précession. Ces deux fréquences ont même valeur.

La fréquence de Larmor d'un noyau croît avec B_0. Elle est située dans le domaine des ondes courtes et varie si le champ est de 1 tesla, de 42,5774 MHz pour le noyau d'hydrogène (proton), à 0,7292 MHz pour l'or, (tableau 15.2). Les appareils sont désignés par la fréquence à laquelle *les protons* entrent en résonance, même s'ils sont prévus pour faire l'étude d'autres noyaux.

Tableau 15.2 Valeurs, en MHz, de quelques fréquences de résonance pour $B_0 = 1$ T.

noyau N	^{1}H	^{19}F	^{31}P	^{13}C	^{15}N	^{197}Au
fréquence ν	42,58	40,06	17,24	9,71	4,32	0,729

En partant de ce principe, les premiers appareils expérimentaux multinoyaux construits pouvaient faire un balayage de champ sur une vaste plage, en maintenant la radiofréquence fixe. Cela permettait de reconnaître qualitativement et globalement les éléments les plus faciles à détecter de l'échantillon étudié par leurs fréquences caractéristiques de résonance (tabl. 15.2 et fig. 15.5).

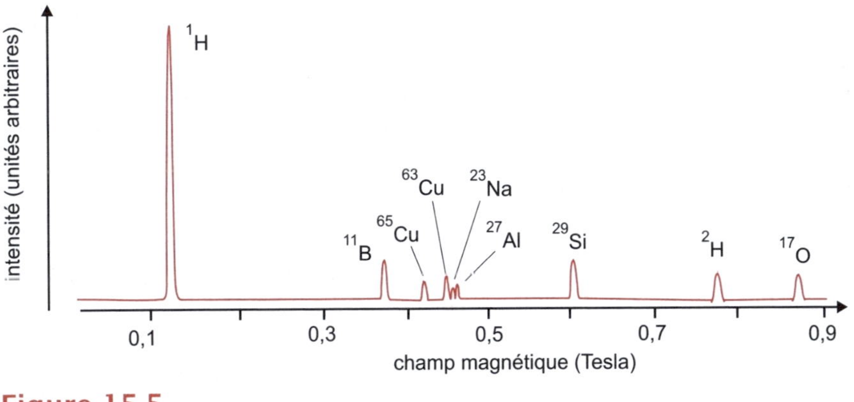

Figure 15.5

Spectre de RMN d'un échantillon d'eau placé dans un récipient de verre borosilicaté, observé à une fréquence de 5 MHz (le champ est exprimé en Tesla ; document Varian).

Il n'existe pas d'appareils commerciaux de ce type, la RMN étant une méthode réservée à des examens plus approfondis que pour rechercher la composition élémentaire des d'échantillons.

15.6 Obtention du spectre par RMN impulsionnelle

Dans la partie de l'instrument où l'échantillon est introduit, appelée *sonde*, on provoque la résonance des noyaux en superposant à $\overrightarrow{B}_0$, un champ faible oscillant $\overrightarrow{B}_1$, apporté par un solénoïde parcouru par un courant alternatif (générateur de radiofréquences).

Pour comprendre l'interaction avec le noyau, du champ $\overrightarrow{B}_1$ apporté par l'onde électromagnétique, on considère qu'il résulte de la composition de deux vecteurs de normes moitié, tournant en sens inverse dans le plan xOy avec la même vitesse angulaire (fig. 15.6). Seul le vecteur tournant dans le même sens que le mouvement de précession peut interagir avec le noyau. La règle de Lorentz montre que $\overrightarrow{B}_0$ est soumis à une force perpendiculaire à $\overrightarrow{B}_1$ et à $\overrightarrow{B}_0$.

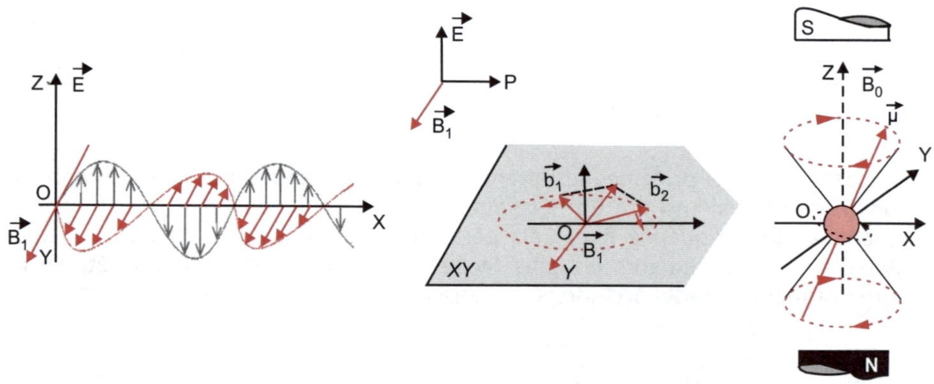

Figure 15.6

Représentation d'une onde électromagnétique et effet sur un noyau.
En tout point du plan xOy la composante magnétique de l'onde peut être dissociée en deux vecteurs de normes moitié $\overrightarrow{b_1}$ et $\overrightarrow{b_2}$ tournant en phase à des vitesses opposées. Ici, seul $\overrightarrow{b_2}$ peut basculer le noyau dans la population E_2.

Pour que $\overrightarrow{B}_1$ soit orienté convenablement, il faut que l'axe de propagation de la radiofréquence soit perpendiculaire à Oz (fig. 15.7). Quand la radiofréquence de la source et la fréquence de précession sont identiques, les conditions sont réunies pour qu'il y ait transfert d'énergie de la source vers les noyaux. Des noyaux dans l'état E_1 passent alors dans l'état E_2 : les populations sont modifiées.

Avant irradiation, les vecteurs individuels $\overrightarrow{\mu}$ sont déphasés les uns par rapport aux autres, ce que l'on traduit par la représentation du vecteur $\overrightarrow{M}_0$, aligné dans la direction Oz (fig. 15.4).

Quand on atteint la condition de résonance les vecteurs individuels se mettent à tourner en phase avec $\overrightarrow{B}_1$ ce qui fait basculer $\overrightarrow{M}_0$ d'un angle α dont on maîtrise la valeur en ajustant temps et puissance d'irradiation. La figure 15.7 traduit ce phénomène avec quelques vecteurs individuels se rejoignant. De ce fait, $\overrightarrow{M}_0$ acquiert une composante $\overrightarrow{M}_{xy}$ dans le plan horizontal, maximum quand $\alpha = \pi/2$, et conserve une composante $\overrightarrow{M}_z$, variable, dans la direction Oz (sauf si $\alpha = \pi/2$), la fréquence de rotation du vecteur magnétisation étant alors celle du mouvement de précession. Le spin de certains noyaux prend la seconde orientation permise (dans le cas où $I = 1/2$). Lorsque l'irradiation cesse, le système revient progressivement à l'état d'équilibre initial. Une bobine détectrice décèle la composante suivant la direction Oy (fig. 15.7).

Pour imaginer ce qui se passe dans la sonde de l'appareil, le raisonnement courant consiste à se placer comme un observateur lié à un trièdre tournant autour de l'axe Oz à la fréquence du mouvement de précession des noyaux concernés (fig. 15.7). Pour simplifier, considérons un seul type d'écran, donc une seule fréquence de précession. Quand la radiofréquence a la même valeur, les noyaux semblent, pour l'observateur, ne ressentir que la composante tournante du champ (perpendiculaire à Oz). Le vecteur magnétisation commence à basculer. Après l'impulsion, les moments magnétiques individuels perdent leur cohérence de phase par interaction entre les spins des noyaux voisins plus vite qu'ils ne se réorientent, pour retrouver la répartition de Boltzmann des populations de départ. $\overrightarrow{M}_0$ perd donc sa composante dans le plan xOy, sans avoir retrouvé, pour autant, sa valeur initiale dans la direction Oz, ce qui peut demander beaucoup plus de temps.

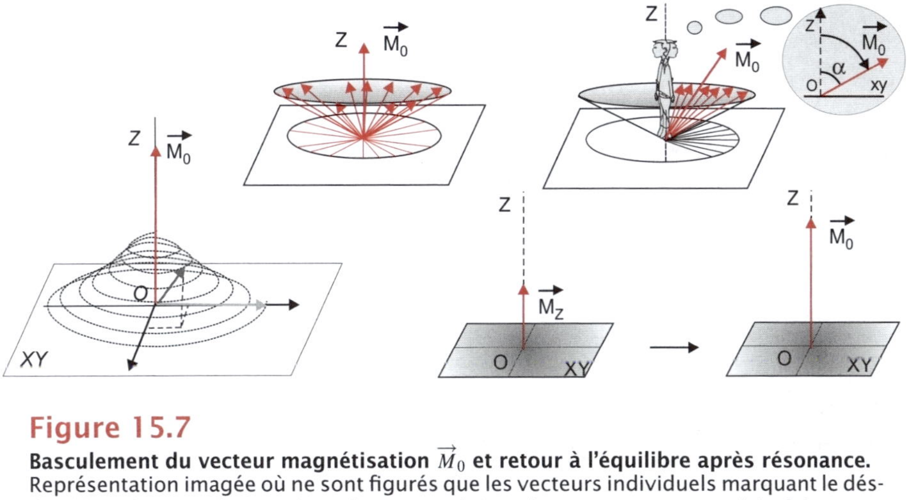

Figure 15.7

Basculement du vecteur magnétisation $\overrightarrow{M}_0$ et retour à l'équilibre après résonance. Représentation imagée où ne sont figurés que les vecteurs individuels marquant le déséquilibre des populations (numériquement). Un observateur tournant à la fréquence de précession verrait le vecteur magnétisation basculer d'un angle α. Retour progressif de la projection $\overrightarrow{M}_z$ de $\overrightarrow{M}_0$ à la situation d'origine.

Techniquement, l'échantillon est irradié au moyen d'un générateur de fréquence ν qui envoie une forte impulsion électromagnétique de quelques microsecondes.

L'échantillon est alors exposé à une bande de fréquences entourant la valeur ν, comme le ferait un flash de lumière blanche (pour prendre exemple d'une lumière polychromatique par rapport à une lumière monochromatique). À 300 MHz, par exemple, il faut, pour irradier tous les protons quel que soit leur environnement, une bande de fréquence recouvrant au moins 6 000 Hz. Dans ces conditions, une faible fraction de chaque type de protons responsable du signal de RMN (mais pas *tous* les protons), capte la fréquence qui provoque leur résonance.

La situation d'un composé qui conduit à un spectre comportant des dizaines de fréquences est évidemment très complexe et ne saurait trouver de représentation imagée satisfaisante. $\overrightarrow{M}_0$ se dissocie en plusieurs vecteurs dont chacun précesse autour de la direction du champ avec sa propre fréquence qui n'est plus celle du repère tournant (la figure 15.7 est une approche imagée très simplifiée). Pendant le retour à l'équilibre, qui peut durer plusieurs secondes, l'appareil enregistre un signal complexe, dû à la combinaison des différentes fréquences de précession présentes, dont l'intensité décroît de manière exponentielle (fig. 15.8). Ce signal qui s'amortit au cours du temps est appelé FID, des initiales de l'expression anglaise *free induction decay*, que l'on traduit en français par *décroissance d'induction libre*. Le signal correspond à chaque instant à une valeur numérique globale qui prend en compte l'état de toutes les fréquences des noyaux en résonance à cet instant. Une transformée de Fourier permet de convertir le signal obtenu en *fonction du temps* en un spectre classique établi en *fonction des fréquences*.

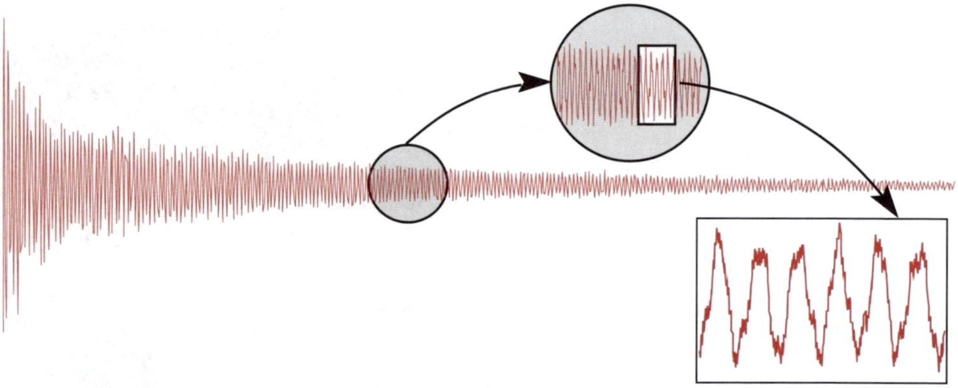

Figure 15.8

Signal FID de la fluoroacétone (^{13}C) obtenu avec un appareil à onde pulsée. Le signal $I = f(t)$, converti en spectre classique $I = f(\nu)$ par transformée de Fourier. L'interférogramme, capté en quelques secondes d'enregistrement, peut être accumulé plusieurs dizaines de fois avant d'être transformé. Cette accumulation de FID permet d'améliorer le rapport signal/bruit de fond.

Ce procédé, dit à *onde pulsée*, permet l'étude des noyaux peu sensibles, comme le ^{13}C par exemple, et se prête à toutes les ressources de l'informatique.

Le procédé actuel d'obtention du spectre par calcul (RMN d'émission), n'existait pas à l'origine. Une autre méthode était utilisée. On recherchait la résonance en modifiant légèrement B_0 grâce à un enroulement de quelques spires autour des pièces polaires de l'aimant principal (fig. 15.9). Comme il s'agissait d'un balayage de champ, ces appareils fonctionnaient généralement à fréquence fixe (le spectre étant néanmoins repéré en Hz, puisque la relation de Larmor montre qu'il est possible de faire correspondre champs et fréquences). Cette RMN d'absorption, quasiment abandonnée des constructeurs, correspondait aux appareils à onde continue. Ce procédé, pour rechercher le signal, n'est pas sans rappeler le mode d'enregistrement séquentiel des spectres optiques, ou bien, dans la vie de tous les jours, la recherche d'une station FM sur un récepteur radio. Avec ce principe, la qualité du spectre ne dépend que d'une très faible fraction du temps total d'enregistrement. Les appareils à transformée de Fourier font un meilleur usage du temps de mesure.

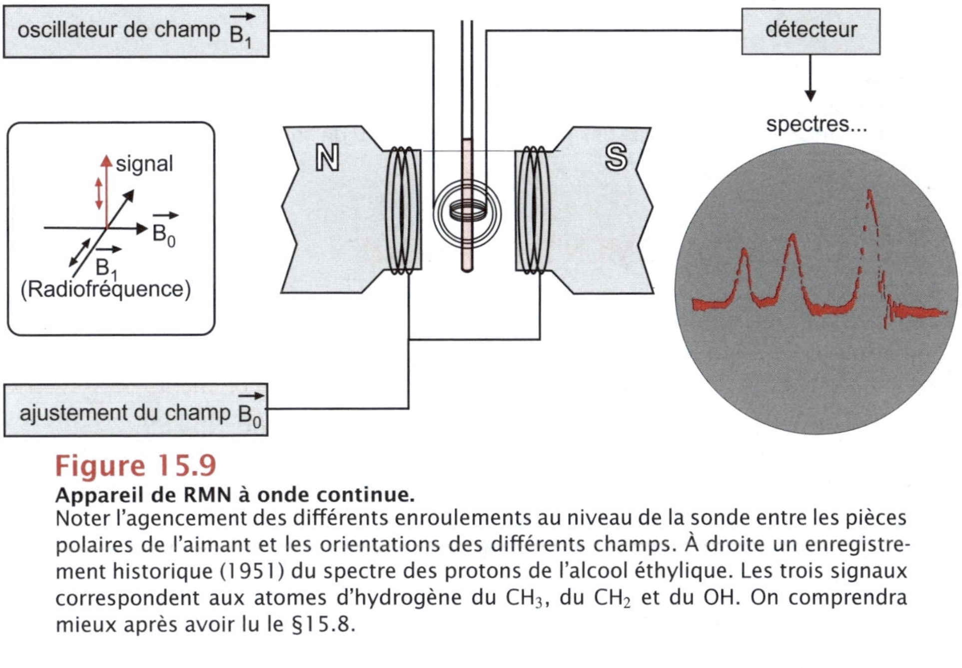

Figure 15.9

Appareil de RMN à onde continue.

Noter l'agencement des différents enroulements au niveau de la sonde entre les pièces polaires de l'aimant et les orientations des différents champs. À droite un enregistrement historique (1951) du spectre des protons de l'alcool éthylique. Les trois signaux correspondent aux atomes d'hydrogène du CH_3, du CH_2 et du OH. On comprendra mieux après avoir lu le §15.8.

15.7 Les processus de relaxation des noyaux

Après l'impulsion de radiofréquences, $\overrightarrow{M_0}$ retrouve sa valeur d'équilibre d'avant l'irradiation en un temps variable dépendant du milieu (fig. 15.10). Ce retour est fonction, d'une part, de la perte de cohérence de phase (temps de relaxation T_2), appelé temps de relaxation transverse (interactions spin/spin), et d'autre part, de la reconstitution des populations à leur état initial (temps de relaxation T_1), appelé temps de relaxation longitudinale (interactions du spin avec le réseau). Pour les solutions, T_1 ne dépasse pas quelques secondes (pour ^{1}H), alors qu'il peut atteindre plusieurs heures avec les solides. Il faut donc bien dissocier les deux composantes de $\overrightarrow{M}_0$. La connaissance des temps T_1 et de T_2 apporte des informations très utiles sur la structure des échantillons analysés.

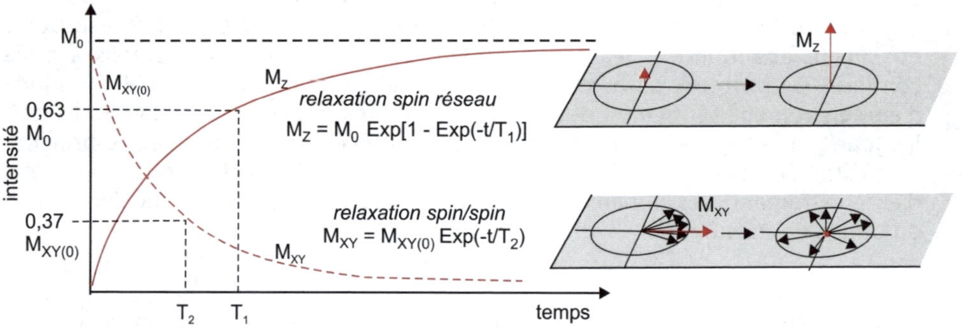

Figure 15.10

Les deux processus de relaxation des noyaux.

Évolution au cours du temps des paramètres de relaxation spin/spin et spin/réseau.

15.8 Le déplacement chimique

Généralement, au sein d'une molécule, chaque atome se trouve dans un environnement rapproché qui lui est propre si bien que la valeur du champ extérieur atteignant son noyau lui est spécifique — à moins qu'il y ait des éléments de symétrie particuliers dans la molécule. Ces variations locales de champ ont pour origine les électrons des liaisons qui par leur circulation créent un très faible champ induit qui s'oppose au champ extérieur. C'est le diamagnétisme électronique. Il en résulte un effet d'écran magnétique, appelé *blindage*, qui conduit à un décalage de la fréquence de résonance par rapport à celle qu'on observerait pour le même noyau dans le vide (fig. 15.1).

Cette constatation est à la base de l'exploitation principale de la RMN : au lieu de chercher à observer tous les noyaux présents répartis sur une bande de fréquence de plusieurs dizaines de mégahertz, on va se focaliser sur l'étude d'un seul type de noyau à la fois. Autrement dit on « zoome » sur un intervalle très réduit de fréquences (par exemple 1 000 Hz) afin d'étudier avec soin les différents signaux qui apparaissent et dépendent de chaque composé.

L'effet d'écran est quantifié au moyen de la *constante d'écran* σ qui apparaît dans la formule 15.8 reliant le champ effectif $\overrightarrow{B}_{\text{eff}}$ qui atteint le noyau avec le champ extérieur $\overrightarrow{B}_0$:

$$B_{\text{eff}} = B_0(1 - \sigma) \tag{15.8}$$

Toute variation de σ se répercute sur la fréquence de résonance du noyau correspondant. Ce phénomène est appelé *déplacement chimique*. On observe autant de déplacements chimiques différents que la molécule comporte de valeurs d'écran σ différentes. En conséquence, les grosses molécules conduisent à des spectres complexes par suite de très nombreux effets d'écran.

Dans le cas d'un noyau i pour lequel $I = 1/2$, la relation de Larmor devient, en faisant intervenir, cette fois-ci, le champ effectif $\overrightarrow{B}_{\text{eff}}$:

$$\nu_{\text{i}} = \frac{\gamma}{2\pi} B_0(1 - \sigma_{\text{i}}) \tag{15.9}$$

Pour le proton ^{1}H l'expression 15.9 conduit à un décalage de 1 Hz de la fréquence de résonance pour une variation du champ ambiant de $2{,}3 \times 10^{-8}$ *T*, et pour une variation de 10^{-4} *T* [1 gauss], la différence de fréquence devient de 4 258 Hz. C'est pourquoi, tout l'environnement de l'aimant doit être parfaitement contrôlé pour maintenir la stabilité du champ $\overrightarrow{B}_0$ de l'appareil de RMN. Par exemple, la température est maintenue au 1/100 de degré près. Pour réduire également les hétérogénéités de champ, l'échantillon est mis en rotation dans un tube à paroi mince.

15.9 MESURE DES DÉPLACEMENTS CHIMIQUES

D'après ce qui précède, les plus faibles variations du champ se répercutent sur les fréquences de résonance. Il serait donc hasardeux de vouloir comparer des spectres ou d'identifier des composés à partir des fréquences absolues des signaux obtenus à des moments ou avec des appareils différents. Pour cette raison on repère les déplacements chimiques dans une échelle relative $\Delta\nu/\nu_{\text{app}}$ qui, par nature, est indépendante de l'appareil. Pour cela, on ajoute au composé un standard interne, dont on sait qu'il ne donne qu'un signal, pour servir de référence et on divise l'écart de fréquence $\Delta\nu$ entre chaque signal du composé étudié et celui du standard, par la fréquence propre ν_{app} de l'appareil pour le noyau considéré.

Les valeurs obtenues sont exprimées en parties par million (ppm). Ainsi, pour calculer le déplacement chimique δ_i (ppm) correspondant à un signal de fréquence ν_{i} par rapport à un composé de référence ($\nu_{\text{réf}}$), on repère simplement $\Delta\nu$ (il n'est pas besoin de connaître $\nu_{\text{réf}}$).

$$\delta_{\text{i}} = \frac{\nu_{\text{i}} - \nu_{\text{réf.}}}{\nu_{\text{appareil}}} \cdot 10^6 = \frac{\Delta\nu}{\nu_{\text{appareil}}} \cdot 10^6 \tag{15.10}$$

Le produit de référence utilisé à la fois en RMN ^{1}H et ^{13}C est le tétraméthylsilane (TMS), composé inerte et volatil (Eb 27 °C). Il donne un seul signal en RMN ^{1}H (les douze protons sont équivalents) et en RMN ^{13}C (pour les quatre carbones magnétiquement équivalents). Il sert d'origine dans l'échelle des déplacements chimiques (fig. 15.11). Sa fréquence de résonance est inférieure, dans pratiquement tous les cas, aux fréquences de résonance des autres composés organiques (échelle δ positive). δ ne dépasse pas 15 ppm en RMN ^{1}H, mais atteint 250 ppm en RMN du ^{13}C.

Le caractère inductif donneur du silicium conduit à avoir le signal du TMS à droite du spectre par effet de blindage respectant ainsi l'habitude selon laquelle, en spectroscopie, le paramètre énergétique porté en abscisse, diminue quand on se déplace de la gauche vers la droite du spectre.

L'échelle δ permet d'établir des tables de corrélation empiriques des déplacements en fonction des structures chimiques, valables quel que soit l'appareil (tabl. 15.5 et 15.6). La relation 15.10 montre bien que si on compare les spectres d'un même composé, enregistrés avec deux appareils dont les champs $\vec{B}_0$ font entre eux un rapport k, les fréquences des signaux homologues pour les deux spectres étant dans ce même rapport k, les valeurs de δ resteront identiques. Ces tables ne sont pas toujours suffisantes pour faire une attribution correcte des signaux. On fait aussi appel à des logiciels d'aide à l'interprétation.

15.10 Noyaux blindés ou déblindés

En ce qui concerne la RMN, les molécules en solution diluée forment des entités indépendantes sans interaction entre elles. En revanche, au sein d'une molécule, l'environnement électronique et stérique de chaque noyau crée un rempart plus ou moins efficace qui le protège de l'effet du champ extérieur $\vec{B}_0$. C'est l'origine du déplacement chimique. Plus cet effet d'écran est marqué, plus les noyaux sont dits *blindés* : il faut augmenter la valeur du champ $\vec{B}_0$ pour faire apparaître la résonance, du moins lorsqu'on se réfère à un appareil à onde continue fonctionnant à fréquence fixe. Si l'on regarde un spectre, on dira que les signaux situés à droite résonnent *à champ fort*, et, en corollaire, que les signaux à gauche correspondent à des noyaux *déblindés* et qu'ils résonnent à *champ faible* (fig. 15.11).

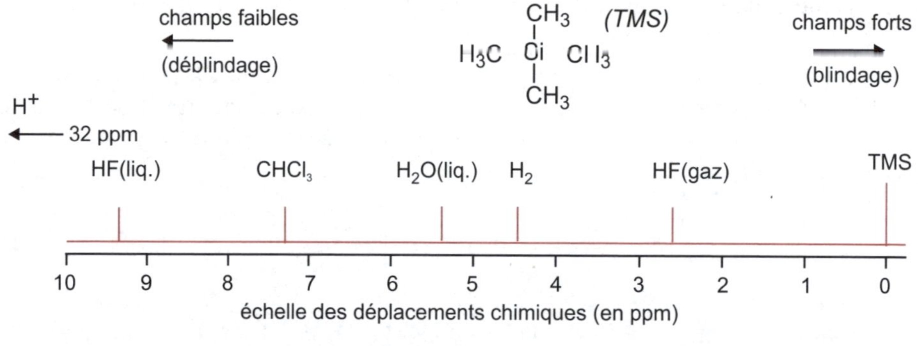

Figure 15.11
Déplacements chimiques de quelques composés en RMN du proton.
Effets d'écran avec un appareil qui fonctionne à une fréquence fixe.

15.11 FACTEURS AFFECTANT LES DÉPLACEMENTS CHIMIQUES

L'examen d'un grand nombre de spectres de RMN fait apparaître des facteurs généraux responsables d'effets prévisibles et cumulables sur le déplacement chimique.

15.11.1 Effets inductifs

Le simple remplacement d'un hydrogène par un reste carboné R produit un déblindage des protons restants. L'effet atteint 0,6 ppm lorsqu'on passe de RCH_3 à CHR_3. Cet effet peut atteindre 40 ppm en RMN ^{13}C. L'état d'hybridation des atomes de carbone influence de manière encore plus nette la position des signaux.

Ces variations sont dues à l'*anisotropie* des liaisons chimiques, c'est-à-dire à la non-homogénéité de la densité électronique autour des atomes liés ce qui, comme il a été vu précédemment, a une influence sur la constante d'écran « ressentie » par le noyau et donc sur le déplacement chimique.

Les déplacements chimiques des composés organiques sont donc sensibles à la délocalisation plus ou moins grande des électrons des liaisons.

Il est donc compréhensible que les effets électroniques qui modifient la polarité des liaisons, comme l'électronégativité d'un atome proche du noyau étudié se répercutent sur les déplacements chimiques. Le tableau 15.3 illustre l'effet de l'électronégativité des halogènes sur la position du signal du groupe méthyle dans la série des halogénures d'alkyle CH_3-X. Comparés à la position du signal des protons du méthane, on observe que les déplacements du signal croissent dans le même sens que l'électronégativité de X.

Tableau 15.3 **Influence de l'électronégativité χ de l'halogène sur δ (réf. TMS)**

	CH_3F (χ=4)	CH_3Cl (χ=3,2)	CH_3Br (χ=3)	CH_3I (χ=2.6)
δ_H (ppm)	4,5	3	2,7	1,3
δ_C (ppm)	75	30	10	–30

15.11.2 Effets de résonance

Les effets inductifs ne sont pas les seuls effets responsables de la délocalisation du nuage électronique. Comme l'illustre la figure 15.12, les effets mésomères (délocalisation des électrons π) ont également une influence marquée sur les déplacements chimiques.

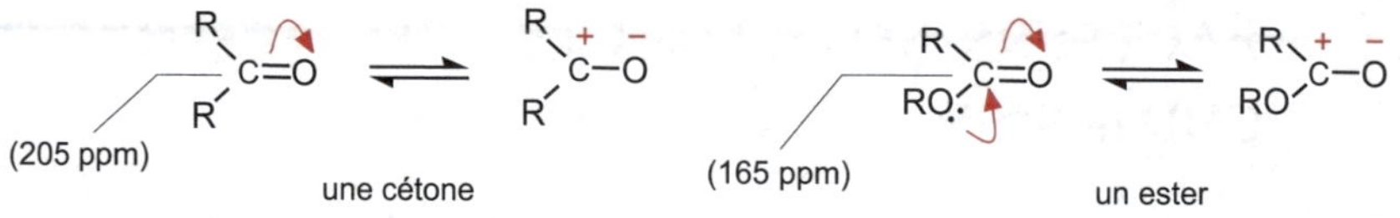

Figure 15.12

Effets de résonance pour les composés carbonylés.
Si on compare le carbonyle d'une cétone avec celui d'un ester, on note que pour ce dernier le carbone est moins déblindé que celui de la cétone dont le caractère est plus électropositif. En RMN du ^{13}C le signal du carbonyle se situe vers 205 ppm pour une cétone et pour un ester, vers 165 ppm.

15.11.3 Effets d'anisotropie et de champs locaux induits

Aux effets précédemment cités s'ajoutent l'effet de petits champs magnétiques induits par circulation des électrons des liaisons π. Ainsi les électrons d'un cycle aromatique comme le benzène ou le [18]-annulène créent par circulation un champ induit qui s'oppose au champ extérieur (diamagnétisme). Cet effet est particulièrement marqué dans le cas du [18]-annulène pour lequel les protons à l'intérieur du cycle subissent pleinement l'effet de blindage lié au champ induit ($\delta = -4{,}22$ ppm) alors que les protons à l'extérieur du cycle subissent le contre-effet de ce champ induit ($\delta = 10{,}75$ ppm). Le même phénomène est également constaté dans une moindre mesure dans le cas de doubles ou de triples liaisons isolées (fig. 15.13). L'orientation de ce phénomène de

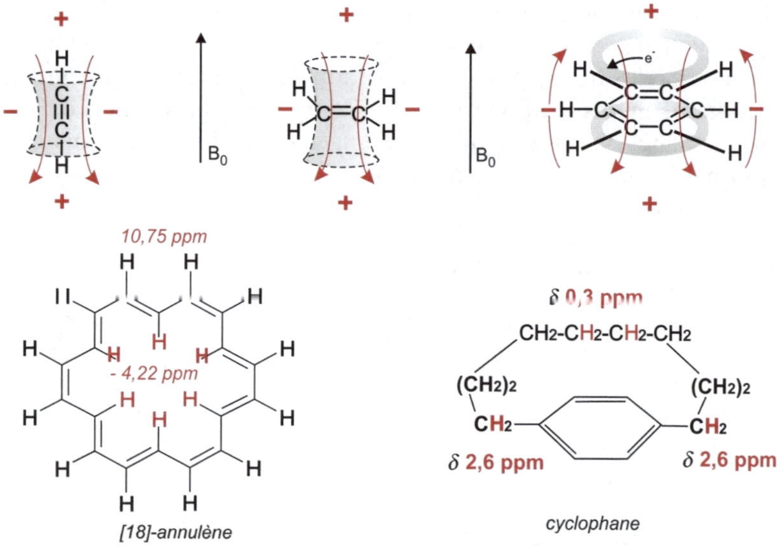

Figure 15.13

Effets d'anisotropie et de champs locaux induits.
La présence de liaisons π, est traduite ici sous forme de zones où on a un effet de blindage (+) ou de déblindage (–). Les protons éthyléniques sont à l'extérieur d'une sorte de double cône de protection et les protons aromatiques subissent l'effet de la circulation des électrons de cycle dans deux volumes toriques.

diamagnétisme dépend de la nature des groupements. Le champ autour de la double ou triple liaison n'est pas réparti de façon homogène (anisotropie diamagnétique). Ainsi les protons acétyléniques subissent un effet de blindage, alors que les protons éthyléniques subissent un effet de déblindage.

15.11.4 Effets divers (solvants, liaisons hydrogène et matrice)

Les solvants, généralement sans atomes d'hydrogène, utilisés pour diluer les composés organiques étudiés en RMN ^{1}H ou ^{13}C, influencent la position des signaux. Le solvant, beaucoup plus abondant que le soluté, conduit avec ce dernier dont la concentration est de l'ordre de quelques pourcents, à des associations dont la stabilité dépend des polarités respectives. En conséquence, les tables de corrélation doivent préciser la concentration et le solvant utilisés.

> En RMN ^{1}H, la position du signal du chloroforme dans des mélanges chloroforme/toluène passe de 7,23 ppm (90 % chloroforme/10 % toluène v/v.) à 5,86 ppm (10 % chloroforme/90 % toluène). Ce déplacement vers les champs forts, pour les mélanges riches en toluène, s'explique par l'existence de complexes dans lesquels le proton du chloroforme est dans la zone de blindage du noyau aromatique.

Le solvant pour RMN le plus courant est le chloroforme deutérié ($CDCl_3$), suffisamment polaire pour dissoudre la plupart des composés. On utilise également l'acétone-*d6* (C_3D_6O), le méthanol-*d4* (CD_3OD), la pyridine-*d5* (C_5D_5N), le DMSO-*d6* (C_2D_6SO) ou l'eau lourde (D_2O).

Lorsque le composé possède des atomes d'hydrogène mobiles, des échanges D $\leftrightarrow$ H peuvent avoir lieu avec certains solvants, ce qui entraîne des modifications d'intensité et de position des signaux correspondants. Les liaisons hydrogène modifient l'entourage électronique de certains protons, ce qui rend parfois difficile la prévision des déplacements chimiques.

Enfin les interactions, entre molécules voisines, et la viscosité agissent également sur la résolution du spectre *via* le temps de relaxation spin/réseau.

15.12 Structure hyperfine - Couplages spin-spin

Les spectres de RMN comportent généralement plus de signaux qu'il y a de noyaux ayant des déplacements chimiques différents. Ceci est dû à ce que le champ magnétique externe dans lequel baigne tous les atomes du composé étudié provoque une orientation de tous les spins de ses noyaux et que l'orientation prise par un noyau se répercute, d'un point de vue énergétique, aux noyaux voisins par l'intermédiaire des électrons de liaison de cet atome. Ce *couplage* entre les noyaux s'atténue très vite avec la distance. Les couplages *homonucléaires* (entre noyaux de même type), ou *hétéronucléaires* (entre noyaux de types différents) se traduisent par de faibles déplacements des signaux. Cette structure hyperfine du spectre apporte des renseignements complémentaires sur le composé examiné. Le couplage homonucléaire entre protons est très fréquent, la présence de ^{13}C, ^{31}P et ^{19}F conduisant également à des couplages hétéronucléaires avec les protons.

15.12.1 Un couplage hétéronucléaire typique : le cas de HF

Le fluorure d'hydrogène (HF) est une molécule simple qui permet d'observer un couplage spin/spin hétéronucléaire entre ses deux atomes, séparés par une seule liaison (fig. 15.14). Quand on examine le spectre de RMN ^{1}H de ce composé, on observe la présence de deux signaux d'égale intensité, alors que la molécule de fluorure d'hydrogène ne comporte qu'un seul proton (H). *A priori* il semblerait qu'on ne devrait voir qu'un seul signal. La raison en est la suivante :

Quand l'échantillon de ce composé est placé dans la sonde de l'appareil, cela revient à plonger simultanément un très grand nombre de molécules individuelles de fluorure d'hydrogène dans le champ magnétique B_0. Sachant que H et F ont chacun pour nombre de spin I =1/2, les molécules se répartissent en quatre populations E_1 à E_4, (numérotées 1 à 4) à l'état d'équilibre thermique, suivant les quatre combinaisons de spin possibles :

Figure 15.14

S'il n'y avait pas d'interaction entre les noyaux H et F, les populations E_1 - E_2 d'une part, et E_3 - E_4 d'autre part, auraient la même énergie. En RMN ^{1}H on ne verrait qu'une seule raie (fig. 15.15). Mais en réalité il existe une interaction transmise par la liaison entre H et F. Par rapport à la situation sans couplage, un développement théorique conduit à la conclusion que les deux populations E_1 et E_2 correspondent maintenant à des états d'énergie différents : il en résulte qu'on observe un dédouble-

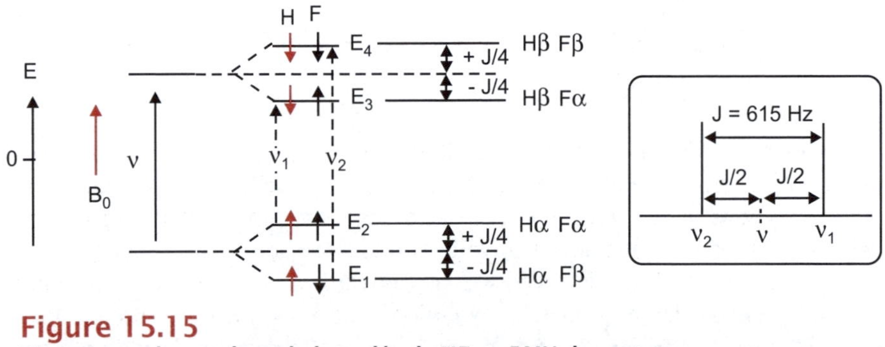

Figure 15.15

Diagramme de couplage de la molécule HF en RMN du proton.

Situation de principe dans l'hypothèse où il n'y a pas de couplage avec l'atome de fluor et situation réelle. Les valeurs ν_1 et ν_2 diffèrent de la valeur de J (Hz).

ment de la raie unique, supposée précédemment. Il ne faut pas fournir tout à fait la même énergie pour passer de E_2 à E_3 et de E_1 à E_4. L'orientation de spin prise par l'atome de fluor se répercute donc sur l'énergie de la transition observée en RMN ^1H. Le spectre de ce composé comporte donc deux raies correspondant aux transitions repérées sur la figure 15.15. Les *constantes de couplage*, accessibles à partir du spectre de RMN, sont exprimées en hertz car contrairement aux déplacements chimiques, leur valeur est indépendante de la fréquence de l'appareil. Elles sont désignées par la lettre J avec en indice la nature des deux atomes concernés et en exposant le nombre de liaisons qui séparent ces atomes. Dans le cas étudié on écrira :

$$^1J_{\mathrm{FH}} = 615 \text{ Hz} \qquad (15.11)$$

Les orientations de spin du fluor, dont la fréquence de résonance est très éloignée de celle du proton, ne seront pas perturbées par la résonance des protons : dans un champ de 2,35 T, ^1H résonne à 100 MHz tandis que ^{19}F résonne à 94 MHz. Les deux raies de ^1H sont distantes de 615 Hz, quelle que soit l'intensité de B_0. Le spectre de RMN du ^{19}F de cette molécule conduirait à un spectre ayant le même aspect. On observerait également deux signaux distants de 615 Hz, dus cette fois, au couplage avec le proton suivant l'une ou l'autre des deux orientations choisies.

Lorsque le nombre de liaisons séparant les atomes concernés augmente, les couplages diminuent très vite, à moins qu'il n'existe des liaisons multiples (doubles ou triples) aptes à propager l'effet de spin par les électrons π des liaisons.

15.12.2 Couplages homonucléaires - Systèmes faiblement couplés

La multiplicité des signaux qui résulte de couplages est souvent observée entre des atomes voisins d'un même élément si leurs déplacements chimiques sont différents.

Les noyaux sont dits faiblement couplés entre eux, quand les constantes de couplage sont beaucoup plus petites que les différences de déplacements chimiques des noyaux concernés (après conversion en Hz). Le groupement éthyle de la butanone (fig. 15.1) illustre cette situation. Le groupement éthyle (cinq protons — 3 et 2 faiblement couplés entre eux) est à l'origine des trois signaux (un *triplet*) vers 1,1 ppm et des quatre signaux (un *quadruplet*) vers 2,5 ppm. Les déplacements chimiques repérés sur le spectre permettent d'en attribuer l'origine (tableau 15.4). Le triplet est dû au CH_3 de l'éthyle et le quadruplet au CH_2 voisin. Les intensités relatives des composantes, au sein de chacun de ces multiplets, se déduisent des lois de la statistique (fig. 15.16 et tableau 15.4).

En règle générale, pour les couplages faibles, si n noyaux (nombre de spin I), plongés dans le même environnement magnétique, influencent de manière identique un ou plusieurs noyaux proches, le signal de ces derniers sera formé de $2nI+1$ raies régulièrement espacées soit $(n+1)$ signaux dans le cas où $I = 1/2$. Les intensités sont, entre elles, comme les valeurs successives d'une même ligne du triangle de Pascal (tableau 15.4). Mais si un groupe de protons est soumis à l'effet de noyaux voisins

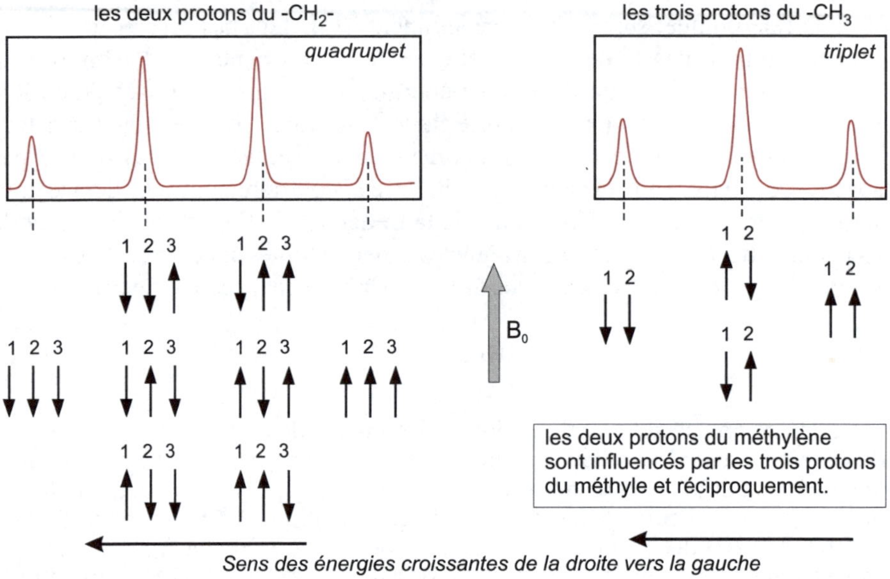

Figure 15.16

Représentation des différents états de spin des 5 protons d'un groupement éthyle.

Sur une même rangée se trouvent réunis les états de spin produisant le même effet sur les noyaux voisins. L'échantillon comportant un très grand nombre de molécules identiques, celles-ci se répartissent en plusieurs populations donnant chacune un signal pondéré comme le nombre d'états par rangée de ce schéma.

pour lesquels les constantes de couplage ne sont pas identiques, l'approximation précédente n'est plus applicable : la multiplicité des signaux et l'intensité des raies ne peuvent se déduire aussi simplement.

Les constantes de couplage dépendent, entre autres, de l'angle dièdre entre les noyaux, de la nature des substituants à proximité de ces noyaux, ainsi que du degré d'hybridation des carbones qui portent les protons.

Tableau 15.4 **Triangle de Pascal et son application à la RMN pour** $I = \frac{1}{2}$

Hydrogènes voisins	multiplicité	Intensité						
0	singulet	1						
1	doublet	1	1					
2	triplet	1	2	1				
3	quadruplet	1	3	3	1			
4	quintuplet	1	4	6	4	1		
5	sextuplet	1	5	10	10	5	1	
6	septuplet	1	6	15	20	15	6	1

15.12.3 Couplages homonucléaires - Systèmes fortement couplés

Lorsque le rapport $\Delta\nu/J$ est petit, les protons deviennent fortement couplés. Les intensités des raies des multiplets sont alors très perturbées. Il en apparaît de nouvelles dites de combinaison qui rendent plus difficiles l'interprétation des spectres correspondants. C'est une des raisons du développement des appareils fonctionnant à des fréquences élevées (300 → 800 MHz), utilisant les aimants supraconducteurs pour obtenir les champs magnétiques nécessaires. Etant donné que $\Delta\nu$ est proportionnel à la fréquence propre de l'appareil, alors que J demeure constant, les rapports $\Delta\nu/J$ augmentent et on observe à nouveau des systèmes faiblement couplés (fig. 15.17). Cependant d'autres phénomènes viennent compliquer les spectres lorsque la fréquence dépasse 600 MHz.

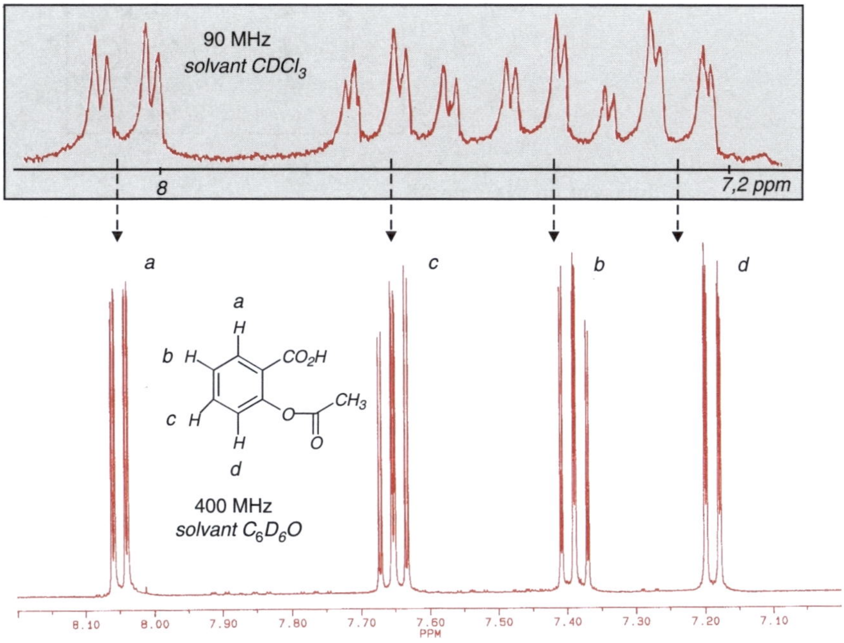

Figure 15.17

Spectres des 4 protons aromatiques de l'aspirine.
La figure reproduit le spectre d'un échantillon d'aspirine, obtenu avec deux appareils, l'un fonctionnant à 90 (solvant $CDCl_3$) et l'autre à 400 MHz (solvant C_3D_6O). La sensibilité de la RMN croît comme $B_0{}^{3/2}$.

Le système AB

Quand la différence de fréquence de résonance entre deux protons est comparable à leur constante de couplage J, on se trouve en présence du plus simple des systèmes fortement couplés. Ce système comporte toujours deux groupes de 2 signaux, ces derniers séparés de J Hz, mais les intensités ne sont plus égales et les déplacements chimiques, qui ne peuvent plus être lus sur le spectre, doivent être calculés à partir des relations indiquées sur la figure 15.18.

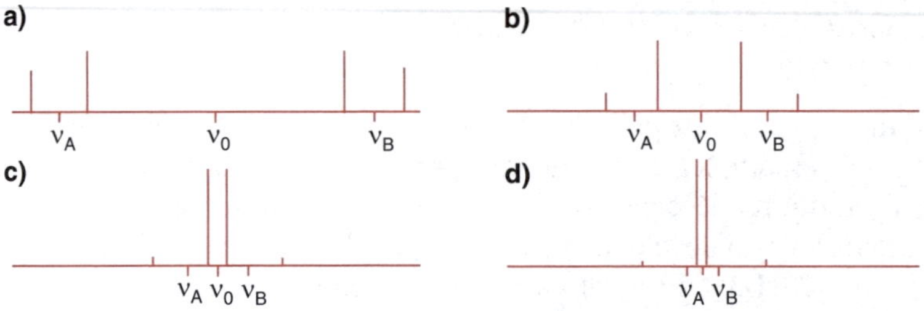

$$\nu_0 = \frac{\nu_A + \nu_B}{2} \qquad \nu_A - \nu_B = \sqrt{mn}$$

$$\nu_A = \nu_0 + \frac{1}{2}\sqrt{mn} \qquad \nu_B = \nu_0 - \frac{1}{2}\sqrt{mn}$$

$$n + J = \sqrt{mn + J^2} \qquad \frac{I_{int}}{I_{ext}} = \frac{m}{n}$$

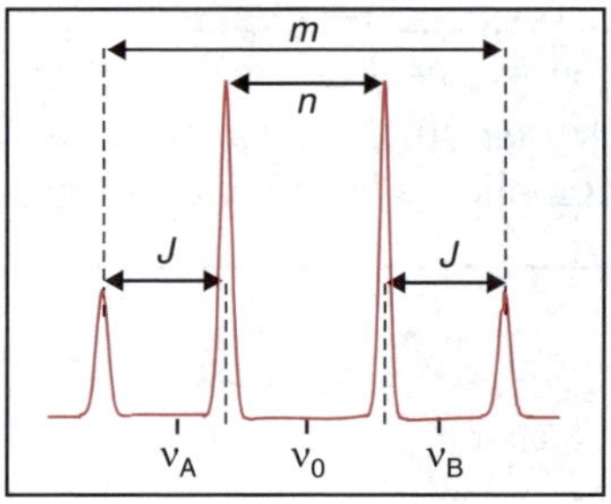

Figure 15.18

Caractéristiques définissant un système AB.

a-d) Modification graduelle d'un système de deux protons couplés, à mesure que la valeur du rapport $\Delta\nu/J$ diminue. Aspect typique et formules utilisées pour l'analyse d'un système AB.

Nomenclature des systèmes couplés en RMN du ^{1}H. L'interprétation du spectre d'une molécule comportant beaucoup d'atomes d'hydrogène est facilitée lorsqu'on peut reconnaître des sous ensembles de signaux correspondant à des situations classiques. Il est d'usage de repérer ces cas particuliers au moyen d'une nomenclature faisant appel à des lettres de l'alphabet, choisies en rapport avec le déplacement chimique (figure 15.19). Les protons dont les déplacements chimiques sont identiques ou très proches, sont désignés par les premières lettres, identiques ou voisines, de l'alphabet (AB, ABC, A_2B_2 etc.). Les protons, dont les déplacements chimiques sont fortement différenciés, sont désignés par des lettres, telles A, M et X.

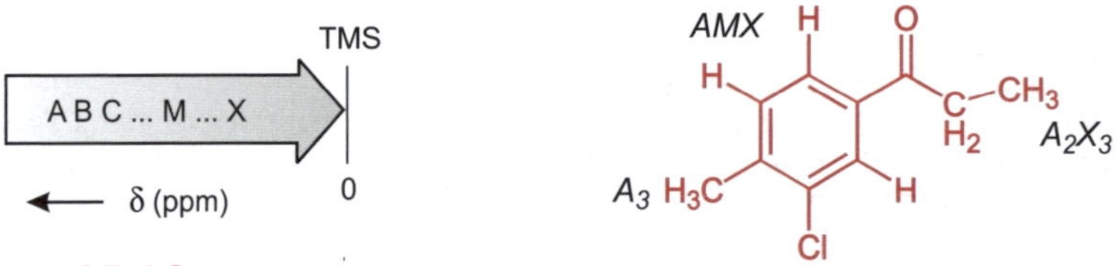

Figure 15.19

Nomenclature des spectres.

Le spectre ^{1}H de la 3-chloro 4-méthylpropiophénone peut être vu comme résultant de la superposition des signaux de plusieurs sous-ensembles indépendants, facilement reconnaissables. Ainsi le groupement éthyle (comme l'éthoxyle) constitue un système A_2X_3 ; les protons de l'éthanal forment un système AX_3 tandis qu'un groupe vinyle sera un système ABC, AMX ou ABX suivant l'exemple étudié.

15.13 DÉCOUPLAGE DE SPIN ET SÉQUENCES PARTICULIÈRES

Les appareils de RMN disposent de nombreux perfectionnements pour faciliter l'interprétation des spectres. C'est ainsi qu'il est possible d'annuler l'effet d'un couplage existant entre noyaux voisins. Ce *découplage de spin* repose sur le fait qu'un noyau en état de résonance ne conserve pas le même état de spin au cours du temps. Il est en quelque sorte « déboussolé » ! Son basculement ininterrompu et surtout très rapide entre ses différents états induit un effet global moyen sur les noyaux voisins.

Cette séquence de découplage est couramment utilisée en RMN ^{13}C afin de simplifier l'allure du spectre RMN obtenu (fig. 15.20). On utilise cette technique de découplage pour identifier les noyaux couplés lorsque l'interprétation du spectre normal ne semble pas évidente, en particulier s'il fait apparaître une superposition de signaux.

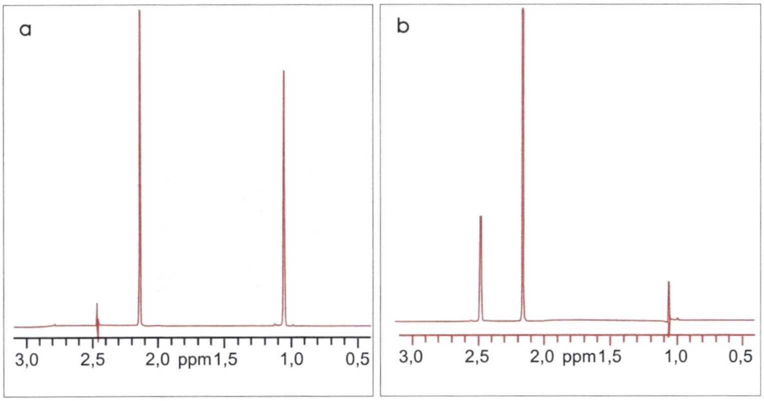

Figure 15.20
Expérience de découplage de spin sur la butanone.
Modification du spectre du proton (^1H) par : a) irradiation du CH_2 à 2,47 ppm ; b) irradiation du CH_3 (de l'éthyle) à 1,07 ppm. Comparer avec l'enregistrement de la butanone (fig. 15.1). Pour un composé simple tel que celui-ci, ce type d'expérience n'a qu'un intérêt illustratif. Par contre une expérience de double résonance permettrait de déterminer avec précision les différents couplages de l'aspirine (fig. 15.17).

Cette séquence de découplage a un second effet sur les protons spatialement proches de ceux irradiés. Les transitions rapides d'états d'énergie provoquées par l'irradiation améliorent la relaxation dipolaire des noyaux à proximité.

Dans ce processus un deuxième type de couplage intervient, il s'agit du couplage dipolaire (ou direct). Dans le cas de la RMN en solution, ce type de couplage n'est pas observable.

L'amélioration de la relaxation dipolaire a pour conséquence d'augmenter l'intensité des signaux des noyaux situés à proximité du ou des noyaux irradiés. Il s'agit de *l'effet Overhauser* ou NOE (*Nuclear Overhauser Effect*), largement utilisé dans le but d'obtenir des informations structurales sur les molécules étudiées.

15.14 RMN BI-DIMENSIONNELLE *(RMN-2D)*

La RMN est un outil incontournable pour le chimiste organicien quand il veut obtenir des informations concernant la structure des molécules complexes. Pour y parvenir il est amené à réaliser des expériences dites bi-dimensionnelles (RMN 2D). Il existe ainsi de nombreuses séquences impulsionnelles qui se composent de plusieurs temps successifs (préparation, évolution, mixage et détection) et qui permettent par exemple de corréler les signaux des noyaux couplés entre eux. On décrit ci-après de manière très brève, quels renseignements peuvent apporter trois séquences parmi les plus classiques.

15.14.1 Corrélation homonucléaire ^1H-^1H COSY

La séquence COSY (Correlation spectroscopy), conduit à un spectre représenté en 2D (fig. 15.21), avec deux axes de fréquences, le troisième étant l'axe d'intensité.

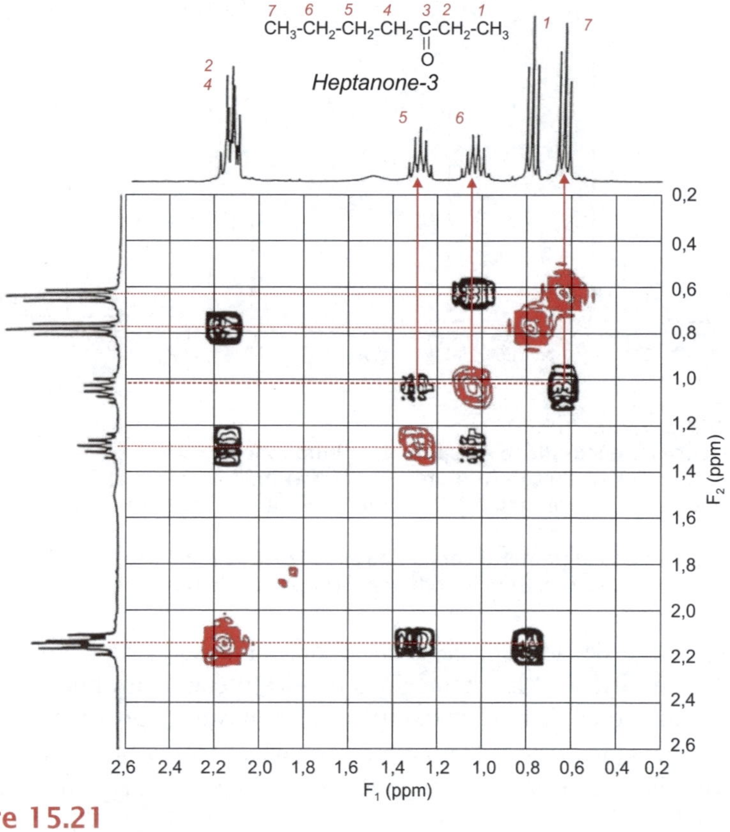

Figure 15.21

Spectre COSY de l'heptanone-3.

Sur cette représentation on voit sur une même horizontale les protons qui donnent lieu à des couplages entre eux. Ainsi, on voit apparaître le couplage ^3J entre les protons portés par le carbone 6 et les protons portés par les carbones 5 et 7. On pourra retrouver sur différentes horizontales les autres couplages existants.

Sur les côtés du graphe, en haut et à gauche, le spectre conventionnel apparaît à échelle réduite, entourant la partie centrale qui est, quant à elle, une représentation sous forme de courbes de niveau. Les taches situées sur la diagonale correspondent au spectre, vu « à vol d'oiseau ». Mais l'intérêt de cette séquence est dû à la présence de taches supplémentaires situées sur une même verticale (ou horizontale). Elles traduisent l'existence de couplages existant entre certains protons et par la même elles permettent d'identifier les signaux qui leur correspondent. Le spectre de l'heptanone-3 constitue un exemple permettant de comprendre l'utilité de ce type de séquence.

15.14.2 Corrélation homonucléaire ^1H-^1H NOESY

Tout comme la séquence COSY, la séquence NOESY est une séquence de corrélation ^1H-^1H, mais contrairement à la première, elle vise à faire apparaître des effets Overhauser (NOE) entre des protons séparés par plusieurs liaisons mais néanmoins spatialement proches. Les informations obtenues sont complémentaires de celles issues de la séquence COSY. Le spectre est toutefois un peu plus complexe. Cette analyse fournit donc des informations sur la configuration et la conformation adoptées par les molécules étudiées (fig. 15.22).

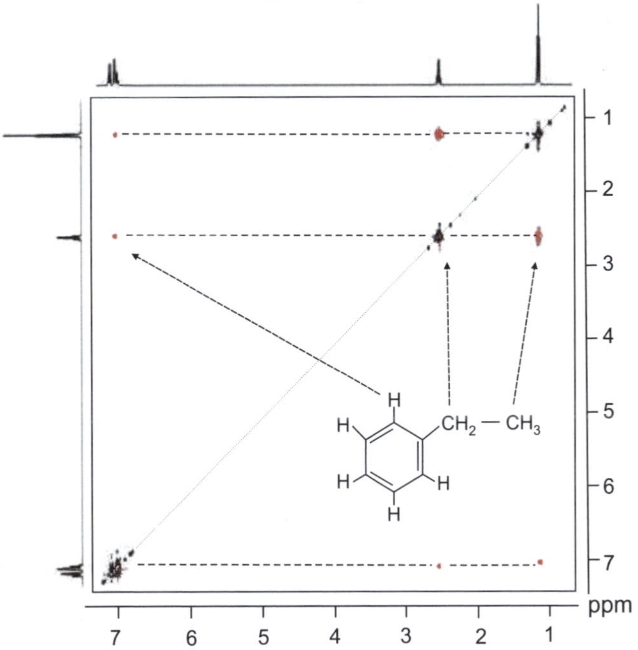

Figure 15.22

Spectre NOESY de l'éthylbenzène.

Le résultat d'une expérience NOESY sur cette molécule fournit un exemple simple qui permet de remarquer qu'en plus de la corrélation COSY entre les atomes d'hydrogène situés sur les carbones 1 et 2, apparaît une tache de corrélation plus lointaine avec certains des hydrogènes situés sur le cycle aromatique.

15.14.3 Corrélation hétéronucléaire ^1H-^{13}C HETCOR et HSQC

Bien d'autres séquences existent qui sont loin d'être des expériences de routine et qui s'adressent aux utilisateurs expérimentés. Ainsi, les séquences HETCOR et HSQC permettent de corréler des signaux RMN ^1H à des signaux ^{13}C (fig. 15.23). Ces analyses facilitent l'interprétation des spectres RMN ^1H et ^{13}C en permettant de retrouver un signal proton à partir du signal ^{13}C ou deux protons portés par le même carbone.

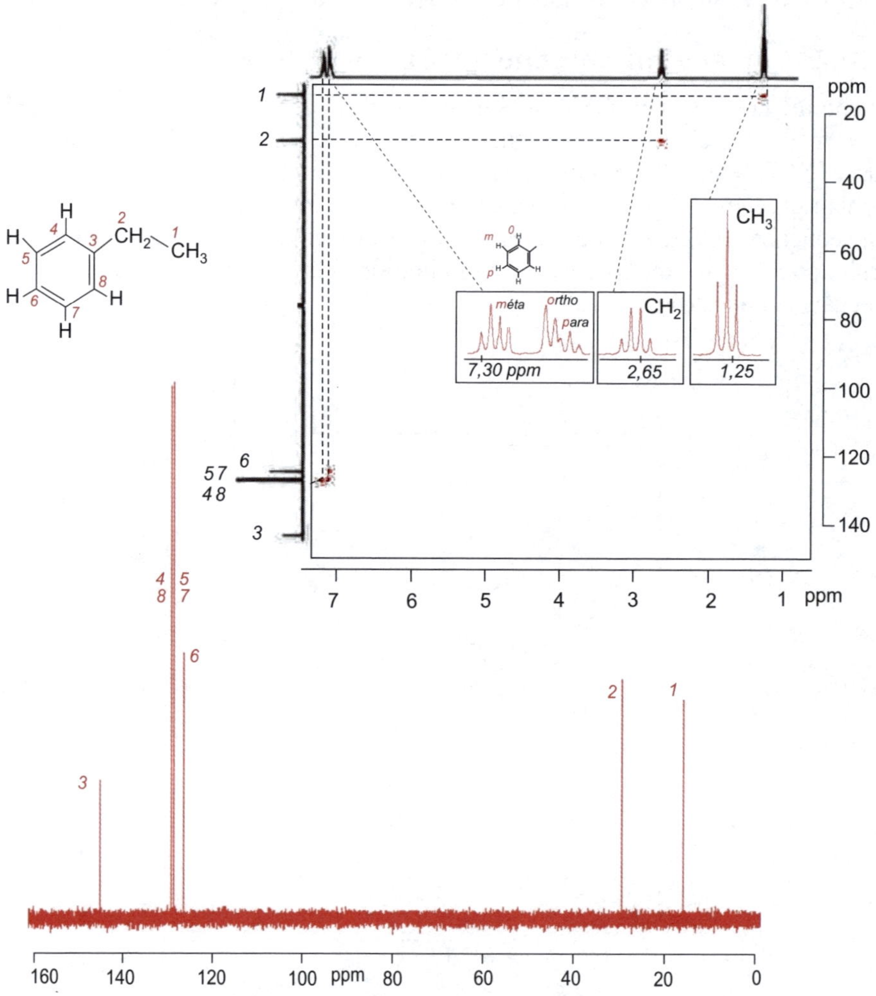

Figure 15.23

Spectre du ^{13}C de l'éthylbenzène découplé des protons et spectre HSQC.
Chaque atome de carbone donne un seul signal, chaque carbone étant alors représenté par un singulet. Ces spectres découplés « large bande », plus simples, donnent moins d'informations. Sur cette figure a été reproduit également le résultat d'une expérience 2D de type HSQC de cette même molécule. On notera que le carbone 3 ne portant pas d'atome d'hydrogène, ne peut donner de tache de corrélation.

Contrairement aux spectres COSY et NOESY, le nombre de taches de corrélation est plus limité, chaque signal de carbone pouvant au plus être lié à deux protons magnétiquement différents.

15.15 RMN ^{13}C

En RMN ^{13}C, les constantes de couplage $^1J_{C-H}$ étant de l'ordre de 125 à 200 Hz, il se produit souvent des chevauchements de signaux qui rendent le spectre moins lisible. C'est une des raisons pour lesquelles l'acquisition du signal en RMN ^{13}C s'accompagne d'une séquence de découplage des protons ramenant ainsi le spectre à des singulets fins (fig. 15.23). Cette simplification des spectres RMN ^{13}C est nécessaire pour améliorer le rapport signal/bruit en raison de la faible abondance (1,1 %) et de la faible sensibilité du carbone. En raison de l'effet Overhauser lié au découplage des protons, les signaux des carbones porteurs de protons sont plus intenses que les signaux des carbones quaternaires.

L'analyse du spectre ^{13}C peut être complétée avec des séquences spéciales appelées DEPT qui permettent de différencier les signaux des CH, CH_2, CH_3 et carbones quaternaires. Ainsi, un spectre DEPT 135 fait apparaître les signaux des CH et CH_3 d'un côté du plan défini par la ligne de base et les signaux des CH_2 de l'autre côté (fig. 15.24). Cette séquence qui utilise les couplages avec les protons fait disparaître les signaux des carbones quaternaires (non couplés).

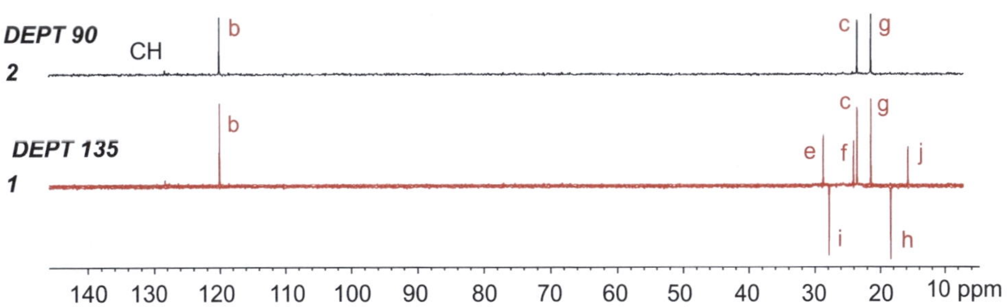

Figure 15.24

Séquences DEPT sur le 2-carène.

Cet exemple illustre tout l'intérêt de ces séquences quand il s'agit de déterminer les structures de composés *a priori* inconnues.

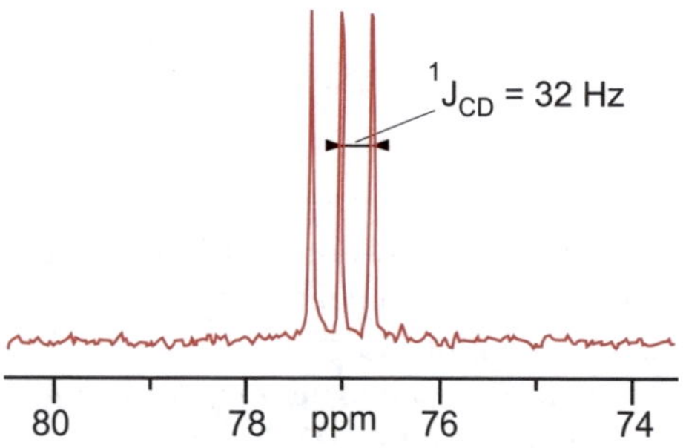

Figure 15.25
Spectre ^{13}C du $CDCl_3$ montrant le couplage $^1J_{CD}$.
Les trois signaux de ce spectre ont pour origine le couplage hétéronucléaire entre le ^{13}C et l'atome de deutérium ^2H (ou D), (couplage $^1J_{CD} = 32$ Hz). Le deutérium ayant un nombre de spin de 1, il y a en effet trois possibilités pour m : −1, 0, +1, ce qui conduit au triplet. Les trois composantes sont d'égale intensité parce qu'il n'y a qu'un seul atome de deutérium. Sur pratiquement tous les spectres ^{13}C utilisant ce solvant on reconnaît ce triplet, qui se superpose au spectre du composé étudié.

15.16 RMN DU FLUOR ET DU PHOSPHORE

Le fluor et le phosphore sont les deux hétéroatomes, au sens de la chimie organique, qui ont été le plus étudiés par RMN après l'hydrogène et le carbone.

L'élément fluor, constitué par 100 % de ^{19}F ($I = 1/2$), est à comparer au proton ^1H pour sa bonne sensibilité. L'étendue des déplacements chimiques est beaucoup plus grande (fig. 15.26 et 15.27). Il devient donc possible en RMN ^{19}F de différencier des composés chimiquement très semblables. En particulier, les différences dues à la stéréochimie des molécules étudiées sont importantes et les constantes de couplage J_{F-H} peuvent se mesurer sur de plus grandes distances que les J_{H-H} (fig. 15.26).

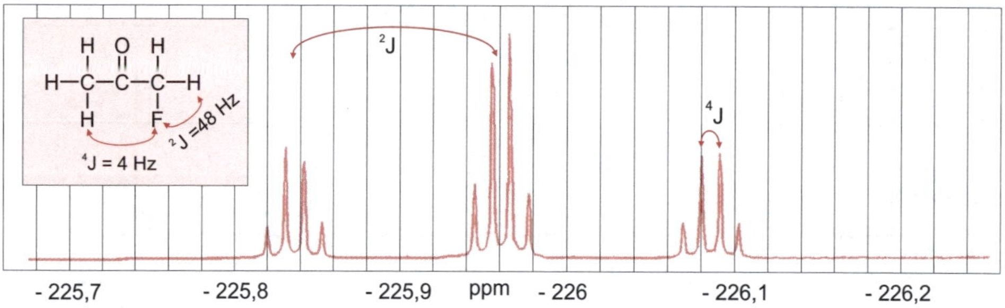

Figure 15.26
Spectres de RMN de la monofluoroacétone.
Un exemple de couplage hétéronucléaire. L'unique atome de fluor de cette molécule conduit à un triplet avec le CH_2 et à un quadruplet avec le méthyle. Le signal résultant est donc un triplet de quadruplets (l'échelle des déplacements chimiques est positionnée par rapport à $FSiCl_3$).

En revanche, relativement peu de molécules contiennent des atomes de fluor.

Le phosphore (^{31}P, $I = 1/2$) autre élément commun dont un seul isotope existe à l'état naturel, a été étudié depuis l'origine de la RMN, tant parce que sa sensibilité est grande et qu'il rentre dans la composition de nombreux composés importants en biologie.

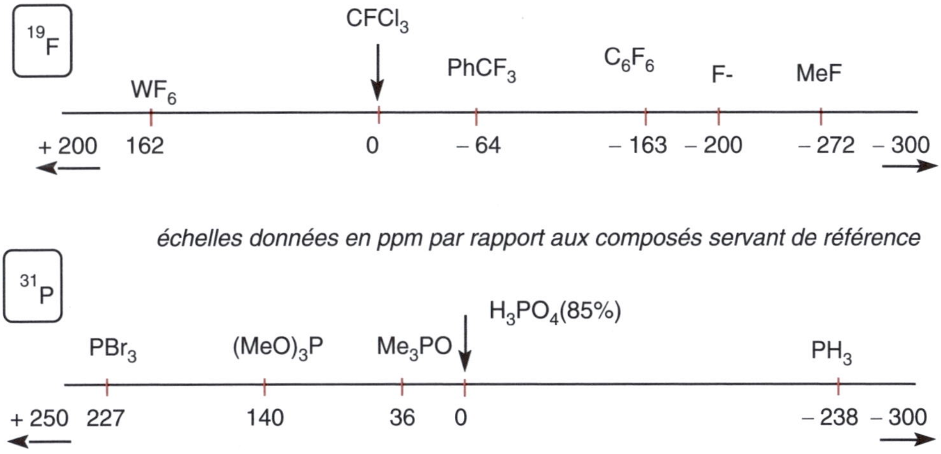

Figure 15.27
Positions de quelques signaux en RMN du fluor et du phosphore.

15.17 Applications de la RMN

15.17.1 Analyse structurale

De nombreuses substances d'origine naturelle ont pu être identifiées grâce à la RMN. L'analyse structurale nécessitant de disposer de composés purs, les divers extraits naturels doivent donc être préalablement séparés en leurs différents composants. La grande diversité de molécules possibles rend cette étape particulièrement fastidieuse. Le couplage de la RMN avec une méthode séparative telle que la CLHP, permet de surmonter cette difficulté. Les appareils de RMN actuels sont suffisamment sensibles pour que ce couplage devienne une réalité (fig. 15.28).

Le principe consiste à faire passer la phase mobile après sortie du détecteur du chromatographe dans une micro-cellule à circulation placée dans l'appareil de RMN. Sans interrompre le débit (technique *on-flow*) on enregistre au cours du temps un grand nombre de spectres de RMN qu'il est possible ensuite d'étudier pour reconnaître la nature des composés élués. Cependant, l'obligation de choisir une phase mobile compatible avec la RMN (solvant deutériés) constitue l'une des principales limitations à la diffusion de ce type de technique.

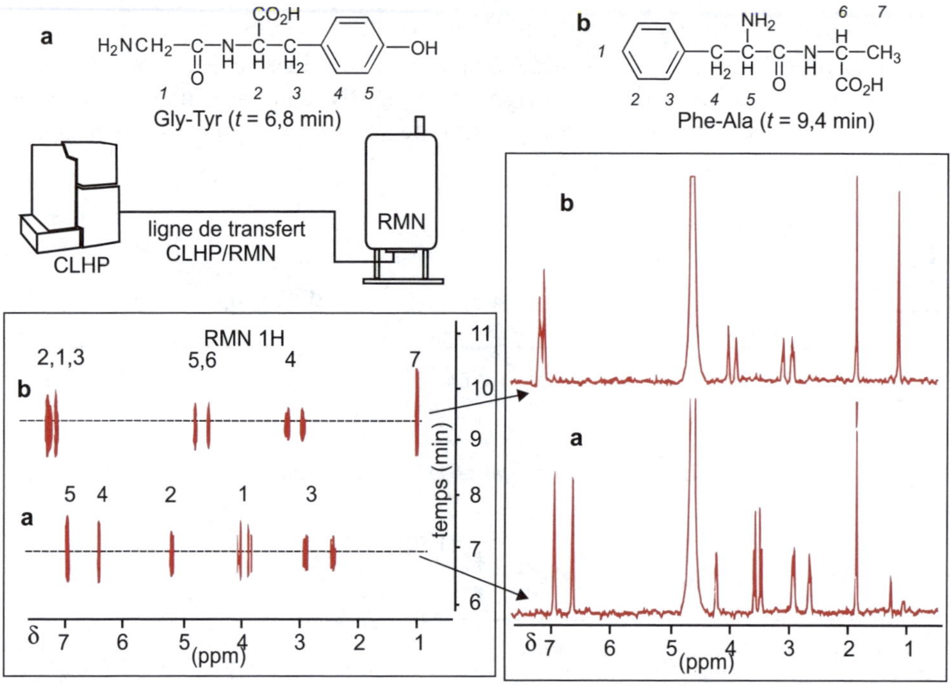

Figure 15.28

Enregistrement obtenu au cours d'une expérience CLHP couplée à une détection par RMN ^{1}H.

Séparation de deux dipeptides (5 μg chacun) avec identification des signaux. Pour plus de clarté, les pics des solvants vers 2 et 5 ppm (acétonitrile et eau) ont été éliminés (selon Sweeder et al, *Analyt. Chem.*, 1999, 71(23), 5335).

15.17.2 Analyse quantitative

Bien que la RMN soit une méthode réservée au domaine de l'analyse structurale par la qualité des renseignements qu'elle fournit, elle permet d'effectuer un certain nombre de dosages dans l'agroalimentaire, le médical, l'industrie des polymères et l'industrie pharmaceutique. Pour cette dernière, elle figure dans la plupart des pharmacopées où elle est utilisée, soit pour quantifier un principe actif, ou au contraire, pour doser une impureté.

La méthode est intéressante dans la mesure où il est possible de faire des analyses sans préparation compliquée ni destruction de l'échantillon, sans risque de pollution de l'appareil et à la différence de beaucoup d'autres méthodes, telle la chromatographie, sans procéder à une étape de normalisation préalable. Dans certains cas, la préparation de l'échantillon est rapide et aisée, il suffit de le dissoudre et de le diluer dans un solvant deutérié approprié.

La méthode repose sur la relation fondamentale qui montre que l'intensité de tout signal de RMN, (généralement représentée par un nombre proportionnel à son aire

S), est directement proportionnelle au nombre de noyaux N responsables de ce signal soit,

$$S_X = k_{app.} \cdot N_X \qquad (15.12)$$

où $k_{\text{app.}}$ désigne une constante du spectromètre qui dépend de nombreux paramètres. Elle doit demeurer constante pour tous les signaux de résonance pour l'ensemble du spectre.

Les signaux choisis pour repérer chaque constituant doivent être bien séparés. La sensibilité et la précision varient suivant le type de noyau. Pour le proton, la précision sur les aires est de l'ordre de 1 %. Pour l'étude des noyaux ^{13}C, ^{29}Si, ^{31}P, dont les temps de relaxation T_1 sont particulièrement longs, on ajoute un agent de relaxation paramagnétique tel que l'acétylacétonate de chrome dans le but de raccourcir T_1..

En RMN du proton l'aire S de chaque signal sera ainsi directement proportionnelle au nombre de protons responsables de ce signal et à sa concentration moléculaire. Il existe plusieurs modes de quantification.

Si tous les analytes de l'échantillon ont été identifiés et tous les signaux de RMN attribués, l'examen du spectre de RMN permet un accès quasi immédiat aux rapports molaires, comme le montre l'exemple suivant.

Soit un échantillon constitué d'un mélange de deux analytes l'acétone A et et le benzène B dissous dans $CDCl_3$ comme solvant. On observe sur le spectre RMN ^1H de ce mélange deux signaux l'un à δ = 2,1 ppm (acétone) et l'autre à δ = 7,3 ppm (benzène), par rapport au TMS. Ce spectre correspond à la superposition pondérée des deux spectres individuels (fig. 15.29).

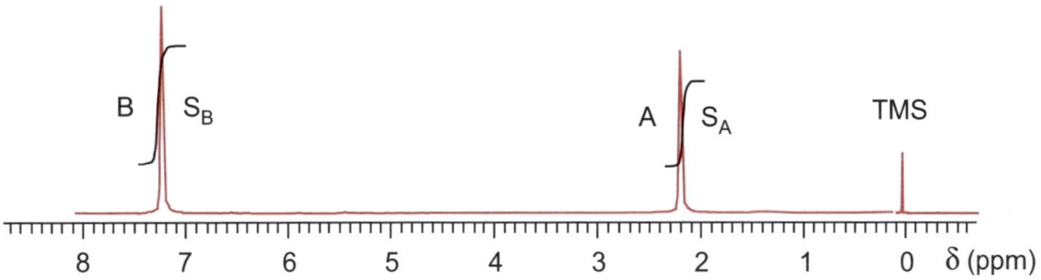

Figure 15.29

Spectre de RMN d'un mélange d'acétone A et de benzène B.

Si S_A = 111 et S_B = 153 (unités arbitraires), on trouvera, sachant que M_A = 58 et $M_B = 78$ g × mol^{-1}, $C_A = 35$ % et $C_B = 65$ % en masse.

Comme l'aire du signal de A (S_A) est à la fois proportionnelle au nombre de protons a et à la concentration molaire n_A et qu'il en est de même pour l'aire S_B de B – nombre de protons b et concentration molaire n_B, on a un accès quasi immédiat au rapport molaire n_A/n_B (15.13)

$$\frac{n_A}{n_B} = \frac{S_A/a}{S_B/b} \qquad (15.13)$$

En faisant intervenir les masses molaires M_A et M_B, on accède aux concentrations massiques C_A % et C_B %, sachant que $C_A \% + C_B \% = 100$:

$$C_A\,\% = 100 \cdot \frac{\frac{S_A}{a} M_A}{\frac{S_A}{a} M_A + \frac{S_B}{b} M_B} \quad \text{et} \quad C_B\,\% = 100 \cdot \frac{\frac{S_B}{b} M_B}{\frac{S_A}{a} M_A + \frac{S_B}{b} M_B} \tag{15.14}$$

Dans le cas d'un mélange multicomposants (*A*, *B*, ..., *I*, ..., *Z*) dont chacun des constituants aura été préalablement identifié, l'expression générale 15.15 permet d'exprimer la concentration massique d'un constituant *I*.

$$C_I\,\% = 100 \cdot \frac{(S_I/i) \cdot M_I}{(S_A/a) \cdot M_A + \cdots + (S_I/i) \cdot M_I + \cdots + (S_Z/z) \cdot M_Z} \tag{15.15}$$

Dans l'exemple choisi (fig. 15.30), où l'acétone et le benzène ont le même nombre de protons, $a = b$, les relations 15.14, après simplification, conduisent aux % massiques suivants :

$$C_A\,\% = 100 \cdot \frac{S_A M_A}{S_A M_A + S_B M_B} \quad \text{et} \quad C_B\,\% = 100 \cdot \frac{S_B M_B}{S_A M_A + S_B M_B} \tag{15.16}$$

En relation avec ce type de calcul, la RMN ^{1}H sert fréquemment, en chimie organique, de méthode pour établir le rendement d'une réaction A → B. Pour cela on identifie, sur le spectre du produit brut, après réaction, un signal appartenant au produit formé (B) et un signal appartenant au reste de produit de départ (A), Le rendement de B par rapport à A s'écrira, avec les notations précédentes :

$$R = 100 \cdot \left(\frac{S_B}{b}\right) / \left(\frac{S_A}{a} + \frac{S_B}{b}\right) \tag{15.17}$$

Cependant, dans la majorité des cas, on cherche à quantifier un seul analyte, voire deux, dans un échantillon dont on ne connaît pas toujours la composition exacte et dont on ne peut pas identifier *tous* les signaux du spectre. Il suffit alors de repérer un signal appartenant au composé auquel on s'intéresse. On utilise alors, comme en chromatographie, une méthode analogue à celle de l'étalon interne.

Supposons que l'on veuille doser le composé *X* ($M = M_X$) dans un échantillon *E*. Avant d'enregistrer le spectre on prélève P_E mg de cet échantillon contenant le produit *X*, auquel on ajoute une quantité de p_R mg d'un composé de référence *R* ($M = M_R$), à usage d'étalon interne. Cet étalon est choisi de manière à ce que le signal servant d'indicateur n'interfère pas avec le signal choisi pour le composé *X* (figure 15.30). Ensuite on repère sur le spectre de RMN du mélange en solution dans un solvant approprié :

- un signal appartenant au composé X (aire S_X pour *x* protons),
- un signal appartenant au standard *R* (aire S_R pour *r* protons).

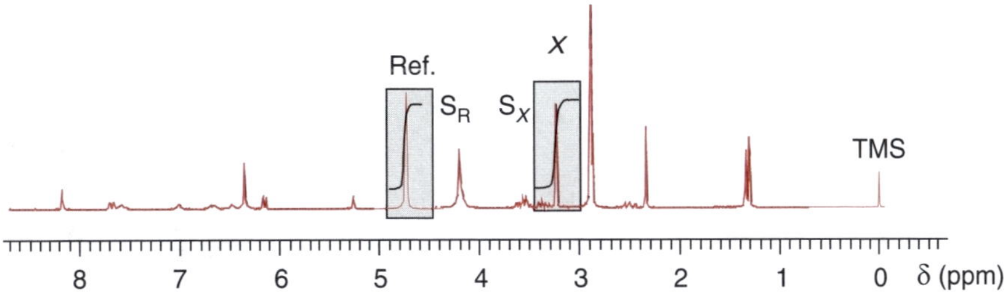

Figure 15.30
Spectre d'un échantillon auquel on a ajouté un composé de référence R.
Le signal S_X appartient au composé à doser et le signal S_R, au standard interne.

En désignant par n_X/n_R le rapport molaire de X et de R, on écrira comme précédemment :

$$\frac{C_X}{C_R} = \frac{n_X}{n_R} \cdot \frac{M_X}{M_R} \tag{15.18}$$

Sachant que :

$$\frac{n_X}{n_R} = \frac{S_X/x}{S_R/r} \tag{15.19}$$

et que la concentration C_R, exprimée en % massique de S, est égale à :

$$C_R = 100 \cdot \frac{p_R}{P_E + p_R} \tag{15.20}$$

on en déduira la concentration en % massique de X, soit C_X :

$$C_X = 100 \cdot \frac{p_R}{P_E + p_R} \cdot \frac{(S_X/x) \cdot M_X}{(S_R/r) \cdot M_R} \tag{15.21}$$

15.17.3 Analyseurs utilisant la RMN impulsionnelle

La RMN à transformée de Fourier, à onde pulsée, permet également une autre forme de dosage de routine encore sous-estimée par les analystes de contrôle-qualité. Ainsi l'eau et quelques composés organiques, dont les matières grasses, peuvent-ils être dosés par cette technique à partir de la concentration en élément hydrogène de l'échantillon. Les instruments correspondants ne permettent pas de tracer le spectre habituel mais mesurent l'intensité globale du FID sitôt après la période d'irradiation, ainsi que sa décroissance dans le temps (fig. 15.31). La vitesse avec laquelle les protons se relaxent renseigne sur l'environnement des atomes d'hydrogène. Il devient donc possible de distinguer les protons engagés dans un composé solide, de ceux qui, au contraire, font partie d'un liquide.

Dans le domaine agroalimentaire on peut ainsi déterminer, après étalonnage, la concentration des constituants majeurs, eau et corps gras, d'échantillons divers.

Suivant le même principe, d'autres applications existent basées sur la détection des éléments phosphore ou fluor.

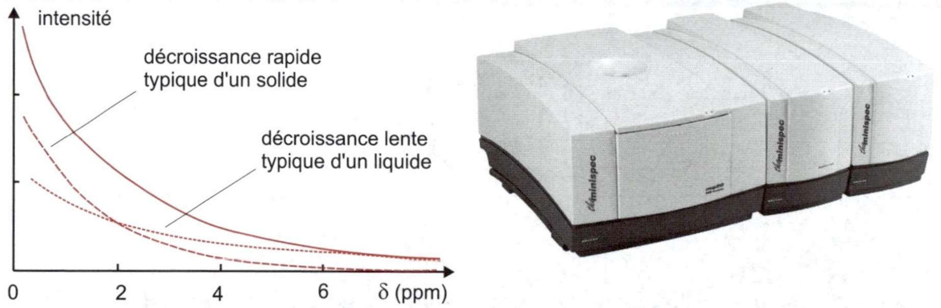

Figure 15.31

Décroissance du FID d'un mélange solide/liquide.
On distingue la mesure absolue de l'amplitude du FID qui renseigne sur la quantité de protons exprimée en pourcentage de la masse totale, et les mesures relatives basées sur T_2 qui permettent de déterminer le pourcentage de solide dans un échantillon par décomposition de la courbe enveloppe en ses composantes. *Appareil de RMN ^1H basse résolution destiné aux analyses de routine.* Analyseur utilisé pour quantifier l'eau et les matières grasses dans les produits agroalimentaires (modèle Minispec, reproduit avec l'autorisation de la société Bruker).

Pour déterminer les ressources en eau du sous-sol (épaisseur et profondeur des nappes aquifères), les géologues peuvent se baser sur le signal de RMN des protons soumis au très faible champ magnétique terrestre en utilisant un matériel adapté (la fréquence de Larmor est de quelques centaines d'hertz).
Il est peu probable que le don des sourciers réside dans la détection d'un tel signal !

15.17.4 Imagerie de résonance magnétique nucléaire

Cette dernière application, un peu en marge des autres applications qui traitent purement d'analyse chimique, consiste à exploiter la RMN pour obtenir des images. Sont concernés tous les matériaux contenant des noyaux exploitables, mais le plus souvent on se limite aux protons des atomes d'hydrogène, ce qui va des organismes vivants jusqu'aux couches géologiques. Cet important développement de la RMN est appliqué au domaine médical, sous le nom d'IRM (Imagerie de résonance magnétique). Cette technique, maintenant très connue, permet un examen non invasif, bien adapté aux tissus mous. Le volume examiné doit être placé dans le champ magnétique, ce qui exige la fabrication de très gros aimants supraconducteurs pour les appareils dits corps entier. Le signal donné par l'eau (en RMN ^1H) est le plus facile à observer car les tissus biologiques en contiennent environ 90 % (un individu de 70 kg comporte 50 kg d'eau et 13 kg de carbone). Dans d'autres cas on repère le signal donné par les CH_2 des tissus graisseux. L'image finale est une présentation cartographique de la répartition en intensité d'un même type de signal, le contraste étant relié aux variations des temps de relaxation des protons dans le plan choisi. Parmi les difficultés techniques spécifiques à la RMN tridimensionnelle, figure la focalisation (ou sélectivité spatiale) c'est-à-dire l'obtention du signal issu d'un volume quasi ponctuel à l'intérieur d'un objet.

Tableau 15.5 Déplacement chimique des principaux types de protons des molécules organiques en RMN. (reproduit avec l'autorisation de la société Spectrométrie Spin et techniques)

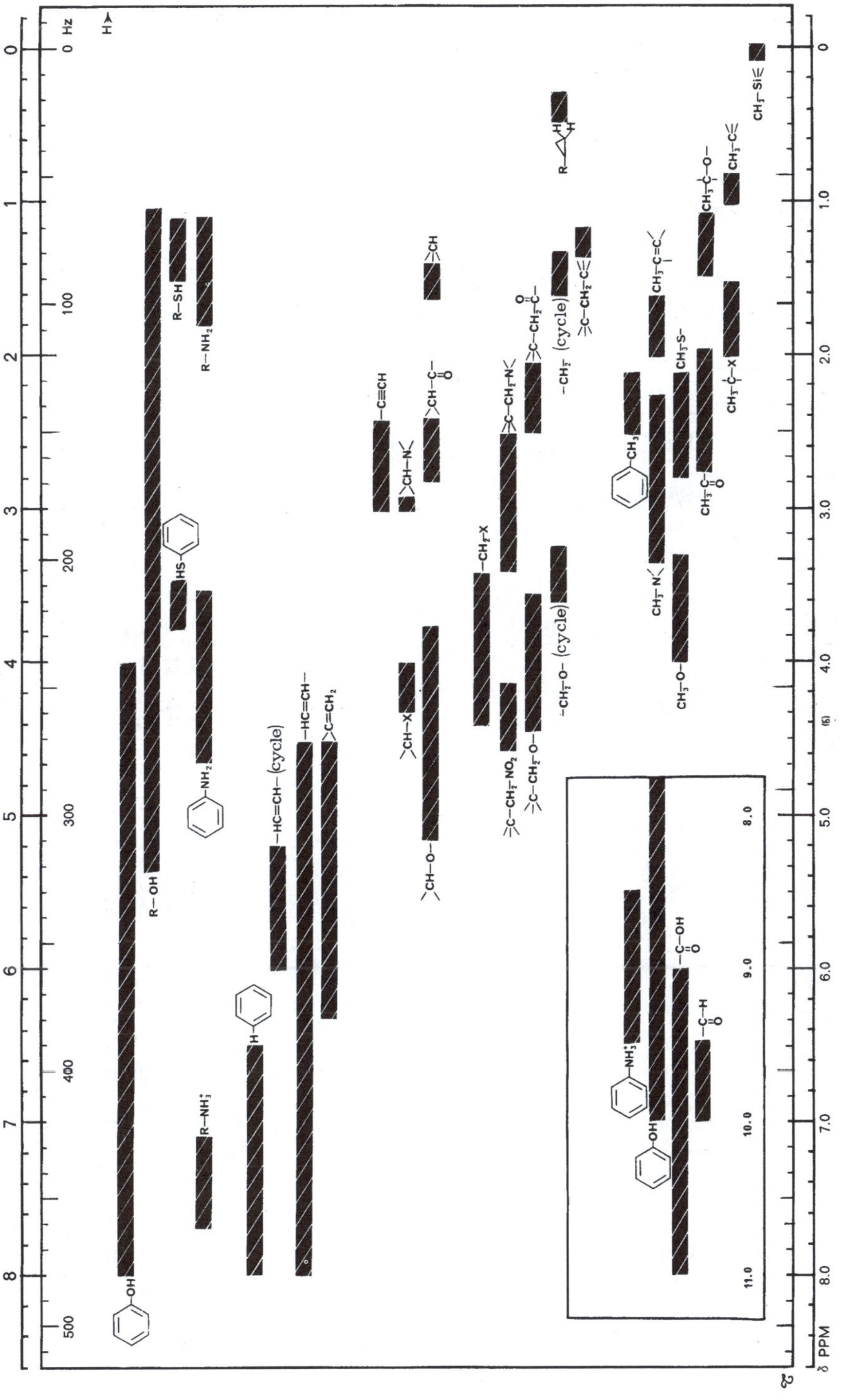

Tableau 15.6 Table de corrélation des fonctions organiques en RMN ^{13}C

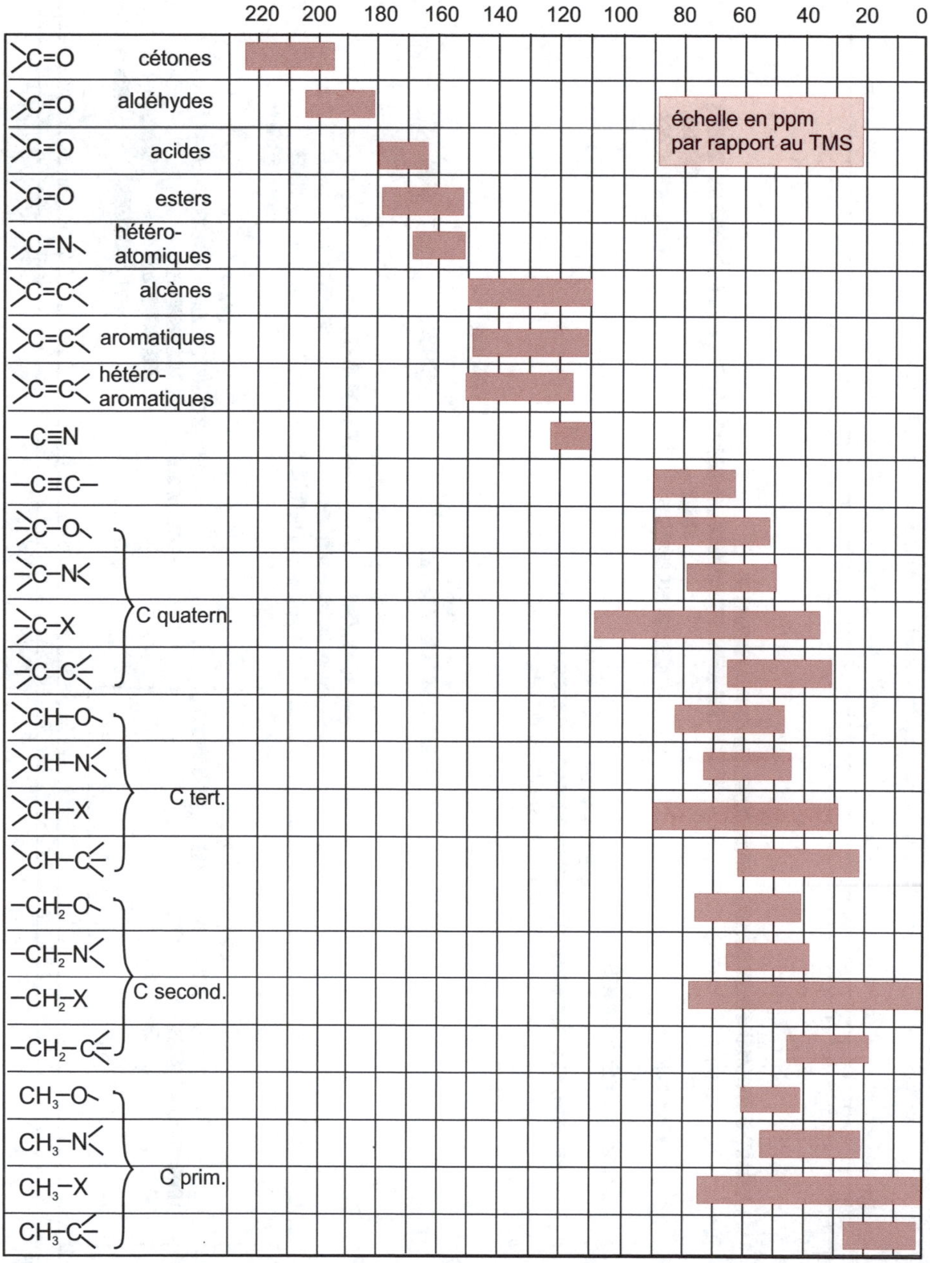

Exercices

15.1 Les tables des nucléides reportent souvent la valeur de la projection de leur moment magnétique nucléaire sur un axe parallèle à $\overrightarrow{B}$. Ainsi pour le proton, $\mu_z = 1,41 \times 10^{-26}$ J · T^{-1}.

– Retrouver la constante γ du proton.

15.2 Calculer, pour T = 300 K, le rapport des populations N_{E1}/N_{E2} pour le proton dans un appareil dont le champ d'induction magnétique est égal à B = 1,4 T. Effectuer ce même calcul pour un champ B = 7 T.

On donne : $\gamma = 2,6752 \times 10^8$ rad · T^{-1} · s^{-1}.

15.3 Sur un spectre de RMN ^{1}H, 1 ppm est représenté par un intervalle de 4 cm en abscisse avec un appareil à 200 MHz.

Quelle distance existe-t-il entre 2 signaux qui diffèrent de 7 Hz ?

Sachant que $\gamma_H/\gamma_C = 3,98$, que devient cette distance pour un spectre du ^{13}C enregistré avec cet appareil ?

15.4 Calculer le déplacement chimique δ en ppm d'un proton dont le signal de RMN est décalé de 220 Hz par rapport au TMS (le champ d'induction magnétique du spectromètre est de 1,879 T).

Le signal de résonance pour un proton est décalé de 90 Hz par rapport au TMS lorsqu'il est mesuré avec un appareil à 60 MHz. Que deviendrait ce décalage avec un appareil à 200 MHz ?

Quels seraient les déplacements chimiques (δ, ppm) correspondants de ce proton avec l'un et l'autre de ces appareils ?

15.5 Sachant que le rapport des constantes magnétogyriques γ_F/γ_H est de 0,9413, calculer la distance qui séparerait le TMS d'un signal dû à un atome de fluor. On choisira pour échelle 1 ppm = 2 cm sur le spectre (spectromètre ^{1}H, 200 MHz).

15.6 On dispose de deux isomères A et B de même formule brute $C_2HCl_3F_2$.

Le spectre RMN ^{1}H (appareil 60 MHz) de A présente un doublet de doublets à 6,2 ppm (J = 70 Hz et J = 7 Hz) et celui de B, 1 triplet à 5,9 ppm (J = 70 Hz).

Quelle est la structure de chacun de ces isomères ?

Un troisième isomère est possible. Décrire quel devrait être son spectre dans ces conditions.

15.7 Retrouver la masse molaire de l'aldéhyde salicylique à partir des données suivantes :

Après avoir ajouté 25 mg de vanilline ($C_8H_8O_3$) à 20 mg d'aldéhyde salicylique, on enregistre le spectre de RMN ^{1}H du mélange.

On remarque, sur la courbe d'intégration, associée au spectre de RMN ^{1}H de ce mélange, que les hauteurs des paliers correspondant au proton aldéhydique de la vanilline et à celui de l'aldéhyde salicylique sont chacune sensiblement égales à 20 mm.

Données : H = 1, C = 12 et O = 16 $g \cdot mol^{-1}$.

Partie III

Autres Méthodes

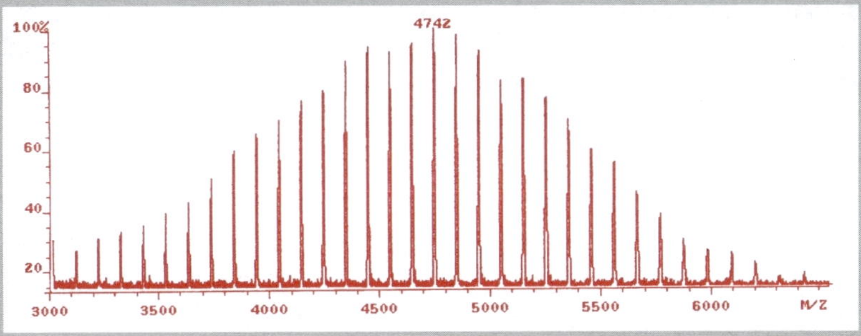

Les analyses de traces et ultra-traces

L'analyse chimique moderne utilise des instruments de plus en plus sensibles. Plus de la moitié des analyses concerne des analytes à des concentrations très faibles, dites à l'état de **trace** et d'**ultra-trace**.

La notion de trace est en relation avec les concentrations massiques correspondantes. Par convention, un composé est dit à l'état de trace dans un échantillon lorsqu'il est présent à une concentration inférieure à 1 000 ppm. Au-dessous du mg/L ou du mg/kg, un analyte est considéré comme étant à l'état d'ultra-trace.

Dans les faits, ces frontières ne sont pas toujours aussi nettes. Elles dépendent de l'analyte et de l'usage de la matière analysée. Ces deux termes reçoivent quelquefois une interprétation plus subjective : si un échantillon d'acétone à usage de solvant, contient 0,1 % de méthanol, on dira que ce dernier est à l'état de trace (1 000 ppm), mais s'il s'agit d'une eau de consommation, on considérera qu'il y en a une grande quantité.

Pour effectuer ces analyses, on utilise des appareils dont il faut connaître la limite de détection. Celle-ci est définie par la concentration de l'analyte qui permet d'obtenir un signal détectable avec certitude — par exemple 3 fois l'écart-type du signal du bruit de fond ou du « blanc ». Elle s'exprime en parties par million (la ppm est définie en masse/masse ou masse/volume selon le milieu dans lequel se trouve l'analyte). Si la masse ou le volume de solution utilisé par l'appareil et nécessaire à l'obtention de ce résultat est bien défini, la valeur précédente peut être transformée en quantité absolue d'analyte exprimée en masse ou en fraction molaire (pico, femtomole, etc.) pour obtenir ce signal. En général ces valeurs sont excessivement petites, car les appareils actuels se contentent d'un volume d'échantillon très faible.

À titre d'exemple, si on injecte dans un chromatographe 1 μL d'une solution à 1 ppb d'un analyte (soit 1 pg), et si la mole pèse 100 g, cela fera 10 femtomoles ! On doit dorénavant s'habituer à ces préfixes peu courants de femto- (10^{-15}), atto- (10^{-18}), zepto- (10^{-21}). Ainsi une zeptomole ne contient que 602 molécules vraies. On s'approche donc de l'atome ou de la molécule individuelle — la trace ultime.

La détection des espèces individuelles est possible avec certaines méthodes. Les isotopes radioactifs nous ont habitués à repérer un seul atome, ce qui ne veut pas dire pour autant que la sensibilité des méthodes basées sur les comptages d'isotopes radioactifs soit toujours meilleure que celle des méthodes utilisant des isotopes stables. Ce paradoxe s'explique en considérant que, pour repérer par comptage un atome radioactif, il faut qu'il se décompose pendant le temps de la mesure. Or, si la période du radio-élément est longue, on aura très peu de chance d'assister à cet événement.

La fluorescence, la SM sont d'autres voies également utilisées pour détecter le signal envoyé par une molécule vraie. Si la plupart des analyses de traces se font à partir des mêmes méthodes que pour doser les composés plus abondants, elles exigent, par contre, beaucoup de soin. Plus on traque les ultra-traces, plus les difficultés surgissent. Les récipients et les réactifs deviennent « pollués », il faut travailler en salle blanche... En l'absence de toutes ces précautions, on pourra trouver n'importe quoi n'importe où — il suffira de se fixer le choix de l'espèce à trouver.

SPECTROMÉTRIE DE MASSE

16

La spectrométrie de masse (SM) désigne une méthode de caractérisation de la matière qui repose sur la détermination des masses atomiques ou moléculaires des espèces individuelles présentes dans l'échantillon. Les instruments utilisés sont les spectromètres de masse qui se répartissent en cinq catégories suivant leur conception. Certains dérivent de montages mis au point au siècle dernier pour l'étude des particules ou des atomes ionisés soumis à un champ magnétique, tandis que d'autres font appel aux seuls champs électriques tels les « bench-top » souvent placés en aval d'une méthode séparative. Les perfectionnements de ces appareils, leur miniaturisation ainsi que l'apparition de nouvelles techniques d'ionisation, en font une méthode dont le champ d'application est très vaste par sa polyvalence et son extrême sensibilité La spectrométrie de masse est devenue progressivement un moyen d'investigation irremplaçable des composés structurés que l'on rencontre aussi bien en chimie organique qu'en biochimie (notamment en protéomique) et en chimie inorganique (technique ICP/SM). Elle permet aussi l'étude des échantillons comportant des mélanges moléculaires, à condition de séparer les composés en amont du spectromètre de masse par chromatographe. Les couplages en ligne CPG/SM ou CLHP/SM font partie des meilleures méthodes d'analyse des mélanges quand on ne dispose que d'infimes quantités d'échantillons complexes.

16.1 PRINCIPES DE BASE

16.1.1 Principe de fonctionnement d'un spectromètre de masse

La spectrométrie de masse est basée sur la détermination des masses des molécules ou atomes présents dans l'échantillon étudié. Pour arriver à ce résultat, on commence par transformer une très petite quantité du composé à analyser en ions par un moyen adapté (bombardement avec des électrons, des atomes, des photons...). Ces ions sont alors soumis, sous un très bon vide, à l'action d'un champ électrique et/ou magnétique suivant les cas. Les forces qui s'exercent sur ces ions permettent de déterminer leur *rapport masse/charge*, donc éventuellement leur nature.

À titre d'exemple, en ionisant par bombardement électronique un échantillon de méthanol (CH_3OH) passé à l'état de gaz, une petite fraction des molécules est transformée en espèces porteuses de charges, parmi lesquelles les ions positifs $CH_3OH]^{+\bullet}$. Ces ions, formés dans un état excité, disposent d'un surplus d'énergie qui provoque quasi immédiatement leur fragmentation pour beaucoup d'entre eux. Tous, cependant, ne se dissocient pas de la même façon, si bien qu'il se forme toute une collection d'ions de masses inférieures à celle des molécules de méthanol de départ. D'une manière générale, ces fragments, nés de coupures de liaisons et de réactions de réarrangement subséquentes, sont porteurs d'informations sur la molécule initiale (fig. 16.1).

Les résultats sont présentés au moyen d'un graphe appelé *spectre de masse* sur lequel on reporte en suivant certaines conventions les abondances des ions formés en les classant par ordre croissant de leur rapport masse/charge (fig. 16.1a). En opérant dans des conditions identiques, la fragmentation est reproductible et devient ainsi caractéristique du composé étudié.

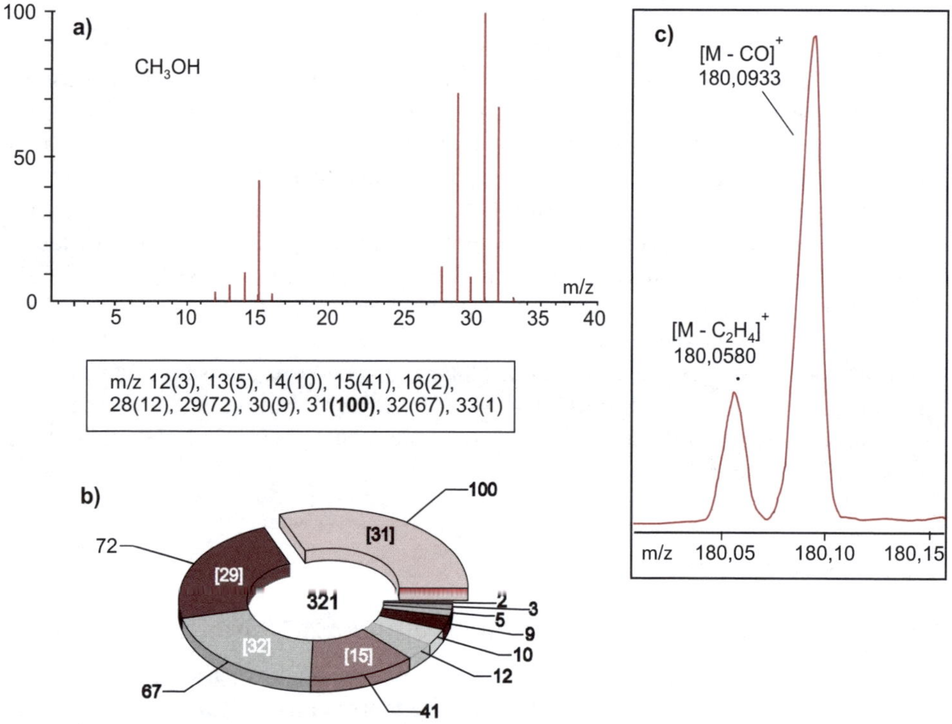

Figure 16.1

Spectre de fragmentation et spectre de masse présentés sous forme graphique ou tabulaire.

a) Spectre de fragmentation du méthanol ; b) représentation non conventionnelle du même spectre sous forme d'un diagramme circulaire : statistiquement, pour 321 ions formés, il y en a 100 de masse 31 u, 72 de masse 29, etc. Les divers ions constituent autant de populations différentes ; c) partie d'un enregistrement haute résolution d'un composé M présentant deux ions de masse voisine (l'un par perte de CO et l'autre de C_2H_4).

Le concept de la technique apparaît dans la succession d'étapes auxquelles l'échantillon est soumis (fig. 16.2) :

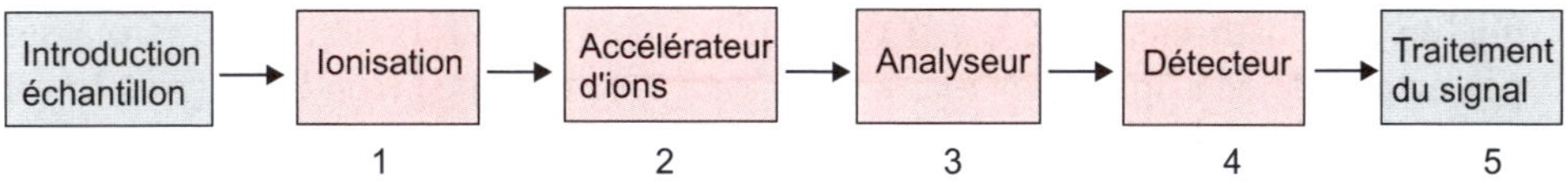

Figure 16.2
Principe de fonctionnement d'un spectromètre de masse.

1. *Ionisation :* l'échantillon préalablement transformé sous forme gazeuse ou de vapeur est introduit dans la *source* de l'appareil pour y être ionisé. De nombreux procédés sont utilisables pour cette première étape. À ce stade, tout composé formé de molécules conduit à un mélange statistique d'ions de fragmentation.
2. *Accélération :* aussitôt formés, les ions commencent leur parcours en étant *focalisés* et *accélérés* par des lentilles électroniques, pour accroître leur énergie cinétique.
3. *Séparation :* les ions sont alors « filtrés » suivant leur rapport masse/charge par l'*analyseur*, certains appareils combinant plusieurs types d'analyseurs en série.
4. *Détection :* après séparation, les ions terminent leur course en venant frapper le capteur d'un *détecteur* dont le signal est proportionnel aux charges des ions reçus.
5. *Affichage du spectre de masse* issu du traitement du signal envoyé par le détecteur.

La méthode ne permet d'accéder qu'au *rapport masse/charge* des ions, m/q. Logiquement pour calculer m, il faudrait donc connaître q. Comme ces ions portent une charge du type $q = ze$ (e représentant la charge élémentaire de l'électron et z un nombre entier petit), on dit qu'on détermine m au facteur z près. C'est pourquoi l'échelle du spectre porte comme indication m/z (m étant en unités atomiques). Pour les molécules petites ou moyennes (M < 1 000), les ions formés sont généralement tous porteurs d'une même charge unitaire ($z = 1$), ce qui fait que l'ordre croissant en masses est le même que celui du rapport m/z. L'usage admet alors de graduer directement le spectre en unités de masse atomique (notée u ou uma) et dont la valeur est par définition 1/12e de la masse du ^{12}C ($1,660538 \times 10^{27}$) kg. Pour les masses élevées, que l'on rencontre habituellement en biochimie, les masses sont souvent exprimées en Daltons (Da), au lieu de u bien que cette unité ne soit pas adoptée par l'IUPAC.

L'expression « *spectre de masse* » ne doit pas prêter à confusion : l'appareil ne conduit pas à un *spectre* au sens le plus habituel de ce terme, rencontré dans les méthodes basées sur l'interaction entre un analyte et des radiations lumineuses. L'origine de cette expression vient probablement de la ressemblance entre les enregistrements obtenus avec les appareils anciens et ceux des spectrographes qui permettaient une exploration du spectre optique dans l'espace. La spectrométrie de masse ne fait pas partie des méthodes de spectroscopie optique (spectrophotométriques).

Le spectre de masse peut se présenter sous deux types de tracés très différents :

- le *spectre continu* (le profil) de l'intervalle de masses sélectionné. Le tracé correspond à un ensemble de signaux en forme de pics plus ou moins larges selon la qualité de l'instrument (fig. 16.1c). Ces pics, répartis en fonction de leurs masses, permettent de déterminer les masses des ions avec une précision qui atteint 10^{-5} u pour les meilleurs appareils. La limite supérieure en masse, en constante progression, dépasse 10^6 u.
- le *spectre de fragmentation* (« spectre-barres » ou diagramme en bâtonnets). Il correspond à la répartition de tous les ions formés, regroupés aux *masses nominales* (cf. tableau 16.1) les plus proches de leurs masses réelles et présentés sous forme de traits verticaux. Le type d'ion le plus abondant conduit au pic le plus intense, *appelé pic de base*, auquel on donne l'indice 100. Les intensités des autres pics s'expriment en % du pic de base. Cette représentation graphique des masses réparties en populations, dont les hauteurs sont proportionnelles à leurs abondances correspond à un histogramme (fig. 16.1a). De tels diagrammes sont faciles à archiver et à comparer en vue de faire des identifications. Cette présentation normalisée, qui conduit au type de tracé le plus courant en analyse, a cependant pour inconvénient qu'à une même masse nominale il peut correspondre des ions de composition atomique différente.

L'identification des composés moléculaires par spectrométrie de masse peut se faire à partir de l'un ou de l'autre des deux types de tracés de spectres :
– ou bien on essaie de reconstituer la structure du composé à la manière d'un puzzle. C'est un exercice d'autant plus difficile que la masse est élevée. Les fragmentations successives des ions sont complexes. La tâche se simplifie si on dispose de plusieurs spectres enregistrés dans des conditions différentes et de logiciels d'aide à l'interprétation.
– ou bien on fait appel à une spectrothèque répertoriant un grand nombre de spectres de fragmentation, parmi lesquels, dans le cas favorable, on trouvera le spectre du composé étudié.

16.1.2 Performances des spectromètres de masse

Limite en masse. Tout spectromètre permet de déterminer le rapport *m/z* jusqu'à une valeur maximum. La masse la plus élevée qui lui correspond dépend donc du nombre de charges *z* portées par l'ion. Par exemple, si l'appareil peut mesurer les rapports masse/charge jusqu'à 2 000, il sera possible de détecter un ion de masse 80 000 u (ou Da) porteur de 40 charges élémentaires ($q = 40 \cdot e$).

Sensibilité. La sensibilité d'un spectromètre de masse se mesure en poids d'échantillon consommé par seconde (quelques pg/s ou femtomole/s) pour obtenir un signal d'intensité normalisée. Il y a renouvellement des ions en permanence, l'analyte introduit se trouvant progressivement consommé.

L'extrême sensibilité des spectromètres de masse combinée à la capacité qu'offre ce type de détection, basée sur l'identification des ions par leur masse, ont permis d'accroître considérablement les performances d'autres méthodes analytiques propres à l'analyse des composés organiques (CPG/SM, CLHP/SM, Analyse thermogravimétrique/SM) ou inorganiques (ICP/SM).

Pouvoir de résolution. Sur un spectre tracé en mode gaussien (obtenu avec un appareil à secteur magnétique ou à temps de vol ou cyclotronique, comme il sera vu plus loin), on pourra distinguer des masses d'autant plus voisines que les pics correspondants seront plus étroits. Cette propriété importante des appareils est repérée par le *pouvoir de résolution R* pour lequel plusieurs définitions coexistent. Pour calculer *R*, on divise la valeur *m/z* du pic choisi par la largeur du pic Δ(*m/z*) repérée soit à mi-hauteur (*Full Width at Half Maximum, FWHM*) s'il s'agit d'un pic isolé, soit à 5 % de la hauteur quand on considère deux pics voisins (fig. 16.3 & 16.4).

$$R = (m/z)/\Delta(m/z) \tag{16.1}$$

ou

$$R = M/\Delta m \tag{16.2}$$

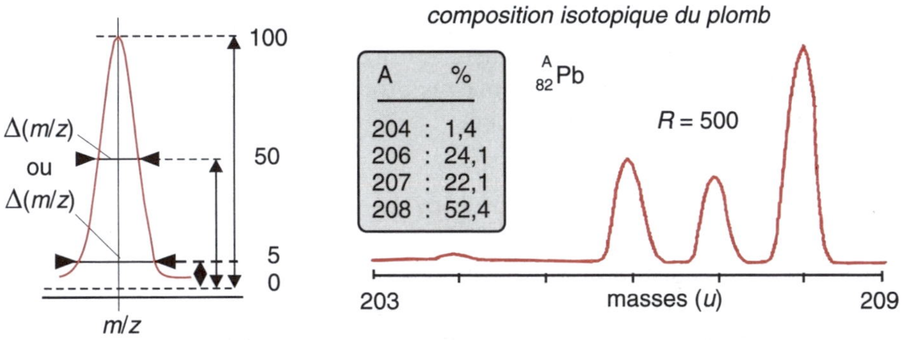

Figure 16.3
Pouvoir de résolution.
À gauche, situation de principe pour définir ce paramètre dans le cas d'un pic isolé. Suivant les constructeurs, la largeur du pic est mesurée soit à 50 % soit à 5 % de sa hauteur. À droite, exemple de spectre basse résolution d'un échantillon de plomb. La valeur trouvée pour le pouvoir de résolution dépend beaucoup du composé et de la masse choisis.

La résolution est un paramètre essentiel qui conditionne l'utilisation du spectromètre de masse. Les appareils dits *basse résolution* (*R* < 5 000) vont permettre l'obtention de spectres de masse sous forme de bâtonnets. Tout au plus peut-on dire que pour un tel spectre la résolution (et non le pouvoir de résolution) vaut exactement 1 u (par exemple on distingue le pic 28 du pic 29, ou le pic 499 du pic 500...). L'observation du signal brut que peut fournir un appareil de cette catégorie à partir d'un

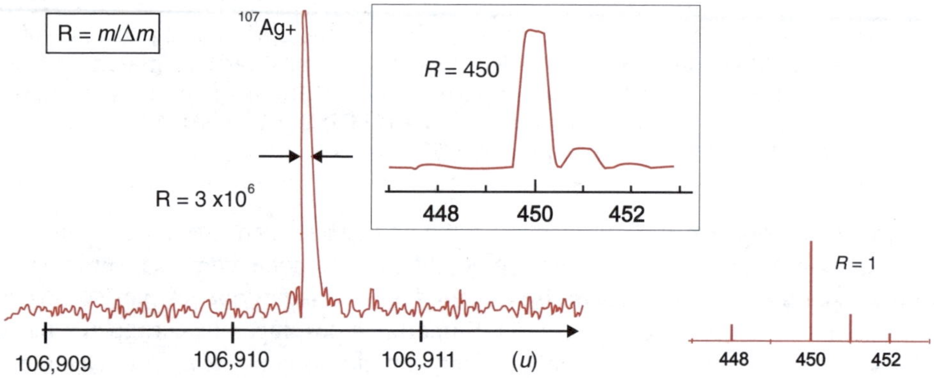

Figure 16.4
Pouvoir de résolution établi sur des spectres expérimentaux.
À gauche exemple d'un enregistrement correspondant à un pouvoir de résolution très élevé (appareil à résonance cyclotronique). En haut, à droite, le signal brut d'un appareil à filtre quadripolaire (pouvoir de résolution, 450). À droite présentation conventionnelle de ce même enregistrement (résolution, 1 u).

composé montre un tracé constitué de pics larges et de forme aplatie au sommet (fig. 16.4). En revanche, avec les appareils dits *haute résolution* ($R > 5\,000$) qui donnent la masse des ions avec une précision meilleure que 0,001 u, il devient possible de différentier des masses voisines. Ainsi les ions NH_4^+ (18,034 u) et H_2O^+ (18,011 u) qui ont tous les deux des masses proches de 18 pourront être identifiés sans équivoque avec ce type d'instrument.

16.2 Introduction de l'échantillon

Les méthodes d'introduction des échantillons dans le spectromètre de masse sont nombreuses, à la fois parce que les échantillons peuvent revêtir des formes variées et parce que certains procédés d'ionisation ont leur propre exigence.

16.2.1 Introduction directe

Si l'échantillon est sous forme de gaz ou de liquide, on en introduit une très petite quantité, avec une microseringue, dans une sorte de réservoir qui communique avec la chambre d'ionisation par un orifice très étroit. Sous l'effet du vide poussé qui règne en aval de cet orifice, le composé se trouve aspiré et vaporisé. On obtient ce qu'on appelle une *fuite (ou pompage) moléculaire*. Pour les applications qui nécessitent un suivi permanent, l'introduction peut se faire en continu par une entrée en dérivation de l'installation. Les gaz et les composés volatils (COV) à l'état vapeur ou dissous en phase liquide pourront diffuser à travers une membrane.

S'il s'agit d'un solide pouvant passer à l'état de vapeur sous vide, il est déposé à l'extrémité d'un support métallique (chauffé ou non) qui est coulissé dans la source de l'appareil. Dans d'autres cas, pour certains modes d'ionisation, il est mélangé au sein d'une matrice tel le glycérol ou l'acide benzoïque.

16.2.2 Introduction dans le cas des techniques couplées

Pour les mélanges d'analytes, il est fréquent de faire précéder l'analyse d'une séparation préalable des constituants par chromatographie en réunissant un chromatographe et un spectromètre de masse. Le couplage CPG/SM est devenu très courant : on fait déboucher la colonne capillaire dans la chambre d'ionisation. Les composés séparés arrivent donc de manières successives sous forme gazeuse et mélangés au gaz vecteur pour être analysés individuellement. Le débit de gaz vecteur ne dépassant pas 1 à 2 mL/min, la pompe du spectromètre suffit pour maintenir le vide nécessaire à l'analyse.

L'interfaçage CLHP/SM ou ECHP/SM est plus complexe par suite de la présence des solvants d'élution qui contiennent souvent de l'eau. En effet, pour maintenir un vide poussé dans l'enceinte du spectromètre de masse, le solvant vaporisé correspond à un volume de gaz important qui doit être évacué. On privilégie donc en chromatographie liquide des mini-colonnes aux débits très faibles. De ce fait, l'efficacité du système de pompage est l'élément-clé du succès de ce type d'interface.

En CLHP, il peut s'agir de composés de masses moléculaires élevées, pour lesquels les modes d'ionisation sont différents. Un dispositif assez ancien, dont la sensibilité est maintenant jugée trop faible, est le *séparateur à faisceau de particules*, (*Particle Beam*, fig. 16.5), dans lequel la phase liquide est vaporisée sous forme de spray dans une chambre de désolvatation, avant de traverser un espace où l'échantillon continue à se concentrer par évaporation.

Figure 16.5
Interface CLHP/SM utilisant un séparateur à faisceau de particules.
Les molécules lourdes, moins déviées par effet du vide que les molécules légères de solvant, ont une plus grande probabilité de rester dans l'axe du système et de passer ainsi dans la partie du SM. Cette approche balistique a été très utilisée dans d'autres dispositifs maintenant abandonnés.

16.2.3 Systèmes de pompage

Les systèmes de pompage jouent un rôle essentiel en spectrométrie de masse. Leur rôle est multiple. Ils permettent avant tout d'assurer un vide poussé dans l'enceinte de l'analyseur évitant ainsi la collision des ions analysés avec des molécules provenant du gaz résiduel. Le vide dans l'analyseur doit être d'autant meilleur que le chemin parcouru par l'ion (ou sa durée de vie) est long. Ainsi, pour un parcours de quelques mètres, un vide de 10^{-4} Pa est nécessaire. Un vide poussé accroît par ailleurs la sensibilité de l'instrument en limitant l'impact de molécules de gaz parasites sur le détecteur.

Pratiquement on associe une combinaison de deux étages de pompage. Pour assurer le vide primaire, le premier étage de pompage est généralement constitué d'une ou plusieurs pompes à palettes. Ces pompes couramment utilisées pour diverses applications permettent d'atteindre un vide de 1 à 10 Pa. (fig. 16.6).

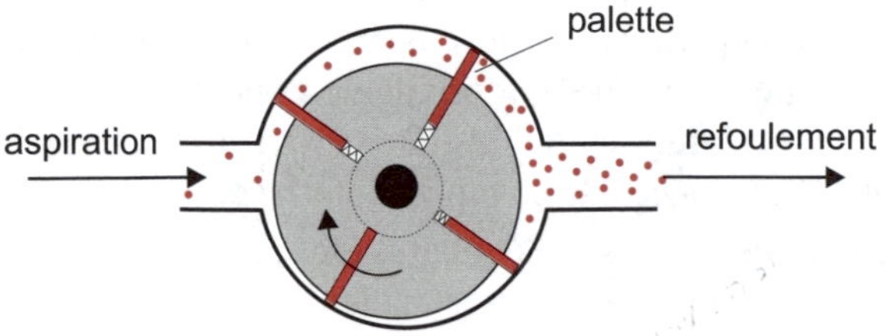

Figure 16.6
Schéma de principe d'une pompe à palettes.
Le principe repose sur l'entraînement du gaz pompé par des palettes fixées sur ressort sur un rotor dont l'axe est excentré par rapport au stator.

Pour assurer le vide secondaire, deux types de pompes sont classiquement utilisés.

Pompes à diffusion d'huile. Elles permettent d'atteindre un vide de l'ordre de 10^{-6} Pa. Une huile minérale est chauffée à ébullition. Les vapeurs se condensent alors sur les tuyères et le jet qui en résulte crée une dépression (fig. 16.7a). La présence de vapeurs d'huile pouvant contaminer le compartiment d'analyse est le principal inconvénient de ces pompes par ailleurs très robustes.

Pompes turbomoléculaires. Elles ont une grande efficacité et possédent des débits plus élevés que les pompes à diffusion, ce qui les rend indispensables pour la technique couplée CLHP/SM. Dans ce type de pompe, des ailettes, entraînées par un moteur tournant à grande vitesse (30 000 à 90 000 tours par minute), assurent le déplacement du gaz vers la pompe primaire (fig. 16.7b). Le vide requis est atteint plus rapidement.

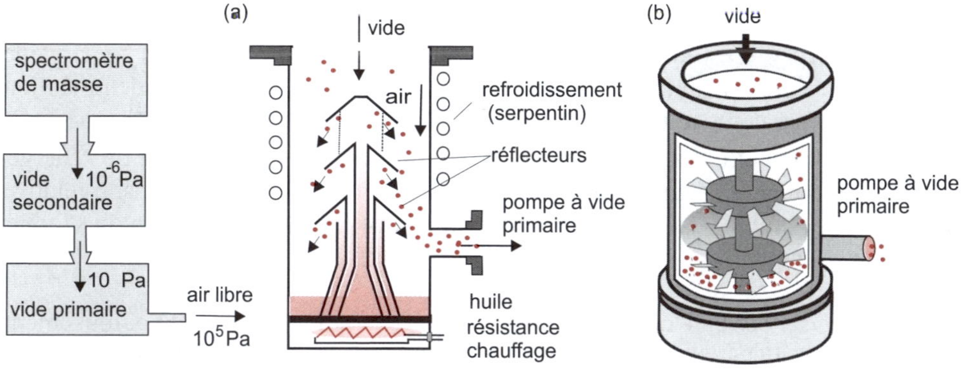

Figure 16.7
Schéma de principe d'une pompe à diffusion d'huile (a) et d'une pompe turbomoléculaire (b).

16.3 Principaux procédés d'ionisation sous vide

L'analyse par spectrométrie de masse débute par l'ionisation du composé en espèces individuelles entières ou fragmentées. Le choix de la méthode d'ionisation dépend de l'étude projetée, de la nature du composé (petite molécule organique, métal, macromolécule biologique...) et de son état (gaz, liquide ou solide). Les dispositifs correspondants sont complexes et souvent installés dès la construction du spectromètre, si bien que les appareils sont en fait spécialisés.

16.3.1 Ionisation par impact électronique (*IE*)

L'*ionisation par impact électronique* est la méthode la plus utilisée pour les composés qui peuvent passer à l'état gazeux. C'est notamment le cas des molécules organiques. Elle consiste à provoquer des collisions entre les molécules sans charges initiales et des électrons obtenus par effet thermo-ionique (fig. 16.8). Lors d'un choc électronique il y a arrachement d'un des électrons les moins retenus de la molécule, ce qui conduit à un ion porteur d'une charge élémentaire positive (formation d'un cation radical $M^{+\bullet}$)

Ce procédé est reproductible, ce qui permet d'identifier un composé en comparant son spectre à tous ceux d'une spectrothèque, du moins si elle contient le spectre de ce composé. Par d'autres mécanismes il se forme aussi, en quantité moindre, des ions négatifs. Pour étudier ces derniers, il faut inverser les polarités des électrodes ainsi que le sens du courant dans l'électroaimant pour conserver aux ions la trajectoire imposée par construction.

L'énergie standard d'ionisation, 70 eV, est obtenue en accélérant les électrons par une ddp de 70 V. Ces conditions d'ionisation permettent d'obtenir des spectres de fragmentation présentant la plus grande reproductibilité et par suite une identification plus certaine par comparaison du spectre étudié avec ceux d'une spectrothèque.

Il se produit environ un ion pour 10 000 molécules. C'est un procédé très énergétique qui entraîne la fragmentation des molécules. Pour accroître l'intensité relative du pic moléculaire $M^{+\bullet}$, il est conseillé de choisir une énergie d'ionisation plus faible, 15 eV par exemple (fig. 16.9).

> Pour préciser l'origine des ions, on utilise une terminologie variée et heureusement assez explicite par elle-même : c'est ainsi qu'on rencontrera des ions monochargés, polychargés, monoatomiques, polyatomiques, moléculaires, pseudomoléculaires, parents, fils, fragments, secondaires (issus de filiations après ionisation), métastables...

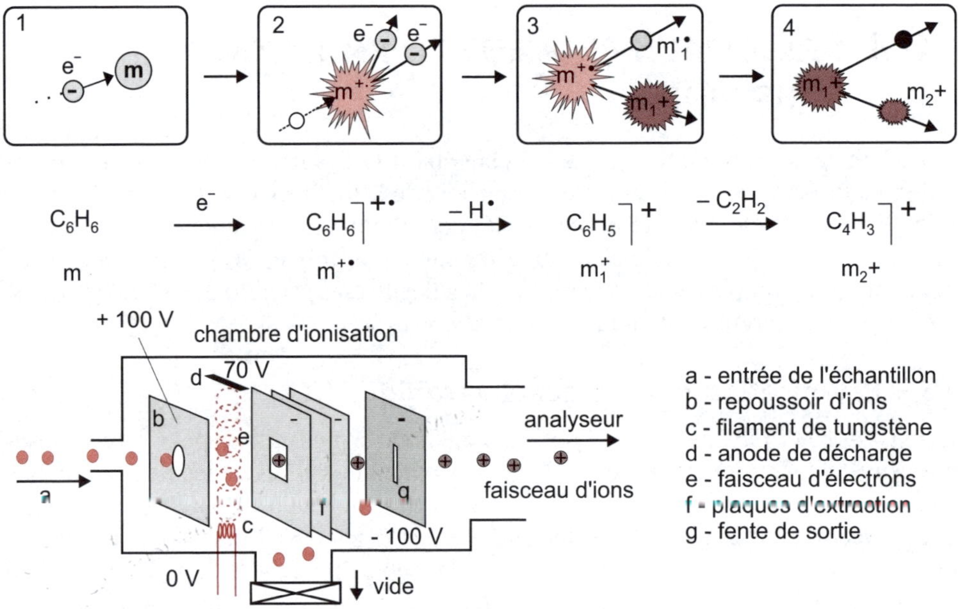

Figure 16.8

Ionisation électronique.

Impact d'un électron sur une molécule m, avec apparition de l'ion parent et d'ions secondaires m_1^+ et m_2^+ en filiation directe. Les fragments neutres, m_1' et m_2', ne sont pas détectés. Illustration dans le cas du benzène. Schéma d'une chambre d'ionisation, encore appelée chambre de collision (ou source d'ions). En superposant un champ magnétique dirigé parallèlement aux électrons, ces derniers suivent un mouvement en spirale, qui améliore l'efficacité de ce canon à électrons.

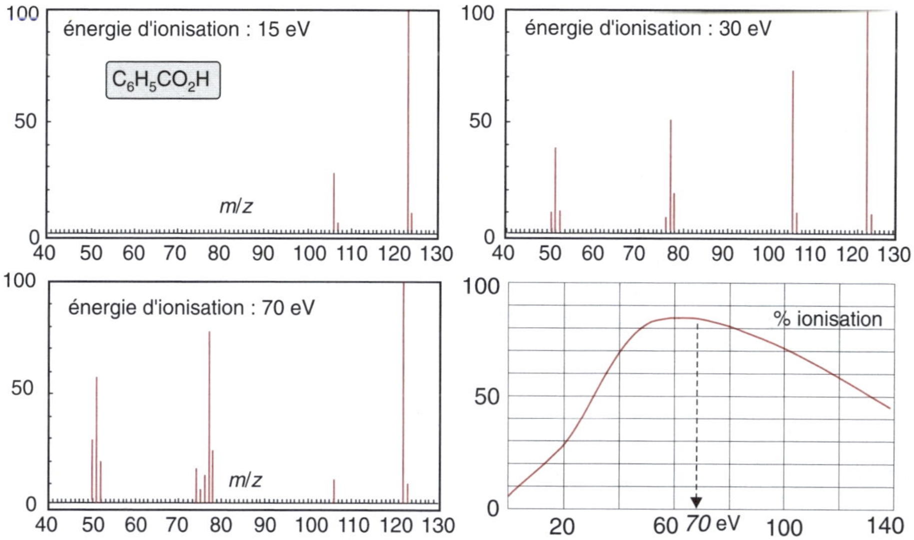

Figure 16.9

Influence de l'énergie des électrons sur la fragmentation.

Exemple de l'acide benzoïque. Courbe de l'efficacité de l'ionisation en fonction de l'énergie des électrons. On remarquera que les spectres sont normalisés c'est-à-dire que le pic le plus intense prend la valeur 100. Certains disent que c'est une application de la méthode de Procruste (selon la légende grecque, le brigand Procruste forçait les voyageurs à s'allonger sur un lit et selon leur taille il leur coupait les pieds ou au contraire tirait sur leurs membres pour les mettre aux dimensions du lit).

16.3.2 Ionisation chimique positive (IC)

Ce mode d'ionisation résulte de la réaction entre les molécules du composé M et des ions obtenus par bombardement d'électrons sur un gaz, tel le méthane, l'ammoniac ou l'isobutane, introduit conjointement au composé dans la source de l'appareil. La pression résiduelle élevée qui règne dans cette partie de l'appareil (une centaine de pascals), réduit le libre parcours moyen des molécules, ce qui favorise les collisions. Il s'agit d'un procédé d'ionisation « doux ».

Il se produit des espèces positives et négatives. On observe en particulier la formation de l'ion pseudomoléculaire $MH]^+$ (qui n'est pas un ion radical). Sa formation dépend cependant de l'affinité de M pour H^+. Cet ion a une moindre tendance à se fragmenter que l'ion moléculaire $M]^{+\bullet}$ obtenu par impact électronique, ce qui permet de repérer la valeur de M (fig. 16.10).

Cependant pour les composés du type RH, on peut observer également l'ion R^+ si bien que l'ionisation chimique laisse toujours planer un doute sur la valeur de la masse moléculaire du composé étudié.

$NH_4]^+$ se comporte comme $CH_5]^+$. Quant à l'isobutane, il donne avec facilité l'ion $(CH_3)_3C]^+$, stable, qui conduit à l'ion (M + 1), en se transformant lui-même en isobutène.

réaction primaire : $CH_4 + e^- \longrightarrow CH_4]^{+\bullet} + 2\,e^-$ *(Ionisation)*

réactions secondaires : $CH_4]^{+\bullet} \longrightarrow CH_3]^{+} + H^{\bullet}$

$CH_4]^{+\bullet} + CH_4 \longrightarrow CH_5]^{+} + CH_3^{\bullet}$ *(Autoprotonation)*

$CH_3]^{+} + CH_4 \longrightarrow C_2H_5]^{+} + H_2$

collisions avec M : $CH_5]^{+} + M \longrightarrow MH]^{+} + CH_4$ (ion à M+1)

$C_2H_5]^{+} + M \longrightarrow MC_2H_5]^{+}$ (ion à M+29)

si M est de type RH : $CH_5]^{+} + RH \longrightarrow R^{+} + CH_4 + H_2$ (ion à M-1)

si cation tert-butyle : $(CH_3)_3C]^{+} + M \longrightarrow MH]^{+} + CH_2{=}C(CH_3)_2$

Figure 16.10
Ionisation chimique.
Formation à partir du méthane d'espèces cationiques et réaction sur les molécules M du composé. La dernière équation correspond à l'action du cation de l'isobutane. La présence d'ions relativement lourds dans ces milieux rend sans intérêt l'étude du spectre en dessous de 45 u.

16.3.3 Bombardement par atomes rapides (FAB)

Ce procédé et les suivants sont réservés aux composés polaires et peu volatils sous vide. L'ionisation se fait par impact d'atomes lourds non ionisés (Ar ou Xe), animés d'une grande vitesse, sur l'échantillon dispersé au préalable dans une matrice liquide peu volatile (glycérol ou diéthanolamine) et déposé dans la source à l'extrémité d'un support.

Pour disposer de ces projectiles, on commence par ioniser un gaz tel l'argon par impact électronique. Ces ions primaires sont alors dirigés vers une chambre de collision où ils viennent frapper des atomes de ce même gaz à l'état neutre (fig. 16.11a) avant d'être éliminés du faisceau principal par l'effet déflecteur d'un champ électrique. Ce sont ces atomes neutres et rapides qui viennent bombarder l'échantillon. Cette technique dénommée *FAB* (*Fast Atom Bombardment*), provoque accessoirement l'apparition d'ions dus à la matrice de dispersion et d'un bruit de fond assez important ce qui rend impossible l'étude des ions de petite masse.

Apparentée à la technique *FAB*, le bombardement de la cible avec des ions Cs^+ ou Ar^+ à la place des atomes neutres a reçu le nom de technique *SIMS*. Ces ions qui peuvent être accélérés permettent des fragmentations plus énergétiques.

16.3.4 Ionisation laser assistée par matrice (MALDI)

Ce mode d'ionisation-désorption provoque très peu de fragmentations. Le composé à étudier est d'abord incorporé dans une matrice organique solide (de l'acide dihydroxybenzoïque, par exemple) et ensuite déposé sur un support au point d'impact d'un faisceau laser pulsé UV (ex. laser N_2, $\lambda = 337$ nm, 5 ns). L'énergie thermique reçue est transférée par la matrice au composé qui se trouve désorbé et ionisé de façon douce (fig. 16.11c). Par ce procédé on extrait de la phase condensée des ions en phase gazeuse.

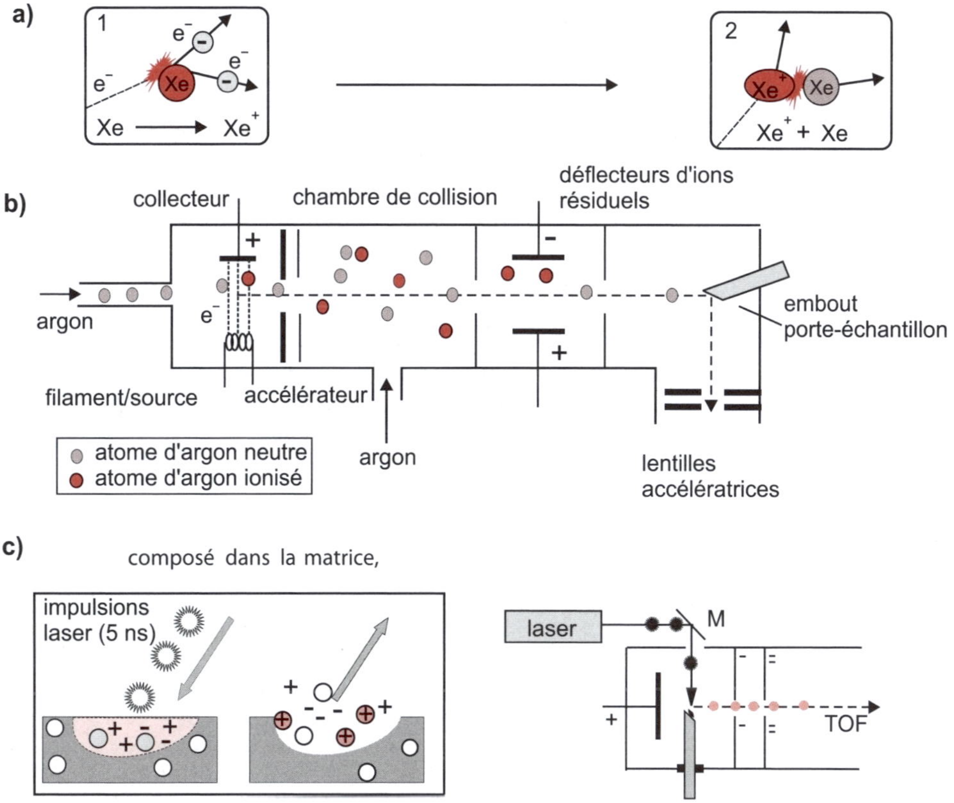

Figure 16.11

Techniques FAB et MALDI.

a) Principe de formation d'un atome rapide et neutre de xénon par collision ; b) formation d'atomes rapides d'argon dans une chambre de collision et bombardement de l'échantillon (canon *FAB*) ; c) ionisation par laser *(Matrix Assisted Laser Desorption Ionisation)*. L'impact du photon est comparable à celui d'un atome lourd. Par un mécanisme mal connu il se produit une désorption et photo-ionisation des molécules. Ces modes d'ionisation par tirs laser conviennent particulièrement bien à l'étude des masses moyennes et élevées. Ils sont utilisés surtout en biochimie et non pas pour effectuer des dosages de routine.

Ce mode d'ionisation pulsé est particulièrement bien adapté aux appareils à temps de vol pour étudier les biomacromolécules, sachant qu'il donne des ions porteurs d'une seule charge contrairement aux techniques à pression atmosphérique (voir paragraphe suivant). Les petites molécules ($M < 500$ u) sont difficiles à étudier par ce procédé à cause des ions produits par la décomposition de la matrice. D'autres supports à base de silicium poreux par exemple sont utilisés : ils évitent de recourir à une matrice et autorisent donc l'étude des petites molécules.

16.4 Procédés d'ionisation à pression atmosphérique

Beaucoup d'applications nouvelles en spectrométrie de masse concernent soit des dosages d'éléments soit l'étude de biomolécules peu stables et polaires ($M > 2\,000$ Da). Ces applications ont été rendues possibles avec la mise au point de plusieurs dispositifs et méthodes d'*ionisation à pression atmosphérique* (*API*) applicables aux composés en solution après nébulisation.

16.4.1 Ionisation par plasma d'argon

On sait que les plasmas d'argon sont utilisés en spectrométrie d'émission optique (*cf.* 14.3.1) pour faire passer les éléments sous forme de cations dans des états excités à l'origine de raies ioniques. Il n'est pas étonnant, par conséquent, et compte tenu de la grande sensibilité des spectromètres de masse, qu'on fasse appel à ces détecteurs en analyse élémentaire par ICP.

L'échantillon en solution est nébulisé dans le plasma formé à proximité d'un petit orifice situé à l'entrée de l'analyseur, ce qui permet à une partie des ions formés de pénétrer sous l'effet du vide dans le spectromètre de masse (fig. 16.12). On peut placer également un plasma en sortie de colonne capillaire d'une CPG. Toutes les liaisons chimiques sont détruites, ce qui fait que l'on accède ainsi aux concentrations élémentaires (*analyse de spéciation* des composés organométalliques par exemple).

Dans les plasmas d'argon subsistent, à de très faibles concentrations, des ions polyatomiques provenant de l'air, de l'argon ou de la matrice de l'échantillon. Ces espèces peuvent être isobares avec les analytes et sont la source de confusions possibles avec les appareils de faible résolution. N_2, O_2, ArH, ClO ArO, CaO, Ar_2..., ces ions moléculaires choisis comme exemples ont le même rapport m/z que des éléments tels Si, S, V, Fe, K, qui peuvent être les espèces recherchées. Deux méthodes sont utiles dans ce cas : on pourra soit choisir un isotope de l'élément considéré (^{54}Fe au lieu de ^{56}Fe) ou bien on utilisera un spectromètre comportant une chambre de collision située entre la source et le détecteur, pour dissocier les ions polyatomiques.

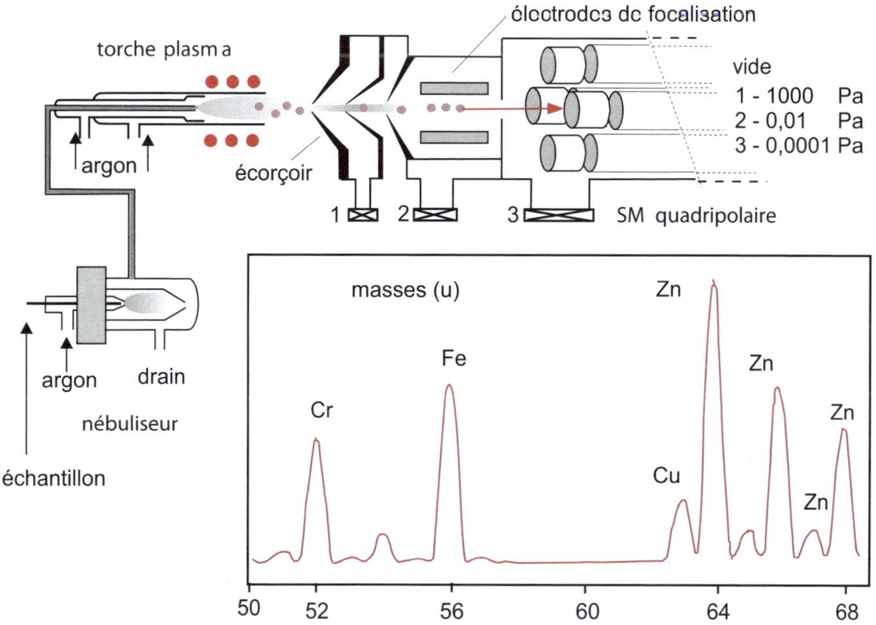

Figure 16.12

Ionisation par torche plasma et enregistrement obtenu par la méthode ICP/SM. Une partie des ions générés dans le plasma horizontal passe dans le spectromètre de masse. Mélange de quelques éléments métalliques enregistré entre les masses 50 et 68 u. On notera la présence des différents isotopes des éléments concernés. La résolution est ici insuffisante pour distinguer les isobares, c'est-à-dire des ions provenant d'éléments différents mais ayant pratiquement même masse et qui se superposent donc sur le graphe.

16.4.2 Ionisation par l'intermédiaire de sprays

Généralement placés en sortie d'un appareil d'électrophorèse capillaire ou de chromatographie liquide à microcolonne, ces dispositifs très sensibles, commencent par transformer la phase mobile liquide en un fin brouillard aqueux contenant l'espèce à analyser. La phase mobile peut apporter des ions H^+, selon le pH de la solution et contenir des cations tels NH_4^+, Na^+, K^+ (cas d'un électrolyte).

Plusieurs techniques sont à distinguer :

- *Electrospray ou « Ionspray » (ESI).* Les gouttelettes sont formées à l'extrémité d'un fin capillaire de silice, métallisé en surface et porté à un potentiel élevé positif (si l'on a choisi d'étudier les ions positifs). Le champ électrique intense leur confère une densité de charge (z/m) importante (fig. 16.13). Par effet d'un gaz sec, elles s'évaporent progressivement en perdant des molécules de solvant par des mécanismes complexes de désolvatation et d'évaporation. Leur densité de charge devenant trop grande (limite de Rayleigh), elles explosent en libérant des ions non fragmentés et protonés ou chargés de l'analyte, porteurs d'un nombre de charges variables (en moyenne 1 charge élémentaire pour 1 000 u en masse).

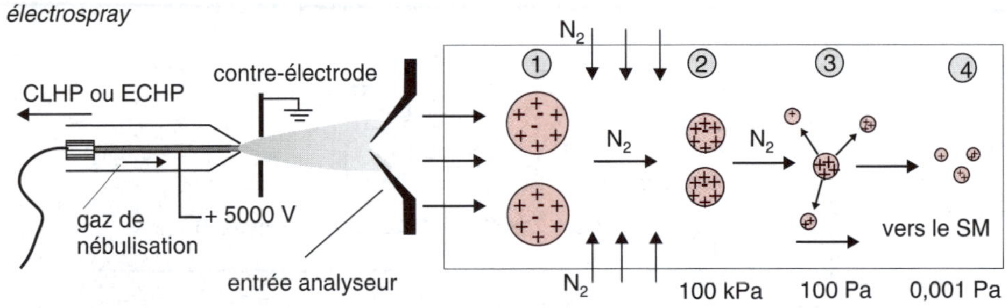

Figure 16.13

Ionisation à pression atmosphérique par electrospray (« ionspray »).
Le capillaire de sortie porté à un potentiel élevé, conduit à un brouillard chargé (1). Les gouttelettes, en s'évaporant, provoquent une augmentation de la densité de charges électriques (2) au point qu'elles explosent en expulsant des molécules de l'analyte porteuses de plusieurs charges (3). Le diazote améliore le processus de concentration (4).

- *Photoionisation.* On associe le mode de nébulisation décrit précédemment avec une ionisation au moyen de photons d'environ 10 eV. Le montage comporte à la place de la pointe à effet corona une lampe UV, ce qui rappelle le détecteur à photoionisation (*cf.* 2.7.5). Ce procédé qui donne peu de fragments est intéressant pour les molécules peu polaires.
- *Ionisation chimique à pression atmosphérique (APCI).* Les micro-gouttes sortant de la buse sont concentrées par un chauffage très court vers 350 °C avant d'arriver dans une zone où se trouve un gaz tel le diazote et de la vapeur d'eau qui ont été ionisés par des décharges corona (fig. 16.14). Il se produit de nombreuses

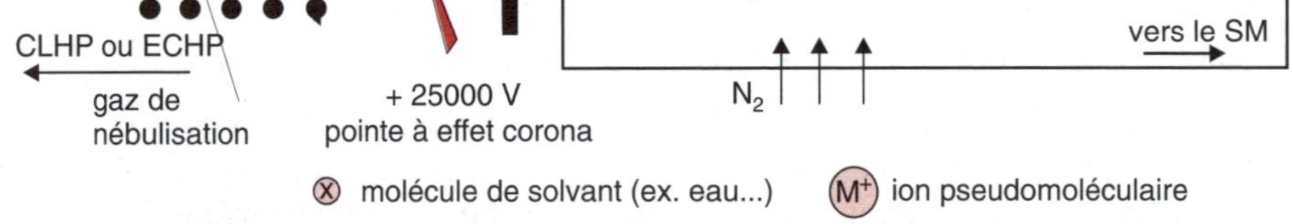

Figure 16.14

Ionisation à pression atmosphérique par ionisation chimique.
(1), L'échantillon sous forme de spray, se mélange aux ions issus d'un gaz réactant tel le diazote ionisé par une aiguille portée à un potentiel très élevé (effet corona). (2) Les molécules ionisées de diazote ou de solvant captent à leur tour des molécules d'analyte pour conduire à des amas (« clusters ») (3). Ceux-ci sont détruits par un courant de diazote qui permet un transfert des charges sur l'analyte.

collisions ions/molécules avec transferts d'électrons et de protons. Cette méthode conduit à des ions multichargés de type $(M + nH)^{n+}$. Elle ne peut être miniaturisée, car elle demande un débit plus grand que l'electrospray et ne peut convenir qu'aux molécules volatiles et thermiquement stables de masses inférieures à 1 000 u.

L'avantage de ces méthodes d'ionisation douces est l'obtention d'ions multichargés (z peut dépasser 30), pseudomoléculaires, formés *avant d'entrer* dans le spectromètre. Mis à part l'APCI, elles ont permis d'étendre la gamme de masses des appareils jusqu'à 10^5 Da (ex. protéines, polysaccharides et autres polymères).

Ces procédés conduisent à des spectres présentant le phénomène « d'enveloppe ionique » qui permet de calculer la masse moléculaire (fig. 16.15)

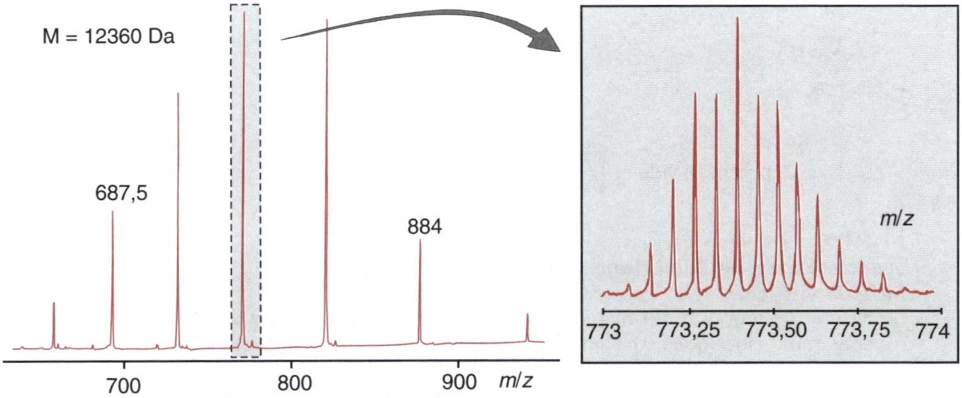

Figure 16.15

Ions moléculaires multichargés.

Spectre obtenu à partir du cytochrome C (cœur de cheval), protéine de 12 360 Da, par la méthode électrospray. Entre 2 pics consécutifs, la charge de l'ion varie d'une unité. À droite, amas isotopique du cytochrome en haute résolution. On peut retrouver, à partir de ces spectres et par deux méthodes indépendantes, des valeurs très proches de la masse moléculaire ainsi que le nombre de charges portées par les ions (avec l'autorisation de F.W. McLafferty, et Coll. *Anal. Chem.* 1995, **67**, 3802-3805).

16.5 Les analyseurs

16.5.1 Le spectromètre de Bainbridge (1933)

L'idée d'accéder à la masse des ions en les soumettant à l'action d'un champ magnétique est à la base d'un montage ancien attribué à Bainbridge vers 1930 pour étudier les isotopes (fig. 16.16). Son étude est intéressante car les équations classiques qui décrivent le mouvement des ions dans les champs magnétiques ou électriques de ce montage historique sont toujours de mise pour comprendre comment fonctionne une des catégories actuelles de spectromètres de masse.

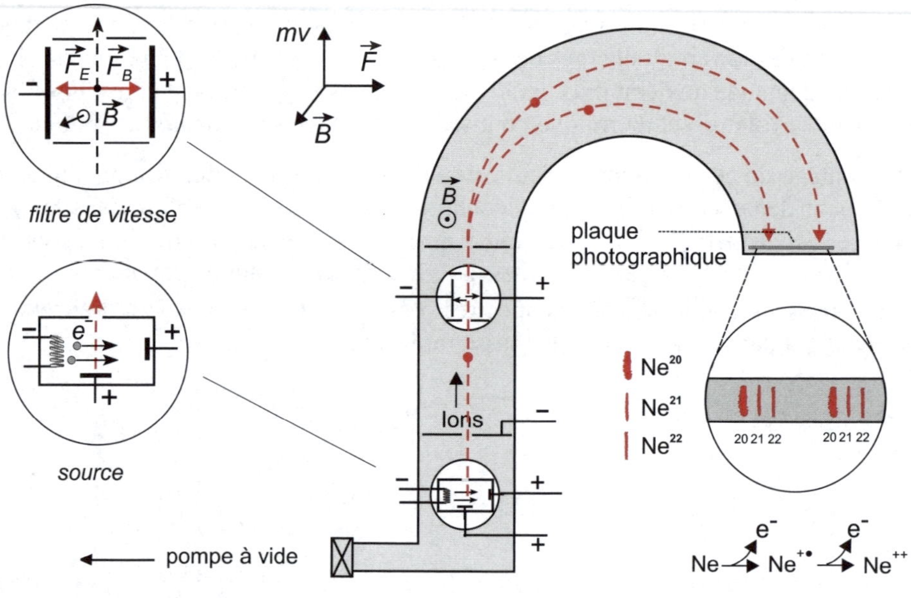

Figure 16.16

Spectrographe de Bainbridge à déflexion magnétique de 180°, comportant un filtre de vitesse.

Ce dernier permet de s'affranchir de la quasi-impossibilité d'avoir des faisceaux hétérogènes monocinétiques. Dessin d'un enregistrement sur plaque photographique du spectre du néon. Les deux séries de taches résultent de l'arrachement de un ou de deux électrons aux différents isotopes de l'élément néon (m/z : $^{20}Ne^{+}$, $^{21}Ne^{+\cdot}$, $^{22}Ne^{+\cdot}$; $^{20}Ne^{++}$, $^{21}Ne^{++}$, $^{22}Ne^{++}$)[1] Mais la paternité de ces montages revient à J.-J. Thomson qui, dès 1913, prouve l'existence des isotopes du néon ainsi qu'à Aston, pour le soufre et le chlore.

Dans ce montage, les ions positifs créés sont d'abord accélérés par une différence de potentiel U. Ils prennent une vitesse v qui dépend de leur masse m (*cf.* § 16.3.1) Ces ions sont alors soumis à un champ magnétique transversal $\vec{B}$ responsable d'une densité de flux magnétique B. Cette orientation du champ ne modifie pas leur vitesse mais provoque leur déviation selon des trajectoires circulaires dont le rayon R est fonction de leur masse.

La relation fondamentale de la dynamique $\vec{F} = m \cdot \vec{a}$ ($\vec{a}$ désignant l'accélération), appliquée aux ions m sur lesquels s'exerce la force de Lorentz $\vec{F} = q \cdot \vec{v} \wedge \vec{B}$, permet d'écrire :

$$\vec{a} = \frac{q}{m}\,\vec{v} \wedge \vec{B} \qquad (16.3)$$

L'orientation de $\vec{B}$ est telle que seule la composante centripète du vecteur accélération $\vec{a}$ intervient. La trajectoire de l'ion est dans un plan perpendiculaire à $\vec{B}$ et

1. Le symbole + · signifie qu'il s'agit à la fois d'un radical (nombre impair d'électrons) et d'un cation.

contenant $\vec{v}$. De ce fait, $a = v^2/R$, soit, en remplaçant l'accélération par sa valeur $a = q \cdot v \cdot B/m$ (où $q = z \cdot e$ est en coulomb, v en m/s, B en Tesla et m en kg) :

$$R = \frac{m \cdot v}{z \cdot e \cdot B} \tag{16.4}$$

La relation précédente montre que la séparation se fait suivant le *moment* des ions (leur *quantité de mouvement*). Pour accéder au rapport m/z des ions (16.5), il faut donc connaître leur vitesse v.

$$\frac{m}{z} = \frac{R \cdot B \cdot e}{v} \tag{16.5}$$

Pour cela on utilisait, dans les anciens appareils, un dispositif situé en amont du secteur magnétique, appelé *filtre de vitesse* (fig. 16.16).

En soumettant les ions à deux forces opposées par action d'un champ électrique et d'un champ magnétique, seuls ne pouvaient sortir du filtre que les ions restant sur la trajectoire centrale.

La résultante devant être nulle, on a : $qE = q \cdot v \cdot B$, si bien que $v = E/B$.

Force de Coulomb et formule de Lorentz

Lorsqu'on crée une différence de potentiel de $\vec{V}$ volts entre deux plaques parallèles séparées d'une distance d, il apparaît un champ électrique $\vec{E}$ (V · m^{-1}), uniforme si le milieu est homogène, et orienté vers les faibles potentiels. On pose $\vec{E} = \vec{V}/d$. $\vec{E}$ détermine la force de Coulomb $\vec{F}$ qui s'exerce sur l'ion porteur de la charge q, placé dans ce champ, quelle que soit sa masse. $\vec{F} = q \cdot \vec{E}$ (si l'ion est porteur d'une seule charge élémentaire, $q = e = 1,6 \times 10^{-19}$ C). La force de Coulomb est indépendante de la vitesse de l'ion.

La force qui s'exerce sur un ion porteur d'une charge q, animé d'une vitesse $\vec{v}$ et soumis à l'action d'une induction magnétique $\vec{B}$, est donnée par la formule de Lorentz que l'on écrit :

$$\vec{F} = q \cdot \vec{v} \wedge \vec{B} \tag{16.6}$$

L' expression 16.6 est déduite de la loi générale de Laplace qui exprime la force à laquelle est soumis un conducteur de longueur $d\vec{\ell}$ parcouru par un courant I, dans une induction magnétique $\vec{B}$. La direction de la force de Lorentz ($d\vec{F} = Id\vec{\ell} \wedge \vec{B}$) peut se retrouver par diverses recettes, telle la règle des trois doigts de la main droite, ou à partir des orientations d'un trièdre direct.

16.5.2 Analyseurs électromagnétiques de type « EB » ou « BE »

Les spectromètres actuels à secteur magnétique correspondent à l'évolution technologique des montages tel celui de Bainbridge. Ils conduisent à des rapports m/z très précis, mais ils sont assez vite limités pour l'étude des masses élevées (difficulté de réalisation d'un secteur magnétique d'un volume important). Ils comportent également, entre l'accélérateur d'ions et le secteur magnétique (B), un secteur électrostatique (E) (fig. 16.17).

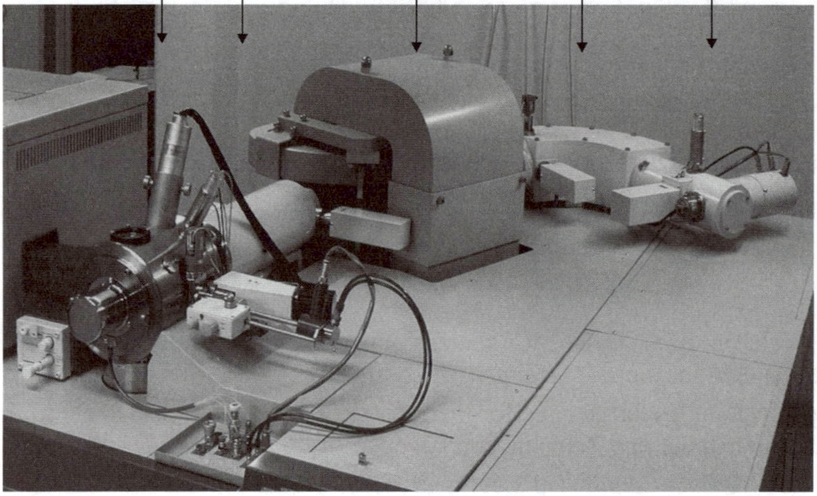

Figure 16.17

Un appareil conçu autour d'un analyseur électromagnétique de type BE.
Modèle JMS 700 de la Société Jeol. On reconnaît sur cette photographie, la forme caractéristique de l'électroaimant (secteur magnétique). Le détecteur est à l'extrême droite et la source de l'appareil est à gauche de la photographie. Dans la configuration représentée, on notera également que l'appareil est en aval d'une installation de CPG (reproduit avec l'autorisation de la société Jeol, Japon).

Connue sous le nom de **séparation électromagnétique**, l'utilisation de spectromètres de masse à l'échelle préparative (calutrons) a permis aux États-Unis d'isoler, en 1943, quelques kg de ^{235}U pour la fabrication des premières bombes atomiques (projet Manhattan). Ce vieux procédé, qui donne un débit infime sous 10^{-3}Pa, a été par la suite, périodiquement utilisé jusqu'à nos jours, par d'autres pays.

Accélérateur d'ions

Environ 5 % des ions positifs formés soit dans la chambre d'ionisation soit en amont du spectromètre, selon la méthode d'ionisation de l'appareil, vont effectuer le parcours qui va les mener jusqu'au détecteur.

La première étape consiste à les accélérer au moyen de plusieurs plaques portées à des potentiels négatifs croissants, la tension totale U étant comprise entre 2 et 10 kV (fig. 16.18).

Le vide doit être excellent ($P < 10^{-4}$ Pa) pour éviter la formation d'arcs électriques et minimiser les collisions entre ions. Les ions porteurs d'une charge $q = z \cdot e$ acquièrent tous la même énergie cinétique E_1 donnée par la relation 16.7. Leur vitesse après accélération est donc inversement proportionnelle à la racine carrée de leur masse m_i (16.8).

$$E_1 = z \cdot e \cdot U = \frac{1}{2} m_i \cdot v_i^2 \qquad (16.7)$$

$$v_i = \frac{\sqrt{2\,z\,e\,U}}{m_i} \tag{16.8}$$

Cependant leur vitesse avant accélération n'étant pas nulle, leur énergie cinétique totale doit tenir compte de leur énergie cinétique initiale, E_0, faible et indéterminée :

$$E_{(\text{totale})} = E_1 + E_0 \tag{16.9}$$

La précision des masses obtenues sera d'autant meilleure que les ions individuels d'une même masse auront même vitesse. Pour cette raison, on donne à la tension U une valeur élevée afin de restreindre la plage de vitesse pour une même espèce d'ions (fig. 16.18).

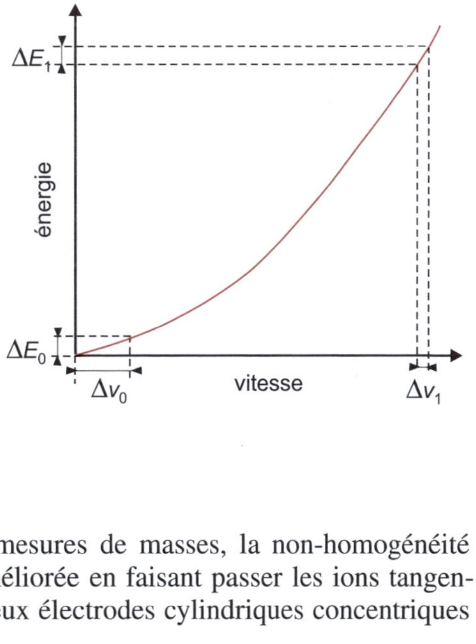

Figure 16.18
Effet de la tension accélératrice sur la dispersion des vitesses des ions d'une même masse.
En admettant que la dispersion des vitesses avant accélération est représentée par Δv_0, la plage de vitesse après accélération Δv_1 est beaucoup plus petite. ($\Delta E_1 = \Delta E_0$ mais $\Delta v_1 \ll \Delta v_0$).

Secteur électrique

Pour augmenter encore la précision des mesures de masses, la non-homogénéité en énergie précédente peut être encore améliorée en faisant passer les ions tangentiellement dans un secteur constitué par deux électrodes cylindriques concentriques (fig. 16.19).

La force, qui s'exerce sur les ions, ne modifie pas leur énergie car elle est perpendiculaire à la trajectoire centrale de rayon R' imposé (fig. 16.19). Elle est donc équivalente, en grandeur, à $F = v^2/R'$. En remplaçant le produit mv^2 par son équivalent en fonction de la tension accélératrice ($m \cdot v^2 = 2z \cdot e \cdot U$), on aboutit à la relation 16.10 fixant les conditions de passage des ions dans le filtre radial de l'instrument. Lorsque E et U vérifient cette expression, seuls les ions ayant l'énergie acquise sous l'effet de la tension U suivront la trajectoire de rayon R' et pourront sortir du filtre. Ce dispositif joue le rôle d'un *filtre en énergie*. On montre qu'il est également *focalisateur en direction*. Il redresse les trajectoires qui, à l'entrée du secteur, sont quelque peu divergentes. Connaissant la ddp V entre les plaques du secteur, distantes de d, on peut accéder à E et à la corrélation qui doit être appliquée entre U et V :

$$E = \frac{2\,U}{R'} = \frac{V}{d} \tag{16.10}$$

Analyseur magnétique

Dans la configuration du type EB, on trouve à la suite du secteur électrostatique l'analyseur (ou secteur) magnétique. Les appareils se partagent entre le montage Nier-Johnson pour lequel la courbure imposée aux ions par le champ magnétique est dans le même sens que celle due au secteur électrostatique et le montage de type Mattauch-Herzog où ces deux courbures sont opposées en direction (fig. 16.19). Dans ce dernier cas, si l'analyseur magnétique a une géométrie adaptée, le montage devient focalisateur pour toutes les masses simultanément, condition nécessaire pour les spectromètres à plusieurs détecteurs prévus pour l'étude des rapports isotopiques. En éliminant la vitesse v, par combinaison des relations 16.4 et 16.7, on aboutit à la *formule de déflexion* (16.11) des appareils à secteur magnétique :

$$\frac{m}{z} = \frac{R^2B^2e}{2U} \tag{16.11}$$

Seuls les ions ayant suivi la trajectoire de rayon R, correspondant à la courbure du tube guide de l'appareil, pourront être détectés. Pour obtenir le spectre de masse dans l'intervalle choisi, l'appareil modifie progressivement la densité de flux B. Tous les ions, quel que soit m/z, suivent tour à tour l'unique trajet qui aboutit au détecteur. Un tel balayage demande environ $1/10^{\text{e}}$ seconde.

L'interdépendance de m et U est à la base d'une méthode comparative de détermination précise des masses avec un appareil haute résolution connue sous le nom de *peak matching*. Pour cela on co-injecte avec le composé X, à l'origine de l'ion dont on veut déterminer la « masse exacte », un composé perfluoré, dont on connaît avec une grande précision les masses des ions de fragmentation. On choisit comme repère un ion dont la masse est voisine de celle que l'on cherche à déterminer (à titre d'exemple, pour une masse de l'ordre de 200 u, on prendra l'ion C_4F_8 dont la masse est de 199,9872 u et pour les masses proches de 12, on se servira du pic du carbone 12, qui vaut 12 u par définition). Techniquement on utilise un comparateur de pics composé d'un oscilloscope et d'une série de résistances de précision, pour modifier de manière détournée U.

$$m_x/m_{\text{réf}} = U_{\text{réf}}/U_x \tag{16.12}$$

Le secteur magnétique encore appelé *prisme magnétique* est, comme le secteur électrostatique, focalisateur en direction : un faisceau d'ions identiques, abordant le secteur magnétique en F_1 sous un petit angle de divergence α, est focalisé en F_2, image de F_1. À chaque instant, seuls les ions d'une même masse peuvent suivre la trajectoire de rayon R (fig. 16.19). Ces montages EB permettent, grâce aux deux secteurs, de corriger à la fois les aberrations angulaires et énergétiques des ions (focalisation *en énergie et en direction*) sans perte de résolution. Les dimensions et le poids de l'aimant limitent cependant l'étude des masses élevées.

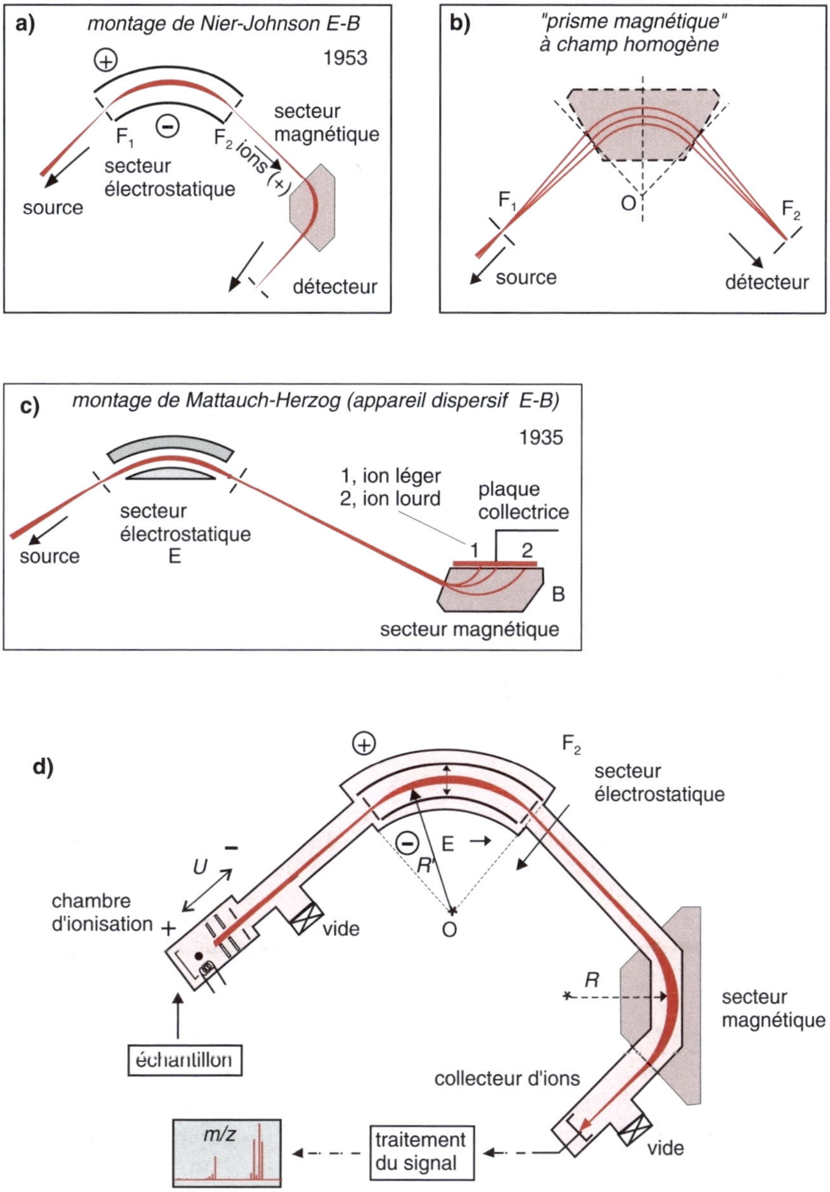

Figure 16.19

Spectromètres de masse à analyseur magnétique.

a) Montage de Nier-Johnson ; b) aspect focalisateur en direction du secteur magnétique (les faces d'entrée et de sortie sont obliques par rapport à l'angle d'incidence du faisceau pour assurer la focalisation ; c) montage de Mattauch-Herzog ; d) agencement de principe d'un spectromètre à double focalisation (ex. $R' = 40$ cm et $R = 60$ cm).

16.5.3 Analyseurs à temps de vol (TOF)

Le principe des spectromètres à temps de vol (en anglais, *Time of Flight*), repose sur la relation qui existe entre masse et vitesse des ions. L'instrument mesure le temps nécessaire aux ions, formés par un procédé impulsionnel, pour parcourir dans le vide une distance L sans champ (fig. 16.20). La relation fondamentale des appareils TOF à parcours linéaire s'obtient en éliminant v dans l'expression 16.7, sachant que $L = v \cdot t$:

$$\frac{m}{z} = \left(\frac{2eU}{L^2}\right) t^2 \qquad (16.13)$$

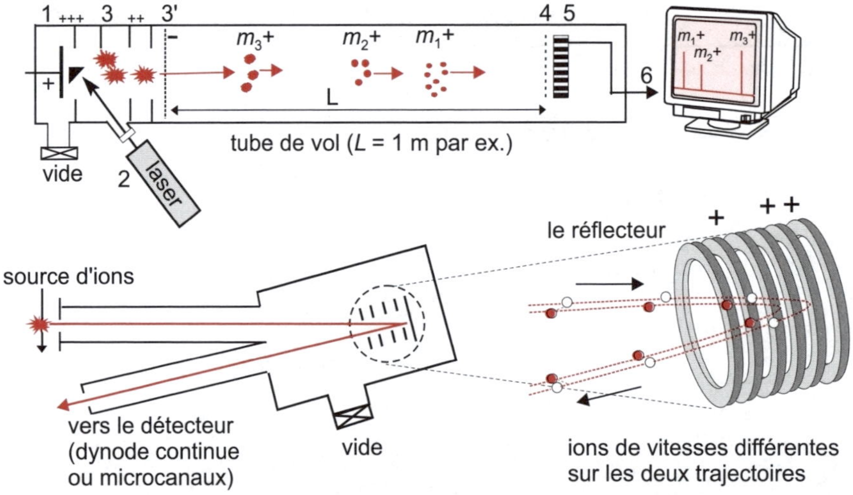

Figure 16.20

Spectromètre à temps de vol à parcours direct et principe du réflecteur d'ions.
1) Échantillon et porte-échantillon ; 2) dispositif MALDI d'ionisation ; 3 et 3') grilles d'extraction et d'accélération (ddp 5 000 V) ; 4) grille de contrôle ; 5) collecteur plan à microcanaux ; 6) sortie du signal. Le dessin du bas représente un *réflectron* dont le « miroir électrostatique » égalise les temps de vols (quelques μs) des ions de même masse mais dont les énergies initiales diffèrent. Les largeurs de pics sont de l'ordre de 10^{-9} s et la résolution atteint désormais 15 à 20 000.

Cette catégorie de spectromètres permet d'atteindre des masses très élevées (300 kDa). Pour évaluer les masses avec précision, il faut maîtriser la dispersion énergétique et spatiale initiales des ions. Afin que les ions démarrent tous au même instant, on provoque une ionisation quasi instantanée (quelques nanosecondes avec un laser par exemple), répétée un grand nombre de fois. Pour neutraliser la dispersion énergétique des ions d'une même masse, beaucoup d'appareils comportent un *réflecteur* (fig. 16.20). Les ions les plus rapides pénètrent plus avant dans la zone de champ de ce miroir électrostatique et sont donc plus fortement repoussés vers le collecteur d'ions. Ce dispositif permet de faire parvenir des ions d'énergies cinétiques différentes mais de même masse, simultanément sur le détecteur, en améliorant ainsi la résolution. Les ions de masse identique sont ainsi refocalisés.

16.5.4 Analyseurs à filtre quadripolaire par transmission

À côté des instruments précédents, d'autres appareils moins encombrants, aux performances plus modestes, mais moins coûteux se sont développés pour traiter des applications n'exigeant pas des spectres de haute résolution. C'est dans cette catégorie, que se situent les appareils à champ électrique seul, basés sur l'utilisation de filtres quadripolaires pour trier les ions. Ces spectromètres, qui forment la catégorie la plus répandue, sont très utilisés comme détecteurs de masses (installations couplées CPG ou CLHP/SM ou ICP/SM) ainsi que dans nombre d'applications industrielles concernant l'analyse des gaz et des atmosphères résiduelles.

Potentiel et champ électrique dans un quadripôle

Un quadripôle est formé de quatre barres métalliques parallèles ($L = 5$ à 20 cm) à section hyperbolique dans la partie intérieure au montage (fig. 16.21). Les barres opposées, dont la distance de contact est désignée par $2\,r_0$, constituent deux électrodes portées au même potentiel électrique tandis que les potentiels entre deux barres voisines sont opposés (ddp U).

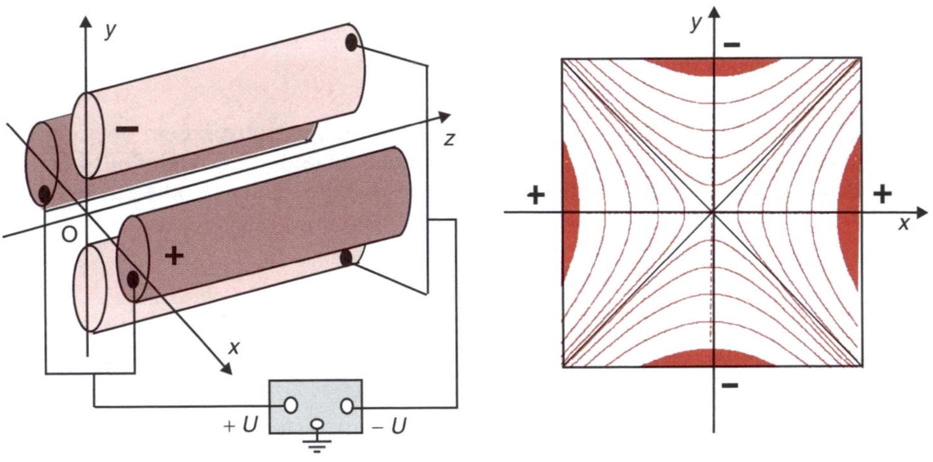

Figure 16.21
Représentation d'un quadripôle.
Noter le raccordement des barres 2 à 2. Ce dispositif mécaniquement simple exige un usinage précis des barres taillées en forme hyperbolique. Dans beaucoup de modèles les barres ont la taille d'un crayon bille. À droite, tracé d'une série d'hyperboles équipotentielles dans la partie centrale du filtre.

Le potentiel Φ en tout point de l'espace intérieur au quadripôle a pour valeur, quel que soit z :

$$\Phi = U \cdot \frac{x^2 - y^2}{r_0^2} \qquad (16.14)$$

Φ est compris entre $-U$ et $+U$. Pour un milieu homogène, le potentiel Φ est donc nul tout le long de l'axe optique Oz.

L'expression 16.14 implique que dans tout plan xOy les points ayant même potentiel sont situés sur les branches d'une hyperbole équilatère dont les asymptotes sont les droites $y = \pm x$. Les lignes de champ électrique sont orthogonales aux courbes équipotentielles, en chaque point M_{xyz} de l'espace intérieur. Ce champ a pour valeur :

$$E = -\ \mathrm{grad}\ \Phi$$

La surface des barres en regard de la partie intérieure au quadripôle épouse la forme d'hyperboles dont les expressions analytiques sont :

$$\text{barres } x \qquad \Phi = +U \quad \Rightarrow \quad y^2 = x^2 - r_0^2$$

$$\text{barres } y \qquad \Phi = -U \quad \Rightarrow \quad y^2 = x^2 + r_0^2$$

Lorsqu'un ion positif pénètre par le point O dans le filtre maintenu sous vide, les composantes de son vecteur vitesse, dans les trois directions xyz, vont déterminer sa trajectoire. La zone centrale se comporte comme un espace en forme de tuyau d'axe Oz, dont la paroi peut attirer ou au contraire repousser l'ion suivant l'endroit où il se trouve. Les deux barres chargées positivement le focalisent suivant l'axe Oz, correspondant au fond d'une vallée de potentiel (zone de stabilité), alors que les deux barres chargées négativement, au contraire, le défocalisent (apparition d'une bosse de potentiel, plan yOz instable).

L'image d'une bille qu'on fait rouler dans le fond d'une gouttière en position horizontale figure assez bien à quoi ressemble une vallée de potentiel. Pour imaginer l'effet d'une bosse de potentiel, il faut cette fois faire rouler la bille sur le dos de la gouttière retournée : la trajectoire sera instable.

Utilisation d'un quadripôle linéaire comme filtre à ions

On superpose à la tension continue U, une tension alternative V_{RF} de fréquence ν et d'amplitude maximale V_M (ν est de l'ordre de 2 à 6 MHz et V_M/U de 6). Les tensions alternatives sont déphasées de π entre les jeux de barres (fig. 16.22).

$$V_{RF} = V_M \cos(2\pi\nu t) \qquad (16.15)$$

Au cours du temps, en chaque point à l'intérieur du filtre, le potentiel correspond maintenant à la somme algébrique des expressions 16.14 et 16.15 :

$$\Phi_{xy} = [U + V_M \cos(2\pi\nu t)]\ \frac{x^2 - y^2}{r_0^2} \qquad (16.16)$$

Le champ résultant comporte donc une partie fixe et une partie variable. Dans ces conditions, les ions, qui pénètrent en O dans le quadripôle, sont soumis à une force variable en intensité et en direction. Ils vont suivre des trajectoires complexes, tridimensionnelles généralement instables, en forme d'hélice de tire-bouchon, qui vont s'achever en venant frapper l'une des barres.

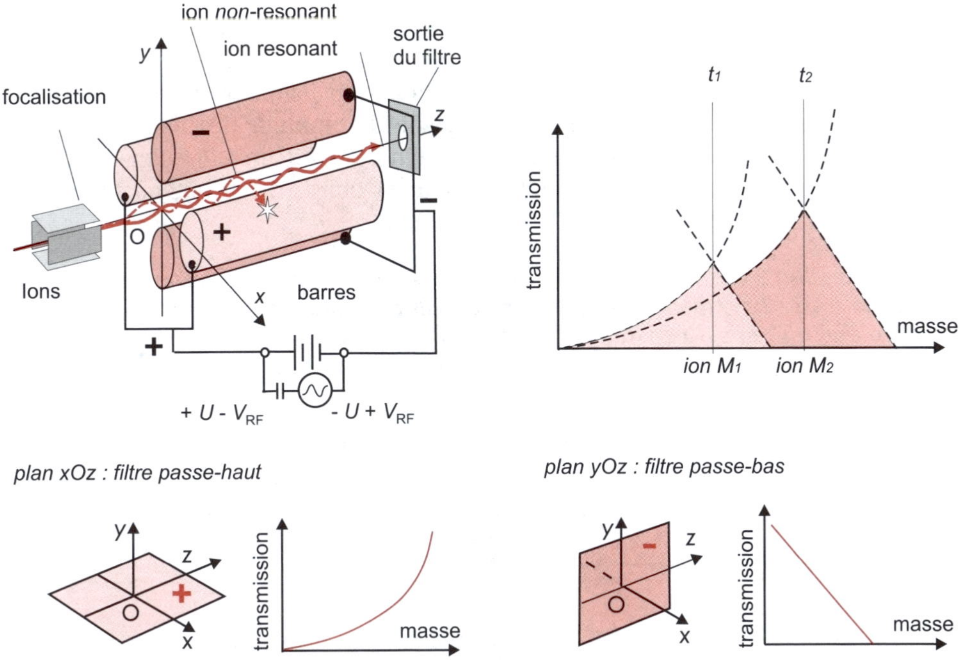

Figure 16.22

Filtre quadripolaire.

Suivant leur masse, les ions répondent plus ou moins facilement aux sollicitations du champ variable. Leur durée de parcours doit être supérieure à la période de la radiofréquence. Pour cette raison ils entrent dans le filtre avec une énergie cinétique de quelques dizaines d'eV seulement. Modèle de quadripôle avec préfiltre (Société Fisons).

Pour obtenir les équations du mouvement d'un ion, on doit calculer les forces F_x, F_y et F_z qui s'exercent sur lui (*équations de Mathieu*). Ces calculs étant complexes, on se contentera d'étudier deux cas particuliers.

- Supposons un ion sans composante de vitesse suivant Oy : la trajectoire restera dans le plan $x\text{O}z$. Les parois étant alternativement positives ou négatives ($V_{\text{M}} \gg U$), les ions lourds, de par leur inertie trop grande, ne pourront pas suivre les variations d'orientation du champ : ils ne ressentiront que la tension continue U positive. Ils seront peu perturbés. Mais les ions légers pourront osciller de plus en plus jusqu'à venir se décharger, donc se perdre, sur une des barres. Les deux barres positives constituent ce qu'on appelle un *filtre passe-haut*.
- Prenons maintenant le cas d'un ion qui n'aurait pas de composante de vitesse suivant Ox : la trajectoire restera dans le plan $y\text{O}z$. Les ions lourds continueront à être inexorablement attirés vers les barres négatives. Seuls les ions légers vont pouvoir être éventuellement récupérés. On est en présence d'un *filtre passe-bas*.

Les calculs afférents à cette technique montrent qu'il y a deux manières d'utiliser ce *filtre quadripolaire :* ou bien on maintient constantes les deux tensions U et V_{RF} et on fait un balayage de la fréquence ν, ou bien on maintient cette fréquence à une valeur donnée et on augmente régulièrement l'amplitude des tensions U et V de façon à ce que leur rapport reste constant. On délimite ainsi une fenêtre dont la largeur est par exemple de 1 u, (résolution unitaire), qui permet d'obtenir de manière *séquentielle* le spectre de masse du composé.

La résolution R des filtres quadripolaires dépend de nombreux paramètres dont la formule 16.17 permet de rendre compte. On peut utiliser ces appareils soit dans un mode où Δm est constant (dans ce cas la résolution croît avec la masse), soit dans un mode où la résolution est constante et voisine de 1 u (fig. 16.23).

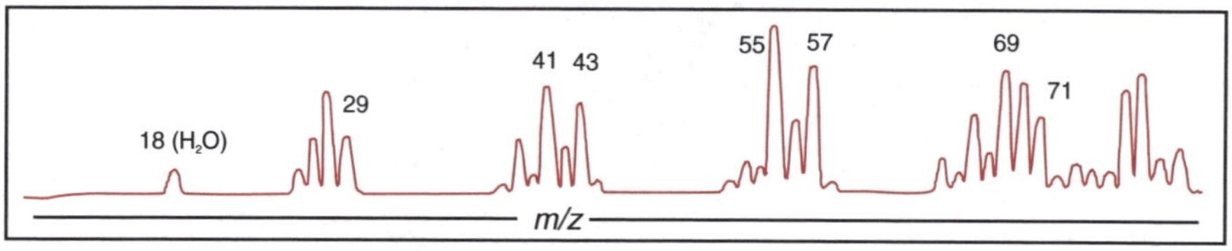

Figure 16.23

Spectre partiel d'un hydrocarbure obtenu avec un analyseur de gaz fonctionnant sur le principe du filtre quadripolaire.

L'enregistrement montre que l'appareil a été utilisé dans le mode où Δm est constant sur toute l'étendue des masses.

La relation approchée 16.17 donne la résolution maximum attendue pour un ion porteur d'une charge élémentaire e, accéléré sous une ddp de V_z volts à l'entrée du filtre de longueur L, de rayon r_0 en utilisant une radiofréquence dont la tension maximum est V_{max}.

$$R = \text{Cste} \cdot \frac{L^2 \cdot V_{max}}{r_0 \cdot e \cdot V_z} \qquad (16.17)$$

16.5.5 Analyseurs à piégeage d'ions par quadripole

Un dernier type d'appareil est représenté par les trappes à ions dont la géométrie est bien différente des quadripôles précédents. Les ions sont confinés entre deux électrodes de forme torique, qui paraissent résulter d'une sorte d'anamorphose des quatre barreaux classique d'un quadripôle. Comme la catégorie précédente, ils fonctionnent sous l'effet d'un champ électrique variable (avec ou sans champ fixe). Simples en apparence, mais complexes d'un point de vue fondamental, ces détecteurs à piégeage d'ions sont très sensibles et permettent des techniques d'ionisation différentes. Le volume délimité par les électrodes, dites supérieure, inférieure et annulaire, constitue à la fois la source et le *filtre de masse* (fig. 16.24). Ces analyseurs, de construction moins coûteuse, sont toujours associés à une méthode séparative en amont (CPG/SM).

De manière simplifiée, le fonctionnement peut se résumer comme suit : le composé soumis à un très bref bombardement d'électrons conduit à des ions qui pénètrent ensuite dans la partie centrale du filtre. Une radiofréquence fixe, appliquée à l'électrode annulaire, confine ces ions dans l'espace central en leur faisant décrire des trajectoires complexes, amorties par effet d'une faible pression d'hélium, de l'ordre de 0,01 Pa, également introduit dans cette trappe.

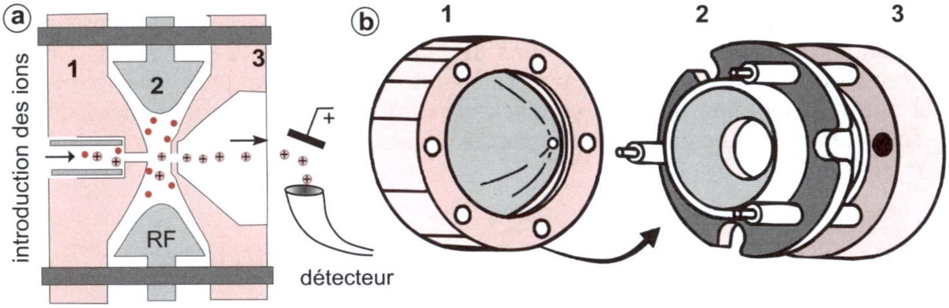

Figure 16.24

Spectromètres à piégeage d'ions.

a) Agencement des électrodes d'une trappe à ions ; b) dessin en perspective des électrodes terminales et de l'électrode annulaire centrale (d'après *Current Sep.* 1997, 16 : 3, p 85).

Pour analyser les ions présents on augmente graduellement la tension de radiofréquence. Tour à tour, dans l'ordre des valeurs croissantes du rapport m/z, l'amplitude d'oscillation des ions croît dans la direction axiale et va jusqu'à leur expulsion par une série de petits trous percés dans l'électrode dite de sortie. Ils atteignent alors le détecteur (fig. 16.25).

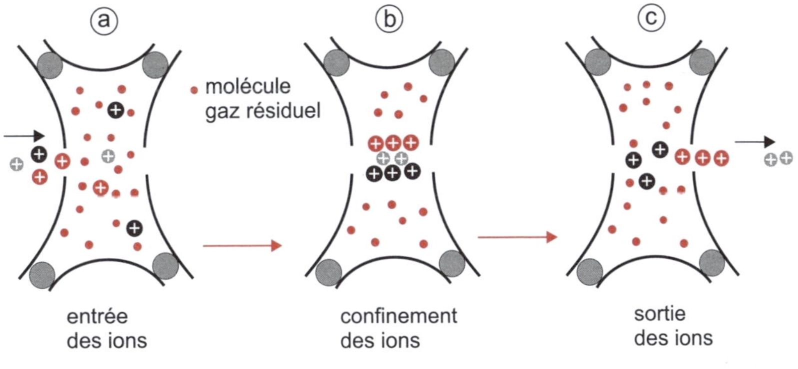

Figure 16.25

Introduction, stabilisation et éjection des ions dans une trappe de type hyperbolique.

Si on mélange, dans le piège, un gaz réactant à l'échantillon on obtient directement une ionisation chimique (§16.3.2).

Ces appareils peu encombrants et très sensibles ont cependant pour défauts de présenter une gamme dynamique étroite et une répétabilité des spectres d'un même échantillon assez moyenne, ce qui est un gros handicap en analyse quantitative.

Tous les spectromètres de masses adoptent le principe des mesures comparatives. On étalonne l'appareil avec des ions de masses connues. Des relations simples, dont certaines sont indiquées dans ce chapitre, permettent de calculer les masses à partir de certains paramètres. Elles ne sont pas utilisées par les logiciels des spectromètres et ne tiennent pas compte de facteurs secondaires propres à chaque montage.

16.5.6 Analyseurs à résonance cyclotronique (FTMS)

Ces spectromètres, relativement peu répandus, font figure d'outsiders des appareils précédents. Apparentés aux pièges magnétiques à ions, ils permettent d'obtenir la masse des ions avec une très grande précision.

Le principe en est le suivant : les ions, obtenus par un des nombreux procédés existants, sont dirigés vers une petite cavité placée au sein d'un champ magnétique $\vec{B}$ très intense (4 à 9 Tesla) créé par une bobine supraconductrice. Dans la cavité, les ions qui sont ralentis par des chocs sur les molécules résiduelles (le vide n'est pas parfait) restent confinés par effet des parois portées à des potentiels positifs. Leurs trajectoires sont complexes mais leurs projections dans un plan xy normal à l'orientation du champ $\vec{B}$, correspondent à des cercles (fig. 16.26). Le rayon de la circonférence dépend de l'énergie cinétique de l'ion et est donné par la relation 16.4.

Si v est faible et B grand, la circonférence sera suffisamment petite (quelques mm). À partir des relations classiques $v = \omega \cdot R$ et $\omega = 2\,\pi \cdot \nu$, on aboutit à la relation 16.18.

Celle-ci montre qu'à chaque masse correspond une fréquence, *indépendante de la vitesse de l'ion*. Par conséquent il y aura, à un instant donné, autant de fréquences de rotation différentes que d'ions de rapports m/z différents dans le piège.

$$\frac{m}{z} = \frac{e \cdot B}{2\pi\nu} \tag{16.18}$$

ou

$$\nu = 15\,350\frac{B \cdot z}{m} \tag{16.19}$$

La relation 16.19 donne la fréquence ν (en kHz) d'un ion de masse m (Da) porteur d'un nombre de charge z dans un champ $\vec{B}$ (Tesla). L'analyse des masses revient à déterminer avec précision les différentes fréquences des ions.

Afin de repérer les fréquences, et par suite les rapports m/z des ions, on envoie une brève impulsion (1 ms) d'une bande de radiofréquences englobant toutes celles

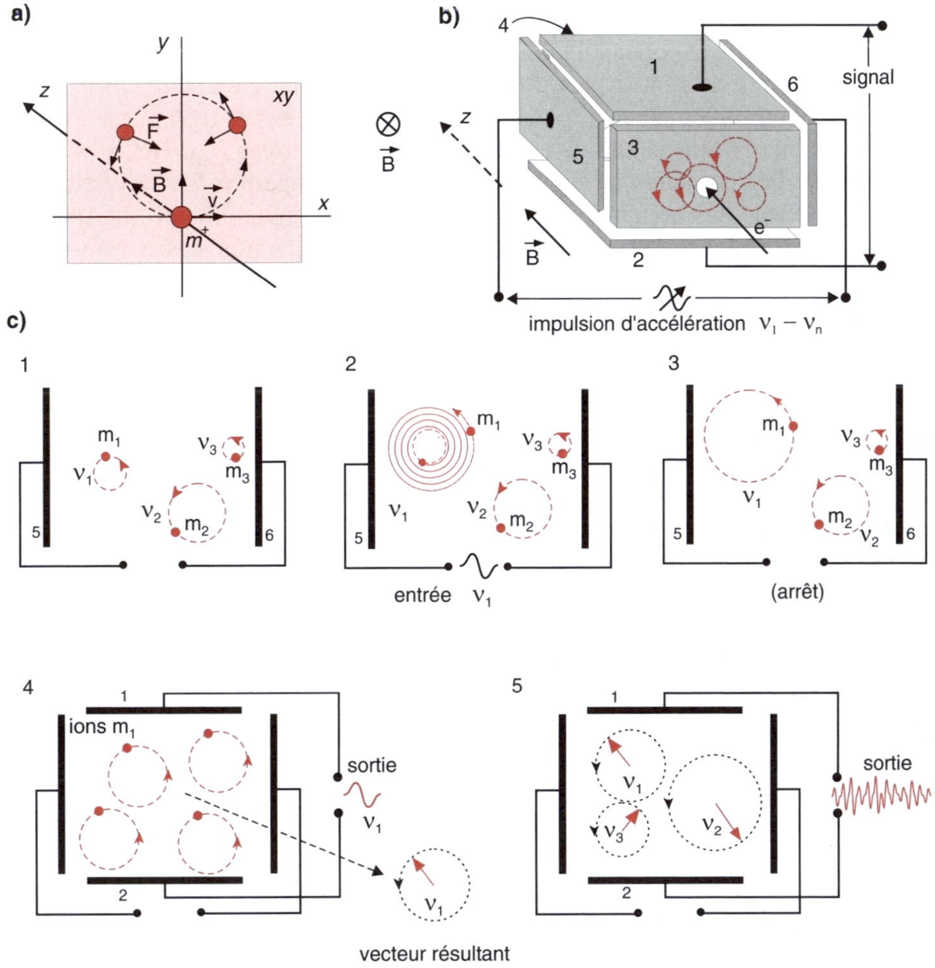

Figure 16.26

Le principe du spectromètre de masse à résonance cyclotronique.

a) Trajectoire de base suivie par un ion soumis à une induction magnétique $\vec{B}$ compte tenu des orientations choisies. b) aspect simplifié d'une cellule de piégeage des ions (les plaques 5 et 6 sont excitatrices, les plaques 3 et 4 piègent les ions et les plaques 1 et 2 sont détectrices). Les ions sont formés soit dans la cellule soit en amont de celle-ci. c) principe de la détection : 1, trois ions en attente ; 2, impulsion de fréquence ν_1 : seul l'ion m_1 est excité ; 3, après excitation, l'ion m_1 tourne sur une orbite plus grande ; 4, pour un échantillon réel contenant un grand nombre d'ions m_1, ceux-ci se mettent à tourner en phase. Ils produisent, sur les plaques détectrices 1 et 2, l'effet d'un vecteur champ électrique tournant à la même fréquence ν_1 dont l'intensité est fonction de leur concentration. Si les trois ions $m_1 - m_3$ ont été simultanément excités, le signal en sortie sera un interférogramme. Un calcul de Fourier conduit au spectre habituel.

qui sont présentes. Ainsi tous les ions captent de l'énergie. Leurs fréquences ne changeant pas, ils décrivent pendant la durée de l'impulsion des orbites en spirales, donc leurs vitesses s'accroissent. Après impulsion, les ions d'un même rapport m/z sont réunis en un ensemble cohérent, phasé, qui provoque un signal (résonance cyclotronique) de même fréquence, au niveau des plaques détectrices (fig. 16.26). Globalement l'échantillon conduit à un signal complexe dû à la superposition des fréquences induites par toutes les populations m/z différentes. Le signal obtenu (un interférogramme), dont l'intensité $[I = f(t)]$ décroît lorsque l'excitation cesse, est une indication d'ensemble de toutes les fréquences dont il est issu. Les conditions sont réunies pour que le logiciel puisse faire l'analyse de Fourier, c'est à dire passer de $I = f(t)$ à $I = f(\nu)$, donc finalement au spectre de masse $I = f(m/z)$. Les ions ne sont pas détruits, ils peuvent être ré-excités ou servir à d'autres expériences.

16.5.7 Spectromètres de masse en tandem (MS/MS)

Pour obtenir des informations plus précises sur la structure des ions fragments issus de la décomposition des composés moléculaires introduits, on fait appel à des spectromètres de masse comportant au minimum deux analyseurs en série. Il ne s'agit pas de la mise bout à bout d'appareils distincts, mais de l'association dans un appareil hybride soit d'un secteur magnétique suivi d'un quadripôle, soit de deux quadripôles, soit d'un TOF avec un second quadripôle (ou l'inverse). Entre les deux analyseurs se trouve une chambre de collision (fig. 16.27). Il existe plusieurs façons d'utiliser de tels appareils.

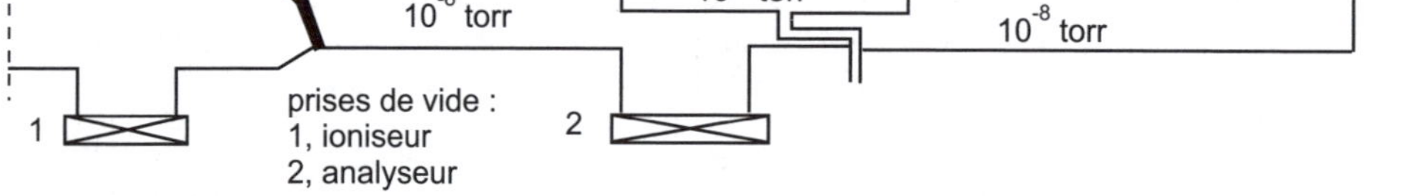

Figure 16.27

Principe d'un appareil SM/SM à 3 quadripôles en série.

Dans ce montage appelé QQQ, le quadripôle central a un simple rôle focalisateur. Situé dans la chambre de collision, il est alimenté par une tension alternative uniquement (absence de tension continue). La pression à cet endroit de l'appareil est plus élevée. Avec ces instruments on peut étudier des mélanges comme on le ferait avec la technique CPG/SM. Les applications sont devenues très nombreuses sachant que les coûts de ces appareils ont beaucoup diminué.

- Une première technique consiste à sélectionner les ions correspondant à un rapport m/z choisi au moyen du premier analyseur qui joue ainsi le rôle d'un filtre. Ces ions traversent ensuite la chambre de collision (*CID, Collision Ionic Dissociation*) dans laquelle on fait arriver un gaz (hélium, argon ou diazote). Il s'ensuit de nouvelles décompositions. Les ions fils de fragmentation poursuivent leur course vers le second analyseur, utilisé en mode normal, ce qui conduit à un spectre donnant des informations de structure de l'ion m/z sélectionné en amont, à l'exclusion des autres ions formés dans la source de l'appareil (*recherche de filiations*).
- Dans une autre technique on règle le second analyseur pour qu'il ne laisse passer que les ions d'un même rapport m/z et on effectue, avec le premier analyseur, un balayage des masses. On repère ainsi tous les ions donnant le même fragment (*recherche des ions parents*).
- Enfin on peut faire un double balayage synchrone des deux analyseurs avec un décalage correspondant à une masse donnée (ex. un fragment neutre tel CO ou C_2H_2). On repérera alors les ions de la source qui se décomposent en éliminant le fragment en question *(recherche des neutres)*.

16.6 Détecteurs à ions

La détection en spectrométrie de masse est basée sur la mesure des charges transportées par les ions. Ordinairement le nombre d'ions individuels d'une même espèce est très grand, de sorte que le signal est de type analogique, mais certains modèles possèdent un tel pouvoir d'amplification qu'ils peuvent repérer l'impact d'un seul ion.

> Pour l'exploitation quantitative des spectres, il faut s'assurer que le nombre d'ions détectés reflète le nombre d'ions produits, quel que soit l'endroit du spectre considéré. Si l'enregistrement est obtenu par un balayage en champ magnétique, la vitesse d'incrémentation du champ ne doit pas être constante. La formule de déflexion 16.11 montre que le champ intervient au carré.

On distingue :

- *les multiplicateurs d'électrons à dynodes séparées*. Les ions positifs frappent une cathode de conversion qui libère des électrons qui sont ensuite « multipliés » par une vingtaine de dynodes placées en cascade (fig. 16.28). Ces détecteurs sont très sensibles. Le gain atteint 10^8. De nouveaux revêtements à base d'alumine sur les dynodes ont amélioré les performances des matériaux traditionnels (Cu/Be) qui vieillissaient assez mal dans l'atmosphère résiduelle des spectromètres, ou lors des périodes d'arrêt (retours à la pression atmosphérique).
- *les multiplicateurs d'électrons à dynode continue (channeltron®)*. Les ions sont déviés vers un collecteur dont l'entrée, en forme de cornet, est constituée d'un verre dopé au plomb qui fait office de cathode de conversion. Les électrons libérés sont attirés vers une électrode positive (fig. 16.28). Les chocs successifs des

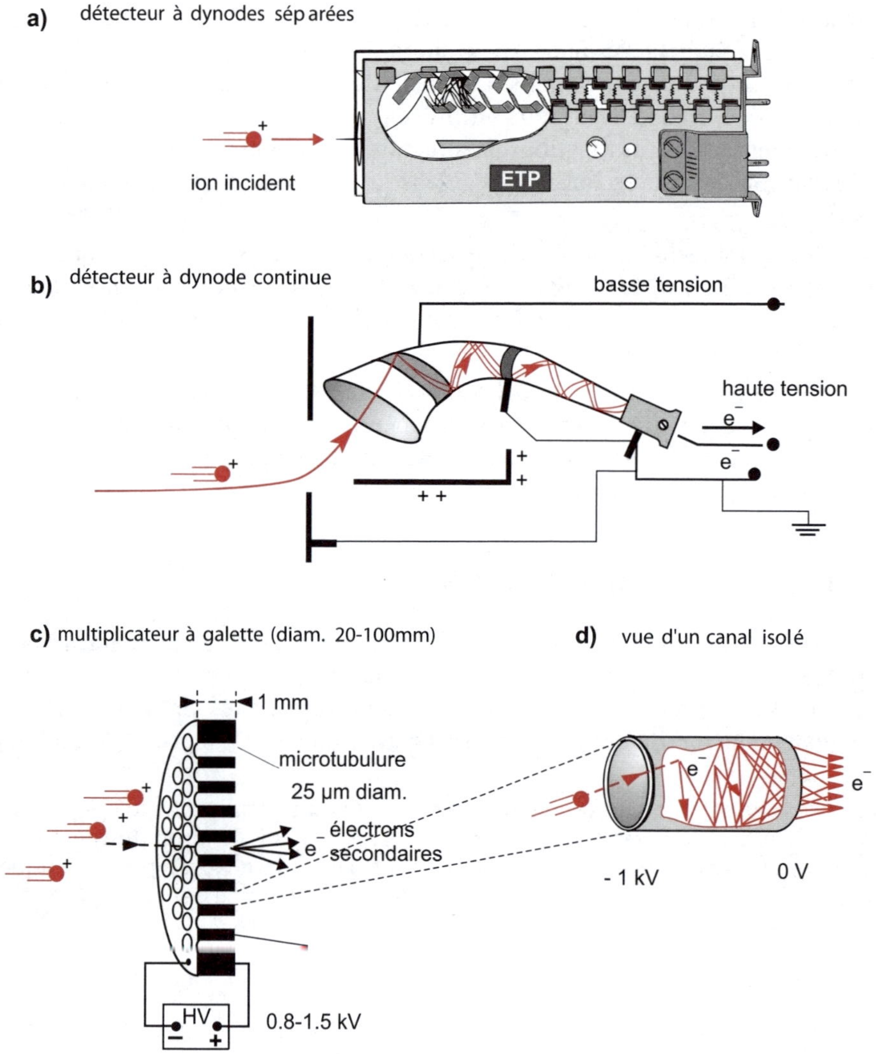

Figure 16.28

Détecteurs en SM.

a) Modèle à dynodes séparées à film actif (reproduit avec l'autorisation de la société ETP Scientific Inc.) ; b) modèle à dynode continue. Représentation d'un channeltron : la forme en entonnoir de la cathode permet la récupération des ions issus de trajectoires légèrement différentes. La courbure a pour effet d'éviter que des ions positifs formés par impact des électrons sur des molécules résiduelles, ne prennent trop d'accélération avant de frapper à nouveau la cathode et ne génèrent ainsi d'autres électrons (feed-back du channeltron) ; c) détail de la cathode de conversion. Multiplication des électrons dans un microcanal ; d) un multiplicateur à galette. Système de collecteur multicanaux (microchanneltron) qui permet de localiser l'impact des ions (d'après illustrations de Galileo USA).

électrons sur les parois provoquent leur multiplication, comme sur des dynodes séparées. Le montage est désaxé par rapport à la trajectoire incidente des ions pour préserver la partie sensible du détecteur de l'impact des espèces neutres ainsi que des photons émis par le filament, susceptibles également d'arracher des électrons.

- *les détecteurs à microcanaux*. Constitués par la réunion d'un très grand nombre de microchanneltrons disposés en nid-d'abeilles, ils correspondent à une sorte de plaque photographique électronique. Chaque détecteur est formé d'une portion de microtube (25 μm de diamètre) enduit intérieurement d'un matériau semi-conducteur fonctionnant à la manière d'une dynode continue (fig. 16.28). L'avalanche des électrons secondaires émis est récupérée par une anode. Ce système permet d'enregistrer simultanément des ions de masses différentes.

Les plaques photographiques des premiers spectrographes sont abandonnées, parce qu'il s'agit d'une méthode lente, ayant une reproductibilité aléatoire et une non-progressivité du rendu par l'émulsion de l'abondance des ions (dynamique et contrastes limités). Son principe demeure cependant attractif puisqu'il s'agit d'une méthode d'enregistrement simultanée. Les spectrographes à ionisation par étincelles de type Mattauch-Herzog ont longtemps conservé ce procédé.

À l'issue de ce bref panorama des cinq catégories d'analyseurs, on peut se demander si tous conduisent, à partir d'un même composé, à des spectres de masse identiques. En fait il n'y a pas d'analyseur universel. Chaque type offre des potentialités propres. Certains appareils analysent les ions aussitôt formés tandis que d'autres commencent par les stocker et amortissent leurs mouvements par des chocs faisant souvent croître anormalement le pic M + 1. Pour cette raison, la spectrométrie de masse tient une place à part comparativement aux méthodes spectrales optiques qui sont des procédés passifs d'étude. Il est donc indispensable de standardiser les conditions d'examen, grâce à quoi les spectres deviennent comparables.

QUELQUES APPLICATIONS EN SPECTROMÉTRIE DE MASSE

La spectrométrie de masse a d'innombrables applications car les appareils peuvent être utilisés comme simples détecteurs en association avec les méthodes séparatives (chromatographie, électrophorèse), pour effectuer des analyses élémentaires, isotopiques, trouver les formules empiriques ou élucider les structures des composés organiques et devenir indispensable dans les domaines de la génomique et de la protéomique.

16.7 IDENTIFICATION AU MOYEN D'UNE SPECTROTHÈQUE

L'identification des composés par comparaison de spectres est utilisée dans de nombreux domaines de l'analyse. Plusieurs algorithmes permettent de rechercher à partir d'une spectrothèque où sont encodés les principaux pics de produits connus, quels sont ceux présentant le meilleur accord avec celui que l'on veut identifier. Généralement la recherche est divisée en trois stades :

- *réduction des données*. Le spectre de fragmentation du composé est ramené à 16 pics au maximum, en donnant la préférence aux pics lourds, plus significatifs que les pics légers. De même, chaque spectre en bibliothèque est réduit à 8 pics.
- *prérecherche*. On sélectionne les spectres réduits de la spectrothèque, ayant des pics aux mêmes positions que dans le spectre réduit du composé, même si l'intensité est différente.
- *recherche principale*. Enfin, la sélection précédente est reprise par un algorithme plus élaboré, qui, à partir de critères de choix faisant intervenir intensité, masse et rareté du pic, affecte un indice de 0 à 1 000 (identité) à chaque spectre, ce qui permet de les classer par similarité décroissante. En modifiant les critères de choix, on peut évidemment affiner la recherche en procédant par recoupements entre divers classements.

Ce procédé est devenu d'usage courant. La spectrothèque NIST (*National Institute of Standards and Technology*) comporte actuellement plus de 250 000 spectres.

La spectrométrie de masse est devenue un maillon de la protéomique car elle permet de retrouver en association avec les méthodes dégradatives les enchaînements des acides aminés qui constituent le squelette des protéines. En lui associant l'électrophorèse bidimensionnelle comme moyen de séparation on dispose actuellement d'un outil très performant pour déterminer les masses de ces biomacromolécules. Avec une installation MALDI-TOF qui conduit majoritairement à des ions porteurs d'une seule charge et qui fragmente les peptides en rompant les liaisons CO-NH reliant les résidus des différents acides aminés, il est possible d'identifier le peptide d'origine à partir du séquençage de ces acides aminés. Cette approche peut être associée à des procédés de dégradation chimique ou enzymatiques (trypsine) effectués préalablement.

16.8 ANALYSE DE LA COMPOSITION ÉLÉMENTAIRE DES IONS

16.8.1 Méthode basée sur les spectres haute résolution

Avec un spectromètre de masse dont le pouvoir de résolution est d'au moins 10 000, et moyennant certaines hypothèses il est possible de trouver la formule brute d'un ion moléculaire ou d'un fragment. Pour cela, l'appareil calcule à partir des masses isotopiques exactes des éléments supposés être présents, toutes les formules empiriques qui peuvent correspondre à la masse expérimentale en tenant compte de sa marge d'erreur (tabl. 16.1).

Tableau 16.1 **Masses atomiques des isotopes des principaux éléments rencontrés en chimie organique.**

Elément	Masse nominale	masse atomique (g)	Nucléide (%)	Masse (u)
Hydrogène	1	1,00794	^{1}H (99,985)	1,007825
			^{2}H(0,015)	2,014102
Carbone		12,01112	^{12}C (98,90)	12,000000
			^{13}C (1,10)	13,003355
Azote	14	14,00674	^{14}N (99,63)	14,003074
			^{15}N (0,37)	15,000108
Oxygène	16	15,99940	^{16}O (99,76)	15,994915
			^{17}O (0,04)	16,999131
			^{18}O (0,20)	17,999160
Fluor	19	18,99840	^{19}F (100)	18,998403
Soufre	32	32,066	^{32}S (95,02)	31,972071
			^{33}S (0,75)	32,971458
			^{34}S (4,21)	33,967867
Chlore	35	35,45274	^{35}Cl (75,77)	34,968853
			^{37}Cl (24,23)	36,965903

La **masse nominale d'un élément** est la masse entière de son isotope naturel et stable le plus abondant. La **masse nominale d'un ion** est la somme des masses nominales des atomes présents dans sa formule empirique (ex. HCl^{+} = 36 u).

Ainsi, les masses exactes des atomes renseignent sur la composition élémentaire des molécules. Par exemple, les molécules de diazote et le monoxyde de carbone, bien qu'elles comportent toutes deux 14 protons et 14 neutrons, diffèrent de 0,0112 u (masses respectives de 28,0061 et 27,9949 u).

Pour sélectionner la bonne formule brute, le logiciel accompagne chacune d'elle de la valeur de son indice d'insaturation (I). Celui-ci exprime le nombre de liaisons multiples et de cycles de l'ion correspondant (expression 16.20). Si I est un entier, il s'agit d'un cation radical, et si I est un demi-entier, il s'agit d'un cation. En général un ion à nombre impair d'électrons se fragmente par perte d'un radical. Il devient donc un cation à nombre pair d'électrons. Plus rarement il peut se fragmenter par un processus de réarrangement, et demeurer un cation radical.

En associant quelques autres considérations, telle la règle de l'azote (si le composé comporte un atome d'azote, sa masse est impaire), la composition isotopique des éléments, on parvient à identifier les principaux ions présents sur le spectre.

$$I = 1 + \left[0{,}5 \times \sum_{1}^{i} N_i (V_i - 2) \right] \qquad (16.20)$$

N_i représente le nombre d'atomes de l'élément i, dont la valence est V_i.

16.8.2 Méthode basée sur les abondances isotopiques

Cette autre méthode est exploitée pour trouver la formule empirique du composé analysé. Un appareil dont le pouvoir de résolution est modeste suffit. Le principe repose sur la composition isotopique des éléments qui sont presque tous constitués de plusieurs isotopes. Pour cette raison tout échantillon d'un composé moléculaire (constitué d'une immense population de molécules individuelles) donne en spectrométrie de masse plusieurs pics moléculaires (un *amas isotopique* à M, M + 1, M + 2, etc.), dont les intensités relatives sont une signature pour chacun d'eux. Il s'agit donc de comparer l'aspect de cet ensemble de signaux, présenté sous forme de bâtonnets et obtenu à partir du composé, avec tous les ensembles calculés *a priori* avec des formules empiriques différentes, en se limitant à celles qui satisfont aux informations sur le composé pour éliminer les calculs inutiles.

Soit un échantillon de benzène C_6H_6 (M = 78). Sachant que pour 100 atomes de carbone, il y a environ un atome de ^{13}C, on peut prévoir qu'environ 6 % des molécules de benzène posséderont un atome de ^{13}C dans leur squelette, et auront donc pour masse 79 (la contribution de ^{2}H ou D, 0,01 % est très faible). Le petit pic que l'on observe à $m/z = 79$ sur le spectre de masse de ce composé en est la conséquence. De même l'intensité du pic $m/z = 80$ sera due à la présence des molécules qui comportent soit deux ^{13}C, soit deux D, soit un ^{13}C et un D.

Le lecteur pourra retrouver les deux expressions approchées 16.21 et 16.22, utilisées pour calculer les intensités des pics M + 1 et M + 2 des composés ne comportant que les éléments C, H, N, O, F, P (nC, nN, etc. symbolisent le nombre d'atomes de carbone, d'azote, etc.) :

$$(\mathrm{M}+1)\% = 1{,}1\ \mathrm{nC} + 0{,}36\ \mathrm{nN} \qquad (16.21)$$

$$(\mathrm{M}+2)\% = \mathrm{nC}(\mathrm{nC}-1) \times 1{,}12/200 + 0{,}2\ \mathrm{nO} \qquad (16.22)$$

Cette méthode est devenue courante d'emploi mais son efficacité est assez limitée, compte tenu de la précision de mesure sur les masses M + 1 et M + 2, généralement noyées dans le bruit de fond.

16.8.3 Recherche de la masse moléculaire à partir des ions polychargés

Des ions polychargés sont obtenus à partir des macromolécules lorsqu'elles sont ionisées en faisant appel aux sprays (ESI, APCI). Il est possible d'accéder à leurs masses moléculaires par une méthode alternative au procédé indiqué dans la figure 16.15. Pour faire ce calcul il faut disposer d'un spectre brut présentant une succession de pics moléculaires qui diffèrent par le nombre de charges portées.

On repère sur l'enregistrement du composé dont la masse est désignée par M, 2 pics consécutifs M_1 et M_2. Leurs charges globales z_1 et z_2 diffèrent donc d'une unité : $z_2 = z_1 - 1$ (fig. 16.29). On peut donc écrire les relations 16.23 et 16.24 :

$$M_1 = \frac{M}{z_1} \tag{16.23}$$

$$M_2 = \frac{M}{z_2} \tag{16.24}$$

Un calcul simple permet de déduire z_1 :

$$z_1 = \frac{M_2}{M_2 - M_1} \tag{16.25}$$

Ensuite, connaissant z_1 (arrondi à l'entier le plus proche), on calculera M (Da) à partir de 16.23.

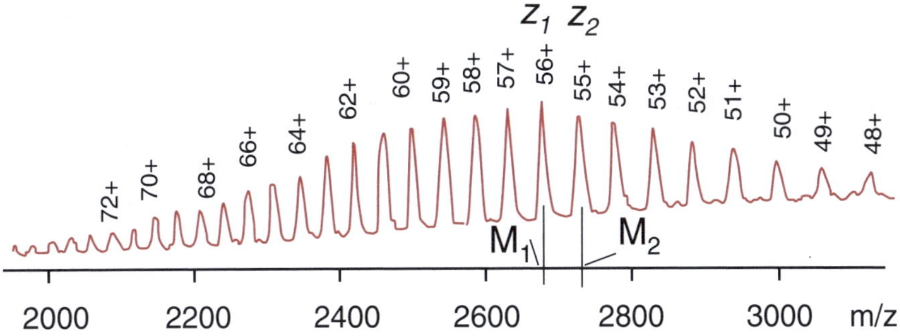

Figure 16.29

Spectre profil d'un anticorps de masse moléculaire élevée.

Ce spectre a été obtenu par électrospray. Sans utiliser les valeurs des charges reportées au-dessus de chaque signal, le calcul décrit dans le texte conduit à partir des seules valeurs de $M_1 = 2\,680$ et de $M_2 = 2\,729$ à $M = 150\,080$ Da.

16.9 Fragmentation des molécules organiques

L'interprétation d'un spectre de masse — nature et origine des pics de fragmentation — est un exercice difficile mais d'un grand intérêt. Le chimiste organicien retrouve des types d'ions connus ou envisagés pour expliquer les mécanismes réactionnels en phases condensées. La différence tient ici à ce que les ions se déplacent dans le vide et sans collisions. Les intervalles de temps entre formation et détection des ions étant très brefs, on peut envisager l'existence d'espèces très instables dont la durée de vie n'excède pas 1 μs.

16.9.1 Règles de base

La fragmentation par impact électronique, bien adaptée à l'étude des molécules organiques, résulte de l'instabilité de l'ion moléculaire initialement formé. La molécule M dont la masse est toujours paire (sauf s'il y a un nombre impair d'atomes d'azote), devient un radical-cation au nombre impair d'électrons, représenté par le symbole $M]^{+\bullet}$. Lorsqu'un ou plusieurs hétéroatomes sont présents, l'ionisation se porte de préférence sur un des doublets libres (fig. 16.30). À ce stade la molécule M n'est pas encore fragmentée :

$$M + e^- \longrightarrow M]^{+\bullet} + 2e^-$$

Le radical-cation va généralement se fragmenter. Or dans l'appareil ce n'est pas une seule molécule M qui a été introduite mais des milliards, si bien que le spectre montrera toutes les possibilités de coupures avec un facteur d'intensité qui traduira la probabilité de chacune d'elles.

Plusieurs facteurs favorisent les processus de fragmentation de $M]^{+\bullet}$. On observe deux situations de base : ou bien il se forme un cation de masse impaire (et au nombre pair d'électrons), accompagné d'un fragment neutre à l'état de radical, ou bien un nouveau radical-cation fils apparaît, accompagné de la perte d'une molécule neutre.

- les fragments stables (ioniques ou neutres) ont plus tendance à se former.
- les fragmentations avec réarrangement sont favorisées lorsque les ions fragments correspondent à un état transitoire à six centres. On note souvent des transferts d'hydrogène sur le cation-radical.

16.9.2 Fragmentation d'une liaison σ ionisée

À partir d'un *hydrocarbure* tel le propane, l'ionisation d'une liaison σ C–C conduira plutôt à la formation du cation éthyle et d'un radical méthyle plutôt que l'inverse :

$$CH_3CH_2CH_3]^{+\bullet} \longrightarrow CH_3CH_2^+ + CH_3^\bullet$$

De même l'ionisation de l'isobutane conduit majoritairement à la perte d'un radical méthyle car le cation isopropyle est thermodynamiquement plus stable que le cation méthyle.

16.9.3 Fragmentation α

Avec une *cétone* (RCOR'), composé choisi en exemple, l'ionisation produit dans un premier temps l'arrachement d'un électron d'un des doublets libres de l'oxygène. Il y a ensuite, de façon prédominante, rupture homolytique de la liaison σ (C–C) en position α du site d'ionisation. L'élimination de la plus grosse chaîne alkyle, sous forme de radical, est favorisée, mais on observera généralement les quatre ions fragments $RCO]^+$, $R'CO]^+$, $R]^+$ et $R']^+$ (fig. 16.30).

Pour les éthers ROR', la rupture de la liaison C–C adjacente à l'oxygène conduit aux ions oxoniums stabilisés par résonance (fig. 16.31). On rencontre une situation analogue avec les amines (formation de l'ion iminium $CH_2 = NH_2^+$ de masse 30, pour les amines primaires). En outre, par rupture de la liaison C–O, les éthers conduisent aux cations $R]^+$ et $R']^+$.

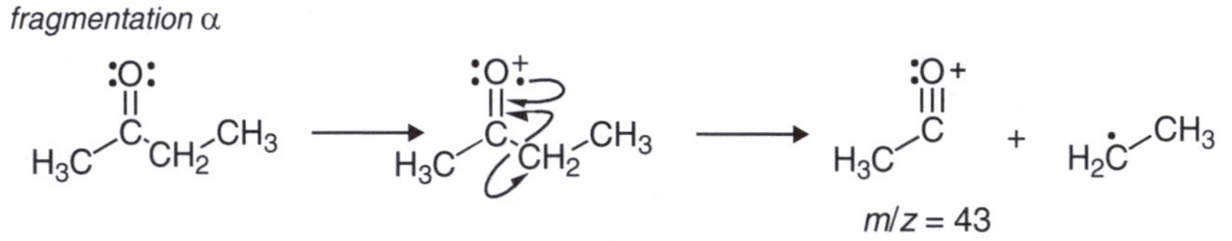

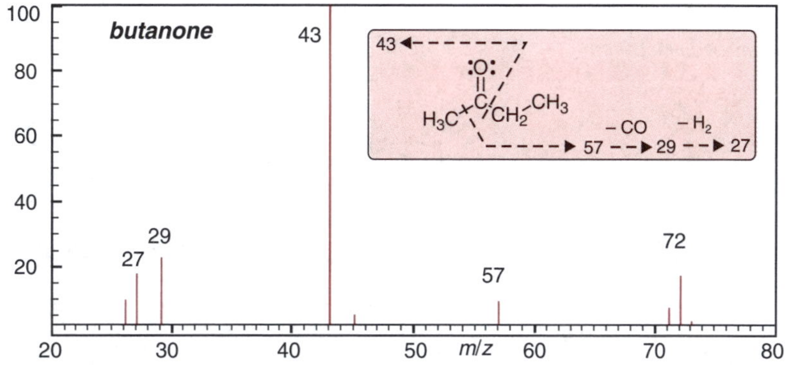

Figure 16.30

Spectre de fragmentation de la butanone obtenu par ionisation électronique.
Schéma expliquant la formation des principaux ions fragments. L'ion moléculaire conduit à l'ion acétyle $CH_3CO]^+$ ($m/z = 43$), dix fois plus intense que l'ion 57, $CH_3CH_2CO]^+$

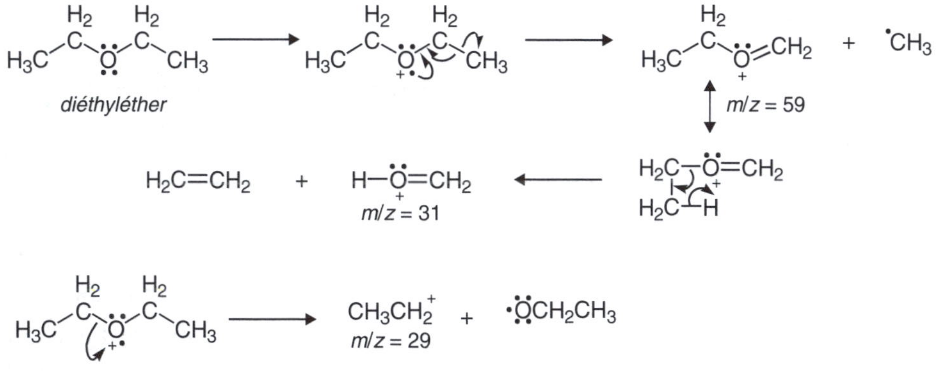

Figure 16.31

Modes de fragmentation d'un éther. L'exemple du diéthyléther.

16.9.4 Fragmentations avec réarrangement

À côté de ces exemples élémentaires de fragmentation, il existe bien d'autres transformations possibles dans lesquelles les ions se réarrangent, quelquefois suivant des voies très complexes. La fragmentation avec réarrangement de McLafferty est une transformation classique qui apparaît de façon très générale pour les ions moléculaires possédant un carbonyle C=O ou une double liaison C=C (fig. 16.32). Il s'explique par un mécanisme à six centres au cours duquel il y a transfert d'un atome d'hydrogène sur le site ionisé en premier. Il est suivi de l'élimination d'une molécule neutre d'éthylénique, qui conduit à la formation d'un nouveau radical-cation, de masse paire si le composé ne possède pas d'atome d'azote.

Toutes ces transformations font l'objet de règles semi-empiriques qui sont utilisées dans l'étude des composés inconnus et qui servent aussi, plus simplement, à contrôler les résultats auxquels conduisent les recherches automatisées avec les spectrothèques.

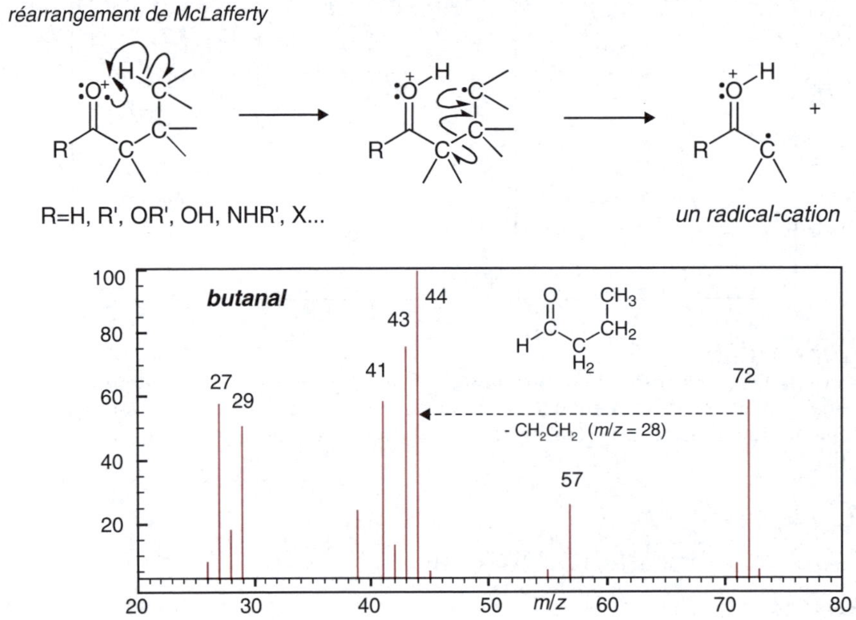

Figure 16.32
Réarrangement de McLafferty, dans le cas du butanal C_4H_8O.

16.9.5 Pics métastables

Pour aider à l'identification des ions, on peut exploiter leur caractère d'instabilité.

Un ion normal est suffisamment stable dans le temps pour lui permettre d'atteindre le détecteur. Si sa durée de vie est inférieure à quelques μs, on a affaire à un *ion métastable* qui peut se décomposer entre source et détecteur (fig. 16.33).

$$M^{+\bullet} \longrightarrow m^+ + m'^\bullet$$

Chaque ion individuel a une durée de vie aléatoire qui dépend de son énergie interne, mais un grand nombre d'ions identiques forme une population dont la décomposition obéit aux lois statistiques. On est en présence d'une transformation décrite par une cinétique du premier ordre. Ainsi, avec un appareil à double focalisation, si l'ion fils m^+ apparaît avant la sortie du secteur électrostatique, il se perd sur les parois de l'appareil car son énergie cinétique est insuffisante. Par contre, si la décomposition se produit entre la sortie du secteur électrostatique et l'entrée du secteur magnétique, on peut observer, grâce à un réglage particulier de l'appareil, la trace de l'ion m^+ à une pseudomasse m^* qui ne correspond pas à sa masse réelle. La formule 16.26 relie les 3 positions sur le spectre :

$$m^* = \frac{m^2}{M} \qquad (16.26)$$

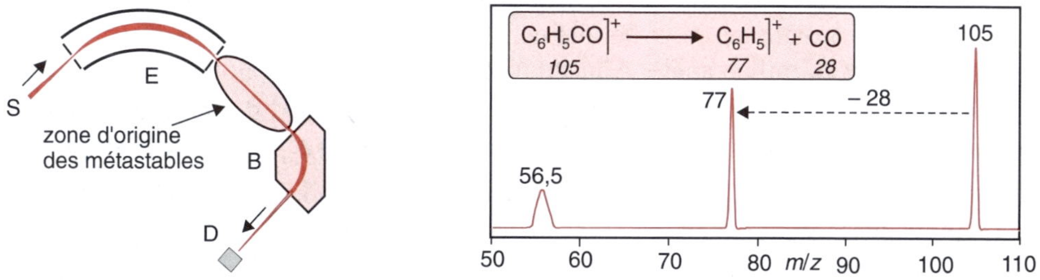

Figure 16.33
Pics métastables. Aspect théorique des trois pics constituant une transition métastable.

Une transition *métastable* conduit donc à trois pics sur le spectre dont le pic m^*, appelé *pic diffus* par suite de sa forme moins nette et de sa position qui ne correspond pas nécessairement à une masse proche d'une valeur entière (fig.16.34).

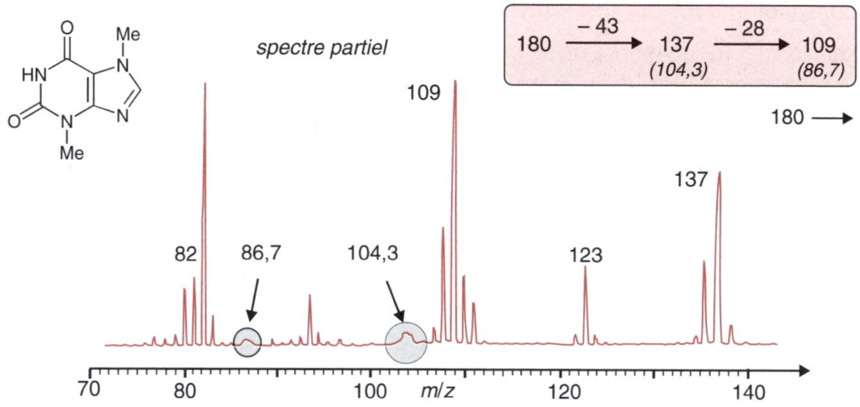

Figure 16.34
Apparition d'ions métastables au cours de la fragmentation de la théobromine. L'ion moléculaire (180 u), par perte de CONH• (43 u) conduit à l'ion de masse 137 u, transition métastable, accompagnée du pic diffus à 104,3. De même la perte de CO (28) à partir de l'ion 137, est un second exemple de transition métastable qui apparaît à $m/z = 86{,}7$ (reproduit avec l'autorisation de la Société Kratos).

Ainsi par la méthode du « *peak-matching* » et la recherche des métastables associés, il est possible de déterminer avec une grande certitude la structure des ions. Toutefois ce dernier procédé est devenu quelque peu vétuste, au regard des nouvelles techniques plus performantes (MIKE ou géométrie Nier-Johnson inversée), décrites dans des ouvrages spécialisés.

Exercices

16.1 Le vanadium est constitué de 2 isotopes dont les abondances sont $^{51}V = 99{,}75$ et $^{50}V = 0{,}25$ %. Afin de doser cet élément dans un acier, on prélève 2 *g* de l'acier que l'on dissout en milieu acide. A la solution ainsi obtenue on ajoute 1 μg de ^{50}V. Après mélange, on effectue l'analyse par la méthode ICP/SM qui permet d'obtenir sur le spectre de masse deux pics centrés sur les masses 50 et 51 de même surface.

a) Quel est le pourcentage de vanadium dans l'acier étudié en admettant que les rapports des aires et des masses de ces deux isotopes est le même ?

b) Donner une solution plus rigoureuse sachant que :

$$^{50}V = 49{,}947\ g \cdot mol^{-1} \quad \text{et} \quad ^{51}V = 50{,}944\ g \cdot mol^{-1}.$$

c) Expliquer pourquoi ce problème deviendrait plus compliqué si l'acier contenait du titane ou du chrome.

16.2 La dibenzosubérone est une cétone dont la formule est donnée ci-après.

a) Calculer la masse précise du pic moléculaire le plus abondant et écrire les compositions isotopiques des différentes espèces constituant le pic M + 1.

b) Dans le spectre de masse de ce composé on remarque entre autres deux fragments de même masse nominale dont l'un résulte de la perte de CO et l'autre de C_2H_4.

- Expliquer uniquement la perte de CO à partir de l'ion parent, et indiquer si par perte de C_2H_4 on doit obtenir un ion positif, un radical ou un cation-radical
- Indiquer pour les deux fragments les formules brutes qui leur correspondent.

c) Sachant que le facteur de résolution du spectromètre de masse est de 15 000, est-il possible de distinguer les différentes espèces constituant le pic M + 1 ?

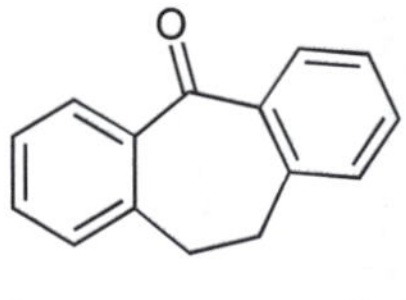

16.3 Quel est le pourcentage de l'intensité du pic M+1 (M = 721 u) par rapport au pic M = 720 u dans l'amas isotopique moléculaire du footballène (formule : C_{60}) ?
Données : l'élément carbone est formé de deux isotopes ^{12}C :12 u (98,9 %) et ^{13}C : 13 u (1,1 %).

17 ANALYSES ISOTOPIQUES ET MÉTHODES DE MARQUAGE

Plusieurs méthodes d'analyse, performantes et variées, sont basées sur des mesures faites à partir d'isotopes particuliers, stables ou radioactifs, présents dans l'échantillon. Ces analyses sont devenues quasi-incontournables. Parmi celles-ci figurent les méthodes de dilution isotopique, ainsi nommées car, au cours du protocole de dosage, on ajoute un marqueur contenant un isotope qui peut être radioactif. D'autres méthodes reposent sur la connaissance de la composition isotopique des analytes, ou sur l'apparition d'isotopes radioactifs après irradiation de l'échantillon par des particules. Enfin, l'ajout d'espèces marquées, cette fois par une enzyme, est à la base de nombreux tests de radio-immunologie et d'immunoenzymologie, dont font partie les tests ELISA. Mis au point à l'origine pour l'étude de substances biologiques, leur application en chimie est devenue banale. Le lecteur trouvera également en annexe de ce chapitre quelques compléments sur les isotopes et leur détection ainsi que sur les grandeurs utilisées en radiochimie.

17.1 PRINCIPE DES MÉTHODES PAR DILUTION ISOTOPIQUE

Pour déterminer la concentration massique d'un composé dans un mélange, une méthode évidente mais utopique serait de le séparer en totalité pour pouvoir le peser. Malheureusement ce procédé ne peut que rarement être mis en application — l'extraction étant ni totalement sélective ni quantitative, voire impossible s'il s'agit d'une concentration très faible. On peut considérer néanmoins que la chromatographie, méthode séparative par excellence, est une manière indirecte de réaliser ce type d'approche.

Cependant, pour résoudre ce problème, il existe une autre méthode dont le principe est le suivant :

Pour doser un analyte présent dans un échantillon, on ajoute à la prise d'essai une quantité connue de son homologue sous forme marquée, c'est-à-dire porteur d'une sorte d'*étiquette* qui a pour but de pouvoir le distinguer de l'analyte réellement présent dans l'échantillon. Ensuite, après avoir bien mélangé le tout, on récupère un peu de ce mélange pour calculer, d'après sa composition, la quantité initialement présente.

Il est à noter qu'il ne s'agit pas d'une méthode classique d'ajout et que ce marquage de l'analyte ne doit pas altérer son comportement dans l'étape de récupération.

Les méthodes de marquage ne se rencontrent pas qu'en analyse chimique. Pour évaluer, par exemple, la quantité de saumons dans un bassin, on en pêche un certain nombre que l'on marque avec une étiquette avant de les relâcher. Au bout de quelques jours, on prélève un échantillon de poissons et à partir de la proportion de saumons marqués, on peut en déduire la population totale : si, après avoir étiqueté puis relâché 500 saumons, on repêche 200 saumons parmi lesquels 10 sont marqués, le nombre total de saumons x sera tel que : 10/200 = 500/x, soit x = 10 000.

Plusieurs méthodes analytiques ont été développées à partir de ce principe dont font partie les *analyses isotopiques* décrites ci-après. Dans le dosage d'un élément chimique, on ajoute comme traceur (ou indicateur) un de ses isotopes, soit stable, soit radioactif. S'il agit d'une molécule, le procédé reste le même en ajoutant cette fois son homologue marqué c'est-à-dire la même molécule, si ce n'est que la composition isotopique d'un de ses atomes a été modifiée.

17.2 Dosage par ajout d'un radio-isotope

17.2.1 La méthode de base

Soit à doser un composé moléculaire X présent dans un échantillon. A une masse précise de cet échantillon, on ajoute une masse m_S^* du composé X marqué (ce marqueur est constitué du même composé avec pour différence qu'un atome de la molécule a été substitué par un isotope radioactif). Appelons A_S l'activité spécifique de ce standard (activité en Bq par unité de masse) et A_X l'activité spécifique après mélange (dilution), calculée à partir d'un peu du mélange récupéré. Il en résulte que l'activité spécifique mesurée A_X est inférieure à A_S puisque la quantité de standard m_S^* mise en œuvre se retrouve mélangée avec la quantité m_X du composé non marqué. En revanche l'activité globale est conservée, ce qu'on pourra traduire en écrivant :

$$A_S m_S^* = A_X(m_S^* + m_X) \quad (17.1)$$

Cette équation permet de trouver la masse m_X de l'analyte dans l'échantillon :

$$m_X = m_S^*(\frac{A_S}{A_X} - 1) \quad (17.2)$$

Si A_X est beaucoup plus petit que A_S on peut se contenter de la relation approchée 17.3 :

$$m_X \cong m_S^* \frac{A_S}{A_X} \quad (17.3)$$

Ayant ainsi calculé m_X, il est facile, connaissant la masse d'échantillon utilisée, de remonter à la concentration de X dans l'échantillon.

L'étape de ré-extraction doit porter sur des quantités suffisantes pour que l'erreur ne provienne pas des pesées. Si la concentration du composé à doser est faible, sa récupération à l'état pur, même partielle, peut devenir difficile.

La méthode précédente prend le nom de *dilution isotopique inverse* lorsque l'analyte est le composé marqué (donc radioactif). Le principe est le même : on compare l'activité du produit à doser (mesurée sur une fraction isolée de celui-ci), avant et après dilution avec le composé non marqué. Les calculs sont identiques.

17.2.2 Méthode sous-stœchiométrique

Quand l'analyte est en très faible quantité, donc impossible à récupérer sous sa forme initiale par un procédé traditionnel, la méthode décrite précédemment doit être adaptée. Les expressions 17.2 ou 17.3 montrent en effet que l'on peut calculer m_X sans connaître A_X et A_S, si on a moyen d'accéder directement à leur rapport.

Dans la pratique, on prépare un dérivé insoluble du composé à doser après mélange pour pouvoir en récupérer une petite partie et on fait de même sur le standard marqué seul (blanc analytique), pour obtenir le même dérivé. Cette méthode, dite *sous-(ou sub-)stœchiométrique,* préfigure la méthode immunochimique pour le dosage de traces.

Soit à doser l'ion sulfate présent à l'état de quelques % dans une solution aqueuse. Après avoir additionné, en tant que marqueur, une quantité connue de $^{35}SO_4^{2-}$, on ajoute une solution d'un sel de baryum (formation de $BaSO_4$ insoluble) en quantité insuffisante par rapport à celle qu'il faudrait pour précipiter tout l'ion sulfate. En comparant l'activité du précipité recueilli avec celle du précipité obtenu à partir d'une même quantité de sulfate marqué *seul,* dans des conditions expérimentales identiques, on en déduira le rapport des activités, donc la quantité de sulfate.

17.2.3 Tests radio-immunologiques *(RIA)*

La méthodologie, décrite ci-dessus pour doser l'ion sulfate, a été transposée dès 1960 au dosage de l'insuline dans le sérum. La méthode nommée *radio-immunologie,* est une application de l'immunochimie *in vitro.*

L'idée de base est de séparer, après mélange, le composé faisant l'objet du dosage au moyen d'un réactif ultraspécifique (anticorps), ce qui permet l'étude d'échantillons comportant des milliers d'autres substances. Cette approche a conduit aux immunodosages qui ont pris leur essor avec le développement du génie génétique et de la biochimie.

Comme dans la méthode précédente on mélange à l'échantillon, contenant l'analyte, une quantité connue de ce même analyte sous forme marquée à l'aide d'un radio-isotope (figure 17.1). Ensuite, pour isoler une fraction du mélange des formes marquée et non marquée, on ajoute un anticorps spécifique de ce composé afin de les fixer l'une et l'autre. Elles seront récupérées dans le même rapport molaire qu'en solution. On séparera le mélange complexé par précipitation avant de procéder à la mesure de son activité, l'anticorps ayant été ajouté en quantité sous-stœchiométrique.

La radio-immunologie — restée une méthode de choix pour certaines études de médecine clinique — a reçu peu d'applications pour le dosage des molécules de faibles masses molaires. L'utilisation de substances radioactives n'y est pas étrangère. En revanche, la méthode est couramment appliquée aux petites molécules marquées avec une enzyme, notamment pour des d'applications dans le domaine environnemental (*cf.* § 17.4).

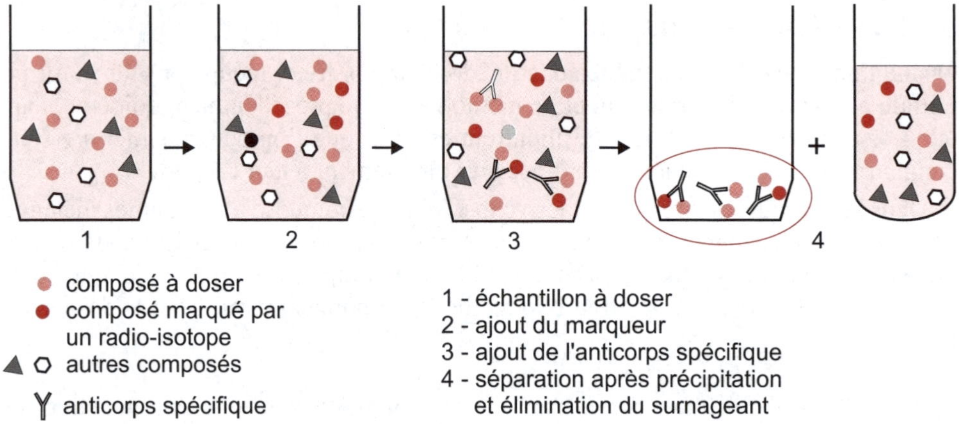

Figure 17.1
Les différentes étapes d'un test de radio-immunologie.

17.3 Dosage par ajout d'un isotope stable

La méthode de dilution isotopique peut se faire également à l'aide d'isotopes stables. Les mesures des concentrations isotopiques font partie des applications classiques de la spectrométrie de masse ou de la RMN. Il existe aussi des *spectromètres de masse isotopiques* dédiés à ces mesures. Cette méthode est très sensible, elle est donc utilisée aussi bien pour les molécules que pour les éléments (une soixantaine ont des isotopes stables et accessibles). À la différence du marquage radioactif, pour lequel le dosage est basé sur la détection des *seuls* atomes qui se sont décomposés pendant le temps de la mesure, ici *tous* les atomes marqués sont pris en compte.

Soit à doser des traces de caféine dans un échantillon par la méthode couplée CLHP/SM. On commence par faire une solution de cet échantillon dans laquelle on ajoute comme traceur une quantité connue de caféine marquée d3[1]. Par analyse

1. Par synthèse il est possible de remplacer, dans la caféine (m = 194 u), les 3H du groupement $N\text{-}CH_3$ du cycle à 5 chaînons par 3 atomes de deutérium (D). On dispose ainsi de caféine marquée de masse 197 u.

CLHP, ces 2 caféines ont même temps de rétention. Au cours de leur co-élution, le détecteur mesure en alternance les intensités des pics m/z = 194 et m/z = 197. On obtient deux pseudochromatogrammes (figure 17.2), l'un du pic 194 et l'autre du pic 197, dont les aires, après étalonnage, permettent de déterminer la concentration de la caféine dans l'échantillon de départ.

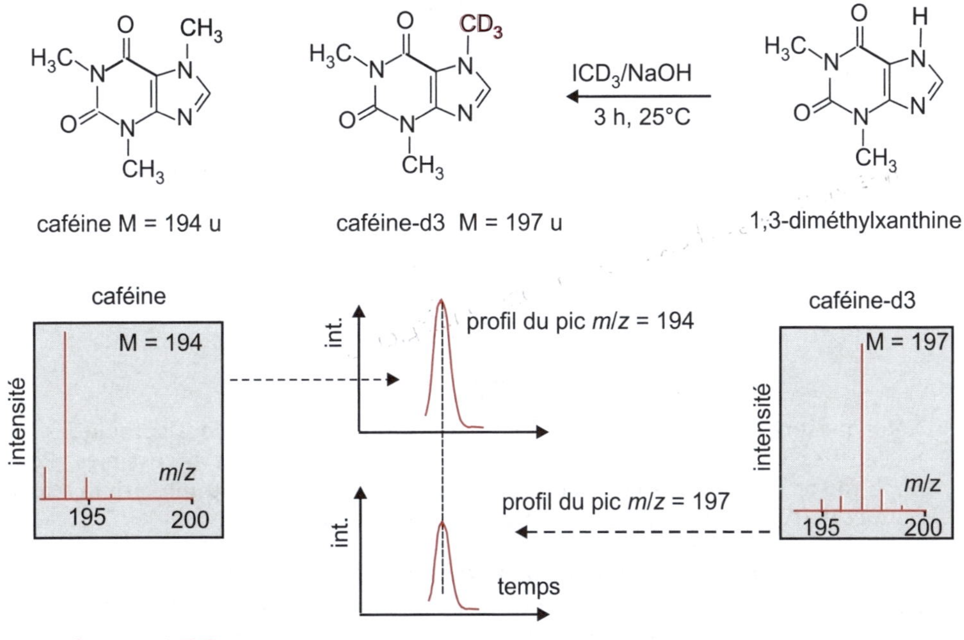

Figure 17.2

Dosage par CLHP/SM de la caféine par dilution isotopique.
L'isotope stable utilisé comme traceur est le deutérium D. La caféine-d3 est issue de la méthylation de la 1,3-diméthylxanthine par ICD_3.

17.4 MESURE DES RAPPORTS ISOTOPIQUES D'UN ÉLÉMENT

L'analyse de la composition isotopique de nombreux constituants présents dans des échantillons variés est devenue assez courante dans le domaine des substances d'origine naturelle car elle permet de reconnaître leur provenance géographique et elle a donc un impact économique ou dans le domaine réglementaire. Pour les composés organiques, on se base sur les isotopes du carbone ou sur ceux de l'hydrogène. La mesure précise des rapports isotopiques permet également, avec des appareils adaptés, de surpasser en exactitude les méthodes de datation basées sur la radioactivité.

Dans le règne vivant, les isotopes d'un même élément peuvent être différenciés par les voies de biosynthèse suivies. En outre, ils traversent les parois cellulaires à des vitesses légèrement différentes. Ainsi le rapport isotopique $^{13}C/^{12}C$ de la vanilline naturelle est plus faible que celui de la vanilline de synthèse ; il en est de même du glucose, dont ce rapport varie selon le cycle biologique suivi par la plante. La détection de la falsification des huiles de table, des arômes, des jus de fruits, l'étude du métabolisme des plantes et de nombreuses applications médicales, constituent autant d'exemples dans ce domaine.

La « signature isotopique » des composés organiques d'origine naturelle repose sur la mesure précise du rapport $^{13}C/^{12}C$, que l'on compare à un standard universellement adopté. Il s'agit d'un carbonate de calcium en provenance de Pee Dee (USA), dont l'abondance en ^{13}C est très élevée (rapport isotopique : $1{,}12372 \times 10^{-2}$). Expérimentalement on utilise la spectrométrie de masse pour comparer les intensités des pics de $^{13}CO_2$ (45) et $^{12}CO_2$ (44) obtenus par combustion de l'échantillon. On accède ainsi à l'écart relatif en millième, δ, du composé (17.4). Sa valeur est généralement négative.

$$\delta_{0/00} = 1\,000 \left[\frac{\left[\dfrac{^{13}CO_2}{^{12}CO_2}\right]_{\text{éch.}}}{\left[\dfrac{^{13}CO_2}{^{13}CO_2}\right]_{\text{réf.}}} - 1 \right] \tag{17.4}$$

Cette mesure étant effectuée après combustion, les variations isotopiques au niveau des différents sites du composé analysé ne sont pas accessibles. Pour cette raison, on préfère comparer le rapport D/H par RMN du deutérium, car il permet de comparer chaque site de la molécule étudiée.

Lorsqu'on est en présence d'un mélange de deux espèces A et B dont les variations isotopiques sont respectivement δ_A et δ_B, la valeur expérimentale du mélange δ_M résulte de la combinaison pondérée de δ_A et de δ_B, ce qui conduit aux pourcentages de A et B. En désignant par x la fraction de B et par $(1 - x)$ la fraction de A, on aboutit à la relation 17.5 :

$$\delta_M = (1 - x)\,\delta_A + x\,\delta_B$$

$$x = \frac{\delta_M - \delta_A}{\delta_B - \delta_A} \tag{17.5}$$

Il existe des appareils qui associent, *en ligne*, un chromatographe en phase gazeuse, un four tubulaire de combustion pour générer le dioxyde de carbone et un spectromètre à secteur magnétique basse résolution, comportant un multicollecteur d'ions pour un repérage individuel de chaque masse.

Accélérateurs-Spectromètres de masse (AMS)

La mesure précise des rapports isotopiques pour les isotopes très peu abondants est au-delà des possibilités des spectromètres de masse conventionnels, même s'ils sont spécialement adaptés à ces mesures. Pour les isotopes à l'état de traces infinitésimales, il existe, à l'échelon mondial, une cinquantaine de spectromètres de masse en tandem, dérivés des accélérateurs de particules type Van de Graaff, utilisables pour ces analyses (figure 17.3).
L'échantillon, qui doit être sous forme solide, est tout d'abord bombardé par des ions césium. Un premier spectromètre de masse extrait les ions négatifs correspondant

à la masse sélectionnée. Ensuite, pour éliminer les interférences (isobares), les ions sont accélérés par une ddp de plusieurs mégavolts vers l'extrémité positive d'un accélérateur. Sur leur parcours, les ions entrent en collision avec une cible (solide ou gaz) afin qu'il ne subsiste, au-delà, que des atomes isolés porteurs de plusieurs charges positives. Les mesures de concentration exigent de comparer en alternance rapide, les signaux des différents isotopes, en provenance de l'échantillon, des standards ou des blancs analytiques. Ainsi la datation des objets anciens à partir de la concentration en ^{14}C est-elle devenue beaucoup plus précise et sensible, que la méthode classique de Libby, faisant appel aux mesures de radioactivité.

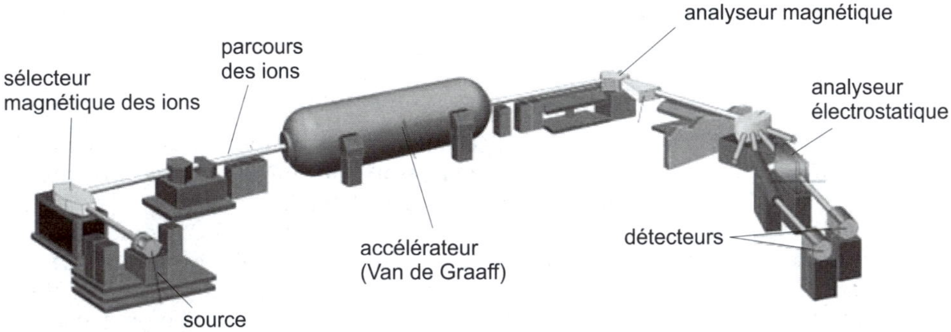

Figure 17.3
Les différentes parties d'un spectromètre de masse à accélération (AMS).
Projet ANTARES (Australian Nuclear Science and Technology Organization),.

17.5 Dosages par marquage enzymatique

Une autre forme de marquage consiste à utiliser une enzyme. Dans ce cas l'étiquette (l'enzyme) est énorme par rapport à la molécule d'analyte. Comme les concentrations sont très faibles, la récupération fait appel à un anticorps. C'est un dosage immunoenzymatique, dont la méthodologie la plus connue est celle des tests de type ELISA. Le facteur d'amplification de l'enzyme rend ce test très sensible. Les tests radio-immunologiques ou immunochimiques ELISA [1] décrits ci-après, nécessitent le rappel de quelques notions.

17.5.1 Antigènes et anticorps, rappel

L'introduction, dans l'organisme, d'une substance étrangère (*antigène*) de masse moléculaire élevée (M > 5 000 Da), provoque l'apparition d'*anticorps*. Ce sont des glycoprotéines, appelées immunoglobulines (principalement des IgG).

Antigènes et anticorps s'agglutinent les uns aux autres. Les forces qui les lient sont dues aux liaisons hydrogène et aux interactions hydrophobes. La cohésion est assurée également par les molécules d'eau voisines qui exercent une *pression hydrostatique*.

1. *Enzyme Linked Immuno Sorbent Assay*

L'antigène *induit* non seulement une réponse immunitaire, mais *réagit* avec l'anticorps qu'il a fait apparaître dans l'organisme vivant. Ces deux propriétés sont différentes. Ainsi les petites molécules organiques comme les pesticides ne sont pas immunogènes, c'est-à-dire capables d'induire la production d'anticorps. En revanche, elles réagissent si des anticorps adaptés sont déjà présents : ce sont des *haptènes*. Pour générer les anticorps propres à ces haptènes, il faut coupler ces derniers par liaison covalente à des protéines transporteuses (BSA ou HSA « *Bovine* ou *Human Serum Albumine* »), ou à des polysaccharides. L'haptène doit donc avoir des groupements réactifs. Il est évident que cette modification de structure ne doit pas influer sur la spécificité de l'anticorps produit.

Anticorps polyclonaux

La mise au point des anticorps est une phase difficile. Si une seule molécule d'haptène était liée à une protéine porteuse telle le sérum albumine bovine (BSA) de 66 000 Da, l'anticorps qui se formerait serait surtout dirigé vers les épitotes qui désignent les parties de la protéine déclenchant la production d'anticorps. On cherche donc à fixer le plus possible d'haptènes (plusieurs dizaines). Ainsi, les anticorps obtenus lui deviennent majoritairement spécifiques. Pour cela, on effectue des injections successives sur des souris, rats ou lapins, de l'haptène greffé à la protéine porteuse accompagnée d'additifs. Au bout de deux semaines on recommence avec 5 fois moins d'immunogène et deux semaines plus tard on prélève du sang à ces animaux pour voir si l'anticorps est apparu. On répète 2 ou 3 fois encore ces injections, afin de créer une hyperimmunisation. Le sérum de ces animaux est alors devenu une source de l'anticorps cherché, de type polyclonal.

17.5.2 La méthode de dosage immunoenzymatique (*EIA*)

Le dosage se déroule en plusieurs étapes.

1. On commence par introduire une solution de l'échantillon (ou une solution étalon) de l'analyte dans un tube (ou une cuvette de microplaque) à fond transparent dont la paroi de matière plastique a été sensibilisée, c'est-à-dire recouverte de l'anticorps adapté et fixé en surface par adsorption (figure 17.1).

2. On ajoute ensuite un volume connu d'une solution du même analyte, fixé par liaison covalente à une enzyme (la peroxydase du radis noir est souvent le *conjugué enzymatique* choisi). Ces deux formes de l'analyte entrent alors en compétition pendant la durée de l'incubation pour se fixer sur les anticorps que porte la paroi.

3. Après un certain temps d'incubation (ex. 30 min.), le récipient (tube ou cuvette) est lavé à l'eau. Seules restent les molécules fixées. La quantité de l'analyte associé à l'enzyme, sera d'autant plus grande qu'il y avait peu de cet analyte à l'état libre dans l'échantillon.

4. Puis on ajoute le substrat S spécifique de l'enzyme ainsi qu'un chromogène C, destiné à réagir sur le produit de réaction de S sur l'enzyme (ex. tétraméthylbenzidine).

5. L'enzyme fixée va transformer un grand nombre de molécules S en espèces P qui vont réagir avec C pour donner un colorant. Moins il y a de composé à doser dans l'échantillon, plus il y a d'enzyme fixée et plus la coloration est intense.
6. Enfin on arrête la réaction au bout d'un temps assez court en ajoutant un acide fort qui détruit l'enzyme. Il reste à procéder à la lecture du test avec un colorimètre.

La peroxydase du radis noir (ou *Horseradish peroxidase,* M = 44 000 Da) est stable et réactive. Elle possède 4 résidus lysine qui ne participent pas à son activité, et qui servent à son couplage. Comme son nom l'indique, un substrat S de cette enzyme est le peroxyde d'hydrogène qu'elle décompose en faisant apparaître du dioxygène qui réagit sur le chromogène (TMB, tétraméthylbenzidine). En présence de luminol, il apparaît une chimifluorescence, stable pendant plusieurs minutes, qui est à l'origine de dosages extrêmement sensibles (*cf.* § 11.7).

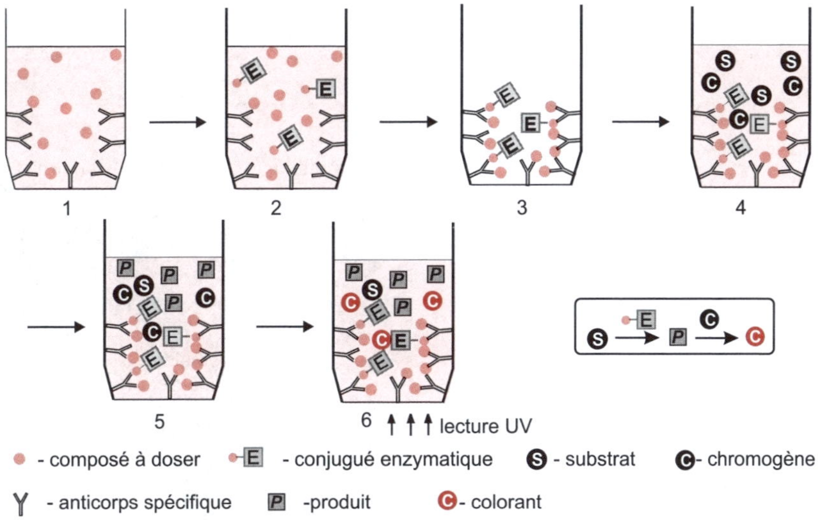

Figure 17.4

Les différentes étapes d'un test immunoenzymatique de type ELISA avec compétition (voir texte). En analyse clinique, il existe de nombreux dosages de ce type.

Cette méthodologie classique des biologistes est désormais utilisée dans le domaine de l'environnement et de l'agroalimentaire dans la recherche de pesticides ou herbicides (gaucho, gramoxone, atrazine, organochlorés...), d'anabolisants, et d'autres composés toxiques (aflatoxines, HPA). On ne peut cependant doser que les composés dont on dispose d'un anticorps adapté et de son conjugué enzymatique.

Relation absorbance/concentration : Appelons N le nombre total de sites d'encrage sur la paroi, n^* le nombre de molécules marquées fixées, C^* la concentration de l'espèce marquée dans la solution et C la concentration inconnue de l'espèce non marquée à doser (l'analyte).

Le nombre de sites sur la paroi est très petit devant le nombre de molécules en solution. Les deux espèces marquée et non marquée vont donc se fixer sur les anticorps dans le rapport de leurs concentrations en solution (figure 17.5).

$$R = \frac{C^*}{C} = \frac{n^*}{N - n^*} \qquad (17.6)$$

L'absorbance A étant proportionnelle à n^*, on aura $A = k \cdot n^*$, soit après calcul :

$$A = k \cdot N \cdot \frac{C^*}{C + C^*} = k \cdot N \cdot \frac{R}{1 + R} \qquad (17.7)$$

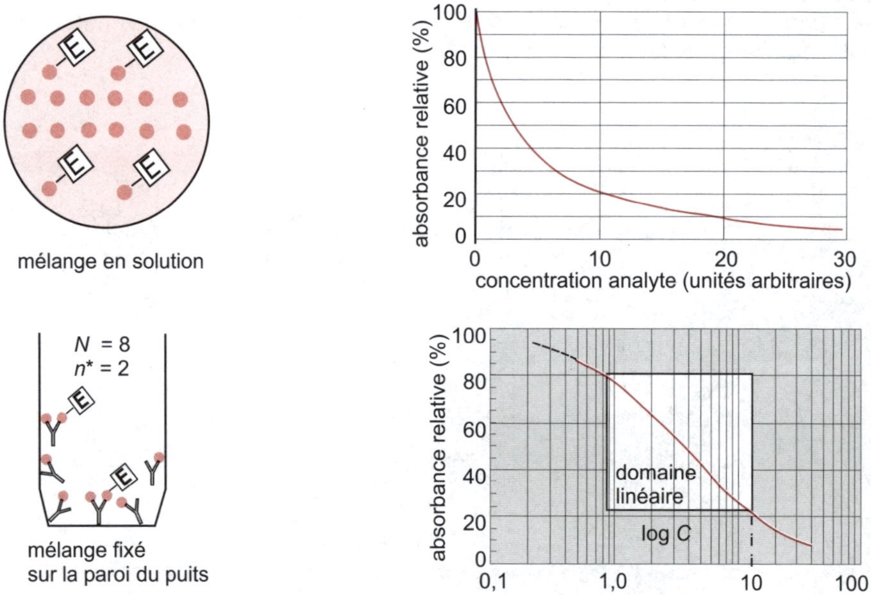

Figure 17.5

Relation concentration/absorbance des tests ELISA du type décrit

Le rapport des deux espèces en solution ou fixées sur la paroi est le même (ici, il vaut 3). La linéarité en échelle semi-logarithmique n'est atteinte que dans un domaine étroit de concentrations.

Si on porte en abscisse les concentrations et en ordonnée l'absorbance relative (%) de la solution par rapport à la valeur obtenue avec un blanc (tous les sites de l'anticorps sont, dans ce cas, occupés par le conjugué enzymatique), on remarque que l'absorbance ne varie pas linéairement avec la concentration, mais si on choisit une échelle logarithmique pour les concentrations, on obtient, en première approximation, une partie rectiligne.

La mesure finale d'absorbance peut être remplacée par une mesure de fluorescence (on réalise un ELISA fluorescent). Dans ce cas le conjugué enzymatique choisi est une phosphatase alcaline qui convertit le substrat spécifique en un produit fluorescent.

17.5.3 Autres techniques immunoenzymatiques

La technique précédente ELISA avec compétition en milieu hétérogène existe sous plusieurs variantes. L'une d'elles, mise au point par la société Ohmicron, consiste à fixer de manière covalente les anticorps, non plus sur la paroi, mais sur des particules magnétiques d'environ 1 µm (figure 17.6). Dans cette variante, la quantité d'anticorps à mettre en jeu n'est pas limitée comme c'est le cas pour la paroi du tube et la réaction anticorps/antigène est favorisée car les deux partenaires se mélangent mieux. Le milieu est à mi-chemin entre une phase homogène et une phase hétérogène.

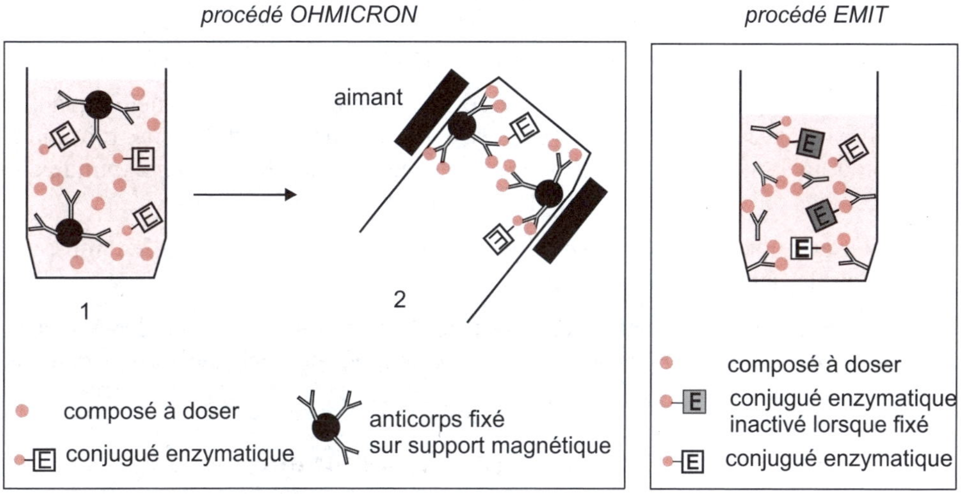

Figure 17.6
Les procédés OHMICRON et EMIT, variantes de l'ELISA de base.

Le test se déroule comme précédemment à la différence près, que l'anticorps étant fixé aux particules magnétiques, on applique, après incubation et avant lavage, un champ magnétique pour coller les anticorps à la paroi.

Une autre méthode en phase homogène, reconnue pour doser des médicaments et des hormones est désignée par EMIT (*Enzyme Multiplied Immunoassay Test*, de Syva-Biomerieux).

Dans le tube contenant l'anticorps libre (non fixé), on ajoute l'échantillon et une quantité connue de l'antigène (analyte) lié à son enzyme (conjugué enzymatique). Il se produit la compétition habituelle, excepté que l'antigène conjugué, fixé par l'anticorps, perd ses propriétés enzymatiques. On évite ainsi l'étape de lavage et on ajoute directement le substrat. La coloration est due cette fois à la fraction de l'enzyme non fixée. Moins il y aura de composé, plus une part importante de l'enzyme sera dénaturée au contact de l'anticorps libre, et moins la coloration sera forte.

17.5.4 Avantages et défauts des tests ELISA en chimie

Les diverses techniques ELISA donnent des résultats précis et fiables. Les résultats obtenus plus rapidement que par chromatographie sont surtout destinés à éliminer tous les échantillons négatifs qu'il n'est donc pas utile de soumettre aux étapes d'extraction puis d'analyse chromatographique. Cependant ces techniques présentent quelques inconvénients :

1. La reconnaissance éventuelle de plusieurs molécules avec des sensibilités différentes est une source de dispersion des résultats. Il existe donc un risque de réaction croisée (un faux positif).
2. La gamme de mesure est étroite. Dès que la concentration augmente, on se trouve dans une zone de moindre précision (effet de l'échelle logarithmique pour les concentrations). On doit donc trouver la bonne dilution de l'échantillon.
3. Les microplaques doivent comporter des puits contenant tous la même quantité d'anticorps, avec la même réactivité, ce qui est techniquement difficile. L'immunisation d'un animal de laboratoire est un événement singulier, ce qui explique que les résultats puissent différer d'un kit à un autre.
4. La conservation des kits doit se faire au froid. Elle est limitée dans le temps, surtout pour les analyses sur le terrain.
5. En outre, il faut tenir compte dans le prix de revient de ces tests, des essais en double, des standards. Ces analyses ne deviennent donc rentables que pour un nombre important de dosages.

17.5.5 Fluoro-immunologie en phase homogène par polarisation de fluorescence

Une variante de la technologie ELISA, aussi sensible que rapide, consiste à faire entrer en compétition le composé à doser et cette même molécule marquée par un fluorophore. Le principe de la mesure exploite une particularité de la fluorescence. Quand on excite à l'aide d'une lumière polarisée une petite molécule fluorescente en solution, la lumière émise est quant à elle non-polarisée, par suite de nombreux facteurs parmi lesquels la rotation rapide de la molécule sur elle-même. En revanche, si le mouvement de la molécule est suffisamment ralenti, ce qui se produit quand le composé marqué est immobilisé par l'anticorps, la lumière émise est également polarisée.

La dernière étape d'un test en fluoro-immunologie consiste donc à faire une mesure de polarisation de fluorescence. Ainsi, la fluorescence observée sera d'autant plus polarisée que la concentration du composé à doser sera faible, et vice et versa.

Avec un fluorimètre adapté à ce type de mesures, le logiciel de traitement de données détermine le *taux de polarisation* qui correspond au rapport de la différence des intensités de fluorescence mesurées dans un plan parallèle puis dans un plan perpendiculaire au plan de polarisation de la lumière excitatrice, sur leur somme.

Parmi les applications, devenues assez nombreuses, on trouve des dosages de fongicides, de micotoxines ou de produits agrochimiques.

17.6 Analyse par activation neutronique *(NAA)*

17.6.1 Principe de l'activation neutronique

Une soixantaine d'éléments peuvent être identifiés et dosés après avoir été transformés en radio-isotopes de ces mêmes éléments par irradiation au moyen de particules. Cette méthode de marquage, dont la sensibilité dépend de l'élément (de 1 000 ppm au ppb), fait partie du domaine de l'analyse nucléaire multiélémentaire. Les particules les plus utilisées sont les neutrons, car la technique est comparativement plus facile d'accès que celles faisant appel aux particules chargées. La capture d'un ou plusieurs neutrons transforme le noyau cible en isotopes de masses supérieures (l'élément reste le même), dont certains sont instables et vont se décomposer par radioactivité de type β^- (voir l'équation ci-dessous et figure 17.7). La radioactivité totale, qui naît au sein d'un échantillon formé de plusieurs éléments — chacun constitué d'une famille isotopique —, conduit évidemment à un spectre d'émission complexe.

$$ {}^{\mathrm{A}}_{\mathrm{Z}}\mathrm{X} + {}^{1}_{0}n \longrightarrow {}^{\mathrm{A+1}}_{\mathrm{Z}}\mathrm{X}^* \xrightarrow{\beta^-} {}^{\mathrm{A+1}}_{\mathrm{Z+1}}Y $$

La radioactivité totale de l'échantillon diminue avec le temps, suivant une courbe qui correspond à l'enveloppe des activités superposées (l'activité de chaque radioélément présent suit une loi de type exponentielle).

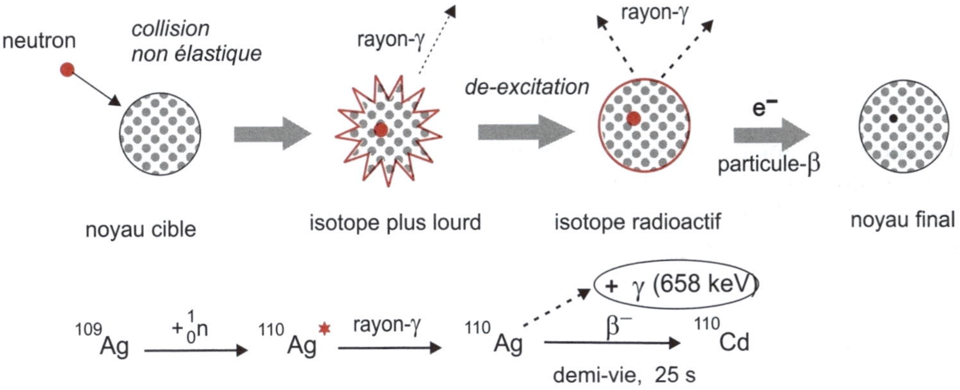

Figure 17.7
Schématique de l'activation neutronique.
Quand un neutron agit sur un noyau cible, il se forme un isotope qui peut être instable. Dans ce cas, l'isotope formé émet instantanément un rayonnement γ et passe ainsi dans une configuration plus stable. Puis cet isotope radioactif décroît par émission d'un électron et d'un nouveau rayonnement γ caractéristique ; illustration avec l'atome d'argent.

Le spectre β^- étant continu, on ne peut reconnaître la composition des éléments par le simple examen du rayonnement. En revanche, on met à profit l'émission γ, caractéristique de chaque nucléide, qui accompagne l'émission β^-. Ce rayonnement donne naissance à un spectre exploitable situé dans le même domaine spectral que celui de la fluorescence X.

17.6.2 Sources de neutrons thermiques

La probabilité de provoquer une transformation nucléaire dépend du nucléide et de l'énergie des neutrons, facteurs réunis dans un paramètre appelé *section efficace*. Parmi les procédés connus pour irradier un échantillon avec des neutrons, figure le recours aux flux intenses, de 10^{14} à 10^{18} neutrons · m^{-2} · s^{-1}, disponibles dans les réacteurs nucléaires d'au moins 100 kW. Pour un analyte dont la concentration est très faible, on atteint en quelques minutes des niveaux d'activation suffisants, même si l'isotope formé a une période longue. Le procédé impose quelques restrictions concernant l'échantillon à traiter. Celui-ci doit être thermiquement stable et de préférence sous forme solide. Il est enfermé dans un tube avec un témoin de concentration connue à usage d'indicateur, avant d'être introduit dans le réacteur.

Pour éviter ces contraintes logistiques et coûteuses, de petites sources de neutrons — constituées d'un émetteur α (quelques µg de ^{241}Am ou de ^{124}Sb) encapsulé dans une enveloppe de béryllium — ont été développées. L'équation nucléaire génératrice de neutrons est la suivante :

$$^{9}_{4}\mathrm{Be} \xrightarrow{\alpha} {}^{12}_{6}\mathrm{C} + {}^{1}_{0}n$$

Une variante est constituée par quelques µg de ^{252}Cf ($\tau = 2{,}6$ ans, source de neutrons rapides (2 MeV), ralentis par collision avec des atomes d'hydrogène ($2{,}4\times10^6$ neutrons · s^{-1} · µg^{-1}). Ces sources de faible intensité libèrent quelques millions de neutrons par seconde et elles permettent de doser une vingtaine d'éléments.

17.6.3 Activité induite - Durée d'irradiation

Le nombre d'atomes radioactifs N^* qui s'accumulent dans l'échantillon au cours de l'irradiation tend vers une limite : à chaque instant, l'augmentation du nombre des noyaux N^* est égale à la différence entre la vitesse de formation, considérée comme constante (le nombre de noyaux cible N étant très grand) et celle de décomposition :

$$\frac{dN^*}{dt} = \varphi \cdot \sigma \cdot N - \lambda \cdot N^* \qquad (17.8)$$

φ représente le flux de neutrons, λ la constante de décroissance radioactive, σ la section efficace de chaque atome cible dont le nombre est N. Ce nombre est lui-même relié à la masse m de la fraction isotopique f de l'élément considéré de masse atomique M. Si $\mathcal{N}$ représente le nombre d'Avogadro, on a :

$$N = \frac{m}{M} \cdot \mathcal{N} \cdot f \qquad (17.9)$$

Un calcul classique permet de transformer la formulation élémentaire 17.8 en forme intégrée, pour évaluer le nombre d'atomes N^* présents après le temps t :

$$N^* = \frac{\varphi \cdot \sigma \cdot N}{\lambda} (1 - \exp [-\lambda t]) \tag{17.10}$$

L'activité induite au temps t correspondant à $A = \lambda \cdot N^*$, on aboutit à l'expression :

$$A = \varphi \cdot \sigma \cdot N \ (1 - \exp [-\lambda t]) \tag{17.11}$$

Le terme entre parenthèses est appelé *facteur de saturation.* Il tend rapidement vers 1 lorsque t augmente. Ainsi, pour $t = 6\tau$, l'activité atteint 98 % de la valeur limite. Expérimentalement on ne dépasse jamais un temps de 4 ou 5 périodes du radioélément apparu. On préfère réserver cette méthode aux radioéléments de courtes périodes.

17.6.4 Principe des mesures et applications

Le choix du procédé de détection dépend de la nature de l'émetteur et de la complexité du spectre émis. Dans tous les cas on doit enregistrer le spectre γ qui accompagne les émissions β^- des radionucléides présents dans l'échantillon après activation (figure 17.8). Un capteur classique comporte un cristal de NaI(Tl) qui agit en transformant le photon γ en une luminescence dont l'intensité est proportionnelle à l'énergie du photon, du moins si le photon γ est entièrement absorbé par le cristal. Le fonctionnement est semblable à celui des scintillateurs liquides utilisés pour le ^{14}C, ou bien s'il s'agit d'un cristal de Ge(Li), il se comporte comme le gaz de remplissage d'un tube de Geiger-Müller.

Si l'échantillon et l'indicateur ont été irradiés simultanément, l'activité spécifique de l'élément X sera la même dans l'échantillon et dans l'étalon. L'activité totale étant proportionnelle à la masse de X, on écrira :

$$(\text{Masse de } X)_{\text{échantillon}} = (\text{Masse de } X)_{\text{étalon}} = \frac{(\text{Act. totale})_{\text{échantillon}}}{(\text{Act. totale})_{\text{étalon}}} \tag{17.12}$$

La relation précédente n'est valable que si le rayonnement induit est simple, ou si l'on dispose d'un appareil de comptage muni d'un filtre permettant d'isoler le rayonnement dû au seul analyte recherché. Mais la matrice elle-même devient souvent active en émettant un rayonnement qui se superpose à celui que l'on veut estimer. Pour cette raison, il faut respecter un certain délai entre la fin de l'irradiation et l'étape de comptage afin d'éliminer toutes les interférences dues à des émetteurs de courte durée de vie.

Supposons, par exemple, que l'on veuille doser des traces de fer dans un échantillon d'aluminium. Le ^{59}Fe (τ = 46 jours) est caractérisé par une émission γ à 1,29 MeV, mais au cours de l'irradiation, l'aluminium donne naissance à du ^{24}Na, responsable d'une raie γ située à 1,37 MeV, par la réaction ^{27}Al (n,α) ^{24}Na (τ = 15 heures). On diffère la mesure de quelques jours pour laisser à l'aluminium le temps de disparaître.

Quand l'échantillon le permet, on peut également séparer le radioélément à doser par la technique de l'*entraînement*, avec un isotope stable de cet élément. Le même traitement fait sur l'étalon, conduit à évaluer le rendement de l'extraction. On normalise ensuite le résultat à 100 %.

En fait, la méthode d'analyse par activation neutronique est peu courante (figure 17.8). Parmi les exemples d'applications, on peut citer la caractérisation des matériaux (métaux de haute pureté, semi-conducteurs...), l'étude de la répartition des éléments chimiques des matériaux fossiles, l'analyse d'ultratraces en archéologie ou les études géologiques et volcanologiques.

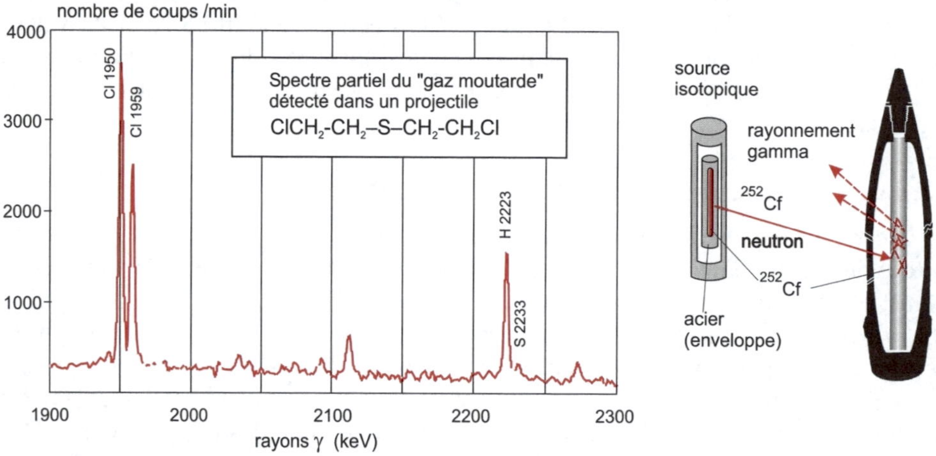

Figure 17.8
Une application non conventionnelle de l'activation neutronique.
Lorsqu'il s'agit de détruire des obus d'arme chimique, il arrive qu'on utilise l'activation neutronique pour en connaître le contenu. Ce dessin, reproduit avec l'autorisation de la société EG & G Ortec, illustre le principe général de la méthode. En cartouche, une petite partie du spectre γ d'un obus contenant un agent chimique, obtenu en quelques minutes.

Compléments de radiochimie

17.7 Rappel sur les isotopes radioactifs

Tout élément chimique est généralement composé de plusieurs isotopes qui ne diffèrent que par leur nombre de neutrons dans le noyau. Parmi les isotopes naturels d'un même élément, certains sont instables, ce sont les radio-isotopes. Leurs noyaux ont la propriété de se décomposer spontanément en donnant un noyau fils différent du noyau père ce qui s'accompagne de l'émission de particules (α ou β^-) et d'un rayonnement électromagnétique dans certains cas (photons γ ou X). Les noyaux fils formés peuvent être également des radio-émetteurs.

La désintégration β^- correspond à une transformation nucléaire dans laquelle le nombre de masse demeure constant alors que le numéro atomique varie. L'émission β^- produit des électrons dont l'énergie varie en continu.

$$\mathrm{X} \longrightarrow {}^{A}_{Z+1}Y + {}^{-1}_{0}e$$

17.8 Période τ, constante de radioactivité λ et activité A

Tout radionucléide, quel que soit le type de rayonnement auquel il donne naissance, est caractérisé par sa période τ, temps au bout duquel la moitié des atomes constituant la population de départ (à l'instant initial $t = 0$) se sont transformés. La loi dite de décroissance radioactive permet de calculer le nombre N d'atomes restant au temps t, pour une population initiale N_0. Cette décroissance suit une loi de vitesse d'ordre 1 que l'on traduit par l'expression suivante :

$$N = N_0\, e^{-\lambda . t} \qquad (17.13)$$

λ représente la constante radioactive du radionucléide étudié. Cette grandeur exprimée en temps^{-1} est reliée à la période radioactive τ par l'équation 17.14 :

$$\tau = \frac{1}{\lambda}\ \ln 2 \qquad (17.14)$$

En fait, ce qui est expérimentalement accessible n'est pas le nombre de noyaux présents au temps t mais le nombre de désintégrations par seconde appelé l'activité A, exprimée en becquerels Bq (d.p.s.) ou en Curies Ci (1 Ci = $3{,}7.10^{10}$ Bq) unité plus souvent rencontrée. L'activité A est proportionnelle à un instant t au nombre de noyaux émetteurs N, donc à la concentration du radionucléide, la constante de proportionnalité n'étant autre que la constante radioactive λ. En posant $A = \lambda \cdot N$ et $A_0 = \lambda \cdot N_0$, la loi de décroissance radioactive (expression 17.13) peut donc être réécrite sous la forme suivante (17.15) :

$$A = A_0 \cdot e^{-\lambda . t} \qquad (17.15)$$

Pour les analyses radio-isotopiques, on considère l'activité spécifique (A_S) qui est l'activité relative à la totalité des noyaux du même élément présents (émetteurs ou non). Elle peut s'exprimer en Ci.mol^{-1} (Bq · mol^{-1}), en Ci · g^{-1} (Bq · g^{-1}) ou en Ci · L^{-1} (Bq · L^{-1}) pour les échantillons liquides.

17.9 Molécules organiques marquées radioactives

La méthode de dilution isotopique avec traceur radioactif impose que ce dernier soit disponible. Il faut s'adresser à des sociétés spécialisées qui peuvent synthétiser, à façon, tout un choix de molécules organiques marquées sur un de leurs atomes (C, H, S ...). L'activité atteint environ 60 mCi/mmol, lorsque chaque molécule individuelle est porteuse d'un atome de ^{14}C en un site donné (figure 17.9). Dans la mesure du possible on préfère le ^{14}C au ^{3}H (tritium) facilement échangeable et dont l'autoradiolyse entraîne des difficultés de conservation des molécules tritiées.

Tableau 17.1 Caractéristiques des principaux radio-isotopes

Isotope	Période	Type	Energie (MeV)
^{3}H	12,26 ans	β^-	0,02
^{14}C	5730 ans	β^-	0,156
^{32}P	14,3 jours	β^-	1,7
^{35}S	88 jours	β^-	0,167
^{125}I	60 jours	C.E.I*	0,149

(*) capture électronique interne

Le ^{14}C utilisé pour préparer les composés marqués provient de l'irradiation, dans un réacteur nucléaire, de cibles solides contenant des atomes d'azote (nitrure d'aluminium ou de béryllium), par des neutrons de faible énergie dits *neutrons thermiques*, résultant de la fission contrôlée d'atomes de ^{235}U. Le radiocarbone formé est ensuite isolé de la cible après oxydation à l'état de $Ba^{14}CO_3$, forme sous laquelle il est livré aux chimistes. À partir de $^{14}CO_2$, il est en effet possible d'utiliser l'arsenal des réactions de la chimie organique pour synthétiser différents composés dans lesquels le radio-isotope peut être introduit en une position spécifique.

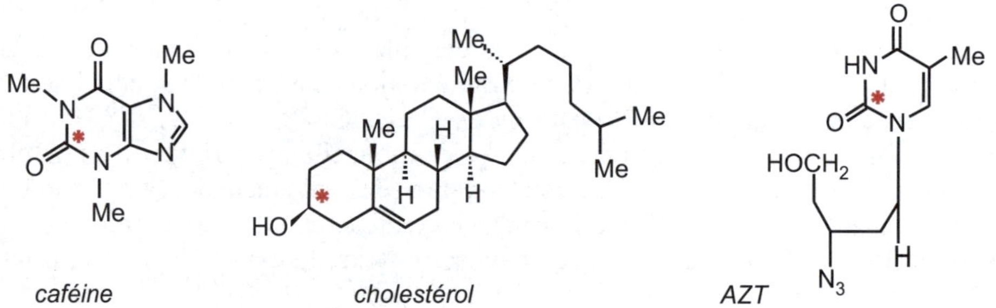

caféine *cholestérol* *AZT*

Figure 17.9
Trois molécules marquées en un seul site avec le ^{14}C.
Ce radio-isotope a une période suffisamment longue qui permet un stockage aisé et évite de prendre en compte la diminution d'activité au cours du dosage par décroissance naturelle.

17.10 DÉTECTION ET COMPTAGE DE L'ACTIVITÉ RADIOACTIVE

L'énergie du rayonnement émis par les radio-isotopes est très variable. Dans la méthode par activation neutronique, la détection fait appel aux mêmes techniques que celles utilisées pour les rayons X, mais pour les méthodes de dilution isotopiques, on choisit des émetteurs β^- de faible énergie (tableau 17.1). Dans ce cas, la technique de comptage consiste à dissoudre l'échantillon dans un solvant (toluène, xylène ou, pour les produits solubles dans l'eau, le dioxane) qui contient également un *scintillateur*, baptisé *fluor*. Ce dernier transforme le rayonnement β^- en une luminescence dont l'intensité est proportionnelle au nombre de particules émises. Le solvant joue le rôle de relais pour transférer l'énergie au scintillateur. La figure 17.10 présente deux scintillateurs parmi les plus courants. Le mélange de scintillation contient, par exemple, soit du PPO (2,5-diphényloxazole — émission dans l'UV) ou du POPOP (émission dans le visible).

Après avoir traversé un filtre pour délimiter une bande passante, les photons sont comptés pendant un temps donné, par un ou deux photomultiplicateurs travaillant en coïncidence. Une seule particule β^- produit plusieurs centaines de photons. Le comptage n'a lieu que si les deux PM montés en opposition, fournissent un signal dont le décalage n'excède pas quelques nanosecondes.

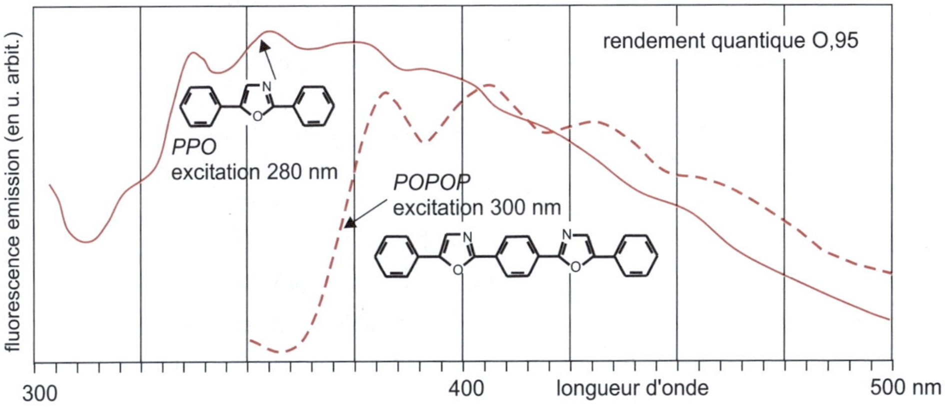

Figure 17.10

Deux scintillateurs courants : le PPO et le POPOP.

Spectres d'émission de fluorescence obtenus par excitation.

17.11 Précautions particulières

Les méthodes précédentes imposent de faire des mesures de radioactivité, source de contaminations possibles. Elles nécessitent donc un environnement particulier, soumis à autorisation pour être en droit de stocker et manipuler les substances radioactives. L'obtention d'une licence pour détenir des composés radioactifs passe par un examen des locaux qui doivent répondre à certaines normes au niveau des rejets. Par ailleurs, des précautions doivent être prises afin que les opérateurs ne soient pas exposés à des irradiations supérieures aux valeurs jugées acceptables par les réglementations. Parmi les radio-isotopes les plus utilisés, seul le ^{35}S émet un rayonnement γ de forte énergie. Néanmoins un radio-isotope, même de faible énergie, est très dangereux lorsqu'il se fixe dans l'organisme. Il n'y a pas de relation simple et directe entre l'intensité d'irradiation (Bq) et la dose d'irradiation (Sievert), celle-ci étant fonction de la quantité d'énergie que cède le rayonnement par unité de masse à la substance irradiée.

Exercices

17.1 Pour doser la pénicilline présente dans une préparation commerciale, on utilise une pénicilline de référence, marquée, dont l'activité spécifique est de 75 000 Bq.

On ajoute 10 mg de pénicilline marquée à 500 mg de l'échantillon. Après traitement on récupère 1,5 mg de pénicilline dont l'activité mesurée est de 10 Bq. Calculer la concentration (pourcentage massique) de pénicilline dans la préparation ainsi dosée.

17.2 La patuline ($C_7H_6O_4$) est un composé dangereux pour la santé humaine que l'on peut trouver dans les jus de pommes ou de pamplemousses avariés. Actuellement la méthode courante de dosage fait appel à un test immuno-enzymatique de type ELISA. La solution étalon est constituée par une solution aqueuse, préparée juste avant emploi et contenant 1,54 mg · L^{-1} de patuline pure.

Dans le test décrit, on utilise quatre tubes identiques dont la paroi interne est recouverte de l'anticorps adapté. Tous les tubes suivent le même traitement, seule diffère la solution introduite au cours de la première étape. On introduit :

– tube 1 (le blanc analytique) : 2 mL d'eau pure ;

– tube 2 : 1 mL d'eau pure et 1 mL de la solution étalon non diluée ;

– tube 3 : 1 mL d'eau pure et 1 mL de la solution étalon diluée à 50 % ;

– tube 4 (l'échantillon) : 2 mL du jus de fruit filtré après avoir été dilué 2 fois avec de l'eau.

On ajoute également dans chaque tube une même quantité de la solution de conjugué enzymatique ainsi que les autres réactifs nécessaires.

Après réaction les absorbances A des tubes sont les suivantes :

– tube 1 $A = 1{,}03$; – tube 2 $A = 0{,}47$;

– tube 3 $A = 0{,}58$; – tube 4 $A = 0{,}50$;

a) Calculer la concentration en ppm de la patuline dans la solution étalon.

b) Calculer les pourcentages d'absorbance (dénommés les % d'inhibition) des solutions des tubes 2, 3 et 4 par rapport au tube 1.

c) Expliquer pourquoi l'absorbance du tube 1 est plus grande que celles des autres tubes.

d) Calculer les concentrations de patuline dans les tubes 2 et 3 en mg · L^{-1}.

e) Calculer la concentration en mg · L^{-1} ainsi qu'en ppb de la patuline dans ce jus de fruit.

17.3 1. Pour doser l'élément chlore présent à une concentration très faible (de l'ordre de quelques ppm) dans un échantillon d'acier par la méthode d'analyse par activation neutronique (NAA), on dispose d'un réacteur produisant un flux de neutrons thermiques de 2×10^{16} n · m^{-2} · s^{-1}.

a) Écrire sous forme explicite, les réactions mises en jeu, ainsi symbolisées : ^{35}Cl(n,γ)^{36}Cl (émetteur β^-, $\tau = 3,1 \times 10^5$ ans) et ^{37}Cl(n,γ)^{38}Cl (émetteur β^-, $\tau = 37,3$ min).

b) Expliquer pourquoi on préfère se baser sur les raies d'émission γ de l'isotope ^{38}Cl plutôt que sur celles du ^{36}Cl.

c) Indiquer deux autres méthodes utilisables pour doser le chlore dans un acier. Préciser les avantages et inconvénients des méthodes choisies par rapport à la NAA.

2. Pour éliminer l'interférence due au manganèse (^{55}Mn) présent dans l'acier qui conduit au ^{56}Mn dont la période est de 2,58 heures et dont le rayonnement est intense, on sépare le chlore par précipitation sous forme de chlorure d'argent.

Procédé opératoire simplifié. On irradie par des neutrons, durant 5 min, dans le réacteur et dans des conditions identiques, d'une part une prise d'essai de l'échantillon d'acier à doser, et d'autre part un disque de papier-filtre sur lequel on a préalablement déposé 100 μL d'une solution à 0,1 g · L^{-1} d'ion chlorure (on a vérifié que le papier-filtre ne contenait pas l'élément chlore). Après irradiation, l'échantillon d'acier est mis en solution par ébullition dans 40 mL de HNO_3 2M auquel on ajoute 2,00 g de KCl sec. La solution résultante est additionnée de 50 mL d'une solution aqueuse de $AgNO_3$ à 15 %.

Le précipité de AgCl est récupéré, lavé puis séché. Les résultats du comptage figurent ci-dessous :

prise d'essai	masse	masse AgCl	comptage γ (1,64 MeV) du ^{38}Cl
échantillon	0,51 g d'acier	3,726	11 203
standard	10 μg de Cl		48 600

a) Montrer que le nitrate d'argent est ajouté en quantité suffisante.

b) Calculer la concentration en élément chlore de l'échantillon d'acier.

Données : N = 14,007 ; O = 16 ; Cl = 35,453 ; K = 39,098 ; Ag = 107,868 g · mol^{-1}.

17.4 On se propose de déterminer la concentration en insuline par la méthode de radioimmunologie (RIA) à l'aide d'une courbe d'étalonnage. Pour ce faire, on prépare des solutions étalons de la façon suivante : on ajoute à des solutions de concentration connue en insuline un volume constant d'une solution d'insuline marquée de telle façon que les concentrations finales en insuline soient respectivement égales à 3, 5, 7 et 9 ng · mL^{-1}. L'activité totale de chaque solution est mesurée et est égale à 20 000 coups/min. Une même quantité d'anticorps est ajoutée à chaque solution. Un complexe insuline-anticorps se forme. Il est isolé puis son activité est comptée.

Le même protocole expérimental est suivi sur un volume connu d'une solution de composition inconnue en insuline. On obtient les résultats suivants :

C en insuline	3,0	5,0	7,0	9,0	inconnue
Activité	13245	11111	9852	9091	10100

a) Pour chaque solution, calculer l'activité de l'insuline non complexée (libre). En déduire le rapport insuline libre/insuline complexée (R/R^*).

b) Tracer le graphique R/R^* en fonction de la concentration pour les étalons. En déduire la concentration en insuline de l'inconnu étudié.

17.5 Le facteur isotopique δ (en ‰) de l'élément carbone, mesuré à partir du gaz carbonique de combustion d'une vanilline naturelle est de $\delta = -20$, alors qu'il est de $\delta = -30$ pour une vanilline de synthèse.

En se basant sur ces deux valeurs, trouver la composition centésimale en ces deux types de vanilline pour un échantillon de vanilline d'origine commerciale sachant que l'on a mesuré $\delta = -23{,}5$.

17.6 Pour évaluer le volume d'une grande cuve de forme complexe, on utilise la méthode de dilution isotopique, avec, suivant l'habitude, un sel soluble de lutétium. Cet élément qui est constitué de deux isotopes stables, $^{175}Lu = 97{,}4\%$ et $^{176}Lu = 2{,}6\ \%$, a pour masse $M = 174{,}97\ g{\cdot}mol^{-1}$.

1) On procède comme suit : après avoir rempli la cuve avec de l'eau, on ajoute 2 g de trichlorure de lutétium hexahydraté $LuCl_3, 6H_2O$, dont la masse est de 389,42 g. Quelle est la masse de lutétium, X introduite dans la cuve ?

2) Après agitation pour bien mélanger le sel de lutétium, on prélève un échantillon de 1 L de l'eau de la cuve. On ajoute dans ce prélèvement 20 μg de trichlorure de lutétium hexahydraté préparé à partir de l'isotope ^{176}Lu pur ($^{176}LuCl_3, 6H_2O = 390{,}4\ g \cdot mol^{-1}$; $^{176}Lu = 175{,}94\ g \cdot mol^{-1}$).

   a) Calculer la masse de ^{176}Lu, en μg, ajoutée à l'échantillon.

   b) Par une méthode classique on trouve que le rapport des deux isotopes $^{175}Lu/^{176}Lu$ est égal à 9. Quel est l'appareillage le mieux adapté à la mesure du rapport isotopique ?

   c) Trouver des arguments montrant que le lutétium correspond à un bon choix.

   d) Calculer la masse x (également en μg) de lutétium élément, dans le litre d'eau prélevé.

   e) Calculer enfin le volume de la cuve.

ANALYSEURS SPÉCIFIQUES 18

Certains éléments ou composés sont beaucoup plus souvent dosés que d'autres. Pour répondre à ces besoins particuliers, les spectromètres et chromatographes polyvalents ne sont pas toujours les appareils les mieux adaptés pour des raisons de facilité d'emploi ou de rapidité d'analyse ou encore de coût. Ainsi, à coté de l'instrumentation classique, même « customisée » par des modifications logicielles ou matérielles, toute une panoplie d'appareils spécifiques reposent sur des propriétés particulières aux éléments ou espèces concernées, quelquefois uniques. Les cibles sont variées : éléments, ions, molécules (soufre, carbone, oxygène, cyanures, ozone, oxydes d'azote, benzène, HPA...).

Ce type d'analyse spécifique instrumentale se rencontre dans des domaines aussi divers que les industries pétrolières, métallurgiques, agroalimentaires ou les secteurs de la pollution atmosphérique, des sols et des eaux, de la détection des armes chimiques, de la lutte antiterroriste et bien d'autres secteurs encore. L'instrumentation des analyseurs spécifiques est donc loin d'être négligeable.

18.1 ANALYSES PARTICULIÈRES

Quand il faut assurer des centaines d'analyses par jour, les instruments et méthodes traditionnelles de laboratoire peuvent devenir inapplicables (ex. débit trop faible ou trop grande quantité de données à traiter). Un domaine, dont les besoins vont croissants est celui des systèmes d'analyse en continu, travaillant hors laboratoire, pour automatiser ou contrôler en temps réel de nombreux procédés de fabrication. Il existe donc, à côté des appareils généraux, d'autres types d'instruments qui correspondent à des systèmes intégrés pour obtenir des informations sur la concentration des constituants. La partie détection de ces instruments a beaucoup évolué avec la technologie des capteurs qui s'est imposée par sa diversité et qui a rendu leur emploi plus facile pour un non-spécialiste.

Parmi les espèces qui font l'objet du plus grand nombre de demandes, figurent des atomes et des molécules. Quelques méthodes mises au point pour le dosage des éléments légers, le soufre et le mercure sont décrites ci-après.

18.2 ANALYSE ÉLÉMENTAIRE ORGANIQUE

Le très grand nombre de composés moléculaires comportant à la fois l'élément carbone (C) et quelques autres éléments légers tels l'hydrogène (H), l'azote (N) et l'oxygène (O), est à l'origine d'une demande spécifique et importante de dosage de ces éléments. Les différents secteurs industriels (pétroléochimie, pharmacie, agrochimie) ainsi que la recherche fondamentale, qui gravite autour de la chimie organique, sont concernés.

Quand on synthétise des molécules au moyen de réactions, ou bien que l'on isole de nouveaux composés par extraction de sources d'origine naturelle on doit s'assurer de la structure et de la pureté de ces composés. Pour cela, il faut effectuer leur analyse pondérale. Il s'agit dans ce cas d'un type particulier d'analyse (microanalyse élémentaire organique) qui consiste à trouver la composition élémentaire centésimale de la molécule étudiée, prise à l'état pur. Le dosage d'un seul élément voire de deux (C et H le plus souvent) permet de vérifier le bien fondé de la formule brute proposée pour une molécule non encore décrite dont la structure a pu être déduite de son étude spectrale. Par ailleurs, en comparant les % théoriques de chaque élément à ceux trouvés à partir d'un échantillon d'un composé dont on connaît la formule brute, on détermine sa pureté (fig. 18.1).

$C_{27}H_{27}N_3O_6S$	% calculé	C 62,18	H 5,22	N 8,06
M = 521,5 g/mol	% trouvé	C 62,02	H 5,29	N 8,15

Figure 18.1
Exemple de présentation de résultats d'une analyse centésimale.

Pour ces éléments de faible masse atomique, les méthodes d'absorption atomique (inopérantes par manque de sources adaptées) ou de fluorescence X (manque de sensibilité dû à un rayonnement de faible énergie) ne conviennent pas.

Le principe retenu pour doser ces éléments est de provoquer la combustion d'une prise d'essai de quelques milligrammes du composé en le portant à température élevée en présence de dioxygène. Pour ce faire on utilise des analyseurs dédiés aux seuls éléments indiqués précédemment. Les éléments généralement présents : H, C, N, O, sont récupérés sous forme de produits d'oxydation gazeux. Ceci a pour avantage de les séparer physiquement de la matrice.

L'analyse élémentaire organique fournit une information essentielle, mais insuffisante pour connaître la formule brute d'un composé totalement inconnu, cela pour plusieurs raisons. D'abord les appareils sont conçus pour ne doser qu'un petit nombre d'éléments parmi d'autres éventuellement présents. De plus, même si on a l'assurance que tous les éléments présents ont été dosés, la formule brute n'est connue qu'à un facteur entier près (dans l'exemple de la figure 18.1, la formule brute $C_{54}H_{54}N_6O_{12}S_2$ conduirait à la même composition centésimale en éléments). Pour lever cette ambiguïté on s'aide de la spectrométrie de masse ou de la RMN qui dans la plupart des cas, suffisent déjà par elles-mêmes à trouver la formule brute. Il faut remarquer enfin que pour tout composé, son analyse centésimale, bien qu'entachée d'une erreur expérimentale, alliée à la spectrométrie de masse par exemple, permet de trouver sa formule brute exacte, les atomes étant toujours en nombre entier.

18.2.1 Les méthodes historiques de Pregl et Simon

Les méthodes d'analyse élémentaire actuelles ont conservé le même principe de base depuis l'origine (1830). Il consiste à trouver la composition du composé organique à partir des gaz formés au cours de sa combustion. Dans un premier temps, on réalise la combustion rapide à température élevée du composé en présence d'un excès de dioxygène. Il se forme, si les éléments C, H et N sont présents, du dioxyde de carbone, de l'eau et un mélange de diazote et d'oxydes d'azote. L'élément oxygène est déterminé dans un autre essai par combustion en présence de carbone pour former du monoxyde de carbone. Les différentes quantités de gaz formés conduisent par calcul aux % des éléments présents.

Dans les premiers appareils de microanalyse carbone/hydrogène mis au point par Pregl vers 1930, la combustion d'une masse précise d'environ 1 à 3 mg du composé était faite vers 750 °C dans un courant de dioxygène, la transformation de CO en CO_2 étant parachevée par passage sur un mélange d'oxyde de cuivre et de chromate de plomb (fig. 18.2). Les masses des éléments H et C étaient calculées à partir de l'augmentation de poids de deux tubes préalablement pesés, contenant l'un du perchlorate de magnésium (pour H_2O) et l'autre de la chaux sodée (pour CO_2). La précision atteignait 0,1 % si la balance appréciait le microgramme.

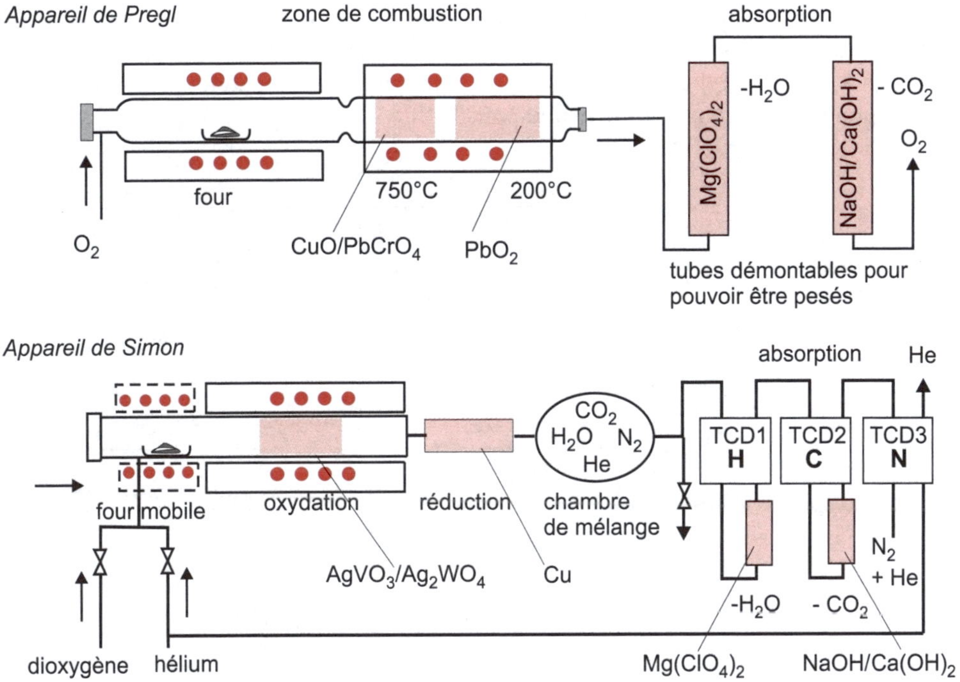

Figure 18.2

Les méthodes de microanalyse de Pregl et de Simon.

Des générations d'étudiants se souviennent avoir calculé, avec quelle appréhension, des formules brutes à partir des masses de CO_2 et d'eau piégés dans les absorbeurs démontables. Dans la version plus récente de Simon, les gaz de réaction passent sur de la poudre de cuivre pour réduire les oxydes d'azote en diazote. Trois détecteurs à conductibilité thermique (TCD) permettent d'avoir trois signaux témoignant de H_2O, CO_2 et N_2. Le dosage des trois éléments demande environ 10 minutes.

Plus tard (Simon, 1960) une seconde génération d'analyseurs a vu le jour (fig. 18.2), en ajoutant un dispositif de réduction des oxydes d'azote en diazote par de la poudre de cuivre. Ce sont les analyseurs CHN dans lesquels, pour simplifier les opérations, les doubles pesées sont remplacées par des mesures de différences de conductibilité thermique des mélanges gazeux avant et après passage dans un piège sélectif pour l'eau ou le dioxyde de carbone.

Le fonctionnement est plus simple et robuste que celui des appareils à séparation chromatographique des gaz formés décrits ci-après.

18.2.2 Analyseurs organiques élémentaires CHNS – O actuels

Les analyseurs modernes conservent le principe de la combustion de l'échantillon mais la séparation des gaz formés utilise une méthode chromatographique (fig. 18.3).

Une quantité de l'ordre du mg de substance est pyrolysée dans un courant de dioxygène et d'hélium. Les gaz de combustion passent ensuite sur de la poudre de cuivre pour retenir le dioxygène en excès (formation de CuO) et pour réduire les oxydes d'azote formés en diazote, du moins si cet élément est présent. Les éléments N, C, H et S sont donc à l'origine de quatre gaz N_2, CO_2, H_2O et SO_2, séparables par une colonne de CPG de type remplie, associée à un détecteur à conductibilité thermique ou à capture d'électrons, plus sensible pour le SO_2.

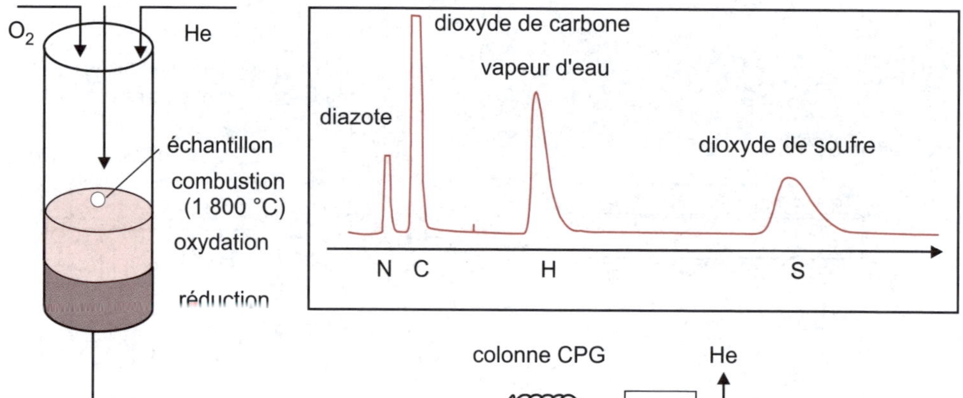

Figure 18.3

Appareil de microanalyse avec détection chromatographique.
La colonne remplie type Porapak sépare les 4 constituants gazeux entraînés par l'hélium utilisé comme gaz vecteur. Par un étalonnage préalable, on peut déduire de l'aire des pics la concentration de chacun de ces 4 éléments dans l'échantillon.

Certains modèles permettent de doser également l'élément oxygène, toujours dosé séparément, à partir d'un second échantillon, au prix d'une adaptation du four. La pyrolyse doit, en effet, être réalisée en l'absence de dioxygène en utilisant par exemple du carbone « nickelé » (le nickel possède un effet catalytique) afin obtenir du monoxyde de carbone CO.

18.3 Analyseurs d'azote total

La teneur en azote total sert à caractériser de nombreux produits et échantillons dans les industries du pétrole, du papier, du charbon. Pour effectuer ces dosages on préfère souvent aux instruments précédents des modèles adaptés à ce seul élément. Ainsi dans le secteur agroalimentaire la méthode de dosage de l'azote total selon Kjeldahl (TKN) est adoptée par de nombreux pays comme référence pour le calcul des taux de protéines, dont on admet qu'il correspond à 6,5 fois le taux d'azote. Le TKN correspond à la somme de l'azote organique + NH_3.

Dans la méthode de Kjeldahl, le composé azoté est tout d'abord « digéré » dans de l'acide sulfurique en présence d'un catalyseur, avant d'être repris par de la chaux sodée (mélange d'hydroxyde de sodium, d'oxyde et d'hydroxyde de calcium) afin de transformer l'azote de la substance en une solution ammoniacale. On termine par un entraînement à la vapeur d'eau pour déplacer l'ammoniac formé (qui est volatil) et pouvoir le doser par acidimétrie. Cette méthode peut être rendue semi-automatique, mais elle souffre du handicap d'avoir recours à des réactifs corrosifs d'attaque et à des solutions titrées. Elle est, de plus, consommatrice de temps.

Les appareils actuels sont issus des analyseurs généraux CHN, basés sur la pyrolyse de l'échantillon afin de convertir l'élément azote soit en diazote, comme dans l'ancienne méthode de Dumas (1833), à la différence près qu'on ne mesure plus le volume gazeux avec une éprouvette graduée (fig. 18.5), soit en monoxyde d'azote pour une détection par chimifluorescence ou par ampérométrie.

L'échantillon (entre 100 et 500 mg suivant la teneur en azote), enfermé dans un petit récipient fabriqué en feuille d'étain, tombe dans un four vertical où il est minéralisé par combustion sous dioxygène. À ce stade, et au contact d'oxyde de cuivre, il se forme des oxydes d'azote. Ensuite ces oxydes, au contact de tungstène, sont réduits en diazote. Après passage sur un piège pour retenir l'eau et les gaz de combustion (fig. 18.4), ou bien par séparation sur une colonne de CPG, le diazote mélangé au gaz vecteur (CO_2 ou He) arrive sur un détecteur qui permet d'établir sa concentration. La détection est généralement basée sur la conductivité thermique du gaz (catharomètre).

Dans la méthode originale de Dumas (1840), la substance était chauffée à température élevée avec de l'oxyde cuivrique dans une atmosphère de dioxyde de carbone. L'élément azote se trouvait partiellement oxydé en oxydes NOx qui étaient ensuite réduits sur du cuivre. Le pourcentage d'azote était calculé d'après le volume de diazote dégagé.

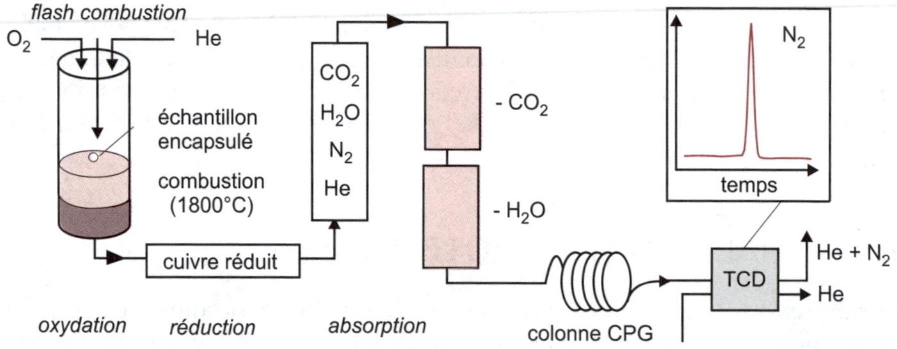

Figure 18.4

Appareil dédié aux analyses d'azote.
Cet appareil est une adaptation moderne de la méthode de Dumas révisée par le four vertical et la détection au moyen d'un catharomètre (gaz vecteur He).

D'autres appareils sont basés sur la chimiluminescence des oxydes d'azote (*cf.* § 11.8) :

$$NO + O_3 \rightarrow O_2 + NO_2^* \rightarrow NO_2 + h\nu$$

ou bien sur l'oxydation de NO au contact d'un capteur électrochimique (*cf.* § 20.12) :

$$NO + 2\,H_2O \rightarrow HNO_3 + 3\,H^+ + 3e^-$$

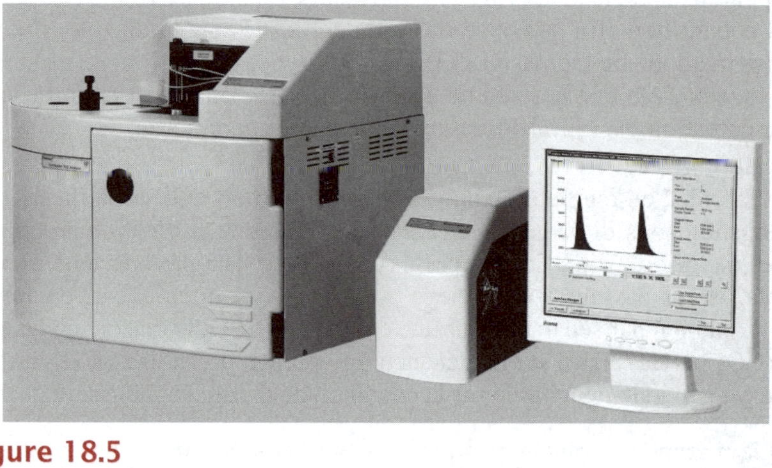

Figure 18.5

analyseur d'azote.
Modèle ND20 reproduit avec l'autorisation de la société Skalar. Ce type d'appareil est utilisé pour le dosage des protéines. Détection par chimifluorescence.

18.4 ANALYSEURS DE SOUFRE TOTAL

L'élément soufre est souvent dosé en contrôle industriel par fluorescence X parce qu'il s'agit généralement de séries de prises d'essai qui sont comparées à des standards très ressemblants. Pour toute sorte d'autres échantillons, qui peuvent être détruits par combustion dans un courant de dioxygène, on se base sur la quantité de dioxyde de soufre (SO_2) formé dans un appareil semblable à ceux qui ont été précédemment décrits. Trois procédés de quantification co-existent pour lesquels les autres gaz de combustion n'interfèrent pas :

- Détection de la fluorescence dans l'UV du dioxyde de soufre, processus que l'on peut résumer comme suit, R-S désignant le composé :

$$\text{R-S} + O_2 \longrightarrow SO_2 + \text{autres produits de combustion}$$
$$SO_2 + h\nu \longrightarrow SO_2 \rightarrow SO_2^* + h\nu'$$

- Action spécifique du diode sur SO_2 en présence d'eau, réaction exploitée par ailleurs pour le dosage de l'eau par la méthode de K. Fischer (chapitre 20). L'appareil détermine la quantité de courant pour générer à partir d'un électrolyte contenant un iodure, dans une cellule coulométrique, le diode juste nécessaire pour oxyder SO_2. Sachant qu'il faut 2 électrons pour oxyder une molécule de SO_2, un atome de soufre correspond à $2 \times 1{,}6 \times 10^{-19}$ C.
- Réaction d'oxydation de l'anhydride sulfureux en acide nitrique au contact de l'électrode de travail d'une cellule ampérométrique (*cf.* § 20.8) :

$$SO_2 + H_2O \longrightarrow H_2SO_4 + 2H^+ + 2e^-$$

18.5 ANALYSEURS DE CARBONE TOTAL

Le secteur du traitement des eaux domestiques ou industrielles fait appel à un type particulier d'analyseurs de carbone. Il est en effet utile de distinguer pour les échantillons de sédiments aqueux le carbone organique du carbone inorganique si bien qu'on exprime trois valeurs correspondant respectivement au *carbone organique total* (COT), au *carbone inorganique total* (CIT) et enfin au *carbone total* (CT) qui représente la somme des deux précédents.

Pour les très faibles concentrations de COT, une des méthodes consiste à exposer une cellule de mesure contenant l'eau à doser à des radiations UV (185 nm) afin de former des ions hydroxyles (HO^-) à partir du dioxygène dissous dans cette eau. Ces radicaux oxydent les composés organiques présents en dioxyde de carbone, ce qui modifie la conductivité de l'eau qui est mesurée entre deux électrodes de titane.

Le CIT est accessible par action d'un acide tel H_3PO_4 (le CIT étant essentiellement sous forme de carbonates) et le CT, avec les analyseurs de carbone, par oxydation catalytique de l'échantillon à température élevée (1 000 °C). Pour évaluer la quantité de dioxyde de carbone formé on fait soit une mesure de l'absorbance en infrarouge au moyen d'un appareil de type non dispersif (*cf.* § 10.7.2) soit une mesure coulométrique. Dans ce dernier cas, le CO_2, entraîné par le gaz vecteur, balaie la cellule coulométrique contenant de l'éthanolamine et un indicateur colorimétrique sensible au pH. La variation de l'absorbance est liée à la quantité de CO_2 présente.

Pour les échantillons gazeux, on a également recours à des appareils comportant un détecteur à ionisation de flamme dont le signal est proportionnel à la concentration de COT.

18.6 Analyseurs de mercure

Le mercure est un polluant dangereux par suite de sa faculté de donner des dérivés organiques extrêmement toxiques comme le diméthylmercure. On dose cet élément, qui peut être présent aussi bien dans l'air que dans des phases condensées, dans de nombreux sites concernant le traitement des eaux, les boues d'épandage ou les incinérateurs industriels. Les méthodes doivent être très sensibles (ppb).

Suivant la nature de l'échantillon, on effectue soit une pyrolyse de la prise d'essai en présence de catalyseur afin de faire apparaître le mercure sous forme métallique (vapeur Hg(0)), soit on commence par le décomposer à chaud avec un mélange oxydant constitué d'acides. Le mercure est alors transformé en ions Hg (II) que l'on réduit ensuite à l'état de mercure (Hg(0)) au contact d'un sel d'étain (Sn(II)). La tension de vapeur du mercure est suffisante pour qu'un balayage de la solution par de l'air l'entraîne dans la cellule de mesure placée sur le trajet optique d'une lampe à décharge au mercure (fig. 18.6). La mesure est basée soit sur la raie d'absorption atomique de cet élément à 253,7 nm soit sur la fluorescence du mercure lorsqu'il est excité par ce même type de lampe.

Quand il s'agit d'une atmosphère à contrôler, on commence par concentrer le mercure sous forme d'amalgame en faisant passer le mélange gazeux dans un piège contenant de l'or. L'or amalgamé est ensuite chauffé pour désorber le mercure que l'on détecte et mesure comme précédemment.

18.7 Spectrométrie à mobilité d'ions (IMS)

Il s'agit d'une méthode, souvent comparée à tort avec la spectrométrie de masse à temps de vol (§ 16.5.3), que l'on pourrait plutôt qualifier d'« électrophorèse en phase gazeuse ». Le principe repose en effet sur la mesure du temps de parcours que mettent des ions, formés à partir des analytes, pour migrer d'une source à un détecteur, dans un tube maintenu à pression atmosphérique (figure 18.7). Au voisinage de la source, constituée d'un film de ^{63}Ni (émetteur β^-), ou d'une lampe UV, l'air forme des agrégats ioniques $[(N_2)_x(H_2O)_yH]^+$ et $[(N_2)_x(H_2O)_yO_2])^-$ qui vont se fixer sur les molécules des composés présents, suivant leur affinité électronique. Cette ionisation chimique douce à pression atmosphérique (différente de l'*APCI* § 16.4), conduit à un

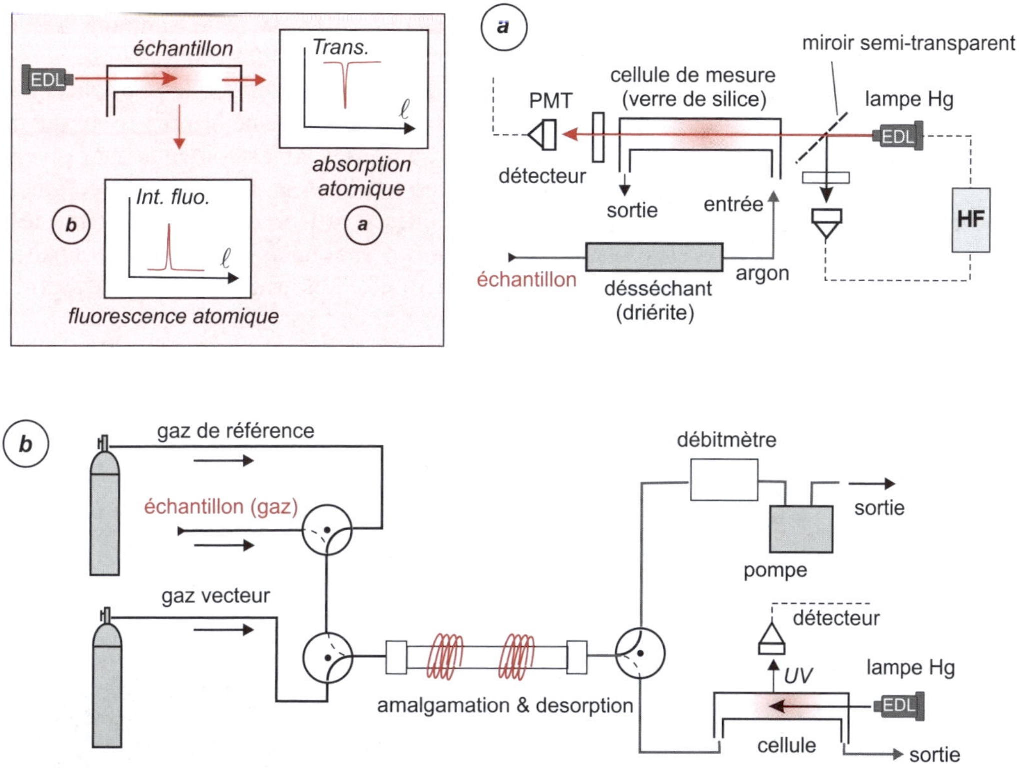

Figure 18.6

Analyseurs de mercure.
a) par absorption atomique ; b) par fluorescence atomique

aérosol qui migre en quelques millisecondes sous l'effet d'un champ électrique dont on règle la valeur (200-400 V/cm) et de la polarité.

Chaque ion génère un signal qui lui est spécifique. La réunion des signaux issus d'un mélange constitue un spectre d'ions, sorte d'empreinte digitale qui sert à reconnaître le ou les composé(s) avec l'aide d'une spectrothèque intégrée dans l'appareil.

On peut attribuer à chaque analyte un facteur de mobilité ionique K_{ion} (équivalent de la mobilité électrophorétique) qui dépend non seulement de sa masse, de sa charge et de sa taille, mais aussi de la température et de la pression d'air qui règne dans l'appareil. On aboutit à la relation 18.1 (à comparer avec l'expression 8.4 donnant la mobilité électrophorétique d'un ion) en posant v la vitesse de l'ion, L la distance parcourue pendant le temps t_M dans le champ E, ($E = V/L$) :

$$K_{ion.} = \frac{v}{E} = \frac{L}{t_M} \cdot \frac{L}{V} \tag{18.1}$$

Comme le déplacement des ions ne s'effectue pas sous vide, cette technique a reçu beaucoup d'applications pour des analyses en dehors du cadre d'un laboratoire au moyen d'instruments portatifs. Le seuil de détection peut atteindre le ppb. Plusieurs sociétés commercialisent ainsi des instruments faisant appel à ce principe pour détecter la présence et mesurer la concentration de composés cibles contenus dans divers milieux : produits pétroliers, agents chimiques toxiques et militaires, narcotiques, explosifs, polluants divers. Ces « nez électroniques », utilisés quelquefois pour effectuer des « fouilles discrètes », sont rapidement opérationnels et aptes à reconnaître plusieurs dizaines de composés en quelques secondes. Les armées, polices, aéroports des différents pays font appel à cette technique.

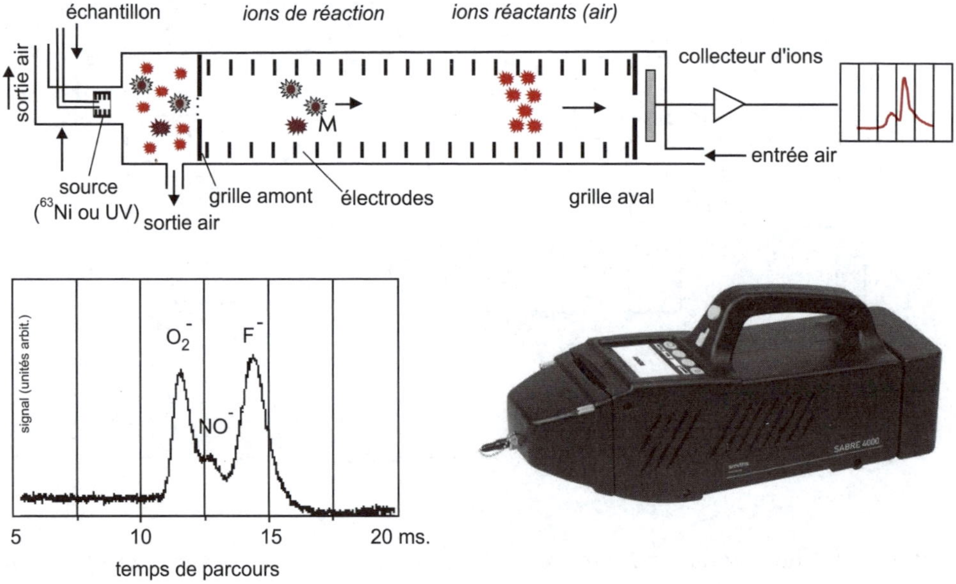

Figure 18.7

Spectromètre à mobilité ionique.

Les ions sont admis de manière répétitive dans le tube analyseur en contrôlant la polarité de la grille amont. Exemple d'enregistrement obtenu à partir de 3 gaz, montrant ainsi qu'on peut attribuer des profils différents à chacun d'eux. Appareil SabreFR de la société Smiths Detection.

Exercices

18.1 L'analyse d'un composé organique a montré qu'il ne contenait que du carbone, de l'hydrogène et de l'oxygène. Par combustion dans un appareil de Pregl, de 5,28 mg de ce composé, on obtient 10,56 mg de dioxyde de carbone et 4,32 mg d'eau.

Quelle est la formule brute du composé sachant que par spectrométrie de masse, on n'observe pas de pics d'intensité significative au dessus de $m/z = 89$?

On donne : $M(\text{C}) = 12$ g/mol. ; $M(\text{O}) = 16$ g/mol. ; $M(\text{H}) = 1$ g/mol.

18.2 Un analyseur basé sur l'absorption atomique et comportant un dispositif de réduction des éléments par le chlorure stanneux est employé pour doser le mercure dans une eau de rejet industrielle. On utilise le montage dit *à vapeur froide*. Trois solutions standard et la solution de l'échantillon à doser donnent les résultats suivants :

Solutions	conc. (ppb)	signal (muA·s)*
Standard 1	0,02	16,66
Standard 2	0,05	42,52
Standard 3	0,2	171,2
échantillon	?	48,25

(*) intégration du signal d'absorbance (en milliunités) en fonction du temps.

a) Indiquer le principal avantage et le principal inconvénient de cette méthode.

b) Calculer la concentration (ppb) en mercure de la solution échantillon.

19 Méthodes potentiométriques Ionométrie

L'électrochimie a donné naissance à plusieurs méthodes électroanalytiques qui permettent de quantifier certaines espèces chimiques présentes dans des échantillons variés. On distingue les techniques basées sur des mesures de différences de potentiel (potentiométrie), et celles qui exploitent des mesures de courants (voltammétrie ou voltampérométrie). Les méthodes potentiométriques procèdent par la mesure d'une différence de potentiel entre deux demi-piles. Elles ne s'accompagnent idéalement d'aucune circulation de courant dans le circuit de mesure donc d'aucun phénomène d'électrolyse. Tous les dosages volumétriques traditionnels au cours desquels on suit la variation de la différence de potentiel entre la demi-pile de mesure (électrode de mesure plongeant dans la solution à doser) et la demi-pile de référence dont le potentiel est constant font partie de ces méthodes. Ils ne seront pas traités dans ce chapitre même si la détermination de l'équivalence, — manuelle il n'y a pas encore très longtemps par divers procédés d'appréciation de l'équivalence —, a beaucoup été améliorée par l'apparition de titrimètres automatiques. Dans ce chapitre, sera traité essentiellement ce qui est d'usage d'appeler l'ionométrie qui utilise des électrodes de mesure spécifiques à une espèce chimique à quantifier (le plus souvent ionique). La plupart des dosages concernent des ions en solution aqueuse, mais certaines électrodes à membranes sélectives permettent également de doser des molécules. La sensibilité de ces dosages est très grande.

19.1 Généralités sur les cellules de mesure

Les cellules de mesure sont constituées de deux demi-piles appelées indifféremment électrodes qui plongent dans une solution de l'échantillon (fig. 19.1).

- L'une de ces demi-piles est l'*électrode de référence extérieure (ERE)*, dont le potentiel E_{ERE} est constant par rapport à celui de la solution échantillon. Si l'électrode au calomel a été longuement utilisée, elle est maintenant souvent remplacée par une électrode Ag/AgCl constituée d'un fil d'argent recouvert de chlorure d'argent baignant dans une solution de chlorure de potassium. Le contact avec la solution échantillon est réalisé par l'intermédiaire d'une fine pastille poreuse en verre fritté qui introduit un faible potentiel de jonction E_{J} qui peut être minimisé et rendu constant en utilisant une solution saturée de chlorure de potassium.

- L'autre demi-pile, appelée électrode de mesure est en fait l'*électrode ionique sélective (EIS)*, plongée dans la solution échantillon. Elle est constituée d'une électrode de référence interne *(ERI)* plongeant dans une solution interne séparée de la solution échantillon par une membrane sélective, spécifique et perméable à l'espèce chimique à quantifier. La différence de potentiel entre l'électrode de référence interne et la paroi interne de la membrane de l'électrode sélective est une constante fixée par construction (nature de l'électrode de référence et solution de référence d'activité $a_{i\,.\text{référence}}$). En revanche, le potentiel qui apparaît entre la paroi externe de la membrane sélective et la solution échantillon ($E_{\text{memb}}.$) dépend de l'activité de l'analyte ($a_{i\,\text{solution}}$,), ce que traduit la relation suivante dérivée de l'équation de type Nernst :

$$E_{\text{memb.}} = 2{,}303\,\frac{RT}{zF}\,\log\frac{a_{i\,.\text{solution}}}{a_{i\,.\text{référence}}} \tag{19.1}$$

relation où R est la constante des gaz parfaits, T la température en Kelvin, z la charge de l'ion étudié accompagnée de son signe, F la constante de Faraday (charge portée par une mole de charges élémentaires = 96 485 C)

La ddp mesurée E_{cellule} entre les deux bornes de la cellule (pile) de mesure peut donc s'écrire :

$$E_{\text{cellule}} = E_{\text{ERI}} + E_{\text{memb.}} - E_{\text{ERE}} + E_{\text{j}}$$

Les deux termes E_{ERI} et E_{ERE} étant indépendants de l'activité de l'ion à quantifier, et le potentiel de jonction étant faible et quasiment constant, la ddp aux bornes de la cellule E_{cellule} peut s'exprimer de façon simplifiée par la relation 19.2 :

$$E_{\text{cellule}} = E' + 2{,}303\,\frac{RT}{zF}\,\log a_{i\,.\text{solution}} \tag{19.2}$$

où E' est une constante uniquement liée à la cellule de mesure qu'il ne faut surtout pas confondre avec un potentiel standard d'oxydo-réduction.

L'activité a_i d'un ion i est reliée à sa concentration c_i par la relation $a_i = \gamma_i.c_i$, où γ_i, coefficient d'activité compris entre 0 et 1, dépend de la force ionique totale I de la solution. Cette force ionique peut être exprimée par

$$I = 0{,}5\sum c_i z_i^2 \tag{19.3}$$

c'est-à-dire par la quantité et la charge de l'ensemble des ions présents dans le milieu. Ainsi, pour l'ion i, de charge z, l'expression 19.2 devient donc :

$$E_{\text{cellule}} = E' + 2{,}303\,\frac{RT}{zF}\,\log \gamma_i c_i \tag{19.4}$$

Comme le coefficient d'activité dépend de la force ionique de la solution, il suffira de fixer celle-ci en ajoutant un tampon de force ionique (ISAB : *Ionic Strengh Adjustment Buffer*) à l'échantillon. La force ionique étant fixée par cet « électrolyte support », le coefficient d'activité devient constant et on obtient, pour la cellule de mesure, une réponse directement liée à la concentration de l'analyte :

$$E_{\text{cellule}} = E'' + 2{,}303 \, \frac{RT}{zF} \, \log c_i \tag{19.5}$$

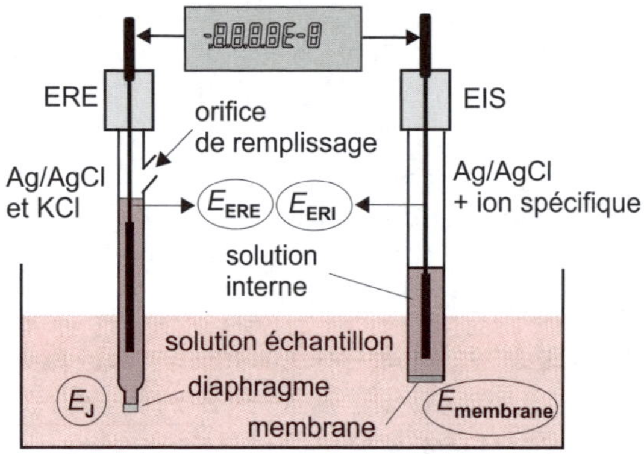

ERE électrode de référence extérieure
EIS électrode ionique sélective
E_J potentiel de diffusion
E_{ERE} potentiel de l'électrode de référence extérieure
E_{ERI} potentiel de l'électrode de référence interne visà vis du tampon intérieur
$E_{mem.}$ potentiel global de la membrane

Figure 19.1
Chaîne électrochimique de mesure avec une électrode ionique sélective (EIS). Suivant la concentration de l'ion spécifique dans la solution échantillon, le potentiel de la membrane, perméable à l'ion, varie. Les autres potentiels sont imposés par construction. La mesure est effectuée avec un ionomètre. L'une des demi-cellules joue le rôle de cathode et l'autre d'anode. Par souci de robustesse les constructeurs proposent aussi des électrodes combinées, en réunissant les deux électrodes (externe et sélective) dans un même ensemble ce qui forme l'essentiel d'un capteur.

19.2 Une électrode sélective particulière : l'électrode pH

C'est une électrode spécifique aux ions H^+, encore appelée *électrode de verre*. C'est la plus sélective. Le verre dont il est question ici, ne désigne pas le matériau du corps de l'électrode (qui peut aussi bien être en matière plastique), mais la membrane qui assure le contact avec la solution. Il s'agit d'une mince paroi d'un verre spécial à forte teneur en sodium (25 %), dont la surface s'hydrate en présence d'eau et devient comparable à un gel, alors que le reste correspond à un électrolyte solide. Ce verre, qui est un orthosilicate (sel de l'acide orthosilicique $Si(OH)_4$), se présente à l'échelle microscopique comme un réseau dont la structure lacunaire contient des cations sodium qui permettent le déplacement des charges d'une face à l'autre de la membrane de verre (fig. 19.2). Celle-ci est en contact, à l'extérieur, avec la solution à analyser et, à l'intérieur, avec l'électrolyte dont l'acidité est constante (pH ≃ 7). Les deux parois se polarisent. Elles sont le siège d'échanges entre cations Na^+ et H^+.

$$H^+(\text{solution}) + Na^+(\text{verre}) \rightleftharpoons Na^+(\text{solution}) + H^+(\text{verre})$$

Si l'activité a_{H^+} des ions H^+ (ou H_3O^+ en solution aqueuse) est différente de chaque côté de la membrane de verre (ce qui est toujours le cas), une *ddp de liaison* apparaît dont la valeur est caractéristique de a_{H^+} de la solution à étudier donc de son pH (pH = – log a_{H^+}). Celui-ci est déterminé avec un millivoltmètre électronique, le pH-mètre, en mesurant la ddp entre l'électrode de verre et une électrode extérieure de référence Ag/AgCl (maintenant préférée, pour l'environnement, à l'électrode au calomel (Hg_2Cl_2). L'appareil, après avoir été étalonné, fournit directement le pH de la solution.

On trouve souvent ces électrodes sous forme combinée de manière concentrique.

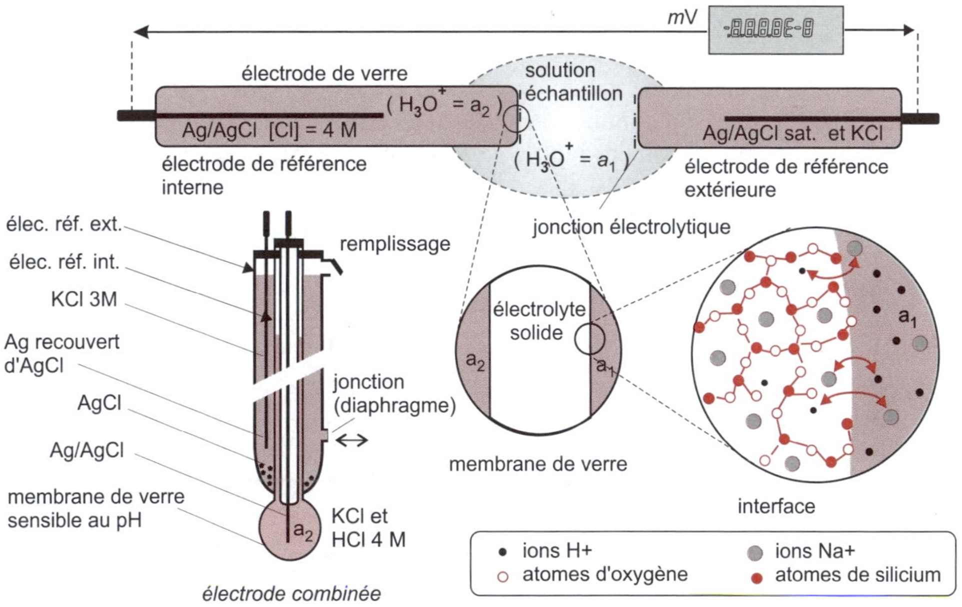

Figure 19.2

Électrode combinée de verre pour la mesure du pH.

La concentration en ions H^+ est accessible à partir de la différence de potentiel qui apparaît entre une électrode de verre et une électrode de référence (ici une électrode Ag/AgCl). Détail de la membrane, vue en coupe, perméable aux ions H^+. Quand un ion H^+ forme une liaison silanol, un ion sodium part en solution pour conserver l'électroneutralité de la membrane. Une électrode combinée de présentation classique, l'électrode de référence entourant l'électrode de verre, sauf à son extrémité. La jonction permet la migration des ions sans que les liquides de part et d'autre ne se mélangent.

19.3 LES PRINCIPAUX TYPES D'ÉLECTRODES IONIQUES SÉLECTIVES

Dès les premiers temps de la potentiométrie, on s'était aperçu que, suivant la composition du verre utilisé comme membrane, on pouvait avoir des interférences avec les autres ions alcalins présents, pour des valeurs du pH supérieures à 13 : c'est l'*erreur alcaline*. En mettant à profit ce défaut initial, il a été mis au point des verres répondant sélectivement à quelques ions monovalents tels Na^+, K^+, Li^+ et Ag^+. La sélectivité dépend du matériau qui sert de membrane et qui sépare la solution à analyser de l'intérieur de l'électrode. Il s'agit dans tous les cas de disposer d'un matériau ionique permettant la formation d'équilibres de concentration avec un ion spécifique. Si l'activité (ou la concentration) de l'ion est différente entre les deux faces de la membrane, il apparaît une ddp. Seuls les ions libres sont pris en compte dans le dosage. Les demi-cellules de référence standard contiennent KCl comme électrolyte qui, normalement, suinte au travers d'un diaphragme pour assurer la jonction avec la solution de l'analyte. Pour éviter de perturber les mesures lorsqu'il s'agit du dosage de K^+ ou de Cl^-, on utilise un électrolyte gélifié ou un second électrolyte non interférant (fig. 19.3).

Il existe une vingtaine d'électrodes ioniques spécifiques *(EIS)* d'usage courant, dont la membrane change de nature avec l'espèce ionique à doser. Elles servent soit en ionométrie directe, soit comme électrodes indicatrices pour de nombreux dosages titrimétriques et complexométriques avec l'aide de titrimètres automatiques. Trois types de membranes existent.

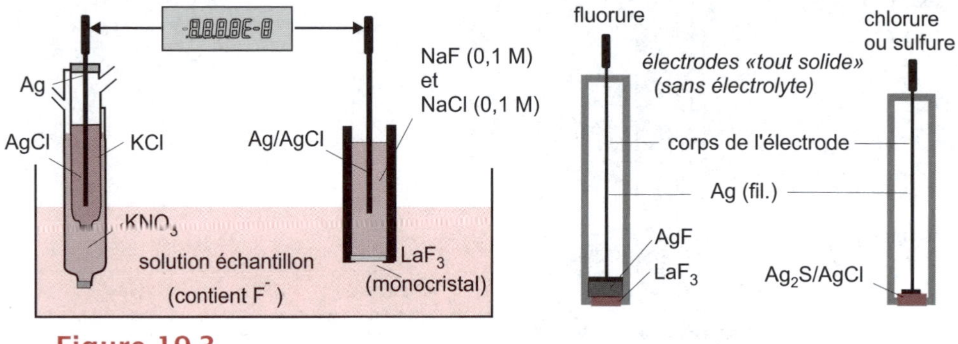

Figure 19.3

Cellule électrochimique et EIS.

Cellule de mesure composée d'une EIS pour l'ion fluorure avec une électrode de référence à jonction double. Des 2 côtés du monocristal de LaF_3, élément sensible de l'électrode, naît 1 équilibre $LaF_3 \Leftrightarrow LaF_2^+ + F^-$. L'une des faces devient positive par rapport à l'autre. Pour éviter l'osmose de KCl dans la solution à doser, l'électrode de référence est entourée d'une seconde chambre qui contient un électrolyte auxiliaire non interférant. Ainsi KNO_3 1M est très utilisé pour F^-, Cl^-, I^-, CN^-, S^- ou Ag^+. La mesure exige un millivoltmètre à haute impédance (type pH-mètre). À droite EIS « tout solide » : pour l'ion chlorure.

19.3.1 Membrane cristalline

L'électrode la plus souvent rencontrée, appartenant à cette catégorie, est l'électrode fluorure. Elle comporte un cristal de trifluorure de lanthane dopé avec un sel d'europium pour en améliorer la conductivité. Elle est spécifique des fluorures, car cet ion peut traverser le réseau cristallin (fig. 19.3). L'ion OH^- peut cependant interférer avec les ions F^- pour les pH très alcalins.

Parmi d'autres exemples, on trouve des membranes faites de poudres cristallines agglomérées sous pression convenant aux dosages des ions Cl^-, Br^-, I^-, Pb^{++}, Ag^+,et CN^-. L'électrolyte interne peut être éliminé (contact sec, sans électrolyte), mais il est préférable d'intercaler une fine couche de PVC (polychlorure de vinyle), polymère ayant une conductivité de type mixte pour assurer le passage des électrons de la membrane à conductivité ionique vers le reste du circuit (fig. 19.3).

19.3.2 Membrane liquide

La séparation entre les solutions interne et externe de l'électrode spécifique est réalisée au moyen d'un disque en chlorure de polyvinyle rendu souple par un plastifiant et dans lequel on a incorporé environ 1 % d'un *ionophore,* c'est-à-dire un transporteur d'ions. Pour l'ion calcium, par exemple, on peut utiliser un diester aliphatique de l'acide phosphonique $(RO)_2P(O)O^-$.

Plus anciennement on utilisait un disque poreux hydrophobe imbibé d'un solvant organique non miscible avec l'eau des solutions situées de part et d'autre, et contenant un *ionophore* (fig. 19.4).

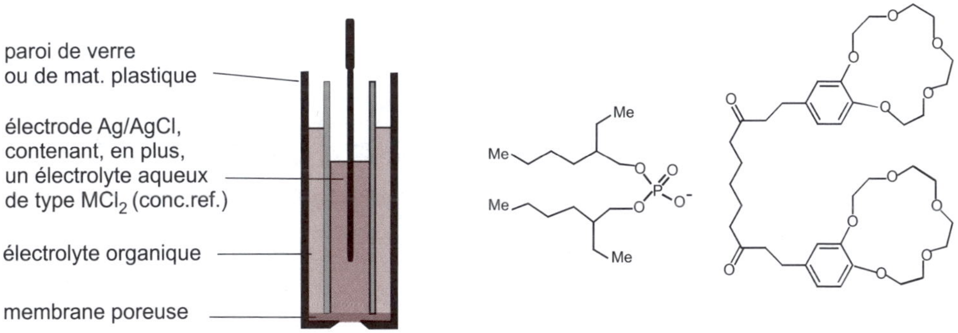

Figure 19.4
Électrode à membrane liquide et composés organiques à usage d'ionophores. Deux ionophores commerciaux chélatants : le « dioctyl »phosphate, sélectif de l'ion Ca^{++} et l'ionophore K2 sélectif de l'ion K^+. Cette dernière molécule est représentative, par sa sous-structure d'éther-couronne, d'autres composés macrocycliques utilisés à cette fin.

La membrane obtenue par l'un ou l'autre de ces procédés se comporte comme un *liquide immobilisé*. Le contre-ion est une molécule soluble dans la phase organique.

De chaque côté de la paroi se crée un équilibre de concentration. Ainsi pour l'ion calcium :

$$[(RO)_2P(O)O]_2Ca \rightleftharpoons 2(RO)_2P(O)O^- \quad + \quad Ca^{++}$$

Quand les concentrations des ions calcium sont différentes des deux côtés de la membrane, il apparaît une ddp mesurable.

Une quarantaine de molécules chélatantes sont utilisées pour une dizaine d'ions communs. Les électrodes pour ClO_4^- , BF_4^- , NH_4^+, Cu^{++} sont de ce type.

19.3.3 Membrane polymère hydrophobe

Quelques gaz, parmi lesquels le dioxyde de carbone (CO_2), l'ammoniac (NH_3), le dioxyde de soufre (SO_2) et les oxydes d'azote (NO_x), ont donné lieu à la réalisation de sondes comportant des électrodes combinées, pour leur dosage à l'état dissous. Ces sondes comprennent une solution intérieure séparée de la solution échantillon par une membrane hydrophobe à base de polychlorure de vinyle ou de polyéthylène (fig. 19.5). Le polymère est microporeux (pores de 1 μm), imperméable à l'eau et aux ions, mais les molécules de gaz peuvent le traverser librement par effusion gazeuse. Pour le dioxyde de carbone par exemple, l'électrode combinée comporte une électrode de pH interne, au contact d'une solution de bicarbonate faiblement concentrée (0,1 M), elle-même séparée de la solution échantillon par la membrane. Les molécules du CO_2 dissous traversent la membrane et s'hydrolysent au contact de la solution de bicarbonate. Le pH s'en trouve modifié ce que détecte l'électrode interne. Pour d'autres gaz (HCN, HF, H_2S), le signal utile est celui qui provient de la modification de la concentration anionique au niveau de la paroi interne de la membrane.

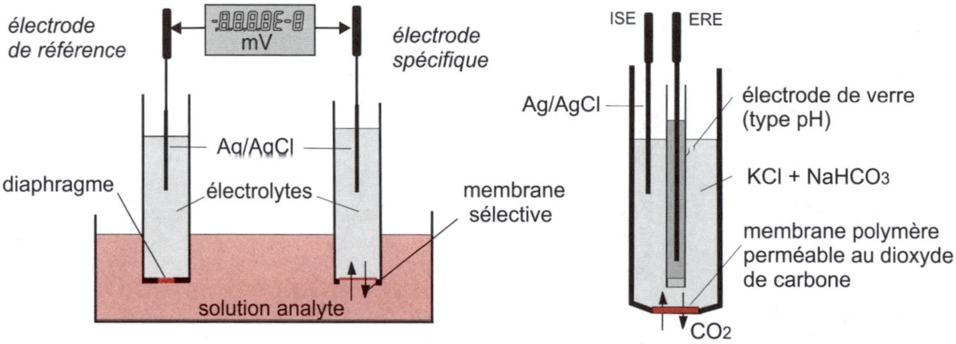

Figure 19.5

Capteur potentiométrique de gaz dissous.

Schéma de base avec deux électrodes séparées et « électrode combinée », réunion d'une EIS et d'une ERE, ici une électrode de pH, plongeant dans la même solution électrolyte. L'ensemble forme une cellule électrochimique pour la mesure du CO_2dissous. L'espèce mesurée est donc H^+, tous les acides ou bases sont donc des interférants éventuels. La sélectivité repose sur le choix de la membrane.

19.4 Les différentes méthodes de quantification

Comme il a été vu précédemment la réponse de la cellule de mesure est directement liée à la concentration de l'espèce à quantifier, les méthodes traditionnelles de quantification sont par conséquent applicables. Elles supposent toutefois l'ajout d'un tampon de force ionique (ISAB) à l'échantillon voire également d'un tampon pH si les anions à quantifier sont des bases conjuguées d'un acide faible (on parle alors de TISAB : Total Ionic Strengh Adjustment Buffer). Il faut tenir compte également de la présence éventuelle d'ions interférents dans l'échantillon. En effet, tout aussi spécifique que soit l'électrode utilisée, elle peut présenter une réponse à certains ions de charge et de taille proches de celles de l'analyte.

Comme pour toutes les analyses quantitatives, il faut se situer dans le domaine de linéarité de la réponse au log C_i (domaine qui peut varier de quelques décades selon l'ion étudié). Toutes ces précautions ayant été prises, les méthodes traditionnelles de quantification que sont l'étalonnage externe et la méthode d'ajouts dosés peuvent être utilisées.

Pour un ion monovalent et à température ambiante (298 K), le terme *2,303 RT/F*, appelé *facteur de pente S* est égal à 0,0591 V (tableau 19.1). C'est cette même valeur qui caractérise le facteur de pente d'une électrode de verre (0,059 V par unité pH).

Tableau 19.1 Valeurs de pentes idéales (298 K) pour quelques ions.

Valence	ion	pente S^* (mV/décade)
−2	S^{--}	−29,58
−1	Cl^-, F^-	−59,16
+1	Na^+, K^+	+59,16
+2	Mg^{++}, Ca^{++}	+29,58

*S pour Slope (pente, en anglais)

Dans la pratique, à partir d'une gamme étalon, la courbe d'étalonnage $E_{\text{cellule}} = f(C_i)$ permet de trouver la pente réelle (valeur expérimentale du facteur de pente), indicative des performances du système d'électrodes utilisé.

19.4.1 Ionométrie directe – Étalonnage externe

Le protocole de ce type de quantification est identique à celui que l'on utilise dans toutes les techniques analytiques.

On prépare, à partir d'une solution mère de l'espèce à quantifier, une série de solutions de référence auxquelles on ajoute une quantité identique du tampon de force ionique recommandé. On mesure pour chaque solution la réponse de la cellule de mesure de façon à établir l'équation de la courbe d'étalonnage (par régression linéaire) en portant en abscisse le logarithme décimal de la concentration de chaque solution de référence et en ordonnée la réponse de la cellule de mesure (fig. 19.6).

On traite l'échantillon à quantifier de la même façon que les solutions de référence. On mesure la réponse de la cellule et on détermine la concentration C en utilisant l'équation de la courbe d'étalonnage.

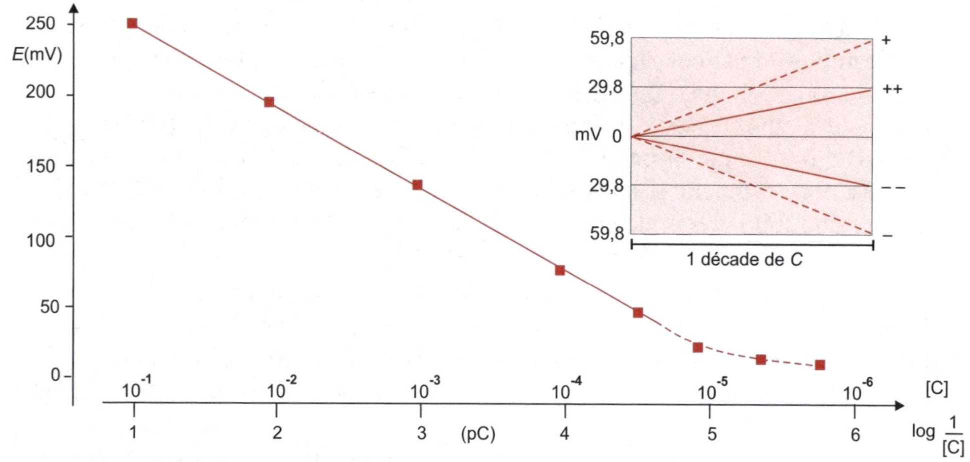

Figure 19.6

Exemple de dosage par potentiométrie directe.

La courbe d'étalonnage de l'électrode spécifique de l'ion chlorure a une pente proche de la pente théorique. La gamme de mesure des différentes électrodes spécifiques s'étend sur 4 à 6 décades suivant les ions. Le cartouche représente les facteurs de pentes théoriques selon la valence de l'ion.

19.4.2 Méthode par ajouts dosés

Plus longue que la méthode à un seul ajout, cette méthode conduit à des résultats plus fiables d'autant que l'informatique permet de déterminer facilement l'équation d'une droite à partir de quelques mesures. Le protocole en est le suivant :

- On prépare une solution contenant un volume V_i de la solution échantillon de concentration C_i inconnue. On y ajoute un volume V de tampon de force ionique et on complète avec le solvant au volume V_{tot} dans une fiole jaugée. On mesure la valeur E_0 de la réponse de la cellule de mesure. On a :

$$E_0 = E'' + 2{,}303\,\frac{RT}{zF}\log\frac{C_i V_i}{V_{tot}} = E'' + S\log\frac{C_i V_i}{V_{tot}} \qquad (19.6)$$

  S est le facteur de pente. E'' regroupe plusieurs facteurs. Il peut être évalué expérimentalement et on admet qu'il reste constant au cours de l'étalonnage.

- On prépare par ailleurs différentes solutions contenant le même volume V_i de la solution échantillon, le même volume V de tampon et un volume V_a différent d'une solution à l'autre de solution d'ajout de concentration C_a connue. On complète au même volume V_{tot} avec le solvant.

- On mesure la réponse de la cellule de mesure E, pour chaque solution, qui est donc une fonction de la variable V_a. On a :

$$E = E'' + S \log \frac{C_i V_i + C_a V_a}{V_{tot}} \qquad (19.7)$$

En faisant la différence membre à membre entre les relations 19.7 et 19.6, on obtient :

$$\frac{E - E_0}{S} = \frac{\Delta E}{S} = \log \frac{C_i V_i + C_a V_a}{C_i V_i} \qquad (19.8)$$

soit
$$10^{\frac{\Delta E}{S}} = 1 + \frac{C_a}{C_i V_i} V_a = Y \qquad (19.9)$$

Il suffit donc de déterminer l'équation de la droite $Y = f(V_a)$ dont la pente permet d'atteindre C_i.

Une variante consiste à utiliser des volumes V_a négligeables devant $(V_i + V)$. Il n'est plus nécessaire de compléter au volume V_{tot} dans une fiole jaugée.

19.4.3 Titrage potentiométrique

Les électrodes sélectives ont une spécificité très variable. Les résultats gagnent en précision, quand on les utilise comme électrodes indicatrices dans des dosages potentiométriques. La concentration des ions présents et la force ionique varient peu en cours de dosage, comparativement à la concentration de l'ion à mesurer. Si deux ions différents donnent entre eux une réaction stœchiométrique, cette propriété peut être utilisée pour les doser. Le point final du dosage est caractérisé par la disparition totale d'une des espèces ou par l'apparition d'un excès d'une des espèces, ou encore par l'apparition ou la disparition d'une espèce secondaire.

Ainsi pour évaluer la concentration de l'ion aluminium pour lequel il n'existe pas d'électrode spécifique, on pourra complexer cet ion sous forme de fluorure d'aluminium insoluble AlF_3, en ajoutant du fluorure de sodium comme réactif. Le point d'équivalence sera repéré par un excès de fluorure de sodium libre qui sera détecté par la brusque variation du potentiel d'une électrode sélective de l'ion fluor. D'une manière générale un grand nombre de titrimètres automatiques, de marques concurrentes, permettent d'effectuer les nombreux dosages de ce type.

19.5 Quelques applications

Les dosages potentiométriques directs, simples de mise en œuvre, sont utilisés pour des dosages de routine. Ils se résument à faire une mesure de ddp aux bornes de la cellule ou de l'électrode spécifique combinée et se prêtent aux mesures en continu et en temps réel. Leur sensibilité permet d'atteindre des concentrations de l'ordre du ppm. Mais avant tout dosage il faut considérer les interférants possibles car les EIS sont loin d'être toutes très spécifiques.

La sélectivité d'une électrode vis-à-vis des autres ions est très variable. Elle est définie pour chaque ion interférant par un coefficient $K_{\text{ionspé./ioninterférant}}$.
Ainsi, si on lit $K_{\text{Br/Cl}} = 2{,}5 \times 10^{-3}$, cela signifiera que la sélectivité de l'électrode considérée pour l'ion bromure sera $1/2{,}5 \times 10^{-3}$, soit 400 fois plus grande que pour l'ion chlorure.

Parmi quelques applications de routine, on trouve :

- en agriculture, l'analyse des nitrates dans les sols,
- en agroalimentaire, l'analyse d'ions divers (NO_3^-, F^-, Br^-, Ca^{++} etc.) dans le lait ou les viandes et du gaz carbonique dissous dans les boissons diverses (vin / bière / jus de fruits...)
- en médecine clinique, le dosage du CO_2 dans le sang.
- dans l'industrie, l'analyse des chlorures (pâtes à papier), cyanures (bains d'électrolyse), fluorures et chlorures (galvanoplastie), des gaz, tels CO_2 et NO_x...
- dans le secteur biomédical, l'analyse du sodium et du potassium, en alternative à la photométrie de flamme, ainsi que certains ions dans les sérums, salive et sucs gastriques.

Le *capteur lambda,* installé dans toutes les automobiles à pot catalytique, est une sonde à dioxygène conçue sur le principe des électrodes spécifiques. Ce capteur, qui se présente comme une bougie d'allumage, a une membrane constituée d'une gaine de zircone (ZrO_2) qui se comporte comme un électrolyte solide. La paroi externe est au contact des gaz d'échappement et la paroi interne au contact de l'air (référence). Entre ces deux parois, il apparaît une ddp, recueillie par deux électrodes, significative de la différence de concentration en dioxygène.

Exercices

19.1 Calculer le degré de dissociation d'une solution aqueuse d'acide éthanoïque 0,85 M ainsi que son pH (on donne K_A CH_3CO_2H $= 1{,}8 \times 10^{-5}$ à 20 °C).

19.2 Sachant que le potentiel standard d'une électrode Cd/Cd^{++} vaut $-0{,}403$ V *vs* ESH, que devient ce potentiel si l'électrode plonge dans une solution aqueuse 0,01 M de $CdSO_4$?

19.3 On ajoute 30 mL d'une solution aqueuse 10^{-3} M d'un sel de Fe^{3+} à 20 mL d'une solution 10^{-3} M d'un sel de Ti^{3+}.

— Quelles seront après réaction les concentrations molaires des sels de fer et de titane dans la solution ainsi modifiée ?

Données :
$Ti^{3+}/Ti^{4+} = 0{,}2$ V *vs* ENH ; $Fe^{2+}/Fe^{3+} = 0{,}77$ V *vs* ENH et ENS/ENH = + 0,25 V

19.4 Retrouver l'expression ci-après utilisée dans la méthode à un seul ajout. On rappelle que C_X représente la concentration en ion à doser (volume V_X de solution auquel on ajoute un petit volume V_R d'une solution référence de concentration C_R en ion mesuré). ΔE représente la différence de potentiel entre les deux mesures et S représente la pente de réponse réelle de l'électrode utilisée (0,0591/z, à 298 K).

$$C_X = C_R \frac{V_R}{V_R + V_X} \cdot \frac{1}{10^{\Delta E/S} - \dfrac{V_X}{V_R + V_X}}$$

19.5 Pour déterminer la constante d'acidité d'un couple acido-basique HA/A^-, on mesure les absorbances à 360 nm de trois solutions S_1, S_2 et S_3 du couple de concentration molaire 10^{-4} mol · L^{-1} et de pH respectivement égaux à $pH_1 = 2$, $pH_2 = 5{,}5$ et $pH_3 = 8$. On trouve $A_1 = 0{,}1$, $A_2 = 0{,}4$ et $A_3 = 0{,}7$ en utilisant des cuves de trajet optique égal à 1 cm. En supposant que seule la forme acide est présente à pH_1 et que seule la forme basique est présente à pH_3, calculer :

a) les coefficients d'absorption molaire de la forme acide et de la forme basique.

b) le pKa de ce couple. Les approximations faites sont-elles justifiées ?

19.6 Une cellule de mesure [ECS // H^+ (a=x) / électrode de verre] développe une différence de potentiel de + 0,2094 V lorsque la solution du compartiment de droite est une solution tampon de pH = 4,007 et une différence de potentiel de 0,0322 V lorsque la solution du compartiment de droite est une solution tampon de pH = 7,000.

— Calculer le pH de deux solutions inconnues pour lesquelles les différences de potentiel sont respectivement égales à −0,3011 V et à + 0,1163 V.

19.7 On se propose de déterminer la concentration molaire des ions fluorures contenus dans une tasse de thé par la méthode des ajouts dosés. On immerge l'électrode spécifique et l'électrode de référence dans 25 mL de thé auxquels on a ajouté 20 mL d'un tampon de force ionique de pH constant. On complète au trait de jauge d'une fiole jaugée de 50 mL avec de l'eau. On mesure la différence de potentiel aux bornes de la cellule et on trouve $U_0 = 98$ mV.

On prépare une autre fiole jaugée de 50 mL dans laquelle on introduit 25 mL de thé, 20 mL de tampon, 1 mL d'une solution d'ajout de concentration $C_a = 100$ mg · L^{-1}. On complète au trait de jauge avec de l'eau. On mesure $U_1 = -73{,}9$ mV. De la même façon, on prépare trois autres fioles jaugées dans lesquelles on introduit 25 mL de thé, 20 mL de tampon et respectivement 2, 3 et 4 mL de la solution d'ajout. On trouve les valeurs suivantes : $U_2 = -91{,}7$ mV, $U_3 = -102{,}1$ mV et $U_4 = -109{,}5$ mV. On prendra la pente (*slope*) égale à −59,2 mV.

— Calculer la concentration molaire en fluorures du thé.

20 MÉTHODES VOLTAMPÉROMÉTRIQUES ET COULOMÉTRIQUES

À l'inverse de la potentiométrie qui se pratique sans électrolyse, plusieurs méthodes électroanalytiques utilisent une source extérieure de courant afin de provoquer des transformations non spontanées aux électrodes. Selon les techniques utilisées, elles peuvent être totales, partielles voire microscopiques. Il est ainsi possible de quantifier toutes sortes d'ions ou de composés organiques ou inorganiques dès lors qu'ils peuvent être oxydés ou réduits électrochimiquement. Ces méthodes ont l'avantage par rapport à d'autres techniques analytiques de pouvoir quantifier dans un même échantillon un élément à des degrés d'oxydation différents. Elles sont regroupées dans ce qui est usuel d'appeler voltampérométrie (suivi ampérométrique du courant d'electrolyse lorsqu'on fait varier la ddp aux bornes du dispositif expérimental) ou voltammétrie (contraction anglosaxone de **volt am**pèro **métrie**). Parmi elles, la polarographie, méthode voltampérométrique mise au point il y après d'un siècle, a, par ses évolutions, donné naissance à des variantes très évoluées dont les performances en analyse quantitative de traces n'ont rien à envier aux autres techniques analytiques. Le terme de polarographie est plutôt réservé aux techniques utilisant une électrode de travail liquide dont la surface est renouvelée régulièrement (le plus souvent une goutte de mercure) et le terme voltampérométrie désigne quant à lui les techniques utilisant des électrodes de travail fixes quelle que soit leur nature chimique. Dans ce domaine, la réalisation de nombreux capteurs ampérométriques, dont certains dédiés à la détection chromatographique, a offert de nouveaux pôles d'intérêt à la voltampérométrie. On a regroupé ici, un aperçu des méthodes les plus couramment rencontrées en y ajoutant la coulométrie dont le dosage de l'eau par la méthode de Karl Fischer constitue l'application la plus répandue.

20.1 GÉNÉRALITÉS SUR LA MÉTHODE VOLTAMPÉROMÉTRIQUE

La solution échantillon, à laquelle on a ajouté un électrolyte support inerte en concentration supérieure à celle de l'analyte, est placée dans une cellule de travail. Celle-ci comporte dans la configuration classique trois électrodes : une *électrode de référence* dont le potentiel demeure constant (électrode au calomel ou électrode Ag/AgCl), une *électrode de travail* au contact de laquelle a lieu la réaction d'oxydation ou de réduction de l'analyte (microélectrode en carbone vitreux, en platine, en or ou en mercure) et enfin une *électrode auxiliaire* en métal noble (platine le plus souvent) ou en carbone qui ne sert que de conducteur de courant. Elle n'intervient pas dans l'électrolyse (fig 20.1). C'est entre l'électrode de travail et l'électrode auxiliaire qu'on imposera une différence de potentiel variable, de façon à éviter qu'il y ait réaction électrolytique au niveau de l'électrode de référence, entraînant une modification de son potentiel. Elle permet cependant de suivre les variations d'intensité du courant d'électrolyse quand on fait varier la ddp entre l'électrode de travail et l'électrode de référence. La ddp imposée entre l'électrode de travail et l'électrode de référence est limitée par

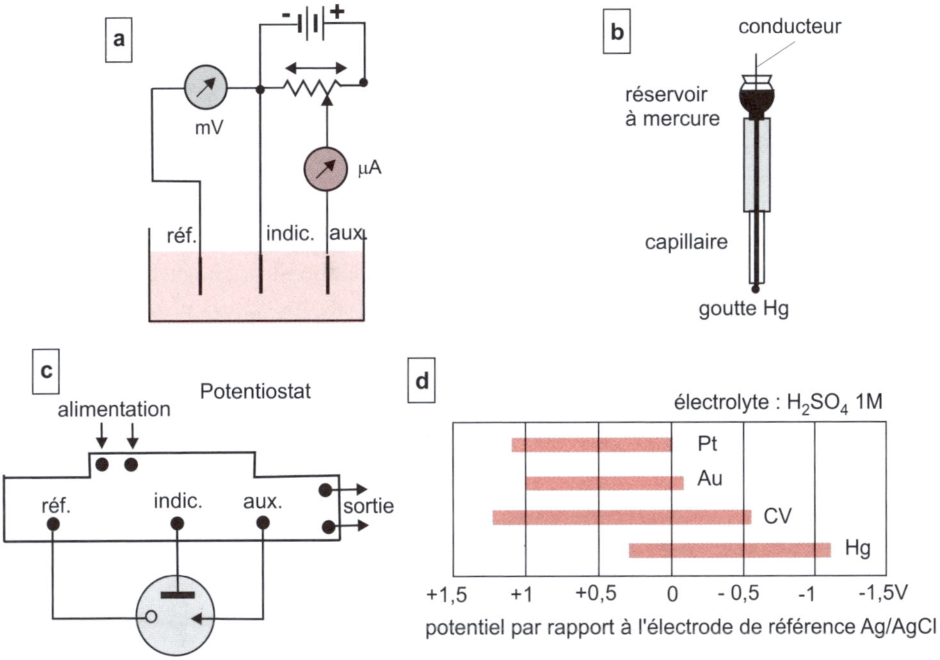

Figure 20.1

Montage de principe d'une cellule voltampérométrique.

a) montage à tension continue dans lequel aucune intensité ne passe par l'électrode de référence (par suite de son impédance élevée) ; b) un modèle d'électrode indicatrice (dite électrode de travail à goutte de mercure). Beaucoup de métaux peuvent être réduits à la surface du mercure avant que H^+ ne soit réduit à son tour ; c) schéma de raccordement avec un potentiostat. Ce montage électronique permet de maintenir le potentiel d'une électrode de travail à un niveau constant par rapport à une électrode de référence ; d) domaines d'utilisation des quatre principales électrodes de travail (CV pour abréviation de *carbone vitreux*). La plage d'utilisation du mercure s'étend encore plus loin du côté cathodique dans un électrolyte comme KCl ou NaOH (- 2 V). Bien qu'il y ait recouvrement des plages d'utilisation entre les électrodes, leurs sensibilités peuvent être très différentes.

deux valeurs extrêmes dépendant du pH du mélange réactionnel, de l'électrode de travail utilisée et du solvant utilisé (le plus souvent l'eau) qui peut être oxydé ou réduit. Ainsi les limites pour une électrode de Pt sont-elles de +0,65 V par rapport à l'électrode de référence au calomel (ESC) (oxydation de l'eau : $H_2O \rightarrow \frac{1}{2}O_2 + 2H^+ + 2e^-$) et de −0,45 V (réduction : $H_2O + 2\,e^- \rightarrow H_2 + 2\,OH^-$).

20.2 L'ÉLECTRODE À GOUTTE DE MERCURE

L'électrode de travail la plus originale est sans aucun doute celle qui comporte une microgoutte de mercure comme partie active. Elle réunit des qualités et des inconvénients qui la placent hors du commun. La méthode voltampérométrique qui utilise cette électrode prend le nom de *polarographie*.

Cette électrode est constituée d'un tube de verre dont le capillaire central (10 – 70 μm de diamètre), maintenu en position verticale, permet le transfert du mercure entre un réservoir et son extrémité. Celle-ci plonge dans la solution non agitée, contenant l'analyte et un électrolyte support. La surface de la petite goutte qui se forme augmente jusqu'à sa chute (au bout de 4 à 5 s), provoquée le plus souvent par un dispositif produisant un léger choc sur l'électrode. Une nouvelle goutte identique remplace la précédente, présentant une surface renouvelée et non contaminée. Le mercure est vite limité vers les potentiels positifs (+0,25 V par rapport à l'ESC). Au-delà, il s'oxyde à son tour. En revanche, vers les potentiels négatifs, il est utilisable jusqu'à −1,8 ou −2,3 V selon que l'électrolyte support est acide ou basique. Cette plage donne beaucoup de possibilités en analyse, notamment pour les métaux lourds. Le mercure doit être très pur (hexadistillé, et conservé sous azote). Cependant son utilisation, compte tenu de sa toxicité, constitue un réel handicap pour cette technique. Après usage il est récupéré pour être recyclé.

L'électrode à goutte de mercure peut être utilisée selon trois modes différents (fig. 20.2).

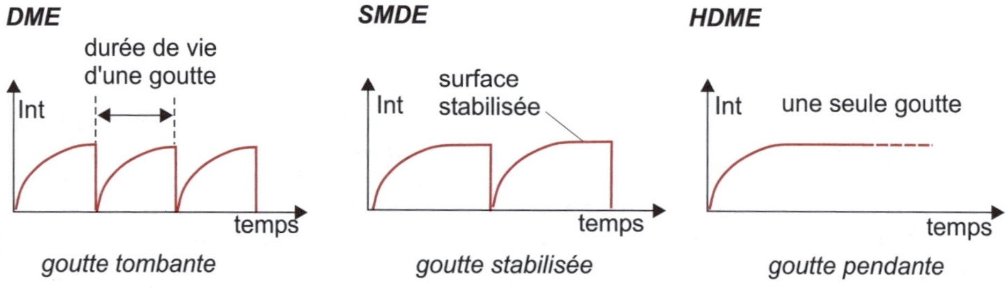

Figure 20.2
Évolution du diamètre de la goutte de mercure en fonction du temps. Mode DME à goutte renouvelée, SDME à goutte stabilisée et HDME à goutte pendante.

- Le mode *DME* (*Dropping Mercury Electrode*) où le capillaire à la base duquel se forme la goutte est alimenté en continu par le réservoir. La goutte grossit et quand elle atteint une certaine taille, elle tombe aidée par un léger choc.
- Le mode *SMDE* (*Static Mercury Drop Electrode*) où l'alimentation en mercure du capillaire cesse dès que la goutte a atteint une certaine taille. La taille de la goutte demeure constante pendant un certain temps avant d'être décrochée par un choc sur le capillaire.
- Le mode *HMDE* (*Hanging Mercury Drop Electrode*) où la goutte conserve une taille constante pendant la mesure (utilisation en mode redissolution).

20.3 Polarographie à courant continu

Dans l'expérience de base — maintenant rarement utilisée — on applique à la goutte de mercure, une tension variable continue E_{travail}, fonction linéaire du temps, dont l'incrémentation (ou vitesse de balayage) est de l'ordre de 1 à 2 mV/s à partir du potentiel initial E_{i} choisi en fonction de l'analyte à quantifier.

$$E_{\text{travail}} - E_{\text{réf}} = E_{\text{i}} \pm v \cdot t \tag{20.1}$$

Le *polarogramme* résultant, courbe $I = f(E_{\text{travail}} - E_{\text{ref}})$ peut être une sigmoïde simple (vague polarographique, fig. 20.3) ou une succession de sigmoïdes si plusieurs analytes sont à étudier. La première partie de la courbe, qui traduit l'apparition d'un léger courant (courant résiduel, courant capacitif), correspond à une accumulation des charges sur la surface de l'électrode de travail (négatives s'il s'agit d'une réduction, positives par défaut d'électrons s'il s'agit d'une oxydation) et sur une surface de solution située à quelques µm de l'électrode de travail (les ions de l'analyte et les ions de l'électrolyte support). Il n'y a pas d'électrolyse. Dès que le potentiel de l'électrode de travail est suffisant (énergie apportée par un générateur de tension suffisante) l'électrolyse a lieu et on observe une croissance du courant (courant de faraday ou courant faradique qui est limité par l'alimentation en analyte à l'électrode de travail). La courbe présente enfin un plateau (limite de diffusion) dû au fait que la vitesse de diffusion de l'analyte devient égale à sa vitesse de conversion au contact de l'électrode.

L'aspect de ce polarogramme permet de faire à la fois de l'analyse qualitative, car le potentiel $E_{1/2}$ (potentiel de demi-vague) mesuré à mi-hauteur de la vague polarographique est caractéristique de l'analyte à étudier (valeur légèrement différente du potentiel standard d'oxydoréduction du couple mis en jeu), et de l'analyse quantitative sachant que l'intensité du courant de diffusion (différence entre l'intensité limite mesurée au sommet de la vague et l'intensité du courant capacitif extrapolée au niveau de la mesure de l'intensité limite) est proportionnelle à la concentration de l'analyte.

Il est essentiel d'éliminer toute trace de dioxygène dissous dans la solution par barbotage de diazote par exemple, sinon le polarogramme serait rendu inexploitable par suite de la réduction du dioxygène en eau selon les deux étapes qui sont détaillées dans la fig. 20.11.

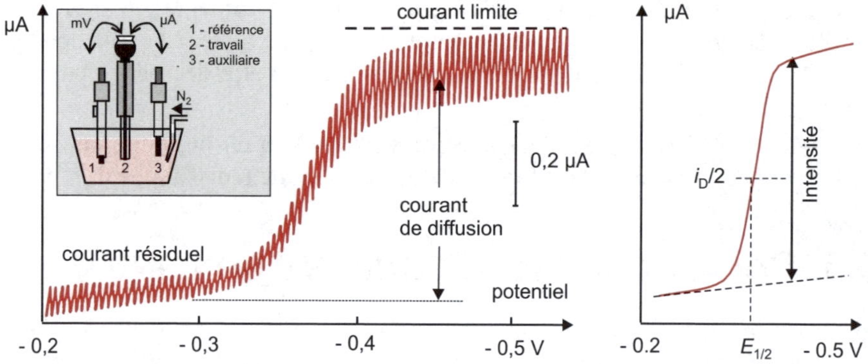

Figure 20.3

La vague polarographique.

Polarogramme d'une solution à 10 ppm de Pb^{++} dans KNO_3 0,1 M, obtenu avec une électrode à goutte de mercure croissante. La position médiane de la vague (ici −0,35 V) est caractéristique du plomb et la hauteur du palier, de sa concentration. Pour un meilleur rendu de la courbe, les oscillations sont ici amorties. À droite, construction graphique pour la mesure de i_D. Seule l'enveloppe du polarogramme a été représentée (oscillations absentes). Ce tracé montre une structure fine en dents de scie qui provient du renouvellement des gouttes.

20.4 Le courant de diffusion

Le mouvement de l'analyte en solution est la résultante de trois phénomènes :

- *La migration* dont le sens dépend du signe de l'ion. Entre l'électrode de travail et l'électrode de référence existe une différence de potentiel donc un champ électrique. Toute espèce chargée placée dans un champ électrique est soumise à une force qui est à l'origine de sa migration vers une électrode. Ce phénomène de migration peut être maintenu constant par l'ajout d'un électrolyte support (exemple chlorure de potassium) de concentration très supérieure à l'analyte (de l'ordre de 100 fois plus concentré).
- *La convection* qui est un mouvement naturel de toute espèce en solution. Ce mouvement peut être minimisé en utilisant une agitation forcée.
- *La diffusion* qui est le mouvement naturel d'espèces chimiques d'une région où leur concentration est plus élevée vers une région où cette concentration est plus faible. Ce qui est le cas lorsque l'on considère la concentration de l'analyte au sein de la solution et sa concentration auprès de l'électrode de travail (inférieure puisque l'analyte est consommé par électrolyse). Ce mouvement vers l'électrode de travail, s'il est trop faible limitera l'intensité du courant d'électrolyse. Il est utile

de rappeler que l'intensité d'un courant correspond à la quantité d'électricité transportée par unité de temps, c'est-à-dire au nombre de moles d'analyte transformées à l'électrode par unité de temps.

Le courant limite de diffusion moyen observé au niveau du plateau de la vague polarographique a été modélisé, par Ilkovic, sous la forme de l'équation suivante :

$$\bar{i}_D = 607 \cdot n \cdot D^{1/2} \cdot m^{2/3} \cdot t^{1/6} \cdot C \qquad (20.2)$$

équation dans laquelle le courant de diffusion $\bar{i}_D$ est exprimé en μA, où n est le nombre d'électrons transférés au cours de l'électrolyse de l'ion, D le coefficient de diffusion de l'ion (cm^2/s), m le débit massique du mercure (mg/s), t la durée de vie de la goutte (s) et C la concentration molaire de l'analyte ($mol \cdot L^{-1}$). Le coefficient 607 a été établi à 25 °C.

La relation 20.2 montre la proportionnalité du courant limite de diffusion à la concentration molaire de l'analyte.

Le tracé en dents de scie observé sur un polarogramme classique peut être supprimé en ne mesurant l'intensité du courant qu'en fin de vie des gouttes de mercure et en utilisant une tension continue augmentant par paliers (fig. 20.4). Il s'agit alors de la polarographie à courant continu échantillonné (*sampled DC polarography*).

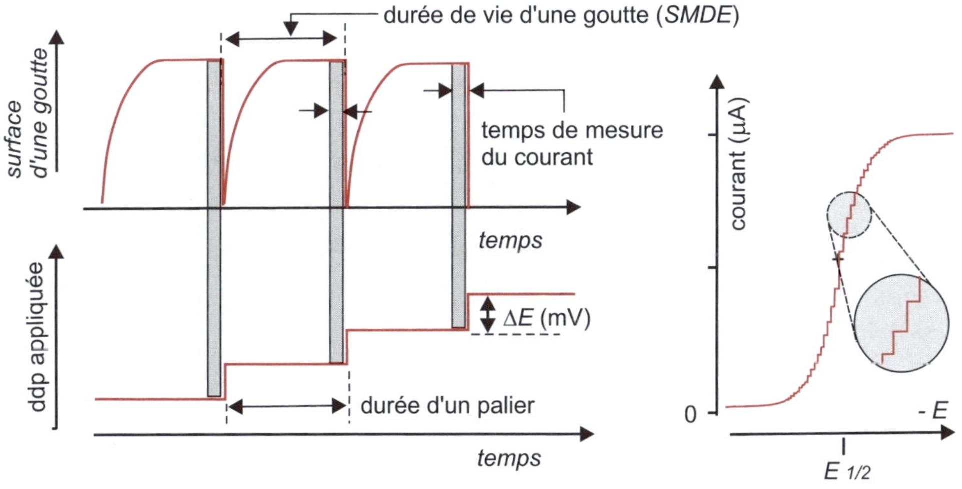

Figure 20.4

Polarographie par échantillonnage.

Cette technique augmente la sensibilité de la polarographie à courant continu classique en atténuant le courant capacitif. La zone en grisé correspond à l'instant et à la durée de la mesure de courant.

20.5 POLAROGRAPHIE À IMPULSIONS

L'évolution de la polarographie réside dans la volonté de diminuer le courant résiduel (capacitif) au profit du courant faradique donc au final du courant limite de diffusion. Ainsi, pour améliorer la sensibilité et pour distinguer des analytes dont les potentiels de demi-vague ne diffèrent que de quelques dizaines de mV, on soumet la goutte de mercure, non plus à une tension en croissance monotone mais à des impulsions.

Les trois principales techniques sont les suivantes :

- polarographie impulsionnelle normale (*NPP : Normal Pulse Polarography*)
- polarographie impulsionnelle différentielle (*DPP : Differential Pulse Polarography*)
- polarographie à signaux carrés (*SWP : Square Wave Polarography*)

20.5.1 Polarographie impulsionnelle normale (NPP)

Pour éliminer l'aspect dentelé du polarogramme classique, on remplace la rampe de balayage précédente par une série de brèves impulsions de potentiel (entre 50 à 100 ms), dont les valeurs vont en croissant mais commencent à une même tension de base qui ne provoque pas de réaction redox sur l'analyte (fig. 20.5). Ces impulsions sont produites au rythme forcé du renouvellement des gouttes de mercure (entre 2 et 4 s). Une seule mesure de l'intensité est effectuée juste avant la chute de chaque goutte. À cet instant le courant faradique de diffusion est stabilisé et le courant capacitif est devenu négligeable. La sensibilité de la méthode de base se trouve accrue de 2 ou 3 décades.

20.5.2 Polarographie impulsionnelle différentielle (DPP)

On applique à l'électrode de travail une tension qui correspond pour chacune des gouttes de mercure successives à une impulsion de même amplitude (50 mV) mais en partant d'une tension de base plus grande. Chaque goutte, en fin de vie, fait l'objet de deux mesures d'intensité, la première juste avant l'impulsion et la seconde avant qu'elle ne tombe (fig. 20.5). Le graphe de la différence des intensités en fonction de la tension revêt l'aspect d'un pic dont la hauteur est proportionnelle à la concentration de l'analyte.

20.5.3 Polarographie à signaux carrés (SWP)

Cette technique est une superposition de la polarographie à courant continu échantillonné (croissance générale en escalier du potentiel appliqué à l'électrode de travail) à laquelle on ajoute des impulsions carrées au niveau des marches de l'escalier d'amplitude ΔE_A pouvant aller jusqu'à 50 mV et en général de 125 Hz de fréquence. On mesure l'intensité du courant d'électrolyse quand la taille de la goutte de mercure est constante au sommet d'une impulsion carrée et à la base de l'impulsion suivante. En portant la différence entre ces deux intensités, pour chaque marche, en fonction du

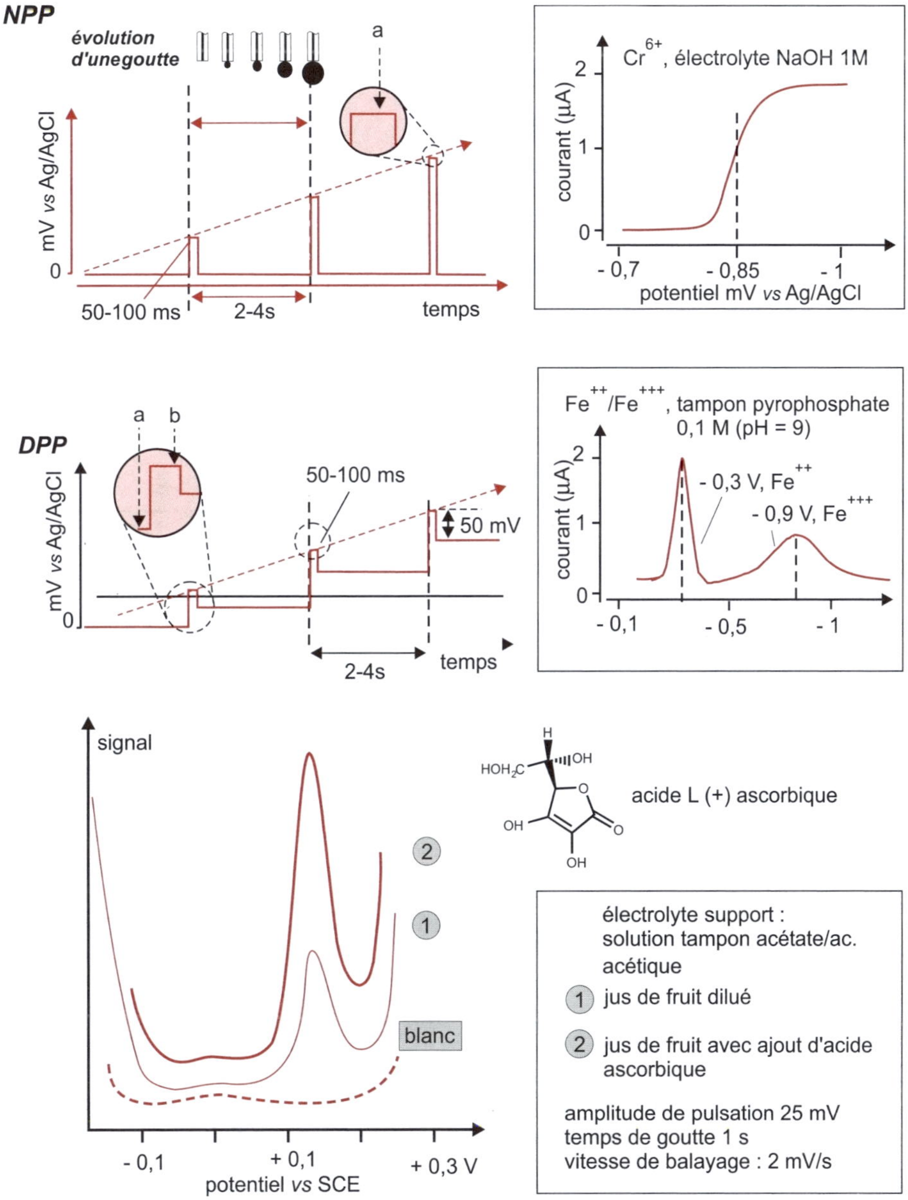

Figure 20.5

Polarographie à impulsions.

Techniques NPP et DPP. Le dessin de l'extrémité de l'électrode de travail avec une goutte en formation montre à quel moment les mesures sont faites (voir les flèches a et b). Exemples de dosages ; le dosage de l'acide ascorbique (vitamine C) dans un jus de fruit (voir conditions) correspond à une oxydation sur l'électrode de travail.

potentiel de cette marche (hors impulsion carrée), on obtient un pic dont l'intensité au sommet est proportionnelle à la concentration de l'analyte (fig. 20.6).

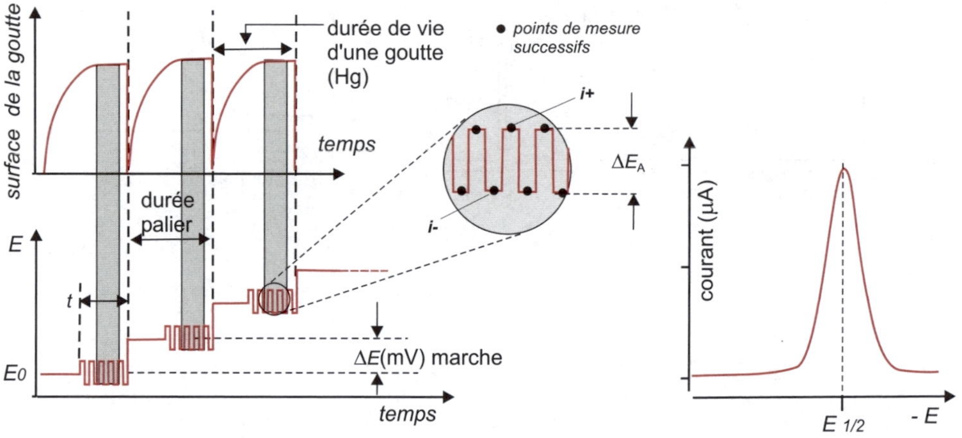

Figure 20.6

Polarographie à signaux carrés.

On superpose au niveau de chaque palier de potentiel E un signal carré périodique d'amplitude $\Delta E_A = 2{,}5$mV environ et de période égale à 40 ms. L'écart ΔE marche entre chaque palier est d'environ 12 mV pour une durée de 0,5 à 10 s. L'intensité du courant est mesurée durant la zone grisée au niveau des points hauts (i+) et au niveau des points bas (i-) du signal périodique carré. La différence d'intensité i+/i- est portée en fonction du potentiel du palier. (d'après un document de la société Métrohm).

20.6 POLAROGRAPHIE À COURANT ALTERNATIF (ACP)

Cette technique désignée par ACP (*Alternating Current Polarography*) est assez proche de la technique précédente. La différence réside dans le fait qu'au lieu d'envoyer des impulsions carrées, on superpose à la tension continue une tension alternative de faible amplitude (5 à 20 mV). On observe alors, dans le circuit de mesure de l'intensité, un courant alternatif d'amplitude variable. Cette amplitude est portée en fonction du potentiel alternatif et on obtient un pic dont l'intensité au sommet est proportionnelle à la concentration de l'analyte.

20.7 VOLTAMPÉROMÉTRIE À REDISSOLUTION (*STRIPPING VOLTAMMETRY*)

Les méthodes à redissolution anodique (ou cathodique) sont des techniques très sensibles utilisées pour doser les traces de métaux. Elles se font en deux étapes.

- **Électrolyse.** Sur une électrode portée à un potentiel constant, plongeant dans la solution agitée, on dépose, en 1 à 30 min, une fraction des analytes électroactifs présents dans l'échantillon. L'électrode au contact de la solution peut revêtir des formes variées : goutte de mercure pendante (non renouvelée) ou cylindre en carbone vitreux recouvert d'un film de mercure ou électrode tournante à disque de carbone avec un ajout d'un sel de mercure dans la solution. Dans tous les cas il se forme sur la surface de l'électrode, avec les analytes métalliques M^{n+}, des amalgames M(Hg).
- **Redissolution.** Après électrodéposition, on diminue progressivement la ddp entre les deux électrodes, de travail et de référence. La réversibilité des réactions redox conduit à une oxydation électrochimique des analytes (fig. 20.7). Les éléments sont identifiés par leur potentiel d'oxydoréduction. Dans l'exemple choisi, il s'agit d'un dosage par voltampérométrie anodique. Combinée à la technique impulsionnelle différentielle (DPP) c'est maintenant la méthode voltamétrique la plus universelle et donc la plus utilisée. Les appareils actuels dont tous les paramètres sont contrôlables par logiciel facilitent la pratique de ces dosages et offrent ainsi une alternative moins coûteuse aux méthodes spectroscopiques telle l'émission atomique.

20.8 Dosages coulométriques à courant ou à potentiel constant

Les méthodes décrites précédemment correspondent à des électrolyses partielles des analytes au contact de la microélectrode de travail. Les méthodes coulométriques au contraire, sont basées sur la conversion quantitative des analytes. S'il en est ainsi, la concentration d'un analyte est calculée par application de la théorie, sans qu'il soit besoin de faire un étalonnage. Il ne s'agit donc pas d'une méthode comparative. La sélectivité est parfois moyenne et la méthode est lente. Deux types de méthodes coulométriques co-existent :

- la méthode *potentiostatique,* dans laquelle on maintient le potentiel de l'électrode de travail, ce qui évite les réactions parasites. Le courant décroit à mesure que l'analyte disparaît de la solution. Il faut un intégrateur électronique pour connaître la quantité de courant utilisée.
- la méthode *ampérostatique,* dans laquelle l'intensité est maintenue constante, par un ampérostat, au cours du dosage jusqu'au signal qui marque la fin de la réaction de l'analyte. C'est la forme de dosage coulométrique la plus simple. Il existe beaucoup d'appareils commerciaux de ce type. Les titrimètres coulométriques comportent une cellule avec une électrode génératrice de grande surface et une électrode auxiliaire séparée par un diaphragme du compartiment de réaction. Ce compartimentage de la seconde électrode évite que les espèces formées à son contact ne viennent éventuellement réagir sur le réactif formé au niveau de l'électrode de travail (fig. 20.8).

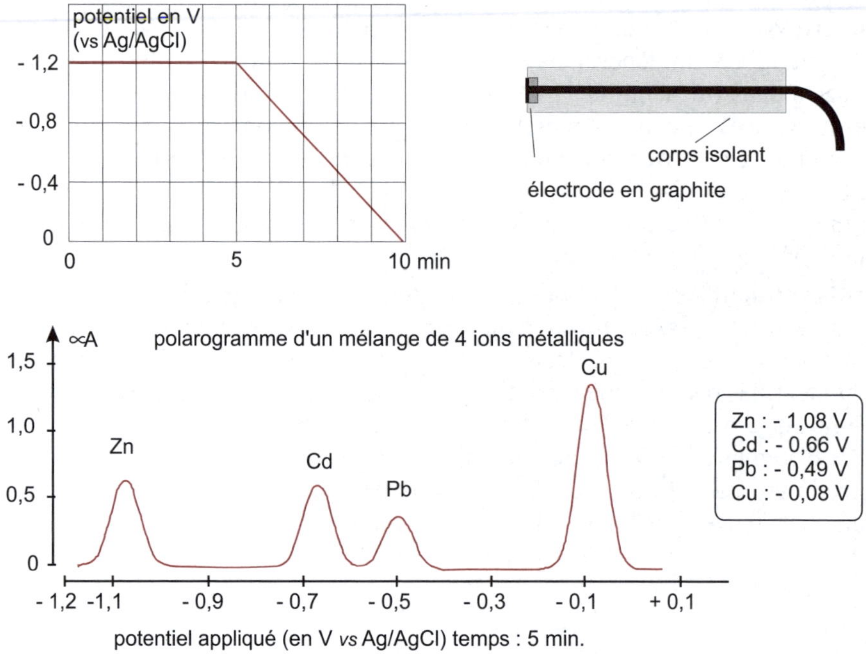

Figure 20.7

Voltampérométrie à redissolution.
Programmation linéaire du potentiel de l'électrode de travail. Exemple d'électrode et analyse de quatre métaux présents dans un échantillon d'eau de mer par polarographie impulsionnelle différentielle (programmation de potentiel comme pour une DPP).

Il arrive assez souvent que la transformation directe et totale de l'analyte soit difficile parce que le produit formé s'accumule au contact de l'électrode, ce qui produit sa polarisation. On évite ce problème en ajoutant un précurseur en large excès destiné à libérer un réactif intermédiaire dont on sait qu'il réagit sur la totalité de l'analyte. Ainsi le composé à analyser ne participe pas directement dans le processus de transfert d'électrons.

À titre d'exemple, le dosage des ions Cl^- pourra se faire à partir des ions Ag^+ générés à la surface d'une anode en argent. La quantité de courant utilisée, en coulombs, permet le calcul précis de la quantité d'analyte transformé, à condition que le courant ne serve qu'à la formation des ions Ag^+. Ces dosages n'exigent pas de solutions standard. On détermine la quantité absolue d'ions formés à partir du courant consommé. On considère que la quantité de courant $Q(\text{C}) = i(\text{A})\cdot t(\text{s})$ correspond au seul analyte.

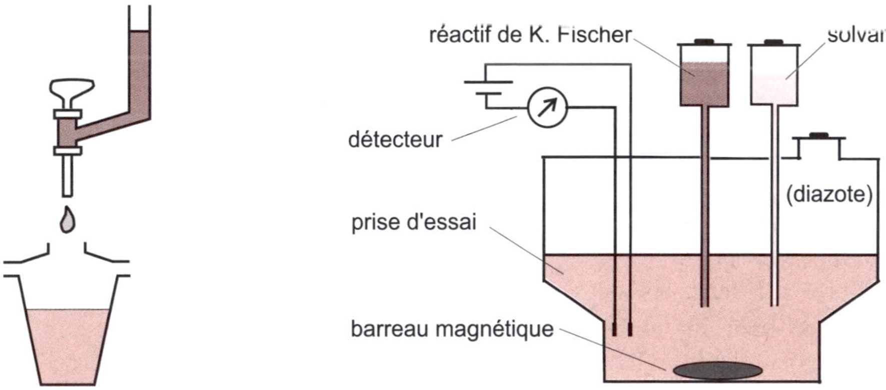

Figure 20.8

Dosage de l'eau par la méthode de K. Fischer.

Un dosage conventionnel à la burette avec détection visuelle du point d'équivalence conduirait à des résultats imprécis. On utilise une cellule comportant deux petites électrodes de platine. Tant qu'il n'y a pas de diiode libre en solution, les électrodes restent polarisées et il ne circule donc qu'un faible courant. Dès que le point d'équivalence est atteint, le diiode en excès entraîne la dépolarisation des électrodes et le microampèremètre révèle alors le passage d'un courant plus intense.

20.9 Le dosage de l'eau d'après la méthode de Karl Fischer

Beaucoup de produits manufacturés, de solvants et de matières premières, font l'objet du dosage de leur teneur en eau ou « taux d'humidité ». Parmi toutes les méthodes possibles, celle de Karl Fischer est très employée puisqu'on estime à environ 500 000 le nombre de titrages de ce type effectués chaque jour dans le monde.

Ce dosage, considéré comme universel, met en jeu des réactions chimiques alliées à une forme de détection électrochimique. Les appareils dédiés à ce dosage sont soit des potentiographes (titrimètres), soit des coulomètres munis d'une cellule à diaphragme. Cette dernière méthode, plus sensible, est adaptée au dosage de très faibles concentrations en eau (de l'ordre du mg/L).

Les applications sont nombreuses : produits agroalimentaires de toute sorte, solvants, gaz, pétrole, etc. Les produits solides insolubles doivent, préalablement au dosage, être soit réduits en poudre, soit extraits avec des solvants anhydres, soit entraînés azéotropiquement ou bien encore être chauffés pour en faire partir l'eau. Les seuls cas difficiles sont les produits très basiques ou très acides qui dénaturent le réactif ainsi que les cétones et aldéhydes qui perturbent le titrage par formation d'acétals (on utilise alors des réactifs spéciaux).

20.9.1 Les réactions mises en jeu

En présence d'eau, le diiode réagit sur le dioxyde de soufre, pour conduire à une réaction d'oxydoréduction, spécifique à ces trois composés :

$$I_2 + SO_2 + 2H_2O \longrightarrow H_2SO_4 + 2\,HI$$

Cette réaction quantitative de l'eau peut servir ainsi à la doser. On y parvient si, par exemple, on ajoute une base pour neutraliser les acides formés et déplacer ainsi l'équilibre. K. Fischer utilisait la pyridine.

Le diiode étant un solide et le dioxyde de soufre un gaz, on utilise un solvant auxiliaire polaire qui sert à la fois de diluant et de milieu réactionnel. On prend généralement le méthanol et plus rarement le monoéther méthylique du glycol (ou du diéthylèneglycol). Dans ces conditions le dioxyde de soufre interagit avec le solvant. Ainsi avec le méthanol, il se forme de l'hydrogénosulfite de méthyle qui devient l'espèce active sur le diiode en présence d'eau :

$$CH_3OSO_2H + I_2 + H_2O \longrightarrow CH_3OSO_3H + 2\,HI$$

Contrairement à la première réaction écrite, en présence de méthanol, *une seule* molécule d'eau réagit sur *deux* atomes d'iode. L'hydrogénosulfite de méthyle est oxydé en hydrogénosulfate, transformé en présence de base de type RN en un sel d'ammonium. Finalement la réaction de Karl Fischer peut être reformulée ainsi :

$$H_2O + I_2 + [RNH]^+CH_3OSO_2^- + 2\,RN \longrightarrow 2\,[RNH]^+\,I^- + [RNH]^+CH_3OSO_3^-$$

Avec la pyridine, il y a formation du sel de pyridinium $C_5H_5NH^+\,(CH_3OSO_3)^-$. Cette base, toxique et d'odeur très désagréable, est maintenant remplacée par l'imidazole ou la diéthanolamine conduisant à des réactifs commerciaux plus stables.

La présence de vapeur d'eau atmosphérique devant être évitée, le récipient du dosage est isolé de l'atmosphère par des tubes de séchage. En outre, le solvant de dilution n'étant que très rarement anhydre, par suite de son caractère hygroscopique, il faut déterminer sa teneur en eau, préalablement au dosage. La détection du point d'équivalence est effectuée par une méthode électrique plutôt que visuelle, en décelant la brusque variation de tension aux bornes de deux petites électrodes polarisées de platine qui plongent dans le milieu réactionnel (fig. 20.8).

Le réactif, mélange de dioxyde de soufre, de diiode et de la base, est caractérisé par le *nombre de mg d'eau* qui peuvent être neutralisés par 1 mL du réactif, ce qu'on appelle la concentration massique équivalente en eau ou encore *titre T* du réactif.

20.9.2 Adaptation coulométrique du dosage de Karl Fischer

Pour obtenir une bonne précision avec la technique ci-dessus, il faut au moins 10 mg d'eau dans l'échantillon, étant donné l'ordre de grandeur du titre T du réactif commercial de KF (quelques mg/mL). Si les quantités d'eau sont plus faibles (jusqu'à 10 µg d'eau), on fait appel à la méthode coulométrique.

Les instruments automatisés pour effectuer ce dosage sont donc proposés en deux versions, l'une dite *normale* et l'autre dite *coulométrique*.

Dans cette seconde variante, le diiode nécessaire au dosage est généré à partir d'un précurseur, au fur et à mesure par voie électrochimique à l'aide d'impulsions électriques appliquées aux électrodes : le réactif de KF modifié en conséquence, contient un iodure (le précurseur) qui est oxydé en diiode au contact de l'anode. Cette cellule à électrolyse est munie d'un diaphragme entre les compartiments anodique et cathodique (fig. 20.9). À l'anode, l'ion iodure s'oxyde en diiode ($2I^- \longrightarrow I_2 + 2e^-$), une mole d'eau nécessitant deux faradays. Le volume de réactif KF qui sert dans le calcul de concentration dans la méthode classique, est remplacé par la mesure, plus précise, d'une quantité de courant, sachant qu'1 mg d'eau équivaut à 11,72 coulombs.

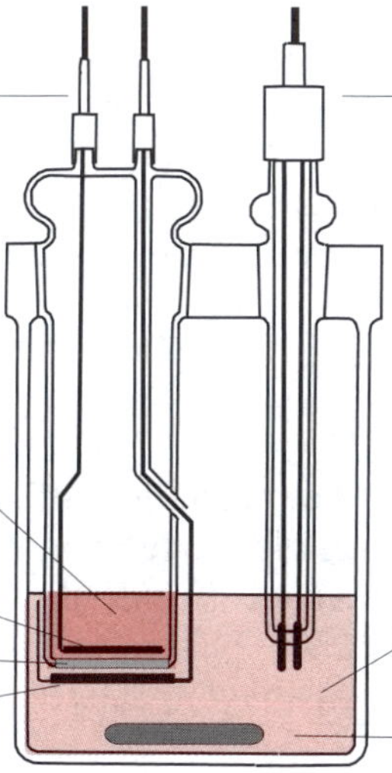

Figure 20.9
Cellule du coulomètre Karl Fischer modèle DL-37
Le diaphragme a pour but d'éviter que le diiode oxyde les ions réduits apparus à la surface de la cathode (reproduit avec l'autorisation de la Société Mettler Toledo).

20.10 CONDUITE D'UN DOSAGE SELON LA MÉTHODE DE KARL FISCHER

Le dosage est conduit en deux étapes. On commence par déterminer l'équivalence en eau du réactif de KF (titre *T*), puis on dose l'eau contenue dans l'échantillon. Les différentes opérations se font à la suite, dans une cellule de mesure spéciale, à l'abri de l'atmosphère.

Comme pour beaucoup de dosages volumétriques, il est possible de suivre une voie de *dosage direct*, ou bien une voie de *dosage en retour*. Dans la voie directe on atteint le point d'équivalence en ajoutant juste la quantité nécessaire de réactif de Karl Fischer (appelé KF dans la suite du texte). Dans la voie en retour, on ajoute un excès de ce réactif, avant d'en doser l'excès en utilisant le solvant non anhydre dont on a déterminé la teneur en eau par un pré-titrage, et qui a été placé dans la burette.

20.10.1 Dosage préliminaire du réactif de Karl Fischer

• *Par dosage direct*

On introduit dans le récipient du dosage, un volume V_1 de solvant (soit ici le méthanol). Soit V_2 le volume de réactif nécessaire pour atteindre le point d'équivalence (on fait ce qu'on appelle le « blanc du solvant »).

On ajoute ensuite dans la cellule de mesure une masse de m mg d'eau mesurée soit avec l'aide d'une microseringue du type utilisé en chromatographie (au 1/10 de microlitre), soit sous forme d'une masse précise d'un hydrate solide de composition connue : acide oxalique à 2 H_2O (28,57 % en eau), ou tartrate de sodium à 2 H_2O (15,66 % en eau). Soit V_3 le nouveau volume (en mL) de réactif nécessaire, pour retrouver le point d'équivalence. Le titre T du réactif (son équivalent en eau, normalement de l'ordre de 5 mg/mL) est donné par la relation 20.3 :

$$T = \frac{m}{V_3} \qquad (20.3)$$

• *Par dosage en retour*

On commence par introduire une quantité suffisante de réactif pour couvrir les électrodes de détection de la cellule (cette quantité d'environ 20 mL dépend de la conception de la cellule). On ajoute ensuite du méthanol solvant, jusqu'au point d'équivalence. Après cette première phase de déshydratation, dite de prétitrage, on dispose d'un milieu parfaitement anhydre dans la cellule, pour poursuivre les autres étapes :

- on ajoute dans la cellule un volume V_2 de réactif de KF que l'on neutralise avec un volume V_1 de méthanol solvant.
- on introduit une masse précise de m mg d'eau comme pour le dosage direct et on ajoute un volume V_3 de réactif de KF excédentaire de 2 ou 3 mL à la quantité nécessaire.
- l'excès de réactif est neutralisé par un volume V_4 de méthanol solvant.

Le titre T (exprimé en mg/mL) est de :

$$T = \frac{m}{V_3 - \dfrac{V_2}{V_1} V_4} \qquad (20.4)$$

Le titre du réactif de KF évolue au cours du temps par manque de stabilité des solutions. C'est pourquoi les fabricants commercialisent généralement ce réactif dans deux flacons distincts : l'un contient un mélange de dioxyde de soufre, de méthanol et de base, l'autre le diiode, ou une solution iodée. L'utilisateur mélange les contenus des deux flacons avant emploi.

20.10.2 Détermination de la teneur en eau d'un échantillon

• *Par dosage direct*

On ajoute à la solution anhydre contenue dans la cellule, P mg de l'échantillon, soit tel quel, soit en solution dans un volume V_5 du même solvant. S'il faut un volume V_6 de réactif de KF pour atteindre le point d'équivalence, la masse d'eau p contenue dans la prise d'essai est égale à :

$$p = T \cdot \left(V_6 - \frac{V_2}{V_1} V_5 \right) \tag{20.5}$$

Mais si l'échantillon a été introduit sans solvant ($V_5 = 0$), la quantité d'eau dans l'échantillon sera donnée par la formule simplifiée :

$$p = T \cdot V_6 \tag{20.6}$$

• *Par dosage en retour*

On introduit P mg de l'échantillon dans le récipient de titrage et on ajoute le volume V_7 (*mesuré*) de réactif de KF correspondant à un excès. Enfin on dose cet excès comme ci-dessus avec un volume V_8 de méthanol.

À partir de ces valeurs la masse d'eau p dans les P mg de prise d'essai est :

$$p = T \cdot \left(V_7 - \frac{V_2}{V_1} V_8 \right) \tag{20.7}$$

Enfin, la teneur en eau (exprimée en pourcentage) est donnée par la relation :

$$H_2O\ \% = 100 \times \frac{p}{P} \tag{20.8}$$

20.11 Détection voltampérométrique en CLHP et ECHP

La méthode voltampérométrique a été adaptée à un mode de détection très sensible des composés électroactifs en chromatographie liquide (si la phase mobile est conductrice) et en électrophorèse capillaire. On dispose de cellules miniaturisées comportant les 3 électrodes classiques dont une électrode de travail portée à un potentiel défini par rapport à une l'électrode de référence. La cellule est balayée par la phase mobile sortant de la colonne (fig. 20.10).

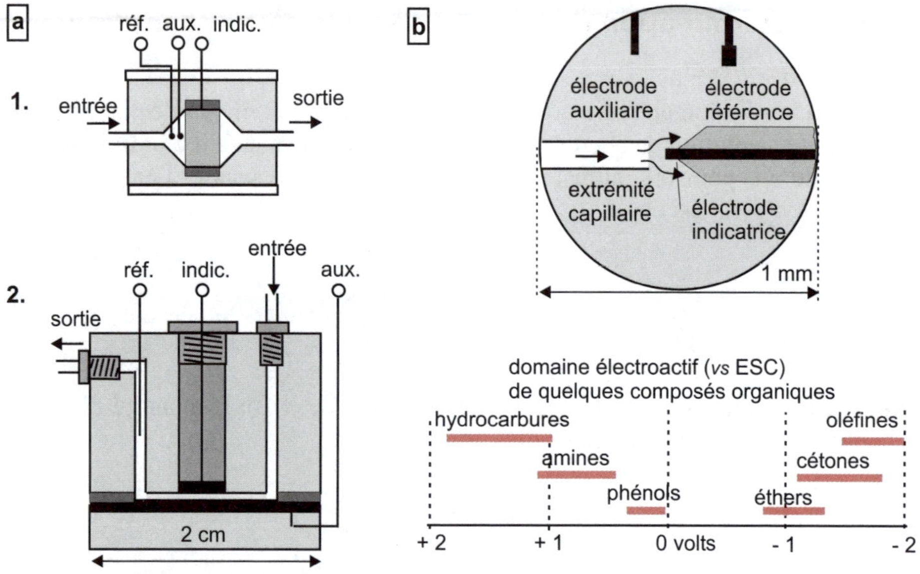

Figure 20.10

Détection voltampérométriques en CLHP et ECHP.

a) Deux modèles de cellules voltampérométriques. L'électrode indicatrice, en graphite poreux, de grande surface, travaille dans les conditions coulométriques. La circulation de la phase mobile au niveau de l'électrode indicatrice assure le renouvellement des espèces électroactives ; b) détail au niveau de l'extrémité du capillaire en ECHP. L'électrode de travail reçoit les ions sortant du capillaire. La cellule n'est pas matérialisée. Elle se trouve réunie avec le compartiment cathodique de l'appareil. En dehors des phénols, amines aromatiques et thiols, peu de molécules analytiquement importantes sont électroactives.

20.12 Capteurs de type ampérométrique

Les dosages voltampérométriques ne sont pas pratiqués dans le seul environnement classique des laboratoires d'analyse. Les applications sont plus nombreuses qu'il n'y paraît. Un grand nombre d'instruments de contrôle, portatifs ou non, destinés à faire des mesures précises de composés présents dans les mélanges de gaz ou de vapeurs ou des solutions, sont équipés de capteurs électrochimiques basés sur le principe de la cellule ampérométrique à 2 ou 3 électrodes. Quelques capteurs de ce type sont étudiés ci-après.

20.12.1 Sonde à dioxygène de Clark

La réduction électrochimique du dioxygène au contact d'une électrode est à l'origine de plusieurs modèles de capteurs qui diffèrent par les réactions mises en jeu. Le plus classique est sans doute le capteur de Clark pour le dioxygène dissous, qui comporte une anode en argent et une cathode en platine (l'électrode de travail), toutes deux baignant dans un électrolyte à base de KCl (fig. 20.11). Cette cellule est séparée de l'échantillon par une membrane de téflon perméable au dioxygène, ce qui permet à ce gaz d'atteindre la cathode distante de la membrane d'environ 20 µm. On applique une ddp de 1,5 V entre les deux électrodes, la cathode étant ainsi portée à un potentiel négatif suffisant pour réduire totalement le dioxygène (réactions 1 et 2). L'intensité dans le circuit extérieur croît proportionnellement à la quantité de gaz migrant à travers la membrane et par suite, à sa concentration en solution (loi de Faraday).

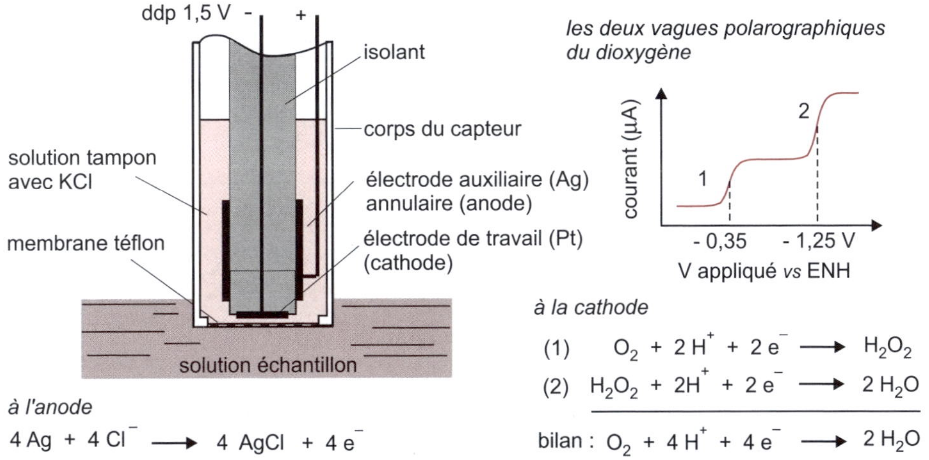

Figure 20.11

Une cellule à deux électrodes concentriques, de type Clark pour le dosage du dioxygène.

La membrane en téflon, perméable au dioxygène, est très proche de la cathode pour que la double diffusion, à travers la membrane et ensuite dans le film liquide, conduise à un signal stable au bout de 10 à 15 secondes.

La fabrication des capteurs électrochimiques a considérablement évolué et l'offre s'est diversifiée. Les trois électrodes du capteur pris ici comme exemple résultent d'une technique de fabrication propre aux circuits de microélectronique. Complété par une membrane et un électrolyte convenable, ce capteur permet de doser le dichlore dissous dans l'eau. Il est basé sur l'oxydation de l'ion ClO^- (acide hypochloreux). La limite de détection est de 1 ppb (fig. 20.12).

20.12.2 Autres capteurs pour gaz (*Amperometric Gas Sensors*)

Beaucoup de capteurs AGS sont réalisés de la même manière. Ayant l'aspect extérieur d'une pile électrique (fig. 20.13) ce sont des cellules électrochimiques comportant un électrolyte immobilisé et les trois électrodes classiques (de travail, auxiliaire et de référence). Quand le capteur est exposé au mélange gazeux contenant l'espèce électroactive pour laquelle il a été conçu, celle-ci est oxydée ou réduite selon les cas, à un potentiel contrôlé par rapport à celui de la référence au moyen d'un potentiostat. Il se produit un transfert d'électrons entre l'électrode de travail et l'électrode auxiliaire. Le potentiostat permet de modifier les potentiels d'électrode, donc de doser des analytes différents avec un même appareil, à condition de changer de détecteur.

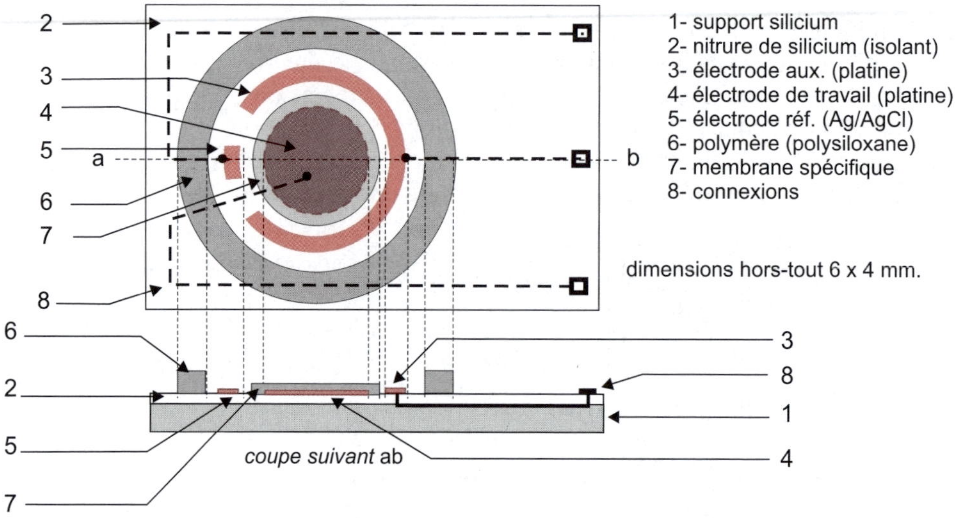

Figure 20.12

Capteur issu d'une technique de microlithographie.
Capteur pour doser le dichlore en milieu aqueux. Dessin exécuté d'après un document de la société Microsens (CH) : capteur MAES-2402. Dans le dessin en coupe, les épaisseurs des circuits ne sont pas à l'échelle. Cet ensemble est destiné à être complété par le reste du capteur (électrolyte, connexions).

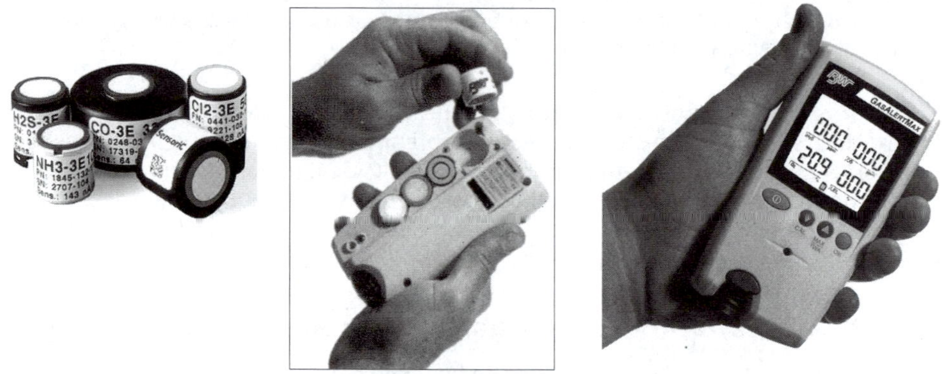

Figure 20.13

Capteurs ampérométriques pour gaz (Amperometric Gas Sensors).
Assortiment de capteurs de la société ATMI Sensoric Div. (Ger.). Modèle GasAlertMax3-DL de la société BW Technologies (Can.) ; la photo centrale montre le compartiment où sont rangés les 4 détecteurs spécifiques aux 4 gaz détectables simultanément. Après avoir franchi une barrière de diffusion spécifique, afin de ne pas saturer le capteur, le gaz est oxydé (CO, H_2S, NO, H_2, HCN) ou réduit (Cl_2, NO_2) en présence de l'électrolyte au contact d'une électrode dite de travail de grande surface.

Sensibles et ayant un temps de réponse rapide lorsque l'électrode de travail est recouverte d'un dépôt catalytique, ces capteurs sont utilisables sur une gamme de concentration étendue (4 décades). En revanche, ils fonctionnent pour un domaine de température assez restreint (−10/ + 40 °C), nécessitent des réétalonnages et doivent être périodiquement changés, car ils s'usent et se polluent avec le temps. Enfin on peut toujours craindre un manque de sélectivité.

Pour l'analyse de certains gaz deux électrodes suffisent : ainsi la figure 20.14 illustre le principe de deux capteurs, l'un pour le monoxyde de carbone (CO) l'autre pour le dioxygène (O_2). Les électrolytes sont bien sûr adaptés aux cellules. Ainsi pour le CO on utilise un acide minéral fort, tel l'acide sulfurique et pour O_2 une solution faiblement alcaline, à base d'acétate de potassium. Ces électrolytes liquides sont immobilisés par des matériaux absorbants.

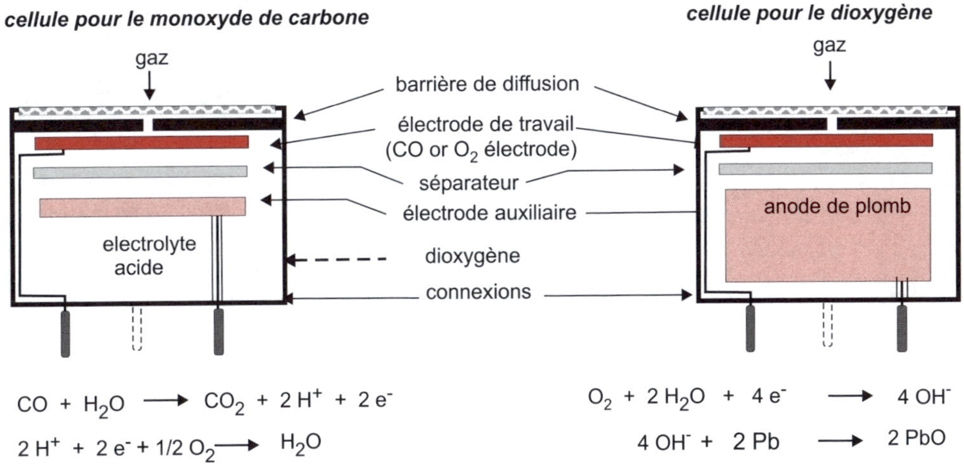

Figure 20.14

Deux modèles de cellules à deux électrodes pour le monoxyde de carbone et le dioxygène.

Il en est de ces cellules comme des piles et batteries : elles s'usent à l'usage. En plus des composés détectés, les réactions électrochimiques consomment des espèces présentes dans la cellule. Il peut s'agir de l'électrolyte ou de l'anode elle-même (cas de la cellule pour le dioxygène), ou encore d'un réactif qui doit être présent (un apport de dioxygène peut être nécessaire pour la cellule au monoxyde de carbone).

20.12.3 Biocapteurs à détection ampérométrique

Un biocapteur est constitué d'un composé d'origine biologique (enzyme, anticorps) choisi en fonction de l'analyte et d'un système comportant des électrodes pour convertir le signal biologique (ex. fixation de l'antigène sur l'anticorps) en signal électrique extérieur.

Pour le rendre spécifique d'un analyte on utilise généralement une paroi perméable comportant une couche de reconnaissance piégeant l'enzyme qui sert à la fois de catalyseur à la transformation de l'analyte recherché et de piège provisoire à électrons. Il peut s'agir, par exemple, d'un système sandwich dans lequel l'enzyme est immobilisée entre une membrane externe en acétate de cellulose, pour empêcher le passage des grosses molécules présentes, et une membrane interne de polycarbonate qui laisse filtrer le produit vers l'électrode.

Le dosage du glucose sanguin avec l'aide d'appareils portables, utiles aux diabétiques, a fait l'objet d'un grand nombre de réalisations depuis 1960. Toutes mettent en œuvre la *glucose oxydase (GOX)* et soit le dioxygène, soit un médiateur tel une quinone, soit un polymère conducteur assurant le transport d'électrons (fig. 20.15).

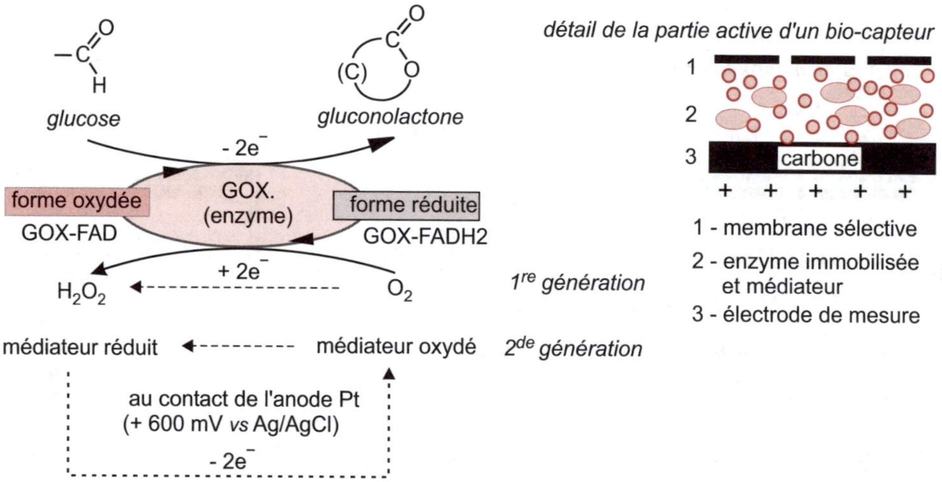

Figure 20.15

Dosage ampérométrique du glucose.

À gauche, réactions mises en jeu dans les appareils de 1re ou de 2e génération. O_2 ou le médiateur sont nécessaires car ce sont de petites molécules qui parviennent jusqu'au groupement prosthétique de l'enzyme, qui ne pourrait être au contact de l'électrode de platine. Le médiateur peut être également un système redox à base d'osmium immobilisé dans un polymère. Pour suivre la réaction on peut quantifier par ampérométrie la consommation de dioxygène ou la formation de H_2O_2 ou la régénération du médiateur.

Pour ce dosage, plusieurs générations de capteurs se sont succédés. Le principe est le suivant : pour oxyder le glucose en gluconolactone, qui est la réaction-clé adoptée, on fait appel à la glucose oxydase (GOX) enzyme comportant un site prosthétique à base de flavine qui sert de piège provisoire à électrons, en passant de sa forme oxydée (FAD) à sa forme réduite ($FADH_2$). Deux protons et deux électrons sont cédés à l'enzyme qui se trouve ainsi réduite. Afin qu'elle retrouve son état initial oxydé, on fait réagir soit une molécule de dioxygène, avec formation d'une molécule de peroxyde d'hydrogène (première génération), soit un oxydant (appelé médiateur, ex. quinone) qu'il est aisé de mélanger à l'enzyme à une concentration connue (deuxième génération). Ce second procédé améliore la sélectivité du dosage.

Les capteurs précédents mettent en jeu des réactions au contact d'une électrode de travail. Il s'agit d'une catégorie de capteurs électrochimiques parmi d'autres. Tout en restant dans le domaine des bio-capteurs, on rencontre d'autres formes de détection. Ainsi on peut utiliser une uréase pour transformer l'urée en ions ammonium qui seront détectés par une *électrode sélective* à cet ion, ou encore une pénicillinase qui détruira la pénicilline avec apparition d'ions H^+ détectés par une *électrode* pH.

Un type original de biocapteur, calqué sur le principe d'un transistor à effet de champ (TEC), consiste à remplacer la grille de ce transistor par une membrane comportant une enzyme adaptée à la transformation d'un analyte particulier (fig. 20.16). La réaction chimique au contact de l'enzyme fera apparaître des charges au niveau de la couche isolante (silice), donc modifiera la valeur de la conductance entre la source et le drain de ce transistor. La mesure sera soit ampérométrique soit potentiométrique.

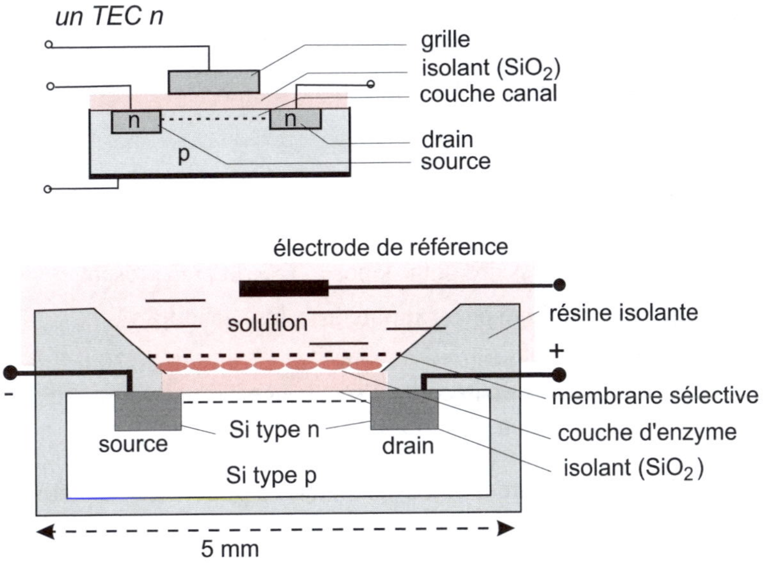

Figure 20.16
Une électrode sélective conçue sur le principe d'un transistor à effet de champ.
En plaçant une enzyme au contact de l'électrode, il est possible de suivre une réaction particulière, la surface de la silice (présence de fonctions silanols) étant particulièrement sensible aux ions H^+.

Exercices

20.1 On considère, en polarographie, une solution aqueuse de nitrate de Zn ($Zn(NO_3)_2$) de concentration égale à 10^{-3} M dans KCl 0,1 M utilisé comme électrolyte support.

Calculer le rapport des deux intensités de migration et de diffusion pour l'ion Zn^{++} à proximité de la cathode.

Données : mobilités ioniques ($m^2 \cdot V^{-1} \cdot s^{-1}$) : $Zn^{++}, 5,5 \times 10^{-8}$; $NO_3^-, 7,4 \times 10^{-8}$; $K^+, 7,6 \times 10^{-8}$; $Cl^-, 7,9 \times 10^{-8}$.

20.2 Une électrode à goutte de mercure est réglée de telle sorte qu'une goutte tombe toutes les 4 s (t = 4s). La masse de mercure correspondant à 20 gouttes est de 0,16 g. Calculer le débit massique moyen de mercure en mg/s.

En admettant que ce débit est proportionnel à la hauteur de mercure dans le réservoir, que deviendrait la durée de vie des gouttes si la hauteur de mercure était multipliée par 3 ?

20.3 Calculer la moyenne du courant de diffusion i_D pour l'ion Pb^{++} à la concentration de 1×10^{-3} M dans KCl 0,1M aqueux à 0° C.

Données : $m = 2 \times 10^{-3}\ g \cdot s^{-1}$; $t = 4s$; $D = 8{,}67 \times 10^{-6}\ cm^2 \cdot s^{-1}$.

20.4

1. Un échantillon de 25 mL dont la concentration en Zn^{++} est d'environ 2×10^{-8} M conduit par électrolyse à un courant de 1,5 nA.
   a) Calculer le temps nécessaire pour déposer 3 % du zinc présent.
   b) Montrer que la technique par stripping est plus sensible.
2. Trouver le pourcentage d'appauvrissement d'une solution de 20 mL de nitrate de zinc, 1×10^{-3} M en ce réactif au cours d'un dosage par polarographie d'une durée de 5 minutes. L'intensité dans le circuit est de 15 µA.

20.5 On veut doser la quantité d'eau dans un lait en poudre par la méthode de Karl Fischer. Le réactif est préalablement étalonné comme suit :

On introduit dans la cellule de mesure 15 mL de solvant constitué de méthanol et de formamide. On ajoute 3 mL de réactif de KF pour atteindre le point d'équivalence.

On introduit alors 205 mg de dihydrate de l'acide oxalique. On doit ajouter 13 mL de réactif de KF pour atteindre à nouveau le point d'équivalence. On introduit enfin 1,05 g de lait en poudre dissous dans 10 mL du même solvant. On doit ajouter 12 mL de réactif de KF pour revenir au point d'équivalence.

Calculer le % massique en eau de la poudre de lait.

20.6 Calculer la concentration massique en eau d'un lot d'éther « anhydre » sachant qu'il faut 1 coulomb pour atteindre le point d'équivalence dans un dosage de Karl Fischer (version coulométrique) réalisé à partir de 1 mL d'éther. On rappelle qu'il faut deux atomes d'iode par molécule d'eau et que la densité de l'éther est de 0,78 g/mL.

20.7 Pour doser le fer ferreux présent dans une solution aqueuse par coulométrie ampérostatique, il est préférable d'ajouter un peu d'un sel de cérium (Ce^{+++}). On rappelle que le cation Ce^{+++} s'oxyde à un potentiel plus faible que celui de l'eau et qu'il est plus oxydant que le Fe^{++}. Écrire les réactions concernées.

21 TRAITEMENT DES ÉCHANTILLONS

Pour toute analyse chimique, l'analyte, qui désigne l'espèce à doser, doit être en quantité suffisante et sous une forme qui conviennent à l'instrument utilisé. La plupart des échantillons nécessitent donc un pré-traitement spécifique. Cette étape, qui fait suite à l'échantillonnage proprement dit, est consommatrice de temps. Elle conditionne le résultat, au même titre que la mesure elle-même ou la précision de l'instrument utilisé. Sachant que plus de 50 % des analyses effectuées sont des analyses de traces (moins de 1 *ppm* d'analyte dans l'échantillon brut), il faut des méthodes d'enrichissement important. Suivant les appareils et les méthodes on fait appel à diverses techniques d'extraction. C'est un domaine activement étudié qui bénéficie des acquis récents de la chimie et de la robotisation. Le grand nombre d'analyses sur de très petits échantillons, a donc favorisé l'apparition de procédés nouveaux destinés à raccourcir les temps de préparation. Ce chapitre est, pour une large part, consacré aux traitements réservés aux échantillons destinés aux analyses chromatographiques.

21.1 LA NÉCESSITÉ D'UN TRAITEMENT PRÉALABLE

La mise en œuvre d'une analyse impose de disposer d'un échantillon. Celui-ci contient généralement les espèces recherchées, encore appelées *analytes,* (terme anglais) et le reste des composés, en nombre variable, qui constituent dans leur ensemble ce qu'on appelle la matrice. Quand il s'agit de doser des traces parmi d'autres composés des milliers de fois plus abondants, on peut toujours craindre que les résultats soient influencés par la composition de la matrice. Ce type d'interférences entre analytes et autres composés exige un pré-traitement de l'échantillon. Ce travail supplémentaire sur l'échantillon étant consommateur de temps (fig. 21.1), on a cherché à faciliter, à automatiser, les méthodes traditionnelles d'adsorption, d'extraction ou de précipitation.

Le dosage par absorption atomique, à l'échelle du mg /L, de quelques éléments dans les eaux de consommation ou l'enregistrement d'un spectre infrarouge à partir d'un produit organique pur, souvent effectués en laboratoire d'enseignement, correspondent à des situations idéalement simples dans la mesure où l'échantillon ne nécessite pas de pré-traitement. Il en va autrement de la plupart des échantillons courants.

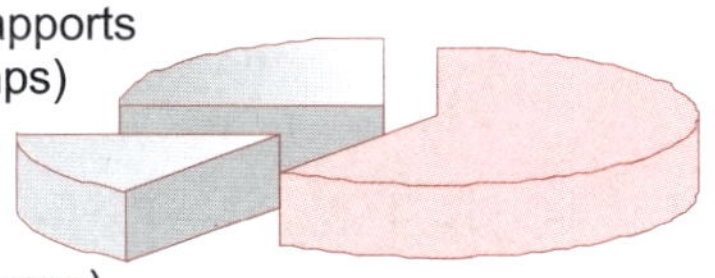

Figure 21.1
Statistique faisant état de la répartition moyenne du temps passé pour faire une analyse par chromatographie.
La préparation des échantillons représente généralement une fraction importante du temps total consacré à l'analyse .

21.2 Extraction en phase solide (SPE)

L'extraction sur phase solide est utilisée couramment pour *purifier* ou *concentrer* un extrait brut préalablement au dosage d'un ou plusieurs de ses constituants. Ce procédé remplace avantageusement de plus en plus souvent la méthode d'extraction liquide/liquide que l'on effectue généralement en utilisant une ampoule à décanter, un procédé comparativement moins rapide et plus coûteux.

À cette fin on utilise une petite cartouche ouverte en matière plastique, ressemblant à un corps de seringue, contenant un adsorbant solide approprié (par ex. une cartouche de 100 à 300 mg d'une phase type RP18) sur lequel on fait passer un volume connu de l'extrait brut (fig. 21.2). Il existe deux modes d'utilisation :

- Le mode le plus courant consiste dans un premier temps à retenir sur l'adsorbant les composés d'intérêt pour l'analyse projetée et à éliminer de la matrice initiale, par rinçage, le plus possible de constituants jugés indésirables pour la suite du dosage. Dans un second temps, on récupère par élution les analytes avec un faible volume de solvant. On a ainsi reconstitué une solution fortement enrichie en analytes, une nécessité pour les analyses de traces.
- L'autre mode, moins fréquent, bien que très simple, consiste à faire passer l'échantillon sur l'adsorbant qui retient les composés non-désirés tandis que les analytes passent librement. Dans ce cas ils sont purifiés mais non concentrés.

La nature des adsorbants est proche de celle des phases solides de la chromatographie liquide. On trouve des gels de silice greffés (polarité de phase inversée), avec une granulométrie de 40 à 100 μm pour permettre une percolation d'un débit plus rapide. D'autres adsorbants à base de carbone graphité ou de copolymères styrène-divinylbenzène à grande surface spécifique, porteurs de groupements fonctionnels, sont plus stables pour les solutions de pH très acides. On trouve également des disques d'extraction (0,5 mm d'épaisseur et 25 à 90 mm de diamètre) utilisés comme l'est un papier filtre sur une fiole à vide, et destinés à retenir les traces de composés organiques présents dans des volumes importants de solutions aqueuses, ce qui n'est guère possible avec les cartouches décrites ci-dessus. Il y a, dans ce cas, une concentration (le facteur d'enrichissement peut atteindre 100, ce qui facilite l'analyse en augmentant les limites de détection).

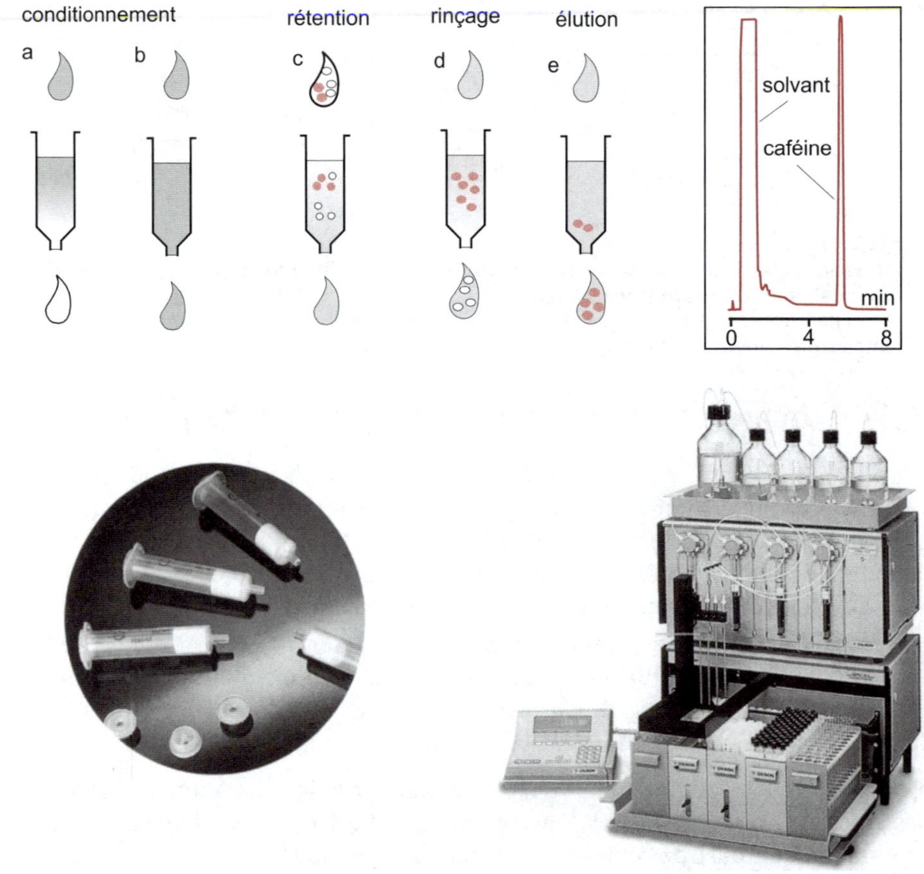

Figure 21.2

Extraction en phase solide.

Séparation d'un analyte de la matrice. Dans cet exemple l'analyte est le seul composé retenu. On distingue les étapes : a), b) activation et rinçage de l'adsorbant avant emploi ; c) dépôt d'un volume donné de l'échantillon ; d) élimination des interférences ; e) récupération de l'analyte par percolation. À droite, chromatogramme (CPG) obtenu après traitement par cette séquence d'1 mL de café. En bas, cartouches d'extraction en phase solide (*SPE*) ; on notera qu'elles ont une partie réservoir de 1 à 3 mL. À droite, préparateur d'échantillons (modèle Aspec XL4 reproduit avec l'autorisation de la société Gilson).

Les utilisations types sont les suivantes : on isole les composés non polaires d'une matrice polaire avec une cartouche ou un disque de gel de silice greffé C-18 ou on isole les composés polaires d'une matrice non polaire avec une cartouche remplie d'une phase normale ou enfin on isole les composés chargés sur une phase échangeuse d'ions. Ces trois exemples sont adaptés respectivement aux analyses par CLHP en polarité de phase inversée, normale et ionique.

Cette sorte de filtre chimique est utilisable une seule fois.

Le procédé peut être automatisé. Il convient généralement mieux pour les composés hydrophobes ou apolaires que pour les substances ioniques.

Deux points particuliers méritent attention : dans l'étape d'extraction, il ne faut pas atteindre le volume de relargage (volume de percée), au-delà duquel une partie du composé à extraire n'est plus piégée par la cartouche. D'autre part, dans l'étape de percolation, le rendement de la récupération du composé adsorbé est rarement total. Si la méthode de dosage fait appel à une détection par spectrométrie de masse, on peut résoudre ce problème de quantification en ajoutant à un volume donné de l'échantillon avant extraction une quantité connue de ce même composé marqué à l'aide d'un isotope stable. Le comportement dans l'extraction des deux formes du composé étant le même, la comparaison de leurs signaux respectifs permet d'établir le rapport de leurs concentrations donc de connaître finalement la concentration cherchée. On a l'équivalent d'une méthode d'étalonnage interne avec un étalon dont le coefficient de réponse relatif serait de 1 (*cf.* § 1.16).

Un axe de recherche actuel consiste à préparer des adsorbants ayant une affinité marquée pour un type de composé particulier. Pour cela on synthétise des polymères qui possèdent des sites de reconnaissance sous forme de déformations de la surface, aptes à piéger des molécules cibles. Le principe retenu rappelle celui de l'immuno-extraction, encore plus sélectif, expliqué ci-après.

En extraction liquide-liquide conventionnelle, il y a dilution de l'analyte dans une grande quantité de solvant. Par conséquent, lorsque l'on concentre la solution d'extraction, on concentre nécessairement les impuretés non volatiles contenues dans le solvant, ce qui rend bien souvent la méthode inacceptable si on ne dispose pas de solvants ultra-purs. Si 1 mg d'un analyte se trouve, par exemple, mélangé avec 1 mL de solvant pur à 99,9 %, ce dernier apporte une masse de produits annexes égale à celle de l'analyte.

21.3 CARTOUCHES D'IMMUNO-EXTRACTION

Avec les cartouches classiques d'extraction en phase solide, la rétention des analytes est basée sur les interactions hydrophobes. Elle peut manquer de sélectivité si la matrice dans laquelle se trouve l'analyte à l'état de trace contient des composés interférants dont la concentration est beaucoup plus grande. Le résultat risquant d'être faussé, il a été développé des matériaux d'extraction aptes à isoler le seul analyte. Cette reconnaissance moléculaire est basée sur les interactions du type antigène/anticorps (*cf.* § 17.5).

En fixant, par liaison covalente, un composé appelé anticorps sur un support solide adapté, on modifie sa structure en surface ce qui retient alors sélectivement l'antigène correspondant (fig. 21.3). Ce principe, adopté depuis longtemps dans le domaine médical, trouve des applications pour les petites molécules organiques. Ainsi il existe des cartouches d'extraction contenant des anticorps baptisés anti-atrazine, anti-simazine, ou anti–isoproturon (familles des triazines et des phénylurées). Elles sont adaptées à la recherche des herbicides portant les mêmes noms.

Comme il a été signalé dans le paragraphe précédent, le rendement de l'extraction n'est jamais de 100%. Il peut s'agir, pour l'immuno-extraction, d'un nombre insuffisant de sites actifs. On doit donc prendre la précaution d'ajouter une quantité connue d'un traceur.

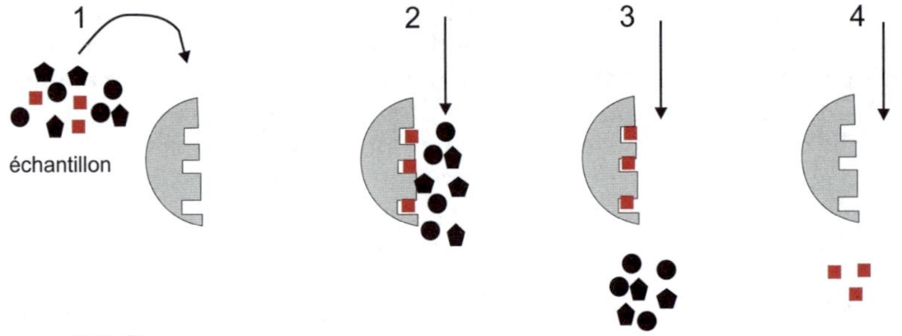

Figure 21.3

Principe de l'immuno-extraction.

Les différentes étapes du procédé classique sur un support greffé avec un anticorps adapté aux molécules « carrées ». Après l'étape de fixation (2), puis de rinçage (3), l'élution de l'analyte est faite avec un solvant organique (étape 4).

21.4 Procédés de micro-extraction

21.4.1 Micro-extraction en phase solide (SPME de la société Supelco)

Le dispositif mis au point par la Société Supelco comporte une seringue particulière dans laquelle une courte fibre, fixée à l'extrémité du piston, peut sortir par l'aiguille ou y être rétractée. Cette fibre en silice poreuse, recouverte d'un adsorbant polymérique ou d'un gel de silice de type C-18, est introduite pendant plusieurs minutes dans la phase aqueuse à analyser (fig. 21.4a) ou dans l'espace situé au-dessus (« espace de tête, *cf.* § 21.6). Ainsi exposée, elle se charge des composés extractibles de la matrice. Elle est ensuite insérée dans l'injecteur d'un chromatographe, où, par effet de la température (analyse par CPG) ou d'un solvant (analyse par CLHP), les analytes sont désorbés, puis séparés. On obtient de bons résultats pour les séries homogènes d'échantillons. La même fibre peut être réutilisée une cinquantaine de fois.

21.4.2 Micro-extraction en phase liquide (LLE)

La micro-extraction liquide/liquide consiste à immerger l'aiguille d'une microseringue remplie avec un solvant très pur tel l'hexane dans la solution aqueuse contenant les produits à extraire (fig. 21.4b). On fait apparaître à l'extrémité de l'aiguille une gouttelette de ce solvant qui va absorber pendant quelques minutes les composés dissous dans le milieux aqueux, puis on ré-aspire dans la seringue cette gouttelette avant de l'injecter en CPG.

La purification de petites quantités de solutions aqueuses se passe avantageusement de la classique ampoule à décanter en la remplaçant par une petite colonne contenant un matériau poreux chimiquement inerte qui retient fortement l'eau. L'échantillon aqueux est tout d'abord introduit dans la colonne (dont le volume doit être tel que toute la solution soit absorbée). À ce stade, l'eau diffuse dans le matériau inerte et se comporte comme un film immobile de phase aqueuse. Ceci permet de neutraliser et laver la phase aqueuse contenant les analytes par un solvant non miscible à l'eau.

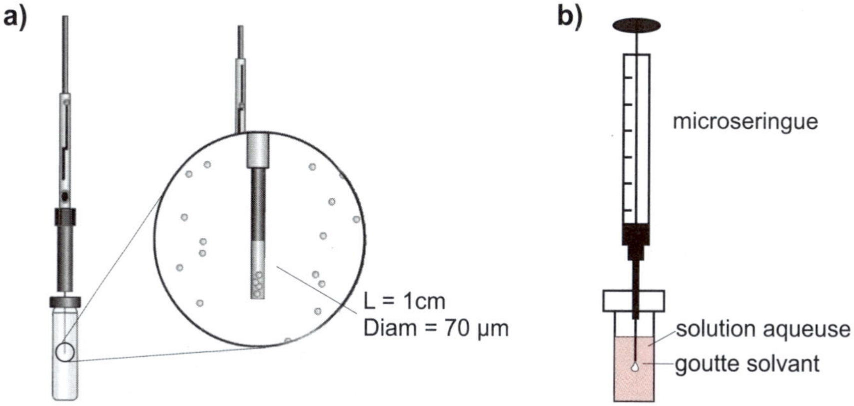

Figure 21.4
Procédés de micro extraction.
a) Micro extraction utilisant une fibre d'adsorption ; b) micro extraction avec une seule goutte de solvant organique.

21.5 EXTRACTION GAZEUSE SUR COLONNE OU SUR DISQUE

Pour doser de faibles concentrations de composés moléculaires particuliers à l'état de vapeur dans l'air (hygiène industrielle, analyses environnementales), la meilleure méthode actuelle consiste à les piéger en faisant passer un volume déterminé de l'échantillon dans un tube adsorbant ou dans une cartouche du type SPE à usage unique (fig. 21.5).

La composition des adsorbants est très variable : tamis moléculaire, noir de carbone à structure graphitique, polymères organiques porteurs de fonctions, un même tube pouvant contenir une succession de plusieurs adsorbants différents. Une pompe débitmétrique assure l'aspiration d'un volume gazeux préréglé en fonction de la capacité du piège (débit de 0,1 à 1 L/min).

Les composés adsorbés sont récupérés soit par extraction au moyen de solvants (assez souvent du sulfure de carbone), soit par désorption thermique par un gaz vecteur (ce qui a pour avantage de ne pas diluer les analytes).

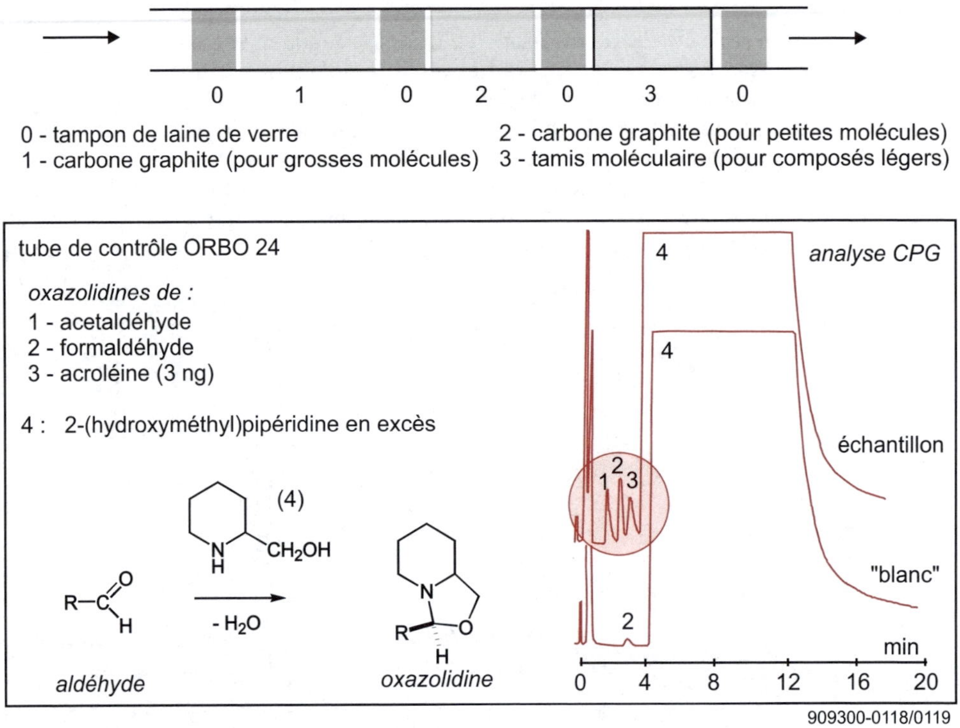

Figure 21.5

Extraction d'un gaz.

Principe d'une colonne d'extraction gaz /solide – Réaction chimique mise en jeu pour dériver un aldéhyde (test d'atmosphère polluée, document Supelco Inc.).

Cette dernière technique est adaptable à l'analyse par chromatographie en phase gazeuse. Le piège est soumis, dans un four spécial, à une élévation de température pouvant atteindre 350 °C en quelques secondes. Les composés désorbés sont directement transférés dans l'injecteur du chromatographe. En alternative à ces fours, il existe des tubes d'extraction d'un diamètre suffisamment petit pour qu'il soit possible de les introduire directement dans un injecteur modifié.

La récupération des composés est considérée comme satisfaisante lorsqu'elle atteint 60 %, mais elle est souvent presque quantitative.

« *Purge and trap* »

Un même tube d'extraction rempli avec plusieurs couches d'adsorbants permet de retenir une large gamme de composés polaires et apolaires (Fig. 21.5). Chaque couche protège la suivante plus active. La première couche sert à purger l'échantillon des composés lourds. Les composés légers et les gaz sont adsorbés par les suivantes. Pour effectuer la récupération (*trap*), on inverse le circuit du gaz de balayage, si bien que les composés lourds (de masses moléculaires élevées), retenus au début du tube, s'éliminent en premier (*cf.* § 21.6).

Des problèmes nouveaux ont fait leur apparition avec la proportion importante des analyses de traces (plus de 50 % des échantillons traités) : adsorption sur les parois des récipients, action du dioxygène de l'air ambiant, évaporation des analytes, etc. On privilégie par conséquent les méthodes conduisant à un fort enrichissement, en conservant un temps d'extraction court.

Des principes identiques sont appliqués pour réaliser des *tubes détecteurs* qui comportent, en plus des adsorbants, un réactif qui provoque un changement de couleur du contenu du tube. C'est un moyen simple, sans extraction, de surveillance de contaminants sans analyse. Les alcootests peuvent être rangés dans cette catégorie. Il existe enfin des badges utilisés en hygiène industrielle pour les contrôles de pollution sur les lieux de travail ou dans l'environnement. La circulation de l'air à travers le badge se fait, dans ce cas, de manière naturelle et non forcée. La flexibilité de la méthode est due au grand choix de phases adsorbantes qui permettent des sélectivités d'extraction. Il peut s'avérer nécessaire de stabiliser certaines molécules qui pourraient se décomposer au niveau de l'adsorbant, en les transformant sous forme d'un dérivé spécifique par un réactif mélangé à l'adsorbant.

21.6 Espace de tête (*headspace*)

L'*espace de tête* est un dispositif d'extraction, fonctionnant en tandem avec une installation de CPG (fig. 21.6), et réservé à l'analyse des composés volatils présents dans une matrice non chromatographiable. Le principe est illustré par les deux variantes :

- le *mode statique* : l'échantillon (matrice liquide ou solide) remplit incomplètement un petit récipient de verre fermé par un bouchon transperçable. Après une période d'équilibrage thermodynamique entre les phases en présence (1/2 à 1 h), on prélève un peu de la vapeur en équilibre. Dans ces conditions, la quantité de chaque composé volatil dans le volume d'espace de tête est proportionnel à sa concentration dans la matrice. Après étalonnage (méthode du standard interne ou externe), il est possible de faire correspondre les concentrations réelles dans l'échantillon avec celles des vapeurs injectées dans le chromatographe.
- *mode dynamique* : on opère dans un récipient spécial ouvert, appelé échantillonneur, contenant la phase aqueuse à extraire. On fait barboter un gaz vecteur, tel l'hélium, dans cette solution pour entraîner les parties volatiles vers un piège « *purge and trap* » décrit précédemment où elles sont adsorbées et concentrées (fig. 21.7). Puis on procède à une désorption thermique du piège à contre-courant en vue de l'injection dans le chromatographe. Cette technique est semi-quantitative.

Lorsque l'analyse est répétitive sur des matrices très figées, cette méthode est tout à fait fiable. Mais si la matrice est fluctuante, elle perturbe les facteurs d'équilibre et la précision devient mauvaise par suite d'un étalonnage non conforme. Dans ce cas, on préférera l'extraction sur cartouche.

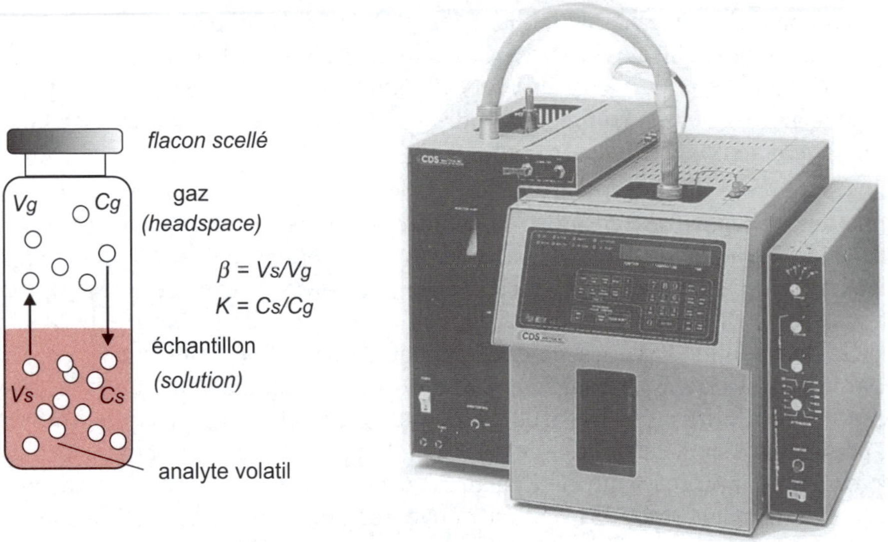

Figure 21.6

Espace de tête, modèle statique associé avec un chromatographe en phase gazeuse.

Les flacons échantillons sont pressurisé avec le gaz vecteur du chromatographe. Le système « purge and trap » combine la préparation (simple) de l'échantillon, sa désorption et son introduction dans la colonne du chromatographe (modèle EA600 reproduit avec l'autorisation de la société CDS Analytical).

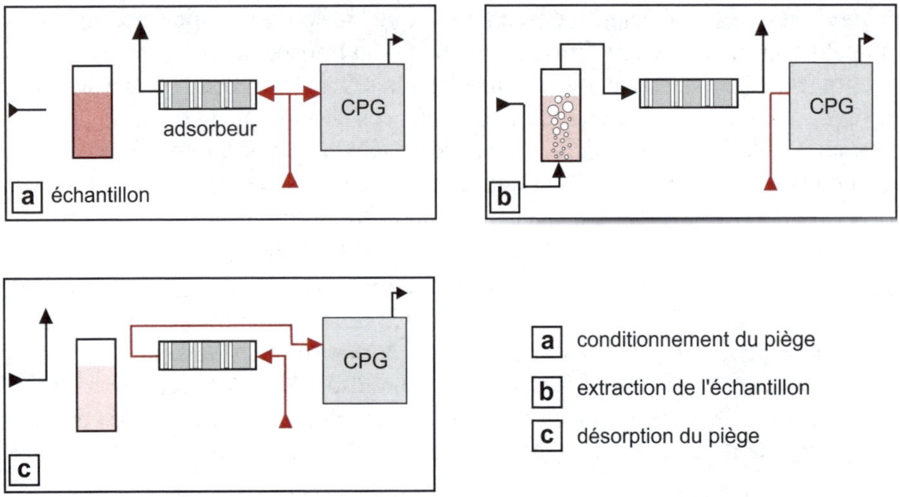

Figure 21.7

Espace de tête, modèle dynamique.

L'échantillon est récupéré par désorption thermique (« *stripper* ») d'une cartouche « *purge and trap* » choisie en fonction du composé à extraire.

21.7 EXTRACTION PAR SOLVANT À L'ÉTAT SUPERCRITIQUE

L'extraction par un fluide à l'état supercritique (CO_2, N_2O ou $CHClF_2$ – Fréon22), est un procédé efficace connu depuis longtemps dans l'industrie alimentaire (*cf.* § 6.1). Les extracteurs pour analyse fonctionnent sur le même principe. Ils comportent un récipient tubulaire très résistant, dans lequel on place échantillon (solide ou semi-solide) et fluide à l'état supercritique. On distingue deux modes d'utilisation :

- le mode *off-line* pour lequel on dépressurise le fluide supercritique après extraction. En retournant à l'état gazeux, il abandonne les analytes sous forme concentrée, ainsi que d'éventuelles impuretés indésirables sur la paroi du récipient d'extraction. On poursuit le traitement par extraction sélective avec des solvants classiques ou sur cartouche en phase solide pour conjuguer extraction et sélectivité.
- le mode *on-line* qui consiste à faire une analyse directe de l'extrait, toujours maintenu sous pression, en le faisant passer dans une installation de chromatographie (SFC ou CLHP). Ce procédé ne s'applique qu'aux composés pour lesquels on ne craint pas des interférences dues à l'entraînement d'une partie de la matrice.

La méthode permet de moduler quatre paramètres qui agissent sur la sélectivité : la pression, la température, la durée d'extraction et le choix des modifiants. Il est possible d'agir sur le caractère de solvatation du fluide en introduisant des modificateurs organiques (méthanol, acétone), la polarité du gaz carbonique seul, à l'état supercritique, étant comparable à celle de l'hexane (pour 100 atm. et 35 °C). Cependant, séparer l'analyte de la matrice exige des connaissances sur la solubilité et la vitesse de transfert du soluté dans le solvant et sur les interactions physiques et chimiques entre matrice et solvant (fig. 21.8).

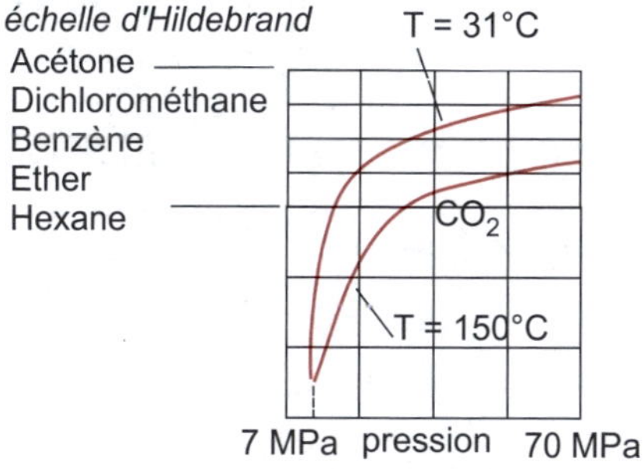

propriétés des fluides supercritiques

Fluide	Point critique (°C)	moment dipolaire (Debye)
CO_2	32	0
N_2O	37	0,2
$CHClF_2$	96	1,4

Figure 21.8
Extraction par fluide supercritique.
Comparaison des forces d'élution du CO_2 par rapport aux solvants usuels (échelle de Hildebrand) en fonction de la température et de la pression. L'extraction en phase supercritique est une méthode automatisable qui devient un investissement rentable dès lors que le nombre d'échantillons est important.

L'emploi des micro-ondes en association avec une extraction par un solvant classique, en récipient clos sous pression, est un autre procédé très efficace qui permet un traitement rapide des échantillons, et qui peut se substituer aux fluides supercritiques.

21.8 Réacteurs à digestion par micro-ondes

La décomposition des échantillons inorganiques ou comportant des matières organiques a donné lieu à beaucoup d'approches : traitement par les acides minéraux, combustion, usage de fondants. La minéralisation se fait par des procédés par voie sèche (four) et d'autres par voie humide (traitement avec des acides). En l'absence de méthode universelle applicable à tous les éléments minéraux, il faut adapter la minéralisation à l'échantillon. Cette étape indispensable de préparation de très nombreux échantillons, en particulier pour l'absorption et l'émission atomiques, est facilitée par l'emploi d'un « digesteur à micro-ondes ».

La manipulation classique en récipients ouverts, sous une hotte, dans une atmosphère de vapeurs acides, avec un risque de contamination croisée omniprésent, est une opération longue et fastidieuse qui n'a pas fondamentalement changé depuis un siècle. Au-delà des problèmes pratiques, certaines matrices d'échantillons s'avèrent rigoureusement impossibles à traiter sous ces conditions (matériaux réfractaires ou volatils, certains minerais, charbons, huiles lourdes).

Les digesteurs à micro-ondes comportent un autoclave de quelques mL en téflon dans lequel on place l'échantillon brut et la solution d'attaque (nécessaire à la carbonisation ou à l'oxydation). Le chauffage, provoqué par micro-ondes, se fait par le biais de l'agitation moléculaire due aux dipôles des molécules d'eau. Le récipient clos, de type calorimétrique, évite les pertes par projections ou évaporation des combinaisons volatiles. Les températures atteintes par les solutions acides sous pression dépassent rapidement les températures d'ébullition en conditions normales (effet d'une marmite sous pression), si bien qu'on enregistre des gains de temps pouvant dépasser, dans certains cas, plus de 90 %. On peut ainsi procéder à des digestions sulfuriques ou perchloriques, faire des hydrolyses ou des minéralisations de Kjeldahl en milieu oxydant. Ce système permet l'automatisation en toute sécurité.

21.9 Analyseurs en ligne

Pratiquement toutes les méthodes instrumentales de laboratoire ont été adaptées en analyse de procédés sur site, des mesures de pH aux analyses par RMN. Les appareils sont généralement moins versatiles que leurs homologues de laboratoire. Dédiés à des mesures particulières et prévus pour travailler dans un environnement plus hostile, ils doivent être robustes. L'emploi d'un capteur sélectif immergé au sein du produit à analyser n'est pas toujours possible. On doit alors en dévier une petite fraction afin de lui faire subir le traitement adéquat.

RÉPONSES AUX EXERCICES

Exercice 1.1

On a $t_R = t_M(1+k)$. Or $t_M = L/\overline{u}$ et $k = KV_S/V_M$ d'où $t_R = (L/\overline{u})(1+KV_S/V_M)$.

Exercice 1.2

Sachant que $V_R = t_R \cdot D$, on a : $\alpha = (V_{R(2)} - V_M)/(V_{R(1)} - V_M)$, soit $\alpha = 1{,}2$.

Exercice 1.3

Pour transformer l'expression 1 en 2, on fait apparaître k, à partir de $t_M = t_R/(1+k)$.

Exercice 1.4

a) Si les pics sont voisins, les largeurs à la base sont en général comparables. En posant $\omega_1 = \omega_2$ et en exprimant ω_2 par sa valeur en fonction de N_2, on obtient $R = 1/4\sqrt{N_2}(t_{R(2)} - t_{R(1)})/t_{R(2)}$. Puis on fait apparaître k, en utilisant $t_R = t_M(1+k)$; enfin, on introduit $\alpha = k_2/k_1$;

b) La relation donnée dans l'énoncé est obtenue à partir de la relation trouvée de R (en fonction de k et de α) et de l'expression 2 de l'exercice 1.4.

Exercice 1.5

1) À partir de la relation de base $R = 2(t_{R(2)} - t_{R(1)}/(\omega_1 + \omega_2)$ on peut remplacer ω par sa valeur en fonction de N, $\omega = 4t_R/\sqrt{N}$ et comme $t_R = t_M(1+k)$, on obtient bien l'expression (1) ;

2) On multiplie le second membre de (1), numérateur et dénominateur par $(k_1 + k_2)$ et on fait apparaître α ($\alpha = k_2/k_1$).

Exercice 1.6

a) $\omega_{0,1} = a+b = 2A\cdot a$; $A = (a+b)/2a \Rightarrow b = a(2A-1) \Rightarrow a/b = 1/(2A-1) \Rightarrow$

$$N = 41{,}7 \left(\frac{t_R}{2A \cdot a}\right)^2 / \left(\frac{1}{2A-1} + 1{,}25\right)$$

$$a = \sqrt{41{,}7 \left(\frac{t_R^2}{4\,A^2\,N}\right)} / \left(\frac{1}{2A-1} + 1{,}25\right)^{1/2}$$

avec $N = 53\,000$ plateaux, $t_R = 1,58$ min et $A = 1,07$ on trouve :

$a = 0,0142$ min
$b = 0,0162$ min
$\omega_{0,1} = 0,0304$ min.

b) $k = (t_R - t_M)/\ t_M$
donc

$$k_4 = 4,43 \text{ et } k_5 = 6,52\ ;\ \alpha_{4-5} = k_5\ /\ k_4 = 1,47\ ;$$

$$R = 2\,\frac{t_{R5} - t_{R4}}{\omega_5 + \omega_4} = 2\ \frac{t_{R5} - t_{R4}}{\dfrac{4}{\sqrt{N}}\ (t_{R5} + t_{R4})} = 18{,}6$$

(cela suppose de faire comme si le pic était gaussien)

c) $\beta = 136,6$;

d) $K = k \cdot \beta$; $K_4 = 605$ et $K_5 = 884$; $K_5 > K_4$ signifie que le soluté 5 a plus d'affinité pour la phase stationnaire que le soluté 4 donc qu'il est plus retenu et sort plus tard.

Exercice 1.7

% (ME) = 16,6 ; % (EE) = 16,6 ; % (PE) = 33,4 ; % (BE) = 33,4.

Exercice 1.8

a) En ajoutant la N-méthylsérotonine avant extraction, on n'a pas à tenir compte des pertes éventuelles de produit dues aux différentes manipulations. On suppose que le rendement d'extraction est le même pour les deux composés qui sont très semblables ;

b) $k_{S/NMS} = 1{,}002$;

c) masse sérotonine : 45 ng/mL.

Exercice 2.1

On considère que le volume V qui sort de la colonne par seconde est égal au volume interne de la colonne sur une longueur $\overline{u}$. La section de la colonne étant $\pi DI^2/4$ d'où $V = \overline{u}\,\pi\,DI^2/4$. Le débit $\mathscr{D}$ exprimé en mL/min (si $\overline{u}$ et DI sont en cm) vaut donc $\mathscr{D} = 60$ V. Si on choisit d'exprimer DI en mm, on écrira : $\mathscr{D} = 60\,\overline{u}\,\pi\,(0,1)^2 DI^2/4$ soit $\mathscr{D} = 0,47\,\overline{u}\,DI^2$.

Exercice 2.2

a) L'étude thermodynamique d'un équilibre chimique permet d'écrire à l'équilibre :

$$\Delta G_T^0 = -RT\ \ln K_T = -RT\ \ln k.\beta = \Delta H_T^0 - T\ \Delta S_T^0$$

soit $\ln k \cdot \beta = -\dfrac{\Delta H_T^0}{RT} + \dfrac{\Delta S_T^0}{R}$ soit $\ln k = -\dfrac{\Delta H_T^0}{RT} + \dfrac{\Delta S_T^0}{R} - \ln \beta$

En considérant la variation d'enthalpie et la variation d'entropie constantes dans l'intervalle de température considéré et en passant au log on peut écrire log

$k = -A + B/T$ en considérant la variation d'entropie < 0 (perte de désordre quand le soluté se fixe sur la phase stationnaire) et la variation d'enthalpie < 0 (réaction exothermique).

b) coélution $\Rightarrow k_1 = k_2$ donc $\log k_1 = \log k_2$ soit $T_1 = 421$ K soit $t = 148$ °C pour $T < T_1, k_2 > k_1$ donc que **2** élue après **1**.

c) si $\alpha = 2$ cela signifie que $k_2/k_1 = 2$ soit que $\log k_2 - \log k_1 = \log 2$ soit que $T = 343$ K.

d) $T = 423$ K soit $k_1 = 0,163$ et $k_2 = 0,161$ soit $K_1 = 40,73$ et $K_2 = 40,16$.

Exercice 2.3

a) L'annulation de la dérivée première de $H=f(u)$ permet de trouver u correspondant à $H_{\min}$ soit $u=36,9$ mm/s ; soit $H_{\min}=0,295$ mm. b) $N_{\max}=L/H_{\min}=40\ 674$ plateaux ; c) on cherche u qui donne $N = 0,95N_{\max}$ soit $N = 38\ 641$ plateaux soit $H = 0,310$ mm ; $u = 50,2$ mm/s ou $u = 27,3$ mm/s.

Exercice 2.4

a) L'ordre d'élution suit celui des points d'Eb. croissants. Les alcènes, plus polaires que les alcanes correspondants, sont moins retenus, ce qui est attendu d'une colonne non polaire ;

b) $\alpha = k_2/k$: $\alpha = 1,12$ (à -35 °C), $\alpha = 1,11$ (à 25 °C) et $\alpha = 1,09$ (à 40 °C) ; c) la colonne étant la même, le temps de rétention décroît par suite de la diminution du coefficient de partage $K = C_S/C_M$ avec la température ; $N = 138\ 493$ plateaux théoriques ; e) $H_{\min\ \text{théo}} = 0,113$ mm.

Exercice 2.5

b) t_R proportionnel à la longueur ; c) R proportionnelle à $\sqrt{L}$; d) δ proportionnelle à $\sqrt{L}$ et N proportionnelle à L ; e) $\delta = 0,0568$min, $N_{60} = 148\ 166$ plateaux ; f) $N_{30} = 74\ 083$ plateaux et $N_{15} = 37\ 041$ plateaux.

Exercice 2.6

a) $t_M = L/u = 750$ s $= 12,5$ min. pour le méthane $k = 0$ donc $K = 0$ et $\Delta G_T^0 = -RT \ln K$ est incalculable ; b) plus K est élevé plus le soluté est retenu et plus la valeur absolue de ΔG_T^0 est grande. Donc pic→2,4- diméthyl pentane, 11 →benzène, 12 → 2- méthyl hexane, 13 → 2,3- diméthyl pentane et 14 → 3- méthyl hexane ; c) $N = 5,54\ (t_R/\delta)^2 = 133\ 126$ plateaux ;

d) $\beta = DI/4e_f = 250$; e) $\Delta G_T^0 = -RT \ln K \Rightarrow K = \exp(-\Delta G_T^0/RT) = 849$, $K = k \cdot \beta = 853$ valeurs très proches.

Exercice 2.7

a) $N_{\text{eff}}, k, \alpha$; CPG : méthane.

b) L'expérience décrite nous permet de poser 3 équations, pour 3 inconnues t_M, a et b : $\log(271 - t_M) = 6a + b$; (2) $\log(311 - t_M) = 7a + b$; (3) $\log(399 - t_M) = 8a + b$, soit $t_M = 237,7$ s.

c) $Ik = 749$. La constante de Mc Reynolds de la pyridine sur la phase stationnaire est 54.

Exercice 2.8

L'indice de Kovats du butanol est donc de 645. Sa constante de McReynolds est de : $645 - 590 = 55$.

Exercice 3.1

1) Pour des remplissages identiques (même porosité ε_C) on a $\overline{u}_1/\overline{u}_2 = 1{,}06$.

2) $V_R = 48 \times 4 = 192$ µL ou 0,192 mL (une *économie de solvant*).

3) a) Les volumes morts sont dans le même rapport que les sections des deux colonnes :

$$V_{M(0,3)}/V_{M(4,6)} = 0{,}0043.$$

Le volume de rétention sur la colonne (0,3 mm) est donc égal au volume de rétention de la colonne (4,6 mm) multiplié par 0,0043 (*soit 235 fois moins*).

3) b) La quantité de produit injecté étant la même, le produit sera 235 fois moins dilué dans la phase mobile et le signal sera donc en théorie 235 fois plus intense (*sensibilité accrue pour la détection)*.

Exercice 3.2

Les composés seront élués dans l'ordre 1, 3 et 2.

Exercice 3.3

(1,c) phase inversée ; (2,a) perméation de gel ; (3,d) chrom. ionique ; (4,b) phase normale.

Exercice 3.4

a) Si α est égal à 1, les pics sont confondus, les temps de rétention sont identiques ce qui implique que k, donc $\log k_A = \log k_B$. Le % en MeCN doit vérifier les deux expressions :

$-0{,}0107$ [% MeCN] + 1,5235 $= -6{,}075 \times 10^{-3}$ [% MeCN] + 1,3283. On trouve MeCN = 42,2 % ;

b) Composé A : $k_{30} = 14$; $k_{70} = 8$; composé B : $k_{30} = 16$; $k_{70} = 6$. Pour 30 % de MeCN : $\alpha = 1,143$ et pour 70 % de MeCN : $\alpha = 1,333$. En appliquant la formule donnant la résolution en fonction de k et α, on trouve que le terme en α et k vaut 0,222 pour 70 % et 0,118 pour 30 %. Ainsi il est préférable d'utiliser la phase mobile à 70 % de MeCN (séparation beaucoup plus rapide).

Exercice 3.5

a) Pour S1 : $k_{\text{at}(1)} = 2{,}28 \cdot 10^{-6}$, $k_{\text{at}(2)} = 2{,}27 \cdot 10^{-6}$; $k_{\text{sim}(1)} = 2{,}19 \cdot 10^{-6}$, $k_{\text{sim}(2)} = 2{,}16 \cdot 10^{-6}$; pour $S2, k_{at(1)} = 2{,}29 \cdot 10^{-6}$, $k_{at(2)} = 2{,}27 \cdot 10^{-6}$; $k_{\text{sim}(1)} = 2{,}20 \cdot 10^{-6}$, $k_{\text{sim}(2)} = 2{,}18 \cdot 10^{-6}$; pour S3, $k_{\text{at}(1)} = 2{,}35 \cdot 10^{-6}$, $k_{\text{at}(2)} = 2{,}31 \cdot 10^{-6}$; $k_{\text{sim}(1)} = 2{,}23 \cdot 10^{-6}$, $k_{\text{sim}(2)} = 2{,}16 \cdot 10^{-6}$.

b) $k_{at} = 2.29 \cdot 10^{-6}$ et $k_{sim} = 2.19 \cdot 10^{-6}$

c) pour la solution injectée, $C_{at} = 340$ mg/L, $C_{sim} = 265$ mg/L ; pour l'eau de rivière $C_{at} = 3{,}4$ mg/L, $C_{sim} = 2{,}65$ mg/L.

Exercice 3.6

a) $V_R = 0{,}582$ mL, $t_R = 1{,}164$ min ; b) $k = 0{,}455$; c) le temps de rétention est multiplié par 2, C_{max} est divisée par $\sqrt{2}$; d) longueur maximale de la colonne $L_{max} = 1{,}125 \cdot 10^7$ cm car la concentration au sommet du pic est inversement proportionnelle à la racine carrée de la longueur : solution inenvisageable donc on ne sera pas en dessous de la limite de détectabilité.

Exercice 4.1

a) Une telle phase correspond à un polymère ($250\,000 < M < 900\,000$) qui comporte des groupements acides $-CH_2COOH$. Elle est du type cationique faible. Le pH de la séparation étant inférieur aux pI classiques des protéines, celles ci sont protonées sur les fonctions basiques ($-NH_3^+$) ;

b) Si on augmente le pH on va diminuer le caractère ionique et les protéines vont être éluées plus vite. Ici $pI_1 < pI_2 < pI_3$.

Exercice 4.2

a) nitrate de potassium : m = 2,5857 g; nitrate de calcium : m = 4,0938 g.
b) équation de la droite d'étalonnage en K : $A = 0{,}2445C + 0{,}042$ (avec C en mg/L), équation de la droite d'étalonnage en Ca : $A = 0{,}4325C - 0{,}079$ (avec C en mg/L) ;
c) S_2 : 80,07 mg/L en potassium ; S_1 : 59,99 mg/L en calcium ; $\%_{m/m}$ en potassium : 40 % ; $\%_{m/m}$ en calcium : 1,2 %.

Exercice 5.1

a) $R_{f(A)} = 0{,}45$; $R_{f(B)} = 0{,}55$; $N_A = 2\,916$; $N_B = 2\,788$; $H_A = 9{,}26 \times 10^{-4}$ cm ; $H_B = 1{,}18 \times 10^{-3}$ cm.

b) $R = 2{,}67$;

c) $\alpha = 1{,}49$.

Exercice 5.2

a) Comme il s'agit d'une phase normale, le composé le plus polaire sera le plus retenu. Par ordre de migration croissante, on aura d'abord C, puis A et enfin B ;

b) L'ordre d'élution serait A, B et C ;

c) L'ordre inverse ;

d) $R_{f(A)} = 0{,}45$; $N = 635$; HEPT = 0,1 mm.

Exercice 7.1

a) Le volume d'exclusion est d'environ 4,5 mL. Celui des pores est d'environ 3,75 mL ;

b) Pour la masse de 3 250 Da, $K = 0{,}29$;

c) En chromatographie d'exclusion stérique $K <$ ou $= 1$, sauf si des interactions entre soluté et phase stationnaire se manifestent, ce qui crée un phénomène de partition classique qui se superpose à la diffusion dans les pores.

Exercice 7.2

En mettant bout à bout les colonnes C et A les quatre étalons de polystyrène seront séparés : on obtiendra donc 4 pics distincts.

Exercice 7.3

a) $M = 30\,475$ Daltons ;

b) (2) $M_N = \dfrac{\sum_i A_i}{\sum_i \frac{A_i}{M_i}}$ et (3) $M_W = \dfrac{\sum_i A_i.M_i}{\sum_i A_i}$;

c) tableau

Mi	90 772	73 800	60 016	48 830	39 756	32 398	26431	21 593	17 668	14 482	11 895	9 792

$M_N = 31\,210$ Daltons, $M_W = 33\,134$ Daltons.

Exercice 8.1

a) $\mu_{\text{EP}} = 2{,}88 \times 10^{-5}\ \text{cm}^2 \cdot \text{s}^{-1} \cdot \text{V}^{-1}$;

b) $D = \ell^2/(2N \cdot t_M) = 2{,}5 \times 10^{-5}\ \text{cm}^2 \cdot \text{s}^{-1}$.

Exercice 8.2

a) Non, car il s'agit d'une paroi non traitée. Il se crée donc un flux électro-osmotique. Le composé migre vers la cathode, même s'il porte une charge négative ;

b) $\mu_{\text{app}} = 7{,}5 \times 10^{-4}\ \text{cm}^2 \cdot \text{s}^{-1} \cdot \text{V}^{-1}$;

c) $\mu_{\text{EOS}} = 1{,}5 \times 10^{-3}\ \text{cm}^2 \cdot \text{s}^{-1} \cdot \text{V}^{-1}$.

d) $\mu_{\text{EP}} = -7{,}5 \times 10^{-4}\ \text{cm}^2 \cdot \text{s}^{-1} \cdot \text{V}^{-1}$. Le signe (négatif) de μ_{EP} symbolise qu'il s'agit d'une espèce porteuse d'une charge nette négative. Le composé va moins vite qu'un marqueur neutre ;

e) Si la paroi du capillaire est rendue neutre, il n'y aura plus de flux électro-osmotique et par conséquent le composé ne migrera plus vers la cathode ;

f) Si le pI est de 4, pour tout pH inférieur à 4, le composé sera sous la forme d'un cation. Dans ce cas, le temps de migration sera normalement plus court que pour un marqueur neutre ;

g) $N = 337\,500$ plateaux ;

h) Une petite molécule diffuse plus vite qu'une grosse molécule. Par conséquent l'efficacité est meilleure pour les molécules de masses élevées.

Exercice 8.3

$M = 29\,854$ Da. On remarquera que la phase stationnaire ne se comporte pas tout à fait comme un gel de CES. Elle fait obstacle aux grosses molécules qui migrent donc moins vite que les plus petites.

Exercice 9.1

La concentration d'une solution à 0,1 ppm est de $0{,}1 \times 10^{-3}$ $g \cdot L^{-1}$ soit $1{,}92 \times 10^{-6}$ $mol \cdot L^{-1}$.

À partir de $A = \varepsilon \cdot \ell \cdot c$, on trouve $\ell = 4{,}98$ cm. Une cuve de 5 cm d'épaisseur est donc bien adaptée.

Exercice 9.2

a) Si $T = 0{,}5$, $A = \log 1/0{,}5 = 0{,}3$; $\varepsilon = 2\,344$ $L \cdot mol^{-1} \cdot cm^{-1}$.

b) Si on double la concentration, $A = 0{,}6$. Donc $\log 1/T = 0{,}6$ soit $T = 0{,}25$.

Exercice 9.3

Si 90 % du rayonnement est absorbé, $T = 0{,}1$.

Donc $A = 1$ et $c = 2{,}22 \times 10^{-3}$ $mol \cdot L^{-1}$.

Pour $M = 500$ $g \cdot mol^{-1}$, on trouve $c = 1{,}11$ $g \cdot L^{-1}$.

Exercice 9.4

a) Valeurs des ε ($L \cdot mol^{-1} \cdot cm^{-1}$) : $\varepsilon_{A(510)} = 4{,}76$; $\varepsilon_{B(510)} = 4{,}967$; $\varepsilon_{A(575)} = 0{,}647$; $\varepsilon_{B(575)} = 12{,}617$.

b) $C_A = 1{,}2 \times 10^{-1}$ $mol \cdot L^{-1}$ et $C_B = 2 \times 10^{-2}$ $mol \cdot L^{-1}$.

Exercice 9.5

a) $y = 1{,}784x + 0{,}815$ en posant

$$y = A_{\text{échantillon}}/A_{\text{permanganate}} \quad \text{et} \quad x = A_{\text{bichromate}}/A_{\text{permanganate}}.$$

b) $c_{\text{permanganate}} = 8{,}15 \times 10^{-5}$ $mol \cdot L^{-1}$ et $c_{\text{bichromate}} = 1{,}78 \times 10^{-4}$ $mol \cdot L^{-1}$.

Exercice 9.6

Le molybdate étant en grand excès, on peut considérer sa concentration constante, la loi de vitesse devient : $-\dfrac{d\,[F]}{dt} = k'\,[F]$ dans l'hypothèse d'une cinétique du premier ordre par rapport au fructose soit $\ln \dfrac{[F]}{[F]_{à}} = -k' \cdot t$ ce qui, ramené en absorbance, donne : $\ln \dfrac{A_\infty - A_t}{A_\infty} = -k' \cdot t$. Les valeurs de k' sont pratiquement égales, ce qui confirme l'ordre 1 et la valeur moyenne de k' est $0{,}0348$ min^{-1}.

Exercice 10.1

a) $E = 1{,}99 \times 10^{-20}$ J. Rapporté à une mole on trouvera 12 000 J (soit 2,87 $kcal \cdot mol^{-1}$).

b) $\overline{\nu} = 666{,}67$ cm^{-1} (ou 66 667 m^{-1}) ; $\lambda = 5{,}88$ µm.

Exercice 10.2

En admettant que la constante de force k reste la même pour les deux espèces (ce sont des isotopes d'un même élément) on trouve $\overline{\nu}_D = 2\,215$ cm^{-1} (écart inférieur à 2 % avec la valeur exp.).

Exercice 10.3

Un photon correspondant à 2 000 cm^{-1} transporte une énergie de

$$E = hc/\lambda = 3{,}972 \times 10^{-20} \text{ J.}$$

Cette énergie se retrouve sous forme d'énergie mécanique : $E_{\text{tot}} = E_{\text{Cin}} + E_{\text{pot}}$. Au maximum d'élongation Δx, $E_{\text{Cin}} = 0$ car la vitesse est nulle. L'énergie E du photon est donc entièrement sous forme d'énergie potentielle : $\Delta E_{\text{pot}} = 1/2k.(\Delta x)^2$; $\Delta E_{\text{pot}} = E$ apportée par le photon. $(\Delta x) = 8{,}91 \times 10^{-12}$ m soit environ 6 % d'une liaison dont la longueur serait de 0,15 nm.

Exercice 10.4

La masse réduite approximative est : $1{,}138 \times 10^{-26}$ kg ; on trouve $k = 1\,845$ N $\cdot$ m^{-1}.

Exercice 10.5

a) Par application de la relation 10.6, $\mu = 1{,}55 \cdot 10^{-27}$ kg.

b) A partir de la relation 10.4, on trouve $m_2 = (\mu.m_1)/(m_1 - \mu)$ soit, en posant $m_1 = 1$ u, $(1{,}66 \cdot 10^{-27}$ kg,) et après calculs, $m_2 = 2{,}34 \cdot 10^{-26}$ kg, ce qui correspond à 14 u. Par conséquent, il s'agit de l'atome d'azote (N = 14). Connaissant les masses de H = 1, C = 12 et O = 16 g $\cdot$ mol^{-1}, le calcul de la masse molaire conduit alors à M = 75 g $\cdot$ mol^{-1}, valeur proche de celle donnée dans l'énoncé.

c) Vibration d'élongation de la liaison N-H.

Exercice 10.6

a) Pour un indice relatif de 2,4/1,4 = 1,714 l'angle critique α est tel que $\sin\alpha = 1/1{,}714$ soit $\alpha = 35{,}7°$.

b) Nombre de réflexions sur la face supérieure : 4 (en admettant que le faisceau incident arrive perpendiculairement à la face d'entrée).

c) Pour 4 000 cm^{-1}, soit $\lambda = 2{,}5$ µm, épaisseur équivalente $4 \times 2{,}5 = 10$ µm (pour 400 cm^{-1}, 100 µm).

d) Il faut multiplier l'absorbance par un facteur dont la valeur croît en fonction de la longueur d'onde.

Exercice 10.7

a) $y_1 = 0{,}0009x + 0{,}0003$, avec $y_1 = A_{1\,030}/$ µm de film et $x = \%$AV.

b) $y_2 = 0{,}0531x + 0{,}0047$ avec $y_2 = A_{1\,030}/A_{720}$ et $x = \%$AV.

c) %AV = 8,4 à partir de a) et %AV = 8,46 à partir de b).

Exercice 10.8

a) 3 040, 2 959, 2 924, 2 849 cm^{-1} ;

b) Il s'agit de vibrations d'élongation des liaisons C-H aromatiques pour la première, alcaniques pour les trois autres ;

c) CCl_4 n'apporte pas de liaisons C-H ;

$A_{tot} = 2{,}21 \times 10^{-2}C - 2{,}07 \times 10^{-4}$, $(r = 0{,}999999)$; $C = 0{,}222\ g \cdot L^{-1}$.

Exercice 11.1

Il s'agit d'une méthode d'ajout. La concentration de la solution de Fe(II) est de $3{,}07 \times 10^{-5}$ M.

Exercice 11.2

La concentration de la solution échantillon est de $(60/40) \times 0{,}1 = 0{,}15$ ppm soit 150 ppb.

Exercice 11.3

On commence par corriger les valeurs lues pour les trois solutions en retranchant celle du blanc analytique. On trouve $x = 1{,}062\ \mu g \cdot mL^{-1}$. Cette valeur correspond à la masse de benzopyrène qui se trouve dans 1 L d'air.

Exercice 11.4

a) $I_f = 1{,}773 \times 10^6 C + 2{,}22$;

b) $c = 6{,}25 \times 10^{-2}\ g \cdot L^{-1}$ soit 62,5 ppm.

Exercice 11.5

À 250 nm correspond un nombre d'onde de 40 000 cm^{-1}. Le pic Raman de l'eau sera donc situé à $40\,000 - 3\,380 = 36\,620\ cm^{-1}$, ce qui correspond à une longueur d'onde de 273,1 nm.

Exercice 12.1

a) Il faut au moins 1 électron dans l'état $n = 2$ (« couche » L) ;

b) Parce que les constituants de l'air absorbent de manière non négligeable le rayonnement de fluorescence X de faible énergie. L'hélium est pratiquement transparent.

Exercice 12.2

a) $2d \sin\theta = k\lambda$ (ici $k = 1$) ; $\sin\theta = 0{,}9226$ soit $\theta = 67{,}31°$. La déviation $2\theta = 134{,}62°$.

b) $E = hc/\lambda$, soit $E = 9{,}517 \times 10^{-15}$ J ou 59 480 eV.

Exercice 12.3

Pour la raie $K\alpha$ du titane 57 % du rayonnement est absorbé par le film d'aluminium. Pour la raie $K\alpha$ de l'argent seulement 1 % de ce rayonnement plus énergétique sera absorbé.

Exercice 12.4

a) $\Delta E/E = \Delta\lambda/\lambda$, soit $\Delta E = E\Delta\lambda/\lambda = 1{,}9284 \times 10^{-19}$ J ou 1,2 eV ;

b) On ne pourra distinguer ces deux transitions de l'atome de soufre ;

c) Une variation de 2×10^{-4} nm correspond à une différence d'énergie de moins de 1 eV, qui demeurera invisible sur le spectre.

Exercice 12.5

$x = 0{,}30$ %.

Exercice 12.6

a) $I = 69{,}867\ \%_{\text{m/m}} - 0{,}056$, ($r = 0{,}995$) ;

b) 3,336 %

Exercice 12.7

a) N_2 : 77,78 % ; O_2 : 22,22 % ;

b) $\mu_M = 19{,}81\ \text{cm}^2 \cdot \text{g}^{-1}$;

c) 89,85 % ;

d) 99,93 % conclusion : l'hélium transmet beaucoup plus d'énergie que l'air, c'est pourquoi on a purgé l'appareil pour remplacer l'air par de l'hélium ;

e) $I = 63{,}64x + 17{,}96$ où x est le pourcentage en masse de Al ($r = 0{,}9997$) ;

f) 0,315 %

Exercice 13.1

Pour une température donnée, $R = N_e/N_0 = g \cdot \exp(-\Delta E/kT)$. En désignant par R_2/R_1 le rapport des deux valeurs de R à 2 000 et à 2 500 K, on trouve : $R_2/R_1 = 11{,}5$. Le dosage sera environ 12 fois plus sensible à 2 500 qu'à 2 000 K.

Exercice 13.2

Concentration en potassium du sérum : $4{,}84 \times 10^{-3}\ \text{mol} \cdot \text{L}^{-1}$ (ou $4{,}84\ \text{mmol} \cdot \text{L}^{-1}$).

Exercice 13.3

Le potassium s'ionise plus facilement que le sodium, ce qui diminue l'ionisation du sodium après son atomisation.

Exercice 13.4

L'échantillon introduit dans le four graphite contient $m_x = 1{,}22 \times 10^{-4}$ g de plomb soit 1,22 %.

Exercice 13.5

a) Il s'agit de la bande spectrale qui est sélectionnée par la fente de sortie et qui atteint le détecteur.

b) La formule brute de l'acide EDTA est $C_{10}H_{16}N_2O_8$ celle du sel mixte de zinc et de sodium, $C_{10}H_{12}N_2O_8Na_2Zn$. À l'état anhydre, ce sel a pour masse 399,6 g · mol^{-1}, celle du sel hydraté est de 471,6 g · mol^{-1}. Il s'agit donc d'un hydrate à 4 molécules d'eau ;

c) $C = 1{,}14$ mg · L^{-1}.

Exercice 13.6

a) La mesure de l'absorbance en régime de suralimentation de la lampe permet d'accéder à la valeur du fond d'absorption.

b) c) d) voir cours

e) $A_{\text{fond d'absorption}} = 0{,}075$: il faut donc retrancher cette absorbance à toutes les valeurs du tableau obtenues en régime normal. Avec ces nouvelles valeurs et par régression linéaire l'équation de la droite A $= f$(volume ajout) est : $A = 8{,}81 \cdot 10^{-3} V_E + 0{,}2022$. A partir de la pente de la droite et de l'ordonnée à l'origine on obtient une teneur en chrome égale à 36 ppm.

Exercice 14.1

$\Delta\lambda > 1{,}84 \times 10^{-13}$ m ($1{,}84 \times 10^{-4}$ nm).

Exercice 14.2

Cette expression signifie que le saut d'énergie de 16 960 cm^{-1} correspond à la raie de résonance. Cette unité est employée pour mesurer les énergies ($E = h\nu = hc/\lambda$) ; $\lambda = 589{,}62$ nm : il s'agit de la composante du doublet que l'on appelle raie de résonance ($E = 2{,}102$ eV). La seconde composante du doublet n'est pas une raie de résonance.

Exercice 14.3

a) Par application de l'expression $d(\sin\alpha, + \sin\beta) = n\lambda$ on calcule 2 valeurs de n correspondant aux 2 valeurs de l'angle d'observation β données dans l'énoncé, (avec $\alpha = 65°$), soit $n_1 = 52{,}34$ et $n_2 = 53{,}49$. Donc $n = 53$;

b) La même expression utilisée pour calculer cette fois les longueurs d'onde extrêmes donne : pour $n = 53$, λ de 0,3457 à 0,3533 µm ; pour $n = 52$, λ de 0,3523 à 0,3600 µm et pour $n = 54$, λ de 0,3393 à 0,3467 µm ;

c) Il y a recouvrement des plages.

Exercice 14.4

a) correction du bruit de fond $= \dfrac{A_{324,719} + A_{324,789}}{2} = 15{,}6$ pour l'étalon, $= 18{,}35$ pour l'échantillon ;

b) correction due au fer $= \dfrac{10{,}5 \cdot 2{,}94 \cdot 10^4}{8{,}75 \cdot 10^5} = 0{,}353$;

c) $C = 9{,}13$ ppm.

Exercice 14.5

[Rapport signal Pb/Mg] = 8,219[conc.] + 0,345 d'où A = 0,118 mg/L et B = 0,376 mg/L.

Exercice 15.1

$\gamma = 4\pi\mu_z/h$; $\gamma = 2,674 \times 10^8$ rad · $T^{-1} \cdot s^{-1}$.

Exercice 15.2

$N_{E(1)}/N_{E(2)} = e^{\Delta E/kT}$; on trouve 1,0000095. Si $B_0 = 7$ T, ce rapport est égal à 1,0000477.

Exercice 15.3

a) 7 Hz correspondent à 1,4 mm ;

b) Si l'appareil, pour ^{1}H, fonctionne à 200 MHz, pour le ^{13}C la fréquence est $\nu_C = \nu_H \gamma_C/\gamma_H$ soit $\gamma_C = 200 \times 1/3{,}98 = 50$ MHz ; 7 Hz correspondront à 5,6 mm.

Exercice 15.4

a) $\delta = 2{,}75$ ppm ;

b) 300 Hz ;

c) Les déplacements chimiques en ppm sont invariants.

Exercice 15.5

La fréquence de résonance du ^{19}F : 188,255 MHz. Donc entre les deux noyaux il y a 11,745 MHz. La distance entre les signaux serait 1 174,5 m.

Exercice 15.6

a) A : $CHFClCFCl_2$ (dd, $J = 70$ et 7 Hz) B : CHF_2CCl_3 (t, $J = 70$ Hz) ;

b) C : $CHCl_2CF_2Cl$ (t, $J = 7$ Hz).

Exercice 15.7

Masse molaire trouvée de l'aldéhyde salicylique : 121,6 g · mol^{-1}

Exercice 16.1

a) *Solution approchée* : 0,5 ppm ;

b) *Solution plus rigoureuse* : 0,513 ppm ;

c) Si Ti ou Cr étaient présents dans cet acier, il y aurait déjà un pic à la masse nominale 51 dû au Cr et l'intensité du pic de masse 50 serait perturbée par la présence du Ti.

Exercice 16.2

a) 208,088815 u.

b) Les deux modes de décomposition correspondent à une perte de masse paire (28 u). Les ions formés ($m/z = 180$) sont donc d'après la règle générale pour les composés CHO, des cations radicaux.

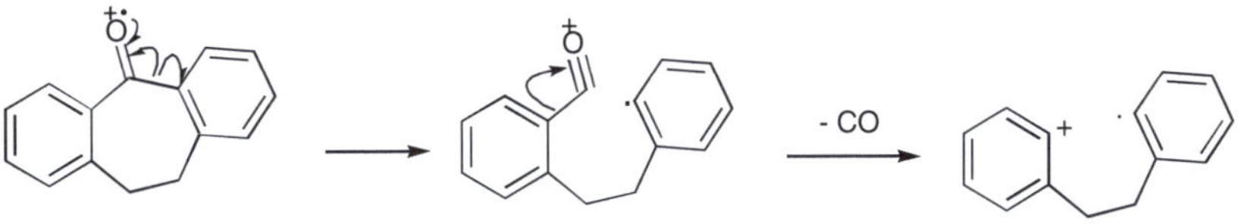

c) Par perte de CO : $m/z = 180{,}0939$. Par perte de C_2H_4, $m = 180,05732$. Sur un enregistrement en haute résolution, on peut déduire que le pic le plus à droite correspond aux ions formés à partir de l'ion parent par perte de CO.

d) La formule brute de cet ion est donc $C_{14}H_{12}$. Le second pic a pour formule $C_{13}H_8O$;

e) On calcule les masses exactes des 3 isotopomères composant le pic $M+1$ (formules brutes données dans a), $a = 209{,}09217$; $b = 209{,}095054$ et $c = 209{,}09321$ u. Les écarts entre ces valeurs sont très inférieurs à la valeur de ΔM calculée d'après la valeur de R (0,012 u). Dans les conditions de cette expérience, ces trois types de molécules apparaîtraient donc confondues.

Exercice 16.3

Pic 720 : $I = 0{,}989^{60} = 0{,}515$; pic 721 : $I = 0{,}989^{59} \times 0{,}011 \times 60 = 0{,}344$; $(M + 1)/M = 66{,}7$ %.

Exercice 17.1

Appelons A_S l'activité spécifique (par g) du marqueur, m_S la masse de ce marqueur utilisée, A_X l'activité (par g) après récupération et m_X la masse inconnue de pénicilline dans l'échantillon prélevé. $M_S = 1 \times 10^{-2}$ g ; $A_S = 75\,000$ Bq/g ; $A_X = 6\,667$ Bq/g ; $m_X = 0{,}102$ g. Dans 1 g d'échantillon il y a donc 2 fois plus de pénicilline, soit 0,204 g (20,4 %).

Exercice 17.2

a) Concentration de la solution étalon de patuline : 1,54 ppm ou 1×10^{-5} ;

b) % d'absorbance (ou d'inhibition) par rapport au tube 1 : tube 2 : 45,63 % ; tube 3 : 56,63 % ; tube 4 (éch.) : 48,54 %

c) L'absorbance du tube 1 est plus grande car s'il n'y a pas d'analyte introduit dans le tube, tous les sites d'anticorps sont occupés par le conjugué enzymatique.

d) La quantité de patuline dans le tube 2 (2 mL) est de $1 \times 10^{-5}/1\,000 = 1 \times 10^{-8}$ mol, (1,54 µg), soit 770 µg · L^{-1} (avec $\log c = 2{,}8865$). Dans le tube 3 la quantité molaire de patuline est deux fois moindre, soit $0{,}5 \times 10^{-8}$ mol, (0,77 µg) soit : 385 µg · L^{-1} (avec $\log c = 2{,}5854$).

e) La solution initiale contient 0,93 mg · L^{-1} (soit 930 ppb) de patuline.

Exercice 17.3

1.a) $^{35}_{17}Cl + ^{1}_{0}n \rightarrow ^{36}_{17}Cl^* + \gamma$; $^{36}_{17}Cl^* \rightarrow ^{36}_{18}Ar^* + \beta^-$; $^{36}_{18}Ar^* \rightarrow ^{36}_{18}Ar + h\nu$

($\tau_{\beta-} = 3{,}1 \times 10^5$ ans)

$^{37}_{17}Cl + ^{1}_{0}n \rightarrow ^{38}_{17}Cl^* + \gamma$; $^{38}_{17}Cl^* \rightarrow ^{38}_{18}Ar^* + \beta^-$; $^{38}_{18}Ar^* \rightarrow ^{38}_{18}Ar + h\nu$

($\tau_{\beta-} = 37{,}3$ min)

1.b) La période étant courte, on peut, par comptage sur une période de quelques heures et avec l'aide d'un logiciel, identifier la fraction de cet isotope par rapport au rayonnement constant des émetteurs à périodes longues (moins intense).

1.c) Absorption atomique, mais perte possible d'éléments volatils au cours du traitement de l'échantillon. Fluorescence X, mais analyse de surface essentiellement.

2.a) 2 g de KCl correspondent à 0,0268 mol. Si AgCl était récupéré en totalité, on aurait 3,845 g. Or on en retrouve 3,726 g. Le rendement massique est donc de 97 %.

2.b) 50 mL d'une solution de $AgNO_3$ ($M = 203{,}868$ g · mol^{-1}) à 15 % correspondent à 7,5 g de ce sel, soit $7{,}5/203{,}868 = 0{,}037$ mol. On remarque que la quantité d'ion argent est donc égale à 0,037/0,0268 soit 1,38 fois la quantité stœchiométrique.

La valeur du comptage γ pour une récupération totale de ^{35}Cl est égal à $11\,203/0{,}97 = 11\,549$.

La quantité de chlore dans l'acier est de $11\,203/48\,600 \times 10 = 2{,}38$ µg, soit 4,66 µg · g^{-1} (4,7 ppm).

Exercice 17.4

a) l'activité de l'insuline libre s'obtient en retirant de l'activité totale celle de l'insuline complexée : 6 755, 8 889, 10 148, 10 909 et 9 900 pour l'inconnue ;

b) 0,510, 0,800, 1,030, 1,200 et 0,980 pour l'inconnue. ; $C = 6{,}6$ ng · mL^{-1}.

Exercice 17.5

La composition est de 65 % de vanilline naturelle et 35 % de vanilline de synthèse.

Exercice 17.6

1) $X = 0{,}899$ g d'élément lutétium ;

2 a) On a ajouté 9,013 µg de ^{176}Lu dans le prélèvement de 1 L.

b) Méthode couplée ICP/SM ;

d) $x = 0{,}1088$;

e) 8 262 L.

Exercice 18.1

$\%C = [10{,}56 \times (12/44)/5{,}28] \times 100 = 54{,}55$;

$\%H = [4{,}32 \times (2/18)/5{,}28] \times 100 = 9{,}09$;

$\%O = 36{,}36$ %

Si le composé a pour formule brute $C_xH_yO_z$ et en prenant $M = 88$ puisqu'il n'y a pas de pic significatif en SM au-dessus de 89 on pose :

$$12x/\%C = y/\%H = 16z/\%O = M/100\ ;\ x = 4\ ;\ y = 8\ ;\ z = 2.$$

Exercice 18.2

a) Avantage : le dispositif à vapeur froide est spécifique du mercure ; inconvénient : seul le mercure inorganique est dosé.

b) Équation de la droite des moindres carrés : [signal] = 858,33[conc.] – 0,46 ; $C(\text{ppb}) = 0{,}06$.

Exercice 19.1

Soit x la concentration en ions H^+ ;

$$CH_3COOH \rightarrow CH_3COO^- + H^+ (K_a = 1{,}8 \times 10^{-5}).$$

$K_a = x^2/(0{,}85 - x)$ soit $x = 0{,}0039$ donc $H^+ = 0{,}0039$ M soit pH = 2,4.

Le degré de dissociation sera de $(0{,}0039/0{,}85) \times 100 = 0{,}46$ %.

Exercice 19.2

$[Cd^{++}] = 0{,}01$;

$E = E_0 - RT/nF\text{Ln}[\text{Red}]/[\text{Ox}]$;

$E = -0{,}403 - (0{,}059/2) \times \log(1/0{,}01) = -0{,}462$ V.

Exercice 19.3

La réaction est la suivante : $Ti^{3+} + Fe^{3+} \rightarrow Ti^{4+} + Fe^{2+}$; or on a ajouté 1,5 fois la quantité stœchiométrique nécessaire en Fe^{3+} il n'y aura plus de Ti^{3+} ; $[Ti^{3+}] = 0$; $[Ti^{4+}] = 4 \times 10^{-4}$ M

$[Fe^{2+}] = 4 \times 10^{-4}$ M ; $[Fe^{3+}] = 2 \times 10^{-4}$ M (la moitié de la valeur précédente).

Exercice 19.4

La première mesure faite sur la solution échantillon est du type : $E_1 = E'' + S\log C_X$. La seconde mesure est du type : $E_2 = E'' + S\log(C_XV_X + C_RV_R)/(V_X + V_R)$. Le terme $(C_XV_X + C_RV_R)/(V_X + V_R)$ représente la nouvelle concentration en composé dosé quand on ajoute le volume V_R de concentration C_R au volume V_X de concentration C_X :

$$\Delta E = E_2 - E_1 = S\log(C_XV_X + C_RV_R)/[(V_X + V_R)C_X]$$

soit $10^{\Delta E/S} = (C_XV_X + C_RV_R)/[(V_X + V_R)C_X] = V_X/(V_X + V_R) + C_RV_R/[(V_X + V_R)C_X]$

En isolant C_X dans le premier membre de cette expression on retrouve la formule proposée.

Exercice 19.5

a) $\varepsilon_{ac} = 10^3\ \text{mol}\cdot\text{L}^{-1}\cdot\text{cm}^{-1}$; $\varepsilon_{bas} = 7 \times 10^3\ \text{mol}\cdot\text{L}^{-1}\cdot\text{cm}^{-1}$;

b) On utilise les équations de conservation de matière [Acide] + [Base] $= C$ et d'additivité des absorbances à pH $= 5{,}5$ soit : 10^3[Acide] + $7 \cdot 10^3$[Base] $= 0{,}4$ ce qui permet d'atteindre [Acide] et [Base] à pH $= 5{,}5$ puis le pKa $= 5{,}5$. Pour pH $= 2$, on est à pKa $- 3{,}5$: on peut donc légitimement dire que tout le couple est sous forme acide. Pour pH $= 8$, on est à pKa $+ 2{,}5$: on peut légitimement dire que tout le couple est sous forme basique. Donc les approximations sont justifiées.

Exercice 19.6

Sachant que le potentiel d'une électrode de verre peut se mettre sous la forme $E = a - b$ pH, il faut, à partir des deux tampons trouver a et b ; $b = 0{,}0592$ V (pente traditionnelle) et on trouve $a = 0{,}4466$ V.

Pour $E = -0{,}3011$ V on trouve pH $= 12{,}63$ et pour $E = 0{,}1163$ V on trouve pH $= 5{,}58$.

Exercice 19.7

La ddp mésurée U est de la forme $U = A - 59{,}2 \log[F^-]$ quand U est en mV. Soit pour la solution sans ajout $U_0 = A - 9{,}2 \log(C_i V_i / V_{tot})$ où C_i est la concentration en fluorures du thé, $V_i = 25$ mL de thé et $V_{tot} = 50$ mL et pour une solution avec ajout on a : $U_j = A - 59{,}2 \log[(C_i V_i + C_a V_a)/V_{tot}]$; si nous portons en ordonnée $10^{\frac{U_0 - U_j}{59,2}}$ en fonction de V_a, on trouve une droite de pente $C_a \,/\, C_i\ V_i$. Par régression linéaire, cette pente est égale à 800. Soit une concentration $C_i = 5 \cdot 10^{-3}$ mg/L.

Exercice 20.1

Le problème revient à calculer le rapport du nombre de transport du zinc vis-à-vis du nombre de transport de l'ensemble des autres ions présents en solution : le calcul conduit à :

$t_{Zn^{++}} = 6{,}98 \times 10^{-3}$. Pour 1 coulomb échangé, Zn^{++} transportera $6{,}98 \times 10^{-3}$ C et le reste par la solution : $(1 - 6{,}98 \times 10^{-3}) = 0{,}993$ C ; $i_m/i_D = 7{,}03 \times 10^{-3}$ ou 0,007. Le transport du zinc vers l'électrode est contrôlé par la diffusion.

Exercice 20.2

20 gouttes, soit 0,16 g, sont tombées en 80 s. Le débit de mercure est

$$0{,}16/80 = 2 \times 10^{-3}\ \text{g} \cdot \text{s}^{-1}.$$

Pour une hauteur triple, le débit sera 3 fois plus important, soit $6 \times 10^{-3}\ \text{g} \cdot \text{s}^{-1}$. Les gouttes ayant toujours la même masse, elles se succéderont au rythme de $(0{,}16/20)/(2 \times 10^{-3}) = 1{,}33$ s.

Exercice 20.3

Par application de l'équation d'Ilkovic : $i_D = 7{,}15\ \mu$A.

Exercice 20.4

1.a) $t = 1{,}93 \times 10^3$ s soit 32,16 min ;

1.b) *Note :* un tel courant de 1,5 nA est pratiquement indétectable. Mais si on opère en voltampérométrie à redissolution (*stripping voltammetry*), on va par exemple redissoudre cette quantité de zinc en 1 s, ce qui donnera cette fois un signal facile à détecter de : $i = 2{,}895\ \mu\text{A}$.

2) Il faut 2 électrons pour réduire un ion zinc. La quantité de courant utilisée dans l'expérience est de $4{,}5 \times 10^{-3}$ C, ce qui permet de réduire $2{,}33 \times 10^{-8}$ mole de Zn : l'appauvrissement est de 0,12 %.

Exercice 20.5

Etalonnage du réactif : 1 mL de ce solvant a pour teneur en eau 3/15 mL de réactif de KF. Dans le dihydrate de l'acide oxalique ($M = 126\ \text{g} \cdot \text{mol}^{-1}$), la concentration massique en eau est de 28,57 %. Les données permettent de trouver le titre du réactif : $T = 28{,}57 \times 205 \times 1/13 = 4{,}51\ \text{mg} \cdot \text{mL}^{-1}$.

Dosage : 10 mL de solvant « neutralisent » $10 \times 3/15 = 2$ mL de réactif, donc les 1,05 g de poudre de lait ont réagi sur $12 - 2 = 10$ mL de ce réactif. Il y a donc $4{,}51 \times 10 = 45{,}1$ mg d'eau dans l'échantillon, soit une concentration de $(45{,}1/1\,050) \times 100 = 4{,}3$ %.

Exercice 20.6

Dans la version coulométrique du dosage de KF, 1 molécule d'eau nécessite 2 atomes d'iode et 2 électrons. Il faut donc $2 \times 96\,500$ coulombs (C) pour une mole, soit $1{,}8 \times 10^4$ mg d'eau ; 1 C correspond donc à $1{,}8 \times 10^4/(2 \times 96\,500) = 0{,}0933$ mg d'eau. Cela correspond à la quantité d'eau dans 1 mL d'éther. Par litre il y a donc 93 mg d'eau. La concentration est $93/0{,}78 = 120\ \text{mg} \cdot \text{kg}^{-1}$ (120 ppm).

Exercice 20.7

Au fur et à mesure que Fe^{++} s'oxyde au contact de l'anode, sa concentration diminue. Comme on opère à courant constant, le potentiel de l'électrode va augmenter. L'eau va alors s'oxyder, venant fausser le résultat du dosage. En revanche, en présence d'un sel Ce^{+++}, c'est lui qui va s'oxyder avant l'eau en Ce^{++++}. Ce dernier oxydera à son tour le Fe^{++} restant. La relation entre quantité de courant et concentration en Fe^{++} n'en sera pas affectée. Il faut néanmoins ajouter au milieu un indicateur de fin de présence de Fe^{++}.

Table des constantes physico-chimiques

Quelques constantes physico-chimiques		
désignation	**symbole**	**valeur numérique (SI)**
Nombre d'Avogadro	$\mathcal{N}$	$6{,}02252 \times 10^{23}$ mol^{-1}
Volume molaire d'un gaz parfait	V_0	$22{,}414 \times 10^{-3}$ m$^3 \cdot$ mol^{-1}
Constante des gaz parfaits	**R**	$8{,}3143$ J $\cdot$ K$^{-1} \cdot$ mol^{-1}
Constante de Boltzman (R/N)	**k**	$1{,}3806 \times 10^{-23}$ J $\cdot$ K^{-1}
Constante de Planck	**h**	$6{,}6262 \times 10^{-34}$ J $\cdot$ s
Quantum de moment cinétique	$h/2\pi$	$1{,}0546 \times 10^{-34}$ J $\cdot$ s
Constante de Faraday	**F**	$96\,487$ C $\cdot$ mol^{-1}
Vitesse de la lumière dans le vide	**c**	$2{,}997925 \times 10^{8}$ m $\cdot$ s^{-1}
Charge de l'électron	**e**	$1{,}60210 \times 10^{-19}$ C
Masse de l'électron au repos	m_c	$9{,}10953 \times 10^{-31}$ kg
Masse du neutron au repos	m_n	$1{,}67496 \times 10^{-27}$ kg
Masse du proton au repos	m_p	$1{,}67265 \times 10^{-27}$ kg
Unité de masse atomique	**u (ua)**	$1{,}660566 \times 10^{-27}$ kg

BIBLIOGRAPHIE

ANALYSE CHIMIQUE ET CARACTÉRISATION. VOL P1, P2, P3, P4, ISTRA,
Techniques de l'ingénieur, Analyse et Caractérisation

ANALYTICAL CHEMISTRY
S. Higson 2003 Oxford University Press (USA)

CAPILLARY ELECTROPHORESIS
Dale R. Baker, 1995, Wiley-Interscience, John Wiley & Sons

CHROMATOGRAPHIE EN PHASE LIQUIDE ET SUPERCRITIQUE
R. Rosset, M. Caude et A. Jardy, 1991, Masson

DEAN'S ANALYTICAL CHEMISTRY HANDBOOK (2^d Ed)
Mc GrawHill Handbooks, 2008

FONDAMENTAL OF MODERN UV-VISIBLE SPECTROSCOPY
A. Primer, 1996, Hewlett-Packard® Company

HÉTÉROGÉNÉITÉ, ÉCHANTILLONNAGE, HOMOGÉNÉISATION
P. Gy, 1988, Collection Mesures Physiques, Masson

HIGH RESOLUTION GAZ CHROMATOGRAPHY, (third edition)
P. Sandra, 1989K.J. Hyver, Editor Hewlett-Packard® Company

ÉLECTROCHIMIE DES SOLIDES
C. Deportes, 1994, Presses Universitaires de Grenoble

INFRARED SPECTROSCOPY
W.O. George et P.S. McIntyre, 1987, Série ACOL, John Wiley & Sons

INSTRUMENTAL ANALYSIS (IID ED.)
G.D. Christian et J.E. O'Reilly, 1986, Allyn & Bacon Intl.

INSTRUMENTATION IN ANALYTICAL CHEMISTRY
R. Murray, 1992, Louise Voress

JUGEMENT STATISTIQUE SUR ÉCHANTILLONS EN CHIMIE
J. Maurice, 1993, Polytechnica

CHROMATOGRAPHIE EN PHASE LIQUIDE ET SUPERCRITIQUE
R. Rosset, M. Caude et A. Jardy, 1991, Masson

LA SPECTROSCOPIE DE RMN
H. Gunther, J-J. Suffert, G. Ourisson, 1994, Masson

Bibliographie

MANUEL PRATIQUE DE CHROMATOGRAPHIE EN PHASE GAZEUSE
J. Tranchant, 1994, Masson

MÉTHODES CHROMATOGRAPHIQUES COUPLÉES À LA SPECTROMÉTRIE DE MASSE
J de Graeve, F. Berthou, M. Prost, 1986, Masson

MÉTHODES DE SÉPARATION, 2ÈME ÉDITION
G. Mahuzier et M. Hamon, 1990, Abrégés de chimie analytique, Masson

MÉTHODES SPECTOSCOPIQUES POUR LA CHIMIE ORGANIQUE
M. Hesse, H. Meier et B. Zeeh, 1997, Masson

PRACTICAL THIN-LAYER CHROMATOGRAPHY
B. Fried et J. Sherma, 1996, Springer-Verlag

PRINCIPES D'ANALYSE INSTRUMENTALE
D.A. Skoog, F.J. Holler et T.A. Nieman, 2003, DE BOECK

QUANTITATIVE ANALYSIS
R.A. Day et A.L. Underwood, 1991, Prentice Hall

SPECTROMÉTRIE DE MASSE, PRINCIPE ET APPLICATIONS
E. Constantin et A. Schnell, 1986, Technique et documentation, Lavoisier

SPECTROMÉTRIE DE MASSE (3ème Ed.)
E. De Hoffmann et V. Strobant, 2005, Dunod

STATISTICS FOR ANALYTICAL CHEMISTRY (3rd edit.)
J.C. Miller & J.N. Miller, 1993, Ellis Horwood PTR Prentice Hall

ULTRAVIOLET AND VISIBLE SPECTROSCOPY
M.J. Thomas et M.J.K Thomas, 1996, John Wiley

Sites Internet

Ci-dessous sont reproduites les adresses de sites Internet qui permettent de trouver des informations complémentaires sur les méthodes d'analyse exposées dans les différents chapitres de ce livre.

Ces adresses correspondent soit à des sites de nature pédagogique émanant par exemple d'universités, soit à des sites commerciaux de sociétés de matériel analytique.

Deux textes officiels qu'il est possible de télécharger sur Internet sont également indiqués ci-après : Réglementation de la CE. Performances des méthodes d'analyse et l'interprétation des résultats - notifié sous le numéro C(2002)3044.

Note de service du ministère de l'agriculture et de la pêche sur les composés recherchés, les méthodes employées et les seuils retenus. DGAL/SDRRCC/N2006-8279

Sites d'intérêt général

http://www.indiana.edu/~cheminfo/c_course.html

http://chromatographyonline.findpharma.com/lcgc/

http://www.spectroscopynow.com/coi/cda/home.cda ?chId=0

www.webelements.com

http://www.rocler.qc.ca/pdubreui/chimie_s.htm

Chapitre 1, Chapitre 2 et Chapitre 3

www.varianinc.com
www.thermo.com
www.isco.com
www.lcpackings.com
www.perkinelmer.com
www.shimadzu.com
www.agilent.com
www.sigmaaldrich.com
www.restek.com
www.discoverysciences.com
www.thermo.com
www.supelco.sial.com

Chapitre 4

www.waters.com
www.millipore.com
www.dionex.com
www.metrohm.com
www.shimadzu.com

Chapitre 5

www.analtech.com
www.bioscan.com
www.camag.com
www.whatman.com
www.macherey-nagel.com

Chapitre 6

www.bergersfc.com
www.selerity.com
www.jascoinc.com

Chapitre 7

www.alltechweb.com
www.shimadzu.com
www.jascoinc.com
www.richardscientific.com
www.polymerlabs.com
www.dionex.com
www.viscotek.com
www.wyatt.com

Chapitre 8

www.esainc.com
www.agilent.com
www.unimicrotech.com
www.waters.com
www.princetechnologies.nl

Chapitre 9

www.jobinyvon.fr
www.shimadzu.com
www.thermo.com
www.jascoinc.com
www.gbcsci.com
www.oceanoptics.com
www.varianinc.com
www.cecilinstruments.com
www.spectrophotometers.com
www.spectronic.com

Chapitre 10

www.abb.com
www.brukeroptics.com
www.mattsonir.com
www.midac.com
www.thermo.com
www.perkinelmer.com
www.shimadzu.com
www.varianinc.com
www.zeltex.com
www.spectrophotometers.com
www.jascoinc.com
www.specac.com

Chapitre 11

www.bio-rad.com
www.moleculardevices.com
www.perkinelmer.com
www.spectronic.com
www.thermo.com
www.varianinc.com
www.spectrophotometers.com

Chapitre 12

www.amptek.com
www.bruker.com
www.panalytical.com
www.niton.com
www.edax.com
www.spectro.com
www.jascofrance.fr
www.oxford-instruments.com

Chapitre 13

www.varianinc.com
www.safas.com
www.bucksci.com
www.leemanlabs.com
www.gbcsci.com

Chapitre 14

www.aurora-instr.com
www.perkinelmer.com
www.jobinyvon.fr
www.varianinc.com
www.spectro.com
www.leemanlabs.com
www.gbcsci.com

Chapitre 15

www.rmn.sup.fr
www.bruker-biospin.com
www.varianinc.com
www.jeol.com
www.bdal.com

Chapitre 16

www.bdal.com
www.agilent.com/
www.jeol.com/
www.thermo.com
www.varianinc.com
www.waters.com/
www.shimadzu.fr/en/products/mass/gcms.aspx
www.thermo.com/com/cda/landingpage/0,10255,391,00.html
www.icsn.cnrs-gif.fr/article.php3 ?id_article=93

Chapitre 17

www.millipore.com
www.proteogenix.fr
www.envirologix.com
www.analytic-jena
www.ace-instruments.com
www.ankersmid.com

Chapitre 18

www.leco.com
www.perkin-elmer.com
www.thermo.com
www.tekmar.com
www.shimadzu.com
www.cosainstruments.com
www.skalar.com
www.sra-instruments.com
www.spectronic.com
www.sra-instruments.com
www.ankersmid.com

Chapitre 19

www.alltechweb.com
www.analtech.com
www.orionres.com
www.mt.com
www.spectronic.com

Chapitre 20

www.eggpar.com/ptoc.htm
www.gamry.com
www.pineinst.com/echem/
www.spectronic.com
www.radiometer-analytical.com
www.metrohm.ch/products.html

Chapitre 21

www.supelco.com
www.dionex.com
www.gilson.com
www.modcon-systems.com
www.westech-instruments.com
www.thermoquest.com

INDEX

051861 - (II) - (2) - OSB 80° - PUB - GCO

Achevé d'imprimer sur les presses de Snel
Z.I. des Hauts-Sarts - Zone 3 – Rue Fond des Fourches 21 – B-4041 Vottem (Herstal)
Tél +32(0)4 344 65 60 - Fax +32(0)4 286 99 61 — août 2011 – 54889

Dépôt légal : mai 2009, Suite du tirage : septembre 2011
Dépôt légal de la 1re édition : septembre 1992 — *Imprimé en Belgique*